新疆高粱研究与利用

XINJIANG GAOLIANG YANJIU YU LIYONG

再吐尼古丽·库尔班　山其米克　王 卉　涂振东 ◎ 主编

新疆农业科学院生物质能源研究所　编

U0260371

内容提要

　　本书是新疆高粱研究与示范推广经验及研究成果的总结，系统介绍了新疆高粱的品种选育、新疆高粱栽培生理研究、高粱综合加工利用技术研究与应用、甜高粱茎秆及汁液贮藏技术、甜高粱液态发酵制取乙醇技术、高粱茎秆木质纤维素残渣预处理及乙醇发酵技术等，以期对新疆高粱研究与开发起到积极的推动作用。

　　本书收集了新疆研究人员近 15 年公开发表的有关高粱的论文，将这些论文认真整理为如下四部分：高粱总论与综述；高粱资源与遗传育种；高粱栽培、生理和生态；高粱综合利用。

　　本书可供从事高粱研究的高等院校师生、研究人员、管理人员和工程技术人员参考阅读。

主　编　再吐尼古丽·库尔班　山其米克　王　卉　涂振东

副主编　冯国郡　岳　丽　叶　凯　周大伟　吐尔逊·吐尔洪

参　编（按姓氏笔画排序）

　　　　　火顺利　艾日登才次克　平俊爱　宁成博

　　　　　吐尔逊阿依·吾甫尔　吐拉甫·吐合逊　朱　敏

　　　　　吴小勇　沈　群　张　薇　阿依夏木·托乎提

　　　　　赵　云　胡相伟　哈帕孜·恰合班　顿宝庆

　　　　　陶建飞　董　洁

序

高粱是世界上种植面积仅次于小麦、玉米、水稻、大麦的第五大谷类作物，是人类栽培的最古老的作物之一。高粱在我国已经有 5 000 多年的种植历史，既是我国重要的旱地粮食作物，又是饲料和能源作物。我国新疆有大面积的盐碱地、荒漠地和干旱地，盐碱土地面积约 1 100 万 hm^2，约占新疆土地面积的 6.6%，利用高粱优良的耐盐碱特性，可最大限度地在恶劣生态环境下进行粮食生产。高粱在新疆的种植历史可追溯到清代，目前高粱在新疆发展势头良好，高粱常年种植面积在 1 万 hm^2 以上。

我国高粱研究具有较强的科技优势，全国有国家高粱改良中心和省、市高粱研究所（室）等 30 余家，研究领域涉及栽培、育种、植物保护、农业经济、加工、健康功能、综合利用等多个领域，形成了上万篇论文资料。本书汇集了新疆农业科学院及其合作单位发表的研究论文，经过整理分类，从高粱栽培技术和高粱高效综合利用技术的发展需求入手，介绍了新疆高粱的种植业结构、种质资源、遗传育种、栽培、生理和综合利用情况等内容。

打开本书，扎根新疆戈壁荒漠，在艰苦环境下坚持研究的高粱科研工作者形象即刻展现在眼前，他们代表了我国科研工作者的风貌，他们的辛勤耕耘助力了我国高粱产业的科技发展。同样作为一名科技工作者，我以崇敬的心情，完成此序，向以沙为伴、以梦为马的新疆同事们致敬。

沈 群

2022 年 3 月 21 日

前　言

高粱［*Sorghum bicolor*（L.）Moench］又称乌禾、蜀黍，为禾本科高粱属一年生草本植物，是人类栽培的重要谷类作物之一，已有 5 000 多年的历史，是世界上种植面积仅次于小麦、水稻、玉米、大麦的第五大谷类作物。高粱起源于非洲的埃塞俄比亚及亚洲的印度和中国的西南部干旱地带，是人类栽培的最古老的作物之一。目前高粱主要分布于美国、尼日利亚、苏丹、墨西哥、印度等地，总产量与消费量稳定在 6 000 万 t 左右。高粱主要用途在不同的区域内有所差异，在美国、澳大利亚等发达国家主要用于饲料；在非洲等地区主要用作粮食；在我国少部分食用，大部分用于传统的白酒、食用醋的酿造以及饲料。

远在 5 000 多年前中国就已经种植高粱，在 2 000 年前，已在黄河和长江流域广为栽培。与其他主要粮食作物相比，高粱具有高产（旱涝保收）、高抗逆性（抗旱、抗涝、耐盐碱等）以及用途广泛的特点，是我国重要的旱粮作物，在国民经济中占有极其重要的地位。

高粱的营养价值很高，籽粒中含有人体所需的多种营养成分，对人体健康极为有益。近年来，科学技术的发展以及人们对高粱营养保健价值的深入了解，推动科技工作者不断地对高粱品种进行改良与优化，高粱的营养价值得到进一步改善，其在食品、工业加工等方面的应用价值也得到极大的提高，应用范围越来越大。高粱以其自身的营养保健价值和产业化生产、加工所带来的经济、社会效益，迎来了新的发展。

高粱在新疆的种植历史可追溯到清代，目前高粱在新疆发展势头良好，高粱常年种植面积在 1 万 hm² 以上。高粱分布在全疆各地，北疆为春播生产，南疆为复播生产，且在国内首先实现规模化、产业化、集约化、全机械化种植。

新疆是盐碱土广泛分布地区，新疆共有盐碱土地约 1 100 万 hm²，约占新疆土地面积的 6.6%。新疆现有盐碱耕地面积约 145 万 hm²，约占现有耕地面积的 31.4%。盐碱地、荒漠地、干旱地和恶劣生态环境等不利于农作物生长，成为农业低产的主要原因。因此，利用高粱优良的耐盐碱特性，开发利用高粱资源和推进产业化发展，具有非常重要的意义和广阔的前景。

本书在原作者同意的基础上，根据作者多年从事高粱教学与研究的经验，从高粱栽培技术和高粱高效综合利用技术的发展需求入手，进行了深入探讨，收集了新疆公开发表的有关高粱的论文，将这些论文认真整理为高粱总论与综述、高粱资源与遗传育种、高粱栽培与生理、高粱综合利用四大部分，以方便有关人员参考。

目 录

第四部分
高粱综合利用

第一部分

高粱总论与综述

本文曾发表于《新疆科技报（汉）》2021年3月19日第3版。

值得一种的新高粱3号

涂振东

（新疆农业科学院生物质能源研究所）

新高粱3号是一个早熟、高产、高糖类型品种，适合新疆北部春播或南部麦收后复播种植。一般亩*产茎秆5 000kg，高肥水条件下，亩产茎秆可达6 000kg以上，既可以制备干草，又可以用作青贮饲料的原材料。

①种子处理。播前种子进行晒种并加药剂拌种，可防止地下害虫危害。

②精细整地。新高粱3号对土质要求不严，在pH 5～8.5的土壤中均能生长。但由于新高粱3号种子较小，顶土能力较弱，因此，整地质量要求深、平、细、碎，以保障出苗。

③适时播种。新高粱3号是喜温作物，在生产上可把土壤5cm平均温度达12℃作为适时播种的温度指标。在北疆春播区以4月中下旬播种为宜，最晚应于5月初播种。在南疆复播区则于6月底或7月初麦收后抢播。

④定量播种。机播时以每亩用种量750～1 000g为宜，人工点播时以每穴4～5粒、穴深3～4cm为宜。要合理密植，一般中等水肥地块密度为每亩8 000～9 000株。

⑤栽培。若有条件，以铺膜播种为宜，铺膜可显著提高保苗率、生长势，保证苗齐、苗全、苗壮，还可使生育期提早5～10d，提高含糖量，显著增加籽粒产量。

⑥间苗与除蘖。在幼苗2～3片叶（苗高10cm）时即可开始间苗，4～6片叶（苗高20cm）时即可按计划定苗。作为糖料作物或能源作物栽培时，应及时掰去部分分蘖，并采用培土的方法抑制蘖芽生长。

⑦中耕除草。在幼苗2～3叶期，进行第一次中耕。第二次中耕一般在第一次中耕后20d左右进行。第三次中耕除草时，即可结合中耕进行小培土，把行间的土壤培到植株基部，可防止幼苗被风刮斜，且可抑制分蘖。当植株长到70cm高、即将封行时进行开沟培土，将行间的土壤培于植株的基部，在行间形成垄沟。

⑧施肥。整个生育期每亩施肥30～40kg即可，其中氮肥15～20kg、磷肥10～12kg、钾肥5～8kg，一半作为基肥与有机肥在播前整地时施入，追肥可在拔节初期结合第三次中耕进行。

⑨灌溉。新高粱3号一生总需水量是"两头少，中间多"。全生育期灌水4～5次，头水在播种后60d左右结合追肥进行，以后灌水分别在拔节期、抽穗期、开花期、灌浆期进行。灌水时要特别注意天气过程，严防倒伏。

---

* 亩为非法定计量单位，1亩＝1/15hm²。——编者注

⑩防治病虫害。该品种含糖量高，易受蚜虫危害，应及早防治。若发现蚜虫，选择溴氰菊酯、氯氰菊酯、EB－82灭蚜净等农药进行防治。若发现有螟虫危害心叶，即按比例喷施溴氰菊酯；若螟虫已进入秆内危害，可在心叶处撒3％克百威颗粒剂防治；高粱抽穗后，螟虫危害穗部，可按比例施溴氰菊酯。为了防治黑穗病，在做好种子处理的同时，田间发现黑穗病病株要及时拔除，并带出田外集中销毁。

⑪适时收获。将高粱籽粒成熟划分为乳熟、蜡熟和完全成熟3个时期，蜡熟的中晚期是高粱茎秆汁液锤度达到最高的时期，同时籽粒的干物质积累也接近最高，此时收获效益最高。

⑫注意事项。新高粱3号的幼嫩植株和叶片中都含有能释放出氢氰酸的化学物质，但这并不影响其饲用价值。要避免用幼嫩多汁的鲜苗株饲喂家畜，特别在旱季，高粱高度达1.2m以前，不要放牧或青饲；也要注意不要给家畜饲喂放置了一晚上的鲜嫩秆，因为青绿高粱遇热会放出氢氰酸，变成有毒饲料。但在用高粱生产青贮饲料和调制干草的过程中，氢氰酸大都挥发掉了，不会引起家畜中毒，可以放心使用。

本文曾发表于《中国农业科技导报》2014年第16卷第4期。

高粱耐盐分子生物学研究进展

韩玉翠[1]　叶凯[2]　侯升林[1]　涂振东[2]　吕芃[1]　杜瑞恒[1]　刘国庆[1]

(1. 河北省农林科学院谷子研究所，国家高粱改良中心河北分中心，河北省杂粮研究
实验室，石家庄050035；2. 新疆农业科学院生物质能源研究所，乌鲁木齐830091)

土壤的盐渍化是影响农作物正常生长继而造成农作物严重减产的非生物胁迫之一。据统计，世界上的盐碱地总面积超过 10 亿 hm^2，占可灌溉土地的 20% 和土地总面积的 6%[1]。在我国约有 1 亿 hm^2 的盐碱土地。我国现有的耕地中，有 800 万 hm^2 左右的耕地由于不合理的栽培措施，土壤中盐分长期积累，从而不同程度地影响了作物的产量。另外随着人口的不断增长、耕地面积的急速下降，绿色革命带来的农作物产量增加的空间越来越小[2]，粮食安全问题也越来越引起人们的重视。提高农作物对盐碱环境的耐性，从而充分利用受到盐碱危害的土地，能够有效增加农作物的总产量。目前，遗传改良是提高农作物对盐碱耐受性的最有效方法。但因为耐盐碱性受微效多基因控制，遗传机制复杂，传统的改良方法难以取得有效的进展，因此需要从分子水平研究作物耐盐碱的机制。分子生物学技术的进步已经使基因的定位、分离和转移成为现实。这将有助于通过分子育种方法培育出具有高耐盐碱能力的新品种，对农业的健康发展有着重要的理论和现实意义[3]。高粱 (*Sorghum bicolor*) 是世界上最重要的粮食作物之一，按年产量计算，是仅次于小麦 (*Triticum aestivum*)、水稻 (*Oryza sativa*)、玉米 (*Zea mays*) 和大麦 (*Hordeum vulgare*) 的第五大谷类作物。它起源于非洲的埃塞俄比亚及其周边地区，距今已近万年，驯化于前4000—前3000年。驯化改良的高粱通过人类活动逐渐传播到世界的其他地区，在这个过程中逐渐适应了各种不同的生长环境，目前在非洲、美洲及亚洲等的尼日利亚、苏丹、埃塞俄比亚、美国、墨西哥、印度和中国等地，作为食物、饲料、酿造和能源作物而被广泛种植，高光效、高生物产量，对生物及非生物胁迫具有较好的抗性和耐受性。高粱耐盐碱的能力 (可忍受的盐度为 0.5%～0.9%) 高于玉米 (0.3%～0.7%)、小麦 (0.3%～0.6%) 和水稻 (0.3%～0.7%) 等禾谷类作物[4]。因此在生产条件不好的地区如贫瘠和盐碱地区种植高粱，有利于这些地区土壤的利用和改良，对扩大耕地面积、保障粮食安全具有重要的意义。

本文对高粱和其他植物耐盐碱资源的筛选鉴定、耐盐碱数量性状位点的定位及克隆、耐盐碱基因的转移、耐盐碱植物的生理生化机制等方面的研究进展进行了详细总结，以期为进一步研究提供依据，为高粱等作物的耐盐碱改良奠定理论基础。

1　耐盐基因的定位、克隆及其在育种中的应用

尽管研究者们一直在不断地尝试提高植物对盐碱的耐受性，但到目前为止还没有突破

性的进展。作物的抗逆性和很多重要的农艺性状（如产量、品质等）相同，一般由微效多基因共同控制，基因型与表型之间没有明显的对应关系，表型为连续分布。作物耐盐性是一个典型的数量性状，单一基因（位点）可解释的表型变异往往很低，在受到逆境胁迫时经常是整个生物体进行综合响应。利用分子标记技术可以鉴定出耐盐基因或数量性状位点（QTL），可以解析复杂的耐盐机制和揭示耐盐基因的自然变异情况，是一种研究植物耐盐机制的重要新途径。紧密连锁的标记可用来进行分子标记辅助育种，帮助快速高效地选育出耐盐性能好的品种应用于生产；利用图位克隆方法能克隆耐盐基因或 QTL，明确基因的结构和功能，阐明耐盐性能产生的机制。目前已在水稻[5-9]、小麦[10-11]和大麦[12-13]中发现和定位了与耐盐性状相关的 QTL。最近有研究报道，在高粱的发芽期和苗期，分别发现了 12 个和 29 个与耐盐性状相关的 QTL。除了 qGP7-1 是组成型表达外，其余都是盐诱导表达。其中控制株高的两个 QTL 可分别解释表型差异的 13.5％和 15.6％（qSH1、qSH4）；控制根长的 qRL10-2 可解释表型变异的 16％；qSFW4 和 qTFW4 分别解释茎鲜重和总鲜重表型变异的 11.5％和 11.6％；另一个控制总鲜重的 QTL（qTFW1）对表型差异的贡献率为 21.9％[14]。这是首次对高粱耐盐性状进行 QTL 分析，定位的相关位点可为以后高粱耐盐基因的定位和克隆提供依据，也可为可能的分子标记辅助育种提供有效的标记。

将控制数量性状的多个 QTL 分别分解成单个孟德尔遗传因子（基因）进行分析是简化了解复杂数量性状的有效方法。近年来，植物数量性状基因的克隆工作取得了重大进展，已在玉米、小麦、水稻、番茄等作物中成功分离出 37 个控制复杂农艺性状和抗逆性QTL 的基因，而被成功克隆的耐盐相关 QTL 只有两个。第一个是水稻中的 SKC1，对表型变异的贡献率是 40.1％，它编码一个 HKT 家族的离子转运蛋白，专一性地运输 Na^+，不参与 K^+、Li^+ 等其他阳离子的运输。王继平等[2]的研究表明 SKC1 一般在木质部周围的薄壁细胞中表达，盐胁迫条件会诱导该基因在根部器官显著表达。在水稻受到盐胁迫时大量 Na^+ 通过木质部从根部向地上部运输，造成 Na^+ 的积累。SKC1 的功能是主动将Na^+ 运出木质部，从韧皮部运回到根部并排出体外，从而降低地上部的器官中的 Na^+ 含量，减轻 Na^+ 毒害。另外植物体内 K^+ 与 Na^+ 的运输存在竞争作用，Na^+ 抑制 K^+ 的吸收，当木质部 Na^+ 浓度降低时 K^+ 的运输会相应增加，从而使因盐胁迫而降低的 K^+ 浓度得到部分恢复。说明在盐胁迫条件下 SKC1 通过调节水稻地上部的 K^+/Na^+ 平衡增强水稻的耐盐性。

另一个克隆的耐盐主效 QTL（RAS1，response to ABA and salt 1）来自拟南芥，通过编码植物特异表达蛋白参与植物萌发期和苗期的耐盐调控。RAS1 可通过盐胁迫和ABA 诱导表达，是耐盐的一个负调控因子，其下调表达可以减少植株对 ABA 和盐离子的敏感性，因此该基因功能的丧失可提高拟南芥发芽期和苗期的耐盐性[15]。

由于生殖障碍和连锁累赘，通过传统的育种方法培育耐盐品种并没有取得大的进展。而通过基因工程手段转移特定的耐盐相关基因则取得了不同程度的成果，目前已将 8 个大类 57 个不同来源和功能的耐盐相关基因（表 1）转移到了不同作物中[2]，主要包括离子通道和转运蛋白、信号传导、转录因子、植物胚胎发育晚期丰富蛋白、抗氧化酶、渗透调节、螺旋酶和分子伴侣等相关基因。渗透调节相关基因主要是一些小分子渗透剂合成蛋白基因。这类小分子物质主要包括氨基酸类、糖醇类化合物以及甲胺类化合物。如海藻糖是一种葡萄糖的非还原性二糖，在非生物胁迫条件下，能够保持生物体的结构不被改变。如来自球形节杆菌（*Arthrobacter globiformis*）、耐盐节杆菌（*Arthrobacter pascens*）和大肠杆菌（*Escherichia coli*）的甜菜碱基因 *codA*、*cox* 和 *betA* 已被分别转移到番茄、水稻和芥菜中；来自芹菜的甘露醇基因（*M6PR*）、冰叶日中花（*Mesembryanthemum crystallinum*）的芒柄醇基因 *Imt1*、乌头叶菜豆（*Vigna acontifolia*）的脯氨酸基因 *P5CS* 和拟南芥的海藻糖基因 *AtTPS1* 已被分别转移到拟南芥和烟草中[2]。

表 1 鉴定并转移到目标植物中的耐盐相关基因[2]

基因类型	基因名称
离子通道和转运蛋白相关基因	*SOS1*，*SOD2*，*nhaA*，*AVP1*，*SuVP*，*AtNHX1*，*AgNHX1*，*OsNHX1*，*BnNHX1*，*HbNHX1*，*ChNHX1*，*HvHKT2；1*
信号传导相关基因	*ZmMKK4*，*GhMPK2*，*OsMAPK33*，*OsCDPK21*，*GsCBRLK*，*OsCIPK15*，*ZmSAPK8*，*TaSnRK2.8*，*Galpha1*，*Rab7*，*Ots1*
转录因子相关基因	*AtDREB1A*，*OsDREB1A*，*SNAC1*，*OsNAC5*，*OsNAC045*，*OsbZIP23*，*GmbZIP1*，*ABP9*，*SlAREB1*，*TaMYB2A*，*ZmERF3*，*HARDY*，*MtCBF4*，*BrERF4*，*ZmbZIP72*
植物胚胎发育晚期丰富蛋白相关基因	*HVA1*
抗氧化酶相关基因	*GlyⅠ*，*GlyⅡ*
渗透调节相关基因	*codA*，*cox*，*betA*，*mtlD*，*ostA*，*ostB*，*TPS1*，*M6PR*，*S6PDH*，*Imt1*，*P5CS*
螺旋酶相关基因	*PDH45*，*MCM6*，*MH1*
分子伴侣相关基因	*RcHSP17.8*，*T30hsp70*

LEA 蛋白及 *LEA* 基因是目前植物胚胎学研究的热点之一，*LEA* 基因又称为胚胎晚期发生丰富蛋白基因，在种子发育的胚胎晚期高效表达，使得 LEA 蛋白高度富集。LEA 蛋白具有很强的亲水性和热稳定性，LEA 蛋白的积累可以提高非盐生植物的抗渗透胁迫能力。在胁迫条件下可保护植物细胞免受损害。来自大麦的 LEA 蛋白基因 *HVA1* 已被转移到水稻、印度香米和印度桑树中[2]。

很多耐盐植物可以利用离子通道和转运蛋白保护自身免受盐害胁迫，其原理是依靠细胞内离子和溶质分子主动运输外来的盐离子来维持细胞渗透压的平衡和稳定[16]。植物离子通道蛋白包括 Na^+/K^+ 反向转运蛋白和 Na^+/H^+ 反向转运蛋白等。其中 Na^+/K^+ 反向转运蛋白是最常见的植物离子通道之一。在植物细胞质中过高的 Na^+ 浓度或者 Na^+/K^+ 值都会导致一些酶促反应的中断，从而影响植物正常的生理反应，原因是 Na^+ 和 K^+ 对结合位点经常存在竞争，因此植物耐盐的基本要求是将 Na^+/K^+ 维持在较低水平[16]。K^+ 通道和 K^+ 转运系统通过控制高等植物气孔的关闭使根中离子浓度保持平衡来维持植物的正常代谢。高亲和性 K^+ 转运蛋白（high affinity potassium transporter，HKT）可以调节细胞质中的 Na^+/K^+，使其维持在正常水平，从而应对盐害胁迫[17]。大麦的高亲和 K^+ 转运载体基因 *HvHKT2；1* 已实现在大麦中的转移[18]。Na^+/H^+ 反向转运蛋白定位在液泡膜，可以维持植物细胞渗透压的平衡，是另一种应答盐害胁迫的离子通道。液泡型 Na^+/H^+ 反向转运蛋白利用液泡中的 H^+ 移位酶、H^+-ATP 酶和 H^+-PPi 酶的协同反应产生的电化学梯度，将 Na^+ 从细胞质主动运输到液泡中[19]，从而平衡细胞的渗透压，提高植物的耐盐性能。

在逆境环境胁迫下，植物能够通过传导胁迫信号到植物的不同组织调控相关基因的表达水平，从而抵抗逆境带来的胁迫。植物对逆境胁迫的应答反应包括一系列生物信号因子的产生和相互作用，主要有 Ca^{2+} 介导的信号应答反应和乙烯介导的信号应答反应，两种应答反应都有多种蛋白激酶的参与。这些参与 Ca^{2+} 介导的信号应答反应和乙烯介导的信号应答反应的激酶与植物的耐盐性有关。SOS 途径的重要生理功能是在植物受到盐胁迫时调节离子使其处于稳定状态，继而提高耐盐性。来自野生大豆（*Glycine soja*）和珍珠粟（*Pennisetum glaucum*）的 *GsCBRLK* 基因和 Rab GTPase 基因 *Rab7* 被转移到拟南芥与烟草中[2]。

转录因子是指那些能够激活或抑制其他基因转录，从而保证目的基因在植物体中正确表达的蛋白质分子。植物中有很多的转录因子与抗逆性相关，在逆境胁迫下，一些和抗逆相关的转录因子能够及时向组织传导信号调节相关功能基因的表达水平。通过转基因技术使转录因子在植物中过量表达会激活许多抗逆功能基因同时表达，来提高植物的耐盐性。因此通过改良关键转录因子来提高作物抗逆性也是一种有效的方法。如来自水稻、拟南芥和小麦的转录因子包括 *OsDREB1A*、*SNAC1*、*OsNAC5*、*OsNAC045*、*OsbZIP23*、*At-DREB1A*、*ABP9*、*TaMYB2A* 和 *TaSnRK2.8* 被分别转移到拟南芥、水稻和埃及车轴草中[2]。

另外来自芥菜（*Brassica juncea*）和水稻的乙二醛酶Ⅰ基因（*Gly*Ⅰ）和乙二醛酶Ⅱ基因（*Gly*Ⅱ）已被转移到烟草中。

2 植物耐盐的生理生化基础

土壤盐渍化抑制植物生长的原因之一是渗透效应，在盐碱性强的土壤溶液中，Na^+ 与 Cl^- 等的含量会大量增加，这些盐离子使得土壤溶液渗透压增大，使植物发生生理性干旱反应，继而影响植物的正常生长和发育。抑制植物生长的原因之二是离子毒害效应，在干旱条件下，因地表水分蒸发使得大量土壤水分丧失，继而提高了可溶性离子的浓度，这样的变化使进入植株体内的离子发生积累并产生拮抗作用，使植物体内的生理代谢过程不能正常进行，最终引起植物畸形或导致死亡。实际生产中，因土壤盐渍化类型不同，对作物的危害程度也存在差异。一般来说，Cl^- 对作物的危害要大于 SO_4^{2-}，CO_3^{2-} 和 HCO_3^- 对作物的危害又大于前两者。

对植物耐盐的生理生化研究主要包括盐胁迫下植物在光合反应、代谢反应、渗透调节物质的合成、钙离子调节蛋白、离子通道和转运蛋白、胚胎发育晚期丰富蛋白、抗氧化酶相关蛋白等方面所发生的变化。渗透调节物质包括氨基酸及其衍生物类（如甘氨酸、脯氨酸）、糖和醇类化合物（如海藻糖、蔗糖、甘露醇、山梨醇），以及甲胺类化合物（如甜菜碱、胆碱、三甲基胺氧化物 TMAO 等）。在植物体内，细胞积累相溶性物质可以平衡液泡中的水势，协调细胞和外界的渗透压平衡，有效地调节渗透势，又不会对大分子溶质系统产生干扰，能够防止细胞膜通透性的改变，能够保护细胞膜的完整性，提高植物的耐盐性。例如甜菜碱是动物、植物和细菌细胞发生渗透的保护剂，在外界高盐条件的胁迫下可以保护细胞免受破坏,通过施加外源甜菜碱也可以降低盐害对植物的影响。

植物对盐害的敏感性是由于不能够及时有效地将细胞质中的 Na^+ 和 Cl^- 排出细胞外。耐盐植物在盐胁迫条件下能够获得自身所需养分同时限制有害离子的吸收,植物会选择性地吸收 Na^+ 和 K^+,这可能是对长期环境胁迫条件适应的结果[20]。改进某些敏感品种耐盐性的有效方法之一是将在盐渍环境下能够有效吸收养分或保持低离子积累作为培育目标。

3 高粱耐盐种质资源评价

种质资源是作物育种的基础,优异耐盐种质资源的挖掘和创新是培育耐盐品种的前提。已有的研究表明高粱不同基因型间存在着耐盐性的差异,近年来已鉴定出一批耐盐性较好的种质(表2)。

表2 近年来鉴定的高粱耐盐资源

来源地	品种名称	文献
美国	BABUBH,MN-1500,MN-2735,MN-3506	[21]
印度	ICSA276 × ICSV93048,ICSA276 × S35,ICSA405 × JJ1401,ICSA707 × ICSV745,ICSA766 × ICSV96020,ICSA111,ICSA112,ICSA145,ICSA745,IS2192,IS5204,IS6014	[22-27]
中国	Shihong137,BJ299,绿能1号,三尺三,原甜1号,PI 195754 锦杂100,锦杂105,辽甜3号,辽杂15,沈杂10	[14,21,27,28]
赞比亚	IS 24906	[27]
不详	ICSB203,CSH16,CSV15,Gambella1107,Hegari-sorghum,Hybrid102,ICSB300,ICSB589,ICSB676,ICSB707,ICSB725,ICSB766,ICSR196,ICSR89010,ICSR91005,ICSR93034,ICSV93046,ICSV95030,JJ1041,IS164,IS237,IS707,IS1045,IS1049,IS1052,IS1069,IS1087,IS1178,IS1232,IS1243,IS1261,IS1263,IS1328,IS1366,IS1568,IS19604,IS297891,JS108,JS263,JS2002,Meko,Melkam,NTJ2,PSH1,Raj27,Raj30,Raj4,S35,Sandalbar,SOR,SP40646,SP40669,SP40672,SP47529,SPV1022,TS185,W452,W453,W455,308,41680,8169	[21-26,29-33]

4 展望

土壤盐渍化是影响植物生长和作物产量的主要胁迫因素之一。植物对盐胁迫的反应是由多种因素共同调节和控制的,耐盐性状是数量性状,由多基因控制,通过常规育种的方法培育耐盐作物品种很难取得突破。分子生物学的发展为导入和改良相关功能基因、提高植物的耐盐性能提供了契机。在高粱中已经筛选出一些耐盐碱性能高的资源材料,QTL定位工作也已经开始,但总体研究还落后于水稻、玉米和小麦等作物,与模式植物如拟南芥等的差距更大。因此在以后的耐盐碱研究中可借鉴在其他作物上改良盐碱耐性的方法,充分利用现有的资源,定位和克隆耐性基因,了解高粱发芽期和苗期耐盐的机制,并利用分子标记辅助育种手段，培育高耐盐品种；同时引进和转移新的外源耐盐基因，提高高粱的耐盐性能，对充分利用盐渍化土壤具有重要的意义。

参考文献

[1] United Nations Educational Scientific and Cultural Organization. Water events world wide [DB/OL]. [2014 - 01 - 20]. http：//www. unesco. org/water/water _ events/.

[2] Turan S，Cornish K，Kumar S. Salinity tolerance inplants：breeding and genetic engineering [J]. Austr J Crop Sci，2012，6 (9)：1337.

[3] 高继平，林鸿宣. 水稻耐盐机理研究的重要进展——耐盐数量性状基因 *SKC1* 的研究 [J]. 生命科学，2005，17 (6)：563 - 565.

[4] 陆峻波，沈梅. 甜高粱种植及开发研究进展 [J]. 云南农业大学学报，1999，14 (4)：421 - 424.

[5] Prasad S，Bagali P，Hittalmani S，et al. Molecular mapping of quantitative trait lociassociated with seedling tolerance to salt stress in rice (*Oryza sativa* L.) [J]. Curr Sci，2000，78 (2)：162 - 164.

[6] Lin H，Zhu M，Yano M，et al. QTLs for Na$^+$ and K$^+$ uptake of the shoots and roots controlling rice salt tolerance [J]. Theor Appl Genet，2004，108 (2)：253 - 260.

[7] Lee S Y，Ahn J H，Cha Y S，et al. Mapping of quantitative trait loci for salt tolerance at the seedling stage in rice [J]. Mol Cells，2006，21 (2)：192.

[8] Wang Z，Cheng J，Chen Z，et al. Identification of QTLs with main，epistatic and QTL×environment interaction effects for salt tolerance inriceseedling sunder different salinity conditions [J]. Theor Appl Genet，2012，125 (4)：807 - 815.

[9] Thomson M，Ocampo M，Egdane J，et al. Characterizing the salt olquantitative trait locus for salinity toleranc einrice [J]. Rice，2010，3 (2 - 3)：148 - 160.

[10] Ma L，Zhou E，Huo N，et al. Genetic analysis of salt tolerance in are combinantin bred population of wheat (*Triticum aestivum* L.) [J]. Euphytica，2007，153 (1 - 2)：109 - 117.

[11] Xu Y F，An D G，Liu D C，et al. Mapping QTLs with epistatic effects and QTL×treatment interactions for salt tolerance at seedling stage of wheat [J]. Euphytica，2012，186 (1)：233 - 245.

[12] Mano Y，Takeda K. Mapping quantitative trait loci for salt tolerance at germination and the seedling stage in barley (*Hordeum vulgare* L.) [J]. Euphytica，1997，94 (3)：263 - 272.

[13] Zhou G，Johnson P，Ryan P R，et al. Quantitative trait loci for salinity tolerance in barley (*Hordeum oulgare* L.) [J]. Mol. Breed. ，2012，29 (2)：427 - 436.

[14] Wang H，Chen G，Zhang H，et al. Identification of QTLs for salt tolerance at germination and seedling stage of *Sorghum bicolor* L. Moench [J]. Euphytica，2013：1 - 11.

[15] Ren Z，Zheng Z，Chinnusamy V，et al. RAS1, a quantitative trait locus for salt tolerance and ABA sensitivity in *Arabidopsis* [J]. Proc Natl Acad Sci USA，2010，107 (12)：5669 - 5674.

[16] Ghars M A，Parre E，Debez A，et al. Comparative and tolerance analysisbetween *Arabidopsis thaliana* and *Thellungiella halophila*，with special emphasis on K$^+$/Na$^+$ selectivity and praline accumulation [J]. J Plant Physiol，2008，165 (6)：588 - 599.

[17] Huang S，Spielmeyer W，Lagudah E S，et al. A sodium transporter (HKT7) is a candidate for *Nax1*，a gene for salt tolerance in durum wheat [J]. Plant Physiol. ，2006，142 (4)：1718 - 1727.

[18] Mian A，Oormen R J，Isayenkov S，et al. Over - expression of an Na$^+$ - and K$^+$ - permeable HKT

transporter in barley improves salt tolerance [J]. Plant J, 2011, 68 (3): 468 - 479.

[19] Qiu N, Chen M, Guo J, et al. Coordinate up - regulation of V - H$^+$ - ATPase and vacuolar Na$^+$/H$^+$ antiporter as a response to NaCl treatment in a C$_3$ halophyte *Suaeda salsa* [J]. Plant Sci, 2007, 172 (6): 1218 - 1225.

[20] 何毅敏, 年洪娟, 陈丽梅. 植物耐盐基因工程研究进展 [J]. 中国生物工程杂志, 2009, 29 (3): 100 - 104.

[21] 高建明, 夏卜贤, 袁庆华, 等. 高粱种质材料幼苗期耐盐碱性评价 [J]. 应用生态学报, 2012, 23 (5): 1303 - 1310.

[22] Reddy B V, Kumar A A, Reddy P S, et al. Cultivar options for salinity tolerance in sorghum [J]. J Sat Agric Res, 2010, 8: 1 - 5.

[23] Khalil R M. Molecular and biochemical markers associated with salt tolerance in some sorghum genotypes [J]. World Appl Sci J, 2013, 22 (4): 459 - 469.

[24] Krishnamurthy L, Reddy B, Serraj R. Screening sorghum germplasm for tolerance to soil salinity [J]. Int. Sorghum Millets Newsletter, 2003, 44: 90 - 92.

[25] Tigabu E, Andargie M, Tesfaye K. Genotypic variation for salinity tolerance in sorghum [*Sorghum bicolor* (L.) Moench] genotypes at early growth stages [J]. J. Stress Physiol Biochem, 2013, 9 (2): 253 - 262.

[26] Ramesh S, Reddy B V, Reddy P S, et al. Response of selected sorghum lines to soil salinity - stress under field conditions [J]. Int. Sorghum Millets Newsletter, 2005, 46: 14 - 18.

[27] Hefny M M, Metwali E M, RMohamed A I. Assessment of genetic diversity of sorghum [*Sorghum bicolor* (L.) Moench] genotypes under saline irrigation water based on some selection indices [J]. Austr J Crop Sci, 2013, 7 (12): 1935.

[28] 孙璐, 周宇飞, 汪澈, 等. 高粱品种萌发期耐盐性筛选与鉴定 [J]. 中国农业科学, 2012, 45 (9): 1714 - 1722.

[29] Krishnamurthy L, Serraj R, Hash C T, et al. Screening sorghum genotypes for salinity tolerant biomass production [J]. Euphytica, 2007, 156 (1 - 2): 15 - 24.

[30] Kausar A, Ashraf M Y, Ali I, et al. Evaluation of sorghum varietiea/lines for salt tolerance using physiological indices as screening tool [J]. Pakistan J Bot, 2012, 44 (1): 47 - 52.

[31] Ashok K A, Reddy B V S, Sharma H C, et al. Recent advances in sorghum genetic enhancement research at ICRISAT [J]. Am J Plant Sci, 2011, 2 (4): 589 - 600.

[32] 卢庆善, 邹剑秋, 朱凯, 等. 高粱种质资源的多样性和利用 [J]. 植物遗传资源学报, 2010, 11 (6): 798 - 801.

[33] Kulhari P S, Chaudhary L. Association studies for salinity tolerance in sorghum [*Sorghiam bicolor* (L.) Moench] [J]. J Plant Genet Resour, 2008, 21 (1): 81 - 84.

本文曾发表于《农业技术与装备》2010年第17期。

生物质能源甜高粱现代技术体系结构研究

叶凯

（新疆农业科学院）

1 农产品现代技术体系结构建设的思路

就生物质能源甜高粱而言，其产品的终端已不再是传统思维中所获取的籽粒和秸秆，在农业产业链建设的过程中其终端产品是以粗乙醇作为表现形态的。同时，伴随工业产业链的延伸，粗乙醇已成为化学工业的初始原料，但其不是作为能源甜高粱最终开发的终端。为此，农产品现代技术体系结构的建设要从生物质能源甜高粱产业链经济开发需要的深度和产业长度进行战略思考，形成梯次研发、体现产业链各主要环节关键技术特征的技术结构战略规划和研究群体。

生物质能源甜高粱产品的产业链（以固态发酵为例）是：种子（涵盖种质资源收集与创新、新品种选育、生物技术应用等）—栽培技术（包括生物学产量及特定种类糖的含量提高、土壤肥料、病虫草害、生长调节剂等）—收获技术（包括适时收获、收获机械、贮藏技术）—生物乙醇（包括高发酵效率菌种筛选、改良及新型发酵工艺技术）。同时，围绕发酵废弃物的利用，可以形成新的利用循环链，即：发酵废弃物—饲料—沼气—有机肥；发酵废弃物—制氢—有机肥。多元性结构的设计使得甜高粱产业链在开发的过程中不断形成产业开发的重要环节，这些环节的技术及技术产业化，为甜高粱的利用创造了产业基础。同时，甜高粱多环节关键技术的开发，有效地降低了生产成本，提升了甜高粱产品开发的潜力。解决上述关键技术，需要采用逆向思维方式，高度关注产业发展关键技术——生物乙醇生产，从菌种及发酵工艺出发，以生物乙醇为终端目标，逆向推演能源甜高粱新品种选育和增糖栽培技术研究，建立农艺技术与工业技术相衔接的技术群体，才有可能使能源甜高粱产业迅速发展。

生物质能源甜高粱产业链的研究，需要高度重视产品开发中的产业链长度和它经济发展过程可能涉及的开发层次，从而实现产品最大保障供给性和最大经济化（包括对农业的贡献、对农民的贡献和对工业经济延伸发展的贡献等）。

2 农产品生物质能源甜高粱现代产业技术体系研究的重点

能源甜高粱产业发展中关键技术的研发是需要有效地降低成本，尽可能提高生物乙醇获得率；合理利用非农用耕地如撂荒地、盐碱地等种植甜高粱，有效解决能源作物与粮食作物"争地、争好地"的问题。因此，能源甜高粱产业技术体系建设的重点是：在品质育种创新方面，应建立糖代谢类型（五碳糖或六碳糖等）育种目标，形成甜高粱糖代谢类型与菌种适配的育种标准，解决提高生物乙醇获得率和降低工艺成本的问题；研究有效降低非乙醇糖代谢、延长秸秆供给周期的秸秆贮藏技术；有效提高有益于生物乙醇获得率的菌种选育及发酵工艺技术，近期应关注六碳糖代谢酶系，远期应逐步建立纤维素代谢酶系；研究副产物综合利用技术；研究甜高粱高产和高糖栽培技术，特别是盐碱地、农田边际土地等逆境土壤条件下种植的技术；研究甜高粱种植和产后加工机械及技术，特别是研究与机械装备技术相适宜的农艺学技术。

3　产业链的发展要有完整的公益性技术标准体系支撑

围绕产业链关键技术群体的研究以及行业公益性项目的要求，作为能源甜高粱产业技术体系应该建立相应的技术标准体系，服务于整个产业链发展的需要。因此，拟围绕品种（含资源收集与利用、品种选育等）、栽培技术、收获与贮藏技术、发酵（含菌种选育等）、生物乙醇制取和综合利用等方面，研究甜高粱产量与含糖量协同提高的最优化关键技术，包括实施精量播种、合理密植、配方施肥、种子包衣、化学除草、病虫害防治、适时收获、安全贮存等高产栽培技术，建立相应的指标体系和技术规程。通过制取燃料乙醇高效工艺技术研究、秆渣等副产品加工利用技术研究，建立相应的产成品标准，最终形成从种植、加工到销售的产业技术标准体系。以公益性标准体系为基础，建立包括技术标准、行业标准和企业标准在内的符合产业体系发展需求的公众性技术标准，这对产业健康发展将起到促进作用。

4　关注产业链环节的经济行为研究

经济效益是产业发展的重要目标。生物质能源甜高粱产业技术体系研究，有一个很重要的经济过程研究——工业建厂有效经济规模的研究，这是农产品工业化发展的重要环节。目前，缺乏产业链全生命周期评价技术体系和经济效益分析标准，需要关注能源甜高粱产业发展中的阶梯开发层次、产业链开发的经济成本、原料供给模式等，为实现甜高粱产业较高的能量产出投入比提供依据。围绕生物乙醇精炼基地建设，开展对生物乙醇的生产工厂布局、经济规模、原料供给方式等的研究，将有助于推动企业投入。

5　按照产业链需要有效整合现有研究力量

能源甜高粱产业技术体系应根据产业链各环节的要求布局整合优势研究力量，避免学科专业重复投入、分散研究、各自为政。应围绕能源甜高粱产业链发展的关键技术问题，在各环节集中优势力量，形成精干、高效、有快速应变能力的研究开发团队，产业链内部应形成合力，集中力量进行研究攻关，形成产业技术工艺包和产业化模式，为今后国家推广能源甜高粱产业提供决策依据。

本文曾发表于《可再生能源》2009年第27卷第4期。

甜高粱秸秆燃料乙醇产业化
问题与对策的探讨

涂振东[1]　王钊英[1]　傅力[2]

(1. 新疆农业科学院，乌鲁木齐830091；2. 新疆农业大学，乌鲁木齐830052)

1　甜高粱秸秆作为生物质能源原料的意义

生物质资源包括植物和有机废弃物等。地球上生物质资源极其丰富，每年经光合作用产生的生物质约1 700亿t，但作为能源利用的生物质资源还不到总量的1%，开发潜力巨大。目前，生物质能是世界第四大消费能源，位于石油、煤和天然气三大常规能源之后，占世界总能耗的11%。不同国家和地区的生物质能消耗在其总能耗中所占比例差别很大：发达国家普遍在3%左右，如美国为4%，芬兰、瑞典和奥地利较高，分别为18%、16%和13%；发展中国家较高，为33%；非洲地区更高，达55%，如苏丹生物质能消耗占国家能源消费总量的87%；中国生物质资源丰富，目前生物质能消耗占总能耗的15%左右[1]。

从世界范围来看，虽然近20年来生物质能的开发利用有了明显的进展，但其潜力还远远没有充分地发挥出来，生物质能开发利用的规模还不大，科学技术水平还不高，能源转换效率低，产业化薄弱，商品化程度低。不少国家还没有把生物质能的开发利用纳入国家的能源建设计划中，投入不足，缺乏一整套鼓励、扶持、推广的政策法规。

近年来，能源作物（如甜高粱、甘薯、木薯、芭蕉芋、绿玉树、巨藻等）作为现代生物质资源在我国已引起广泛关注，开发生物质能对我国农村发展、能源开发、环境和资源保护、国家安全及生态平衡具有重要意义。

甜高粱是一种能源、糖料和饲料作物，具有很高的综合利用价值。甜高粱在我国栽培历史悠久，适合在不同生态区域种植。我国新疆地区干旱少雨，光照充足，全年日照时间为2 500～3 500h，为甜高粱提供了得天独厚的生长条件。

甜高粱植株高达4m以上，鲜生物量产量可达160t/hm²[2-4]，甜高粱所合成的糖类的产量为玉米的3.2倍。甜高粱具有适应性强、抗旱、耐涝、耐盐碱、对土壤及肥料要求不高、生长迅速、糖分积累快、生物学产量高等优点，每公顷甜高粱的乙醇产量可高达6 000多L，用甜高粱秸秆生产乙醇比用粮食生产乙醇的成本低50%以上。

2　新疆开发甜高粱燃料乙醇产业的基础条件

2.1　甜高粱的比较效益明显

按每公顷甜高粱产籽粒3 000kg、秸秆75t计算，种植甜高粱的农户每年净收益可达到 9 630 元/hm²；甜高粱种植技术简单、管理粗放，农民易于掌握。新疆农业科学院试验分析结果表明，甜高粱与该区域其他主要作物相比，具有明显的效益优势（表1）。

表 1　甜高粱与棉花、玉米成本收益的比较

项目名称	单位	棉花①	玉米①	甜高粱②
主产品产量	kg/hm²	1 506	9 210	75 000
产值合计	元/hm²	18 327.3	9 722.7	16 500
主产品产值	元/hm²	16 231.35	9 218.70	15 000.00
副产品产值	元/hm²	2 095.95	504	1 500
总成本	元/hm²	11 475.9	5 595.45	6 870
生产成本	元/hm²	8 340.45	4 122.9	5 370
物质与服务费用	元/hm²	6 346.05	3 723.15	4 140
雇工费用	元/hm²	1 994.4	399.75	1 230
土地成本	元/hm²	3 135.45	1 472.55	1 500
流转地租金	元/hm²	1 011.75	358.95	300
自营地折租	元/hm²	2 123.7	1 113.75	1 200
净收入	元/hm²	6 851.4	4 127.25	9 630

①　棉花、玉米的数据来源于 2004 年度新疆发展与改革委员会工农业产品成本调查队编印的《农牧产品成本收益资料汇编》。

②　甜高粱数据来源于 2002—2005 年度新疆农业科学院对吐鲁番市、玛纳斯县和喀什地区农民种植情况的统计资料。

2.2　丰富的后备土地资源

甜高粱是高温短日照作物，一般情况下，可以栽培玉米的地区都可以栽培甜高粱。研究表明，新疆大部分非宜棉区均可种植甜高粱。

调查统计表明，新疆各地水电站和大型水利枢纽工程建成后，新疆宜开垦的后备耕地资源总量为 14 875 188.41hm²，其中荒草地 10 162 007.37hm²，盐碱地 3 983 604.70hm²，沼泽地 321 865.04hm²，苇地 157 446.83hm²，滩涂 250 264.47hm²，后备耕地贮量较大。

2.3　甜高粱品种及乙醇生产技术基本成熟

新疆农业科学院通过对高含糖量甜高粱品种的引种和选育，目前已筛选出含糖量在 17%～20% 的品种（系）4个，在酵母菌菌株筛选改良上也取得了突破性进展。通过新疆农业科学院乙醇发酵中间试验结果的比较可知，固体发酵法生产 95% 乙醇的成本比液体发酵法低 284 元/t，比粮食基乙醇低 417 元/t。因此，利用甜高粱生产乙醇宜采用固体发酵法。

2.4　甜高粱秸秆贮藏技术

甜高粱秸秆的贮藏一直是甜高粱燃料乙醇加工过程中存在的技术难题，为此，新疆农业科学院进行了相关基础试验，利用新疆的特殊气候条件，使甜高粱秸秆自然贮存期达到

4 个月以上，为今后大规模生产解决了原料供应问题。

3 新疆甜高粱秸秆燃料乙醇产业化问题及发展对策

3.1 存在问题

现阶段，新疆生物质能源的科研水平、开发利用规模、产业化发展等同国际先进水平均有很大差距。科研投入过少，使得研究成果技术含量低，并且多为低水平重复研究。现阶段新疆甜高粱秸秆燃料乙醇产业化存在的问题如下。

3.1.1 甜高粱秸秆燃料乙醇的成本控制与提高产品竞争力的矛盾

由于甜高粱资源分散，收集手段落后，因此新疆的生物质能利用工程规模都很小。为降低投资，大多数工程采用简单的工艺和简陋的设备，设备利用率低，转换效率低，所以生物质能项目的投资回报率低，运行成本高，难以形成规模效益。

3.1.2 甜高粱秸秆燃料乙醇产业化大生产与农民组织化程度低的矛盾

农村和边远山区、林区农民居住较分散，组织化程度低，难以适应甜高粱秸秆燃料乙醇产业化大生产的需求。

3.1.3 甜高粱秸秆分散种植与原料集中生产的矛盾

甜高粱秸秆燃料乙醇产业链长，涉及原料生产、原料初加工和精深加工等多个环节。该产业具有原料供应分散和加工生产集中的特点，而新疆地域广阔，原料运输成本较高。

3.2 发展对策

3.2.1 建立产业化经营与利益机制创新体系

在乙醇生产企业、销售企业、农民之间建立新的利益机制体系。乙醇生产企业与销售企业按照市场关系组织加工和经营，农户按照一定的方式与乙醇生产企业联结，形成"风险共担、利益共享"的农业经济共同体。合同是联结乙醇生产企业与农户的纽带，合同不仅规定了利益双方的责任和义务，也明确了双方的利益分配关系，履行合同才能确保双方的利益得以实现。甜高粱的收购价分为保护价、优惠价、服务性补贴等多种形式，在产业化发展的初期、中期、后期应采用不同的原料收购价格[5]。

政府应加大对产业的扶持力度，包括政策上的扶持，资金上的支持，对科研、开发的扶持，建立原料生产基地，以摆脱产业自然发展的状态，加快产业化进程。

各级农业科教机构对农民进行科技培训，使农民快速掌握栽培技术。

新疆生产建设兵团生产集约化程度较高，组织严密，易于集中力量快速建立原料生产基地。

3.2.2 开发生物质能源作物副产品，提高产业的整体经济效益

开发利用乙醇生产过程中产生的副产品，可以大幅降低乙醇生产成本。测算表明，当副产品回收利用率从 50% 提高到 100% 时，95% 乙醇的生产成本将降低 950 元/t。

3.2.3 建立梯级开发模式，降低原料运输成本

建立化工企业带动原料初加工企业、原料初加工企业带动原料生产基地的模式，在种植地区以 15km 半径设立集液站，收集糖液或粗乙醇运往粗加工厂，其他物质按就近原则加工转化。根据实际运行测算，每种植 266.67hm² 甜高粱，就应建设一座年生产规模为

2 000t 的 63％乙醇加工厂。

4 结束语

在新疆以能源作物甜高粱为主要原料发展生物质燃料乙醇产业，可以做到"两不争、一调整、一利用"。"两不争"即不与棉花、粮食争地，以缓解粮棉用地紧张的矛盾，保证新疆棉花在国家经济发展中的地位以及保障粮食安全；"一调整"即优化该区域的种植结构，调减低效益作物面积，扩大高效益作物面积，以提高农民的经济收入；"一利用"即利用盐碱地和弃耕地，提高土地利用率。发展生物质燃料乙醇产业，为调整农业产业结构，发展畜牧业、造纸业，促进农业产业升级提供了重大机遇，对促进新疆经济的发展和环境保护具有重大的意义。

参考文献

[1] 周中仁，吴文良.生物质能研究现状及展望 [J].农业工程学报，2005，21 (12)：12-15.
[2] 康志河，杨国红，杨晓平，等.发展甜高粱生产，开创能源农业新时代 [J].中国农学通报，2005，21 (1)：340-341.
[3] 黎大爵.亟待开发的甜高粱酒精燃料 [J].中国农业科技导报，2003，5 (4)：48-51.
[4] 黎大爵.开发甜高粱产业，解决能源、粮食安全及三农问题 [J].中国农业科技导报，2004，6 (5)：56-57.
[5] 李寿山.分散与整合的纽带——加入WTO后中国农业共同体的利益机制研究 [M].乌鲁木齐：新疆人民出版社，2003.

本文曾发表于《新疆农业科学》2007 年第 1 期。

新疆甜高粱开发利用研究

王兆木　涂振东　贾东海

（新疆农业科学院，乌鲁木齐 830091）

1　甜高粱产业研究由来

1.1　产业研发经过

　　该产业研究是 2002 年 4 月 21 日由新疆维吾尔自治区领导建议，新疆农业科学院负责牵头召集有关专家研究并组织实施的。5 年多来，通过品种和栽培试验、用甜高粱茎秆制取 63% 粗乙醇、加工精馏 99.5% 酒精、燃料乙醇的动力测试以及兴建液体发酵中试车间等试验研究，已取得初步成果。截至 2006 年 4 月 10 日，新疆维吾尔自治区人民政府与中国石油化工集团有限公司在北京联合召开了新疆生物质乙烯产业化领导小组工作会议，新疆甜高粱产业化开发研究第一阶段工作告一段落，现已转入第二阶段即项目启动和实施阶段。

1.2　发挥资源优势

　　新疆具有大规模开发生物质乙烯产业的水土光热资源优势。现有耕地 402.546 万 hm^2（6 038.19 万亩），后备土地资源 333.901 万 hm^2（5 008.5 万亩）；现有水资源贮量 $8.00\times10^{10}m^3$，可利用量 $4.84\times10^{10}m^3$。

　　新疆 $\geqslant10℃$ 的积温 2 600～5 500℃，无霜期 140～229d，日照时数 2 600～3 500h，太阳总辐射量 5 440～6 490MJ/m^2，日照丰富、冬寒夏热、昼夜温差大，为甜高粱生长提供了有利的气候条件。

1.3　利用高能特性

　　甜高粱是高能作物，每亩甜高粱 1d 合成的糖类可生产 3.2L 酒精，而玉米只能生产 1.0L，小麦只能生产 0.2L，甜高粱可生产的酒精量分别是玉米和小麦的 3.2 倍和 16 倍。甜高粱不但产量高、能量大，而且其内在成分特别适于生产酒精。每亩甜高粱每年的酒精产量高达 407L，而号称太阳能转化器的甘蔗每亩每年的酒精产量为 312L。甜高粱属 C_4 作物，CO_2 浓度在 1mg/kg 时，便可积累光合产物。甜高粱的光合效率为大豆、甜菜、小麦的 2～3 倍，其光合转化率高达 18%～28%。

2　甜高粱农业研究进展

2.1　引种鉴定

　　先后引入国内外甜高粱品种资源 100 余份，通过引种试验、品种鉴定及比较试验，多数品种适合种植，也有部分品种在北疆正播或在南疆复播不能正常成熟。2004年对引入较好的9个品种和杂交种在新疆8个地区（州）进行区域试验，结果表明：生物产量5～6t/亩，茎秆汁液含糖锤度15%～17%。

2.2 品种选育

由新疆绿之能科技有限公司和吐鲁番地区农业科学研究所联合选育的77-85-20甜高粱品系，在吐鲁番地区生育期110～118d，平均产茎秆5 188kg/亩，茎秆汁液含糖锤度17.4%，2004年经新疆农作物品种审定委员会认定，命名为新高粱2号，适合在吐鲁番及南疆地区复播栽培。由新疆农业科学院经济作物研究所主持的甜高粱课题组，采用^{60}Co γ射线辐照和高速离心处理技术，通过南繁北育一年两代选育出5个高产高糖品系，已参加区域试验和生产试验，有望审（认）定1～2个新品种。

在甜高粱杂种优势利用研究方面，引入一批不育系、保持系以及恢复系材料。通过大量测交转育，已获得一批有希望的不育和保持材料。选育不育系和恢复系的最终目的是组配强优势杂交种，针对不育系和恢复系之间遗传差异的大小，进行亲缘关系的合理搭配是杂交种选育的技术关键。

2.3 生产示范

近年来新疆示范推广甜高粱面积已超过1 333.3hm²（2万亩），在示范推广新品种的同时，进行栽培试验，掌握其特征特性和栽培技术特点，为大面积推广提供科学依据。如玛纳斯县2003年种植甜高粱133.3hm²（2 000亩），5月上旬播种，9月17日对兰州湾镇二道树村的9.47hm²（142亩）甜高粱和乐土驿镇文家庄的11.3hm²（170亩）甜高粱及乐土驿镇的2hm²（30亩）玉米分别测产。甜高粱平均12 714株/亩，平均单株重0.63kg，平均株高3.22m，茎粗2.13cm，平均含糖锤度15.11%，平均生物产量6 379.6kg/亩，比玉米生物产量4 565.6kg/亩高出1 814kg/亩，效益增加231元/亩，这是甜高粱可以取代部分玉米和农民愿意种植甜高粱的重要原因。

2.4 复播试验

对引入的15个甜高粱品种进行小麦收割后复播试验。2003年6月19日播种，行距60cm，株距20cm，留苗6 000株/亩，生育天数为133d，平均单株叶片数25.15片，平均株高3.02m，茎粗2.13cm，平均含糖锤度11.5%，平均生物产量6 840kg/亩。在吐鲁番高温、长日照条件下栽培，雷伊、凯勒、贝利、考利等国外品种以及BJ-190和BJ-339等北京品种生物产量很高但种子没有成熟。如BJ-339的生物产量高达10 800kg/亩，含糖锤度11%；凯勒的生物产量9 500kg/亩，含糖锤度14%。某些甜高粱品种对温、光反应敏感性很强，切不可盲目大量引种推广。如新高粱2号在吐鲁番高温、长日照条件下培育生育期110～118d，但引到吐鲁番以西300km的玛纳斯县种植，生育期长达145～152d。

甜高粱适合在南疆地区麦收后复播栽培，为南疆广大棉区的产业结构调整提供了粮-棉-饲三元结构的种植模式，可以实现棉花、小麦复播甜高粱两年三茬的轮作制，同时为南疆发展畜牧业提供优质饲料。用甜高粱茎秆酿酒、生产乙烯，可增加农民收入，增加就业机会，促进地方经济发展。

3 甜高粱种植效益分析

3.1 糖分积累动态

茎秆产量和含糖量是衡量甜高粱效益的重要指标。据新疆农业科学院经济作物研究所试验，以早熟品种（生育期 103d）和晚熟品种（生育期 139d）为试材，观察测定了甜高粱茎秆的糖分积累过程。

早熟品种 7 月 23 日开花，含糖锤度为 2.3%，从开花至蜡熟经历 20d，含糖锤度由 2.3%上升到 6.8%，增长 4.5 个百分点。从蜡熟至完熟经历 15d，含糖量由 6.8%上升到 13.1%，增长 6.3 个百分点。从完熟至收获经历 14d，含糖锤度仅增加 0.8 个百分点，达 13.9%。

晚熟品种 8 月 20 日进入开花期，含糖锤度为 3.5%，从开花至蜡熟经历 24d，茎中含糖锤度由 3.5%上升到 10.1%，增长 6.6 个百分点。从蜡熟至完熟经历 16d，含糖锤度由 10.1%上升到 18.2%，增长 8.1 个百分点。从完熟至收获经历 6d，仅增长 0.3 个百分点，达到 18.5%。

3.2 青贮饲料价值

根据新疆农业结构调整的战略部署，畜牧业将成为新疆特色农业和主导产业从而得以快速发展。甜高粱茎秆鲜嫩，富含糖分，叶片柔软，适口性好，牲畜爱吃，加之生长快、产量高、适应性强，是极其优良的饲料作物。如 2003 年玛纳斯奶牛场茎秆收购价为甜高粱 0.14 元/kg，玉米 0.12 元/kg；甜高粱生物产量为 6 370kg/亩，玉米生物产量为 4 560kg/亩；甜高粱每亩纯收益达 628.7 元，玉米每亩纯收益为 397.2 元，甜高粱单位面积纯收益比玉米增加 58.3%。2003 年农业部新疆农业科学院测试中心对甜高粱和玉米青贮饲料的营养成分进行了全面分析。在反映饲料营养成分的 18 项主要指标中，粗纤维、干物质、淀粉、总糖、还原糖、水溶性氯化物、无氮浸出物、维生素 B_1、维生素 B_2、钙、镁、钾、单宁及灰分等 14 项有效成分在甜高粱青贮饲料中的含量高于玉米青贮饲料，而玉米青贮饲料则在粗脂肪、粗蛋白、蔗糖及氨基酸总量等 4 项指标上优于甜高粱青贮饲料（表 1）。

表 1　甜高粱青贮饲料与玉米青贮饲料营养成分比较

名称	干物质(%)	粗蛋白(%)	粗脂肪(%)	粗纤维(%)	淀粉(%)	总糖(%)	还原糖(%)	蔗糖(%)	无氮浸出物(%)
甜高粱	91.64	8.82	1.71	34.43	0.44	8.2	6.42	1.9	50.95
玉米	91.22	9.24	2.68	26.98	0.2	2.74	0	2.6	46.13

名称	灰分(%)	水溶性氯化物(%)	维生素 B_1(mg/kg)	维生素 B_2(mg/kg)	单宁(%)	氨基酸总量(%)	钙(%)	镁(%)	钾(%)
甜高粱	9.68	1.15	0.55	3.79	0.07	5.11	0.73	2 100	0.19
玉米	6.19	0.88	0.14	3.61	0.03	6.17	0.7	1 532.5	0.09

3.3 种植效益比较

"十一五"期间，国家发展燃料乙醇的重点是推进不与粮食争地的非粮食作物如薯类（木薯、甘薯）、甜高粱、甘蔗及植物纤维的原料替代。在新疆调整种植业结构，发展甜高粱生产，可实现"两不争两带动"，即在次、非宜棉区不与棉花、粮食争地的前提下，带动农民较大幅度增加收入，促进一大批生产白酒的企业增效。相关资料显示，种植甜高粱每亩净收入达 456 元，比小麦 195 元、玉米 356 元、棉花 382 元的净收入分别高出 133.8%、28.1%和 19.4%，为新疆农业产业化发展探索了一条新路（表2）。

表2 甜高粱与其他作物每亩效益比较（元）

名称	成本					收入			净收入
	水	肥药	人工	种子	合计	产量	单价	产值	
甜高粱	104	230	100	30	464	4.5t 200kg	160 1.0	720 200	456
小麦	110	190	80	25	405	500kg	1.2	600	195
玉米	140	240	100	18	498	610kg	1.4	854	356
棉花	260	387	222	41	910	297kg	4.35	1 292	382

4 甜高粱产业化开发试验

4.1 甜高粱秸秆酿酒

2003 年 11 月 6 日新疆绿之能科技有限公司在吐鲁番市托克逊酒厂进行甜高粱秸秆酿酒试验。甜高粱收割后，先去穗子，然后将叶片和叶鞘剥光，再将净秆粉碎。酿酒原料近13t，水分含量71%～76%，含糖锤度13.01%，分入5个水泥窖池发酵。其工艺流程为：茎秆收购→茎秆粉碎→加曲拌料→封窖发酵→入甑蒸馏→冷却原酒→加工精馏→燃料乙醇。

试验获得 1 260kg 63%粗乙醇，出酒率达 10%。其工艺过程要求秸秆粉碎成 2cm 左右，曲子、酵母、糖化酶按比例同时加入拌匀，入窖时四周紧中间松，控温控水，密封严实。

4.2 甜高粱秸秆酒与原粮酒

对色泽、香气、品味及风格等感官指标进行比较，秸秆酒与原粮酒一致。而从对质量有影响的总酯、己酸乙酯、固形物等三项指标来看，原粮酒比秸秆酒分别高出 3.06g/L、3.22g/L 和 0.06g/L。秸秆酒含总酸 0.84g/L、甲醇 0.15g/L、杂醇油 0.39g/L，分别比原粮酒高出 0.22g/L、0.02g/L 和 0.27g/L（表3）。

表3 甜高粱秸秆酒与原粮酒成分比较

项目	甜高粱秸秆酒	原粮酒
色泽	无色，清亮透明，无悬浮物，无沉淀	无色，清亮透明，无悬浮物，无沉淀
香气	具有己酸乙酯为主体的复合香气	具有己酸乙酯为主体的复合香气

（续）

项目	甜高粱秸秆酒	原粮酒
口味	入品纯正	入品纯正
风格	具有本品固有的风格	具有本品固有的风格
酒精度（°）	68.5	71.0
总酸（以乙酸计）（g/L）	0.84	0.62
总酯（以乙酸乙酯计）（g/L）	1.56	4.62
己酸乙酯（g/L）	未检出	3.22
固形物（g/L）	0.03	0.09
甲醇（g/L）	0.15	0.13
杂醇油（以异丁醇与异戊醇计）（g/L）	0.39	0.12

4.3 甜高粱秸秆酒糟与原粮酒糟

在对甜高粱秸秆酒糟与原粮酒糟有效成分、有效微量元素及维生素等所分析的 23 个项目中，甜高粱酒糟在粗纤维、鲜秆水分、总糖、蔗糖、无氮浸出物、铜、钙、镁、钾、钠、氯化胆碱及水溶性氯化物等成分上优于原粮酒糟。这一结果肯定了甜高粱秸秆酒糟的饲用价值与开发利用前景。

4.4 茎秆贮存试验

产品加工以原料供应为基础，用甜高粱秸秆生产 63% 粗乙醇的酒厂，每年必须有 4~5 个月的生产期，才能确保企业的生产利润。为此，在吐鲁番地区农业科学研究所开展了甜高粱秸秆贮存期试验。将收获的甜高粱秸秆去穗、去叶，每捆 20kg 左右，成捆直立堆放。每隔 10d 测定含糖锤度。从 9 月 26 日至 12 月 26 日的试验结果表明：含糖锤度由 15.69% 增加到 18.70%，提高了 3.01 个百分点。说明在新疆严寒的冬季露地贮存甜高粱秸秆的办法是可行的，至少可以贮存 5 个月，而且不会发生霉变。新疆可再生能源开发步伐的加快，对促进甜高粱、甜菜等生物质生产燃料乙醇的产业化，实现生物质乙烯产品生产、加工、销售、消费与生态环境承载力之间的动态平衡，保证经济、社会与生态环境协调发展，促使新疆能源供应多样化，推动农业、畜牧业、加工业及能源、化工等相关产业的发展，具有十分重要的战略意义。

本文曾发表于《新疆农业科学》2004 年第 41 卷第 3 期。

调整种植业结构　发展甜高粱生产

王兆木　涂振东

（新疆农业科学院，乌鲁木齐 830000）

1　甜高粱研究与开发动态

1.1　国外甜高粱研发成果

甜高粱是一种新的能源、糖料和饲料作物。世界上许多发达国家和发展中国家，于 20 世纪初就已开发和利用甜高粱。美国、巴西、澳大利亚等国家将甜高粱作为工业原料，广泛应用于高能饲料、燃料乙醇、制糖、造纸等工业生产。由于高能饲料和工业加工的需要，在甜高粱品种培育、栽培技术、加工技术、产品开发的研究上，很多国家已取得重大成果并广泛应用。

1.2　国内甜高粱研发动态

中国是世界上研发甜高粱较早的国家之一。1974 年中国科学院植物研究所开始了甜高粱的研究，先后发起并主持召开了第一届全国甜高粱会议和第一届国际甜高粱会议，出版了中、英文甜高粱著作，收集并筛选出一批国内外优良品种在我国各地推广。在此基础上，又培育出一批新的优良品种，在国内和国际甜高粱品种区域试验中表现良好。中国农业科学院原品种资源研究所、辽宁省农业科学院作物研究所、沈阳农业大学等许多科研院校，在甜高粱品种改良及栽培技术方面进行了深入研究，选育出一批高产、优质、抗病的甜高粱新品种。甜高粱茎秆制取乙醇已列入 863 计划，燃料乙醇生产试点项目进展顺利。国家发展改革委等八部委发出通知，将车用乙醇的试点范围扩大到 8 个省份，已取得了阶段性成果。

1.3　新疆甜高粱研发动态

1.3.1　新疆发展甜高粱产业的技术可行性

塔城甜高粱引种正播栽培试验和吐鲁番麦收后的甜高粱复播试验结果显示，12 个甜高粱品种生物产量为 88.5～120t/hm²，比玉米高出 27t/hm²，籽粒产量为 2 335.5～2 725.5kg/hm²，含糖量为 11.24%～20.56%。

试验为新疆农业产业结构调整提供了粮-棉-饲或粮-棉-能源三元结构的种植模式。

1.3.2　初加工及秸秆贮藏试验

13t 甜高粱秸秆酿酒试验结果显示，出酒率达 10%。分析比较了秸秆酒与原粮酒质量，两种酒的色泽、香气、口味及风格等感官指标相同。秸秆酒渣与原粮酒渣成分比较，秸秆酒渣优于原粮酒渣。研制出少量的甜高粱秸秆粉样品，甜高粱粉配合饲料生产试验及饲喂试验正在进行中。为期 3 个月的甜高粱秸秆贮藏试验结果显示，秸秆含糖量从 15.69% 提高到 18.70%，为后续加工生产奠定了基础。

1.3.3　秸秆乙醇配制汽油及发动机动力试验

用甜高粱秆制取的燃料乙醇，以 8%～22% 的比例与 90 号汽油混配制成乙醇汽油，经乌鲁木齐石化公司科研所分析测试中心和独山子石化总厂检测化验，基本符合国家标准。以不同配比（10%～60%）制成的乙醇汽油在摩托车和桑塔纳汽车上进行试验，均已取得成功。

根据国内外经验，大力发展高产和高能的饲料作物甜高粱，是新疆调整产业结构，调优种植业结构，促进高能饲料作物和再生性能源作物产业化开发的战略性举措之一。

1.4　以甜高粱为原料的生物质能转换

示意见图 1。

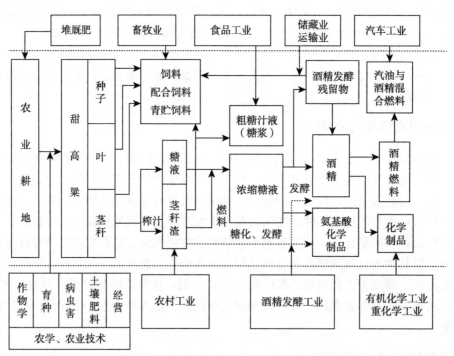

图 1　以甜高粱为原料的生物质能转换示意

2　建立三元种植结构，发展新疆畜牧业

2.1　发展甜高粱，增加饲草料

根据新疆畜牧业发展规划，到 2010 年，牲畜存栏量达 6 198 万头，按 2000 年 4 524 万头计算，年均增长 3.7%。牲畜存栏量的增加将使饲料的需求增加。以牛为例，2000 年新疆牛的存栏量为 385 万头，按每头牛每年消耗饲料 10t 计算，新疆每年的饲料消耗量为

3 850万t；到2005年，本区牛的存栏量将达到480万头，每年需要饲料4 800万t。而目前本区秸秆加工调制总量仅为486.98万t，与供需平衡还有很大差距，必须加大饲草料资源的开发力度，提高饲料加工量。由此可见，发展甜高粱高能饲料具有很大的市场潜力。

2.2　建立三元结构，全面建设小康

新疆农区长期以来的种植结构基本上是粮、经二元种植结构。新疆的畜牧业主要是草原畜牧业，由于草原畜牧业受草原季节不平衡的限制，冷季草场牲畜超载严重，草场退化，严重制约了畜牧业的发展。新疆的畜牧业最终必须与农区种植业结合起来，才有出路。因此，农区建立粮-经-饲三元种植结构，符合新疆"十五"期间加快经济结构调整、优化产业结构的战略部署。是实现新疆农业可持续发展和农牧民脱贫致富的正确途径。

2.3　充分利用资源，大力发展甜高粱

甜高粱是短日照作物，又是喜温作物，要求≥10℃的积温在2 600～4 100℃，甜高粱生育期120～130d，南疆和东疆可以一种一次收获两次，增产增收。甜高粱的糖分积累不仅需要高温、长日照，而且要求昼夜温差大。因此，甜高粱非常适合在新疆种植，这是提出大力发展甜高粱生产的理论基础。

3　甜高粱的重要经济价值

3.1　推广甜高粱，发展畜牧业

甜高粱茎秆鲜嫩，富含糖分，叶片柔软，适口性好，牲畜爱吃，加之甜高粱产量高，适应性强，是极其优良的饲料作物。甜高粱的鲜生物产量很高，国外高产纪录为16.9万kg/hm²，国内高产纪录为15.75万kg/hm²。2003年玛纳斯县种植甜高粱133.3hm²，平均株高3.2～3.8m，茎粗1.8～2.2cm，含糖锤度15.1%～16.9%，生物产量9.6万kg/hm²，比玉米鲜饲料6.84万kg/hm²高出2.76万kg/hm²。甜高粱除能生产2 250～5 250kg/hm²高粱籽粒外，还比玉米产草量增加39.69%。

甜高粱不但产量高、质量好，而且经济价值高。2003年玛纳斯县青贮饲料收购价为：甜高粱秆0.14元/kg，玉米秆0.12元/kg；甜高粱纯效益达9 430元/hm²，玉米纯效益为5 858元/hm²，甜高粱比玉米的效益增加3 572元/hm²，增产60.98%。2003年在南疆和吐鲁番进行复播试验，生物产量为7.8万～10.2万kg/hm²，平均株高2.79m，茎粗1.74cm。甜高粱适合在南疆及东疆地区复播栽培，甜高粱复播栽培为南疆广大棉区产业结构的调整以及粮、棉、饲两年三茬轮作制的实现创造了条件，为南疆地区发展农区畜牧业创造了条件。甜高粱除作青贮饲料外，还可以加工成糖化秸秆饲料，其营养价值高，含糖量较茎秆原料可提高10倍，饲料回报率明显提高。甜高粱秸秆粉配合饲料加工技术是中国科学院植物研究所研究开发的专利技术。制成的秸秆粉热值高达18.07MJ/kg，氨基酸含量为0.19%，占干物质总量的3.03%。甜高粱秸秆粉配合饲料是一种新型的饲料，加工技术简单、成熟，便于推广应用。

3.2　推广甜高粱，发展酒精燃料工业

甜高粱是"高能作物"。甜高粱从拔节挑旗以后，平均每天长高5～8cm，每天合成的

糖类可产酒精 48L/hm²，而玉米只有 15.3L/hm²，小麦为 9L/hm²，甜高粱是玉米和小麦的 3.1 倍和 5.3 倍。因为甜高粱属 C_4 植物，CO_2 补偿点为 1mL/L，而 C_3 作物 CO_2 补偿点为 40～60mL/L。并且 C_3 作物 CO_2 浓度达 300mL/L 时即可达到饱和，而甜高粱的 CO_2 饱和点很高，CO_2 浓度高达 1 000mL/L 时，光合作用仍在上升。因此，甜高粱的光合效率很高，为大豆、甜菜、小麦的 2～3 倍。

甜高粱具有抗旱、耐涝、耐盐碱的特性，对土壤适应能力很强，pH 为 5.6～8.5 时均能正常生长。甜高粱每生产 1kg 干物质需水 250～350kg，而小麦、大豆需 500～700kg。

据世界能源理事会 1994 年的估计，世界石油蕴藏量仅够开采 60 年。世界性的石油危机，激发了人们对再生能源的兴趣。甜高粱在生物能源系统中，不仅产量高、能量大，而且其内在成分特别适于生产酒精。甜高粱的酒精产量达 6 105L/hm²，而号称太阳能转化器的甘蔗的酒精产量为 3 195L/hm²。因此，甜高粱已成为用生物量生产能源的主要作物。

据新疆农业科学院绿之能生物科技中心的最新研究，种植 13t 甜高粱秸秆酿制出 60°白酒 1 240kg，出酒率为 10% 左右，比用粮食酿酒成本降低一半。用该酒加工成酒精浓度为 99.6% 的燃料乙醇，用 10%、20%、30%、40%、50%、60% 的配比在摩托车和桑塔纳汽车上试验，动力性能与使用汽油一样，燃烧性好，污染物排放减少。研制的汽油醇，经动力试验和首次检测结果证明已基本符合变性燃料乙醇的国家标准，为全面推广使用奠定了基础。

研究结果表明，用高粱秆酿制白酒、酒精、汽油醇，成本低、效益高，是农业产业结构调整，实现农业增产、农民增收的途径之一，是解决能源短缺、保护环境的发展方向。开发和利用汽油醇这种新能源，可以使农业、能源、环保三得利。更重要的是具有价格优势，竞争力强劲，比用玉米、小麦等粮食作物生产酒精的成本降低 50% 以上，这是新疆发展甜高粱生物能的关键所在。

3.3 推广甜高粱，发展糖料和其他工业

相关资料显示，1992 年我国食糖产量破历史最高纪录，达到 829.31 万 t，其中甘蔗总产量达 6 841.9 万 t，甜菜总产量达 1 210 万 t，分别为 1950 年的 22 倍和 49 倍，但只占世界总产量的 0.66%。由于受国际市场的冲击，我国的食糖供应与糖价状况时起时伏，变化无常。甜高粱茎秆含糖量高，茎秆汁液锤度一般在 14%～21%，结晶黄砂糖的产糖率为 11.4%，用加酶磷灰法产糖率可达 12.83%。

纸浆奇缺，已经成为一个世界性的问题。推广甜高粱，可充分利用甜高粱废渣生产优质纸。甜高粱废渣不需要漂白就可生产印刷纸，质量超过木质纸浆。

可用甜高粱生产味精和纤维板。1hm² 甜高粱可生产 3 600kg 左右味精。由于甜高粱的茎秆中纤维素的含量高达 12%～30%，1hm² 可产 9 000～15 000kg 纤维板。将纤维干燥后加入 2.5%～3% 的酚醛树脂经热压后便可制成高质量的纤维板。

综上所述，甜高粱既是高能饲料作物，又是生物能源作物，发展甜高粱生产对调整种植业结构、实行农牧结合、开发绿色能源、增加农民收入等，具有十分重要的意义和作用，是新疆农牧民脱贫致富的有效途径之一。

第二部分

高粱资源与遗传育种

本文曾发表于《植物遗传资源学报》2012年第13卷第4期。

新疆甜高粱种质资源遗传
多样性的 SSR 分析

冯国郡[1,2]　叶凯[2]　李桂英[3]　聂元冬[3]　郭建富[2]

(1. 新疆农业大学农学院，乌鲁木齐 830052；2. 新疆农业科学院，乌鲁木齐，830091；

3. 中国农业科学院作物科学研究所，北京 100081)

　　甜高粱是普通粒用高粱的一个变种，因其茎秆富含可发酵糖被认为是最有潜力的可替代能源之一[1-2]。种质资源遗传多样性是育种的基础，任何一个新品种的培育都是在原有的植物资源基础上通过杂交、诱变、选择等方法，通过修饰、加工、改良后培育出来的。随着人类对生物遗传多样性研究层次的提高和试验手段的不断改进，评价遗传多样性的方法也在不断丰富。20 世纪 80 年代以来分子生物学技术快速发展，产生了以直接检测 DNA 分子碱基序列变异为基础的分子标记，突破了以往单纯的形态标记和生化标记的种种限制，为作物遗传多样性研究提供了有力工具。大量研究表明，分子标记是检测种质资源遗传多样性的有效工具[3-6]。SSR 标记因具有多态性高、共显性遗传、对 DNA 质量要求不高、稳定性好、实验操作简单方便等特点，成为研究者们首选的 DNA 标记技术之一。新疆已对拥有的甜高粱种质资源从株高、生物产量、锤度等农艺性状进行了形态学的初步鉴定，但从分子水平研究其遗传多样性尚属空白。SSR 标记已被用于小麦[7-10]、大麦[11]、玉米[12-13]、水稻[14-15]、棉花[16]、甘薯[17]、大豆[18]、花生[19]、谷子[20]、黍[21]等多种作物的遗传多样性研究。为了有效地利用高粱种质资源，促进育种工作，国内外学者应用 SSR 分子标记方法对拥有的种质资源进行研究。如 Dean 等[22]利用 SSR 标记分析了 20 份美国棕色高粱及其品系内的遗传多样性并根据分析结果提出可以降低所保存种质的种植群体，而不会显著降低其遗传变异。Ali 等[1]用 SSR 分子标记技术对 68 份甜高粱材料遗传多样性进行了研究，得到的聚类结果与已知的应用形态学和农艺性状分类的家谱及其遗传背景信息相吻合。赵香娜等[23]对 206 份国内外甜高粱种质资源的 16 个形态性状和农艺性状进行遗传多样性及相关性研究，并应用 SSR 标记技术从分子水平进行深入分析，比较了两种分类的异同和优缺点。闫锋[24]首次利用 20 个形态性状和 11 对 SSR 引物对 64 份甜高粱种质进行亲缘关系分析及资源评价。本试验应用 SSR 分子标记技术对新疆现有 72 份甜高粱种质资源的亲缘关系进行系统研究，拟从分子水平明确新疆甜高粱种质资源的遗传多样性特点、亲缘关系和遗传背景等，以避免品种选育中亲本选配的盲目性，为杂交育种的亲本选配提供理论依据。

1　材料与方法

1.1　供试材料

　　供试材料共 72 份，其中新疆农业科学院提供 18 份，中国农业科学院提供 33 份，中国科学院植物研究所提供 7 份，辽宁省农业科学院提供 8 份，黑龙江省农业科学院提供 3 份，山西省农业科学院提供 1 份，山东省农业科学院提供 1 份，锦州市农业科学院提供 1 份（表1）。

表1　参试 72 份甜高粱种质资源

编号	材料名称	来源	编号	材料名称	来源	编号	材料名称	来源
1	LTG-5	黑龙江省农业科学院	25	SP341	新疆农业科学院	49	L309	辽宁省农业科学院
2	TLF-4	新疆农业科学院	26	SP36	新疆农业科学院	50	KTG-2	中国科学院植物研究所
3	L026	辽宁省农业科学院	27	JT08-1	山西省农业科学院	51	LT07	辽宁省农业科学院
4	sy090162	中国农业科学院	28	SP51	新疆农业科学院	52	LT05	辽宁省农业科学院
5	JIN02	锦州市农业科学院	29	SP52	新疆农业科学院	53	LT02	辽宁省农业科学院
6	SP41	新疆农业科学院	30	甜126	中国农业科学院	54	LT01	辽宁省农业科学院
7	甜选77	中国农业科学院	31	甜选9	中国农业科学院	55	LTG-2	黑龙江省农业科学院
8	新高粱2号	新疆农业科学院	32	sy090627	中国农业科学院	56	合甜	黑龙江省农业科学院
9	新高粱2号	新疆农业科学院	33	MN-3329	中国农业科学院	57	MN-4566	中国农业科学院
10	新高粱2号	新疆农业科学院	34	甜选13	中国农业科学院	58	JT01	山东省农业科学院
11	MN-4540	中国农业科学院	35	LS01	辽宁省农业科学院	59	L313	辽宁省农业科学院
12	BABUSH	中国农业科学院	36	sp225	新疆农业科学院	60	SP342	新疆农业科学院
13	UT84	中国农业科学院	37	sp235	新疆农业科学院	61	42	中国科学院植物研究所
14	MN-94	中国农业科学院	38	sp310	新疆农业科学院	62	07T-160-1	中国科学院植物研究所
15	MN-3808	中国农业科学院	39	ALBAUGH	中国农业科学院	63	10	中国科学院植物研究所
16	糖高粱	中国农业科学院	40	BATHURST	中国农业科学院	64	堪萨斯所科学	中国科学院植物研究所
17	MN-2647	中国农业科学院	41	MN-55	中国农业科学院	65	北甜蔗	中国科学院植物研究所
18	JUAR-3	中国农业科学院	42	5431/S	中国农业科学院	66	AF-197	中国科学院植物研究所
19	甜选26	中国农业科学院	43	BAHANA2	中国农业科学院	67	LEOTI-3	中国农业科学院
20	新高粱4号	新疆农业科学院	44	MN-4322	中国农业科学院	68	MN-4218	中国农业科学院
21	SP11	新疆农业科学院	45	MN-2609	中国农业科学院	69	ROMA	中国农业科学院
22	AMES	中国农业科学院	46	MN-3466	中国农业科学院	70	MN-4539	中国农业科学院
23	SP234	新疆农业科学院	47	甜选86	中国农业科学院	71	辽宁8142	中国农业科学院
24	SP33	新疆农业科学院	48	甜选56	中国农业科学院	72	SP65	新疆农业科学院

1.2　试验方法

1.2.1　甜高粱总 DNA 的提取

每个株系选取 30 粒种子放入培养皿中在人工气候箱内发苗，待黄化苗长到 10cm 左右（时间约 7d），混合剪取幼苗放入研钵中加液氮研磨，采用 CTAB 法提取甜高粱基因组 DNA，然后用 2％琼脂糖凝胶电泳检测 DNA 浓度和纯度。

1.2.2 SSR扩增和电泳

50对SSR引物由生工生物工程（上海）股份有限公司北京分公司合成。PCR反应体系为总体积20μL体系：10×buffer 2μL, Template 1μL, dNTP（10μL）0.5μL, Primer - F 1μL, Primer - R 1μL, Taq酶（2.5U/μL）0.4μL, ddH$_2$O 14.1μL。PCR反应程序为：94℃ 5min；94℃变性30s, 55℃退火1min, 72℃延伸55s, 35个循环；72℃延伸5min。扩增产物在6%的聚丙烯酰胺变性胶上恒压电泳，银染拍照，记录。

1.2.3 数据统计与分析

从SSR扩增产物中筛选多态性好的引物进行统计分析。在相同迁移位置电泳条带有记为1，无带记为0，缺失或不清楚记为9，建立数据库。按Nei等[25]方法计算品种间的相似系数（GS）或遗传距离（GD）：$GS=2M_{xy}/(M_x+M_y)$，$GD=1-2M_{xy}(M_x+M_y)$，其中M_x和M_y分别为两材料的总DNA片段数，M_{xy}为两材料的公共片段数。根据所得的遗传距离，用UPGMA法（unweighed pair group method with arithmetic mean），算术平均非加权配组法）进行遗传相似性聚类，统计分析在NTSYS - ver. 1.8构建并绘制树状图。统计各个材料的扩增条带数，数据通过PopGenever. 1.31软件进行处理，计算各品种间的遗传多样性参数。①Shannon遗传多样性指数：$H_i=-\sum p_j \ln p_j$，p_j是位点i第j个等位变异出现的频率，可以反映群体中等位变异的丰富程度和均匀程度。②多态信息量（PIC）：根据Smith等报道的方法[26]计算PIC（polymorphic information content）值，$PIC=1-\sum f_i^2$，f_i表示第i个等位基因（Allele）的频率。PIC值反映了某一对SSR引物对品种的区分能力，PIC用于测定每个位点的多态性分辨能力，它不仅考虑到位点上存在的等位基因数，还考虑到这些等位基因的相对频率。③总等位基因数（N_a）。④有效等位基因数（N_e）：纯合度的倒数，表明等位基因间的相互影响，等位基因在群体中分布越均匀，有效等位基因数越接近检测的等位基因绝对数。⑤Nei's（1973）：expected heterozygosity，度量群体遗传变异。

2 结果与分析

2.1 引物的筛选及扩增产物的多态性分析

随机选用50对来源于不同染色体的SSR标记对供试材料进行扩增，其中多态性较好的引物20对，占所用引物的40%。这些引物对所有供试材料的扩增产物重复性好，特异性高，条带清晰且多态性丰富。对这20对引物扩增结果进行统计，在72份甜高粱种质中共检测91个等位基因，每对SSR位点可检测到的等位基因数目为2~5个不等，平均为3.45个等位基因。PIC值的变动范围为0.285 9~0.665 2，平均为0.505 7（表2）。图1为引物txp17扩增片段。

表2可见，在这20个SSR位点中，等位基因的数量变化较大；观察杂合度变幅为0.287 6~0.651 6，平均为0.422 9；期望杂合度的变动范围为0.348 4~0.712 4，平均为0.577 1；Nei's（1973）的变动范围为0.345 7~0.707 0，平均为0.572 5；Shannon遗传多样性指数变幅为0.529 7~1.400 4，平均为0.995 3；有效等位基因数的变动范围是1.528 3~3.412 5，平均为2.488 7。以上结果在一定程度表明扩增等位基因的多少与PIC

值有一定的相关性，这与陈英等[27]的研究结论一致。

表 2   SSR 标记的遗传多样性分析

编号	SSR 位点	片段大小 (hp)	观察到的等位基因数	有效等位基因数	Shannon 遗传多样性指数	观察杂合度	期望杂合度	Nei's (1973)	多态信息量
1	sb4 – 121	138	3	2.501 2	1.005 3	0.395 4	0.604 6	0.600 2	0.533 1
2	sbAGB03	80	4	2.867 4	1.169 6	0.340 5	0.659 5	0.651 2	0.589 6
3	svPEPCAA	130	3	1.883 2	0.768 4	0.527 4	0.472 6	0.469 0	0.394 2
4	txp3	132	5	3.412 5	1.400 4	0.287 6	0.712 4	0.707 0	0.665 2
5	txp17	140	3	2.729 0	1.043 9	0.361 9	0.638 1	0.633 6	0.555 9
6	txp358	116	3	3.021 1	1.133 6	0.325 2	0.674 8	0.669 0	0.597 3
7	xtxp13	136	3	2.047 8	0.756 9	0.484 5	0.515 5	0.511 7	0.395 0
8	xtxp18	136	4	2.614 6	1.144 9	0.377 9	0.622 1	0.617 5	0.567 1
9	xtxp19	128	4	2.562 4	1.133 2	0.385 5	0.614 5	0.609 7	0.560 5
10	xtxp26	124	3	2.643 7	1.022 5	0.373 2	0.626 8	0.621 7	0.541 8
11	xtxp28	142	3	2.613 9	1.029 1	0.378 2	0.621 8	0.617 4	0.548 0
12	xtxp29	82	2	1.676 8	0.593 4	0.591 4	0.408 6	0.403 6	0.322 2
13	xtxp30	122	4	3.279 9	1.259 7	0.299 1	0.700 9	0.659 1	0.637 9
14	xtxp31	142	3	2.923 3	1.085 6	0.337 5	0.662 5	0.657 8	0.584 1
15	xtxp32	140	5	3.174 6	1.294 5	0.310 1	0.689 9	0.685 0	0.630 0
16	xtxp34	132	3	2.995 9	1.097 9	0.328 7	0.671 3	0.666 2	0.592 1
17	xtxp36	138	4	1.968 2	0.931 3	0.504 5	0.495 5	0.491 9	0.382 8
18	xtxp38	126	2	1.528 3	0.529 7	0.651 6	0.348 4	0.345 7	0.285 9
19	txp61	142	3	1.597 8	0.688 0	0.623 2	0.376 8	0.374 1	0.342 9
20	xtxp40	138	4	1.733 2	0.817 6	0.573 9	0.426 1	0.423 0	0.389 2
平均		128	3.45	2.488 7	0.995 3	0.422 9	0.577 1	0.572 5	0.505 7

图 1   引物 txp17 对 72 份甜高粱的扩增结果

2.2 种质间的遗传相似系数

根据 20 对引物得到的 SSR 标记计算各个种质间的遗传相似系数。遗传相似系数越大，亲缘关系越近；遗传相似系数越小，亲缘关系则越远。72 份甜高粱种质的遗传相似系数变化范围为 0.200 1~1.000，平均值为 0.559 9。JUAR – 3 和 BAHANA2，JIN02 和 MN – 55 之间的遗传相似系数最大，为 1，这说明这两对材料具有相同的血缘关系和遗传背景。TLF – 1 和 sp235 的遗传相似系数最小，为 0.200 1，说明这对种质的亲缘关系最远。

2.3　72份甜高粱种质的UPGMA聚类分析

根据20对SSR引物所检测出的91个等位基因，对72份供试甜高粱种质资源进行UPGMA聚类分析，在遗传距离为63.593处可以将所有材料分为A、B两大组，A组包括69份材料11个亚群，B组包括3份材料（图2）。各类群的主要农艺性状特点及优良品系的主要特性分述如下。

2.3.1　A组

第Ⅰ亚群：包括JT01、SP234、SP65、L313、甜选13、sp235、sy090627、sp310、SP51、SP33、SP52、SP341共12个品系，都为晚熟品系，生育期128～134d，株高在2.50～3.21m，锤度表现中等，为14.38%～18.05%。其中sp310锤度最高（为18.05%），株高适中，生育期130d，榨汁率较高（为43.1%），可作为晚熟优异种质加以利用。

第Ⅱ亚群：包括新高粱3号、SP41、LEOTI-3、北甜蔗、新高粱9号、BABUSH、ROMA、LT01共8个品系，其中新高粱3号、LEOTI-3、北甜蔗为中熟品系，其余为晚熟品系。BABUSH、ROMA的锤度大于19.51%，可作为高糖晚熟种质加以利用。

第Ⅲ亚群：包括MN-2609、MN-2647、甜选86、甜选26、BATHURST、甜选77、甜选56、MN-3329共8个品系，都为晚熟品系，株高在2.60～3.50m。其中MN-2609、BATHURST、甜选56等3个品系的锤度较高，分别为21.89%、21.99%、27.34%，可作为高糖高秆品系加以利用。其余锤度小于16.49%，可根据不同需要加以利用。

第Ⅳ亚群：包括MN-3808、辽宁8142、sy090162等3个品系，为中早熟、中矮秆品系，生育期110d，株高1.80～2.03m，锤度19.21%～22.06%，可作为中早熟高糖品系加以利用。

第Ⅴ亚群：包括MN-94、堪萨斯所科学、JT08-1、新高粱4号、LT05、LT07等6

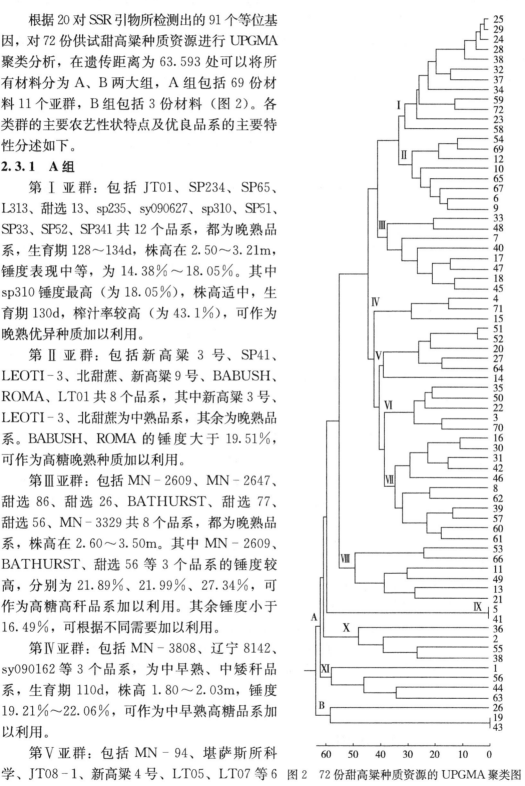

图2　72份甜高粱种质资源的UPGMA聚类图

个品系，MN－94 为中熟矮秆品系（其生育期 124d，株高只有 1.27m，锤度 20.78%），其余皆为晚熟品系，生育期 130d 左右。其中堪萨斯所科学、JT08－1 的锤度大于 20.8%，株高 2.40～2.50m，可作为高糖中秆晚熟品系加以利用。

第Ⅵ亚群：包括 MN－4539、L0206、AMES、KTG－2、LS01 共 5 个品系。其中 AMES 株高 2.11m，生育期 112d，锤度为 20.36%，可作为早熟高糖品系加以利用。其余为晚熟高秆品系，锤度 11.48%～14.09%，株高大于 2.82m，可作为能饲兼用品系加以利用。

第Ⅶ亚群：包括 42、SP342、MN－4566、ALBAUGH、07T－160－1、新高粱 2 号、MN－3466、5431/S、甜选 9、甜 126、糖高粱共 11 个品系。其中 42、MN－3466、SP342 等 3 个品系为晚熟高大型，株高大于 3.15m，生育期大于 130d，品系 42 的锤度、单株重、榨汁率都表现较好，可作为晚熟高秆高糖种质加以利用。其余 8 个品系为早中熟中矮秆品系，其中甜 126、甜选 9、新高粱 2 号锤度大于 20.8%，甜 126 的锤度达到 26.78%，可作为高糖中矮秆早熟品系加以利用。

第Ⅷ亚群：包括 SP11、UT84、L309、MN－4540、AF－197、LT02 共 6 个品系。UT84 和 MN－4540 为中晚熟品系，生育期 121～125d，株高均为 1.38m，UT84 锤度较高，为 18.32%，可作为矮秆高糖种质加以利用。其余 4 个品系为晚熟品系，生育期大于 130d，株高 2.33～3.65m，除 LT02 锤度较低为 13.7%外，其余 3 个品系锤度在 17.2% 以上，可作为能源饲料兼用种质加以利用。

第Ⅸ亚群：包括 JIN02、MN－55 2 个品系，遗传距离为 0，遗传背景相同，但是农艺性状的表现相差较大。JIN02 为晚熟品系，生育期 131d，株高为 3.30m。而 MN－55 为中晚熟品系，生育期 124d，植株矮小，株高为 1.57m。两品系的锤度分别是 13.8%和 14.2%，较接近。

第Ⅹ亚群：包括 MN－4128、LTG－2、TLF－1、sp225 共 4 个品系。MN－4128 为特早熟品系，生育期 89d。LTG－2 中熟品系，生育期 112d，锤度 21.09%，株高 2.53m，农艺性状较好。TLF－1、sp225 为晚熟品系，各种农艺性状都表现一般。

第Ⅺ亚群：包括 10、MN－4322、合甜、LTG－5 共 4 个品系。其中 10 和 LTG－5 为晚熟品系，品系 10 的锤度极高，为 24.08%，榨汁率 43.9%，株高适中，综合农艺性状表现较好。合甜为中熟品系，生育期 111d，株高 1.91m，锤度 19.67%，榨汁率 42%。MN－4322 为特早熟品系，生育期 96d，其他性状表现一般。

2.3.2　B 组

B 组共有 3 份材料，包括 JUAR－3、BAHANA2、SP36，其中 JUAR－3 和 BAHANA2 遗传距离为 0，表明这两个材料具有相同的遗传基础和遗传背景，但是农艺性状上却表现不同：JUAR－3 为晚熟品种，生育期 131d，株高 3.13m；BAHANA2 为早熟品种，生育期 97d，株高 1.82m。但它们的锤度表现非常相似，分别为 16.26%、16.76%。SP36 生育期 132d，株高 3.10m，锤度 16.45%，与 JUAR－3 表现相当一致。

3　讨论

3.1　SSR 分子标记等位基因信息

本研究通过 72 份甜高粱种质检测，每个 SSR 位点可检测到的等位基因数目为 2～5

个不等，平均每对 SSR 引物检测到 3.45 个等位基因，这与 Ali 等[1]检测 68 份甜高粱种质和 Schloss 等[28]检测 20 个高粱自交系的结果是非常相近的，其结果是平均每对 SSR 引物检测到 3.22 和 3.4 个等位基因，但是明显低于闫锋[24]、赵香娜[23]、Smith 等[29]平均每个位点分别扩增为 10.2、8.19、5.9 个等位基因的结果。本研究观察到的平均多态信息量（*PIC*）值为 0.505 7，高于 Ali 等[1]和 Schloss 等[28]的 0.40 和 0.46，而低于闫锋[24]、赵香娜[23]、Agrama 等[30]分别为 0.708、0.76、0.62 的结果。本试验中引物 sbAGB03、txp3、txp17、txp358、xtxp18、xtxp19、xtxp30、xtxp32 位点的 *PIC* 值表现较高，分别为 0.589 6、0.665 2、0.555 9、0.597 3、0.567 1、0.560 5、0.637 9、0.630 0，但是没有表现特别高的。引物等位位点数及多态信息量不太一致，但是总趋势表现为：引物检测到的等位变异数越多，其 *PIC* 值就越大，这与赵香娜等[23]的研究结果一致。等位基因的多样化到底与哪些因素有关？ Ali 等[1]认为可能与 SSR 标记数量有关，另外可能与研究的种质本身的遗传基础有关。本研究从分布于高粱 10 个染色体组的 50 对 SSR 引物中筛选出多态性丰富、带型较好的 20 对引物对所有供试样品种质进行扩增，出现等位变异数不是很多的原因可能是使用的引物数量不够多。以后的研究中要注意适当增加供筛选的引物对，以增大对总基因组的覆盖面，使基因水平多样性的评价更有效。

3.2　聚类结果的利用

在用 SSR 标记对 72 份种质资源聚类时得到种质间遗传相似系数平均值为 0.559 9，变化范围为 0.200 1～1.000，显示现有大部分种质资源间亲缘关系较近而少部分种质资源亲缘关系较远。因此，可以根据聚类结果对现有资源加以充分、合理利用。如 TLF - 1 和 sp235 的遗传相似系数最小，为 0.200 1，说明这对种质的亲缘关系最远，在育种实践中可以将这两个材料杂交，从而产生新的种质，拓宽种质基础，增强杂种优势的利用。B 组的 SP36 与 A 组 sp310 虽然都为新疆晚熟材料，但它们的遗传相似系数相差很大，可以将两者杂交组配产生优良亲本材料；LTG - 2 与甜 126 都是锤度高、农艺性状优良的中熟材料，育种中也可以将此两个材料杂交进行利用。聚为同一群的 SP11、L309、AF - 197、LT02 与另一类群的 MN - 4539、L0206、KTG - 2、LS01，都表现高大晚熟、含糖量居中，可以将它们相互杂交，以产生新的亲本材料，进而筛选出优良的能饲兼用品种。

另外，还有 JUAR - 3 和 BAHANA2，JIN02 和 MN - 55 之间的遗传相似系数最大，为 1，说明这两对材料具有相同的血缘关系和遗传背景，出现这种情况也许是由于科研单位在引种时更换名称。因此，在今后种质交换中要保持开放的心态，以提高种质利用的效率和效果。

参考文献

[1] Ali M L, Rajewski J F, Baenziger P S, et al. Assessment of genetic diversity and relationship among a collection of US sweet sorghum germplasm by SSR markers [J]. Mol Breed, 2008, 21: 497 - 509.

[2] 李桂英. 发展生物质产业的思考[J]. 中国科技成果, 2008 (5): 22 - 23.

[3] 贾继增, 张正斌, Devos K, 等. 小麦 21 条染色体 RFLP 作图位点遗传[J]. 中国科学: C 辑,

2001，31（1）：13-20.

［4］ Joshi C P, Nguyen H T. RAPD (random amplied polymorphism DNA) analysis based intervarietal genetic relationships among hexaploid wheats ［J］. Plant Sci, 1993，93：95-103.

［5］ Kim H S, Ward R W. Patterns of RFLP-based genetic diversity in germplasm pools of common wheat with different geographical or breeding program origins ［J］. Euphytica, 2000，115：197-208.

［6］ Ahmad M. Assessment of genomic diversity among wheat genotypes as determined by simple sequence repeats ［J］. Genome, 2002，45：646-651.

［7］ Kuleung C, Baenziger P S, Kachman S D, et al. Evaluating the genetic diversity of triticale with wheat and rye SSR markers ［J］. Crop Sci, 2006，46：1692-1700.

［8］ Roder M S, Korzun V, Wendehake K, et al. A microsatellite map of wheat ［J］. Genetics, 1998，149：2007-2023.

［9］ Mahmood A, Baeeziger P S, Budak H, et al. The use of microsatellite markers for the detection of genetic similarity among winter bread wheat lines for chromosome 3A ［J］. Theor Appl Genet, 2004，109：1494-1503.

［10］杨德光，翁跃进，董玉琛，等. 部分耐盐小麦品种（系）SSR 位点遗传多样性研究［J］. 植物遗传资源学报，2005，6（1）：9-14.

［11］BackerJ, HeunM. Barley microsatellites：allele variation and mapping ［J］. Plant Mol Biol, 1995，27：835-845.

［12］乔治军，刘龙龙，南晓洁，等. 180 份玉米自交系亲缘关系的分子评价［J］. 植物遗传资源学报，2011，12（2）：211-215，222.

［13］杨文鹏，关琦，杨留启，等. 贵州 70 份玉米自交系的 SSR 标记遗传多样性及其杂种优势群分析［J］. 植物遗传资源学报，2011，12（2）：241-248.

［14］NiJJ, PeterM, Colowit (initials), et al. Evaluation of genetic diversity in rice subspecies using microsatellite markers ［J］. Crop Sci, 2002，42：601-607.

［15］赵庆勇，张亚东，朱镇，等. 30 个粳稻品种 SSR 标记遗传多样性分析［J］. 植物遗传资源学报，2010，11（2）：218-223.

［16］陈光，杜雄明，卢东柏，等. 利用 SSR 分子标记进行海岛棉遗传多样性研究［J］. 植物遗传资源学报，2005，6（2）：135-139.

［17］赵冬兰，郑立涛，唐君，等. 甘薯种质资源遗传稳定性及遗传多样性 SSR 分析［J］. 植物遗传资源学报，2011，12（3）：389-395.

［18］张海燕，关荣霞，李英慧，等. 大豆耐盐性种质资源 SSR 遗传多样性及标记辅助鉴定［J］. 植物遗传资源学报，2005，6（3）：251-255.

［19］陈静，胡晓辉，苗华荣，等. SSR 标记分析国家北方花生区试品种的遗传多样性［J］. 植物遗传资源学报，2009，10（3）：360-366.

［20］朱学海，张艳红，宋燕春，等. 基于 SSR 标记的谷子遗传多样性研究［J］. 植物遗传资源学报，2010，11（6）：698-702.

［21］Budak H, Pedraza F, Cregan P B, et al. Development and utilization of SSRs to estimate the degree of genetic relationships in a collection of pearlmillet germplasm ［J］. Crop Sci, 2003，43：2284-2290.

［22］Dean R E, Dahlberg M S, Hopkin S E, et al. Genetic redundancy and diversity among "orange" accessions in the US. national sorghum collection as assessed with simple sequence repeat (SSR) markers ［J］. Crop Sci, 1999，39：1215-1221.

［23］赵香娜，岳美琪，刘洋，等. 国内外甜高粱种质遗传多样性的 SSR 分析［J］. 植物遗传资源学报，2010，11（4）：407-412.

[24] 闫锋，陈丽，赵春雷，等. 不同甜高粱种质的 SSR 多态性分析 [J]. 中国糖料，2008 (3)：40-44.

[25] NeiM. Molecular EvolutionGenetic [M]. NewYork：Columbia University Press，1987：190-191.

[26] Smith J S C，Chin E C L，Shu H，et al. An evaluation of the utility of SSR loci as molecular markers in maize (*Zea mays* L.)：comparisons with data from RFLPs and pedigree [J]. Theor Appl Genet，1997，95：163-173.

[27] 陈英，邱琳，涂升斌，等. 用 SSR 标记检测杂交籼稻三系亲本的遗传差异 [J]. 应用与环境生物学报，2009，15 (5)：585-590.

[28] Schloss S J，Mitchell S E，White G M，et al. Characterization of RFLP probe sequences for gene discovery and SSR development in *Sorghum bicolor* (L.) Moench [J]. Theor Appl Genet，2002，105：912-920.

[29] Smith J S C，Kresovich S，Hopkins M S，et al. Genetic diversity among elite sorghum inbred lines assessed with Simple Sequence repeats [J]. Crop Sci，2000，40：226-232.

[30] Agrama H A，Tuinstra M R. Phylogenetic diversity and Relationships among sorghum accessions using SSRs and RAPDs [J]. AfrJ Biotechnol，2003，2：334-340.

本文曾发表于《植物遗传资源学报》2012年第13卷第3期。

甜高粱种质资源在新疆的多样性表现及聚类分析

冯国郡[1,2]　李宏琪[1]　叶凯[2]　李桂英[3]　涂振东[2]　郭建富[2]
（1. 新疆农业大学农学院，乌鲁木齐 830052；2. 新疆农业科学院，乌鲁木齐 830091；
3. 中国农业科学院作物科学研究所，北京 100081）

甜高粱是普通粒用高粱的一个变种，属禾本科一年生草本植物，其特点是茎秆汁液富含糖分[1-2]，因具有高能、高光效、强适应性、强耐性、高生物产量等特点，被认为是生物量能源系统中第一位竞争者[3-6]。种质资源研究是作物育种工作的基础，研究甜高粱种质资源的遗传多样性，一是有助于了解资源的遗传背景及资源间的亲缘关系，为种质资源的利用与开发提供信息；二是有助于对种质资源进行区划，为新疆不同地域生态环境间的引种提供指导。形态学水平上生物遗传多样性研究具有简单、易行、快速的特点，至今仍在遗传学、育种学及分类学中广泛应用。在小麦[7-9]、玉米[10]、绿豆[11]、薏苡[12]、大豆[13]、小豆[14]、旱稻[15]、甜高粱[16-19]等作物上，采用多样性指数、变异系数等方法，通过分析种质资源的形态、农艺性状数据，揭示了不同作物、不同地区、不同种质资源的遗传多样性特点。本研究以72份不同来源的甜高粱种质资源为材料，通过调查分析24个农艺性状表现，进行遗传多样性研究，以便了解资源间的亲缘关系，筛选优异资源，为资源的开发利用和育种提供理论基础。

1　材料与方法

1.1　供试材料

供试材料共72份，其中新疆农业科学院（吐鲁番、乌鲁木齐）提供18份，中国农业科学院提供32份，中国科学院植物研究所提供7份，辽宁省农业科学院提供8份，黑龙江省农业科学院提供3份，山西省农业科学院提供1份，山东省农业科学院1份，锦州市农业科学院提供1份，河北省农林科学院提供1份，详见表1。试验在新疆农业科学院玛纳斯农业试验站进行，位于东经86°14′，北纬44°14′，海拔470m，土壤类型为壤土。

表1　参试72份甜高粱种质资源表

序号	名称	来源	序号	名称	来源
1	42	中国科学院植物研究所	4	北甜蔗	中国科学院植物研究所
2	07T-160-1	中国科学院植物研究所	5	堪萨斯所科学	中国科学院植物研究所
3	10	中国科学院植物研究所	6	AE-197	中国科学院植物研究所

（续）

序号	名称	来源	序号	名称	来源
7	L313	辽宁省农业科学院	40	甜选86	中国农业科学院
8	LT07	辽宁省农业科学院	41	糖高粱	中国农业科学院
9	LT05	辽宁省农业科学院	42	甜选26	中国农业科学院
10	LT02	辽宁省农业科学院	43	MN-2647	中国农业科学院
11	LT01	辽宁省农业科学院	44	JUAR-3	中国农业科学院
12	LTG-5	黑龙江省农业科学院	45	甜选56	中国农业科学院
13	合甜	黑龙江省农业科学院	46	甜选46	中国农业科学院
14	LTG-2	黑龙江省农业科学院	47	MN-4566	中国农业科学院
15	LEOTI-3	中国农业科学院	48	JT08-1	山西省农业科学院
16	MN-4128	中国农业科学院	49	LS01	辽宁省农业科学院
17	ROMA	中国农业科学院	50	L309	辽宁省农业科学院
18	MN-4539	中国农业科学院	51	L0206	辽宁省农业科学院
19	ALBAUGH	中国农业科学院	52	JT01	山东省农业科学院
20	MN-3808	中国农业科学院	53	JIN02	锦州市农业科学院
21	MN-94	中国农业科学院	54	KTG-2	中国科学院植物研究所
22	UT84	中国农业科学院	55	TLF-1	吐鲁番
23	BABUSH	中国农业科学院	56	新高粱2号	乌鲁木齐
24	MN-4540	中国农业科学院	57	新高粱9号	乌鲁木齐
25	辽宁8142	中国农业科学院	58	新高粱3号	乌鲁木齐
26	BATHURST	中国农业科学院	59	新高粱4号	乌鲁木齐
27	MN-55	中国农业科学院	60	sp11	乌鲁木齐
28	5431/S	中国农业科学院	61	sp225	乌鲁木齐
29	BAHANA2	中国农业科学院	62	sp234	乌鲁木齐
30	MN-4322	中国农业科学院	63	sp235	乌鲁木齐
31	MN-2609	中国农业科学院	64	sp33	乌鲁木齐
32	甜126	中国农业科学院	65	sp341	乌鲁木齐
33	甜选77	中国农业科学院	66	sp342	乌鲁木齐
34	甜选9	中国农业科学院	67	sp36	乌鲁木齐
35	AMES	中国农业科学院	68	sp310	乌鲁木齐
36	能饲一号	河北省农林科学院	69	sp41	乌鲁木齐
37	MN-3329	中国农业科学院	70	sp51	乌鲁木齐
38	甜选13	中国农业科学院	71	sp52	乌鲁木齐
39	MN-3466	中国农业科学院	72	sp65	乌鲁木齐

1.2　试验设计

试验采用完全随机区组设计，2次重复，2行区，行长5m，行距0.6m，株距0.25m，小区面积6m²。2010年4月25日种植，成熟后从每小区中连续取10株进行田间性状调查和室内考种。

1.3 试验方法

调查性状包括出苗期、分蘖期、拔节期、开花期、抽穗期、挑旗期、成熟期、芽鞘色、幼苗色、主脉质地、主脉色、株高、茎粗、锤度、出汁率、单株鲜茎重、主穗长、单穗粒重、千粒重、穗形、穗型、颖壳色、颖壳包被程度、粒色、粒形、籽粒整齐度、结实形式、籽粒饱满度、籽粒光泽。采用《高粱种质资源描述规范和数据标准》[20]来对试验材料进行田间观察和数据采集。

出汁率测定：5株甜高粱去叶及叶鞘后称茎秆重量，用广州产立式SX-300榨汁机一次榨汁，称汁液重量，出汁率＝汁液重量/茎秆重量×100%。

糖锤度测定：用水将锤度计调零，取少量榨出的汁液，用ATAGO数显锤度计测定锤度。

1.4 统计分析

1.4.1 多样性指数的计算

本试验质量性状包括芽鞘色、幼苗色、主脉质地、主脉色、穗形、穗型、颖壳色、颖壳包被程度、粒色、粒形、籽粒整齐度、结实形式、籽粒饱满度、籽粒光泽14个，按照《高粱种质资源描述规范和数据标准》[20]进行规范和赋值，计算性状类别的频率分布和多样性指数；数量性状包括株高、茎粗、单株秆重、单穗粒重、出汁率、锤度、主穗长、千粒重、穗重、生育期10个农艺性状，计算平均值、标准差、变异系数、变幅、极大值、极小值和多样性指数。根据平均数、标准差将材料分为10级，从第1级 $X_i<(x-2s)$ 到第10级 $X_i\geqslant(x+2s)$，每0.5s为1级，每组的相对频率用于计算多样性指数[16]。

利用Shannon-Wiener遗传多样性指数来衡量群体遗传多样性大小。计算公式为[8]：$H'=-\sum p_i\ln p_i$。其中 i 为性状的第 i 个类型，p_i 为某一性状第 i 级别内材料份数占总份数的百分比，ln为自然对数[8]。

1.4.2 聚类分析

将供试材料农艺性状数据实施规格化转化后，采用卡方距离相似尺度和以离差平方和聚类方法进行聚类分析。所有数据用Excel、DPS软件分析完成。

2 结果与分析

2.1 甜高粱种质资源质量性状的遗传多样性分析

14个质量性状中粒色的遗传多样性指数最高为1.633 3，幼苗色和结实形式的遗传多样性指数最低为0，详细结果如下。

粒色分为白、灰白、浅黄、黄、橙、红、褐、黑等8种。黄色占比例最高，为37.14%，褐色居第二位，占25.71%，白色占18.57%，为第三位。这3种颜色所占比例达到81.42%，其余5种颜色都占较小比例，频率分布分散，多样性指数为1.633 3，在质量性状中表现最高。

穗形分为纺锤形、牛心形、圆筒形、棒形、杯形、球形、伞形、帚形等8种，除没有球形外，纺锤形和伞形所占比例较高，分别为33.33%和38.89%，其他5种所占比例较小，频率分布分散，多样性指数为 1.513 3，居第二位。

穗型分为紧、中紧、中散、侧散、周散 5 种，除没有周散穗型外，其他 4 种频率分布分散，分别为 23.61%、30.56%、20.83%、25.00%，多样性指数居第三位，为 1.376 4。

颖壳色分为白色、黄色、灰色、红色、褐色、紫色、黑色 7 种，除没有灰色和紫色外，黑色和红色所占比例较高，分别为 43.86% 和 38.60%，其他 3 种所占比例较小，频率分布分散，多样性指数为 1.214 8，居质量性状第四位。

颖壳包被度分为籽粒裸露、包被 1/4、包被 1/2、包被 3/4、全包被 5 种，除没有籽粒裸露外，包被 1/4 所占比例较高，达到 68.85%，其他 3 种所占比例较小，频率分布分散，多样性指数中等，为 0.946 1。

芽鞘色频率分布较集中，白色占 70.83%，多样性指数为 0.603 7。主脉质地中不透明占 61.11%，半透明占 38.89%，频率分布较平均，多样性指数为 0.668 3。主脉色中白色占 65.28%，绿色占 34.72%，无浅黄和黄色，频率分布较集中，多样性指数为 0.645 7。

粒形分为圆形、椭圆形、卵形、长圆形，卵形占比例最高，为 50.74%，椭圆形居第二位，占 43.28%，两种所占比例达到 94.02%，其余两种所占比例较小，频率分布分散，多样性指数为 0.916 6，在质量性状中居中。

籽粒整齐度分为整齐、中等整齐、不整齐，中等整齐占比例最高，为 81.24%，频率分布集中，多样性指数为 0.567 3，居中。籽粒饱满度、籽粒光泽多样性指数较低，分别为 0.218 9、0.139 2（表 2）。质量性状的遗传多样性指数平均为 0.746 0。

表 2　72 份甜高粱种质资源 14 个质量性状不同类型的频率分布及多样性指数

性状	频率分布								多样性指数
	1	2	3	4	5	6	7	8	
芽鞘色	0.708 3	0	0.291 7						0.603 7
幼苗色	1.000 0								0
主脉质地	0.611 1	0.388 9							0.668 3
主脉色	0.652 8	0	0	0.347 2					0.645 7
穗型	0.236 1	0.305 6	0.208 3	0.250 0					1.376 4
穗形	0.333 3	0.041 7	0.027 8	0.055 6	0.097 2	0	0.388 9	0.055 5	1.513 3
颖壳色	0.052 6	0.035 1	0	0.386 0	0.087 7	0	0.438 6		1.214 8
颖壳包被度	0	0.688 5	0.147 5	0.098 4	0.065 6				0.946 1
粒色	0.185 7	0.028 6	0.028 6	0.371 4	0.042 9	0.057 1	0.257 1	0.028 6	1.633 3
粒形	0.029 9	0.432 8	0.507 4	0.029 9					0.916 6
籽粒整齐度	0.156 3	0.812 4	0.031 3						0.567 3
结实形式	1.000 0								0
籽粒饱满度	0.942 9	0.057 1							0.218 9
籽粒光泽	0.031 3	0.968 7							0.139 2

注　芽鞘色：1 为白色；2 为绿色；3 为紫色。幼苗色：1 为绿色；2 为红色；3 为紫色。主脉质地：1 为不透明；2 为半透明。主脉色：1 为白色；2 为浅黄；3 为黄色；4 为绿色。穗型：1 为紧；2 为中紧；3 为中散；4 为侧散；5 为周散。穗形：1 为纺锤形；2 为牛心形；3 为圆筒形；4 为棒形；5 为杯形；6 为球形；7 为伞形；8 为帚形。颖壳色：1 为白色；2 为黄色；3 为灰色；4 为红色；5 为褐色；6 为紫色；7 为黑色。颖壳包被度：1 为籽粒裸露；2 为包被 1/4；3 为包被 1/2；4 为包被 3/4；5 为全包被。粒色：1 为白；2 为灰白；3 为浅黄；4 为黄；5 为橙；6 为红；7 为褐；8 为黑。粒形：1 为圆形；2 椭圆形；3 为卵形；4 为长圆形。籽粒整齐度：1 为整齐；2 为中等整齐；3 为不整齐。结实形式：1 为单粒；2 为双粒。籽粒饱满度：1 为饱满；2 为凹陷。籽粒光泽：1 为有光泽；2 为无光泽。

2.2 数量性状的遗传多样性分析

穗长、茎粗、锤度、单穗粒重、单株秆重、榨汁率、千粒重、株高、穗重、生育期10个数量性状的变异系数和遗传多样性指数均较高。穗长最高为 2.138 3，生育期最低为1.733 1。

从表3、表4可以看出，生育期的变异幅度在 89~134d，平均为 124.7d，变异系数7.85%，多样性指数 1.733 1。生育期在 124.67~129.57d 较为集中，占 43.1%，生育期小于 110d 有 8 份，110~120d 的有 12 份，生育期大于 120d 的中晚熟资源较多，占全部材料的 72%。

株高的变异幅度在 111.67~370.00cm，平均为 255.53cm，变异系数 24.70%，多样性指数 1.991 0。株高主要集中在 161~350cm，占全部材料的 83.3%，小于 161cm 大于350cm 的材料极少。茎粗茎粗的变异幅度在 1.15~3.40cm，平均为 2.33cm，变异系数21.03%，多样性指数 2.096 5。茎粗范围主要集中在 1.8~2.8cm，占到全部材料的 68.1%。

单株秆重的变异幅度在 0.31~1.86kg，平均为 1.01kg，变异系数 40.75%，多样性指数 2.045 0。单株秆重分布频率较散。

锤度变异幅度在 8.05%~24.57%，平均为 16.0%，变异系数 23.57%，多样性指数2.080 0。锤度在 14.1%~19.8%的占 38%。榨汁率的多样性指数大于 2.0。

穗长、单穗粒重、千粒重的多样性指数都很高，分别为 2.138 3、2.066 3、2.012 3，说明这批种质资源的穗部性状的差异较大。详细数据可见表3、表4。

表3　72份甜高粱种质资源农艺性状的统计参数和多样性指数

性状	最小值	最大值	平均值	变异幅度	标准差	变异系数（%）	多样性指数
生育期（d）	89	134	124.7	45	9.79	7.85	1.733 1
株高（cm）	111.67	370.00	255.53	258.33	63.12	24.70	1.991 0
茎粗（cm）	1.15	3.40	2.33	2.25	0.49	21.03	2.096 5
穗长（cm）	15.00	38.33	24.99	23.33	5.25	21.01	2.138 3
锤度（%）	8.05	24.57	16.00	16.52	3.77	23.57	2.080 0
秆重（kg）	0.31	1.86	1.01	1.55	2.47	40.75	2.045 0
单株穗重（kg）	0.23	2.00	0.73	1.77	0.39	53.01	1.873 4
单穗粒重（g）	6.70	172.50	85.03	165.8	38.93	45.79	2.066 3
千粒重（g）	10.81	38.95	22.09	28.14	6.06	27.41	2.012 3
榨汁率（%）	11.3	43.9	31.13	32.6	7.53	24.99	2.025 2

2.3 农艺性状的聚类分析

采用 10 个农艺性状对 72 份甜高粱种质资源进行聚类，在遗传距离为 1.02 处可将参试材料分为四大类，第三大类又分为 3 个亚类，见图1，材料归类及其基本农艺特征特性分别如下。

表 4　甜高粱种质资源数量性状多样性

生育期 (d)		株高 (cm)		茎粗 (mm)		穗长 (cm)		锤度 (%)		秆重 (kg)		单株穗重 (kg)		单穗粒重 (g)		千粒重 (g)		糖计率 (%)	
A	B	A	B	A	B	A	B	A	B	A	B	A	B	A	B	A	B	A	B
<105.09	4	<129.29	3	<13.53	2	<14.49	3	<8.46	2	<0.19	1	0	0	<7.165	1	<9.98	1	<15.07	1
105.09≤X<109.99	4	129.29≤X<160.85	6	13.53≤X<15.98	7	14.49≤X<17.11	5	8.46≤X<10.34	6	0.19≤X<0.39	4	0≤X<0.15	1	7.165≤X<26.63	2	9.98≤X<13.01	2	15.07≤X<18.84	4
109.99≤X<114.88	4	160.85≤X<192.41	7	15.98≤X<18.44	4	17.11≤X<19.74	5	10.34≤X<12.22	6	0.39≤X<0.60	12	0.15≤X<0.34	5	26.63≤X<46.10	5	13.01≤X<16.03	6	18.84≤X<22.60	8
114.88≤X<119.78	8	192.41≤X<223.97	2	18.44≤X<20.89	10	19.74≤X<22.36	14	12.22≤X<14.11	7	0.60≤X<0.80	11	0.34≤X<0.53	25	46.10≤X<65.56	10	16.03≤X<19.06	6	22.60≤X<26.37	8
119.78≤X<124.67	12	223.97≤X<255.53	19	20.89≤X<23.35	11	22.36≤X<24.99	10	14.11≤X<16.00	16	0.80≤X<1.01	10	0.53≤X<0.73	6	65.56≤X<85.03	9	19.06≤X<22.09	16	26.37≤X<30.13	16
124.67≤X<129.57	31	255.53≤X<287.09	12	23.35≤X<25.80	17	24.99≤X<27.61	15	16.00≤X<17.88	16	1.01≤X<1.22	9	0.73≤X<0.92	14	85.03≤X<104.49	14	22.09≤X<25.12	8	30.13≤X<33.90	15
129.57≤X<134.46	4	287.09≤X<318.65	12	25.80≤X<28.26	11	27.61≤X<30.24	8	17.88≤X<19.77	6	1.22≤X<1.42	12	0.92≤X<1.11	5	104.49≤X<123.96	4	25.12≤X<28.15	10	33.90≤X<37.67	8
134.46≤X<139.36	0	318.65≤X<350.21	8	28.26≤X<30.71	4	30.24≤X<32.86	6	19.77≤X<21.65	8	1.42≤X<1.63	10	1.11≤X<1.31	8	123.96≤X<143.42	4	28.15≤X<31.17	3	37.67≤X<41.43	7
139.36≤X<144.25	0	350.21≤X<381.77	3	30.71≤X<33.17	4	32.86≤X<35.49	3	21.65≤X<23.54	4	1.63≤X<1.83	3	1.31≤X<1.50	2	143.42≤X<162.89	5	31.17≤X<34.20	1	41.43≤X<45.20	5
X>144.25	5	X>381.77	0	X>33.17	2	X>35.49	3	X>23.54	1	X>1.83	0	X>1.50	6	X>162.89	2	X>34.20	4	X>45.20	0

注　A 为范围，B 为材料数量。

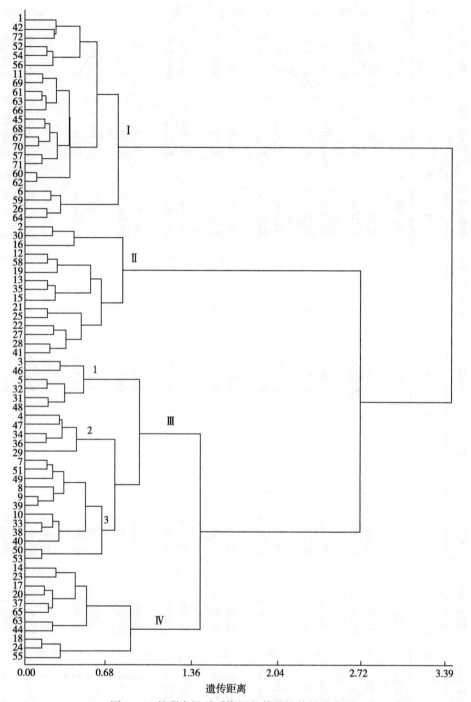

图 1 72 份甜高粱种质资源的数量性状的聚类图

第Ⅰ类包括 23 份材料，分别为 42、甜选 26、sp65、JT01、KTG-2、新高粱 2 号、LT01、sp41、sp225、sp235、sp342、甜选 56、sp310、sp36、sp51、新高粱 9 号、sp52、sp11、sp234、AE-197、新高粱 4 号、BATHURST、sp33。以上材料特点：生育期较长，为 128～134d，平均为 130.7d，植株高大，平均为 300cm 以上。

第Ⅱ类包括 15 份材料，分别为 07T - 160 - 1、MN - 4322、MN - 4128、LTG - 5、新高粱 3 号、AL - BAUGH、合甜、AMES、LEOTI - 3、MN - 94、辽宁 8142、UT84、MN - 55、5431/S、糖高粱。以上材料特点：生育期短，平均为 113d，植株矮小，平均为 185cm 以下。

第Ⅲ类共包括 23 份材料，在遗传距离 0.68 处又分为 3 个亚类。第 1 亚类有 10、甜选 46、堪萨斯所科学、甜 126、MN - 2609、JT08 - 1。以上材料生育期较长，平均为 129.3d，株高中等，平均为 63.9cm，锤度很高，平均达到 23.9%。

第 2 亚类包括 5 份材料，其中 BAHANA2，生育期极短，为 97d，株高较矮，为 181.7cm；北甜蔗、MN - 4566、甜选 9、能饲一号生育期中等，为 119d，植株高 216cm，锤度为 17.1%。

第 3 亚类包括 12 份材料，分别为 L313、L0206、LS01、LT07、LT05、MN - 3466、LT02、甜选 77、甜选 13、甜选 86、L309、JIN02。以上材料特点：生育期较长，平均为 129.5d，植株高大，平均为 304cm。

第Ⅳ类包含 11 份材料，其中 LTG - 2、BA - BUSH、ROMA、MN - 3808、MN - 3329、sp341，生育期中长，平均为 127.8d，株高中等，为 252cm；MN - 2647、JUAR - 3 生育期较长，平均为 130d，植株高大，平均为 342cm；MN - 4539、MN - 4540、TLF - 1 生育期中长，平均为 127d，植株极矮，平均为 154cm。

3　讨论

从甜高粱种质资源在新疆的表型性状的遗传多样性分析可知，无论是数量性状还是质量性状，其变异幅度都很大，多样性极其丰富，而遗传多样性的开发利用是品种改良的基础，所以应加强种质资源的深入研究，充分发挥资源潜势，开拓利用，以不断满足甜高粱育种对种质资源遗传多样性的需求。

本研究结果表明甜高粱种质资源的质量性状中粒色的遗传多样性最高，为 1.633 3，这与赵香娜等[16]研究结果类似，其对 206 份国内外种质资源进行研究，结果也是粒色的遗传多样性最高，为 2.041 2，比新疆种质资源粒色的多样性要高很多，究其原因可能是其研究的种质资源的群体较大，来源更广泛；数量性状中新疆资源的穗长的多样性指数最高，为 2.138 3，千粒重和单穗粒重的多样性指数分别为 2.012 3、2.066 3，而赵香娜等[16]的研究结果却是株高的多样性指数最高，为 2.100 6，茎粗的多样性指数较高，为 2.009 9，说明新疆这批甜高粱种质资源的穗部性状的多样性更大。从和甜高粱产糖量最相关的单株重和锤度的性状来看，新疆这批种质资源的单株重的最小值、最大值、平均值（0.31kg、1.86kg、1.01kg）都高于北京种植的这批资源（0.13kg、1.72kg、0.71kg），锤度的平均值 16.0% 也远高于北京种植材料的 9.92%，一方面说明这批资源的数量、来源有限；另一方面也表明，新疆光热资源非常丰富，非常适合喜温的甜高粱生长，昼夜温差大则有利于糖分积累，同样的材料在新疆能达到更高的生物产量和糖分含量，因此也就能得到更高的糖产量。

本研究测定的各材料的甜高粱出汁率只作为不同材料间的相对比较，并不能代表实际的出汁率，原因一是由于榨汁机晚到货，收获后放置半个月后才得以榨汁测定，此时已有部分水分挥发，二是利用市场上销售的微型甘蔗榨汁机只进行一次压榨测定，此时汁液未完全榨出。所以本次试验整体出汁率远远小于实际出汁率。

从聚类结果来看，本研究的聚类结果主要是以生育期和植株性状为核心进行分类的，但分为以下几种情况：①来源相同的品种大多数归入一群，它们属于在同一生态环境下长期自然选择和人工选择而适应当地生态环境的品种，它们之间的数量性状差异小，所以自然归入一群。例如新高粱2号、新高粱4号、新高粱9号都是来源于新疆的晚熟种，都被归入第Ⅰ类。②地理来源相同的品种归入不同群，例如来源于辽宁的LT01，被归入第Ⅰ类，而来源于辽宁的LT07、LT05、LT02被归入第Ⅲ类，③地理来源不同的品种被归入一群。例如来自黑龙江的合甜和来自北京的07T-160-1等都被归入第Ⅱ类。产生这种结果的原因可能大致有二：一是地理来源相同的材料虽然来自同一环境，但是由于选择方向不同及其选用育种材料性状的千差万别，形成了遗传差异较大的类型，因此出现地理来源相同的品种被归入不同类群；二是育种者大量引入国内外资源，通过各种手段以培育出适应本地的高产优质品种，虽然地理位置不同、名称不同，但有资源共享可能，因此出现地理来源不同的品种被归入一类的现象。

数量性状的遗传多样性普遍高于质量性状，从本文分析可知，数量性状变异幅度都很大，多样性极其丰富，穗长、茎粗、锤度、单穗粒重、单株秆重、榨汁率、千粒重、株高、穗重、生育期10个数量性状的变异系数幅度为7.85%～53.01%，遗传多样性指数平均2.006 1；质量性状的遗传多样性相对较低，芽鞘色、幼苗色、主脉质地、主脉色、穗形、穗型、颖壳色、颖壳包被程度、粒色、粒形、籽粒整齐度、结实形式、籽粒饱满度、籽粒光泽这14个质量性状的多样性指数平均为0.746 0。这与赵香娜等[16]、詹永发等[16]、何海军等[16]的研究结果相似。

参考文献

[1] 李桂英，李金枝. 美国甜高粱的栽培及其糖浆生产技术 [J]. 作物杂志，2005 (4)：33-35.

[2] Ritter K B, Mclntyre C L, Godwin I D, et al. An assessment of the genetic relationship between sweet and grain sorghums, within *Sorghum bicolor* ssp. *bicolor* (L.) Moench, using AFLP markers [J]. Euphytica，2007，157：161-176.

[3] 黎大爵，廖馥荪. 甜高粱及其利用 [M]. 北京：科学出版社，1992：1-3.

[4] 黎大爵. 首届全国甜高粱会议论文摘要及培训班讲义 [M]. 北京：科学出版社，1995：2-5.

[5] 张福耀，赵威军，平俊爱. 高能作物——甜高粱 [J]. 中国农业科技导报，2006，8 (1)：14-17.

[6] 杨文华. 甜高粱在我国绿色能源中的地位 [J]. 中国糖料，2004 (3)：57-59.

[7] 程西永，陈平，许海霞，等. 不同国家小麦种质资源遗传多样性研究 [J]. 麦类作物学报，2009，29 (5)：803-808.

[8] 陈雪燕，王亚娟，雒景吾，等. 陕西省小麦地方种主要性状的遗传多样性研究 [J]. 麦类作物学报，2007，27 (3)：456-460.

[9] 王淑英，樊廷录，李兴茂. 冬小麦抗旱种质资源遗传多样性研究 [J]. 麦类作物学报，2008，28 (3)：402-409.

[10] 何海军，王晓娟，寇思荣，等. 甘肃省玉米地方种质资源遗传多样性分析 [J]. 中国种业，2010

(7)：45-48.

[11] 刘长友,程须珍,王素华,等. 中国绿豆种质资源遗传多样性研究 [J]. 植物遗传资源学报,2006,7 (4)：459-463.

[12] 梁云涛,陈成斌,梁世春,等. 中日韩三国薏苡种质资源遗传多样性研究 [J]. 广西农业科学,2006,37 (4)：341-344.

[13] 赵银月,保丽萍,耿智德,等. 云南省大豆地方种质资源遗传多样性的初步分析 [J]. 西南农业学报,2006,19 (4)：591-593.

[14] 刘长友,田静,范保杰. 河北省小豆种质资源遗传多样性分析 [J]. 植物遗传资源学报,2009,10 (1)：73-76.

[15] 游俊梅,陈惠查,金桃叶,等. 贵州地方旱稻种质资源遗传多样性评价 [J]. 种子,2005,24 (4)：80-84.

[16] 赵香娜,李桂英,刘洋,等. 国内外甜高粱种质资源主要性状遗传多样性及相关性分析 [J]. 植物遗传资源学报,2008,9 (3)：302-307.

[17] Dean R E, Dahlberg M S, Hopkin S E, et al. Genetic redundancy and diversity among "orange" accessions in the US national sorghum collection as assessed with simple sequence repeat (SSR) markers [J]. Crop Sci, 1999, 39：1215-1221.

[18] Smith J S C, Kresovich S, Hopkins M S, et al. Genetic diversity among elite sorghum inbred lines assessed with simple sequence repeats [J]. Crop Sci, 2000, 40：226-232.

[19] Ali M L, Rajewski J F, Baenziger P S, et al. Assessment of genetic diversity and relationship among a collection of US sweet sorghum germplasm by SSR markers [J]. Mol Breed, 2008, 21：497-509.

[20] 陆平. 高粱种质资源描述规范和数据标准 [M]. 北京：中国农业出版社,2006：2-8.

[21] 詹永发,姜虹,韩世玉,等. 朝天椒种质材料的遗传多样性研究 [J]. 贵州农业科学,2008,36 (4)：8-10.

本文曾发表于《中国农业科学》2019年第52卷第22期。

高粱苗期耐盐性转录组分析和基因挖掘

董明[1]　再吐尼古丽·库尔班[2]　吕芃[1]　杜瑞恒[1]　叶凯[2]　侯升林[1]　刘国庆[1]

(1. 河北省农林科学院谷子研究所/河北省杂粮重点实验室，石家庄050035；
2. 新疆农业科学院生物质能源研究所，乌鲁木齐830091)

【研究意义】盐胁迫是一类重要的非生物胁迫，严重制约了农业的可持续发展[1]。盐胁迫下，植物的光合作用、呼吸速率以及物质代谢受到严重危害，最终导致产量的降低。高粱作为一种重要的粮食兼经济作物，具有较强的抗旱、耐盐碱能力[2]，但不同品种间耐盐性存在较大差异。高粱耐盐基因的鉴定与挖掘能为探讨高粱耐盐的分子机制、培育耐盐品种提供坚实基础。【前人研究进展】目前，全球范围内约有10亿hm²的土地存在不同程度的盐渍化[3]。盐胁迫对高粱的生长发育有很大影响，根据田间土壤盐分运行规律，作物在萌发和幼苗生长期间受盐胁迫的危害尤为严重。盐胁迫除了使植物受到离子胁迫之外，还使植物受到水胁迫和低氧胁迫等。在盐渍土上种植耐盐品种是减轻土壤渍化危害的有效方法。早期大量研究表明盐胁迫条件下，盐害主要通过改变土壤溶液渗透势和离子浓度影响植物根系对矿质元素的吸收[4]，从而对植株地上部分产生影响，包括植株的形态发育、水分平衡、细胞膜透性、光合作用、呼吸作用以及物质代谢等途径[5-8]。植物对抗盐胁迫是一个复杂的过程，涉及多个与发育和生理相关的途径[9]。耐盐植物的耐盐性主要体现在植株体内的离子平衡，Na⁺和Cl⁻被贮藏在液泡内，保持细胞渗透势的稳定。部分有机溶质，例如蛋白质、氨基酸等物质也起到稳定细胞渗透势的作用。目前，在水稻中鉴定出对盐胁迫反应的基因有280个，耐盐相关QTL有332个，遍布水稻的整个基因组，耐盐相关miRNA有29个[11]。RNA-Seq技术可以筛选耐盐与盐敏感植株的差异表达基因，鉴定植株响应盐胁迫应答基因及表达特性，以期更好地理解植物对盐胁迫响应的分子机制，为进一步鉴定和克隆重要的耐盐基因，提高植物耐盐性状奠定基础。利用该技术对玉米[12]、小麦[13]和高粱[14-16]等耐盐影响因子和机制进行了初步探讨，对作物耐盐调控网络的解析起到了促进作用。王海莲等[17]利用石红137和L甜杂交衍生181个重组自交系，发现长时间低盐胁迫会抑制高粱幼苗生长。在盐胁迫下控制高粱苗高、苗鲜重和苗干重QTL的表达具有较强的环境特异性，而控制高粱苗高的qSH1-1和qSH7-2在高粱耐盐遗传改良中将发挥重要作用。同时研究发现6个主要QTL和5个染色体区域在高粱耐盐过程中起到关键作用[18]。【本研究切入点】目前，对高等植物耐盐性分子机制的研究主要集中在拟南芥和水稻，在高粱中报道较少，且主要集中在个别转录因子的调控分析或赤霉素和多效唑对高粱耐盐的影响等，对于高粱苗期耐盐的转录组测序分析较少。【拟解决的关键问题】本研究对高粱耐盐品种和感盐品种进行盐胁迫处理，通过转录组测序研究高粱对抗盐胁迫的分子机制，同时比较感盐和耐盐品种间响应盐胁迫的差异，为探究高粱耐盐胁迫机制提供丰富理论途径，并为高粱耐盐育种奠定坚实基础。

1　材料与方法

1.1　试验材料

根据 WANG 等[18]研究结果选用感盐品种 L 甜和耐盐品种石红 137 作为供试材料。试验材料选取水培方式种植，种子消毒后摆放在培养盒中，在 28℃长日照（16h/8h）条件下培养。待长至一叶一心，用 Hoagland 培养液代替水进行培养。在三叶一心期利用 2% NaCl 溶液进行盐胁迫处理，处理时间分别为 0h（对照）、1h 和 24h，每个处理 3 次重复，处理结束之后将叶片迅速剪下放入液氮中冷冻，样品放于-80℃贮藏。干样取下之后放入 105℃烘箱 10min 杀青，之后 80℃烘干至恒重备用。

1.2　钠离子含量测定

样品钠含量采用 $HNO_3 - H_2O_2$ 消煮法测定。称取样品 0.2g 至消煮管中，加入 $HNO_3 - H_2O_2$（4:1）混合液 5mL，静置 12h 以上，用江苏宜兴的 LNK - 872 型多功能快速消化器消煮至溶液蒸干。冷却至室温，加入 5%HNO_3 溶液 8mL，70℃封口水浴 2～3h，涡旋、静置，至溶液澄清后转移至 10mL 离心管，用 ICP - OES（PerkinElmer OPTIMA 210DV）对样品进行测定。

1.3　叶绿素相对含量测定

高粱叶片叶绿素相对含量通过日本产 SPAD - 502 型叶绿素仪进行测定。

1.4　cDNA 文库的构建及转录组测序

样品 RNA 由百迈客生物科技有限公司制备。RNA 样品通过质量检测进入 Illumina HiSeq 2000 平台进行转录组测序。下机所得原始数据（raw data）经过过滤得到纯净数据（clean data），纯净数据再与指定参考基因组（Sbicolor _ v2.1）比较得到比对数据（mapp data）。

1.5　差异基因的筛选

将样品处理两两比较得到差异基因。在差异表达基因检测过程中，将差异倍数≥2 且错误发现率<0.001 作为筛选标准。差异倍数（fold change）表示两样品（组）间表达量的比值。错误发现率（false discovery rate，FDR）是通过对差异显著性 p 值（p - value）进行校正得到。采用了公认的 Benjamini - Hochberg 校正方法对原有假设检验得到的显著性 p 值（p - value）进行校正，并最终采用 FDR 作为差异表达基因筛选的关键指标。

1.6　差异基因的注释和分类

将比较得到的差异基因依次和 Nr（NCBI non - redundant protein，NCBI 非冗余蛋白）、Swiss - Prot（Swiss - Prot protein sequence，瑞士蛋白序列）数据库、KEGG（Kyoto encyclopedia of genes and genomes，京都基因与基因组百科全书）数据库、COG （clusters of orthologousgroups of proteins，蛋白直系同源聚类）数据库和 GO（gene on-tology，基因本体论）数据库中的蛋白序列进行比对，从而获得与差异基因对应的蛋白功能注释及功能分类统计。

1.7 实时荧光定量 PCR 分析（qRT - PCR）

为了验证高粱耐盐胁迫转录组结果的准确性，从差异基因数据库中随机挑选 4 个基因，利用 Primer 6.0 设计引物（表 1），分析实时荧光定量 PCR 结果是否与转录组结果一致。

表 1　实时荧光定量 PCR 引物

基因 ID Gene ID	正向引物（5′→3′）	反向引物（3′→5′）
Sobic. 006G018400	CATCATGGTTTACCGTGTGC	CGCTCAGTGATGGTGATCTC
Sobic. 006G034300	AGGAAGCGAAGGGAGTTAAAG	TCTGGAACATGGAAAGGCTC
Sobic. 004G300300	ACGGCTACGGCTACGACTAC	ATGCCACCGCGTTCCACTC
Sobic. 004G227400	TCATGTTCCAGCCCAAAAGACG	AAGAGGCCGTGGGCGTTG
GADPH	TCACTGCTACCCAAAAGACG	AGACATCAACGGTAGGAACAC

2　结果

2.1　盐胁迫对高粱的影响

盐胁迫处理能够影响高粱叶片的钠离子含量和 SPAD 值（图 1）。与对照相比，2 个品种的钠离子含量均在盐胁迫处理 24h 达到最高，且差异显著。SPAD 值在盐胁迫处理 24h 显著降低。石红 137 在盐胁迫处理 24h 后的钠离子含量和 SPAD 值均高于 L 甜。盐胁迫对株高、根长、干物重等性状无显著影响，石红 137 株高和根长高于 L 甜（表 2）。盐胁迫处理 1h，植株表型未出现明显变化。盐胁迫处理 24h 时，植株样品出现明显萎蔫（图 2）。

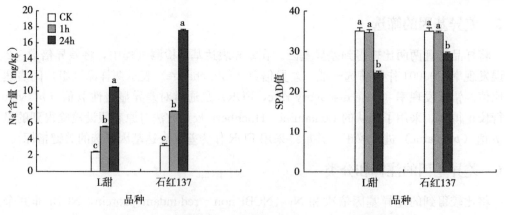

图 1　盐胁迫下 L 甜和石红 137 钠离子含量（左）和 SPAD 值（右）
（不同小写字母表示处理间差异达 5% 显著水平）

表 2　盐胁迫不同时间农艺性状统计

处理	株高	根长	干物重
gCK	5.24	4.86	0.18
g1h	5.21	4.83	0.18
g24h	5.20	4.77	0.22
nCK	6.56	6.23	0.25
n1h	6.69	6.22	0.26
n24h	6.59	6.22	0.28

注　g 表示感盐品种 L 甜；n 表示耐盐品种石红 137；gCK 表示 L 甜对照处理；g1h 表示 L 甜盐胁迫 1h 处理；g24h 表示盐胁迫 24h 处理；nCK 表示石红 137 对照处理；n1h 表示石红 137 盐胁迫 1h 处理；n24h 表示石红 137 盐胁迫 24h 处理。下同。

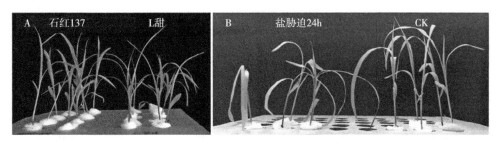

图 2　四叶期高粱表型
A. 石红 137 和 L 甜盐胁迫 0h　B. 石红 137 盐胁迫 24h 与对照

2.2　转录组测序结果评估

取 2 个高粱品种盐胁迫 0h、1h 和 24h 的叶片样品，分别提取各个样品 RNA，进行质检、构建文库之后，利用 Illumina HiSeq 平台进行测序。6 个处理 18 个样本高通量测序得到序列标签数在 42 082 348～56 174 902，比对到参考基因组的序列标签数在 33 795 395～44 513 494，各样品的序列标签与参考基因组的比对效率在 76.27%～79.74%。经过测序质量控制，共得到 130.80Gb 处理后的数据量，各样品 Q30 碱基百分比均不小于 92.40%（表 3）。将所有的处理后序列标签组装并与参考基因组进行比对，鉴定出已知基因 26 628 个，新基因 866 个。

2.3　盐胁迫不同时期差异基因筛选

不同处理两两比较，得到差异基因数目（DEGs）（表 4）。耐盐品种石红 137 中，0h VS 1h、0h VS 24h 和 1h VS 24h 的差异基因数目分别为 375 个、4 206 个和 3 750 个。感盐品种 L 甜中，0h VS 1h、0h VS 24h 和 1h VS 24h 的差异基因数目分别为 167 个、2 534 个和 1 612 个。相同处理时间 2 个品种之间比较，gCK VS nCK、g1h VS n1h 和 g24h VS n24h 的差异基因数目分别为 1 240 个、1 184 个和 1 910 个。石红 137 在盐胁迫后的差异基因数目明显高于 L 甜，盐胁迫后 1h 高出 124.55%，24h 高出 65.98%。2 个品种都是在盐胁迫 24h 后差异基因数目迅速升高，达到最高值。盐胁迫 24h 差异基因数目高于 1h 差异基因数目，石红 137 增加数量较多，增幅 1 000.00%，而 L 甜增幅较小，增加 965.27%。

表 3　高粱叶片转录组测序统计

分类	最大值	最小值	平均值
总序列标签	56 174 902	42 082 348	48 578 108
比对到基因组序列标签	44 513 494	33 795 753	37 417 638
比对到基因组序列标签比例（%）	79.94	76.27	78.33
GC 含量（%）	58.67	55.73	57.30
Q30 碱基比例（%）	93.29	92.40	92.89
已知转录本数		26 628	
新转录本数		866	

表 4　盐胁迫不同时期差异基因数目

处理 DEG Set	差异表达基因数	上调表达基因数	下调表达基因数
nCK VS n1h	375	332	43
nCK VS n24h	4 206	1 947	2 259
n1h VS n24h	3 750	1 711	2 039
gCK VS g1h	167	149	18
gCK VS g24h	2 534	1 259	1 275
g1h VS g24h	1 612	715	897
gCK VS nCK	1 240	576	664
g1h VS n1h	1 184	540	644
g24h VS n24h	1 910	783	1 127

在 3 组比较中，L 甜有 13 个差异基因共表达，石红 137 有 51 个差异基因共表达（图 3）。有 727 个基因在 2 个品种中共表达。

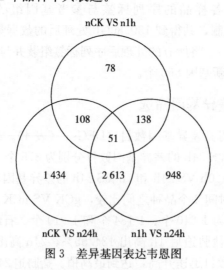

图 3　差异基因表达韦恩图

2.4　与盐胁迫相关差异基因

根据 GO 功能注释，nCK VS n1h 和 gCK VS g1h 富集差异最为显著的前 10 个生物过程可分为 3 类，且仅有 1 个不同（表 5）。3 类过程分别为：①与激素相关。生长激素的响应、吲哚乙酸生物合成。②与细胞物质代谢相关。谷胱甘肽代谢过程、色氨酸分解代谢过程、脯氨酸转运、甲硫氨酸生物合成硫代葡萄糖苷过程。③对胁迫的直接响应。对缺水反应的负调节、细胞对磷缺乏的反应、细胞高渗盐度反应（nCK VS n1h）/脱黄化（gCK VS g1h）。

表 5　高粱叶片中盐胁迫差异基因的 GO 富集分析

处理	GO 编号	GO 分类	注释基因数	显著基因数	期望值	显著性
nCK VS n1h	GO：0060416	生长激素响应	48	1	0.68	1.80×10^{-8}
	GO：0006749	谷胱甘肽代谢	88	1	1.25	2.20×10^{-7}
	GO：0006569	色氨酸分解代谢	129	2	1.83	5.00×10^{-7}
	GO：0009684	吲哚乙酸生物合成	210	3	2.99	6.10×10^{-7}
	GO：0080148	缺水反应负调节过程	56	1	0.8	8.20×10^{-7}
	GO：0015824	脯氨酸转运	164	3	2.33	2.10×10^{-6}
	GO：0016036	磷缺失细胞响应过程	319	7	4.53	2.60×10^{-6}
	GO：0051260	蛋白质同源寡聚化	43	2	0.61	6.20×10^{-6}
	GO：0033506	硫代葡萄糖苷生物合成过程	11	0	0.16	1.00×10^{-5}
	GO：0071475	细胞高渗盐反应	10	1	0.14	1.60×10^{-5}
nCK VS n24h	GO：0010207	光系统 II 组装	257	123	39.38	1.40×10^{-25}
	GO：0006364	核糖体 RNA 加工	403	161	61.75	8.30×10^{-24}
	GO：0010027	类囊体膜组织	366	149	56.08	1.00×10^{-21}
	GO：0009773	光系统 I 中的光合电子输运	70	43	10.73	1.10×10^{-17}
	GO：0000023	麦芽糖代谢过程	217	93	33.25	2.50×10^{-16}
	GO：0019252	淀粉合成过程	280	110	42.9	5.70×10^{-16}
	GO：0010114	红光响应过程	299	119	45.82	9.60×10^{-15}
	GO：0019344	半胱氨酸生物合成	389	129	59.61	8.60×10^{-13}
	GO：0080167	karrikin 响应过程	493	124	75.54	2.20×10^{-12}
	GO：0006569	色氨酸分解代谢	129	38	19.77	9.20×10^{-11}
gCK VS g1h	GO：0060416	生长激素响应	48	0	0.28	9.70×10^{-9}
	GO：0006749	谷胱甘肽代谢	88	1	0.52	4.10×10^{-8}
	GO：0080148	缺水反应负调节过程	56	0	0.33	4.60×10^{-7}
	GO：0009684	吲哚乙酸生物合成	210	1	1.23	4.70×10^{-7}
	GO：0006569	色氨酸分解代谢	129	1	0.76	5.80×10^{-7}
	GO：0015824	脯氨酸转运	164	2	0.96	8.10×10^{-7}
	GO：0016036	磷缺失细胞响应过程	319	1	1.87	2.10×10^{-6}
	GO：0051260	蛋白质同源寡聚化	43	0	0.25	4.70×10^{-6}
	GO：0033506	硫代葡萄糖苷生物合成过程	11	0	0.06	8.10×10^{-6}
	GO：0009704	去乙醇	86	0	0.51	1.20×10^{-5}

（续）

处理	GO 编号	GO 分类	注释基因数	显著基因数	期望值	显著性
gCK VS g24h	GO：0006098	戊糖磷酸支路	325	134	30.72	6.40×10^{-30}
	GO：0019288	异戊烯二磷酸生物合成过程	392	123	37.06	3.80×10^{-19}
		甲基赤藓糖醇 4-磷酸通路				
	GO：0010207	光系统 Ⅱ 组装	257	89	24.29	2.30×10^{-17}
	GO：0000023	麦芽糖代谢	217	77	20.51	5.00×10^{-14}
	GO：0019252	淀粉生物合成	280	89	26.47	1.80×10^{-13}
	GO：0009773	光系统 Ⅰ 中的光合电子输运	70	38	6.62	4.00×10^{-13}
	GO：0080167	karrikin 响应过程	493	94	46.6	1.30×10^{-11}
	GO：0010114	红光反应系统	299	90	28.26	3.20×10^{-11}
	GO：0060416	生长激素响应	48	12	4.54	1.60×10^{-10}
	GO：0010027	类囊体膜组织	366	93	34.6	$3.60E-10$

nCK VS n24h 和 gCK VS g24h 富集差异最为显著的前 10 个生物过程有 4 个过程不同。nCK VS n24h 中 GO 富集差异最显著的前 10 个生物过程分为 4 类：①与光合作用相关过程，如光系统 Ⅱ 组件、类囊体膜组织、光系统 Ⅰ 中的光合电子运输、对红光的反应。②与细胞物质代谢相关的生物过程，如麦芽糖代谢过程、淀粉生物合成、半胱氨酸生物代谢过程、色氨酸分解代谢过程。③与翻译相关生物过程，如 rRNA 过程。④与激素相关的生物过程，如对 karrikin 的响应。gCK VS g24h 富集差异最为显著的前 10 个生物分为 3 类：①与光合作用相关过程，如光系统 Ⅱ 组件、对红光的响应、光系统 Ⅰ 中的光合电子运输、类囊体膜组织。②与细胞物质代谢相关的生物过程，如戊糖磷酸支路、异戊烯二磷酸生物合成、4-甲基季戊四醇途径、麦芽糖代谢过程、淀粉生物合成。③与激素相关生物过程，如对 karrikin 的响应、生长激素的响应。

KEGG 富集分析表明，gCK VS g1h 和 nCK VS n1h 差异基因主要富集在植物激素信号传导途径。gCK VS g24h 和 nCK VS n24h 差异基因的前 5 个富集通路中有 4 个相同，分别为光合器官中的碳固定、碳代谢、氨基酸生物合成和光合作用-天线蛋白。另外一个不同通路在 gCK VS g24h 和 nCK VS n24h 中分别为丙酮酸代谢和光合作用。g1h VS g24h 和 n1h VS n24h 差异基因的前 5 个富集通路有 4 个通路相同，且与 gCK VS g24h 和 nCK VS n24h 一致。两类蛋白与高粱叶片盐胁迫相关：盐胁迫早期与植物激素信号相关、盐胁迫后期主要涉及光合作用。2 个品种的同一时期比较发现 CK 之间没有显著的富集通路，而比较盐胁迫 1h 处理和 24h 处理有共同的富集通路类黄酮代谢。

2.5 植物激素信号转导途径

植物激素不仅能够调控植株的生长发育，还参与植物的非生物胁迫。植物激素信号转导途径包含了生长素（IAA）、脱落酸（ABA）、细胞分裂素（CTK）、乙烯（ETH）和赤霉素（GS）（图 4），分别鉴定出 22 个、24 个、11 个、9 个和 5 个基因。IAA 途径包括 AUX、ARF、GH3 和 SAUR 4 个基因家族，ABA 途径包括 ABF、SnRK2、PP2C 和 PYR/PYL 4 个基因家族。SAUR 和 ABF 同源基因全部表达上调，其他同源基因在不同处理中表达模式不同。

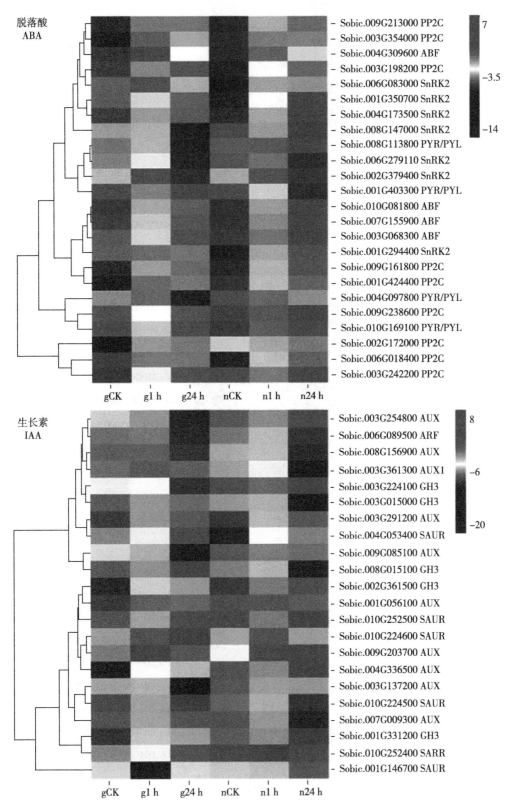

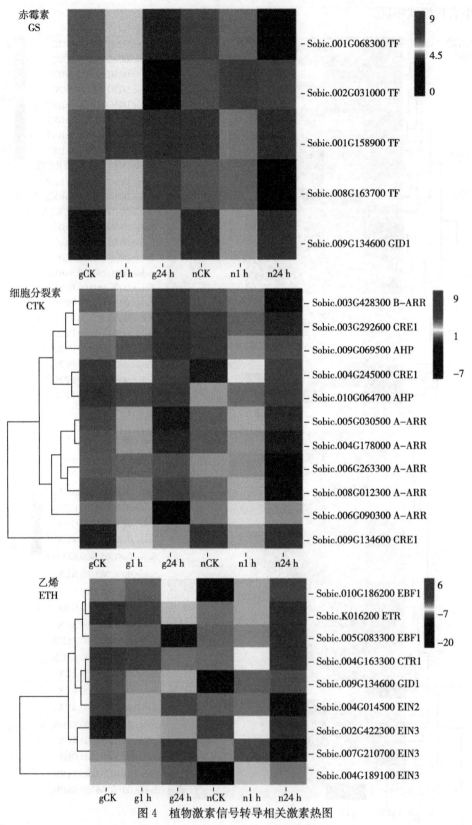

图 4　植物激素信号转导相关激素热图

2.6　光合作用相关途径

　　Lhca、Lhcb、PPC 和 PRK 等 20 个光合作用相关途径基因参与耐盐胁迫过程。PPC（磷酸烯醇式丙酮酸羧化酶）是参与植物碳固定的关键酶，参与光合作用暗反应。Sobic.002G167000 在 2 个品种中均表达上调，分别上调 3.80 倍和 5.19 倍。Sobic.010G160700 在 2 个品种中均表达下调。Sobic.004G106900 和 Sobic.007G106500 的表达模式在 2 个品种中表现不同。LHC 是一类能够捕获光能并能将能量迅速传至反应中心引起光化学反应的色素蛋白[19]，分为 2 个亚类：Lhca 和 Lhcb。2 个品种中 Lhca 和 Lhcb 的同源基因均表达下调。PRK（磷酸核酮糖激酶）参与碳固定和碳代谢 2 个途径，PRK 2 个同源基因在 2 个品种中均表达下调（表 6），下调基因在 2 个品种中分别达到 1.24～128.71 倍和 9.99～863.12 倍。下调基因倍数在石红 137 中高于 L 甜。

表 6　涉及光合作用与盐胁迫相关的基因

基因名称	基因 ID	FPKM 值					
		gCK	g1h	g24h	nCK	n1h	n24h
Lhca1	Sobic.004G056900	6 845.75	5 277.53	549.64	7 487.56	6 519.72	268.8
Lhca2	Sobic.002G215000	1 138.05	1 161.23	68.34	1 049.57	1 109.62	20.12
Lhca2	Sobic.002G352100	4 759.34	3 627.86	260.8	4 158.43	3 828.06	73.9
Lhca3	Sobic.010G189300	4 871.52	3 711.42	392.95	5 321.69	4 030.16	151.76
Lhca4	Sobic.007G136 900	4 332.36	3 332.85	194.35	5 032.23	4 230.89	67.37
Lhca5	Sobic.004G308700	728.38	595.98	75.06	842.51	805.12	35.45
Lhcb1	Sobic.002G288300	3 292.48	3 102.02	307.94	3 037.17	2 900.42	181.03
Lhcb1	Sobic.003G209900	6 389.25	4 984.08	49.64	3 469.75	3 574.07	4.02
Lhcb1	Sobic.009G234600	5 809.76	5 237.89	653.41	4 791.33	4 965.73	479.47
Lhcb2	Sobic.001G177000	8 469.69	6 247.14	446.28	13 066.13	9 860.12	175.3
Lhcb3	Sobic.002G339200	1 714.88	1 482.53	72.21	1 275.63	1 696.12	42.19
Lhcb4	Sobic.002G338000	3 871.83	3 342.85	250.4	3 352.35	3 419.74	74.7
Lhcb5	Sobic.005G087000	3 613.05	3 154.13	108.67	3 800.17	3 639.70	34.51
Lhcb6	Sobic.006G264200	2 859.62	2 414.96	84.85	1 956.43	2 112.88	67.85
PPC	Sobic.002G167000	22.5	22.36	85.39	13.85	12.02	71.82
PPC	Sobic.010G160700	5 064.26	4 230.24	932.75	4 640.39	4 269.74	262.15
PPC	Sobic.004G106900	66.57	55.44	537.14	71.04	145.9	649.27
PPC	Sobic.007G106500	29.54	15.39	23.77	15.24	16.67	71.67
PRK	Sobic.004G272100	1 162.8	1 074.55	96.36	1 050.45	1 166.71	20.26
PRK	Sobic.006G200800	35.8	25.69	4.21	32.01	26.04	3.00

2.7　类黄酮途径

　　类黄酮是植物体内重要的次生代谢物之一。通过 KEGG 富集图比较分析发现，2 个品种在对照处理中无差异显著的富集通路（图 5）。盐胁迫 1h 和 24h 处理中存在类黄酮生物合成途径，且差异显著。花青素还原酶（ANR）Sobic.006G226400 和黄酮醇合成酶（FLS）Sobic.004G310100 参与类黄酮生物合成途径，2 个基因在石红 137 中的表达量高于 L 甜（图 6）。

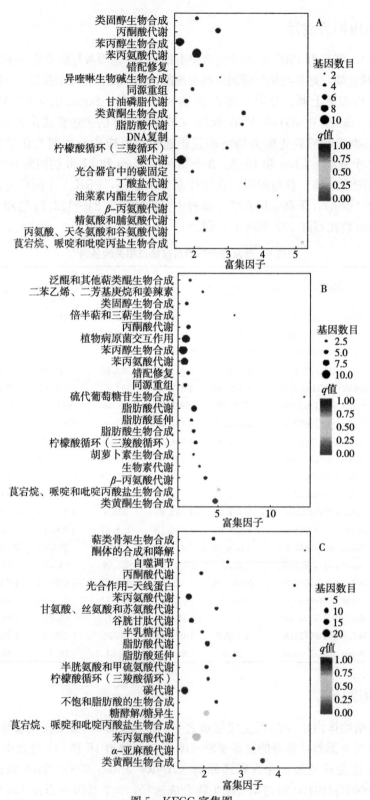

图 5　KEGG 富集图

A. gCK vs nCK　B. g1h vs n1h　C. g24h vs n24h

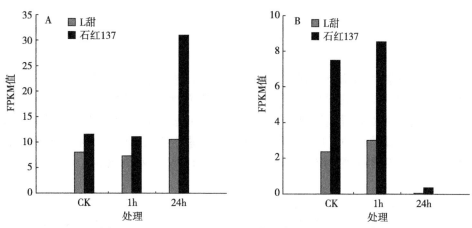

图 6 ANR（A）和 FLS（B）在 2 个品种的 FPKM 值

2.8 实时荧光定量 PCR 验证

为了验证转录组测序结果的可靠性，随机选取 4 个与激素信号转导和光合作用途径相关基因进行实时荧光定量 PCR 验证（图 7）。将 qRT－PCR 数据和转录组数据进行相关性分析，其中有 3 个基因 qRT－PCR 结果与转录组测序结果显著相关（$p<0.05$），表明转录组测序结果真实可靠。

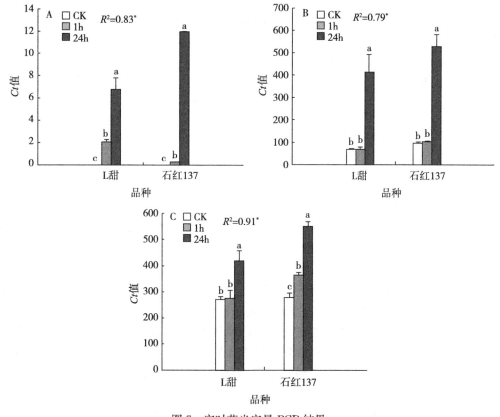

图 7 实时荧光定量 PCR 结果

A. Sobic. 006G18400   B. 006G034300   C. 004G300300

3 讨论

高粱叶片对盐胁迫的响应受到多种途径的调控，转录组的整体分析有利于系统性了解高粱的耐盐机制。为了筛选高粱耐盐基因，本研究对 2 个高粱品种的 2 个盐胁迫时期进行了转录组测序并对差异基因进行注释。本研究所选 2 个高粱品种代表了对盐胁迫的不同反应。L 甜对盐胁迫的反应要弱于石红 137 对盐胁迫的反应，了解 2 个品种对盐胁迫响应的差异，可以揭示控制石红 137 的耐盐基因，从而对高粱耐盐基因表达形成全面了解。

在 2 个品种中，totalreads 最低达到 42 082 348，最高达到 56 174 902。平均有 78.33% 的 reads 比对到了参考基因组（表 3）。结果表明，所选数据库相对完整。其余的注释基因未在参考基因组中检测到，鉴定为新基因。

3.1 2 个品种中的差异基因

为确定响应盐胁迫的相应基因，对盐胁迫处理 3 个时期的转录组差异表达基因进行比较。结果表明，gCK VS g24h 和 g1h VS g24h 差异基因数目明显高于 gCK VS g1h 的差异基因数目，与 L 甜的形态指标变化一致。nCK VS n24h 和 n1h VS n24h 的差异基因数目高于 nCK VS n1h，这与 Na+ 含量变化相对应。石红 137 在盐胁迫 3 个时期差异基因的数目均高于 L 甜的差异基因数目，这表明与感盐品种 L 甜相比，耐盐品种石红 137 有更多的基因参与盐胁迫，为进一步阐明高粱耐盐的调控机制提供了研究基础。

GO 富集分析显示，激素响应、光合作用以及碳代谢相关途径参与高粱叶片的盐胁迫，有利于高粱及时响应盐胁迫。KEGG 分析还发现差异基因涉及激素信号传导、光合作用以及类黄酮代谢途径，这些过程都在高粱应对盐胁迫过程中起着重要作用。

3.2 植物激素信号转导途径

植物激素是重要的次级信号分子，能够调节多种外界环境刺激[20]。本研究通过转录组分析发现生长素（IAA）、脱落酸（ABA）、细胞分裂素（CTK）、乙烯（ETH）、赤霉素（GA）、都参与高粱叶片的盐胁迫，这些基因耐盐胁迫过程中表达模式不同。

ABA 在非生物胁迫中起着重要作用，有研究表明高盐条件下植物会诱导产生 ABA，并且 ABA 信号通路在植物对抗盐胁迫过程中是必需的[21]。ABA 能够响应干旱、盐胁迫等多种非生物胁迫[22]。植物体内 ABA 信号分为依赖 ABA 途径和非依赖 ABA 途径[23]，ABA 信号途径由 PYR/PYL/PCAR（ABA 受体）、PP2C（蛋白磷酸酶 2C 家族）、SnRK2（SNF1 相关蛋白激酶）和 ABF（ABA 响应转录因子）组成，通过 4 个部分的调节响应盐胁迫信号。PYR/PYL 能够通过抑制 PP2C，释放 SnRK2 激酶，以磷酸化的形式调节 ARF 活性[24-25]。本研究中 ARF 的 2 个同源基因在 2 个品种中均表达上调，表明 ABA 含量升高，与 ZHU 等[22]研究结果一致，表明高粱通过提高植株体内 ABA 活性来对抗盐胁迫。

生长素作为调节植物生长发育的植物激素，近年来发现对非生物胁迫也具有重要的调节作用[26-27]。有研究分析发现在非生物胁迫中生长素原初反应相关基因 AUX/IAA、

GH3、SAUR、ARF 的表达量发生改变[28]。盐胁迫会使植物因为水分吸收受阻而导致渗透胁迫，研究表明外源增施生长素能够提高拟南芥叶片的保水能力[29]。本研究获得参与生长素途径的基因家族，这些基因在盐胁迫过程中被显著调节。AUX/IAA 的同源基因 Sobic. 003G291200 在应对盐胁迫过程中显著提高。表明高粱应对外界盐胁迫依赖于 AUX/IAA 介导的信号过程。

3.3　光合作用相关途径

后期参与盐胁迫的途径为光合作用相关途径，这些途径包括光合器官中的碳固定、碳代谢和光合作用-天线蛋白途径。光合作用是植物生产的能量的主要方式，对植物的生长发育起到至关重要的作用。

光合作用包括 2 个步骤：光反应阶段和暗反应阶段。光反应又分为 2 个阶段：原初反应、电子传递和光合磷酸化。原初反应包含光能的吸收、传递和转化。本研究中涉及原初反应的途径为光合作用-天线蛋白。LHC 是一类捕光蛋白复合体，能够捕获光能并把能量传递至反应中心[19,30]。本研究发现在 2 个品种中 Lhca 和 Lhcb2 组蛋白的表达量下调。可能是因为在盐胁迫条件下，细胞内渗透势升高，为了维持植物细胞内正常的生理活动，高粱叶片 LHC 多个蛋白下调表达，以降低光合速率，而使高粱适应盐胁迫环境。PPC 是 C_4 作物进行光合作用碳固定的关键酶[31]，本研究 2 个 PPC 同源基因（Sobic. 002G167000、Sobic. 007G106500）在石红 137 中上调表达，一个 PPC 同源基因（Sobic. 010G160700）在石红 137 中下调表达，表明高盐环境对高粱叶片的碳固定产生了影响。PRK 是碳代谢的关键酶，将 5-磷酸核酮糖催化合成 1,5-二磷酸核酮糖（RuBP），PRK 在 2 个品种中的下调表达表明，RuBP 的再生受到抑制，从而影响光合作用的正常进行。

3.4　类黄酮生物合成途径

类黄酮是一类植物次生代谢产物，常见的类黄酮包括查尔酮、黄酮醇、黄酮、黄烷醇、黄烷酮、花青素等。比较不同品种对照样本未发现差异显著代谢途径，但对 2 个时期的盐胁迫处理样品进行比较发现共同的差异代谢途径，即类黄酮生物合成途径。对参与此代谢途径的基因进行比较发现石红 137 中花青素还原酶（ANR）和黄酮醇合成酶（FLS）的表达量均高于 L 甜。结果表明，石红 137 在次级代谢产物类黄酮合成过程要强于 L 甜。研究表明耐盐植物的耐盐性主要体现在植株体内的离子平衡，Na^+ 和 Cl^- 被贮藏在液泡内，保持细胞渗透势的稳定。部分有机溶质，例如蛋白质、氨基酸等物质也起到稳定细胞渗透势的作用[10]。则次级代谢产物的合成能力可能是石红 137 和 L 甜是否耐盐的重要原因。

4　结论

高粱的盐胁迫过程是一个复杂的生物过程，依赖于多个基因在复杂网络中的平衡表达。盐胁迫条件下，高粱应对环境刺激受到激素信号转导和光合作用的控制。类黄酮生物合成途径在耐盐品种中起到了重要作用。

参考文献

[1] Kaushal S S. Increased salinization decreases safe drinking water [J]. Environmental Science & Technology, 2016, 50 (6): 2765 - 2766.

[2] Khalid N, Aqsa T, Iqra, et al. Induction of salt tolerance in two cultivars of sorghum (*Sorghum bicolor* L.) by exogenous application of proline at seedling stage [J]. World Applied Sciences Journal, 2010, 10 (1): 93 - 99.

[3] Guzm N - Murillo M A, Ascencio F, Larrinagamayoral J A. Germination and ROS detoxification in bell pepper (*Capsicum annuum* L.) under NaCl stress and treatment with microalgae extracts [J]. Protoplasma, 2013, 250 (1): 33 - 42.

[4] Munns R. Comparative physiology of salt and water stress [J]. Plant, Cell & Environment, 2002, 25 (2): 239 - 250.

[5] 高玉红, 闫生辉, 邓黎黎. 不同盐胁迫对甜瓜幼苗根系和地上部生长发育的影响 [J]. 江苏农业科学, 2019, 47 (3): 120 - 123.

[6] Gulzar S, Khan M A, Ungar I A. Salt tolerance of a coastal salt marsh grass [J]. Communications in Soil Science and Plant Analysis, 2003, 34 (17/18): 2595 - 2605.

[7] Kerkeb L, Donaire J P, Venema K, et al. Tolerance to NaCl induces changes in plasma membrane lipid composition, fluidity and H^+ - ATPase activity of tomato calli [J]. Physiologia Plantarum, 2001, 113 (2): 217 - 224.

[8] Parida A K, Das A B, Mittra B, et al. Salt - stress induced alterations in protein profile and protease activity in the mangrove bruguiera parviflora [J]. Zeitschrift für Naturforschung C, 2004, 59 (5/6): 408 - 414.

[9] Hare P D, Cress W A. Metabolic implications of stress - induced proline accumulation in plants [J]. Plant Growth Regulation, 1997, 21 (2): 79 - 102.

[10] Serraj R, Sinclair R T. Osmolyte accumulation: can it really help increase crop yield under drought conditions [J]. Plant, Cell and Environment, 2002, 25 (3): 33 - 41.

[11] Ganie S A, Molla K A, Henry R J, et al. Advances in understanding salt tolerance in rice [J]. Theoretical and Applied Genetics, 2019, 132 (4): 851 - 870.

[12] Wang M, Wang Y, Zhang Y, et al. Comparative transcriptome analysis of salt - sensitive and salt - tolerant maize reveals potential mechanisms to enhance salt resistance [J]. Genes & Genomics, 2019, 41 (7): 781 - 801.

[13] Amirbakhtiar N, Ismaili A, Ghaffari M R, et al. Transcriptome response of roots to salt stress in a salinity - tolerant bread wheat cultivar [J]. PLoS ONE, 2019, 14 (3): e0213305.

[14] Yang Z, Zheng H, Wei X, et al. Transcriptome analysis of sweet sorghum inbred lines differing in salt tolerance provides novel insights into salt exclusion by roots [J]. Plant and Soil, 2018, 430 (1): 423 - 439.

[15] Akbudak M A, Filiz E, Kontbay K. DREB2 (dehydration - responsive element - binding protein 2) type transcription factor in sorghum (*Sorghum bicolor*): genome - wide identification, characterization and expression profiles under cadmium and salt stresses [J]. 3 Biotech, 2018, 8 (10): 426.

[16] Forghani A H, Almodares A, Ehsanpour A A. Potential objectives for gibberellic acid and pa-

clobutrazol under salt stress in sweet sorghum [*Sorghum bicolor* (L.) Moench cv. Sofra] [J]. Applied Biological Chemistry, 2018, 61 (1): 113 - 124.

[17] 王海莲, 张华文, 刘宾, 等. 低度盐胁迫下高粱苗期相关性状的 QTL 定位 [J]. 分子植物育种, 2017, 15 (2): 604 - 610.

[18] Wang H L, Chen G L, Zhang H W, et al. Identification of QTLs for salt tolerance at germination and seedling stage of *Sorghum bicolor* L. Moench [J]. Euphytica, 2014, 196: 117 - 127.

[19] 汪仁, 李晓丹, 江玉梅, 等. 石蒜捕光叶绿素 a/b 结合蛋白基因的克隆和序列分析 [J]. 江苏农业科学, 2011, 39 (2): 42 - 44.

[20] Duan L, Dietrich D, NG C H, et al. Endodermal ABA signaling promotes lateral root quiescence during salt stress in *Arabidopsis* seedlings [J]. The Plant Cell, 2013, 25 (1): 324 - 341.

[21] Achard P, Cheng H, de Grauwe L, et al. Integration of plant responses to environmentally activated phytohormonal signals [J]. Science, 2006, 311 (5757): 91 - 94.

[22] Zhu J K. Salt and drought stress signal transduction in plants [J]. Annual Review of Plant Biology, 2002, 53 (1): 247 - 273.

[23] Yamaguchi - Shinozaki K, Shinozaki K. Transcriptional regulatory networks in cellular responses and tolerance to dehydration and cold stresses [J]. Annual Review of Plant Biology, 2006, 57 (1): 781 - 803.

[24] Cutler S R, Rodriguez P L, Finkelstein R R, et al. Abscisic acid: emergence of a core signaling network [J]. Annual Review of Plant Biology, 2010, 61 (1): 651 - 679.

[25] Fujita Y, Nakashima K, Yoshida T, et al. Three SnRK2 protein kinases are the main positive regulators of abscisic acid signaling in response to water stress in *Arabidopsis* [J]. Plant and Cell Physiology, 2009, 50 (12): 2123 - 2132.

[26] Yuan H, Zhao K, Lei H, et al. Genome - wide analysis of the GH3 family in apple (*Malus×domestica*) [J]. BMC Genomics, 2013, 14 (1): 297.

[27] Cheong Y H, Chang H - S, Gupta R, et al. Transcriptional profiling reveals novel interactions between wounding, pathogen, abiotic stress, and hormonal responses in *Arabidopsis* [J]. Plant Physiology, 2002, 129 (2): 661 - 677.

[28] Song Y, Wang L, Xiong L. Comprehensive expression profiling analysis of OsIAA gene family in developmental processes and in response to phytohormone and stress treatments [J]. Planta, 2009, 229 (3): 577 - 591.

[29] Liu X, Zhang H, Zhao Y, et al. Auxin controls seed dormancy through stimulation of abscisic acid signaling by inducing ARF - mediated ABI3 activation in *Arabidopsis* [J]. Proceedings of the National Academy of Sciences of the USA, 2013, 110 (38): 15485 - 15490.

[30] 李安节, 柳振峰. 植物光系统 II 捕光过程的超分子结构基础 [J]. 生物化学与生物物理进展, 2018, 45 (9): 935 - 946.

[31] O'leary B, Park J, Plaxton W. The remarkable diversity of plant PEPC (phosphoenolpyruvate carboxylase): recent insights into the physiological functions and post - translational controls of non - photosynthetic PEPCs [J]. Biochemical Journal, 2011, 436 (1): 15 - 34.

本文曾发表于《新疆农业科学》2010年第47卷第2期。

时空变化对甜高粱农艺性状的影响及分析

冯国郡　叶凯　涂振东

（新疆农业科学院，乌鲁木齐 830091）

【研究意义】研究甜高粱在新疆、海南两地的农艺性状变化对育种和生产实践具有重要意义。【前人研究进展】甜高粱作为新兴的糖料、饲料和能源作物越来越受到人们的重视，越来越引起一些国家政府和国际组织的关注[1]。作为一种高能植物，甜高粱具有适应性强、抗旱、耐涝、耐盐碱、耐肥、耐瘠薄、生长迅速、糖分积累快、生物学产量高等优良特性[2-8]。甜高粱是短日照作物，长日照有利于其营养生长，短日照有利于生殖生长[1,6]。【本研究切入点】对甜高粱农艺性状受时空变化的影响的研究较少。【拟解决的关键问题】通过两地的品比试验定量研究了不同品种各性状变化的趋势和幅度，为南繁育种加代提供理论依据，同时也通过时空变化筛选出适应性强的优良品系。

1　材料与方法

1.1　材料

新疆、海南品比试验的参试品系为：TTL-11（CK）、Z6-120、Z7-120、Z8-120，新疆试验于 2005 年在新疆农业科学院玛纳斯农业试验站进行，海南试验于 2005—2006 年在海南三亚市新疆农业科学院海南三亚农作物育种试验中心进行。2005 年玛纳斯县平均气温 7.2℃，无霜期 165d，≥10℃气温 3 580℃，降水量 173mm，日照时数 2 886h。三亚市平均气温 25.4℃，≥10℃气温 9 284℃，降水量 1 279mm，日照时数 2 100h。

1.2　方法

采用随机区组排列，三次重复，行长 5m，行距 0.7m，株距 0.2m，6 行区，小区面积 21m²，密度 71 400 株/hm²。其他管理措施同一般大田。

2　结果与分析

2.1　四品系的 13 个主要性状在海南、新疆两地的方差显著性检验

通过对 2005—2006 年新疆、海南的品比试验结果进行方差分析可知：参试品系在新疆、海南两地试验区组间差异不显著，说明重复间土壤、肥水、管理等水平基本一致，试验结果可靠；TTL-11（CK）、Z6-120、Z7-120、Z8-120 的生育期、生物产量、茎秆产量、产糖量、千粒重、单株重、秆重在新疆、海南两地的差异达极显著水平，株高、秆

长、茎节数、茎粗在两地的差异达极显著或显著水平，4 个品系的汁液锤度和籽粒产量在两地的差异不显著（表 1）。

表 1　4 个品种 13 个性状在海南、新疆两地方差显著性检验

品种	生物产量	茎秆产量	汁液锤度	产糖量	籽粒产量	千粒重	株高	秆长	茎节数	茎粗	单株重	秆重
TTL-11	0.000 4**	0.000 5**	0.187 3	0.008 3**	0.138	0.003 7**	0.024 2*	0.000 2**	0.032 6*	0.012 4*	0.001 4**	0.000 6**
Z6-120	0.000 5**	0.000 5**	0.063 7	0.004 6**	0.243 7	0.000 1**	0.000 5**	0.000 2**	0.000 5**	0.023 1*	0**	0**
Z7-120	0.000 1**	0.000 2**	0.310 3	0.000 1**	0.147 2	0.000 7**	0.001 8**	0.000 7**	0.030 9**	0.007 4**	0**	0.000 2**
Z8-120	0.003 3**	0.000 3**	0.114 6	0.010 9**	0.086 5	0.000 1**	0.000 6**	0.003 5**	0.003 5**	0.003**	0.000 6**	0.002 4**
F值	2 294.8	1 825.94	3.89	119.07	5.76	270.75	39.78	5 055.88	29.16	78.981	693.12	1 701.0
	2 168.35	194.63	14.21	213.59	2.67	12 321.06	2 209.81	506.47	2 133.33	41.807	52 271.79	33 074.96
	11 404.6	5 318.59	1.82	7 311.72	5.33	1 441.72	545.11	1 385.44	30.86	134.33	58 799.06	4 635.42
	301.56	2 905.16	7.26	89.89	10.09	9 074.93	1 693.09	92.43	282.19	333.23	1 573.44	418.78

2.2　主要性状变化

2.2.1　生育期

参试的 4 个甜高粱品系在新疆的平均生育期为 140.5d，在海南的平均生育期为 100.5d，比在新疆平均早熟 40d。4 个品系在新疆与海南的生育期差异都达极显著水平。Z6-120、Z8-120 在新疆的生育期都为 140d，与对照 TTL-11 生育期 140d 相当，Z7-120 在新疆的生育期为 142d，比对照晚熟 2d。Z6-120、Z7-120、Z8-120 在海南的生育期分别为 92d、98d、106d，比对照 TTL-1 分别早熟 14d、8d 和 0d。Z6-120 在两地的生育期差异最大，海南种植比在新疆早熟 48d。对照 TTL-11 和 Z8-120 差异最小，为 34d。说明冬天在海南南繁加代，甜高粱的生育期不同程度地缩短，由于各品种光温敏感性不同，缩短幅度表现出不规律的差异（图 1）。

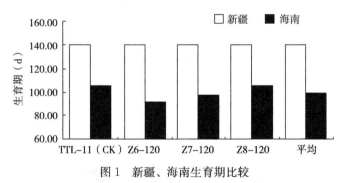

图 1　新疆、海南生育期比较

2.2.2　生物产量

甜高粱 4 个不同品系在新疆小区生物产量明显高于海南，差异达极显著水平。新疆均值为 186.4kg，海南均值为 91.5kg，海南的生物产量只达到新疆的 49.1%。对照 TTL-11 在新疆和海南的均值分别为 142.7kg、73.9kg，均值差为 68.8kg；Z6-120 在新疆和海南的均值分别为 207.5kg、97.7kg，均值差为 109.8kg，在新疆和海南分别超过对照 45.4%

和 32.2%；Z7-120 在新疆和海南的均值分别为 199kg、97.5kg，均值差为 101.5kg，在新疆和海南分别超过对照 39.5% 和 31.9%；Z8-120 在新疆和海南的均值分别为 196.2kg、96.7kg，均值差为 99.5kg，在新疆和海南分别超过对照 37.5% 和 30.9%。Z6-120 在新疆和海南的生物产量都名列第一，Z7-120 在新疆和海南的生物产量都名列第二，Z8-120 在新疆和海南的生物产量都名列第三，其变化趋势为在新疆表现高生物产量的，在海南也表现出较高的生物产量（图 2）。

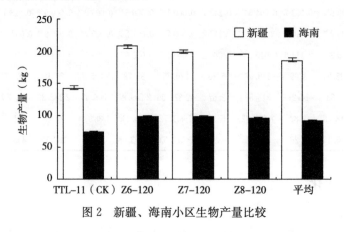

图 2 新疆、海南小区生物产量比较

2.2.3 茎秆产量

甜高粱 4 个不同品系在新疆小区茎秆产量明显高于海南，变化趋势同生物产量一致。新疆小区茎秆产量均值为 162.9kg，海南均值为 67.1kg，海南的茎秆产量只达到新疆的 41.2%。对照 TTL-11 在新疆和海南的均值分别为 121.3kg、49.5kg，均值差为 71.8kg；Z6-120 在新疆和海南的均值分别为 182.6kg、73.3kg，均值差为 109.3kg，在新疆和海南分别超过对照 50.5% 和 60.1%；Z7-120 在新疆和海南的均值分别为 175.2kg、73.1kg，均值差为 102.1kg，在新疆和海南分别超过对照 44.4% 和 54.4%；Z8-120 在新疆和海南的均值分别为 172.6kg、72.6kg，均值差为 100kg，在新疆和海南分别超过对照 42.3% 和 51.8%。Z6-120 在新疆和海南的茎秆产量都名列第一，Z7-120 在新疆和海南的茎秆产量都名列第二，Z8-120 在新疆和海南的茎秆产量都名列第三，其变化趋势为在新疆表现高茎秆产量的，在海南也表现出较高的茎秆产量（图 3）。

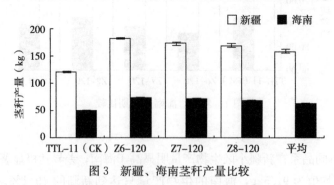

图 3 新疆、海南茎秆产量比较

2.2.4 汁液锤度

由方差显著性检验可知，甜高粱 4 个品系的汁液锤度在新疆、海南两地的差异不显著，在海南的平均汁液锤度高于新疆。4 个品系在新疆汁液锤度的均值为 16.23%，海南均值为 16.90%，海南比新疆略高出 0.67 个百分点。对照 TTL-11 在新疆和海南的均值分别为 17.6%、16.4%，均值差为 1.2%；Z6-120 在新疆和海南的均值分别为 13.2%、14.9%，均值差为 1.7%，在新疆和海南分别低于对照 25.0% 和 9.1%；Z7-120 在新疆和海南的均值分别为 17.9%、18.6%，均值差为 0.7%，在新疆和海南分别超过对照 1.7% 和 13.4%；Z8-120 在新疆和海南的均值分别为 16.2%、17.7%，均值差为 1.5%，在新疆低于对照 8.0%，在海南超过对照 7.9%。Z7-120 在新疆和海南的汁液锤度都名列第一，Z8-120 在新疆的汁液锤度列第三位，在海南名列第二，Z6-120 在新疆和海南的汁液锤度都最低，名列第四（图 4）。

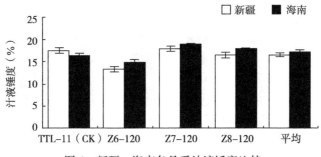

图 4 新疆、海南各品系汁液锤度比较

2.2.5 产糖量

甜高粱 4 个不同品系在新疆小区产糖量明显高于海南。新疆小区产糖量均值为 25.78kg，海南均值为 11.35kg，海南的平均产糖量只达到新疆的 44.0%。对照 TTL-11 在新疆和海南的均值分别为 21.3kg、8.1kg，均值差为 13.2kg；Z6-120 在新疆和海南的均值分别为 22.5kg、10.9kg，均值差为 11.6kg，在新疆和海南分别超过对照 5.6% 和 34.6%；Z7-120 在新疆和海南的均值分别为 31.4kg、13.6kg，均值差为 17.8kg，在新疆和海南分别超过对照 47.4% 和 67.9%；Z8-120 在新疆和海南的均值分别为 27.9kg、12.8kg，均值差为 15.1kg，在新疆和海南分别超过对照 31.0% 和 58.0%。Z7-120 在新疆和海南的产糖量都名列第一，Z8-120 在新疆和海南的产糖量都名列第二，Z6-120 在新疆和海南的茎秆产量都名列第三。对照在新疆和海南的产糖量最低，名列第四（图 5）。

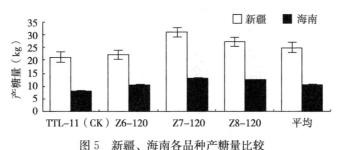

图 5 新疆、海南各品种产糖量比较

2.2.6 籽粒产量

由方差显著性检验可知，甜高粱 4 个品系的小区籽粒产量在新疆、海南两地的差异不显著，在海南的平均籽粒产量高于新疆。4 个品系在新疆小区籽粒产量的均值为 5.98kg，海南均值为 6.69kg，海南比新疆平均高出 11.9%。对照 TTL－11 在新疆和海南的均值分别为 5.67kg、6.43kg，均值差为 0.76kg；Z6－120 在新疆和海南的均值分别为 5.83kg、6.63kg，均值差为 0.8kg，在新疆和海南分别高于对照 2.8% 和 3.1%；Z7－120 在新疆和海南的均值分别为 6.7kg、7.1kg，均值差为 0.4kg，在新疆和海南分别超过对照 18.2% 和 10.4%；Z8－120 在新疆和海南的均值分别为 5.73kg、6.6kg，均值差为 0.87kg，在新疆和海南分别高于对照 1.01% 和 2.6%。Z7－120 在新疆和海南的籽粒产量都名列第一，Z6－120 在新疆和海南的籽粒产量都名列第二，Z8－120 在新疆和海南的籽粒产量都比对照略高，名列第三，对照在两地的籽粒产量都最低（图6）。

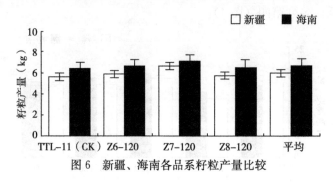

图 6　新疆、海南各品系籽粒产量比较

2.2.7　千粒重

甜高粱 4 个品系的千粒重在新疆、海南两地的差异达极显著，在海南的平均千粒重高于新疆。4 个品系在新疆千粒重的均值为 18.73g，海南均值为 24.8g，海南比新疆平均高出 10.6%。对照 TTL－11 在新疆和海南的均值分别为 17.9g、19.8g，均值差为 1.9g；Z6－120 在新疆和海南的均值分别为 16.7g、27.8g，均值差为 11.1g，在新疆低于对照 6.7%，在海南高于对照 40.4%；Z7－120 在新疆和海南的均值分别为 19g、24.8g，均值差为 5.8g，在新疆和海南分别超过对照 6.1% 和 25.2%；Z8－120 在新疆和海南的均值分别为 21.3g、26.8g，均值差为 5.5g，在新疆和海南分别高于对照 21.8% 和 35.4%。在新疆 Z8－120、Z7－120、TTL－11、Z6－120 的千粒重分别名列一、二、三、四位，在海南 Z6－120、Z8－120、Z7－120 和 TTL－11 千粒重分别名列一、二、三、四位（图7）。

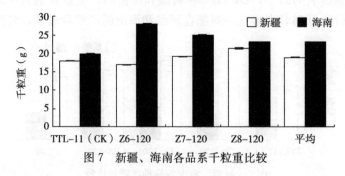

图 7　新疆、海南各品系千粒重比较

2.2.8　株高

参试品系除对照 TTL－11 的株高在新疆、海南两地的差异达显著外，其余三个品系的株高在新疆、海南两地的差异达极显著，新疆株高水平整体高于海南。4 个品系在新疆株高的均值为 354.6cm，海南均值为 278.7cm，新疆比海南平均高出 21.4%。对照

TTL-11在新疆和海南的均值分别为296.1cm、255.4cm，均值差为40.7cm；Z6-120在新疆和海南的均值分别为377.2cm、271.2cm，均值差为106.0cm，在新疆和海南分别高于对照27.4%、6.2%；Z7-120在新疆和海南的均值分别为387.0cm、298.7cm，均值差为88.3cm，在新疆和海南分别超过对照30.7%和17.0%；Z8-120在新疆和海南的均值分别为357.9cm、289.5cm，均值差为68.4cm，在新疆和海南分别高于对照20.9%和13.4%。在新疆Z7-120、Z6-120、Z8-120、TTL-11的株高分别名列一、二、三、四位；在海南Z7-120、Z8-120、Z6-120、TTL-11株高分别名列一、二、三、四位（图8）。

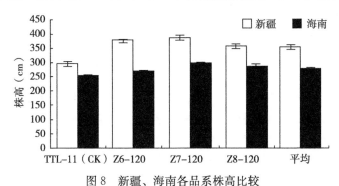

图8　新疆、海南各品系株高比较

2.2.9　单株重

参试4个品系在新疆、海南两地单株重差异达极显著水平，新疆小区单株重明显高于海南，新疆单株重均值为1.74kg，海南均值为0.57kg，海南的平均单株重只达到新疆的32.8%。对照TTL-11在新疆和海南的均值分别为1.23kg、0.47kg，均值差为0.76kg；Z6-120在新疆和海南的均值分别为1.94kg、0.62kg，均值差为1.32kg，在新疆和海南分别超过对照57.7%和31.9%；Z7-120在新疆和海南的均值分别为1.92kg、0.52kg，均值差为1.4kg，在新疆和海南分别超过对照56.1%和10.6%；Z8-120在新疆和海南的均值分别为1.87kg、0.68kg，均值差为1.19kg，在新疆和海南分别超过对照52.0%和44.7%。单株重在新疆名列一、二、三、四位的品系分别为Z6-120、Z7-120、Z8-120和对照TTL-11（图9）。

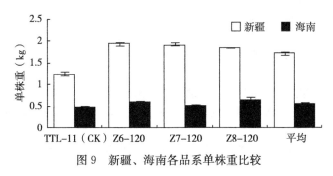

图9　新疆、海南各品系单株重比较

3　讨论

甜高粱为短日照作物[1,6]，在新疆长日照条件下有利于其营养生长，所以表现出茎秆高大、生物产量高，生育期变长，而海南短日照条件下则有利于其生殖生长，表现植株变矮、生物产量降低、生育期缩短，但籽粒产量反而比在长日照条件下的新疆增加，但差异不显著。这些品种与卢庆善[1]认为的在低纬度地区，多数甜高粱品种都由于短日照而较早开花从而使茎秆和籽粒产量降低的结论不一致。研究中发现锤度在两地也有变化，但差异不显著，而且品种间变化趋势不一，多数品种在海南锤度高于新疆，个别表现相反。新疆昼夜温差大有利于糖分积累，传统认为在新疆的汁液锤度应高于海南，但试验结果是多数品种的汁液锤度海南高于新疆，出现这种情况究竟是环境因素还是品种的特性所致，有待于进一步试验研究。

4 结论

TTL‑11（CK）、Z6‑120、Z7‑120、Z8‑120的生育期、生物产量、茎秆产量、产糖量、千粒重、单株重、秆重、株高、秆长、茎节数、茎粗在新疆、海南两地的差异达极显著水平和显著水平；生育期、生物产量、茎秆产量、产糖量、单株重、秆重、株高、秆长、茎节数、茎粗在新疆显著高于海南，籽粒产量、千粒重则是海南高于新疆；汁液锤度和籽粒产量在两地的差异不显著，有利于南繁加代。

Z6‑120和Z7‑120是在不同时空条件下所有农艺性状都表现优良的两个品系。Z6‑120在新疆、海南两地表现高生物产量、中锤度，可作为饲料专用品种应用；Z7‑120为高产、高糖品系，其锤度在新疆和海南的均值分别为17.9%、18.6%，产糖量最高，可作为能源专用型品种加以应用。

参考文献

[1] 卢庆善. 甜高粱 [M]. 北京：中国农业科学技术出版社，2008：4.

[2] 杨文华. 甜高粱在我国绿色能源中的地位 [J]. 中国糖料，2004（3）：57‑59.

[3] 王兆木，涂振东，贾东海. 新疆甜高粱开发利用研究 [J]. 新疆农业科学，2007，44（1）：50‑54.

[4] 王兆木，贾东海，冯国郡. 新高粱3号的选育及栽培技术研究 [J]. 新疆农业科学，2009，46（5）：946‑951.

[5] 冯国郡，王兆木，贾东海. 甜高粱茎节锤度与茎秆平均锤度的关系研究 [J]. 新疆农业科学，2008，45（4）：584‑589.

[6] 黎大爵，廖馥荪. 甜高粱及其利用 [M]. 北京：科学出版社，1992.

[7] 葛江丽，姜闯道，石雷，等. 甜高粱研究进展 [J]. 安徽农业科学，2006，34（22）：5815‑5816，5892.

[8] 郭平银，齐士军，徐宪斌，等. 能源植物甜高粱的研究利用现状及展望 [J]. 山东农业科学，2007（3）：126‑128.

本文曾发表于《杂粮作物》2009 年第 29 卷第 4 期。

新高粱 4 号高产栽培技术研究

冯国郡[1]　涂振东[1]　郭建富[2]　再吐尼古丽·库尔班[1]　叶凯[1]

（1. 新疆农业科学院，乌鲁木齐 830091；

2. 新疆农业科学院玛纳斯试验站，玛纳斯 832200）

粮食、能源和环保是 21 世纪人类面临的重大课题。目前，我国从政府部门到科研单位和企业都在关注和开展甜高粱生物质能源的研究开发。甜高粱因具有高能、高光效、强适应性、强耐性、高生物产量、高含糖量等特点，被认为是生物量能源系统中第一位竞争者[1-4]。新疆农业科学院自 2002 年起从事甜高粱育种、栽培、贮藏、发酵、精馏、酿酒、机动车动力试验等方面科研攻关，完成了甜高粱产业化的一系列中试试验，取得了具有自主知识产权的科研成果[5-8]。

本试验以新疆农业科学院 2007 年通过审定的中晚熟、高产、高糖优质甜高粱品种新高粱 4 号为材料，研究其适宜的栽培密度、施肥量、灌溉次数、播种量及是否覆膜，为制定高产、优质、高效的栽培技术提供依据，以便更好地服务广大农民及发掘品种本身的潜力。

1　试验材料与方法

1.1　试验材料及试验地点

试验材料为新疆农业科学院 2007 年选育的中晚熟高产新品种新高粱 4 号。

试验设在新疆有代表性的 4 个不同生态区：新疆农业科学院奇台麦类试验站，海拔 795.3m，东经 89°21′，北纬 43°03′，土壤类型为黑壤土；伊犁哈萨克自治州农业科学研究所，位于伊宁市东郊，海拔 600m，东经 81°12′，北纬 43°47′，土壤类型为壤土；玛纳斯农业试验站，海拔 470m，东经 86°14′，北纬 44°14′，土壤类型为壤土；莎车农业技术推广中心，海拔 1 231m，东经 76°35′，北纬 36°28′，土壤类型为沙土。

以上各点试验地秋翻春灌，播前精细整地，每亩施农家肥 2~4m、磷酸二铵 10~20kg 作为基肥。4 月 22 日至 5 月 7 日播种，全生育期中耕除草 3~6 次，去分蘖 3~4 次，浇水 4~6 次，7 月防蚜虫 1~2 次。全生育期追施一次尿素，每亩施 10~15kg。9 月 25 日至 10 月 20 日收获，进行测产、考种。各点严格按照方案执行，精细管理，及时记载，确保了试验的准确性。

1.2　研究内容及试验设计

1.2.1　密度试验

试验于 2008 年分别在奇台、伊犁、玛纳斯、莎车 4 个点进行，共设 7 个密度。B1：

每亩 13 890 株；B2：每亩 11 110 株；B3：每亩 9 250 株；B4：每亩 7 929 株；B5：每亩 6 398 株；B6：每亩 6 170 株；B7：每亩 5 555 株。小区行长 5m，行距 0.6m，10 行区，小区面积 30m²，重复 3 次，随机区组排列。

1.2.2 肥料试验

试验于 2008 年分别在奇台、伊犁、玛纳斯、莎车 4 个点进行，共设 5 个肥料处理。A1：每亩 20kg，其中氮肥 10kg，磷肥 7kg，钾肥 3kg。A2：每亩 30kg，其中氮肥 15kg、磷肥 10kg、钾肥 5kg。A3：每亩 40kg，其中氮肥 20kg、磷肥 12kg、钾肥 8kg。A4：每亩 50kg，其中氮肥 25kg、磷肥 15kg、钾肥 10kg。A5：每亩 60kg，其中氮肥 30kg、磷肥 18kg、钾肥 12kg。小区株距为 0.2m，其他同上。小区之间空 1.0m 打埂子，不得串水。

1.2.3 灌溉试验

试验于 2008 年分别在奇台、伊犁、玛纳斯、莎车 4 个点进行，共设 5 个处理，分别是 2 水区、3 水区、4 水区、5 水区；小区行长 5m，行距 0.6m，株距 0.2m，10 行区，小区面积 30m²，重复 3 次，随机区组排列。各处理除灌溉次数外，其他肥料、田间管理完全一致。

1.2.4 覆膜试验

试验于 2008 年分别在奇台、伊犁、玛纳斯、莎车 4 个点进行，设覆膜与露地 2 个处理，小区行长 5m，行距 0.6m，株距 0.14m，10 行区，小区面积 30m²，重复 3 次，各处理肥料、田间管理等完全一致。

1.2.5 播量试验

试验于 2008 年分别在奇台、伊犁、玛纳斯、莎车 4 个点进行，设 4 个不同处理，每亩播量分别为 750g、1 000g、1 250g 和 1 500g。小区行长 5m，行距 0.6m，10 行区，小区面积 30m²，重复 3 次，各处理肥料、田间管理等完全一致。

1.2.6 测定项目和方法

乳熟末期调查植株株高、茎粗、节数、秆长、穗长等项目；调查植株抗性性状如抗旱性、抗倒性、抗虫性及抗病性。蜡熟期田间收获 4 行，计产面积 12m²，测量经济性状如小区生物产量、小区茎秆产量、汁液锤度、穗籽粒重等；室内考种调查粒色、千粒重等项目。

2 结果与分析

2.1 密度试验

通过奇台、伊犁、莎车、玛纳斯 4 个点的结果可知，B1 处理（即密度为 13 890 株/亩）生物产量、锤度均居第一位，生物产量为每亩 5 678.9kg，锤度为 18.9%；B2 处理（即密度为 11 110 株/亩）生物产量、锤度均居第二位，生物产量为每亩 5 440.8kg，锤度为 18.8%；B3 处理居第三位，生物产量为每亩 4 906.5kg，锤度为 18.1%；处理 B5、B6、B4、B7 产量居第四至七位（表 1），除 B4 处理外，遵循生物产量随密度增大而增大的规律，各处理间差异不显著。B1 处理在生物产量、茎秆产量、糖产量、籽粒产量方面的表现都优于其他处理，但单株秆重 B1 最轻，随着密度的增大，单株秆重由 1 010g 降低到 493g，甜高粱 4 号获取高的生物产量主要由增大密度获得。

表 1　新高粱 4 号不同密度处理各性状平均值

处理	密度 （株/亩）	每亩生物 产量（kg）	每亩茎秆 产量（kg）	锤度 （%）	每亩籽粒 产量（kg）	千粒重 （g）	株高 （cm）	茎粗 （cm）	节数 （个）	单株秆重 （g）
B1	13 890	5 678.9	4 072.8	18.9	341.7	19.8	351.0	1.17	15.0	493
B2	11 110	5 440.8	3 869.1	18.8	297.8	20.0	375.4	1.25	15.3	631
B3	9 250	4 906.5	3 486.8	18.1	262.4	20.4	378.2	1.24	15.2	714
B4	7 929	4 197.6	3 069.3	18.4	336.0	20.6	365.8	1.53	15.0	733
B5	6 398	4 554.9	3 209.0	16.7	325.2	21.2	366.3	1.69	15.2	784
B6	6 170	4 436.1	3 034.2	17.5	324.6	21.0	391.2	1.48	15.6	937
B7	5 555	4 165.9	3 025.0	18.1	319.4	21.6	379.8	1.55	16.1	1 010

2.2　肥料试验

由奇台、伊犁、莎车、玛纳斯 4 个点的结果可知（表 2），A5 处理（每亩 60kg 肥料：氮肥 30kg、磷肥 18kg、钾肥 12kg）生物产量、茎秆产量最高，分别为每亩 6 314.0kg、5 569.6kg，含糖锤度平均为 16.7%；A3 处理生物产量、茎秆产量为每亩 6 120.0kg、5 306.5kg，居第二位，含糖锤度平均为 17.6%；A1 处理生物产量、茎秆产量为每亩 6 108.4kg、5 126.4kg，居第三位，含糖锤度平均为 16.7%；A4 处理生物产量、茎秆产量为每亩 6 071.3kg、5 351.0kg，居第四位，含糖锤度平均为 18.3%。各处理间差异不显著。以上数据显示多施肥料可达到高产，但施肥量中等（A3 每亩 40kg）或较低（A1 每亩 20kg）时也获得较高产量，没有明显规律。

表 2　新高粱 4 号不同肥料处理各性状平均值

处理	每亩生物 产量（kg）	每亩茎秆 产量（kg）	锤度（%）	株高（cm）	茎粗（cm）	节数（个）	秆长（cm）	单株秆重 （g）
A1	6 108.4	5 126.4	16.7	369.9	1.4	15.3	348.7	686.5
A2	5 930.5	5 194.4	18.3	367.9	1.4	15.0	346.4	772.0
A3	6 120.0	5 306.5	17.6	374.2	1.4	14.9	351.7	745.0
A4	6 071.3	5 351.0	18.3	371.2	1.4	15.3	348.7	766.0
A5	6 314.0	5 569.6	16.7	365.4	1.5	15.0	344.3	830.0

2.3　灌溉试验

从试验结果来看，5 水区生物产量、茎秆产量最高，分别为每亩 6 583.4kg、5 628.5kg，含糖锤度为 19.0%；其次是 6 水、4 水、3 水、2 水，每亩生物产量分别为 6 226.7kg、5 490.3kg、4 921.5kg、4 720.5kg，含糖锤度分别为 16.4%、17.8%、18.3%、16.9%（表 3）。各处理间存在显著差异。灌 2 水的株高、茎粗、秆重、锤度、千粒重、产量最低。

表 3　新高粱 4 号不同灌水处理各性状平均值

处理	每亩生物产量（kg）	每亩茎秆产量（kg）	锤度（%）	每亩籽粒产量（kg）	株高（cm）	秆长（cm）	节数（个）	单株重（g）
2 水区	4 720.5	4 224.1	16.9	227.3	297.2	282.2	14.8	740.1
3 水区	1 921.5	4 425.5	18.3	244.6	309.6	292.5	15.0	760.3
4 水区	5 491.3	4 880.8	17.8	297.9	326.4	308.8	15.4	810.1
5 水区	6 583.4	5 628.5	19.0	346.8	350.8	328.7	15.1	970.2
6 水区	6 226.7	5 418.9	16.4	341.7	356.0	332.5	15.5	900.8

2.4　覆膜试验

由奇台、伊犁、莎车、玛纳斯 4 个点的结果可知（表 4），新高粱 4 号覆膜时生育期为 139d，露地为 145.5d，露地比覆膜晚 6.5d；覆膜时每亩生物产量 6 215.9kg，露地每亩生物产量为 6 543.2kg，露地比覆膜增加 5.3%；茎秆产量结果趋势同上。每亩籽粒产量覆膜时 346.8kg，露地时 308.2kg，覆膜比露地增加 12.5%；覆膜时锤度略有增加。

从表 4 的数据可以看出，覆膜可以缩短生育期，增加籽粒产量和含糖锤度；在生物产量、茎秆产量、株高、秆长、茎粗、节数、单株重等方面表现为覆膜略低于露地，差异不显著。各点结果表现不一致。但在生长过程中，特别是在前期，覆膜较露地处理在保苗率、发芽率、生长势方面优势很强，到拔节后表现出的差异就不太明显，建议积温较少、成熟条件差的冷凉地区种植生育期长的品种时进行覆膜处理。

表 4　新高粱 4 号不同肥料处理各性状平均值

处理	生育期（d）	每亩生物产量（kg）	每亩茎秆产量（kg）	每亩籽粒产量（kg）	锤度（%）	株高（cm）	秆长（cm）	节数（个）	茎粗（cm）	单株重（g）
4 号覆膜	139.0	6 215.9	5 421.8	346.8	17.5	362.0	338.8	16.7	1.86	1 040
4 号露地	145.5	6 543.2	5 414.1	308.2	17.3	370.4	349.2	16.3	1.93	1 210

2.5　播量试验

新高粱 4 号品种分蘖能力强、抗旱，不抗倒，播量试验中植株间距较小，12 个小区都有 3 级倒伏，倒伏面积达到 80%。从结果来看（表 5），不同播量下生育期无太大变化，生物产量在每亩播量 750g 处理时为每亩 5 009.6kg，在每亩播量为 1 000g 时有所下降，为每亩 4 603.4kg，之后随着播量增加生物产量有所增加，每亩播量为 1 500g 时生物产量达到最高，为每亩 5 301.5kg；每亩播量为 750g 时，籽粒产量、锤度、株高、茎粗、单株重都为最高。通过对不同播量用工成本计算得知播量，在每亩 750g 和 1 000g 的成本是较低的，而且保苗率达到 80%。综上所述，笔者认为播量以每亩 750~1 000g 为宜，播量大一是浪费种子，二是增加去除分蘖和定苗、间苗的工作量。

表 5　新高粱 4 号播量处理性状平均值

处理	生育期 (d)	每亩生物 产量 (kg)	每亩茎秆 产量 (kg)	每亩籽粒 产量 (kg)	锤度 (%)	株高 (cm)	秆长 (cm)	节数 (个)	茎粗 (cm)	单株重 (g)
每亩 750g	132.7	5 009.6	4 449.3	308.5	19.2	349.0	327.9	15.4	1.94	970.1
每亩 1 000g	133.7	4 603.4	3 984.1	263.1	18.1	335.1	315.3	14.6	1.92	781.0
每亩 1 250g	133.3	5 142.0	4 408.8	293.0	19.1	321.4	301.0	14.4	1.93	870.2
每亩 1 500g	134.3	5 301.5	4 546.8	295.8	18.8	333.0	314.4	14.0	1.61	710.3

3　结论

通过新高粱 4 号一年多点单项栽培试验研究，组装集成了其高产综合栽培技术措施要点：建议地膜覆盖栽培；用种量为每亩 750～1 000g；合理密植，一般高水肥地块密度为 8 000～9 000 株/亩，中水肥地密度为 9 000～10 000 株/亩；施肥量为每亩 30～40kg，其中氮肥 15～20kg、磷肥 10～12kg、钾肥 5～8kg，一半作为基肥与有机肥在播前整地时施入，其余在头水前结合第三次中耕施入；全生育期应灌 4～5 次水；由此即可节约成本、高产高糖，且不易倒伏。

4　讨论

高密度处理即 10 000～13 000 株/亩时，虽然在生物产量、籽粒产量、锤度各方面的表现都优于其他的处理，但在试验的过程中发现，B1、B2 处理后期浇水刮大风后普遍倒伏较重（70%～80%），是本身密度过大导致倒伏现象还是浇水后大风偶然导致倒伏现象有待于进一步验证。

通过肥料试验数据显示，多施肥料可达到高产，但施肥量中等（A3：每亩 40kg）或较低（A1：每亩 20kg）时也获得较高产量，没有明显规律。是甜高粱对肥料不敏感，还是试验实施时有误差，也有待于进一步深入研究。试验发现覆膜可以缩短生育期、增加籽粒产量和含糖锤度；但生物产量、茎秆产量、株高、秆长、茎粗、节数、单株重、秆重表现为覆膜略低于露地，差异不显著；4 个点结果不一，有的地点覆膜也明显增加了生物产量，是甜高粱光温敏感性强还是地点、土壤间的差异，有待于进一步探讨，使研究结果更具指导意义。

参考文献

[1] 黎大爵，廖馥荪．甜高粱及其利用 [M]．北京：科学出版社，1992．

[2] 黎大爵．首届全国甜高粱会议论文摘要及培训班讲义 [M]．北京：科学出版社，1995．

[3] 张福耀，赵威军，平俊爱．高能作物—甜高粱 [J]．中国农业科技导报，2006，8 (1)：14-17．

[4] 杨文华．甜高粱在我国绿色能源中的地位 [J]．中国糖料，2004 (3)：57-59．

［5］王兆木，涂振东，贾东海．新疆甜高粱开发利用研究［J］．新疆农业科学，2007，44（1）：50－54.

［6］王兆木，涂振东．调整种植业结构，发展甜高粱生产［J］．新疆农业科学，2004，41（3）：156－159.

［7］冯国郡，王兆木，贾东海．新疆甜高粱区域试验精确度分析及品种的灰色综合评判［J］．杂粮作物，2008，28（2）：70－73.

［8］冯国郡，王兆木，贾东海．甜高粱茎节锤度与茎平均锤度的关系研究［J］．新疆农业科学，2008，45（4）：584－589.

本文曾发表于《新疆农业科学》2008年第45卷第6期。

新疆能源作物甜高粱茎节锤度与茎秆平均锤度的关系研究

叶凯[1]　冯国郡[1]　涂振东[1]　刘敏[2]

(1. 新疆农业科学院，乌鲁木齐830091；

2. 中国人民解放军防化指挥工程学院三系生物防护教研室，北京102205)

甜高粱是普通粒用高粱的一个变种，属禾本科一年生草本植物，它集能源、饲料、糖料、粮食于一体。利用甜高粱茎秆的糖分，可直接从单糖发酵为酒精（比粮食制酒少一道淀粉水解为单糖的工序），成本会大大降低[1]。研究结果表明，用高粱秆酿制白酒、酒精、汽油醇，比用玉米、小麦等粮食作物生产酒精的成本降低50%以上，成本低、效益高，是农业产业结构调整，实现农业增产、农民增收的途径之一[2]。甜高粱是近年来新兴的能源作物，国内最早是中国科学院植物研究所于1974年开始了甜高粱研究，中国农业科学院品种资源所、辽宁省农业科学院作物研究所、沈阳农业大学等单位对甜高粱品种改良、栽培技术等进行了深入研究。新疆甜高粱研究起步较晚，2002年开始品种引进及筛选、茎秆制取酒精、饲料加工等甜高粱产业化的一系列试验研究，已取得初步成果。

1　国内外研究背景

1.1　关于甜高粱茎秆锤度的研究

关于各茎节锤度与主茎秆锤度的糖分积累规律研究，阴秀卿研究认为，甜高粱基部茎节锤度低，中间茎节锤度高，顶尖茎节锤度低[3]；谢凤周[4]研究认为，从抽穗期开始到完熟期，茎秆锤度呈逐渐增加趋势；马志泓[5]等对不同品种、不同时期甜高粱茎秆汁液锤度变化规律研究的结果表明，除抽穗期外，主茎秆各节段锤度自穗柄起向下，呈低—高—低不匀称的变化。周鸿飞[6]等对甜高粱糖分积累进行了研究，结果表明，其糖分积累基本分成无积累（营养生长）、快速增长、慢速增长3个阶段。周宇飞[7]在成熟期对甜高粱辽饲杂3号各茎节和茎秆混合锤度进行测量，甜高粱茎秆不同茎节之间的锤度有明显的差异，自上而下各节段的锤度呈现出低—高—低的变化趋势，与李振武[8]的研究基本得出相同的研究结果。研究通过对新疆早熟、晚熟两个甜高粱品种在不同发育时期茎秆锤度的测定，对比早晚熟品种糖分积累的异同之处，研究甜高粱糖分积累规律。

在茎秆锤度遗传力的研究方面，李振武[9]对甜高粱21种性状的遗传变异系数、遗传力、遗传相关、遗传进度等进行综合研究。研究表明，甜高粱在生物产量、籽粒产量和茎秆锤度均有较高的遗传变异潜力。国际热带半干旱地区作物研究所（ICRISAT）对70个甜高粱品种的研究表明生理成熟后的茎秆总糖分含量为 17.8%～40.3%[10]。曹文伯[11]研究了甜高粱品种茎秆糖锤度配合力的测定，认为糖锤度性状的配合力效应及其相对效应值存在显著差别。

关于各茎节锤度与主茎秆锤度的相关性研究，阴秀卿[3]采用相关和通径分析方法，研究了甜高粱穗柄和自上而下第 1～9 节段间锤度及主茎秆锤度的关系。结果表明，各节段锤度与主茎秆锤度达极显著相关。李振武[12]等利用 17 份甜高粱材料分析了穗柄及自上而下第 1～7 节段锤度与主茎秆锤度的关系，结果与上不同。周宇飞[7]对甜高粱茎秆自上而下各茎节锤度间以及各茎节锤度与茎秆混合锤度间进行相关分析，结果表明，除上数第 1、3 节的锤度与茎秆混合锤度呈显著正相关外，其余各节锤度与茎秆混合锤度均呈极显著正相关，研究除用相关通径分析所有茎节锤度与主茎秆锤度的关系外，还运用主成分分析和聚类分析对各茎节锤度进行分类。

1.2　研究要解决的问题

甜高粱每株茎节数较多，一般品种为 14～16 节，各茎节锤度不同且相差较大。摸清各茎节锤度间的关系及与主茎秆锤度的关系，在育种实践及日常检测中具有重要意义。

前人研究表明：甜高粱茎秆自上而下各节段的锤度呈现出低—高—低的变化趋势[11-13]，对不同节段间锤度与主茎秆锤度的关系及对全茎秆自上而下各茎节锤度与茎秆混合锤度间进行相关分析表明，各节段锤度与主茎秆锤度达显著或极显著正相关，但相关系数最高值及对主茎秆锤度有较大正直接效应的节段，前人的研究结论不尽相同[9-13]。研究用相关分析、主成分分析和聚类分析对新疆甜高粱品种各茎节锤度与主茎秆平均锤度进行分析，旨在为新疆甜高粱育种和生产实践提供科学依据。

2　材料与方法

2.1　材料

材料为甜高粱示范推广品种 MNS‐1（晚熟品种）、MNS‐2（早熟品种）。

2.2　方法

试验在新疆农业科学院玛纳斯农业试验站进行。

早熟品种 MNS‐2 分别于 2004 年 7 月 20 日、7 月 23 日、8 月 6 日、8 月 21 日、9 月 11 日测量茎节锤度，每次随机取样 10 株，每株从基部至顶部测量第 2、9、14 节，然后取平均值。

晚熟品种 MNS‐1 分别于 2004 年 8 月 16 日、8 月 20 日、9 月 12 日、9 月 28 日、10 月 3 日测量茎节锤度，每次随机取样 10 株，每株从基部至顶部测量第 2、9、14 节，然后取平均值。

收获期对 3 335m² 大田试验甜高粱 MNS‐1 进行测产与取样，采用随机取样法，共取 5 个样点，每个样点 1m²，每个样点随机取 5 株，由于第 1 茎节基本埋在土里，所以从地上部第 2 节开始测量锤度，测量至最上一节，用手持折光仪进行测量。

3　结果与分析

3.1　甜高粱锤度积累变化规律

甜高粱早熟品种和晚熟品种进入同一生育时期，两种类型甜高粱茎秆锤度的变化趋势一致，但其锤度值不一，晚熟品种的锤度显著高于早熟品种，其锤度均在收获期达到最高值。

甜高粱在苗期至抽穗期，锤度都为0，开花期茎秆中开始累积糖分，其锤度随生育进程增加，其中以蜡熟期至完熟期积累最快，为糖分积累快速增长阶段。糖分积累基本分成四个阶段。第一阶段：出苗期至抽穗期为无积累阶段，此时甜高粱主要为营养生长。第二阶段：开花期至蜡熟期为糖分积累较快增长阶段，这一时期早熟甜高粱积累糖分0.32个百分点/（株·d）。晚熟甜高粱积累糖分0.3个百分点/（株·d）。第三阶段：蜡熟期至完熟期为糖分积累快速增长阶段，这一时期早熟甜高粱积累糖分0.42个百分点/（株·d），晚熟甜高粱积累糖分0.51个百分点/（株·d）。第四阶段：完熟期至收获期为糖分积累缓慢增长阶段，这一时期早熟甜高粱积累糖分0.04个百分点/（株·d），晚熟甜高粱积累糖分0.06个百分点/（株·d）（表1、图1）。

表1　不同时期甜高粱锤度

品种类型	日期	所处时期	锤度（%）	品种类型	日期	所处时期	锤度（%）
早熟品种	7月20日	抽穗期	0	晚熟品种	8月16日	抽穗期	0
	7月23日	开花期	2.3		8月20日	开花期	3.5
	8月6日	蜡熟期	6.8		9月12日	蜡熟期	10.1
	8月21日	完熟期	13.1		9月28日	完熟期	18.2
	9月11日	收获期	13.9		10月3日	收获期	18.5

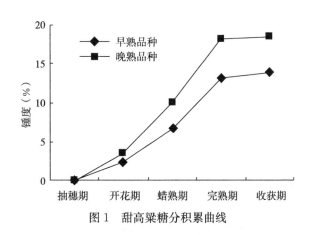

图1　甜高粱糖分积累曲线

3.2　甜高粱茎秆平均锤度与茎节锤度的相关性分析

3.2.1　各茎节锤度的变化

收获期对甜高粱品种MNS-1各茎节和茎秆混合锤度测量的结果表明，甜高粱茎秆不同茎节之间的锤度有明显的差异，第9、10和11节的汁液含糖锤度最高，平均值分别为17.5%、17.6%和17.4%，第2节最低，平均值为11.1°，全株混合平均锤度为15.1°。自基部至顶部各节段的锤度呈现出低—高—低的变化趋势（表2）。

表2　成熟期甜高粱茎节锤度及茎秆平均锤度（%）

重复	X_1	X_2	X_3	X_4	X_5	X_6	X_7	X_8	X_9	X_{10}	X_{11}	X_{12}	X_{13}	X_{14}	X_{15}	Y
1	10.5	11.0	12.5	11.0	11.5	16.0	16.0	17.0	16.0	16.0	16.0	16.0	16.0	16.0	16.0	14.4
2	9.0	9.0	9.0	11.5	13.0	15.5	16.0	16.5	17.0	16.5	17.0	15.0	14.0	12.5	13.0	13.6
3	10.0	11.0	13.0	14.0	15.0	17.0	18.0	18.0	17.5	18.0	17.0	16.0	16.0	17.0	14.0	15.4
4	11.0	12.0	13.0	13.5	14.5	15.0	16.0	16.5	17.0	18.0	18.5	17.0	15.5	14.0	12.0	14.9
5	13.5	14.0	14.0	15.0	16.0	17.0	18.0	18.0	18.0	19.5	18.5	17.0	15.5	15.0	12.0	16.2
6	9.0	12.0	13.0	14.5	15.0	16.0	17.5	18.0	18.0	18.0	18.0	19.0	16.0	16.0	12.0	15.5
7	9.0	10.5	11.0	11.0	12.0	13.0	14.0	17.0	17.0	17.0	17.0	17.0	17.0	15.0	15.0	14.1
8	10.0	11.0	11.0	11.0	13.0	14.5	14.5	15.0	15.5	15.5	14.0	15.0	15.0	15.0	15.0	13.1
9	10.5	11.5	11.5	13.0	13.0	14.0	14.5	15.5	15.5	15.5	15.0	15.0	15.0	15.0	12.0	13.8
10	10.0	11.0	11.0	11.5	14.0	15.0	15.0	15.0	16.0	16.0	15.0	15.5	15.5	15.0	13.0	14.0
11	12.0	13.5	15.0	16.5	19.5	19.5	21.0	21.5	20.0	20.0	19.5	18.0	18.0	16.0	15.0	17.7
12	12.5	12.5	13.0	15.0	16.0	17.0	18.0	17.0	19.0	19.5	17.0	15.0	13.0	13.0	13.0	15.2
13	11.0	11.5	12.0	13.0	14.0	14.0	14.5	15.0	15.5	15.0	15.0	15.0	15.0	11.5	11.5	13.5
14	11.5	12.0	13.0	15.0	15.5	16.0	17.5	18.0	18.0	18.0	17.5	16.0	16.0	15.0	13.5	15.3
15	12.0	12.0	13.0	15.0	16.0	17.0	16.0	17.0	17.0	17.0	16.5	15.0	15.0	15.0	14.0	15.4
16	12.0	12.0	14.0	15.0	15.0	17.0	18.0	18.0	18.0	17.5	17.0	16.5	15.5	14.0	13.0	15.4
17	11.5	11.5	13.0	14.0	14.0	16.5	16.5	16.0	15.0	14.5	14.0	11.0	11.5	11.0	11.0	13.8
18	11.0	11.5	13.0	13.5	14.0	16.0	16.5	16.0	14.5	12.0	12.0	11.0	10.5	10.0	10.0	13.4
19	12.0	13.5	14.0	14.0	15.0	15.5	17.0	18.0	19.0	16.0	16.0	15.0	14.0	13.5	13.0	15.0
20	13.0	13.0	14.0	14.0	14.0	19.0	18.0	20.0	20.0	21.0	21.0	21.0	19.0	17.0	15.5	17.3
21	13.0	14.0	14.0	15.0	14.5	17.0	17.5	18.0	19.0	20.0	19.5	19.0	18.0	16.0	14.0	16.6
22	13.0	12.0	14.0	16.5	17.5	18.5	20.0	21.0	21.0	20.0	20.0	20.0	18.0	16.5	14.5	17.6
23	11.5	12.0	12.0	13.0	15.5	15.0	17.0	18.0	18.0	18.0	17.5	16.0	16.0	15.0	12.0	15.2
24	8.0	12.0	13.0	14.0	18.5	18.5	18.0	18.0	17.5	17.0	16.0	16.0	15.0	16.5	13.0	15.7
均值	11.1	11.9	12.7	13.6	14.9	16.2	16.9	17.5	17.6	17.4	17.4	16.3	15.4	14.6	13.2	15.1

注：X_1 代表自地面起第2节锤度，X_2 代表第3节锤度，依次类推，Y 代表茎秆混合锤度。

3.2.2　相关分析

对甜高粱茎秆自基部至顶部各茎节锤度间，以及各茎节锤度与茎秆混合锤度间进行相关分析的结果表明，除第16节的锤度与茎秆混合锤度呈显著正相关外，其余各节锤度与茎秆混合锤度均呈极显著正相关；第16茎节的锤度与其他茎节锤度的相关性较差，除与第12，13，14，15茎节相关外与其他茎节锤度均不相关。第14、15节锤度与第2、3、4、5、6节不相关，第15节还与第10节不相关；第13节锤度与第2、6节不相关，第12节与第6节不相关；第5、6、8、9节都与第2节不相关；其余各节相互之间都呈显著和极显著相关（表3）。

表 3　甜高粱不同茎节锤度与主秆锤度的相关系数

	X_1	X_2	X_3	X_4	X_5	X_6	X_7	X_8	X_9	X_{10}	X_{11}	X_{12}	X_{13}	X_{14}	X_{15}	Y
X1		0.0	0.000 6	0.105 0	0.146 8	0.028 1	0.073 6	0.102 4	0.005 4	0.008 3	0.038 0	0.073 6	0.437 1	0.630 6	0.820 8	0.006 2
X2	0.76		0.000 0	0.000 0	0.001 2	0.000 9	0.000 9	0.005 3	0.000 4	0.001 5	0.007 2	0.003 8	0.074 4	0.008 4	0.852 1	0.000 0
X3	0.65	0.87		0.000 0	0.000 1	0.000 0	0.000 2	0.000 5	0.001 0	0.004 4	0.021 3	0.005 3	0.085 3	0.060 0	0.716 9	0.000 0
X4	0.34	0.75	0.8		0.000 0	0.000 0	0.000 0	0.000 5	0.003 2	0.013 4	0.032 0	0.017 0	0.099 4	0.075 0	0.725 9	0.000 0
X5	0.31	0.62	0.7	0.88		0.000 0	0.000 0	0.000 3	0.002 7	0.015 6	0.110 3	0.180	0.356 0	0.329 1	0.483 1	0.000 3
X6	0.45	0.63	0.77	0.78	0.78		0.000 0	0.000 0	0.000 0	0.000 5	0.005 5	0.005 9	0.044 1	0.037 0	0.347 9	0.000 0
X7	0.37	0.63	0.69	0.79	0.81	0.88		0.000 0	0.000 0	0.000 3	0.002 2	0.006 7	0.030 0	0.020 8	0.368 2	0.000 0
X8	0.34	0.55	0.66	0.65	0.67	0.82	0.87		0.000 0	0.000 1	0.001 4	0.000 9	0.003 5	0.006 7	0.185 5	0.000 0
X9	0.55	0.66	0.63	0.58	0.58	0.7	0.81	0.79		0.000 0	0.000 7	0.002 3	0.009 4	0.055 7	0.174 5	0.000 0
X10	0.53	0.61	0.56	0.5	0.49	0.66	0.68	0.71	0.77		0.000 0	0.000 0	0.000 1	0.000 9	0.077 9	0.000 0
X11	0.43	0.53	0.47	0.44	0.33	0.55	0.59	0.62	0.64	0.91		0.000 0	0.000 0	0.000 0	0.009 6	0.000 0
X12	0.37	0.57	0.55	0.48	0.28	0.54	0.54	0.63	0.59	0.84	0.93		0.000 0	0.000 0	0.014 5	0.000 0
X13	0.17	0.37	0.36	0.34	0.2	0.41	0.44	0.57	0.52	0.73	0.84	0.87		0.000 0	0.000 2	0.000 0
X14	0.1	0.36	0.39	0.37	0.21	0.43	0.47	0.54	0.4	0.63	0.75	0.8	0.91		0.001 0	0.000 1
X15	0.05	0.04	0.07	−0.08	−0.51	0.2	0.19	0.28	0.29	0.37	0.52	0.49	0.7	0.63		0.047 6
Y	0.54	0.78	0.79	0.76	0.68	0.84	0.85	0.85	0.82	0.88	0.85	0.85	0.76	0.71	0.41	

注　右上角概率 $p < 0.05$ 为显著，$p < 0.01$ 为极显著。

对茎秆各节锤度间以及各节锤度与茎秆混合锤度间进行偏相关分析,结果表明,各节锤度与茎秆混合锤度都表现出极显著相关,偏相关在分析某一组锤度的相关关系时,消除了其他锤度对该组锤度间的影响,因而能够表现出该组锤度间的单独关系,所以在考虑各种相关关系时要以偏相关系数作为依据。

X_{15}、X_8、X_5、X_2 偏相关系数较大,分别为 0.975、0.964、0.953、0.947,与相关系数表现不一,这表明各节锤度间的相关关系是复杂的(表 4)。

表 4　各茎节及其与主茎秆锤度间偏相关分析

变量	回归系数	标准系数	偏相关	标准误	t 值	显著水平
b_0	−0.092			0.084	−1.100	0.300
b_1	0.057	0.640	0.938	0.007	7.684	0.000
b_2	0.091	0.090	0.947	0.011	8.368	0.000
b_3	0.069	0.076	0.931	0.010	7.187	0.000
b_4	0.078	0.101	0.939	0.010	7.723	0.000
b_5	0.071	0.108	0.953	0.008	8.887	0.000
b_6	0.060	0.077	0.941	0.008	7.844	0.000
b_7	0.046	0.062	0.833	0.011	4.258	0.002
b_8	0.083	0.095	0.964	0.008	10.192	0.000
b_9	0.057	0.069	0.935	0.008	7.431	0.000
b_{10}	0.059	0.085	0.918	0.009	6.539	0.000
b_{11}	0.086	0.131	0.935	0.012	7.448	0.000
b_{12}	0.064	0.102	0.901	0.011	5.881	0.000
b_{13}	0.057	0.088	0.896	0.010	5.708	0.000
b_{14}	0.059	0.078	0.931	0.008	7.217	0.000
b_{15}	0.076	0.086	0.975	0.006	12.451	0.000

对茎秆各节锤度与茎秆混合锤度进行通径分析,各节锤度对茎秆混合锤度的直接效应有很大的差异,其中第 12 节的锤度对茎秆混合锤度有最大的正直接效应,第 13、6、5 和 9 茎节的锤度对茎秆混合锤度也有较高的正直接效应,说明它们对茎秆混合锤度有较大的贡献,表明在育种中改进第 12 节段锤度对提高主茎秆锤度有重要的作用,改进第 13、6、5 和 9 节段锤度也有一定的作用。第 2、8 节的锤度对茎秆混合锤度的正直接效应较小,第 5、6 节对主茎秆锤度有负的间接作用(表 5)。剩余通径系数=0.009,这表明在影响茎秆混合锤度的因素中,未知因素所占的比例很小,对茎秆混合锤度的影响主要由各节锤度产生。

3.2.3　各茎节锤度的主成分分析

将甜高粱茎节锤度作主成分分析,根据特征值、因子所占百分率及累计百分率可知三种主成分累计百分率占到 85.76%,只列三种主成分因子及其特征向量贡献值。各特征值的大小代表各综合指标遗传方差的大小,各特征值的累积百分率代表各综合指标对遗传方差贡献的百分率。特征向量表示在各综合指标中供试材料各茎节锤度对综合

表 5 各节锤度对茎秆混合锤度的效应值

作用因子	直接作用	间接作用														
		X_1	X_2	X_3	X_4	X_5	X_6	X_7	X_8	X_9	X_{10}	X_{11}	X_{12}	X_{13}	X_{14}	X_{15}
X_1	0.064		0.068	0.050	0.034	0.033	0.035	0.023	0.032	0.038	0.045	0.056	0.038	0.015	0.008	0.005
X_2	0.090	0.048		0.067	0.076	0.067	0.049	0.039	0.052	0.046	0.052	0.070	0.058	0.033	0.028	0.003
X_3	0.076	0.041	0.078		0.080	0.076	0.060	0.043	0.063	0.043	0.048	0.061	0.056	0.031	0.030	0.007
X_4	0.101	0.022	0.068	0.061		0.095	0.061	0.049	0.062	0.040	0.042	0.057	0.049	0.030	0.029	-0.007
X_5	0.108	0.019	0.056	0.054	0.089		0.061	0.050	0.064	0.040	0.041	0.044	0.029	0.017	0.016	-0.013
X_6	0.077	0.029	0.057	0.059	0.079	0.084		0.055	0.078	0.048	0.056	0.072	0.056	0.036	0.033	0.017
X_7	0.062	0.024	0.057	0.052	0.080	0.087	0.068		0.083	0.055	0.058	0.078	0.055	0.039	0.036	0.017
X_8	0.095	0.022	0.050	0.050	0.066	0.072	0.063	0.054		0.054	0.060	0.080	0.065	0.050	0.042	0.024
X_9	0.069	0.035	0.060	0.048	0.058	0.063	0.054	0.050	0.075		0.066	0.084	0.061	0.045	0.031	0.025
X_{10}	0.085	0.033	0.055	0.043	0.050	0.053	0.051	0.042	0.067	0.053		0.119	0.086	0.064	0.049	0.032
X_{11}	0.131	0.027	0.048	0.036	0.044	0.036	0.042	0.037	0.059	0.044	0.078		0.095	0.074	0.099	0.045
X_{12}	0.102	0.024	0.051	0.042	0.049	0.031	0.042	0.034	0.060	0.041	0.072	0.122		0.076	0.062	0.043
X_{13}	0.088	0.011	0.033	0.027	0.035	0.021	0.032	0.028	0.054	0.036	0.062	0.110	0.089		0.071	0.060
X_{14}	0.078	0.007	0.032	0.030	0.037	0.022	0.033	0.029	0.051	0.027	0.054	0.098	0.082	0.080		0.054
X_{15}	0.086	0.003	0.004	0.006	-0.008	-0.016	0.015	0.012	0.027	0.020	0.031	0.068	0.050	0.061	0.049	

指标贡献的大小。第一主成分的特征向量均为正值，以 $X_6 \sim X_{14}$ 的正值较大，而这第一主成分即为甜高粱中部的平均锤度较高因子，是形成茎秆锤度的重要构成因子。第二主成分的特征向量以 X_{15} 最大，代表甜高粱顶部茎节，较中部锤度低，也是甜高粱茎秆锤度构成的主要贡献者；第三主成分的特征向量（及绝对值）以 $X_1 \sim X_5$ 最大，代表甜高粱基部茎节，是锤度较低的部分，也是茎秆锤度构成主要因子之一。这三个主要成分即简化了众多茎节间的复杂关系，对甜高粱的茎秆锤度的低—高—低变化有了一个理论基础支撑（表6）。

表 6　入选因子的特征值和特征向量

	因子 1	因子 2	因子 3	
特征值	8.888	2.673	1.153	
百分率（%）	59.254	17.820	7.684	分量来源
累计百分率（%）	59.254	77.074	85.759	
特征向量	0.187	−0.159	0.688	X_1
	0.266	−0.200	0.355	X_2
	0.272	−0.225	0.162	X_3
	0.261	−0.272	−0.210	X_4
	0.235	−0.343	−0.295	X_5
	0.286	−0.167	−0.189	X_6
	0.292	−0.149	−0.268	X_7
	0.289	−0.042	−0.249	X_8
	0.282	−0.055	0.062	X_9
	0.294	0.130	0.131	X_{10}
	0.279	0.262	0.116	X_{11}
	0.277	0.264	0.101	X_{12}
	0.242	0.389	−0.070	X_{13}
	0.229	0.356	−0.152	X_{14}
	0.122	0.452	−0.027	X_{15}
主成分名	7~15 节	16 节	2~6 节	

3.2.4　各茎节锤度的聚类分析

通过对各茎节锤度进行聚类分析，得到图 2 系统聚类图。可以看到，将 15 个茎节聚为三类，$X_1 \sim X_5$ 可划为第一类，$X_6 \sim X_{14}$ 可划为第二类，X_{15} 划为第三类。第一类即从甜高粱基部起第 2 节至第 6 节，它们的锤度较低，第 2 节最低，依次增加；第二类即第 7 节至第 15 节，它们的含糖量较高，而最后一节即第 16 节锤度已降低较多，成为单独的一类。这三类基本与主成分分析结果相似，也符合甜高粱茎秆锤度低—高—低的趋势（图 2）。

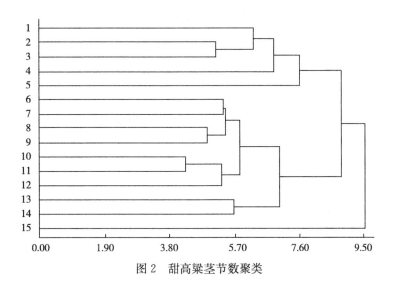

图 2　甜高粱茎节数聚类

4　结论

对新疆甜高粱晚熟种 MNS-1 成熟期各茎节锤度测量得出：从基部至顶部甜高粱茎节锤度呈低—高—低的变化趋势，与前人的研究结果相同[1-5]。说明不论品种、地点与时间等的因素，甜高粱茎秆中糖分积累规律是相同的，茎秆中部的糖分都表现较高，而基部和顶部则相对较低。但茎节锤度的最高值出现在那个节段及主茎秆锤度与哪几节相关程度最高，哪些茎节对茎秆混合锤度有最大的正直接效应等，研究者都得出不同结论。

李振武[11]等对 17 份甜高粱材料穗柄及自上而下第 1~7 节段锤度与主茎秆混合锤度的关系进行了分析，表明第 5、2 节段对主茎秆混合锤度有较大的正直接效应；第 4、6、7 节段和穗柄对主茎秆混合锤度的正直接效应较小；第 3、1 节段对主茎秆混合锤度有较大的负直接效应。阴秀卿[3]研究了 22 份甜高粱材料穗柄和自上而下第 1~9 节段锤度和主茎秆混合锤度的关系，明确了第 1、2、3 节段锤度对主茎秆混合锤度有较小的正直接效应；第 4、5、7 节段锤度对主茎秆混合锤度有较大的负直接效应，而第 6、8 节段锤度对主茎秆混合锤度有很大的正直接效应。上述结论只是研究了甜高粱部分节段锤度对主茎秆混合锤度的影响，周宇飞[7]探讨了甜高粱全部节段锤度对主茎秆混合锤度的影响，结果表明，上数第 6 茎节对茎秆混合锤度有最大的正直接效应。上数第 11、12、4、9 茎节对茎秆混合锤度的负直接效应较大，但它们通过上数第 6 节和上数第 13 节的正间接效应掩盖了负直接效应。研究的结果为：自基部至顶部起第 9、10、11 节的汁液含糖锤度最高，平均值分别为 17.5%、17.6%、17.4%，第 2 节最低，平均值为 11.1%，全株混合锤度总平均为 15.1%。通径分析表明第 12 节的锤度对茎秆混合锤度有最大的正直接效应，第 13、6、5、9 茎节的锤度对茎秆混合锤度也有较高的正直接效应，说明它们对茎秆混合锤度有较大的贡献。究其原因可能甜高粱不同节段锤度对主茎秆平均锤度的影响，在不同时间、不同地点、不同品种上的表现是不同的。

研究分析结果认为在新疆要想获得高生物产量的品种，应选择植株高大、茎节数多、生育期适中、穗较短、含糖锤度中等偏高的品种。

参考文献

[1] 翟进升. 粮糖兼用高粱开发利用的经济效益分析 [J]. 农业技术经济，1992 (2)：44-45.

[2] 王兆木，涂振东. 调整种植业结构，发展甜高粱生产 [J]. 作物杂志，2005 (2)：4-6.

[3] 阴秀卿. 甜高粱节间锤度与主茎秆锤度的关系 [J] 黑龙江农业科学，1992 (4)：27-29.

[4] 谢凤周. 糖高粱茎秆糖分积累规律的初步研究 [J]. 辽宁农业科学，1989 (5)：50-51.

[5] 马志泓，李达，宁喜斌. 甜高粱茎秆汁液锤度与总糖含量间相关性的研究 [J]. 沈阳农业大学学报，1992，23 (3)：187-191.

[6] 周鸿飞. 甜高粱糖分积累动态、生物量积累的数学模型 [J]. 辽宁农业科学，2001 (6)：16-18.

[7] 周宇飞，黄瑞冬，许文娟，等. 甜高粱不同节间与全茎秆锤度的相关性分析 [J]. 沈阳农业大学学报，2005，36 (2)：139-142.

[8] 李振武. 糖高粱节段锤度分析 [J]. 辽宁农业科学，1988 (6)：20-25.

[9] 李振武. 甜高粱主要性状的遗传参数分析 [J]. 作物学报 [J]. 1992，18 (3)：213-221.

[10] Teixeira C G, et al. Relation ship between harvest date and sugar content of sweet sorghum stalks [J]. Pesquisaa Agropecuaria Brasileira. 1999，34 (9)：1601-1606.

[11] 曹文伯. 发展甜高粱生产开拓利用能源新途径 [J]. 中国种业，2002 (1)：28-29.

[12] 李振武，等. 糖高粱节段锤度与主茎秆锤度的关系 [J]. 辽宁农业科学，1990 (1)：33-35.

[13] 李振武，支萍，孔令旗. 糖高粱节段锤度分析 [J]. 辽宁农业科学，1988 (6)：20-25.

本文曾发表于《新疆农业科学》2008 年第 5 期。

新高粱 3 号的选育及栽培技术研究

王兆木　贾东海　冯国郡　涂振东　叶凯

（新疆农业科学院，乌鲁木齐 830091）

1　材料与方法

1.1　亲本来源及选育经过

2002 年从中国科学院植物研究所引入甜高粱品种绿能 3 号，采用萌动胚高速离心技术处理种子，在后代材料中发现早熟、含糖量高的变异株。通过新疆与海南一年二代南北育种，经过连续四次单株选择、糖分测定、系谱纯化、产质量分析比较及鉴定，获得特征表现一致的优选株系形成 XT‑2 新品系，品系扩繁形成原种。于 2007 年 3 月通过新疆维吾尔自治区农作物品种审（认）定委员会的评审，命名为新高粱 3 号。

1.2　品种特征特性

新高粱 3 号为早熟品种，生育期 110～115d（既适合北疆非宜棉区春播，又适合南疆麦收后复播）。株高 2.6～3.2m，秆长 2.3～2.8m，茎粗 1.5～2.2cm，叶节 13～17 节，单株鲜重 0.6～1.5kg；果穗为紧密型纺锤形，穗粒重 30～50g，千粒重 18～23g，籽粒外壳红色，种子浅红色，卵圆形，每亩产籽粒 150～230kg；该品种抗旱、抗倒、抗（耐）黑穗病。

1.3　籽粒品质

新高粱 3 号品种籽粒淀粉含量为 69.13％，氨基酸含量 13.9％，粗脂肪含量 3.8％，还原糖含量 2.88％，单宁含量 0.47％，水分含量 9.4％，该品种籽粒是酿酒的好原料，酒糟是牲畜的好饲料。

2　结果与分析

2.1　品比试验

2005 年在新疆农业科学院玛纳斯农业试验站进行甜高粱品比试验，XT‑2（处理 2）的平均生物产量 4 976kg、茎秆产量 4 379kg、籽粒产量 185kg、产糖量 761.9kg，分别比对照品种新高粱 2 号增加 18.2％、22.3％、10.8％和 23.8％，茎秆汁液含糖锤度为 17.4％，是唯一超过对照的品系（表 1）。为 2006 年能参加区试，同年又在新疆农业科学院海南三亚农作物育种试验中心科技示范基地进一步进行品比试验，每亩生物产量比对照品种新高粱 2 号增加 12.3％、茎秆产量增加 25.1％、籽粒产量增加 5.3％、产糖量增加 41.1％，茎秆汁液含糖锤度为 18.5％。证明 XT－2（处理 2）是一个很有希望的材料。

选育和栽培能源甜高粱的目的是为加工企业提供优质原料，多产白酒或酒精。其关键技术指标是每亩产糖量，1 000kg 可发酵的糖，可以生产 436kg 酒精。在表 1 中列出了各品系在玛纳斯农业试验站的单位面积（每亩）产糖量。

表 1　品系比较试验产量

品种	每亩生物产量		每亩茎秆产量		每亩籽粒产量		茎秆汁液含糖锤度		每亩产糖量	
	数量(kg)	比CK增量(％)	数量(kg)	比CK增量(％)	数量(kg)	比CK增量(％)	数量(％)	比CK增量(％)	数量(kg)	比CK增量(％)
CK	4 210		3 579		167		17.2		615.6	
处理1	5 291	25.7	4 656	30.1	222	32.9	15.7	−8.7	730.9	18.7
处理2	4 976	18.2	4 379	22.3	185	10.8	17.4	1.2	761.9	23.8
处理3	5 213	23.9	4 589	28.2	226	35.3	15.9	−7.6	729.7	18.5

2.2　区域试验

在品比试验和多点试验的基础上，2006 年参加新疆甜高粱品种区域试验。新高粱 3 号（XT－2）在南北疆六个区域试验点中，每亩平均生物产量 6 382.16kg、茎秆产量 5 437.24kg、籽粒产量 302.66kg、产糖量 986.54kg，分别比对照品种新高粱 2 号增加 6.17％、7.14％、16.25％和 13.32％。新高粱 3 号的茎秆汁液含糖锤度为 18.54％，比对照增加 8.03％（表 2）。该品种平均株高为 293.48cm，秆长 265.65cm，节数 13.95 个，茎粗 1.81cm，单株鲜重 0.86kg，单秆重 0.72kg。该品种早熟性好，在各试验点的生育期为 110～134d，较对照品种早熟 7～21d。

表 2　区域试验品种产量

品种	每亩生物产量		每亩茎秆产量		每亩籽粒产量		茎秆汁液含糖锤度		每亩产糖量	
	数量(kg)	比CK增量(％)	数量(kg)	比CK增量(％)	数量(kg)	比CK增量(％)	数量(％)	比CK增量(％)	数量(kg)	比CK增量(％)
CK	6 011.02		5 075.08		260.35		17.16		870.60	
XT－2	6 382.16	6.17	5 437.24	7.14	302.66	16.25	18.54	8.03	986.54	13.32
XT－5	6 118.3	1.78	5 384.05	6.09	109.01	−5.81	17.98	4.75	967.77	11.16
XT－6	7 555.86	25.70	6 479.43	27.67	329.34	26.50	15.81	−7.87	971.08	11.54
XT－8	6 307.24	4.93	5 458.37	7.55	315.67	21.25	16.32	−4.88	910.41	4.57

2.3　生产试验

2006 年在新疆农业科学院玛纳斯农业试验站进行生产试验，参试品种（系）3 个，每个品种种植 1 亩。XT－2 品系在每亩生物产量 4 427kg，比对照品种新高粱 2 号减少

3.76%，但由于其茎秆汁液含糖锤度高达 24.1%，产糖量达每亩 960kg，比对照增加 55.09%（表3）。

表3　生产试验产量

品种	每亩生物产量		每亩茎秆产量		每亩籽粒产量		茎秆汁液含糖锤度		每亩产糖量	
	数量（kg）	比CK增量（%）	数量（kg）	比CK增量（%）	数量（kg）	比CK增量（%）	数量（%）	比CK增量（%）	数量（kg）	比CK增量（%）
CK	4 600		3 910		366		16.6		619	
XT-2	4 427	-3.76	3 984	1.89	226	-38.25	24.1	45.18	960	55.09
XT-3	6 865	49.24	5 935	51.79	340	-7.1	14.6	-12.05	852	37.64

2.4　密度与肥料试验

优良的甜高粱品种必须有相配套的高产栽培技术。2006 年以密度和肥料为中心，采用两因素五水平完全组合试验。密度分五个处理。A1：株行距为 60cm×10cm，每亩 11 110 株。A2：60cm×12cm，每亩 9 250 株。A3：60cm×14cm，每亩 7 929 株。A4：60cm×16cm，每亩 6 938 株。A5：60cm×18cm，每亩 6 166 株。肥料设 5 个施肥水平。B1：每亩 20kg，其中 N10kg、P（P_2O_5）6kg、K（K_2O）4kg。B2：每亩 30kg，其中 N 15kg、P 10kg、K 5kg。B3：每亩 40kg，其中 N 20kg、P 12kg、K 8kg。B4：每亩 50kg，其中 N 25kg、P 15kg、K 10kg。B5：每亩 60kg，其中 N 30kg、P 18kg、K 12kg。

该试验小区面积为 14.4m²，配置 25 个组合，设 50 个小区。通过 5 个点次的试验结果，以 A1B3 处理组合的方案最佳，即每亩 11 110 株，施肥量每亩 40kg，每亩平均生物产量 9 627.56kg，每亩茎秆产量 7 980.97kg，茎秆平均汁液锤度为 19.92%，每亩产糖量 1 590.75kg。方差分析结果显示，密度对生物产量的影响达极显著水平，肥料对生物产量的影响不显著。密度在每亩 9 250 株以上时，随着密度的增加，产糖量呈增加趋势，密度在每亩 6 166～7 929 株时，随着密度的下降，产糖量随之下降，其减产幅度在 2.1%～40.7%。试验结果充分说明增加种植密度是提高甜高粱产量与含糖量的关键。

3　结论与小结

3.1　栽培要点

3.1.1　适期早播保证播种质量

新高粱 3 号品种是一个早熟、高产、高糖类型品种，既适合在北疆冷凉地区春播种植，又适合在南疆冬小麦收获后复播栽培。一般每亩产茎秆 5 000kg，高肥水条件下，单产可达每亩 6 000kg 以上。甜高粱是喜温作物，要求 5cm 地温稳定在 10℃ 以上时播种。春播适宜播种期为 4 月 25 日至 5 月 15 日，南疆复播以 6 月 15 日至 7 月 5 日适期早播为宜。

3.1.2　加大种植密度

加大种植密度是新高粱 3 号的栽培技术关键。播量为每亩 1.0～1.5kg，宜采用 60cm

等行距条播，播深 3~4cm，每亩留苗 10 000~12 000 株为宜。尤其在土壤肥力水平较低、生产水平较差的地区必须加大种植密度。甜高粱苗期生长缓慢，应加强田间管理。2~3 片真叶期间苗，4~5 片真叶期定苗，应及时掰除分蘖。甜高粱幼苗含有一种叫氢氰酸的有毒成分，掰下的分蘖隔夜后毒性消失方可安全饲喂牲畜。拔节期结合追肥开沟培土，以便沟灌。

3.1.3 经济有效施肥与合理灌溉

甜高粱对土壤要求不严，在 pH 5.5~8.0 时都可种植。幼苗期蹲苗 30~40d，要求底墒充足，基肥注意有机肥和化肥配合使用，每亩施磷酸二铵 10kg、氧化钾 5kg。每亩施磷酸二铵 5kg 作为种肥。拔节期开沟追肥，每亩施尿素 20kg。生育期灌水 3~4 次，即在拔节、抽穗、开花、灌浆时进行，灌溉水量两头少、中间多，促控结合，防止倒伏。

3.1.4 采用铺膜栽培

在伊犁、塔城及奇台等地对新高粱 3 号进行铺膜试验，出苗比露地的提前 2~3d，成熟期提前 7d；生物产量增加 7.38%，茎秆产量增产 8.01%，每亩产糖量增加 8.57%，在有条件的地区应推广铺膜栽培。

3.1.5 防治病虫害

甜高粱在拔节抽穗后易受蚜虫危害，开花灌浆期易受玉米螟危害，应根据虫口密度及时防治。

3.1.6 适期收获

甜高粱茎秆汁液糖分积累与种子成熟过程基本上是同步进行的。在蜡熟后期籽粒干物质积累量达最大值，这时的茎秆汁液含糖锤度和出汁率最高，是生产酒精的最佳收获期。生产种子时，为提高发芽率，则需在完熟期收割果穗，晒干扬净，安全保贮。种子成熟后应及时收获以防鸟害。

3.2 适宜种植区域

在新疆次、非宜棉区以甜高粱为主要原料开发生物质乙烯产业，可以做到"两不争、一调整、一利用"。"两不争"即不与棉花、粮食争地，以缓解粮棉用地紧张的问题，保证新疆棉花在国家经济发展中的地位以及粮食安全；"一调整"即优化该区域的种植结构，调减低效益作物，扩大高效作物面积，以提高农民的经济收入；"一利用"即利用盐碱地和弃耕地，提高土地利用率。

新高粱 3 号品种适合在北疆塔城、阿勒泰、伊犁河谷及昌吉州东三县等地推广种植。随着纬度升高，积温减少，会延长生育期，种子不能充分成熟，茎秆含糖量减少，以采用地膜栽培为好。在南疆广大地区，光热资源丰富，无霜期 220d 左右的地区，冬小麦收割后应及时进行复播，在盐碱较重的下潮地或撂荒地种植甜高粱，应在浅耕灭茬、灌好播前水的基础上，及时整地播种，争取全苗，确保单产。

第三部分

高粱栽培与生理

本文曾发表于《华北农学报》2021 年第 36 卷第 2 期。

不同施肥对干旱区高粱叶片
光合特性及产量的影响

再吐尼古丽·库尔班[1,2]　吐尔逊·吐尔洪[1]　涂振东[2]　艾克拜尔·伊拉洪[1]

(1. 新疆农业大学 草业与环境科学学院，乌鲁木齐 830052；

2. 新疆农业科学院生物质能源研究所，乌鲁木齐 830091)

甜高粱同粒用高粱一样，是 C_4 植物，是光合效率最高的高能作物之一。甜高粱作为新型饲料、能源、糖料作物引起了许多国家关注，并且具有很强的抗逆境能力、生长迅速、富含糖分[1-2]。叶片是甜高粱光合作用的重要器官是物质生产的工厂，90%～95%的干物质来源于光合生产，叶片的各种性状与光合作用物质生产关系密切，因此提高生物产量必须保证主要生育周期的叶面积指数、比叶重、叶绿素含量[3-4]。

光合作用是植物产量形成的一个复杂的生理过程，并且叶片光合速率与品种特性及环境的关系也很密切[5]，因此，研究植物光合特性及其与环境因子及水肥等栽培模式的关系，对于揭示作物生长发育规律，优化栽培管理技术，从而进一步提高产量和营养品质均具有重要的理论和实践意义。

高粱叶片的光合作用与其产量形成过程密切相关。前人对甜高粱的光合生理特性进行了较多研究，刘晓辉等[6]分析了不同甜高粱品种颈部和叶片的呼吸强度和叶绿素含量。朱凯等[7]以 10 个不同甜高粱品种为试验材料，分别对不同生长周期的叶片净光合速率进行了检测，并对相关光合参数进行了比较与分析。冯国郡等[8]研究了 9 个不同甜高粱品种的光合参数、叶绿素含量、含糖锤度以及产量。但目前还未见到新疆干旱半干旱地区不同施肥条件下连作甜高粱光合特性的研究。因此本研究以 CK（对照）、M（有机肥）、NPKM、1.5NPKM、NPK、NK、PK、NP 等不同施肥方式对新高粱 3 号叶片的叶绿素含量、光合特性、水分利用效率及生物产量等特性的影响，探讨甜高粱在不同施肥条件下不同生育阶段的光合特性的变化规律、相关性以及产量的影响，为有效开发利用新疆干旱地区边际性土地，提高单位面积土地综合效益从而让农民增收和农业增效，为甜高粱合理栽培提供理论依据。

1　材料和方法

1.1　试验材料

新高粱 3 号。

1.2　试验地点

本试验在新疆农业科学院玛纳斯试验基地进行。地处温带大陆性干旱半干旱气候区，东经 86°14′，北纬 44°14′，海拔 470m，年平均气温为 7.2℃，年平均降水量为 180～270mm，昼夜温差大。试验地土壤总盐含量为 0.70g/kg，pH7.89，有效氮 32.60mg/kg，全氮 0.71g/kg，有效磷 22.33mg/kg，全磷 1.51g/kg，速效钾 225.66mg/kg，有机质含量 14.14g/kg。

1.3 试验设计

本试验实施年限为 2008—2018 年，在固定试验田连年种植一个品种。施肥方式分别为 CK（对照，无肥处理）、M（有机肥 12 000kg/hm²）、NPKM（NPK ＋ 有机肥 12 000kg/hm²）、1.5NPKM（NPK＋有机肥 18 000kg/hm²）、NPK、NK、PK、NP 等 8 个不同处理。N 肥是尿素，P 肥为 P_2O_5，K 肥是 K_2O，有机肥是农家肥。

N、P、K 肥分 2 次施，播种犁地前施基肥，拔节期施追肥。N 肥总施肥量为 180kg/hm²，其中 60% 做基肥，40% 做追肥。P 肥总施肥量为 54kg/hm²，其中 50% 做基肥，50% 做追肥。K 肥总施肥量为 144kg/hm²，其中 50% 做基肥，50% 做追肥。有机肥作为基肥一次性施入。

田间试验小区行长 5m，行距 0.6m，株距 0.2m，10 行区，保苗数 80 000 株/hm²，每个处理 3 次重复，小区面积为 30m²，各小区中间留 0.8m 走道。

本研究只对 2018 年的叶片特性进行检测与分析。甜高粱播种期为 4 月 26 日、间苗为 5 月 20 日，中耕、定苗分别为 5 月 23 日、26 日，整个生育期浇 5 次水。

1.4 测定指标与方法

采用 CI‑340 型便携式光合测定仪分别在甜高粱开花期、灌浆期、成熟期选择晴天测定叶片的叶片气孔导度（Gs）、净光合速率（Pn）、胞间 CO_2 浓度（Ci）、蒸腾速率（Tr），光照度在 1 800～1 900μmol/(m²·s)。每个小区尽量选择长势一致的 5 株甜高粱秸秆备注，取穗位下部刚展开的平展叶片中部进行测定。

叶片水分利用效率（WUE，μmol/mmol）的计算公式为：WUE＝净光合速率/蒸腾速率。

使用 SPAD‑502 叶绿素仪测定植株倒二叶叶片基部、中部、顶部的（相对叶绿素含量）SPAD 值。

籽粒成熟时每个小区收割 10m² 的全株秸秆并换算生物产量。

1.5 数据处理

采用 SPSS 24 统计分析软件进行方差分析和 Origin 2018 对数据进行作图。

2 结果与分析

2.1 不同施肥处理对高粱净光合速率（Pn）的影响

净光合速率（Pn）在一定程度上反映了植物光合作用的水平。如图 1 所示，不同施肥处理下新高粱 3 号的 Pn 在不同生育期的变化趋势基本一致，呈先升后下降的单峰曲线，在灌浆期达到峰值，说明灌浆期叶片的光合作用比较活跃。另外在同一生育期，不同

施肥处理的 Pn 值有差异并且大小顺序也不一致。比如开花期 NK 处理的 Pn 值最大，为 $15.27\mu mol/(m^2 \cdot s)$，CK 处理的 Pn 值最小，为 $9.94\mu mol/(m^2 \cdot s)$。此时除了 NK 处理外其他施肥处理对 Pn 值没有显著影响。CK 与 M、NPKM、1.5NPKM、NPK、PK、NP 处理之间的 Pn 值差异不显著。

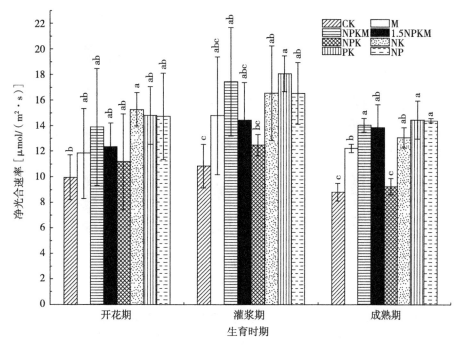

图 1 不同施肥下甜高粱不同生育时期的净光合速率

(不同小写字母表示同一生育周期各处理间在 0.05 水平上差异显著。下同)

灌浆期和成熟期均是 PK 处理的 Pn 最大，CK 处理最小。成熟期 Pn 大小顺序为 PK＞NP＞NPKM＞1.5NPKM＞NK＞M＞NPK＞CK。除了 NPK 处理外，CK 与其他施肥处理 Pn 值差异均达到显著水平。以上说明净光合速率（Pn）受施肥的影响，施肥处理的叶片的光合作用比 CK 明显增强。

2.2 不同施肥处理对高粱蒸腾速率（Tr）的影响

Tr 可以反映作物调节自身水分损耗能力变化的状况。如图 2 所示，不同施肥处理下新高粱 3 号的 Tr 在不同生育期的变化趋势基本一致，呈减小后升高的变化趋势，在灌浆期达到最低值。可知 Tr 受施肥的影响，其中开花期和成熟期 NPKM 处理的 Tr 均最高，分别为 $3.95mmol/(m^2 \cdot s)$、$3.64mmol/(m^2 \cdot s)$，CK 处理的 Tr 最小，分别为 $2.26mmol/(m^2 \cdot s)$、$2.42mmol/(m^2 \cdot s)$；灌浆期 M 处理的 Tr 最高，为 $2.60mmol/(m^2 \cdot s)$，CK 处理的 Tr 最小，为 $1.92mmol/(m^2 \cdot s)$。CK 与 M、NPKM 处理之间的差异显著，CK 与 1.5NPKM、NPK、NK、PK、NP 处理之间的差异不显著。

2.3 不同施肥处理对高粱气孔导度的影响

气孔是植物体 CO_2 和 H_2O 进出叶片的通道，将直接影响植物的生长发育。从图 3 可

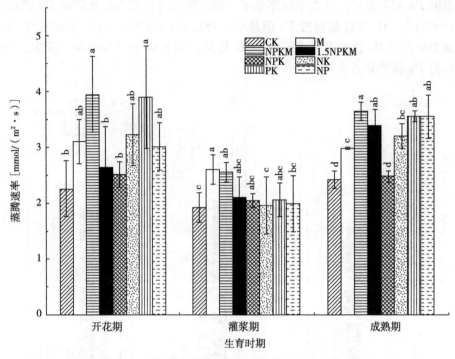

图 2　不同施肥下甜高粱不同生育时期的蒸腾速率

知，不同施肥处理下 Gs 在不同生育期的变化趋势跟 Pn 一致，Gs 表现为先增大后减小的变化趋势，灌浆期达到峰值。但 Gs 在不同施肥处理之间有差异，并且不同时期的大小顺序也不一致。

开花期各施肥处理的差异不大，其中 NP 处理的 Gs 最大，为 172mmol/（m² · s），CK 处理的 Gs 最小，为 129mmol/（m² · s），NP 与 M、NPKM 处理差异不显著（$p > 0.05$）。灌浆期和成熟期不同施肥处理 Gs 跟开花期有所不一致，其中 NPKM 处理 Gs 最高，分别为 328mmol/（m² · s）、255mmol/（m² · s），并且 NPKM 与其他处理差异显著（$p <$ 0.05）。CK 处理的 Gs 都是最小，分别为 132mmol/（m² · s）、111mmol/（m² · s）。成熟期 Gs 大小顺序为 NPKM＞NK＞1.5NPKM＞NP＞NPK＞M＞PK＞CK，CK 与其他施肥处理差异均显著（$p > 0.05$），这说明成熟期叶片气孔导度受施肥的影响比较明显。

2.4　不同施肥处理对高粱胞间 CO_2 浓度的影响

从图 4 可知，不同施肥处理下新高粱 3 号的 Ci 在不同生育期的变化趋势跟 Tr 一致，表现为先降低后升高的变化趋势，灌浆期达到最低值。在同一生育期，不同施肥处理的 Ci 值有差异并且大小顺序有所不同。

开花期和成熟期都是 NPKM 处理的 CO_2 浓度最大，CK 处理最小，分别比 CK 增高 24.42%、14.10%。灌浆期不同施肥处理 Ci 的大小顺序跟开花期和成熟期不一致，其中 PK 处理的最大，为 $414\mu mol/mol$，CK 处理最小，为 $346\mu mol/mol$。CK 与 NK、PK 处理差异显著，且 CK 与其他施肥处理差异不显著。

成熟期施肥处理之间 Ci 的差异不显著（$p > 0.05$），CK 与 1.5NPKM 处理之间的差异也不显著（$p > 0.05$），但 CK 与其他施肥处理之间的差异显著（$p < 0.05$）。此时不同施肥处理的 CO_2 浓度大小顺序为 NPKM＞NPK＞M＞PK＞NK＞NP＞1.5NPKM＞CK。

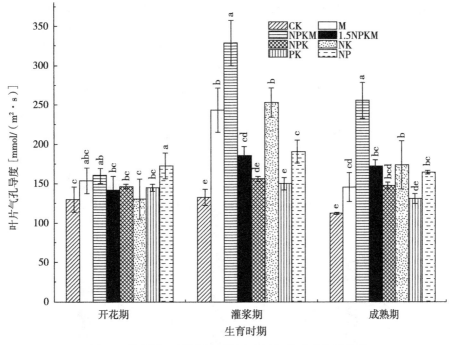

图 3　不同施肥下甜高粱不同生育时期的叶片气孔导度

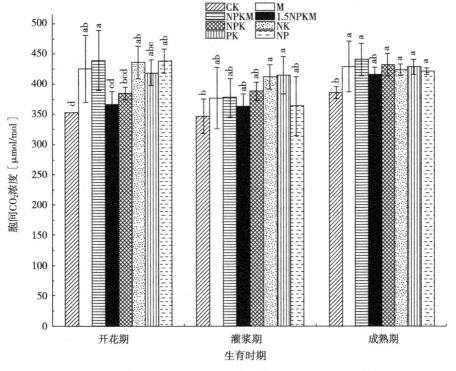

图 4　不同施肥下甜高粱不同生育时期的叶片胞间 CO_2 浓度

2.5 不同施肥处理对甜高粱叶片 SPAD 值的影响

不同施肥处理下甜高粱叶片 SPAD 值在不同生育期的变化规律基本一致，均呈升高、降低的变化，并灌浆期基本达到峰值（图 5）。但是 SPAD 值在不同时期不同施肥处理之间大小顺序不一致，并且 CK 与各施肥处理差异不大。在开花期时 M 处理的 SPAD 值最低，才 34.48，PK 处理 SPAD 值最高，达到 42.98。CK 处理与 M、NPKM、1.5NPKM、NPK、NK、NP 处理之间差异不显著（$p>0.05$），CK 处理与 PK 处理之间的差异显著（$p<0.05$）。在灌浆期时 NP 处理的 SPAD 值最低，才 37.07，NPKM 处理 SPAD 值最高，达到 44.62，但 CK 与所有施肥处理之间的差异不显著。

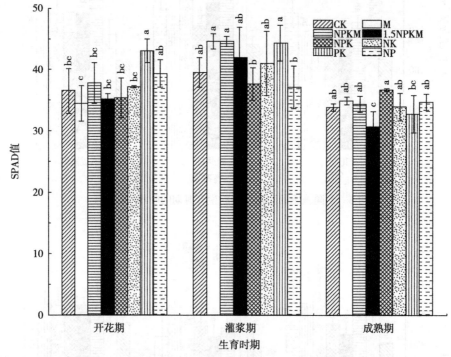

图 5　不同施肥下甜高粱不同生育时期的叶片 SPAD 值

在成熟期时各处理间 SPAD 值差异不太大，其中 1.5NPKM 处理的 SPAD 值最低，才 30.77，NPK 处理 SPAD 值最高，达到 36.63。CK 与 1.5NPKM 处理之间的差异显著（$p>0.05$），CK 与其他施肥处理之间的差异不显著（$p<0.05$）。

2.6 不同施肥处理对甜高粱水分利用效率的影响

不同施肥处理下甜高粱品种新高粱 3 号在不同生育期水分利用效率（WUE）在不同生育期的变化规律见图 6。由图中可以看出，不同施肥处理下甜高粱的 WUE 在不同生育期的变化趋势基本一致，均呈升、降低的变化，灌浆期的水分利用效率都比开花期和灌浆期的要高。从方差分析结果看出，开花期和成熟期不同处理之间的 WUE 差异不显著（$p>0.05$），而灌浆期不同处理之间的 WUE 差异比较明显。

在灌浆期 PK 处理的 WUE 最大，为 8.86μmol/mmol，CK 处理最小，为 5.78μmol/

mmol。其中 NK、PK、NP 处理对 *WUE* 有影响，跟 CK 差异显著（$p > 0.05$）。

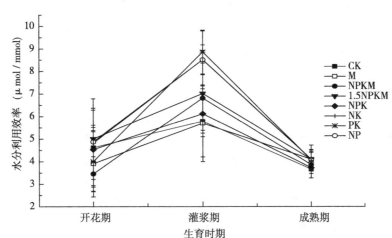

图 6　不同施肥下甜高粱不同生育时期的水分利用效率

2.7　不同施肥处理对高粱产量的影响

从图 7 可以看出，长期不同施肥处理下甜高粱的生物产量变化在 $47.89 \sim 94.81 t/hm^2$，其中 NPKM 施肥处理的生物产量最高。不同施肥下产量的大小顺序为 NPKM>NP>NPK>PK>NK>1.5NPKM>M>CK，所有施肥处理均比 CK 显著增产，NPKM 生物产量比 CK、M、1.5NPKM、NK、PK、NP 分别增产 97.95%、26.65%、20.24%、19.57%、15.16%、14.98%、11.74%。从方差分析结果看出，NPKM 与其他施肥处理之间差异显著（$p > 0.05$），但 1.5 NPKM 与 NK 处理差异不显著，NPK 与 PK、NP 处理差异又不显著（$p > 0.05$）。这说明有机肥和化肥配施处理（NPKM）与其他处理比较，可显著提高甜高粱的生物产量，对长期连作条件下对于甜高粱保持高产、稳产有重要作用。

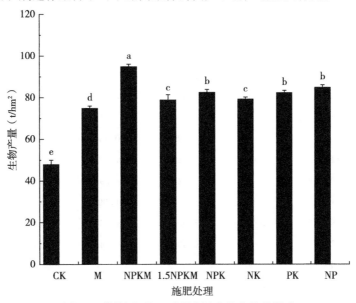

图 7　不同施肥处理对甜高粱生物产量的影响

2.8 *Pn* 与光合参数、水分利用效率及产量的相关性分析

由表 1 可以看出，不同施肥处理下不同生育期的 *Pn* 及其影响因子相关性不一致。在开花期只有 NPKM 处理 *Pn* 与 *Tr*、*WUE* 呈显著正相关。NP 处理 *Pn* 与 *Tr*、*WUE* 呈正相关。其他施肥处理 *Pn* 与 *Tr* 负相关。到了灌浆期 M、NPKM、1.5NPKM 处理 *Pn* 与 *Tr*、*WUE* 呈正相关。

成熟期 1.5NPKM、NPK、PK、NP 处理的 *Pn* 与 *Tr* 呈正相关，其他处理均负相关。只有 NK 处理 *Pn* 与 *Gs* 呈极显著正相关，M、NPKM、1.5NPKM、NP 处理 *Pn* 与 *Gs* 呈正相关。各施肥处理之间只有 NPKM 处理 *Pn* 与 *Ci* 呈显著正相关。除了 NP 处理 *Pn* 与 *WUE* 呈负相关外，其他各处理 *Pn* 与 *WUE* 呈正相关。成熟期除了 M、NPKM、1.5NPKM、NK 处理 *Pn* 与生物产量正相关外其他处理均负相关。

表 1 不同施肥条件下各生育时期 *Pn* 与 *Tr*、*Gs*、*Ci*、*WUE* 的相关性分析

生育期	处理	*Tr*	*Gs*	*Ci*	*WUE*	生物产量
开花期	M	−0.5	−1.00**	−1.00**	0.93	
	NPKM	0.98*	−0.94	0.46	0.96*	
	1.5NPKM	−0.76	0.66	−0.93	0.93	
	CK	−0.31	−0.29	−0.8	0.76	
	NPK	−0.79	0.86	0.45	1.00**	
	NK	0.49	−0.9	0.97*	−0.02	
	PK	−0.89	0.03	−0.99**	0.97*	
	NP	0.8	0.45	−0.88	0.81	
灌浆期	M	0.14	0.84	0.56	0.94	
	NPKM	0.43	0.3	0.03	0.95	
	1.5NPKM	0.06	−0.34	−0.66	0.69	
	CK	−1.00**	0.74	−0.86	1.00**	
	NPK	−0.83	0.6	−0.97*	0.97*	
	NK	0.95	−0.96*	0.15	−0.22	
	PK	0.7	−0.94	0.74	−0.33	
	NP	0.78	−0.43	0.99**	−0.26	
成熟期	M	−0.68	0.8	0.68	1.00**	0.21
	NPKM	−0.23	0.55	0.96*	0.74	0.7
	1.5NPKM	0.48	0.24	−0.93	0.09	0.32
	CK	−1.00**	−1.00**	−0.99*	1.00**	−0.92
	NPK	0.88	−0.91	−0.68	0.85	−0.37
	NK	−0.16	0.99**	−0.48	0.73	0.85
	PK	0.4	−0.82	−0.8	0.96*	−0.61
	NP	0.62	0.63	0.87	−0.58	−0.1

注 * 和 ** 分别表示差异显著性达 0.05 和 0.01 水平。

3　讨论与结论

叶片的光合作用是一个动态的指标，随叶片的生育进程不断变化[9]。本研究结果表明，净光合速率（Pn）与叶片气孔导度（Gs）从开花期到成熟期的变化趋势一致，在灌浆期达到峰值。蒸腾速率（Tr）与叶片胞间 CO_2 浓度（Ci）的变化趋势一致，在灌浆期达到最低值。此现象与谢圣杰[10]等在研究中的发现相似。到了成熟期叶片的净光合速率和气孔导度比灌浆期下降，而叶片胞间 CO_2 浓度稍微上升，使非气孔因素成为限制光合作用的主要因素。这主要是由渗透胁迫所导致，因为这时候叶片气孔收缩，气孔导度下降，从而限制了 CO_2 向叶绿体的输送，导致光合受阻；而在高粱生长后期，虽然叶片气孔导度下降，但胞间 CO_2 浓度转向升高，此时净光合速率略微降低，可能原因是光合产物的变慢，导致细胞内光合产物积累。

前人研究结果表明，高粱叶片的光合作用与其产量形成过程有着密切的关系。通过栽培措施（如密度、施肥等）的改变可以有效改善群体内部气候条件和光合条件从而获得高产。辛宗绪等[11]研究结果证明，二比空、大垄双行等 2 种栽培模式下矮秆籽粒高粱的蒸腾速率、气孔导度、净光合速率等光合条件均显著高于常规种植。本研究结果表明，同一生育期内不同施肥处理的光合特性有差异并且不同生育期各处理间大小变化趋势不一致。这说明新高粱 3 号的光合参数均受施肥处理的影响。这跟谢圣杰[10]的研究结果相似，研究结果为从拔节期各个处理来看，玉米的净光合速率、气孔导度、蒸腾速率和水分利用效率都受施氮量的影响，且 T8 处理（施氮量 $300kg/hm^2$、施磷量 $120kg/hm^2$）处理下的玉米综合指标表现最好。这就意味着通过施肥模式的选育提高光合速率是可能的，而筛选高光效施肥方式是高光效育种的基础。

叶绿素是植物进行光合作用时吸收和传递光能的主要基础物质。植物生长发育过程中上部叶叶绿素含量的高低及变化规律可反映叶片光合作用的强弱，一般叶绿素含量越高，叶片光合作用越强[12]。本研究发现所有施肥处理下甜高粱灌浆期 SPAD 值达到峰值而成熟期后降低的现象，并且成熟期除了 1.5NPKM 外其他施肥处理之间的差异不显著。这跟宋梁语[13]等的氮肥处理对高粱叶片叶绿素含量的影响试验结果一致，各处理间的差异未达到显著水平。这可能成熟期由于叶片开始发黄并出现衰老有关系。

冯国郡等[14]对甜高粱种质的光合参数进行相关分析，结果显示 Pn 与 Tr、Gs 呈极显著正相关，与 Ci 相关性不显著。Maria 等[15]研究表明，高粱种质资源的 Pn 与 Tr、Gs 呈极显著正相关，与 WUE 相关性不显著；张一中等[16]研究表明 Pn 与 Tr、Gs 及 WUE 呈极显著正相关，与 Ci 呈极显著负相关；在本试验结果中，不同施肥处理下不同生育期的 Pn 及其影响因子相关性不一致。在开花期只有 NPKM 处理 Pn 值与 Tr、WUE 呈显著正相关。成熟期 1.5NPKM、NPK、PK 处理的 Pn 与 Tr 呈正相关，NPKM 处理 Pn 与 Ci 呈显著正相关。冯国郡等[17]也总结出 2 种土地类型下 2 个甜高粱品种的 Pn 及其产量、锤度等影响因子相关性不一致。本试验结果与前人有关高粱光合特性的研究结果基本一致，有些差异可能是品种的基因类型以及栽培措施（如密度、施肥等）及环境因素造成的。

高粱对肥料的反应非常敏感，不但吸肥能力很强，而且不同时期对肥料需求量也不同。罗峰[18]、王劲松[19]等研究表明，合理的氮磷钾肥配施有利于促进粒用高粱和甜高粱的生长发育，增加干物质的积累，提高产量和改善品质。因此，根据试验区的气候条件，选择适宜的配肥方式，对高粱栽培育种、发展当地畜牧业具有重要意义。生物产量代表着作物在整个生长周期内生产和积累有机物的能力，是衡量作物产量的最重要标准。长期施用有机肥对培肥土壤、提高土壤肥力、促进土壤有机质的更新具有十分重要的意义[20]。刘恩科等[21]研究结果证明，长期施氮磷钾＋有机肥（NPKM）利于提高玉米的产量和自理的营养品质，本研究结果与此试验结论基本一致。本研究中各施肥处理对甜高粱产量的影响有所不同，与化肥处理相比，加入有机肥的 NPKM 处理的生物产量均高于其他处理，NPKM 施肥处理生物产量比 CK、M、1.5NPKM、NK、PK、NPK、NP 分别增产 97.95%、26.65%、20.24%、19.57%、15.16%、14.98%、11.74%。这说明在施用化肥的基础上配施有机肥可以提高连作高粱产量。因此，配合有机肥的施用，从长远的角度来看，可以提高土壤肥力和作物产量。

光合作用是高粱物质生产和产量形成的基础，许多研究表明，高粱叶片的光合作用与其产质量形成过程有着密切的关系[22-24]。本试验发现 NPKM 处理生物产量显著高于其他处理并且 Pn 与生物产量呈正相关。我们的结果进一步验证了 Peng 等[25]关于高产高粱品系叶片光合作用和产量呈密切相关的实验结果和 Maria 等[15]的与籽粒产量相比，作物的总生物产量与光合作用有更强的相关性（$r=0.57\sim0.91$）的研究结果。

高粱叶片 Pn、Gs、WUE 和 SPAD 值在不同生育阶段的变化趋势一致，表现为先增大后减小的变化趋势，灌浆期达到峰值。而 Tr 与 Ci 从开花期到成熟期的变化趋势一致，在灌浆期达到最低值。叶片光合参数受施肥方式的影响，在同一生育期不同施肥处理的光合参数有差异。并且不同施肥处理下不同生育期的 Pn 及其影响因子相关性不一致。施肥有利于增加甜高粱的生物产量，其中 NPKM 处理生物产量分别达到 94.81t/hm²，产量均高于其他处理，跟其他施肥处理对比增产幅度 11.74%～97.95%。与各个处理相比，NPKM 处理更有利于光合条件的改善，使产量达到最大。以上看出，提高甜高粱单产水平及营养品质除遗传因素外，很大程度上还受到外界环境因子及密度、施肥等栽培措施的影响。所以，采用有机肥与化肥配合施用种植模式是新高粱 3 号较好的种植方式，以起到增产、改良土壤等多种作用，可作为新疆干旱半干旱连作高粱地区高产栽培的首选种植方式。

参考文献

[1] 冯国郡，叶凯，涂振东，等. 甜高粱主要农艺性状相关性和主成分分析 [J]. 新疆农业科学，2010，47（8）：1552-1556.

[2] Adams C B, Erickson J E, Singh M P. Investigation and synthesis of sweet sorghum cropresponses to nitrogen and potassium fertilization [J]. Field Crops Research，2015，178：1-7.

[3] 周绍东，周宇飞，黄瑞冬. 播种期对各生育时期甜高粱叶片性状的影响 [J]. 沈阳农业大学学报，2005，36（3）：340-342.

[4] 徐世昌，戴俊英，沈秀瑛，等. 水分胁迫对玉米光合性能及产量的影响 [J]. 作物学报，1995，21（3）：356-363.

[5] Israel Z. The close relationship between net photosynthesis and crop yield [J]. BioScience，1982，32

(10)：796-802.

[6] 刘晓辉，杨明，邓日烈，等．甜高粱若干生理性状的研究 [J]．杂粮作物，2008，28 (5)：302-304.

[7] 朱凯，王艳秋，张飞，等．不同细胞质甜高粱品种光合作用动态研究 [J]．江苏农业科学，2012，40 (3)：67-69.

[8] 冯国郡，章建新，李宏琪，等．甜高粱光合生理特性及其与产量的关系 [J]．西北农林科技大学学报（自然科学版），2013，41 (4)：93-100.

[9] 周紫阳，黄瑞冬．不同籽粒淀粉含量高粱花后叶片光合指标的比较 [J]．东北农业大学学报，2011，42 (4)：52-56.

[10] 谢圣杰，邢国芳，贾亚涛，等．氮磷配施对玉米叶片生长及光合特性的影响 [J]．山西农业科学，2018，46 (3)：387-391.

[11] 辛宗绪，赵术伟，孔凡信，等．种植方式对矮秆高粱辽杂 37 号光合性能及产量的影响 [J]．中国种业，2018 (6)：60-62.

[12] 张玉斌，曹庆军，张铭，等．施磷水平对春玉米叶绿素荧光特性及品质的影响 [J]．玉米科学，2009，17 (4)：79-81.

[13] 宋梁语，赫明哲，夏瑞琦．不同施肥因素对高粱叶片生理指标的影响 [J]．种子世界，2015 (7)：19-22.

[14] 冯国郡，章建新，李宏琪，等．甜高粱高光效种质的筛选和生理生化指标的比较 [J]．吉林农业大学学报，2013，35 (3)：260-268.

[15] Maria G，Salas F，Katie S，et al. Genetic analysis and phenotypic characterization of leaf photosynthetic capacity in a sorghum (*Sorghum* spp.) diversity panel [J]．Genetic Resources&Crop Evolution，2015，62 (6)：939-950.

[16] 张一中，周福平，张晓娟，等．高粱种质材料光合特性和水分利用效率鉴定及聚类分析 [J]．作物杂志，2018，186 (5)：45-53.

[17] 冯国郡，再吐尼古丽・库尔班，朱敏．盐碱地甜高粱光合特性及农艺性状变化研究 [J]．干旱地区农业研究，2014，32 (3)：166-172.

[18] 罗峰，王朋，高建明，等．施肥对连作甜高粱生物产量及品质的影响 [J]．西北农业学报，2012，21 (12)：65-68.

[19] 王劲松，焦晓燕，丁玉川，等．粒用高粱养分吸收、产量及品质对氮磷钾营养的响应 [J]．作物学报，2015，41 (8)：1269-1278.

[20] 马红星，刘春梅，徐义刚．长期不同施肥处理对连作玉米产量和土壤养分变化的影响 [J]．现代化农业，2008 (6)：23-25.

[21] 刘恩科，赵秉强，胡昌浩，等．长期不同施肥制度对玉米产量和品质的影响 [J]．中国农业科学，2004，37 (5)：711-711.

[22] 徐克章，王英典，徐惠风，等．高粱叶片光合作用特性的研究 [J]．吉林农业大学学报，1999，21 (3)：1-6.

[23] 黄瑞冬，高悦，周宇飞，等．矮秆高粱辽杂 35 光合特性与产量构成因素 [J]．中国农业科学，2017，50 (5)：822-829.

[24] Pastori G M，Delrio L A. Natural senescence of pea leaves (an activated oxygen-mediated function for peroxisomes) [J]．Plant Physiology，1997，113 (2)：411-418.

[25] Peng S D，Krieg R，Girma F S. Leaf photosynthetic rate is correlated with biomass and grain production in grain sorghum lines [J]．Photosynthesis Research，1991，28 (1)：1-7.

本文曾发表于《草地学报》2021 年第 29 卷第 1 期。

施肥对不同生育期甜高粱土壤养分含量的影响

再吐尼古丽·库尔班[1,2]　吐尔逊·吐尔洪[1]

山其米克[2]　王卉[2]　涂振东[2]　艾克拜尔·伊拉洪[1]

（1. 新疆农业大学草业与环境科学学院，乌鲁木齐 830052；

2. 新疆农业科学院生物质能源研究所，乌鲁木齐 830091）

随着世界性的能源危机加剧，人们开始重视甜高粱产品深度开发，关注甜高粱作为替代能源植物的研究[1]。新疆是我国宜农荒地资源较多的边际地区，光照强、昼夜温差大，有利于农作物糖类的积累，适合开发甜高粱等饲用作物[2]。

甜高粱是粒用高粱产生差异性变异得到的新品种[3-4]，作为饲料利用比青贮玉米（Zea mays Linn）、大麦（Hordeum vulgare Linn）、苜蓿（Medicago satiua L.）具有明显的优势，既可用来放牧，又可刈割做青饲、青贮和干草，是优质的饲料资源[5]，因此在外国很多地区甜高粱常被作为青贮玉米的替代品进行研究。而且甜高粱糖分汁液也非常丰富，汁液含量高达 50%～70%，茎秆含糖量可达 12%～22%[6]，具有抗旱、抗倒伏、产草量高、营养价值高、适口性好等优点，在畜牧生产中已有较大面积栽培[7]。

甜高粱具有耐干旱、耐盐碱、需肥较少等优点，这一点在半干旱地区尤其重要[8]。近几年西北地区高粱的种植面积呈逐年上升的趋势，然而高粱种植不合理施肥的现象普遍存在，不仅增加了农民投入的成本，也加大了对环境的负担。由于缺乏饲料高粱养分吸收特性的研究[9]，在甜高粱生产中，常常出现养分供给不合理现象，导致土壤中的养分吸收利用不均衡，即土壤养分不能被作物充分有效地利用，导致甜高粱产量低下，肥料利用率偏低，不利于草业的可持续发展，将对畜牧业带来负面影响[10]。

土壤养分是土壤物理化学性质和生物活性的综合表现，是植物丰产的基础，提高农田土壤养分、增加高粱产量和品质已成为高粱种植发展及推广的重要内容之一[11]。因此有必要探讨施肥方式和施肥量对甜高粱农田土壤养分含量的影响，为甜高粱种植合理施肥、科学培肥提供理论参考。施肥方式不仅影响着土壤的养分变化，同时也是农业可持续发展利用最为重要的措施。

甜高粱作为优质的饲草作物，国内已有众多学者进行了研究。目前国内外在不同施肥对甜高粱的产量及品质[12-16]、土壤微生物[17]、酶活性[18]等方面的也有报道，而其干旱条件下的研究不够深入，尤其是在新疆干旱半干旱环境下，不同施肥处理对甜高粱不同生育阶段土壤养分的影响及变化规律研究鲜见报道。因此，本试验测定了 8 种不同施肥方式对甜高粱不同生育期土壤 pH、有机质、碱解氮、全氮、有效磷、全磷、速效钾、全钾等养分含量的影响，探索在边际干旱地种植甜高粱的土壤肥力的变化规律，为甜高粱在当地大规模推广种植、科学培肥提供理论依据。

1　材料与方法

1.1　试验材料

供试甜高粱品种为新高粱 3 号，由新疆农业科学院生物质能源研究所提供。

1.2　试验地点

田间试验地点位于新疆农业科学院玛纳斯县玛纳斯试验站（东经 86°14′，北纬 44°14′）。海拔 470m，年平均气温为 7.2℃，年平均降水量为 180～270mm，属于温带大陆性干旱半干旱气候区，冬季长而严寒，夏季短而酷热，昼夜温差大。土壤类型为壤土，土壤 pH 为 7.71，有机质 13.94g/kg，碱解氮 21.07mg/kg，有效磷 31.80mg/kg，速效钾 107.45mg/kg，全氮 0.69g/kg，全磷 0.25g/kg，全钾 4.15g/kg。

1.3　试验设计

试验设未施肥的对照（CK）、施氮钾肥（NK）、施氮磷肥（NP）、施磷钾肥（PK）、施氮磷钾肥（NPK）、施有机肥（M）、氮磷钾配施有机肥（NPKM）、氮磷钾配施 1.5 倍有机肥（NPK＋1.5M）等 8 个施肥处理。N、P、K 肥分别是尿素、P_2O_5、K_2O，有机肥是一般农家肥。其中每年 N、P、K 施用量分别为：N 肥分两次施入 108kg/hm² 做种肥和 72kg/hm² 做追肥，P 肥也是分两次施入 27kg/hm² 做种肥和 27kg/hm² 做追肥，K 肥 72kg/hm² 做种肥和 72kg/hm² 做追肥，有机肥 12 000kg/hm² 在春耕时作为种肥一次性施入。播种前施基肥，拔节期施追肥。

试验采用随机区组排列，行长 5m，行距 0.6m，株距 0.2m，保苗数 75 000 株/hm²，10 行区，3 次重复，小区面积 30m²，各小区之间留 0.8m 保护行。

2018 年 4 月 26 日播种，5 月 20 日间苗，5 月 23 日中耕，5 月 26 日定苗，6 月 10 日打分蘖，6 月 20 日打药，6 月 26 日施追肥，整个生育期浇水 5 次。

1.4　测定指标与方法

土样的采集用土钻在各处理区 0～20cm 分层取样。土样采取时间（2018 年 5 月至 2018 年 10 月）为甜高粱苗期、拔节期、开花期、成熟期各处理区随机采集 5 个样点，将土样混合均匀，然后用四分法取出足够的样品，捡去作物根系和小石头，带回实验室。置于阴凉处风干后，进一步去杂、研磨、过筛，供土壤相关养分含量的测定。

土壤测定采用常规农化分析方法[19]，pH 采用瑞士 S220pH 计测定（水土质量比 2.5：1）；有机质含量采用重铬酸钾容量法-外加热法测定；全氮含量的测定采用半微量凯氏法；速效钾采用 NH_4OAc 浸提后火焰光度法测定；全钾采用 NaOH 熔融后火焰光度法测定；有效磷采用 $NaHCO_3$ 浸提后钼锑抗比色法测定；全磷采用 NaOH 熔融后钼锑抗比色法测定；碱解氮采用碱解扩散法测定。

1.5　数据统计与分析

使用 Excel 2010 制表，Origin 2018 作图、采用 SPSS 25.0 软件进行参数的方差分析

（ANOVA）和差异比较（Duncant 法）。

2 结果与分析

2.1 施肥对土壤 pH 的影响

不同施肥处理的土壤 pH 从苗期到成熟期的变化趋势基本一致，呈升高、降低又升高的趋势（图 1）。不同施肥处理对不同生育期的土壤 pH 有影响，在苗期 NPKM 处理的土壤 pH 最高，为 8.16，M 处理最低，为 7.72，NPKM 处理土壤 pH 与 CK、M、NPK＋1.5M、PK 处理差异显著（$p < 0.05$）。在拔节期所有处理的土壤 pH 均比苗期稍微提高，其中 NPKM 处理土壤 pH 最高，为 8.12，CK 处理最低，为 7.98，但各处理之间差异均不显著。开花期所有处理的土壤 pH 均比拔节期降低，其中 1.5NPKM 处理土壤 pH 最高，为 7.54，CK 处理最低，为 7.16，NPK＋1.5M 处理与 PK、NP、NPK 处理差异不显著，与 CK、NPKM、M、NK 处理差异显著（$p < 0.05$）。成熟期所有处理的土壤 pH 都比开花期升高，其中 NPKM 处理 pH 最低，为 7.59，NPKM 与 NPK＋1.5M、PK、NK 处理差异不显著；土壤 pH 最高的是 NPK 处理，pH 为 8.06，NPK 处理与 CK、M、NP 处理差异不显著。

相比苗期土壤 pH，成熟期 NPK＋1.5M、NPKM、NK 处理下的 pH 均显著降低（$p < 0.05$），分别为 3.05%，7.09%，2.61%，但成熟期 CK、M、PK、NP、NPK 处理 pH 与苗期差异不显著。

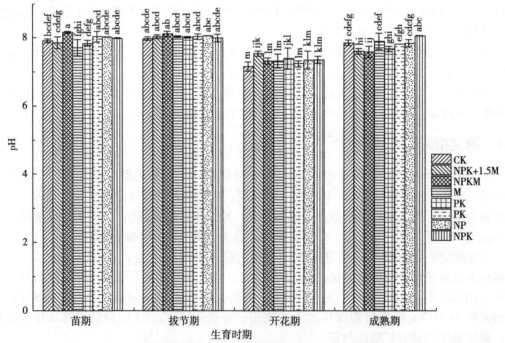

图 1　甜高粱不同生育时期不同施肥处理土壤 pH 的比较

［不同小写字母表示不同处理间差异显著（$p < 0.05$），图中 CK 表示未施肥的对照；NPK＋1.5M、NPKM、M、PK、NK、NP、NPK 分别表示氮磷钾配施 1.5 倍有机肥、氮磷钾配施有机肥、施有机肥、施磷钾肥、施氮钾肥、施氮磷肥、施氮磷钾肥。下同］

2.2　施肥对土壤有机质含量的影响

不同施肥处理下甜高粱不同生育阶段土壤有机质含量的变化趋势基本一致，呈升高、降低、升高的趋势，成熟期基本达到最高值（图 2）。苗期 NPK 处理土壤有机质含量最高，为 15.33g/kg，但各处理之间有机质含量差异不显著，各处理土壤有机质含量从拔节期开始差异变大，并且拔节期、开花期、成熟期所有施肥处理的有机质含量均显著高于CK（$p<0.05$）。在拔节期 NPK＋1.5M 处理土壤有机质含量最高，为 24.05g/kg，NPK＋1.5M 与 M 处理差异不显著。开花期 M 处理有机质含量最高，M 处理与 NPK＋1.5M、NP 和 NPK 处理有机质含量差异不显著。成熟期 NPKM 处理有机质含量最高，达到28.58g/kg，而 CK 处理最低，NPKM 处理相比于 CK、NPK＋1.5M、NP、PK、NK、NPK、M 处理下有机质含量分别显著提高了 44.61%、32.24%、30.16%、23.64%、17.79%、12.14%、14.68%（$p<0.05$）。

相比苗期土壤有机质，成熟期除了 CK 其他施肥处理的土壤有机质含量均显著提高（$p<0.05$），其中 NPKM 处理下的有机质提高幅度最大，为 98.19%，NPK、NK、M、PK、NPK＋1.5M、NP 处理的有机质分别提高了 66.17%、66.16%、63.61%、62.98%、53.64%、47.20%。

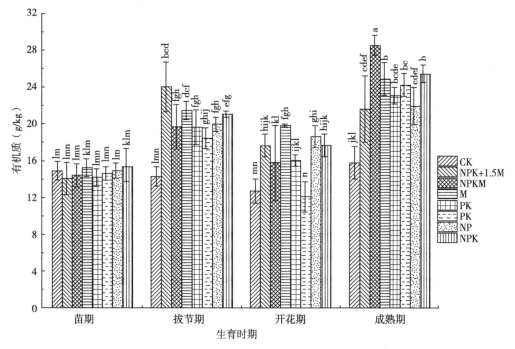

图 2　甜高粱不同生育时期各处理土壤有机质含量的比较

2.3　施肥对土壤碱解氮含量的影响

各处理土壤碱解氮含量随生育期的变化趋势基本一致，从苗期至拔节期基本保持平稳趋势，从拔节期开始出现提升的趋势，成熟期达到最高值（图 3）。不同施肥处理对土壤碱解氮含量有明显的影响，不同处理之间有差异，苗期和拔节期 NPK 处理的土壤碱解氮含量最高，分别为 39.23mg/kg、38.18mg/kg。开花期 NPKM 处理的土壤碱解氮含量最高，为 63.90mg/kg，PK 处理最低，为 36.62mg/kg。成熟期除了 NPK 处理其他施肥处理的土壤碱解氮含量均显著高于 CK（$p<0.05$），NPK+1.5M、NPKM、M、PK、NK、NP 处理土壤碱解氮含量比 CK 分别高 67.65%、61.42%、35.93%、47.55%、30.64%、42.18%。相比苗期土壤碱解氮含量，成熟期 CK、NPK+1.5M、NPKM、M、PK、NK、NP、NPK 处理的碱解氮含量分别显著提高了 106.18%、204.79%、175.98%、282.94%、283.49%、114.89%、200.53%、79.19%（$p<0.05$）。土壤碱解氮含量的提高幅度大小顺序为 PK>M>NPK+1.5M>NP>NPKM>NK>NPK>CK。

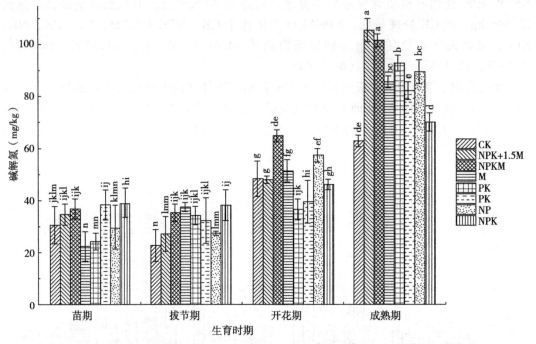

图 3　甜高粱不同生育时期各处理土壤碱解氮含量的比较

2.4　施肥对土壤有效磷含量的影响

　　甜高粱农田土壤有效磷含量也随施肥处理和甜高粱生育期而变化（图 4）。不同施肥处理下土壤有效磷含量从苗期到成熟期总的变化呈降低的趋势，降低幅度在 6.63%～72.41%。相比苗期土壤有效磷含量，成熟期除了 M 处理外其他处理均显著降低（$p<0.05$），其中 NPK 处理的降低幅度最高，为 72.41%。

　　土壤有效磷含量受到施肥的影响，并且各生育期所有施肥处理的有效磷含量均高于CK。对于苗期来说，NPKM 处理的土壤有效磷含量最高，为 22.51mg/kg，NPKM 处理土壤有效磷含量与 NPK+1.5M、NPK 处理差异不显著。拔节期 NPK 处理有效磷含量最高，为 19.51mg/kg，NPK 处理与 NPKM 处理有效磷含量差异不显著。开花期各施肥处理土壤有效磷含量降低到最低值，此时 CK 处理最低，CK 与 NK 处理差异不显著。开花期到成熟期有效磷含量呈略升高的趋势，成熟期 PK 处理有效磷含量最高，为 15.78mg/kg，相比于 CK、NK、1.5NPKM、NPK、NP、NPKM 处理下有效磷含量分别显著提高了 42.36％、33.13％、23.57％、22.03％、18.50％、17.57％（$p<0.05$），但 PK 处理有效磷与 M 处理差异不显著。

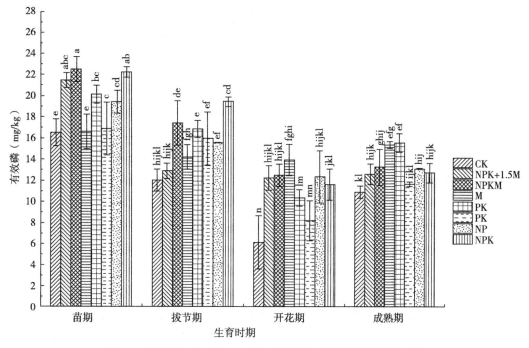

图 4 甜高粱农田不同生育时期各处理土壤有效磷含量的比较

2.5 施肥对土壤速效钾含量的影响

甜高粱不同施肥处理下土壤速效钾含量均呈升高、降低的变化趋势（图 5）。苗期到成熟期不同施肥处理土壤速效钾含量均显著提高（$p<0.05$），提高幅度在 105.98％～134.98％，其中 CK 处理土壤速效钾含量的变化幅度较小，提高度为 105.98％，NPK 处理最高，为 134.98％。开花期所有处理的速效钾含量达到最高值，说明该生育期土壤速效钾含量比较充足，但甜高粱对钾素的消耗量却很少。与苗期对比，开花期 CK、NPK＋1.5M、NPKM、M、PK、NK、NP、NPK 的 速 效 钾 含量 分 别 相 差 166.66mg/kg、195.41mg/kg、186.26mg/kg、203.47mg/kg、194.96mg/kg、179.67mg/kg、184.13mg/kg、194.40mg/kg。

开花期 M 处理土壤速效钾含量达到最高值，为 344.66mg/kg，CK 最低，为 302.53mg/kg，M 处理除了与 NPK＋1.5M 处理差异不显著外与其他处理差异均显著（$p<0.05$）。成熟期各处理土壤速效钾含量比开花期降低，其中 NP 处理土壤速效钾含量最高，NP 与 CK、M 处理差异显著（$p<0.05$），与其他处理差异不显著。从整个生育期来看，施肥对土壤速效钾含量有影响，各生育期所有施肥处理的速效钾含量均高于 CK。

2.6 施肥对土壤全氮含量的影响

各施肥处理土壤全氮含量在整个生育期的变化趋势不一致（图 6），其中 CK 处理土壤全氮含量变化比较稳定，NPK＋1.5M、NPKM、NP、NPK 处理全氮呈降低、升高、

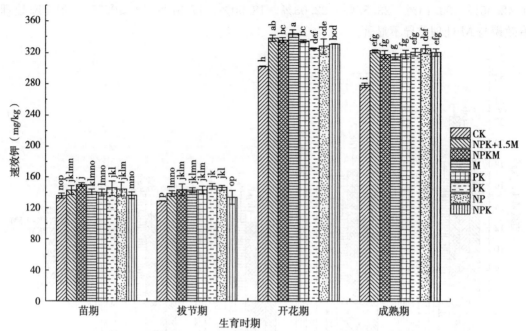

图5　甜高粱农田不同生育时期各处理土壤速效钾含量的比较

降低的趋势，一般开花期达到最高值，此时 NP 处理土壤全氮含量达到 0.71g/kg，但与 CK 差异不显著。M 处理呈降低、升高的趋势，成熟期达到最高值，为 0.84g/kg。PK 处理呈升高后降低的趋势，也是开花期达到最高值，为 0.61g/kg。NK 处理呈升高、降低、升高的趋势，一般成熟期达到最高值，为 0.80g/kg。与苗期相比，成熟期除了 NPK＋1.5M 处理外其他处理的土壤全氮含量均出现提高的趋势，土壤全氮含量的提高幅度在 12.25%～60.35%，其中 NK、CK 处理比苗期显著提高 60.35%、48.11%（$p < 0.05$）。

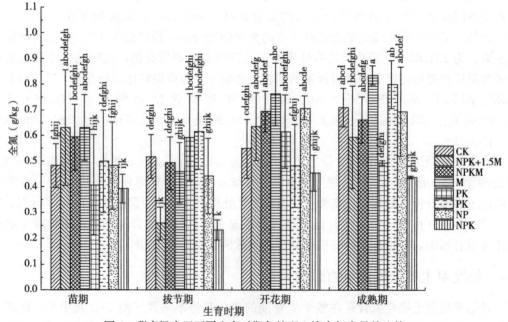

图6　甜高粱农田不同生育时期各处理土壤全氮含量的比较

2.7　施肥对土壤全磷含量的影响

不同施肥处理土壤全磷含量在甜高粱不同生育阶段的变化趋势基本一致，均呈现拔节期下降从开花期后上升的趋势（图 7），但 CK 在整个生育期土壤全磷含量的变化幅度基本不变，不同生育期含量差异不显著。从拔节期到开花期各施肥处理的土壤全磷含量基本保持平稳的趋势，此时各处理之间全磷含量差异均不显著。成熟期高粱生长基本进入稳定阶段，对全磷的消耗量降低，全磷含量有所上升，其中 M 和 PK 处理土壤全磷含量最高、为 0.17g/kg，CK 处理土壤全磷含量最低，为 0.04g/kg，M 与 NPKM、PK、NK、NP、NPK 处理差异不显著。M 与 CK、NPK＋1.5M 处理差异显著（$p<0.05$）。与苗期相比成熟期所有处理的土壤全磷含量均出现降低，土壤全磷含量的降低幅度在 5.82％～62.73％，但成熟期 CK、NPK＋1.5M、NPKM、PK、NP 处理的全磷含量与苗期差异不显著，M、NK 处理差异显著（$p<0.05$）。

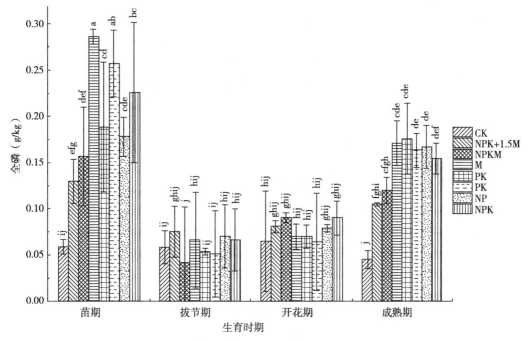

图 7　甜高粱农田不同生育时期各处理土壤全磷含量的比较

2.8　施肥对土壤全钾含量的影响

不同施肥处理下土壤全钾含量的变化趋势基本一致（图 8），从苗期至拔节期基本不变，除了 PK 处理外其他处理苗期与拔节期的差异不显著。拔节期到开花期土壤全钾含量迅速增高，开花期到成熟期略降低的变化，但开花期基本达到最高值，同一施肥处理开花期和拔节期的差异均显著（$p<0.05$）。拔节期各处理之间土壤全钾含量差异不显著，开花期和成熟期各施肥处理全钾含量均显著高于 CK（$p<0.05$），但各施肥处理之间差异不显著，可以看出施肥处理对土壤全钾的影响不大。与苗期相比，成熟期所有处理的土壤全钾含量均出现提高并同一施肥处理差异显著（$p<0.05$），土壤全钾含量的提高幅度在

76.66%～133.33%，其中 CK 处理土壤全钾含量的变化幅度最小，提高度为 76.66%，NK 处理最高，为 133.33%。

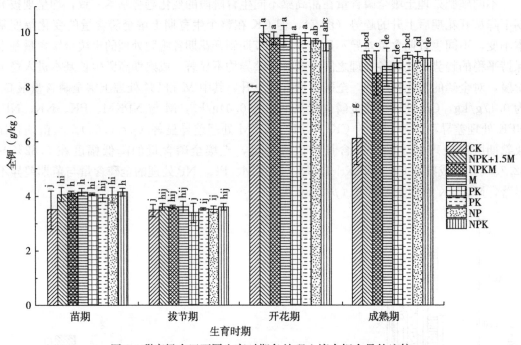

图 8　甜高粱农田不同生育时期各处理土壤全钾含量的比较

2.9　不同施肥处理下土壤养分含量的相关性分析

土壤各养分含量的相关性分析结果表明（表 1），土壤有机质含量与速效钾、全磷和全钾含量之间呈极显著相关关系（$p<0.01$），有机质含量与碱解氮、有效磷含量呈显著相关关系（$p<0.05$），与全氮含量和 pH 呈负相关关系；碱解氮含量与速效钾、全钾含量之间呈极显著相关关系（$p<0.01$），与有效磷、全氮、全磷含量呈正相关关系。有效磷含量与全磷含量之间呈极显著正相关关系（$p<0.01$），速效钾含量与全磷、全钾含量之间呈极显著正相关关系（$p<0.01$），全磷含量与全钾含量之间呈极显著正相关关系（$p<0.01$）。

表 1　土壤养分指标的相关性分析

指标	有机质	碱解氮	有效磷	速效钾	全氮	全磷	全钾	pH
有机质	1							
碱解氮	0.41*	1						
有效磷	0.41*	0.39	1					
速效钾	0.64**	0.62**	0.36	1				
全氮	−0.15	0.02	−0.08	−0.08	1			
全磷	0.51**	0.24	0.55**	0.75**	−0.06	1		
全钾	0.51**	0.52**	0.40*	0.83**	−0.1	0.68**	1	
pH	−0.07	−0.64**	−0.12	−0.05	0.02	0.14	−0.19	1

注　** 在 0.01 水平上显著相关，* 在 0.05 水平上显著相关。

3　讨论

3.1　施肥对土壤 pH 的影响

土壤 pH 是土壤的重要性质之一，对土壤的形成过程、土壤中动植物的生长起着关键的影响作用[20]。本研究发现，土壤 pH 在甜高粱不同生育阶段总的趋势呈降低的变化。因为尿素施入土壤后，铵离子容易跟盐离子交换，引起土壤盐离子的迁移，再加上有机质分解产生多种有机弱酸，因此施入后大大降低土壤的 pH，于树等[21]也得出相同的结论。本试验中土壤 pH 的下降幅度为 NPKM>1.5NPKM>NK>NP>PK>CK>M>NPK。由此表明，化肥配施有机肥处理有利于减缓盐分增加的程度和土壤次生盐碱化的现象。

3.2　施肥对土壤有机质含量的影响

土壤有机质含量的多少是土壤肥力高低的一个重要指标，对植物生长起着至关重要的作用[22]。田间试验表明土壤有机质含量从拔节期到开花期呈下降的趋势，这说明甜高粱的生长对有机质的消耗量从拔节期起快速增加，在开花期植株对有机质的吸收达到顶峰。而有机质含量从开花期开始上升并成熟期达到最高值，这可能是由于该时期甜高粱生殖生长对有机质的消耗量少，再加上叶片开始衰老、发黄、掉落，并落叶被土壤微生物分解从而提高有机质[23]，这跟徐小逊[24]等的试验结果一致。施肥对土壤有机质含量有明显的影响，成熟期各施肥处理土壤有机质含量比苗期都有不同程度的增加，其中 NPKM 的有机质显著高于其他处理，比 CK 增幅度为 44.61%，这与 Poulton P. R 等在英格兰东南部的罗森斯特德进行的长期施肥试验结果相似[25]。以上结果说明，有机无机肥配合施用可以明显提高农田土壤有机质含量。因为有机肥含有丰富均衡的营养元素和有机物质，能提高土壤肥力[26]，因此添加有机肥后，可以有效提高土壤有机质含量，改善土壤性状。

3.3　施肥对土壤氮含量的影响

氮元素是农作物生长的必须元素，在农作物生长过程中作物对氮有比较高的需求量，土壤中的氮元素含量低会导致农作物产量的急剧下降以及品质的降低[27]。本研究中发现土壤碱解氮和全氮含量在不同施肥处理的变化趋势有所不同。刘杏兰[28]的研究表明，单独施有机肥可以提高土壤全氮含量，但本试验结果表明除了 NK、CK 外其他施肥处理没有显著提高土壤全氮含量。本研究结果还表明在成熟期有机无机肥配施处理 NPK＋1.5M 和 NPKM 处理下土壤碱解氮含量显著高于其他处理，崔文华等也得到了相同的结论[29]，这说明有机无机肥配施对于提高土壤碱解氮含量有着重要意义。

3.4　施肥对土壤磷含量的影响

土壤全磷（P）量的高低，受土壤性质、气候条件、成土作用和耕作施肥的影响。全磷（P）反映土壤提供氮、磷营养素的一种潜在能力。本研究结果表明，土壤有效磷从苗期到开花期呈降低的趋势，这可能是因为苗期至开花期高粱进入快速生殖生长，各器官对磷素的吸收量不断增加并肥料的释放而呈减少趋势[30]，但从开花期到成熟期有效磷含量呈略增高的趋势，这是因为甜高粱在生育后期生长速度相对较慢需磷量较少，另外土壤中有机质被分解产生的有机酸也可以提高土壤中的磷含量[23]。如果土壤中的全磷的相对水平较低，就会影响有效磷的吸收，全磷是有效磷的主要来源。本研究结果表明，比苗期对比只有单施有机肥 M 处理对有效磷的积累和保持有明显的作用，其他处理均显著降低土壤有效磷含量，这跟陈欣等[31]的施用磷肥可提高土壤有效磷含量这一研究结论不一致。这可能是有机肥本身就含有一定量的磷和钾，有机质既可以减少无机磷的固定，又可以促进无机磷的溶解，有机胶体在其交换表面具有保持养分的巨大能力[21]。另外化肥的化学固定性强，一般施入土壤后可溶性磷容易转化为难溶性磷，致使降低土壤有效磷含量[32]。

3.5 施肥对土壤钾含量的影响

本研究还发现土壤速效钾和全钾含量在不同施肥处理下在甜高粱不同生育期的变化趋势一致。从拔节期到开花期迅速增高，开花期到成熟期降低的趋势，但开花期基本达到最高值。开花期所有处理的钾含量达到最高值，说明该期土壤钾含量充裕，但植株对钾素的消耗量却很少，并且各施肥处理均比 CK 显著提高了土壤速效钾和全钾含量，速效钾提高幅度为 11.64%～67.66%，这与董二伟等[11]的高粱培肥试验研究结论相似。到了成熟期所有处理速效钾和全钾含量比苗期均显著提高，说明该区土壤缺钾，可以适当施钾肥。

3.6 土壤养分含量的相关性

土壤各养分含量的相关性分析结果表明，速效钾、全钾、有效磷、碱解氮、有机质、全氮与 pH 负相关，这说明以上养分含量的高低会影响土壤 pH 的大小，这与孙海等[33]测定的林下参根区土壤养分结果一致。本研究中土壤有机质含量与全氮含量负相关，这与前人的土壤全氮含量与有机质含量正相关的研究结论不一致[34-35]，这一结果可能与品种、环境、生长特点以及施肥比例不同有关。

参考文献

[1] 王兆木，涂振东，贾东海.新疆甜高粱开发利用研究 [J].新疆农业科学，2007，44 (1)：50-54.
[2] 王亚静，毕于运.新疆发展甜高粱液体燃料的可行性分析 [J].华中农业大学学报（社会科学版），2008，77 (5)：24-28.
[3] Dalla M A, Mancini M, Orlando F, et al. Sweet sorghum for bioethanol production：cropresponses to different water stress levels [J]. Biomassand Bioenergy, 2014, 64：211-219.
[4] Anami S E, Zhang L M, Xia Y, et al. Sweet sorghum ideotypes：genetic improvement of the biofuel-syndrome [J]. Food&Energy Security, 2015, 4 (3)：159-177.
[5] 李春喜，冯海生，闫慧颖，等.不同海拔生态区甜高粱和玉米及甜高粱不同刈割次数的养分含量 [J].草地学报，2016，024 (2)：425-432.
[6] Schittenhelm S, Schroetter S. Comparison of drought tolerance of maize, sweet sorghum and sorghum-sudangrasshybrids [J]. Journal of Agronomy and Crop Science, 2014, 200 (1)：46-53.
[7] 张会慧，张秀丽，胡彦波，等.高粱—苏丹草杂交种的生长特性和光合功能研究 [J].草地学报，2012，20 (5)：881-887.
[8] 郭艳萍，玉柱，顾雪莹，等.不同添加剂对高粱青贮质量的影响 [J].草地学报，2010，18 (6)：

875 - 879.

[9] 王赞文,曹致中,韩建国,等.苏丹草营养成分与农艺性状通径分析 [J].草地学报,2005,13 (3):203 - 208.

[10] 李小坤,鲁剑巍.施肥对苏丹草产草量和氮磷钾养分吸收的影响 [J].草地学报,2006,14 (1): 52 - 56.

[11] 董二伟,王成,丁玉川,等.高粱生长及其土壤环境对不同培肥措施的响应 [J].华北农学报, 2017,32 (2):217 - 225.

[12] 顾鸣娣.播期、施肥模式、种植模式对甜高粱产量和品质的影响 [D].上海:上海交通大学, 2016:30 - 39.

[13] 王艳秋,邹剑秋,张志鹏,等.密度及氮、磷、钾配比对甜高粱生物产量和茎秆含糖锤度的影响 [J].中国农业大学学报,2012,17 (6):103 - 110.

[14] 王志春,王永慧,陈建平,等.氮磷钾肥配施对盐碱地甜高粱产量及干物质积累的影响 [J].江苏 农业科学,2013,41 (11):80 - 81.

[15] 郑庆福,杨恒山,刘晶,等.N、P、K 肥配施对杂交甜高粱草产量及效益的影响 [J].中国草地 学报,2007,29 (2):65 - 69.

[16] 贾东海,王兆木,林萍,等.不同种植密度和施肥量对新高粱 3 号产量及含糖量的影响 [J].新疆 农业科学,2010,47 (1):47 - 53.

[17] 刁锐琦,胡云.不同氮浓度对高粱苗期生长特性及土壤性质的影响 [J].江苏农业科学,2016,44 (9):108 - 113.

[18] Anfinrud R,Cihacek L,Johnson B L,et al.Sorghum and kenaf biomassyield and quality response to nitrogen fertilization in the Northern Great Plains of the USA [J].Industrial Cropsand Products, 2013,50:159 - 165.

[19] 鲍士旦.土壤农化分析 [M].2 版.北京:南京农业大学.1981:81 - 157.

[20] 杨红,徐唱唱,赛曼,等.不同土地利用方式对土壤含水量、pH 值及电导率的影响 [J].浙江农 业学报,2016,28 (11):1922 - 1927.

[21] 于树,汪景宽,王鑫,等.不同施肥处理的土壤肥力指标及微生物碳、氮在玉米生育期内的动态 变化 [J].水土保持学报,2007,21 (4):137 - 140.

[22] 韩志卿,张电学,王介元,等.长期施肥对土壤有机质氧化稳定性动态变化及其与肥力关系的影 响 [J].河北农业大学学报,2000,23 (3):31 - 35.

[23] 田效琴,贾会娟,熊瑛,等.保护性耕作下蚕豆生育期土壤有机碳、氮含量变化与分布特征 [J]. 长江流域资源与环境,2019,28 (5):1132 - 1141.

[24] 徐小逊,张世熔,丁平天,等.秸秆还田下化肥配施对水稻生育期内土壤养分变化的影响 [J].江 苏农业科学,2012,40 (4):332 - 334.

[25] Poulton P R.Management and modification procedures for long-term field experiments [J].Canadian Journal of Plant Science,1996,76 (4):587 - 594.

[26] 张启明,陈仁霄,管成伟,等.不同有机物料对土壤改良和烤烟产质量的影响 [J].土壤,2018, 50 (5):929 - 933.

[27] 赵明武.不同生产模式施肥对保护地土壤肥力及作物产量的影响分析 [J].南方农机,2019,50 (12):59.

[28] 刘杏兰,高宗,刘存寿,等.有机-无机肥配施的增产效应及对土壤肥力影响的定位研究 [J].土 壤学报,1996,33 (2):138 - 147.

[29] 崔文华,卢亚东.化肥和有机肥对作物产量和土壤养分影响的研究 [J].土壤通报,1993 (6): 270 - 272.

[30] 李全起，陈雨海，于舜章，等．覆盖与灌溉条件下农田耕层土壤养分含量的动态变化 [J]．水土保持学报，2006 (1)：37－40．

[31] 陈欣，宇万太，沈善敏．磷肥低量施用制度下土壤磷库的发展变化——Ⅱ．土壤有效磷及土壤无机磷组成 [J]．土壤学报，1997 (1)：81－88．

[32] 李全起，陈雨海，于舜章，等．覆盖与灌溉条件下农田耕层土壤养分含量的动态变化 [J]．水土保持学报，2006 (1)：37－40．

[33] 孙海，张亚玉，宋晓霞，等．林下参根区土壤养分状况研究 [J]．安徽农业科学，2010，38 (1)：289－291．

[34] 赵风艳，吴凤芝，刘德，等．大棚菜地土壤理化特性的研究 [J]．土壤肥料，2000 (2)：11－13．

[35] 沈其荣．土壤肥料学通论 [M]．北京：高等教育出版社，2001：250－270．

本文曾发表于《草业学报》2020年第29卷第8期。

长期不同施肥处理对连作高粱
生长规律及产量的影响研究

再吐尼古丽·库尔班[1,2]　吐尔逊·吐尔洪[1]　涂振东[2]

王卉[2]　山其米克[2]　艾克拜尔·伊拉洪[1]

（1. 新疆农业大学草业与环境科学学院，新疆乌鲁木齐，830052；

2. 新疆农业科学院生物质能源研究所，新疆乌鲁木齐，830091）

连作障碍是影响作物生长发育、品质和产量形成的重要原因之一[1]。连作同时还可能增加病虫的危害，从而影响作物的正常生长[2]。

新疆是我国重要的农业区之一，地处极端干旱和半干旱地区[3]，农作物生长季有效降水量很低、昼夜温差大，因灌溉施肥不当30%以上耕地发生次生盐渍化[4]。由于新疆盐碱地生态系统脆弱，土地整体质量不高，土壤次生盐碱化严重，不太适合普通农作物生长，但可用来发展耐盐碱的饲草作物。高粱（*Sorghum bioclor*）因其生物产量高、青贮品质好等优势，成为重要的饲草作物，尤其突出的耐盐碱能力在新疆边际地区成为种植的优先作物[5-6]。因此，充分利用甜高粱的独特优势在新疆盐碱地等边际土地资源生产优质饲料既可改善生态环境，又可解决饲草短缺问题，会带来巨大的经济效益，具有重要意义。

在新疆北疆地区高粱主要作为酿造业的重要原料，高粱种植多为订单农业，酿造企业流转土地后为降低成本连年种植高粱，不断扩大种植面积，导致高粱连作障碍严重[7]。目前高粱多种植在土壤肥力较低和干旱缺水地区，同时种植技术经验不足再加上采用连作种植制度，引起土壤肥力下降、板结、酸化，营养元素失衡及生物产量和品质严重下降，因而高粱被误认为是低产作物[8-9]。

长期肥料试验在研究施肥与土壤肥力、环境演化、作物产量和品质变化等方面具有十分重要的意义，深受国内外重视[10]。据有关研究表明，合理施肥是缓解作物连作障碍的重要途径[11-12]。谢永平等[13]的研究结果表明施用有机无机混合肥可提高连作土壤烟草的品质及产量。罗庆华等[14]表明，肥料处理能缓解甜荞的连作伤害，以有机肥处理表现更为明显。长期定位施肥能改善高粱农田土壤的基础肥力，其中以施用有机肥效果最好[15]。同时半干旱地区埃塞俄比亚的长期肥料试验结果显示，农家肥配施化肥处理比单施化肥显著提高高粱产量[16]。以上可见施肥改变土壤理化性质与微生物多样性，对连作作物的产量与品质具有一定的积极效应。因此，根据当地的自然条件，选择适宜的施肥水平，可能抑制连作障碍，对甜高粱的丰产具有重要意义。目前，不同施肥水平对新疆干旱半干旱地区甜高粱产量影响方面的研究还鲜有报道，因此，本研究以2008年开始的长期肥料定位试验为研究平台，系统研究了长期 CK、NK、NP、PK、NPK、M（有机肥）、NPKM、1.5NPKM 等 8 种不同施肥方式对新高粱 3 号的生育周期、农艺生长特性及产量等生产性能，旨在提出适合新疆地区连作高粱适宜的施肥方案，为高粱持续高产高糖的科学施肥提供依据。

1 材料与方法

1.1 试验材料

供试甜高粱品种为新高粱 3 号。

1.2 试验地点

田间试验地点位于新疆农业科学院玛纳斯县玛纳斯试验站（东经 86°14′，北纬 44°14′）。海拔 470m，年平均气温为 7.2℃，年平均降水量为 180～270mm，属于温带大陆性干旱半干旱气候区，冬季长而严寒，夏季短而酷热，昼夜温差大。试验地土壤有机质含量 14.14g/kg，全氮 0.71g/kg，全磷 1.51g/kg，有效氮 32.60mg/kg，有效磷 22.33mg/kg，速效钾 225.66mg/kg，pH 为 7.89，总盐含量为 0.70g/kg。

1.3 试验设计

本试验开始于 2008 年，总体实施 11 年，2008—2018 年在同一地块逐年连续种植甜高粱一个品种。试验设 CK（对照，无肥处理）、NK、NP、PK、NPK、M（有机肥 12 000kg/hm²）、NPKM（NPK＋有机肥 12 000kg/hm²）、1.5NPKM（NPK＋有机肥 18 000kg/hm²）等 8 个施肥处理。N、P、K 肥分别是尿素、P_2O_5、K_2O，有机肥是一般农家肥。其中每年 N、P、K 施用量分别为：N 肥 108kg/hm² 做基肥和 72kg/hm² 做追肥，P 肥 27kg/hm² 做基肥和 27kg/hm² 做追肥，K 肥 72kg/hm² 做基肥和 72kg/hm² 做追肥，有机肥在春耕时作为基肥一次性施入。播种前施基肥，拔节期施追肥。有机肥包含全 N、P、K 分别为 26.539g/kg、7.925g/kg、18.179g/kg。每年的施肥量和田间管理基本相同。

试验采用随机区组排列，行长 5m，行距 0.6m，株距 0.2m，保苗数 75 000 株/hm²，10 行区，3 次重复，小区面积 30m²。各小区之间空 0.8m 打埂子，不得串水。

本研究只对 2018 年的数据进行分析。2018 年 4 月 26 日播种，5 月 20 日间苗，5 月 23 日中耕，5 月 26 日定苗，6 月 10 日打分蘖，6 月 20 日打药，6 月 26 日施追肥，整个生育期浇水 5 次。

1.4 测定指标与方法

分别调查出苗期、分蘖期、拔节期、挑旗期、抽穗期、开花期、成熟期。

分别于各生育期，在每个小区选择代表性的植株，测定其株高、可见叶片数，并用游标卡尺测量植株基部第二节茎秆直径得出茎粗。田间收获时测面积 6m² 的籽粒产量、秸秆产量，重复 3 次，取平均数。

含糖锤度：用 ATAGO 数显锤度计测定锤度。从抽穗开始，每 7d 定期测定秸秆含糖锤度，每个小区随机取 5 株，用蒸馏水将锤度计调零，分别测定植株上数（除穗柄外）第 3（下）、7（中）、10（上）节的含糖锤度，测定部位为节间中部并取平均值。

叶绿素含量：于拔节期、孕穗期、抽穗期及成熟期使用 SPAD - 502 叶绿素仪（柯尼卡美能达，日本）测定植株倒二叶叶片基部、中部、顶部的相对叶绿素含量，每个小区随机取 5 株进行测定。用 SPAD 平均值表示，SPAD 值为叶片叶绿素含量的相对值，数值越大，叶片叶绿素含量就越高。

1.5　数据统计与分析

采用 Excel 2010 统计分析软件和 Origin 2018 对数据进行处理、作图，使用 SPSS 25.0 进行方差分析。

2　结果与分析

2.1　长期不同施肥对连作甜高粱生育期的影响

生育期是指作物从播种出苗到成熟收获的整个生长发育过程所需的时间。不同施肥处理之间连作甜高粱的生育周期有差异（表 1）。不同施肥处理下，连作高粱的生育期在 123～131d，其中 NPKM、1.5 NPKM、NK 和 NPK 处理的生育期最短，为 123d；NP 处理的生育期最长，为 131d。有机肥配施化肥处理或者 N、P、K 配施加快甜高粱的生育进程，与其他处理相比生育期分别提前 5～8d，NP 处理比 CK 退后 3d。不同施肥处理的出苗期、分蘖期没有差异，M、NPKM 和 NPK 处理促进高粱分蘖能力。

表 1　不同施肥下连作甜高粱生育时期的变化

处理	播种期（月-日）	出苗期（月-日）	分蘖期（月-日）	分蘖情况	拔节期（月-日）	挑旗期（月-日）	抽穗期（月-日）	开花期（月-日）	成熟期（月-日）	生育期（d）
M	4 - 26	5 - 11	5 - 29	多	6 - 29	7 - 16	7 - 21	7 - 25	9 - 1	128
NPKM	4 - 26	5 - 11	5 - 29	多	6 - 29	7 - 13	7 - 18	7 - 21	8 - 27	123
1.5NPKM	4 - 26	5 - 11	5 - 29	中	6 - 29	7 - 13	7 - 18	7 - 22	8 - 27	123
CK	4 - 26	5 - 11	5 - 29	中	6 - 29	7 - 16	7 - 21	7 - 25	9 - 1	128
NP	4 - 26	5 - 11	5 - 29	中	7 - 3	7 - 22	7 - 24	7 - 28	9 - 4	131
NK	4 - 26	5 - 11	5 - 29	中	6 - 26	7 - 13	7 - 17	7 - 21	8 - 27	123
PK	4 - 26	5 - 11	5 - 29	中	6 - 29	7 - 18	7 - 21	7 - 25	9 - 1	128
NPK	4 - 26	5 - 11	5 - 29	多	6 - 26	7 - 13	7 - 18	7 - 21	8 - 27	123

2.2　长期不同施肥对连作高粱农艺性状的影响

2.2.1　株高的变化

甜高粱茎秆既是光合产物主要贮藏器官，也是输送器官，因此株高的变化会直接影响"源、流、库"的协调和生物量的积累[17]。不同施肥处理下甜高粱株高动态的调查结果表明，甜高粱的生长规律基本一致（图 1）。不同处理的株高在整个生长过程中从苗期至拔节期呈缓慢生长、从拔节期到灌浆期呈快速生长、灌浆期到成熟期又缓慢生长的动态走势，从整个生长过程来看，株高呈现近似 S 形的生长曲线。生育后期生长缓慢，这主要是营养向穗部转移所导致的。

对不同施肥处理下成熟期株高进行方差分析，可以看出，不同施肥处理对株高有影响（表2）。在成熟期时 NPKM 处理株高最大达到 224.33cm，CK 最差，只有 197.02cm。其中 CK 和 M 处理差异不显著（$p>0.05$），NPKM 与 1.5NPKM、NPK、PK、NP 处理差异不显著（$p>0.05$），NPKM 处理与 NK 处理差异显著（$p<0.05$）。综上所述，对于促进株高的生长的优劣顺序为：NPKM>NP>NPK>1.5NPK>PK>NK>M>CK。说明施肥对增加株高具有明显作用尤其是有机肥配施化肥处理。

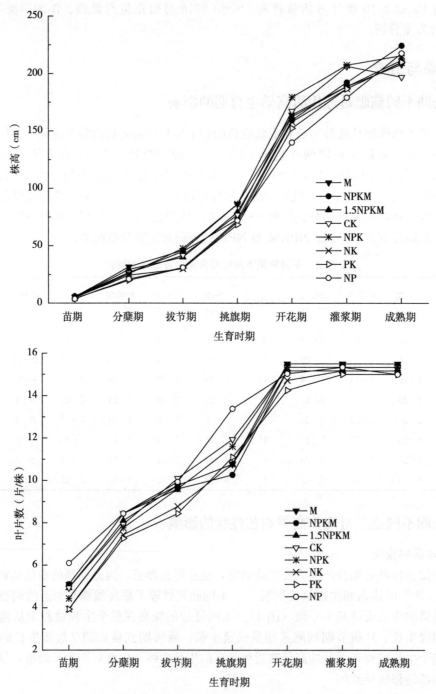

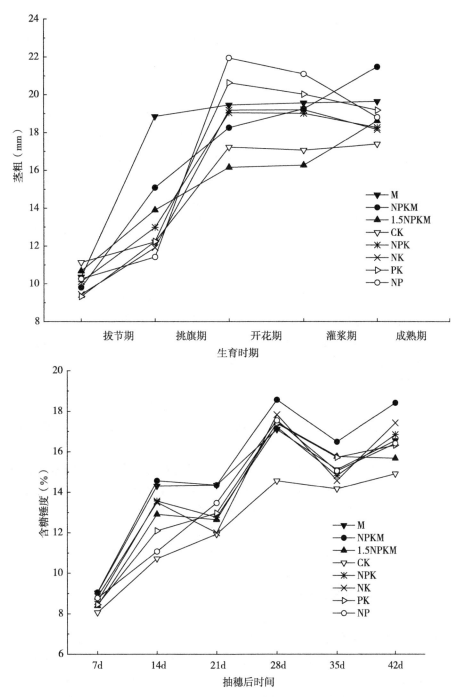

图 1　不同施肥下连作甜高粱株高、叶片数、茎粗及含糖锤度的变化

表 2　不同施肥下连作甜高粱成熟期性能分析

处理	株高（cm）	叶片数（片/株）	茎粗（mm）	锤度（%）	SPAD 值
M	208.01±14.79ABbc	15.50±0.58Aa	19.64±1.33ABab	16.55±0.47ABCbc	34.87±0.63Aab

（续）

处理	株高（cm）	叶片数（片/株）	茎粗（mm）	锤度（%）	SPAD值
NPKM	224.33±5.69Aa	15.16±0.58Aa	21.47±1.44Aa	18.41±0.73Aa	34.33±1.29ABab
1.5NPKM	211.67±3.06ABab	15.16±0.01Aa	18.62±0.57Bb	15.67±0.86BCcd	30.77±2.37Bc
CK	197.02±5.00Bc	15.33±0.58Aa	15.38±0.42Cc	14.91±0.60Cd	33.83±0.58ABab
NPK	215.67±0.58ABab	15.33±0.57Aa	18.26±0.43Bb	16.84±1.92ABCabc	36.63±0.23Aa
NK	209.67±12.09ABbc	15.16±0.58Aa	18.16±1.67BCb	17.42±0.92ABab	33.93±2.19ABab
PK	210.01±11.53ABabc	15.00±0.01Aa	19.18±1.64ABb	16.32±0.15ABCbcd	32.77±3.01ABbc
NP	217.67±2.52Aab	15.00±0.01Aa	18.80±0.99ABb	16.41±0.62ABCbcd	34.67±1.29ABab

注　同列不同小写字母表示不同处理间差异显著（$p<0.05$），同列不同大写字母表示不同处理间差异极显著（$p<0.01$），下同。

2.2.2　叶片数的变化

不同施肥处理下甜高粱叶片数动态的曲线各施肥处理的叶片数总的变化趋势基本一致（图1）。动态总体表现为开花前稳定增长、开花后基本稳定的趋势。不同施肥处理对甜高粱叶片数的影响不大，成熟期平均叶片数达到15片/株，叶片数在各处理之间的差异不显著（$p>0.05$）（表2）。说明施肥处理对可见叶片数无明显影响。

2.2.3　茎粗的变化

不同施肥处理下甜高粱茎粗的变化曲线可见，不同施肥处理下甜高粱茎粗的变化趋势基本一致（图1）。变化总趋势为：拔节期到开花期快速增长、从开花期到成熟期茎粗增长持续放缓。

但所有施肥处理有利于甜高粱茎粗的增长，成熟期各处理之间茎粗的差异比较大。对成熟期不同处理下茎粗进行方差分析，结果显示（表2），NPKM处理茎粗最大，直径达21.47mm，CK处理最细弱，直径为15.38mm，差异达到极显著水平（$p<0.01$）。NKPM与M处理茎粗差异不显著（$p>0.05$），NKPM处理与PK、NP处理差异显著（$p<0.05$），而NKPM处理与1.5NPKM、NPK、NK差异极显著（$p<0.01$）。因此，可以确定施肥处理对茎粗有极显著影响。不同施肥处理对茎粗的增长优势为：NPKM＞M＞PK＞NP＞1.5NPKM＞NPK＞NK＞CK。

2.2.4　含糖锤度

糖分含量是评价甜高粱的一项重要指标，茎秆糖锤度越高，其产糖量就越高。甜高粱抽穗期到成熟期，每7d定期检测秸秆含糖锤度，可以看出，秸秆含糖锤度各施肥处理的变化趋势基本一致，变化呈升高、降低、升高、降低、又升高的趋势，抽穗后第28天时达到最高值（图1）。在抽穗前期糖分积累较少，从抽穗开始至乳熟期这段时期，糖分积累较快，随后随着养分向籽粒的转移，糖分积累速度减慢。

成熟期甜高粱茎秆含糖锤度差异较大，因此对抽穗后42d的糖锤度进行方差分析。可以看出，含糖锤度在不同施肥处理之间有差异，施肥对秸秆含糖锤度有影响（表2）。到了成熟期（抽穗后42d）NPKM处理秸秆含糖锤度最高，达到18.41%，CK处理含糖锤度最低，只有14.91%。其中NPKM与NPK、NK处理锤度差异不显著（$p>0.05$）、CK

与 1.5NPKM、PK、NP 处理含糖锤度差异不显著（$p > 0.05$）。说明施肥是影响甜高粱茎秆含糖锤度的主要因素之一。因此可以推出不同处理对增加甜高粱糖锤度的优劣顺序为：NPKM>NK>NPK>M>NP>PK>1.5NPKM>CK。

　　分别检测抽穗第 7、14、21、28、35 和 42 天的甜高粱秸秆上数第 3（下）、7（中）、10（上）节的含糖锤度发现，抽穗后不同施肥处理不同茎节含糖锤度的积累规律不一致（图 2）。其中抽穗第 7 天，时不同施肥处理下秸秆不同茎节含糖锤度大小顺序为：上>中>下。抽穗第 14、21、35、42 天时，不同施肥处理下秸秆不同茎节含糖锤度大小顺序为：中>上>下。而抽穗后第 28 天时，不同施肥处理下秸秆不同茎节含糖锤度大小顺序为：中>下>上。除了抽穗第 7 天甜高粱中部节间锤度大都较高，而两端节间锤度较低。抽穗第 42 天时，NPKM 处理秸秆中部含糖锤度达到最高值，为 20.93%，CK 最低，为 18.26%。

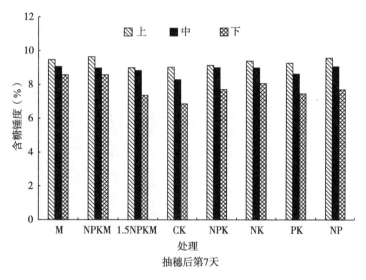

抽穗后第7天

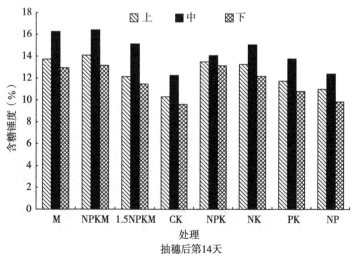

抽穗后第14天

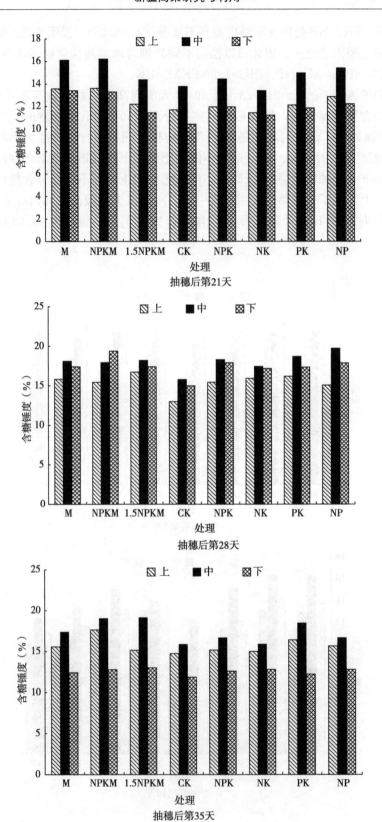

抽穗后第21天

抽穗后第28天

抽穗后第35天

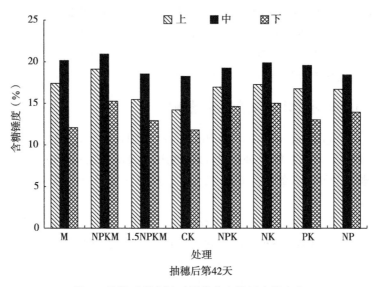

图 2　抽穗后甜高粱不同茎节含糖锤度的变化

2.3　长期不同施肥对连作高粱叶绿素含量的影响

叶绿素参与光能的吸收、传递，是植物进行光合作用的基础物质。叶绿素的含量及变化规律可反映叶片光合作用的强弱，在一定范围内，叶绿素含量越高，叶片光合作用越强[17]。从不同施肥处理下甜高粱叶片叶绿素含量的变化规律可以看出，各处理的叶绿素含量在整个生育期进程中变化趋势基本一致，均表现为先升高后降低的趋势，灌浆期叶绿素含量达到最大值（图 3）。

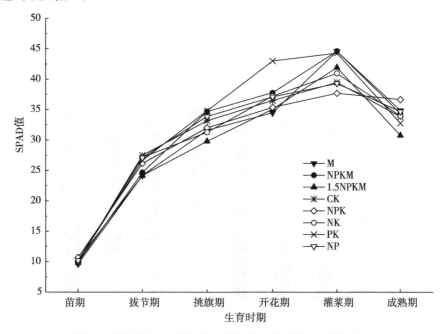

图 3　不同施肥、不同生育阶段高粱叶片叶绿素含量的变化

对成熟期各处理的叶绿素含量进行方差分析发现。在成熟期时，各处理间叶绿素含量差异不太大，其中 1.5NPKM 处理叶绿素含量最低，SPAD 值为 30.77，NPK 处理叶绿素含量最高，达到 SPAD 值为 36.63。1.5NPKM 与 PK 处理差不显著（$p>0.05$），1.5NPKM 与其他处理差异显著（$p<0.05$）（表2）。

2.4 长期不同施肥对连作高粱产量的影响

各处理的秸秆产量在 44.97～90.80t/hm²，大小顺序为：NPKM＞NP＞PK＞NPK＞NK＞1.5NPKM＞M＞CK，施肥处理比 CK 增产 45.83～25.99t/hm²，增幅 57.79%～101.91%，差异均达到极显著水平（图4A）。然而 NPKM 处理与其他处理之间差异达到极显著差异水平。

各处理的籽粒产量在 2.92～4.01t/hm²，大小顺序为：NPKM＞M＞NPK＞1.5NPKM＞PK＞NP＞CK＞NK，除了 NK 处理其他施肥处理均比 CK 增加籽粒产量并差异极显著（图4B）。与单施化肥处理相比，加入有机肥的 NPKM 和 M 处理比 CK 分别增产 1.08t/hm²、0.98t/hm²，增幅为 37.13%、33.48%。而且各施肥处理之间籽粒产量有明显的差异，其中 NPKM 与 M 处理籽粒产量差异显著（$p<0.05$），NPKM 与其他施肥处理之间差异极显著（$p<0.01$）。

生物产量是指作物在生产期间生产和积累有机物的总量，生物产量代表着作物生产有机物的能力，是衡量作物产量的重要标准。各处理的生物产量在 94.81～47.89t/hm²，大小顺序为：NPKM＞NP＞NPK＞PK＞NK＞1.5NPKM＞M＞CK，所有施肥处理均比 CK 增产并差异极显著（图4C）。并且各施肥处理之间生物产量也有明显的差异，其中 NPKM 与其他施肥处理之间差异达到极显著水平（$p<0.01$），NP 与 NPK、PK 差异不显著（$p>0.05$），NK 与 1.5NPKM 差异不显著（$p>0.05$）。单施有机肥处理 M 生物产量与其他施肥处理差异均极显著（$p<0.01$）。说明与单施化肥处理和有机肥处理相比有机肥和化肥配施处理（NPKM）最能促进高粱产量。

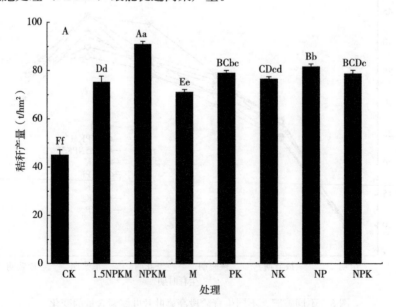

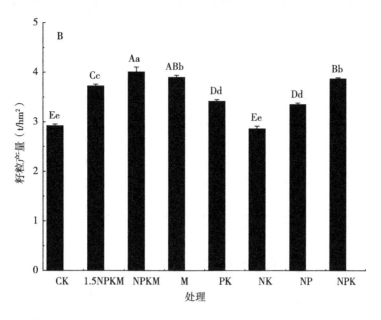

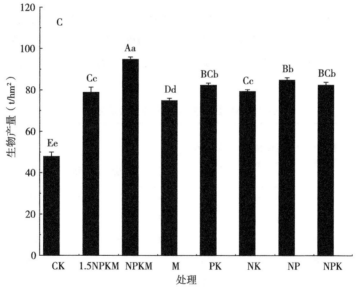

图 4　不同施肥下连作甜高粱秸秆产量、籽粒产量及生物产量的变化

［不同小写字母表示不同处理间差异显著（$p < 0.05$），不同大写字母表示不同处理间差异极显著（$p < 0.01$）］

2.5　生物产量与农艺性状的相关性分析

　　成熟期 NPKM、1.5NPKM、NPK、NP 处理的生物产量与株高呈显著正相关，M 和 CK 处理的生物产量与株高呈正相关，而 NK、PK 处理生物产量与株高呈不相关（表 3）。只有 CK 处理的生物产量与叶片数呈极显著正相关。除了 1.5NPKM 处理生物产量与茎粗呈极显著正相关外，其他处理呈正相关或不相关。除了 NPK 处理生物产量与秸秆含糖锤度呈极显著正相关外，其他处理基本呈不相关。

表 3　不同施肥条件下甜高粱生物产量与株高、叶片数、茎粗、锤度的相关性分析

处理	株高	叶片数	茎粗	锤度
M	0.74	−0.12	0.10	−0.63
NPKM	0.97*	0.51	0.81	−0.92
1.5NPKM	0.98*	0.00	1.00**	0.88
CK	0.82	1.00**	−0.49	−0.05
NPK	0.96*	0.23	0.17	1.00**
NK	−0.77	0.36	−0.61	−0.11
PK	−0.99**	0.00	0.71	−0.76
NP	0.99*	0.00	0.76	−0.75

注　* 和 ** 分别表示差异显著性达 0.05 和 0.01 水平。

2.6　长期不同施肥对连作高粱经济效益的影响

对照处理（CK）甜高粱经济效益为 8 377 元/hm²，NPKM、M、PK、NK、NP、NPK 处理能显著增加连作甜高粱的经济效益，其中单施有机肥（M）处理的经济效益为 12 078 元/hm²，较对照增收 44.18%（表 4）。NPKM 处理使甜高粱增加产量，但总投入较 M 处理高出 3 882 元/hm²，导致经济效益下降。PK 施肥处理的经济效益比其他化肥处理高，为 10 020 元/hm²，1.5NPKM 处理使甜高粱产量增加但总投入高，经济效益与 CK 比较差异不显著。

表 4　不同施肥处理下甜高粱经济效益

处理	茎秆产量 (kg/hm²)	籽粒单产 (kg/hm²)	茎秆收入 (元/hm²)	籽粒收入 (元/hm²)	投入（元/hm²）					经济效益 (元/hm²)
					氮肥	磷肥	钾肥	有机肥	人工费	
CK	44 972	2 921	6 296	2 921	0	0	0	0	840	8 377d
1.5NPKM	75 123	3 723	10 517	3 723	587	1 250	2 045	900	1 150	8 309d
NPKM	90 802	4 006	12 712	4 006	587	1 250	2 045	606	1 150	11 080b
M	70 962	3 900	9 935	3 900	0	0	0	606	1 150	12 078a
PK	78 909	3 417	11 047	3 417	0	1 250	2 045	0	1 150	10 020c
NK	76 422	2 865	10 699	2 865	587	0	2 045	0	1 150	9 783c
NP	81 488	3 354	11 408	3 354	587	1 250	0	0	1 150	11 776b
NPK	78 584	3 871	11 002	3 871	587	1 250	2 045	0	1 150	9 841c

注　籽粒价格为 1.0 元/千克，茎秆价格为 140 元/t[18]。

3　讨论

甜高粱长期连作会导致其产量和品质的逐年降低，因此，深入揭示并寻找不同施肥处理对干旱地区甜高粱连作障碍消除的机制，对甜高粱产业的可持续发展具有重要的实际意

义。本研究表明，随着甜高粱生育进程的推进，株高不断增加，在成熟期达到最高值，这跟罗峰等[19]的研究结论一致。但成熟期时株高在不同施肥处理之间有差异，其中 NPKM 处理株高最大达到 224.33cm，CK 最差，只有 197cm。促进株高生长的施肥优劣顺序为：NPKM＞NP＞NPK＞1.5NPKM＞PK＞NK＞M＞CK。整体来看，施肥处理甜高粱株高均显著高于不施肥处理，肥料的施用能显著提高甜高粱地上部的株高，促进连作甜高粱的生长。张诗雨[20]也有类似的报道，其有机肥处理区（M、MN、MNP、MNPK）花生（Arachis hypogaea）主茎高度提高了 29.4%～36.9%，说明施肥可促进花生主茎良好的生长，化肥和有机肥配合施用效果更佳，本研究结果与此均一致。

连作除了对作物的生长发育与产量造成影响外，同样影响作物的品质。已有报道，大豆（Glycine max）的品质受连作制度的影响[21]。燕麦（Avena sativa）的干草蛋白质含量、粗脂肪含量、粗灰分、钙和磷含量同样受连作影响[22]。另外连作年限对花生（Arachis hypogaea）的油酸、亚油酸、棕榈酸含量有显著影响[23]。因为连作条件下，由于病虫害严重、土壤的养分失调以及理化性状变劣，使得大豆籽粒变小、病粒率、虫食率显著增加，商品品质急剧下降。本试验发现，连作 11 年后含糖锤度在不同施肥处理之间有差异，其中 NPKM 处理秸秆平均含糖锤度最高，达到 18.41%，CK 处理含糖锤度最低，只有 14.91%。不同施肥处理对增加甜高粱糖锤度的优劣顺序为：NPKM＞NK＞NPK＞M＞NP＞PK＞1.5NPKM＞CK。说明施肥缓解连作障碍、提高甜高粱秸秆的品质，尤其是有机肥配施化肥处理（NPKM）。但也有些研究结果表明，同一甜高粱品种采用不同施肥方式产量的差异极显著，但含糖量差异不显著[24]，本研究结果与其不一致。锌肥与镁肥比例适中也有利于提高甜高粱茎秆的含糖量[25]。过多施用氮肥会导致含糖量下降，磷肥可以增加甜高粱茎秆的含糖量，但增产效果不明显[26]。以上可以看出不同肥料及肥料不同配合施用比例在不同土壤、区域和不同品种上有所差异。

本研究表明，除了抽穗第 7 天外，抽穗后第 14、21、28、35、42 天时，甜高粱秸秆中部节间锤度大都较高，而两端节间锤度较低，这与前人高粱秸秆不同茎节锤度"低—高—低"的结论一致[27]。生育后期所有施肥处理秸秆中部茎节含糖锤度比两端高，原因是生育后期植株中上部叶片叶面积大，更利于光合产物的积累而最小锤度茎节基本上位于植株下部的节间，这可能是由于生育后期植株下部叶片早衰，制造光合产物的能力下降，进而影响了下部节间的同化物—糖的积累[28]。

本研究中不同施肥处理高粱叶片数无显著差异，说明甜高粱连作对叶片数的影响不显著。这跟盐碱地不同施肥对甜高粱叶片数的影响结果不一致[29]。因为不同肥料配比、施肥方式、不同土壤环境也均影响甜高粱的植株性状。

本研究发现，灌浆期叶绿素含量达到最大值成熟期降低的现象，并且成熟期各处理之间的差异不太明显。这跟宋梁语等[30]的不同施肥因素对高粱叶片叶绿素的影响结果一致。这可能是成熟期全株叶片开始出现衰老导致。

肥料是作物获得高产的保证，不同的肥料施用量可以影响作物群体内部的资源分配和利用，进而影响到作物产量。生物产量代表着作物生产有机物的能力，是衡量作物产量的重要标准。从相关性分析可知，不同施肥处理下甜高粱生物产量与株高、叶片数、茎粗和锤度的相关性不同，NK 和 PK 处理生物产量与株高的相关性不显著，而 NPKM、1.5NPKM、NPK 处理的生物产量与株高均呈显著正相关。这可能是由于有机无机复合施肥能改变植物根系的生长情况，进而改变植株的地上部株型，影响作物的产量。长期施用有机肥可提高土壤肥力，促进土壤有机质的更新，增加土壤各种有效养分含量，对连作作物有明显的增产作用[15]。刘恩科等[31]研究表明，氮—磷—钾化肥和有机肥的配施有利于玉米（*Zea mays*）高产，本研究结果与此均一致。本研究中不同施肥处理对连作高粱的产量影响有很大的不同，所有施肥处理的籽粒产量、秸秆产量及生物产量均极显著高于CK，与单施化肥处理相比，加入有机肥的 NPKM 处理的秸秆产量、籽粒产量及生物产量均高于其他施肥处理并差异极显著，NPKM 施肥处理秸秆产量比 CK 增产 101.91%、籽粒产量比 CK 增产 37.13%。另外王雨等[32]的研究发现，化学肥料的施用能显著提高甜荞（*Fagopyrum esculentum*）的株高并提高连作甜荞的产量，本试验也同样得出与其相似的研究结果，施用化肥同样能显著增加连作甜高粱的株高、茎粗、含糖锤度及产量，其中单施化肥的 PK 与 NP、NPK 处理连作 11 年后的生物产量差异不显著，但有机肥 M 处理的生物产量极显著低于其他施肥处理。由于新疆边际土养分含量较低并且偏盐碱，在适当的氮、磷、钾比例基础上配施有机肥可能增加连作甜高粱根际土壤速效养分的含量，改善根际土壤性质，促进连作甜高粱地上部的生长，减轻自毒作用，缓解甜高粱的连作伤害，增加产量。而施用无机肥不能为土壤提供足够的养分，主要提供给甜高粱植株速效养分，对连作土壤生境的改良作用较小，因此效果次于有机肥配合无机肥处理。有机肥、无机肥混合施用，从长远的角度考虑，可以缓解和改良土壤的理化性质，保证土壤质量。

4 结论

施肥影响连作高粱生育周期，其中 NPKM、1.5 NPKM、NK 和 NPK 处理比 CK 明显缩短生育天数。

不同施肥处理下甜高粱的生长规律基本一致，成熟期达到最高值。施肥促进了连作高粱植株的良好生长，株高生长的总体表现为：NPKM＞NP＞NPK＞1.5NPK＞PK＞NK＞M＞CK。

各施肥处理的叶片数总的变化趋势基本一致，但到成熟期时施肥处理对可见叶片数无明显影响。

不同施肥处理下甜高粱茎粗的变化趋势基本一致，生育前期快速增大，从开花期到成熟期基本不变，基本停止生长。施肥处理对茎粗有极显著影响，不同施肥处理对茎粗的增长优势为：NPKM＞M＞PK＞NP＞1.5NPKM＞NPK＞NK＞CK。

秸秆含糖锤度各施肥处理的变化趋势基本一致，在抽穗前期糖分积累较少，从抽穗开始至乳熟期这段时期糖分积累较快，抽穗后 28d 达到最高值。但不同茎节含糖锤度有差异，抽穗后不同茎节含糖锤度的积累规律不一致。施肥是影响甜高粱茎秆含糖锤度的主要原因之一。不同处理对增加甜高粱糖锤度的优劣顺序为：NPKM＞NK＞NPK＞M＞NP＞PK＞1.5NPKM＞CK。

不同施肥处理的叶绿素含量在整个生育期的变化趋势基本一致，成熟期呈降低的趋势。在成熟期时各处理间叶绿素含量差异不太大。

所有施肥处理甜高粱的秸秆产量、籽粒产量和生物产量均比 CK 处理极显著增加。施肥有利于增加甜高粱的产量，其中 NPKM 处理秸秆产量、籽粒产量、生物产量分别达到

90.80t/hm²、4.01t/hm²、94.81t/hm²，产量均高于其他处理。综合上分析可知，施肥在一定程度上能减轻连作对高粱生长状况及产量的影响，尤其是化肥和有机肥配合施用效果最佳。在甜高粱种植中，应根据品种的需肥特性，当地的土壤、气候条件、种植模式来科学合理施肥，为获得高产、高糖、优质的甜高粱提供保障。

参考文献

[1] 侯慧，董坤，杨智仙，等. 连作障碍发生机理研究进展 [J]. 土壤，2016，48 (6)：1068-1076.

[2] 李斌，龚国淑，姚革，等. 烟草黑胫病化学防治研究进展 [J]. 广西农业科学，2008，39 (3)：331-334.

[3] Mei X L, Jing S Y, Xiao M L, et al. Effects of irrigation water quality and drip tape arrangement on soil salinity, soil moisture distribution, and cotton yield (*Gossypium hirsutum* L.) under mulched drip irrigation in Xinjiang, China [J]. Journal of Integrative Agriculture, 2012, 11 (3)：502-511.

[4] Lamm F R, Stone L R, Manges H L. Optimum lateral spacing for drip-irrigated corn [J]. American Society of Agricultural Engineers, 1992, 40 (4)：1021-1027.

[5] Dien B S, Sarath G, Pedersen J F, et al. Improved sugar conversion and ethanol yield for forage sorghum [*Sorghum bicolor* (L.) Moench] lines with reduced lignin contents [J]. BioEnergy Research, 2009, 2 (3)：153-164.

[6] Qu H, Liu X B, Dong C F, et al. Field performance and nutritive value of sweet sorghum in eastern China [J]. Field Crops Research, 2014, 157 (2)：84-88.

[7] 王同朝，郭红艳，李新美，等. 甜高粱综合开发利用现状与前景 [J]. 河南农业科学，2004，33 (8)：29-32.

[8] 王成. 高粱、玉米生长及其土壤环境对不同培肥措施的响应 [D]. 太原：山西大学，2016.

[9] 山仑，徐炳成. 论高粱的抗旱性及在旱区农业中的地位 [J]. 中国农业科学，2009，42 (7)：2342-2348.

[10] Belay A, Claassense, A S, Wehner F C, et al. Effect of direct nitrogen and potassium and residual phosphorus fertilizers on soil chemical properties, microbial components and maize yield under long-term crop rotation [J]. Biology and Fertility of Soils, 2002, 35 (6)：420-427.

[11] 张喜林，周宝库，高中超，等. 不同比例氮、磷、钾配合施用对白浆土区连作大豆生育性状及产量的影响 [J]. 大豆科学，2010，29 (4)：659-662.

[12] 段玉琪，陈冬梅，晋艳，等. 不同肥料对连作烟草根际土壤微生物及酶活性的影响 [J]. 中国农业科技导报，2012，1 (3)：122-126.

[13] 谢永平，王家顺，陆引罡，等. 有机-无机烟草专用肥对烤烟品质、产量及产值的影响 [J]. 贵州农业科学，2007，35 (6)：68-70.

[14] 罗庆华，张余，黄小燕，等. 不同肥料处理对连作甜荞根际土壤、根系分泌有机酸及生长的影响 [J]. 河北农业大学学报，2019，42 (3)：22-26.

[15] 马红星，刘春梅，徐义刚，等. 长期不同施肥处理对连作玉米产量和土壤养分变化的影响 [J]. 现代化农业，2008 (6)：23-25.

[16] Bayu W, Rethman N F, Hammes P S, et al. Effects of farmyard manure and inorganic fertilizers on sorghum growth, yield, and nitrogen use in a semi-arid area of Ethiopia [J]. Journal of Plant Nutrition, 2006, 29 (2)：391-407.

[17] 张玉斌，曹庆军，张铭，等．施磷水平对春玉米叶绿素荧光特性及品质的影响 [J]．玉米科学，2009，17（4）：79-81.

[18] 苏富源，郝明德，张晓娟，等．施肥对甜高粱产量、养分吸收及品质的影响 [J]．西北农业学报，2016，25（3）：396-405.

[19] 罗峰，王朋，高建明，等．施肥对连作甜高粱生物产量及品质的影响 [J]．西北农业学报，2012，1（12）：65-68.

[20] 张诗雨．长期施肥对连作花生土壤肥力及微生物多样性的影响 [D]．沈阳：沈阳农业大学，2017.

[21] 苗淑杰，乔云发，韩晓增．大豆连作障碍的研究进展 [J]．中国生态农业学报，2007（3）：203-206.

[22] 柴继宽．轮作和连作对燕麦产量、品质、主要病虫害及土壤肥力的影响 [D]．兰州：甘肃农业大学，2012.

[23] 焦坤，陈明娜，潘丽娟，等．长期连作对不同花生品种生长发育、产量与品质的影响 [J]．中国农学通报，2015，31（15）：44-51.

[24] 焦少杰，王黎明，姜艳喜，等．不同施肥方式对甜高粱产量和含糖量的影响 [J]．农学学报，2010（1）：62-64.

[25] 魏鑫，李玥莹，关尔鑫．甜高粱含糖量的意义及其影响因素的初步探讨 [J]．沈阳师范大学学报（自然科学版），2010，28（3）：430-432.

[26] 陈连江，陈丽，赵春雷．氮磷化肥施用量对甜高粱产质量性状的影响 [C] // 中国可再生能源学会．生物质能源技术国际会议．广州：中国可再生能源学会，2008.

[27] 叶凯，冯国郡，涂振东，等．新疆能源作物甜高粱茎节锤度与茎秆平均锤度的关系研究 [J]．新疆农业科学，2008，45（4）：584-589.

[28] 木合塔尔，徐翠莲，翟云龙，等．甜高粱节间锤度变化规律研究 [J]．塔里木大学学报，2017，29（1）：112-117.

[29] 唐朝臣，罗峰，高建明，等．盐碱土壤施肥对甜高粱生物产量、糖锤度及相关性状的影响 [J]．黑龙江农业科学，2014（7）：46-50.

[30] 宋梁语，赫明哲，夏瑞琦．不同施肥因素对高粱叶片生理指标的影响 [J]．种子世界，2015（7）：19-22.

[31] 刘恩科，赵秉强，胡昌浩，等．长期不同施肥制度对玉米产量和品质的影响 [J]．中国农业科学，2004，37（5）：711-716.

[32] 王雨，赵权，孔德章，等．化学肥料调控对连作甜荞生长的影响 [J]．广东农业科学，2018，45（4）：87-93.

本文曾发表于《新疆农业科学》2020年第57卷第7期。

干旱区连作对甜高粱农艺性状
及产量的影响

再吐尼古丽·库尔班[1,2]　吐尔逊·吐尔洪[1]　朱敏[2]　涂振东[2]　艾克拜尔·伊拉洪[1]

(1. 新疆农业大学草业与环境科学学院，乌鲁木齐，830052；

2. 新疆农业科学院生物质能源研究所，乌鲁木齐，830091)

【研究意义】甜高粱根系发达，具有抗旱、抗寒、耐涝、耐盐碱等抗逆特性，广泛种植于干旱、半干旱地区，而且甜高粱生长迅速、生物产量高、鲜草品质好、适口性佳，是家畜的理想青饲、青贮用饲料作物[1]。随着我国农业产业结构的调整与畜牧业的蓬勃发展，对饲草的需求量也日益增加[2]。作为饲料作物的甜高粱种植也就越来越受到人们的重视。甜高粱的种植不但可以解决畜牧业的饲料问题；同时，由于甜高粱茎秆中含有丰富的糖分汁液，可用于开发乙醇燃料，缓解能源危机[3]。

新疆位于西北内陆干旱区，是我国荒漠化大区和最大的盐土区，自然降雨较少、土壤干旱贫瘠，农业生产水平低。新疆现有1亿亩边际性土地，各类盐渍土总面积达到1 336.1×10[4]hm[2]，占全国盐碱土面积的36.8%[4]。由于新疆盐碱地生态系统脆弱，土地整体质量不高，土壤次生盐碱化严重，不太适合于普通农作物生长，但可用来发展耐盐碱的饲草作物。高粱因其生物产量高、青贮品质好等优势，成为重要的饲草作物，尤其突出的耐盐碱能力在新疆边际地区成为种植的优先作物[5-7]。因此，充分利用甜高粱的独特优势在新疆盐碱地等边际土地资源生产优质饲料既可改善生态环境，又可解决饲草短缺问题，会带来巨大的经济效益，具有重要意义。

【前人研究进展】前人研究表明，新疆大部分次、非宜棉区均可种植高粱[8]。目前高粱多种植在土壤肥力较低地区，同时种植经验不足再加上连作种植制度，导致土壤肥力下降、营养元素失衡、生物产量和品质严重下降，因而高粱被误认为是低产作物[9,10]。解决此问题的一个有效途径就是合理施肥。合理施肥可增加土壤肥力，修复土壤结构，平衡土壤养分，利于植株健康生长[11]。施肥可以增加甜高粱的分蘖数，并且可提高株高，从而提高产量。目前有关甜高粱施肥试验已有一些报道[12-13]。罗峰等[14]表明施肥方式和施肥水平显著影响甜高粱生长发育、产量和品质。吕艳东[15]等研究表明，在施肥量一定范围内甜高粱"天青一号"产量与施肥量成正比，超过这个范围后产量与施肥量反而成反比。刘丽华[2]等试验也表明了合理施肥量对甜高粱的增产效应，施肥量与植株鲜重之间的极显著的相关性。苏富源[16]等施肥试验表明，氮、磷、钾肥单施或配施均可显著增加了甜高粱辽甜1号籽粒产量。【本研究切入点】另外有关通过施肥解决连作障碍的问题在大豆、玉米、烟草等作物上研究较多[17-20]，而不同施肥处理对新疆干旱地区连作高粱的影响方面的研究尚未见报道。【拟解决的关键问题】因此，本研究以新疆干旱区甜高粱长期定位大田试验为基础，比较分析了在不同施肥条件下甜高粱生育期、农艺性状以及生产性能，为不同土壤养分条件下干旱半干旱区连作甜高粱的养分管理和生产提供了一些科学依据。

1 材料与方法

1.1 试验材料

供试甜高粱品种新高粱 3 号。

1.2 试验地点

试验于 2008—2009 年在新疆农业科学院玛纳斯县玛纳斯试验站试验田（东经 86°14′，北纬 44°14′）进行。该地区海拔 470m，年平均气温为 7.2℃，年平均降水量为 180～270mm，属于温带大陆性干旱半干旱气候区，冬季长而严寒，夏季短而酷热，昼夜温差大。春播前 0～20cm 的土层平均养分含量如表 1 所示。

表 1　土壤养分检测结果

年份	全氮 (g/kg)	全磷 (g/kg)	有效氮 (mg/kg)	有效磷 (mg/kg)	速效钾 (mg/kg)	有机质 (g/kg)	pH	总盐 (g/kg)
2008	0.71	1.51	32.60	22.33	225.66	14.14	7.89	0.70
2009	0.87	0.95	73.44	26.60	265.73	14.63	7.55	0.65

1.3 试验设计与方法

试验共设 CK（无肥处理）、NP、NK、PK、NPK 等 5 个处理，其中每年 N、P、K 施用量分别为：N 肥 108.0kg/hm² 做种肥和 72.0kg/hm² 做拔节肥；P 肥 27.0kg/hm² 做种肥和 27.0kg/hm² 做拔节肥；K 肥用 72.0kg/hm² 做种肥和 72.0kg/hm² 做拔节肥。

试验采用随机区组排列，行长 5m，行距 0.6m，株距 0.2m，保苗数 75 000 株/hm²，10 行区，3 次重复，小区面积 30m²。各小区之间空 0.8 米打埂子，不得串水。每年的施肥量和田间管理都相同。2008 年和 2009 年的甜高粱生育季节平均降水量分别为 92.52mm 和 149.84mm，各月最低温度、最高温度及降水量见图 1。

1.4 检测指标

1.4.1 生育期

记载苗期、分蘖期、拔节期、挑旗期、抽穗期、开花期、成熟期，每个时期的记载以 75% 达到要求进行记载，并计算生育天数。

1.4.2 植株性状

成熟时每个处理在 1 行内连续取 5 株，用米尺、游标卡尺、电子秤分别测株高、秆长、茎粗、节数、单株重、单秆重并取平均值。

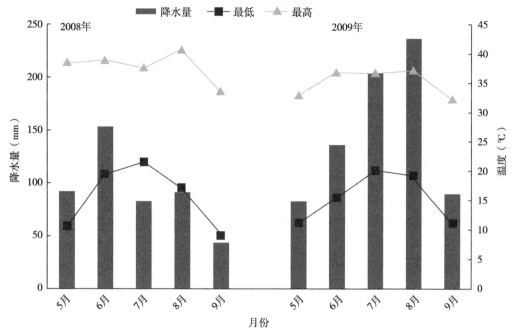

图1　2008—2009年高粱生长季节最低温度、最高温度和降水量

1.4.3　秸秆含糖锤度

在甜高粱成熟时每个处理随机取5株，用ATAGO数显锤度计测定秸秆上数（除穗柄外）第3、7、10节的汁液含糖锤度，测定部位为节间中部并取平均值。

1.4.4　产量性状

成熟时称取面积为6m² 实验区的籽粒产量、秸秆产量，重复3次，折算出生物产量。

1.4.5　室内考种

在每个处理连续选取10株，进行室内考种，测量千粒重。

1.5　数据处理

采用Excel和Origin 2018对数据进行了处理、作图，使用DPS9.0进行相关性分析和方差及多重比较分析。

2　结果与分析

2.1　甜高粱生育期

由表2可见，2008年CK、NP、NK施肥处理下新高粱3号的生育期都为128d，PK和NPK处理的生育期为129d，平均生育周期为128d。2009年CK、NP、NK施肥处理下新高粱3号的生育期为141d，PK和NPK处理的生育期为143d，平均生育期为141d。由于不同年份间气候条件不完全相同，再加上连作障碍，导致生育期也不相同，2009年所有施肥处理的生育周期均比2008年短15d，但各施肥处理之间生育周期差异不大，相差只有1～2d。

表 2　不同施肥处理下甜高粱连作物候期的变化（月-日）

年	处理	播种期	出苗期	分蘖期	拔节期	挑旗期	抽穗期	开花期	成熟期	生育期（d）
	CK	5 - 3	5 - 11	5 - 22	7 - 6	7 - 29	8 - 6	8 - 12	9 - 16	128
	NP	5 - 3	5 - 11	5 - 22	7 - 6	7 - 29	8 - 7	8 - 13	9 - 16	128
2008	NK	5 - 3	5 - 11	5 - 22	7 - 6	7 - 30	8 - 6	8 - 12	9 - 16	128
	PK	5 - 3	5 - 11	5 - 22	7 - 6	7 - 30	8 - 7	8 - 12	9 - 17	129
	NPK	5 - 3	5 - 11	5 - 22	7 - 6	7 - 29	8 - 7	8 - 13	9 - 17	129
	CK	5 - 1	5 - 10	5 - 24	6 - 20	8 - 4	8 - 10	8 - 16	9 - 28	141
	NP	5 - 1	5 - 10	5 - 24	6 - 20	8 - 4	8 - 10	8 - 18	9 - 28	141
2009	NK	5 - 1	5 - 10	5 - 24	6 - 20	8 - 4	8 - 10	8 - 19	9 - 28	141
	PK	5 - 1	5 - 10	5 - 24	6 - 20	8 - 4	8 - 10	8 - 20	9 - 30	143
	NPK	5 - 1	5 - 10	5 - 24	6 - 20	8 - 4	8 - 10	8 - 21	9 - 30	143

2.2　甜高粱农艺性状

2.2.1　株高

试验结果表明（表 3），新高粱 3 号株高受连作障碍，2009 年所有施肥处理下的株高均比 2008 年的株高极显著降低，2009 年的平均株高比 2008 年的降低了 12.95%。此外甜高粱株高也受施肥的影响，2008 年 NPK 处理的株高达到 327.78cm，PK 的株高为最低，只有 298.63cm。从方差分析结果看出，不同施肥处理之间株高差异均为极显著（$p < 0.01$），各处理的增高效应顺序为：NPK>CK>NK>NP>PK。2009 年 NPK 处理的株高达到 277.97cm，PK 的株高最低为 261.10cm。其中 NPK 和其他处理株高的差异均达到了极显著水平（$p < 0.01$），NK 与 CK 的株高差异不显著（$p > 0.05$），各处理的增高效应顺序为：NPK>NK>CK>NP>PK。这说明，施肥对增加株高具有明显作用，尤其是氮磷钾配施处理。NPK 处理下甜高粱的株高在 2008 年和 2009 年分别比 CK 极显著提高了 4.62%、2.64%。

表 3　不同施肥处理下甜高粱连作农艺性状的变化

年份	处理	株高（cm）	节数	茎粗（mm）	单株重（kg）	单秆重（kg）
	CK	312.65±0.60Bb	14.67±0.58BCc	26.49±0.38BCb	1.10±0.02ABbc	1.03±0.02Cc
	NP	302.61±0.54Dd	15.00±1.00ABCbc	25.53±0.43Cc	1.14±0.01Aab	1.08±0.02 Bb
2008	NK	305.65±0.50Cc	15.57±0.51ABab	25.65±0.25Cc	1.06±0.05Bcd	1.01±0.01Cd
	PK	298.63±2.08Ee	15.23±0.40ABCabc	27.63±0.23Aa	1.05±0.03Bd	1.04±0.01Cc
	NPK	327.78±0.70Aa	16.10±0.17Aa	26.67±0.46ABb	1.16±0.01Aa	1.11±0.01Aa
平均值		381.78	15.31	26.39	1.10	1.06
	CK	270.62±1.13Gg	14.70±0.61BCbc	22.11±0.64Ee	0.86±0.04Df	0.84±0.01Ef
	NP	265.38±0.87Hh	14.97±0.06ABCbc	22.17±0.79DEe	0.98±0.01Ce	0.94±0.01De
2009	NK	271.91±0.64Gg	14.37±0.64Cc	22.99±0.08DEd	0.81±0.03Df	0.75±0.01Fg
	PK	261.10±0.13Ii	14.97±0.06ABCbc	22.63±0.31DEde	0.96±0.02Ce	0.93±0.01De
	NPK	277.97±0.12Ff	15.10±0.17ABCbc	23.13±0.26Dd	0.85±0.04Df	0.77±0.01Fg
平均值		349.49	14.82	22.61	0.89	0.85

注　同列不同小写字母表示不同处理间差异显著（$p < 0.05$），同列不同大写字母表示不同处理间差异极显著（$p < 0.01$）。

2.2.2　节数

相同施肥处理下的节数在不同年限之间也有差异。2009 年各处理的平均节数比 2008 年降低了 3.22%，说明节数也受连作方式的影响。从方差分析结果看出（表 3），2008 年 NPK 处理的节数为 16.10 个，CK 最少，只有 14.67 个。NPK 与 CK 处理差异极显著（$p < 0.01$），NPK 与 PK、NK 之间的差异不显著（$p > 0.05$），各处理增加节数顺序为：NPK > NK > PK > NP > CK。2009 年 NPK 处理的节数为 15.10 个，NK 的最少，只有 14.37 个，但各处理之间的差异不显著（$p > 0.05$），各处理增加节数的顺序为：NPK > NP > PK > CK > NK。施肥对增加节数具有明显作用，尤其是氮磷钾配施处理。在 2008 年和 2009 年 NPK 处理下甜高粱的节数比 CK 分别提高了 8.90%、2.65%。

2.2.3　茎粗

由表 3 可见，2008 年新高粱 3 号的茎粗范围在 25.53～27.63mm，2009 年在 22.11～23.13mm，2009 年的平均茎粗比 2008 年降低了 14.35%。另外施肥对茎粗也有影响，2008 年 PK 处理的茎粗为 27.63mm，NP 的为最小，只有 25.53mm。PK 与 NPK 处理有显著差异（$p < 0.05$），PK 与 NK、NP、CK 之间的差异为极显著（$p < 0.01$），各处理促进茎粗的顺序为：PK > NPK > CK > NK > NP。2009 年 NPK 处理的茎粗为 23.13mm，CK 的为最小，只有 22.10mm，NPK 处理与 CK 之间的差异达极显著（$p < 0.01$）水平，各处理促进茎粗顺序为：NPK > NK > PK > NP > CK。

2.2.4　单株重

由表 3 可见，相同施肥处理下新高粱 3 号的单株重在不同连作年限之间有差异，2008 年单株重范围在 1.01～1.16kg，2009 年单株重范围在 0.81～0.98kg，2009 年的平均单株重比 2008 年的降低了 19.26%。此外不同施肥处理之间单株重也有差异，2008 年 NPK 处理的单株重为 1.16kg，NP 的为最少，只有 1.01kg，NPK 与 PK 处理间的茎粗有显著差异（$p < 0.05$）。对于促进单株重的优劣顺序为：NPK > NP > CK > NK > PK。2009 年 NP 处理的茎粗最大达到 0.98kg，NK 最差，只有 0.81kg，NP 处理与 NK、CK、NPK 处理差异显著（$p < 0.05$），各处理促进茎粗的顺序为：NP > PK > CK > NPK > NK。

2.2.5　单秆重

不同施肥处理和不同连作年限对新高粱 3 号的单秆重均有影响，2009 年所有处理的单秆重比 2008 年极显著地降低了，平均降低值为 19.89%。同时同一年度在不同施肥处理之间单秆重也有差异，2008 年 NPK 处理的单秆重为 1.11kg，NK 的为最少，只有 1.01kg，NPK 与其他处理之间的差异为极显著（$p < 0.01$），促进单秆重的顺序为：NPK > NP > PK > CK > NK。2009 年 NP 处理的单秆重为 0.94kg，NK 处理的单秆重只有 0.75kg，NP 处理与 PK 处理之间的差异为不显著（$p > 0.05$），与其他处理之间的差异为显著，促进单秆重的顺序为：NP > PK > CK > NPK > NK。

2.3　甜高粱含糖锤度

从图 2 可以看出，含糖锤度在不同连作年限有差异，2009 年所有施肥处理的含糖锤度比 2008 年极显著提高，平均含糖锤度比 2008 年提高了 19.17%。秸秆含糖锤度受施肥的影响比较明显，所有施肥处理下秸秆的锤度均高于 CK（无肥处理）。2008 年 CK 与 NPK 处理差异不显著（$p > 0.05$），CK 与其他施肥处理差异均极显著（$p < 0.01$）。各处

理中 PK 处理的秸秆锤度最高，CK 处理最低，PK 比 CK 提高了 1.69%。2009 年不同施肥处理对秸秆含糖锤度的影响跟 2008 年不同。2009 年 NP 处理秸秆锤度最高，CK 最低，含量分别为 21.80%、20.51%，NP 比 CK 提高了 1.29%。CK 与 NP、NPK 处理差异极显著（$p < 0.01$），CK 与 NK、PK 处理差异不显著（$p > 0.05$）。

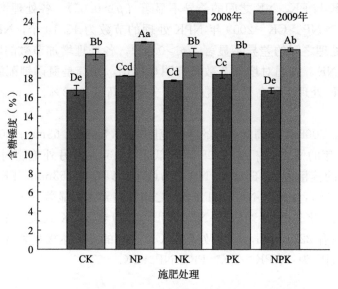

图 2　不同施肥处理下甜高粱连作秸秆含糖锤度的变化

2.4　甜高粱产量

2.4.1　秸秆产量

从图 3 中可以看出，2008 年各处理秸秆平均产量为 77.23t/hm²，2009 年为 76.07t/hm²，2009 年的平均秸秆产量比 2008 年降低 1.51%。以上说明，连作方式降低了秸秆产量。

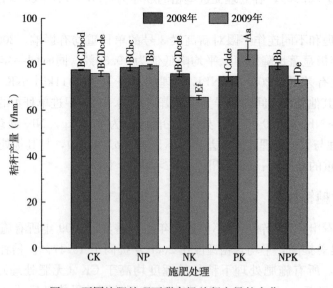

图 3　不同施肥处理下甜高粱秸秆产量的变化

施肥处理对秸秆产量也有影响，2008 年 NPK 处理秸秆产量最高，产量达到 79.38t/hm²，但跟 CK 差异不显著（$p>0.05$）。2009 年 PK 处理秸秆产量最高，产量达到 86.27t/hm²，此时 PK 处理与其他处理差异极显著（$p<0.01$），比 CK 增产 11.89%。

2.4.2 籽粒产量

从图 4 可以看出，不同连作年限对籽粒产量有很大影响。2008 年各处理平均籽粒产量为 4t/hm²，2009 年为 3.29t/hm²，2009 年的平均籽粒产量比 2008 年降低了 17.81%，连作方式极显著降低了籽粒产量。

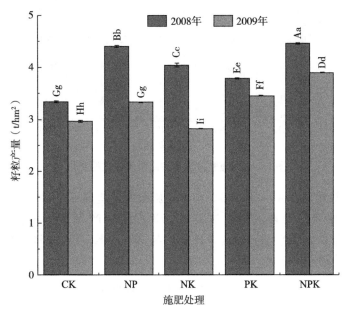

图 4 不同施肥处理下甜高粱籽粒产量的变化

籽粒产量跟秸秆产量一样也受施肥的影响，所有施肥处理籽粒产量均高于 CK 并差异达到极显著（$p<0.01$）。NPK 处理在两年的籽粒产量均比其他施肥处理高，产量分别为 4.46t/hm² 和 3.89t/hm²，比 CK 分别增产 33.69%、31.60%，NPK 处理与其他处理差异极显著（$p<0.01$）。

2.4.3 千粒重

从图 5 可以看出，2008 年平均千粒重为 20.96g，2009 年为 20.95g，连作对千粒重的影响不大。但施肥处理对千粒重有明显的影响，2008 年 CK 与各施肥处理差异达到极显著水平（$p<0.01$），2009 年 CK 与 NK、NPK 处理差异达到极显著（$p<0.01$）。NPK 处理在两年的千粒重均达到最高值，分别为 21.54g 和 21.44g，比 CK 分别提高了 5.99%、3.28%。

2.4.4 生物产量

从图 6 中可以看出，2008 年平均生物产量为 81.23t/hm²，2009 年为 79.35t/hm²，2009 年的平均生物产量比 2008 年降低了 2.31%，连作降低了生物产量。

施肥处理对生物产量也有影响，其中 2008 年生物产量最高的是 NPK 处理，产量达到 83.83t/hm²，最低是 PK 处理，产量只有 78.58t/hm²，NPK 处理比 PK 增产 6.69%。

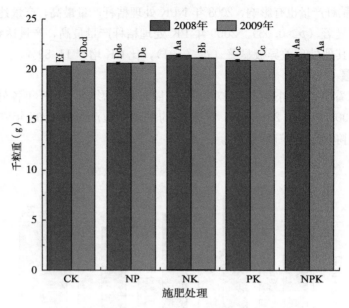

图 5　不同施肥处理下甜高粱千粒重的变化

CK 与 NPK 处理差异显著（$p<0.05$），与其他施肥处理差异不显著（$p>0.05$）。2009 年生物产量最高的是 PK 处理，产量达到 89.73t/hm²，产量最低的是 NK，产量只有 68.38t/hm²，PK 比 NK 增产 31.24%。CK 处理与 NP、NK、PK 处理差异都极显著（$p<0.01$），与 NPK 处理差不显著（$p>0.05$）。

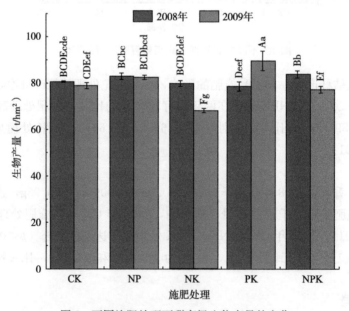

图 6　不同施肥处理下甜高粱生物产量的变化

2.5　甜高粱产量与农艺性状的相关性分析

　　通过对 2008—2009 年的试验结果进行相关性分析可知（表 4），不同施肥处理生物产量与生长因素的相关性在不同连作年限不一致。各处理的生物产量与秸秆产量在两年均呈极显著正相关。生物产量与含糖锤度的关系不大，除了 NK 处理生物产量与含糖锤度呈正相关外其他处理都呈负相关。2008 年只有 NK 处理生物产量与株高呈极显著相关，2009年只有 PK 处理生物产量与株高呈及极显著正相关。NPK 处理生物产量与单株重在两年均呈正相关，PK 处理生物产量与千粒重在两年都呈极显著正相关。只有 NPK 处理生物产量与茎粗呈极显著正相关。

表 4 甜高粱生物产量及生长因素的相关性分析

年份	处理	株高	节数	茎粗	单株重	单秆重	含糖锤度	秸秆产量	籽粒产量	千粒重
	CK	−0.27	0.7	−0.79	0.5	−0.89	−0.02	1.00**	−0.72	−0.63
	NP	−0.87	−0.49	0.92	−0.49	0.87	−0.87	1.00**	−0.87	−1.00**
2008	NK	1.00**	−0.97*	0.56	−1.00**	−0.87	0.86	1.00**	−0.07	−0.39
	PK	−0.96*	0.03	0.57	−0.16	0.86	−0.98*	1.00**	−1.00**	1.00**
	NPK	−0.96*	0.01	−0.66	0.86	0.86	−0.99*	1.00**	−0.99*	1.00**
	CK	0.53	0.01	0.11	−0.58	0.41	−0.79	1.00**	0.99**	0.5
	NP	0.86	0.49	0.9	−1.00**	−0.87	0.9	1.00**	0.03	−0.87
2009	NK	−0.85	−0.83	0.71	0.82	−0.44	−0.86	1.00**	0.22	0.57
	PK	1.00**	0.05	−0.98*	−1.00**	−0.5	−1.00**	1.00**	1.00**	1.00**
	NPK	−0.43	−0.6	0.95*	0.2	−0.99**	−0.66	1.00**	−0.9	0.6

注 ** 表示在 0.01 水平上显著相关，* 表示在 0.05 水平上显著相关。

3 讨论

连作障碍是农业生产的重要限制因素，导致多种农作物产质量下降。连作障碍在多种植物上均有所表现，连作破坏土壤微生态平衡，抑制植株正常生长，最终导致作物病虫害加重、产量降低、品质下降[21-22]。樊芳芳[23]等对高粱连作试验结果也证明了这一点，连作高粱 3 年显著抑制了高粱地上部的生长，株高、茎粗、叶面积等。本试验也得到了相似的结果，连作抑制了新高粱 3 号地上部的生长，种植第二年（2009 年）所有施肥处理的株高、茎粗、单株重、单秆重均比第一年（2008 年）极显著降低。种植第二年的平均秸秆产量、籽粒产量、千粒重及生物产量均比第一年降低。另外由于不同年份间气候条件不完全相同，再加上连作障碍，导致生育期推后，2009 年所有施肥处理的生育周期均比2008 年晚熟了 15d。

目前在高粱上进行施肥方式与产量关系的研究很多，但结论不一致。本研究结果表明施肥对甜高粱农艺性状及产量均有影响。其中 NPK 处理的株高、秆长、节数、茎粗均高于其他处理，增幅度 1.80%～8.90%。同时 NPK 处理对籽粒产量和千粒重的促进效应最佳，这跟王劲松[24]、崔佩佩[25]的高粱施肥试验、张诗雨[26]的花生连作施肥试验结果一致。前人研究结果还表明，吉杂 355 以磷钾肥全部作为基肥一次施入，同时氮肥一半作为基肥、一半作为追肥于拔节前施入，籽粒产量最高[11]，这跟本试验结果不太一致。这说明不同高粱品种对施肥方式的反应存在差异。贾东海[27]等对新高粱 3 号在新疆伊犁地区的密度和肥料试验结果表明肥料对生物产量增产不显著，这跟本研究结果也不一致，本试验结果是 PK 处理对提高秸秆产量的效果最大，而 NPK 处理对籽粒产量的影响最大，并且同一施肥处理在不同连作年限间也有差异，2008 年生物产量最高的是 NPK 处理，产量达到 83.83t/hm²，而 2009 年生物产量最高的是 PK 处理，产量达到 89.73t/hm²，因此更长的连作年限对产量的影响需要进一步研究确认。本试验结果与前任研究结果的差异可能与试验地点、土壤基础肥力高低和品种特性密切相关。

甜高粱茎秆含糖锤度是一个非常复杂的性状，它受单株重、茎秆质地和茎秆出汁率等内因及外界环境条件、栽培技术措施等的影响[28]。本试验发现不同施肥处理对秸秆含糖锤度有影响，所有施肥处理秸秆的锤度都高于 CK（无肥处理），施用不同类型肥料均可以明显增加甜高粱茎秆的含糖锤度，其中 NP 处理的秸秆含糖锤度极显著高于 CK。这根孙青[29]的研究结果基本一致。但焦少杰[13]等的研究结果表明，甜高粱同一品种采用不同施肥方式产量的差异极显著，但含糖量差异不显著，这跟本研究结果不一致。

目前关于含糖锤度与生物产量关系的研究有正相关[30]、负相关[31]、不相关[32]等多种结论，而本试验发现生物产量与含糖锤度的关系不大，除了 NK、NP 处理生物产量与含糖锤度正相关外其他处理均呈负相关。

4　结论

甜高粱农艺性状除了受连作障碍外也受施肥的影响。连作抑制了甜高粱地上部的生长，导致新高粱 3 号生育周期延长、农艺性状和产量降低。除了连作障碍外施肥也会引起甜高粱农艺性状及产量的变化，其中 NPK 处理的株高、节数、单株重均高于其他施肥处理。NPK 处理的株高在连作两年分别比 CK 极显著提高了 2.64%～4.62%、节数比 CK 提高了 3.22%～8.90%、此外，NPK 处理的籽粒产量及千粒重均极显著高于其他处理，但秸秆产量在 PK 处理下的变化最大。虽然甜高粱秸秆含糖锤度不受连作障碍但是受施肥影响，所有施肥处理秸秆的锤度都高于 CK，因此初步确定施肥是提高连作高粱含糖锤度的有效措施之一。

施肥处理对茎粗、单株重、单秆重、秸秆产量的影响在不同连作年限有所不同，但整体来看，主要生长参数均是 NPK 处理最高，但是品质和秸秆产量是 PK 处理高。连续 2 年不施肥处理（CK）明显抑制了新高粱 3 号的生长，降低了品质。

综合分析可知，施肥在一定程度上能减轻连作方式对甜高粱的生长障碍、品质及产量的影响，但更久的连作制度下施肥对甜高粱的影响及效应需要进一步研究确认。

参考文献

[1] 张晓英，赵威军. 甜高粱茎秆含糖量的研究进展 [J]. 山西农业科学，2011，39 (6)：616-618.

[2] 刘丽华，钱永德，吕艳东，等. 不同施肥量、种植密度因素下饲用甜高粱生育动态及产量优化 [J]. 湖北农业科学，2011，50 (6)：1231-1234.

[3] 苏富源，郝明德，张晓娟，等. 施肥对甜高粱产量、养分吸收及品质的影响 [J]. 西北农业学报，

2016，25（3）：396-405.

[4] 乔木.新疆灌区土壤盐渍化及改良治理模式［M］.新疆科学技术出版社，乌鲁木齐，2008（2）：157-157.

[5] Dien B S，Sarath G，Pedersen J F，et al.Improved sugar conversion and ethanol yield for forage sorghum（*Sorghum bicolor*（L.）Moench）lines with reduced lignin contents［J］.Bioenergy Research，2009，2（3）：153-164.

[6] Qu H，Liu X B，Dong C F，et al.Field performance and nutritive value of sweet sorghum in Eastern China［J］.Field Crops Research，2014，157（2）：84-88.

[7] 王兆木，涂振东，贾东海.新疆甜高粱开发利用研究［J］.新疆农业科学，2007，44（1）：50-54.

[8] 涂振东，叶凯.新疆利用甜高粱秸秆生产燃料乙醇产业化问题与对策的探讨［C］//中国农学会.中国农村生物质能源国际研讨会暨东盟与中日韩生物质能源论坛论文集.北京：中国农学会，2008：381-385.

[9] 戴红燕，满志礼，李城德.河西绿洲灌区甜高粱一膜两年连作对不同土壤理化性状的影响［J］.中国糖料，2018，40（5）：48-50.

[10] 董二伟，王成，丁玉川，等.高粱生长及其土壤环境对不同培肥措施的响应［J］.华北农学报，2017，32（2）：217-225.

[11] 王洪预，崔正果，伍舒悦，等.氮磷钾肥料配施对粒用高粱籽粒产量的影响［J］.东北农业科学，2018，3（6）：1-4.

[12] 陈连江，陈丽，赵春雷.氮磷化肥施用量对甜高粱产质量性状的影响［C］//中国可再生能源学会.生物质能源技术国际会议，2008.

[13] 焦少杰，王黎明，姜艳喜，等.不同施肥方式对甜高粱产量和含糖量的影响［J］.农学学报，2010（1）：62-64.

[14] 罗峰，王朋，高建明.等.施肥对连作甜高粱生物产量及品质的影响［J］.西北农业学报，2012，21（12）：65-68.

[15] 吕艳东，牛志伟，李红宇，等.施肥量对饲用杂交甜高粱生长发育及产量的影响［J］.黑龙江八一农垦大学学报，2006，18（3）：17-20.

[16] 苏富源，郝明德，张晓娟，等.施肥对甜高粱产量、养分吸收及品质的影响［J］.西北农业学报，2016，25（3）：396-405.

[17] 时鹏，高强，王淑平，等.玉米连作及其施肥对土壤微生物群落功能多样性的影响［J］.生态学报，2010，30（22）：6173-6182.

[18] 王宗玮，张鑫生，闫飞.大豆连作障碍机理的研究简述［J］.吉林农业科学，2009，34（3）：12-13.

[19] 王茂胜，陈懿，薛小平，等.长期连作对烤烟产量和质量的影响［J］.耕作与栽培，2010（1）：8-9.

[20] 薛庆喜.作物茬口与施肥对连作大豆化学品质的影响［J］.中国农学通报2011，27（15）：199-205.

[21] 马啸，张有杰，刘国顺.连作对作物生长发育及品质和产量影响的研究进展［J］.河南农业学报，2009，38（10）：26-30.

[22] 贺丽娜，梁银丽，高静，等.连作对设施黄瓜产量和品质及土壤酶活性的影响［J］.西北农林科技大学学报（自然科学版），2008，36（5）：155-159.

[23] 樊芳芳.连作对高粱生长及土壤环境的影响［D］.太原：山西大学，2016.

[24] 王劲松，焦晓燕，丁玉川，等.粒用高粱养分吸收、产量及品质对氮磷钾营养的响应［J］.作物学报.2015，14（8）：1269-1278.

[25] 崔佩佩.不同施肥对高粱生长及根际微生物功能多样性的影响［D］.太原：山西大学，2018.

[26] 张诗雨 . 长期施肥对连作花生土壤肥力及微生物多样性的影响 [D]. 沈阳：沈阳农业大学，2017.

[27] 贾东海，王兆木，林萍，等 . 不同种植密度和施肥量对新高粱 3 号产量及含糖量的影响 [J]. 新疆农业科学，2010，47 (1)：47 - 53.

[28] 冯国郡，章建新，李宏琪，等 . 甜高粱高光效种质的筛选和生理生化指标的比较 [J]. 吉林农业大学学报，2013，35 (3)：260 - 268.

[29] 孙清，梁成华，袁振宏，等 . 氮磷钾配施对甜高粱总糖和生物量的影响 [J]. 太阳能学报，2008，29 (2)：252 - 255.

[30] 李振武，支萍，孔令旗，等 . 甜高粱主要性状的遗传参数分析 [J]. 作物学报，1992，18 (3)：213 - 221.

[31] 陈连江，陈丽，赵春雷 . 甜高粱品种（系）主要性状间关系的初步研究 [J]. 中国糖料，2007 (4)：16 - 18.

[32] 刘洋，罗萍，林希昊 . 甜高粱主要农艺性状相关性及遗传多样性初析 [J]. 热带作物学报，2011，32 (6)：1004 - 1008.

本文曾发表于《西南大学学报（自然科学版）》2020年第42卷第4期。

杂交高粱不同部位营养成分比较分析

再吐尼古丽·库尔班[1,2]　涂振东[2]　艾克拜尔·伊拉洪[1]

（1. 新疆农业大学草业与环境科学学院，乌鲁木齐，830052；

2. 新疆农业科学院生物质能源研究所，乌鲁木齐，830091）

　　高粱是一种优良的饲料作物，青贮品质好。高粱因其光合效率高、抗逆性强、生产成本低等特点被认为是我国最具潜力的能源作物之一[1]。当前，根据用途不同可将栽培高粱划分为甜高粱、粒用高粱、帚高粱和饲用高粱4个类型[2]。籽粒型高粱可以直接喂饲牲口或混在饲料中作为配料[3]，正逐渐受到饲料加工企业的重视和利用[4]。由于不同高粱类型互有优势，在选育栽培时，对各个高粱类型种质资源都应给予充分的重视和利用[5]。因此，研究不同高粱品种的营养品质对充分挖掘利用各类型高粱材料、选育优势品种以及缓解能源危机具有重要意义。

　　目前，中国高粱资源丰富，有关甜高粱品种比较以及茎秆品质的研究已多有报道[6-9]。对粒用高粱和甜高粱之间主要农艺性状、籽粒品质上存在的异同点的研究也有报道[5,10-12]，可有关不同粒用杂交高粱秸秆和籽粒粗蛋白质、粗纤维素、可溶性总糖、还原糖、淀粉等营养成分比较的研究未见报道。因此，本研究以4个从辽宁引进的粒用杂交高粱品种为试验材料，对其主要农艺性状、产量性状、秸秆和籽粒营养成分进行了观察和检测，分析不同品种的特点和优势，为新疆地区粒用高粱种质资源的合理利用及育种工作提供参考。

1　材料与方法

1.1　试验地

　　试验于2016年4月至2016年10月在新疆农业科学院奇台县奇台麦类试验站进行。该区海拔793m，地处东经89°12′，北纬44°13′。年平均降水量为176.3mm，年平均气温为4.7℃，全年无霜期155d。土壤有效磷含量21.11mg/kg，有效氮77.93mg/kg，速效钾102.78mg/kg，总盐0.82g/kg，pH7.71。

1.2　试验材料与仪器

　　试验材料为从辽宁省农业科学院作物研究所引进的辽杂37、辽杂36、辽杂19和辽粘3号等4个杂交高粱品种。

　　氢氧化钠、硼酸、盐酸、甲基红、溴甲酚绿、过氧化氢、硫酸、蒽酮、葡萄糖、活性炭、无水乙醇等试剂均为国产分析纯。

试验仪器：ATAGO 数显锤度计，广州市华智仪器仪表有限公司；F600 凯氏定氮仪，上海海能信息科技股份有限公司；SH520 石墨消解仪，上海海能信息科技股份有限公司；KSW－5－12A 马弗炉温度控制器，上海森信实验设备有限公司；YP 1410047 万分之一天平，深圳市泰立仪器仪表有限公司；DHG－9240 电热恒温鼓风干燥箱，上海一恒科技有限公司；DK－SD 电热恒温水槽，上海一恒科技有限公司；UV－1800 型可见分光光度计，上海光谱仪器有限公司；FW100 高速万能粉碎机，天津泰斯特仪器有限公司。

1.3 试验设计

试验为随机区组排列，5 行区，行长 10m，行距 60cm，株距 20cm，小区面积 30m²，3 次重复。各试验小区栽培管理措施一致，采取膜下滴灌。2016 年 4 月 29 日人工播种，5 月 2 日浇出苗水，全生育期浇水 5 次，施种肥 227kg/hm²（磷酸二铵），结合头水和三水滴尿素 303kg/hm²，人工除草 3 次，全生育期浇水 5 次。

1.4 测定指标与方法

1.4.1 性状调查

出苗期、抽穗期、开花期、成熟期、全生育期、株高、茎粗、节数、穗长、千粒重等参照陆平《高粱种质资源描述规范和数据标准》[13]。

产量测定：田间收获时测面积 3m² 的籽粒产量，重复 3 次，取平均数，计算每亩的籽粒产量和穗粒重等；每个小区连续取 10 株室内考种测定千粒重等项目。

含糖锤度：收获时每个品种随机取 5 株，用蒸馏水将锤度计调零，每株分别取上、中、下 3 个茎节汁液，用 ATAGO 数显锤度计测定锤度并取平均值。

1.4.2 品质测定

试验材料取成熟期的秸秆和穗，取样时每个小区随机取 5 株分别将茎和穗置于纸袋中，在烘箱中 80℃下烘至恒重。将烘至恒重的穗称重后分别脱粒，并利用粉碎机将每穗的全部籽粒磨成粉，保存在自封袋中。秸秆整体粉碎混匀，留待测定营养成分。

粗蛋白含量测定用凯氏定氮法[14]；粗纤维含量测定用 H_2SO_4 和 NaOH 溶液煮沸消化法[15]；总糖和还原糖的测定采用直接滴定法[16]；淀粉含量的测定采用蒽酮比色法[17]。

1.5 数据处理

试验数据采用 DPS 软件的一般线性模型进行方差分析，显著性检验用 LSD 多重比较。

2 结果与分析

2.1 生育期分析

从表 1 可以看出引进的 4 个高粱品种在奇台县都能成熟，完成生育期。生育期都是 139d，均属晚熟品种。4 个高粱品种的出苗时间一致，从播种到出苗均需 12d。

表 1　不同杂交高粱品种物候期

品种	播种期 （月-日）	出苗期 （月-日）	抽穗期 （月-日）	开花期 （月-日）	成熟期 （月-日）	全生育期 （d）
辽杂 37	4-29	5-11	6-24	7-12	9-15	139
辽杂 36	4-29	5-11	6-24	7-12	9-15	139
辽杂 19	4-29	5-11	6-28	7-16	9-15	139
辽粘 3 号	4-29	5-11	6-24	7-12	9-15	139

2.2　农艺性状分析

对 4 个杂交高粱品种的锤度、株高、茎粗、节数、穗长、穗粒重、千粒重和籽粒产量进行了方差分析（表 2）。

由表 2 可知，从秸秆含糖锤度看，各品种之间有差异。辽杂 19 的含糖锤度最高，辽杂 37 次之，辽粘 3 号最低。辽杂 19 与辽杂 36、辽粘 3 号的差异极显著。从株高来看，辽杂 19 和辽粘 3 号的株高均在 150cm 以上，辽杂 19 与辽杂 36、辽杂 37 的差异极显著。从茎粗和穗长来看，各品种之间差异未达到极显著水平。从节数来看，辽杂 19 的节数最多，辽杂 19 与其他品种的差异极显著。从穗粒重来看，不同品种之间有差异，大小顺序为辽杂 36＞辽粘 3 号＞辽杂 37＞辽杂 19。从千粒重来看，辽杂 19 的千粒重最高，辽杂 19 与其他品种差异极显著。从籽粒产量来看，辽杂 37 的籽粒产量最高，辽杂 37 与辽杂 19、辽粘 3 号的差异极显著。籽粒产量大小顺序为辽杂 37＞辽杂 36＞辽杂 19＞辽粘 3 号。

表 2　不同杂交高粱品种农艺性状

品种	含糖锤度 （%）	株高 （cm）	茎粗 （mm）	节数	穗长 （cm）	穗粒重 （g）	千粒重 （g）	籽粒产量 （kg/hm²）
辽杂 37	9.37± 0.87Aa	135.16± 2.05Bd	21.53± 1.00Ab	9.33± 0.52Bbc	32.59± 1.00Ab	214.30± 1.03Bb	31.50± 0.52Bb	6 240.90± 1.03Aa
辽杂 36	6.15± 1.20Bb	139.28± 1.11Bc	26.45± 1.20Aa	8.33± 0.55Bc	34.25± 1.11Aab	233.00± 2.00Aa	30.20± 0.01Bc	6 237.27± 0.41Aa
辽杂 19	9.74± 0.58Aa	155.66± 1.15Aa	26.32± 2.82Aa	11.66± 0.53Aa	32.95± 0.70Ab	204.56± 4.72Cc	39.59± 0.01Aa	6 188.78± 0.76Bb
辽粘 3 号	5.99± 0.41Bb	152.33± 1.52Ab	23.84± 1.95Aab	9.66± 0.56Bb	34.79± 1.00Aa	228.70± 1.53Aa	28.26± 1.15Cd	5 800.60± 0.26Cc

注　同一列中不同大写字母表示达到极显著差异水平（$p<0.01$）；同一列中不同小写字母表示达到显著差异水平（$p<0.05$）。下同。

2.3　籽粒产量、千粒重等与各性状间相关性分析

对 4 种杂交高粱籽粒产量相关的 7 个农艺性状进行相关分析（表 3）。从结果可知，籽粒产量与含糖锤度、千粒重正相关，但未达到显著程度。籽粒产量与株高、茎粗、节

数、穗长、穗粒重相关性很小。千粒重与含糖锤度、株高、节数正相关，但未达到显著程度，与茎粗、穗长相关性很小。穗粒重与含糖锤度极显著负相关，与茎粗、穗长正相关，但未达到显著程度，与株高、节数相关性很小。穗长与含糖锤度极显著负相关，与株高、茎粗正相关，但未达到显著程度，与节数相关性很小。节数与含糖锤度、株高正相关，但未达到显著程度，与茎粗相关性很小。茎粗与含糖锤度负相关，与株高正相关，但未达到显著程度。株高与含糖锤度正相关，但未达到显著程度。以上相关性分析表明选育籽粒产量高的杂交高粱品种时，宜选择节数多、株高大、锤度高、千粒重大的品种。

表3   高粱各农艺性状间的相关系数

性状	含糖锤度	株高	茎粗	节数	穗长	穗粒重	千粒重
株高	0.011 5						
茎粗	−0.723 8	0.052 4					
节数	0.572 7	0.825 4	−0.390 8				
穗长	−0.960 8**	0.263 7	0.686 5	−0.323 8			
穗粒重	−0.959 7**	−0.289 7	0.653 6	−0.776 5	0.846 8		
千粒重	0.757 0	0.476 5	−0.206 1	0.799 4	−0.615 8	−0.873 0	
籽粒产量	0.553 8	−0.566 7	−0.020 5	−0.175 1	−0.712 1	−0.393 0	0.426 6

注：显著性标准 $r_{0.05}=0.896\ 9^{*}$，$r_{0.01}=0.937\ 1^{**}$。

2.4   秸秆含糖锤度分析

由杂交高粱成熟期秸秆上部、中部、下部等不同茎节含糖锤度测量结果可以看出（表4），从上部至下部的茎节含糖锤度的变化规律在品种之间有差异。辽杂37、辽杂36的秸秆含糖锤度呈降低的变化趋势，而辽杂19、辽粘3号的锤度呈升高的变化趋势。不同品种秸秆同一位置茎节的含糖锤度也有差异，辽杂37上部和中部茎节的含糖锤度高于其他3个品种。

不同品种秸秆的平均含糖锤度也有差异。辽杂37与辽杂19的差异不显著，辽杂36与辽粘3号的差异不显著。平均含糖锤度大小顺序为辽杂19＞辽杂37＞辽杂36＞辽粘3号。

表.4   杂交高粱不同茎节含糖锤度（%）

品种	上	中	下	平均含糖锤度
辽杂 37	10.33±0.57Aa	9.19±1.00Aa	8.60±0.52Bb	9.37±0.87 Aa
辽杂 36	7.13±0.57Bb	6.53±0.57CDde	4.79±0.26Dd	6.15±1.20 Bb
辽杂 19	9.26±0.57Aa	9.56±0.05Bb	10.39±0.34Aa	9.74±0.58 Aa
辽粘 3 号	5.53±0.57Cc	6.13±0.56Bb	6.33±0.58Cc	5.99±0.41 Bb

2.5   秸秆营养成分分析

不同品种杂交高粱秸秆的总糖、还原糖、粗蛋白质和粗纤维素含量列于表5。从表5

中可以看出，不同品种杂交高粱秸秆的营养成分有差异。辽杂 37 的秸秆总糖含量最高，辽杂 36 总糖含量最低，辽杂 37 与辽杂 36、辽杂 19、辽粘 3 号的差异极显著。辽粘 3 号的秸秆还原糖含量最高，辽粘 3 号与辽杂 37、辽杂 36、辽杂 19 的差异极显著。4 种杂交高粱秸秆的粗蛋白质含量为 3.09%～3.17%，各品种之间差异不显著。粗纤维素含量在不同品种之间差异极显著。

表 5　杂交高粱秸秆营养成分（%）

品种	总糖	还原糖	粗蛋白质	粗纤维素
辽杂 37	6.92±0.05Aa	0.75±0.05Bc	3.13±0.04Aab	22.33±0.57Bb
辽杂 36	1.61±0.12Dd	0.46±0.03Cd	3.17±0.02Aa	24.84±0.58Aa
辽杂 19	2.88±0.06Cc	0.89±0.05Bb	3.09±0.05Ab	17.50±0.17Dd
辽粘 3 号	5.19±0.58Bb	1.48±0.06Aa	3.15±0.02Aab	19.64±0.20Cc

2.6　籽粒营养成分分析

不同杂交高粱籽粒的粗蛋白质、粗灰分及淀粉含量列于表 6。从表 6 中可以看出，不同杂交高粱籽粒的粗蛋白质和淀粉含量有差异。辽杂 36 的籽粒粗蛋白质含量最高，辽粘 3 号粗蛋白质含量最低，辽杂 36 与辽杂 36、辽杂 19、辽粘 3 号的差异极显著。各品种籽粒的粗灰分含量差异不显著。4 个品种的籽粒淀粉含量均比较高，其中辽粘 3 号和辽杂 36 籽粒的淀粉含量最高，分别为 77.70%、76.80%，它们之间差异不显著。

表 6　杂交高粱籽粒营养成分（%）

品种	粗蛋白质	粗灰分	淀粉
辽杂 37	12.08±0.05Bb	5.05±0.12Aa	72.41±2.01Bb
辽杂 36	14.30±0.14Aa	4.39±0.15Aa	76.80±0.50Aa
辽杂 19	8.42±0.09Cc	5.02±0.86Aa	73.03±0.85Bb
辽粘 3 号	7.48±1.29Cc	4.77±0.41Aa	77.77±0.56Aa

3　结论与讨论

生育期是判断作物为早熟品种还是晚熟品种的重要指标之一，本研究中引进的 4 个杂交高粱品种在新疆奇台县均能成熟。邹剑秋等[18]的研究结果表明辽粘 3 号在我国西南地区的平均生育期为 116d 左右，在东北和华北地区为 125d 左右。辽杂 19 在辽宁沈阳的生育期为 120d[19]，属中晚熟品种，而在本研究中，参试的 4 个品种在新疆地区均比国内其他地区晚熟，生育期偏长。王颖[20]认为辽杂系列的主要缺点是高纬度生育期偏长，这一结论跟本试验结果一致。从株高来看，辽杂 37 和辽杂 36 的株高分别为 135.16cm、139.28cm，与辽杂 19 和辽粘 3 号相比属于矮秆品种。方差分析结果显示辽杂 37 的籽粒产量最高，极显著高于辽杂 19 和辽粘 3 号。

本研究中杂交高粱成熟期秸秆上部、中部、下部不同茎节含糖锤度测量结果表明，从上部至下部的茎节锤度的变化规律和各茎节的含糖锤度在品种之间有差异，这跟周宇飞等[21]的研究结论一致。高粱不同茎节含糖锤度在不同地区、不同品种上的表现是不同的。

营养价值的高低是评价饲草品质的重要指标，主要取决于所含营养成分的种类和数量[22]。粗蛋白质是饲草品质的重要组成部分，是反映饲草营养价值高低的重要指标[23]，饲草营养价值与粗蛋白质含量正相关，饲草中的粗蛋白质是家畜主要的蛋白质来源。粗灰分满足家畜对饲草矿物质的需求。粗纤维素是热能的主要原料，具有芳香气味，对饲草适口性有重要的影响[24]。可溶性糖含量是反刍家畜饲草营养价值的重要指标，与饲草的适口性、消化率以及青贮饲草的品质有关[25]。本试验秸秆品质检测结果表明，不同品种秸秆的总糖、还原糖和粗纤维素含量有差异，而粗蛋白质含量差异不显著。总糖含量范围在1.61%～6.92%，其中辽杂37秸秆总糖含量最高，辽杂36秸秆总糖含量最低。粗纤维素含量在17.50%～24.84%，其中辽杂19秸秆粗纤维素含量最低，辽杂36秸秆粗纤维素含量最高。粗纤维素含量在不同品种之间差异极显著，这与何振富[26]等的试验结果一致。淀粉是高粱籽粒的主要成分，淀粉含量的高低和直链淀粉与支链淀粉的比值决定了高粱籽粒的产量和品质。本研究参试的4个杂交高粱品种的淀粉含量有差异，其中辽粘3号籽粒的淀粉含量最高，辽粘3号与辽杂36差异不显著。杂交高粱籽粒粗蛋白质含量在7.48%～14.30%，其中辽杂36籽粒粗蛋白质含量最高，辽粘3号最低。本试验中辽粘3号种子在新疆地区的粗蛋白质和淀粉含量比邹剑秋等[18]的试验结果低，可能是栽培环境和后期管理差异所致。

本研究引进的辽杂37籽粒产量比其他品种高，株高最矮，属于矮秆品种，并且秸秆具有较高的糖分、粗蛋白质含量和较低的粗纤维素含量，籽粒具有较高的粗蛋白质和淀粉含量，综合性状好，可以作为粒用杂交高粱种植的首选品种，具有推广种植价值。

参考文献

[1] Rooney WL, Blumenthal J, Bean B, et al. Designing Sorghum as a Dedicated Bioenergy Feedstock [J]. Biofuels Bioproducts & Biorefining, 2010, 1 (2): 147-157.

[2] 卢庆善. 高粱学 [M]. 北京: 中国农业出版社, 1999: 56-75.

[3] Mastrorilli M, Katerji N, Rana G. Productivity and water use efficiency of sweet sorghum as affected by soil water deficit occurring at different vegetative growth stages [J]. European Journal of Agronomy, 1999, 11 (3): 207-215.

[4] 高业雷, 谷环宇, 张泽虎, 等. 高粱作为饲料原料的营养与应用特性 [J]. 饲料工业, 2016, 37 (3): 14-21.

[5] 王继师, 樊帆, 韩立朴, 等. 不同类型高粱主要农艺性状与品质性状差异分析 [J]. 中国农业大学学报, 2013, 18 (3): 45-54.

[6] 籍贵苏, 杜瑞恒, 侯升林, 等. 甜高粱茎秆含糖量研究 [J]. 华北农学报, 2006, 21 (s2): 81-83.

[7] 卞云龙, 邓德祥, 徐向阳, 等. 高粱茎秆中糖分含量的变化 [J]. 园艺与种苗, 2004, 24 (5): 282-283.

[8] 康健, 匡彦蓓, 盛捷. 10种作物秸秆的营养品质分析 [J]. 草业科学, 2014, 31 (10): 1951-1956.

[9] 杨天育, 何继红, 董孔军, 等. 6种作物秸秆饲草营养品质的分析与评价 [J]. 西北农业学报,

2011，20（11）：39-41.

[10] 艾买尔江·吾斯曼，吐热衣夏木·依米提，王冀川，等. 粒用高粱与秆用高粱品种比较试验 [J]. 新疆农垦科技，2017，(9)：11-12.

[11] 李淮滨，翟婉萱，于贵瑞，等. 甜高粱与粒用高粱干物质积累分配与产量形成的比较研究 [J]. 作物学报，1991，17（3）：204-212.

[12] 李伟，陈冰嫣，侯佳明，等. 高粱籽粒的营养成分与饲用价值 [J]. 现代农业科技，2017，(15)：244-244.

[13] 陆平. 高粱种质资源描述规范和数据标准 [M]. 北京：中国农业出版社，2006.

[14] 徐佳璐，战海枫，陈义飞. 饲料中粗蛋白测定的方法 [J]. 养殖技术顾问，2014（3）：49-49.

[15] 叶鹏，周昱，陈鹭平. 饲料中粗纤维的快速测定法 [J]. 福建分析测试，2002，11（1）：58-60.

[16] 宁正祥. 食品成分分析手册 [M]. 北京：中国轻工业出版社，2001：156-189.

[17] Hewitt B R. Spectrophotometric determination of total carbohydrate [J]. Nature，1958，182（4630）：246-247.

[18] 邹剑秋，朱凯，王艳秋，等. 糯高粱杂交种辽粘 3 号选育报告 [J]. 中国农业信息，2008（7）：21-22.

[19] 高悦. 矮秆高粱辽杂 35 号光合特性与物质生产研究 [D]. 沈阳：沈阳农业大学，2016：13-21.

[20] 王颖，石太渊，杨立国. 高粱杂交种辽杂 17 号选育报告 [J]. 园艺与种苗，2004，24（5）：268-269.

[21] 周宇飞，黄瑞冬，许文娟，等. 甜高粱不同节间与全茎秆锤度的相关性分析 [J]. 沈阳农业大学学报，2005，36（2）：139-142.

[22] 郑凯，顾洪如，沈益新，等. 牧草品质评价体系及品质育种的研究进展 [J]. 草业科学，2006，23（5）：57-61.

[23] 段新慧，钟声，李乔仙，等. 鸭茅种质资源营养价值评价 [J]. 养殖与饲料，2013（6）：38-42.

[24] 刘刚. 青藏高原饲用燕麦种质资源评价与筛选 [D]. 兰州：甘肃农业大学，2006.

[25] Mayland H F，Shewmaker G E，Harrison P A，et al. Nonstructural carbohydrates in tall fescue cultivars：Relationship to animal preference [J]. Agronomy Journal，2000，92（6）：1203-1206.

[26] 何振富，贺春贵，魏玉明. 不同饲用甜高粱品种及刈割次数对产量和营养成分的影响 [C] //中国畜牧业协会. 第三届（2014）中国草业大会论文集，2014：86-94.

本文曾发表于《新疆农业科学》2019年第56卷第4期。

复播饲草高粱和玉米产量及
营养成分的比较研究

再吐尼古丽·库尔班[1,2]　涂振东[2]　叶凯[2]　艾克拜尔·伊拉洪[1]

(1. 新疆农业大学草业与环境科学学院，乌鲁木齐 830052；

2. 新疆农业科学院生物质能源研究所，乌鲁木齐 830091)

【研究意义】南疆位于天山与昆仑山之间，包括塔里木盆地、昆仑山脉新疆部分以及吐鲁番盆地，面积约 53 万 km^2，约占新疆的 2/3[1]。南疆是新疆少数民族的聚集区，当地少数民族具有养殖牛羊的历史传统。然而，受塔里木盆地干旱沙漠气候和盐碱土壤环境的影响，南疆粗饲料资源极其缺乏，这限制了南疆畜牧业的快速发展。因此，进一步开发和科学合理地利用饲料资源是扩大南疆牛羊养殖规模的物质基础，对增加南疆少数民族家庭收入具有十分重要的意义[2]。

【前人研究进展】近年来，随着新疆农区畜牧业的发展，饲料问题日渐突出，麦后复播青贮玉米是新疆长期以来保障青贮饲料自足的一项重要措施[3]。复播玉米存在品种单纯、单产水平不高、籽实收获后秸秆老化等问题，影响饲草产量和品质。而高粱的鲜草产量通常可达青贮玉米的 1.2~2.0 倍[4]。研究表明，作青刈用的饲用高粱品种再生能力强，刈割后生长快，适合多次刈割使用[5]。

高粱 [*Sorghum bicolor* (L.) Moench] 是重要的优质蛋白饲料作物，抗旱、耐涝、耐盐碱的能力较强，适应范围广[6-9]。高丹草 (*Sorghum biocolor* × *S. sudanense*) 是高粱与苏丹草 [*Sorghum sudanense* (Piper) Stapf] 的杂交种，是一种高产、优质的一年生牧草，适用地区广，抗旱，可持续提供优质鲜草。高丹草作为一种新兴牧草，目前在北方地区种植较少，尤其是新疆牧区，原因是农业工作者对高丹草的认识不够全面，并在生产上缺乏栽培技术，同时国内外在这方面的研究较少。高丹草的杂种优势非常明显，抗旱、抗寒、耐盐碱，刈割后植株再生力强，生长速度快，含糖量较高，适合青贮，可以用来养殖牛、羊等畜禽，在生产上表现优质高产，效益明显[10]。【本研究切入点】目前，对甜高粱开发利用方面的研究较多，对于新疆来说甜高粱在新疆的栽培研究主要集中在北疆[11-12]，在南疆进行的相关研究报道较为少见。尤其是以麦后复播饲草高粱作为饲料跟玉米对比产量和营养成分的研究未见报道。【拟解决的关键问题】因此，本文以饲草高粱晋牧 1 号和当地主栽复播玉米品种新玉 29 为麦后复播材料，对不同刈割条件下生物产量、茎部、叶片等不同部位的营养成分进行了比较，揭示新玉 29 和晋牧 1 号营养成分的分布情况和差异，为南疆地区高产、优质复播青贮饲料作物的利用推广和解决当地饲草短缺等问题提供科学依据。

1　材料与方法

1.1　试验材料

参试品种为玉米品种新玉 29 和山西省农业科学院高粱研究所提供的高丹草品种晋牧 1 号。

1.2　试验设计

试验小区采用完全随机区组排列，6 次重复，行长 20m，行距 0.4m，晋牧 1 号株距 0.08m，新玉 29 株距 0.2m，10 行区。晋牧 1 号共刈割 2 次，新玉 29 刈割一次。2017 年 6 月 22 日人工播种，饲草高粱播种面积 20 亩，玉米播种面积 20 亩。7 月 29 日浇出苗水，全生育期浇水 3 次。播种前整地，施肥量为尿素 8kg/亩、磷酸二铵 21kg/亩，全部作为基肥一次性施用。结合第二次灌水追施尿素 5kg/亩。

1.3　试验地点

试验地点在新疆喀什地区疏勒县库木西力克乡。地理坐标为东经 76°37′，北纬 39°23′。土壤肥力中下水平，前茬为冬小麦。

1.4　测定指标与方法

1.4.1　产量测定

生物产量：单位面积土地上所收获的地上部分的全部产量，以 kg/hm² 。

1.4.2　营养成分测定

分别以 2017 年 8 月 9 日第一次刈割和 10 月 9 日第二次刈割的高粱秸秆和叶片、10 月 9 日第一次刈割的玉米秸秆和叶片作为试验材料。取样时每个小区随机取 5 株，整体粉碎后混匀，先 65℃烘干 40min，然后 35℃烘干 24h。通过 40 目筛，装进密封袋，留待测定营养成分。粗蛋白含量测定采用凯氏定氮法（GB/T 6432—2018）；粗纤维含量测定采用 H_2SO_4 和 NaOH 溶液煮沸消化法（GB/T 6434—2006）；总糖的测定采用直接滴定法[13]；水分测定利用烘干法[13]；灰分测定利用灰化法[14]。

1.5　数据处理

采用 Excel 2013 处理试验数据，采用 DPS 6.50 统计分析软件对试验数据进行显著性检验及相关分析。

2　结果与分析

2.1　复播玉米和饲草高粱产量

2017 年 6 月 22 日同时人工复播新玉 29 20 亩和晋牧 1 号 20 亩。晋牧 1 号割茬两次，分别为 8 月 9 日和 10 月 9 日，而新玉 29 在 10 月 9 日收割一次，产量见表 1。

从表 1 可以看出，复播玉米品种新玉 29 和饲草高粱晋牧 1 号秸秆产量有很大差异。

新玉 29 只割一次，秸秆产量为 67 567.56kg/hm²、籽粒产量 8 708.70kg/hm²、生物产量为 76 276.27kg/hm²。晋牧 1 号第一茬秸秆产量达到 83 483.48kg/hm²，第二茬秸秆产量达到 84 249.24kg/hm²，生物产量为 167 732.73kg/hm²。以上可以看出，晋牧 1 号生物产量远远高于新玉 29，比新玉 29 增产 119.90%。

表 1　新玉 29 和晋牧 1 号产量（kg/hm²）

品种	第一茬秸秆产量	第二茬秸秆产量	籽粒产量	秸秆产量	生物产量
新玉 29	—	—	8 708.70	67 567.56	76 276.27
晋牧 1 号	83 483.48	84 249.24	无籽粒	—	167 732.73

2.2　复播玉米和饲草高粱营养成分

复播饲草高粱晋牧 1 号收割的时候没有籽粒，因此只对茎秆和叶片进行成分分析。表 2 为 10 月 9 日收割的玉米新玉 29 和饲草高粱晋牧 1 号茎秆和叶片的主要营养成分含量。

从表 2 可以看出，复播玉米和饲草高粱叶片和茎部的营养成分和分布规律有差异。

（1）新玉 29 和晋牧 1 号不同部位粗纤维素的分布规律不一致。新玉 29 叶片与茎秆的粗纤维素含量差异达极显著（$p < 0.01$），叶片的粗纤维素含量高于茎部。晋牧 1 号叶片与茎秆的粗纤维素含量差异达极显著（$p < 0.01$），茎部的粗纤维素含量高于叶片。新玉 29 和晋牧 1 号不同部位粗蛋白质和可溶性总糖的分布规律一致，茎部的含量高于叶片并且差异达极显著（$p < 0.01$），其中晋牧 1 号茎部的粗蛋白质含量高达 8.81%、总糖含量高达 13.61%。新玉 29 和晋牧 1 号不同部位粗灰分和水分的分布规律一致，叶片的含量高于茎部并差异达极显著（$p < 0.01$），水分含量基本都高于 74%。

（2）新玉 29 和晋牧 1 号同一部位的营养成分有差异。新玉 29 叶片和晋牧 1 号叶片粗纤维素含量分别为 35.53%、24.37%、可溶性总糖含量分别为 6.66%、4.75%，新玉 29 叶片的粗纤维素和可溶性总糖含量高于晋牧 1 号并且差异极显著（$p < 0.01$）。而新玉 29 茎部的粗纤维素和可溶性总糖含量低于晋牧 1 号并且差异极显著（$p < 0.01$）。新玉 29 叶片和茎部的粗蛋白质、粗灰分、水分含量均低于晋牧 1 号并且差异极显著（$p < 0.01$）。

表 2　复播玉米和饲草高粱营养成分

品种	粗纤维素（%）		粗蛋白质（%）		粗灰分（%）		可溶性总糖（%）		水分（%）	
	叶	茎	叶	茎	叶	茎	叶	茎	叶	茎
新玉 29	35.53± 0.30Cc	31.35± 1.00Dd	4.06± 0.05Jl	7.77± 0.15Hi	4.68± 1.00Jkl	2.35± 1.15Km	6.66± 0.05Ij	8.88± 0.12Hi	74.52± 0.61Bb	74.48± 1.00Bb
晋牧 1 号	24.37± 1.66Ee	32.66± 1.53Dd	5.36± 0.08IJk	8.81± 0.10Gh	9.33± 0.05Hi	5.33± 0.06IJk	4.75± 0.06Jkl	13.61± 0.16Ff	77.18± 0.62Aa	76.26± 1.00Aa

注　同列或同行数据后标不同大写字母者表示差异达 1% 显著水平，标不同小写字母者表示差异达 5% 显著水平。下同。

2.3　复播饲草高粱不同刈割期的营养成分

在喀什地区冬小麦收获后复播晋牧 1 号可以割茬两次。晋牧 1 号第一茬、第二茬茎秆和叶片的营养成分见表3。

表3 晋牧1号不同刈割期营养成分

刈割期	粗纤维素（%）		粗蛋白质（%）		粗灰分（%）		可溶性总糖（%）		水分（%）	
	叶	茎	叶	茎	叶	茎	叶	茎	叶	茎
第一茬	31.70± 0.57De	42.49± 1.00Cd	9.27± 1.00Hi	6.49± 0.05Ik	8.14± 0.10Hj	5.80± 0.05IJkl	4.36± 0.10Jm	11.76± 0.05Gh	77.52± 0.55Aa	73.98± 1.00Bc
第二茬	24.37± 1.66Ef	32.66± 1.52De	5.36± 0.08IJklm	8.81± 0.10Gh	9.33± 0.05Hi	5.33± 0.05IJklm	4.75± 0.05Jlm	13.61± 0.15Fg	77.18± 0.61Aab	76.26± 1.00Ab

从表3可以看出晋牧1号第一、第二茬叶片和茎部的营养成分及分布规律存在差异。

（1）晋牧1号第一、第二茬粗纤维素和可溶性总糖的分布规律一致，茎部的含量高于叶片，并且差异达极显著（$p < 0.01$）。晋牧1号第一、第二茬粗灰分和水分的分布规律一致，叶片的含量高于茎部，并且差异达极显著（$p < 0.01$）。晋牧1号第一、第二茬茎部和叶片的粗蛋白质分布规律不一致，第一茬叶片的含量高于茎部，第二茬茎部的含量高于叶片。

（2）不同刈割期对饲草高粱的营养含量也有一定的影响。晋牧1号第一、第二茬叶片的可溶性总糖含量分别为4.36%、4.75%、茎部的可溶性总糖含量分别为11.76%、13.61%，可以看出茎叶的总糖含量第一茬＜第二茬。晋牧1号第一、第二茬叶片的粗纤维素含量分别为31.70%、24.37%，茎部的粗纤维素含量分别为42.49%、32.66%，茎叶的粗纤维素含量第一茬＞第二茬。不同刈割期对晋牧1号粗蛋白质及水分含量的影响跟其他营养成分有差异。从水分含量的数据来看，叶片的水分含量第一茬＞第二茬、茎部的水分含量第二茬＞第一茬。第一、第二茬叶片的粗蛋白质含量分别为9.27%、5.36%，差值为3.91%，差异极显著（$p < 0.01$），叶片的粗蛋白质含量第一茬＞第二茬。第二茬茎部的粗蛋白质含量分别为6.49%、8.81%，差值为5.32%，差异极显著（$p < 0.01$），茎部的粗蛋白质含量第一茬＜第二茬。

3 讨论

近年来，喀什地区农区畜牧业增畜不增草，饲草短缺矛盾日益突出，严重制约地区农牧业发展。调整种植产业结构，引进优质饲草品种已经成为畜牧工作发展的突破[15]。

2017—2018年在喀什地区疏勒县开展了饲草高粱复播示范，结果表明晋牧1号适合喀什地区复播种植，复播整个生育期可以刈割2次。复播晋牧1号生物产量高于玉米，两次的合计生物产量达到167 732.73kg/hm²，新玉29为76 276.27kg/hm²。哈斯亚提·托逊江[16]等利用4个复播玉米品种和饲用甜高粱（大力士）在同等栽培管理条件下在南疆新和县进行生产力和营养成分比较分析试验，结果复播甜高粱不结穗的情况下生物产量达到135 258.9kg/hm²、新玉29生物产量达到65 136kg/hm²。而本试验晋牧1号的生物产量不仅高于新玉29，也高于大力士，这说明晋牧1号比大力士比较适合复播。

平俊爱[10]等从2009—2010年在北京双桥、天津大港、新疆呼图壁等多点进行晋牧1

号生产试验。其四个试验点 3 年鲜草平均产量为 115 857.5kg/hm²，认为适合在北京、天津、新疆、四川、山西等地种植推广。本试验结果进一步确认了此试验结果，本试验中晋牧 1 号复播高粱两次刈割鲜草产量比内地的高。部分研究报道[17-18]也证实了饲料甜高粱在南疆种植可获得高产的可能性。甜高粱为短日照作物[11]，在新疆长日照条件下有利于其营养生长，所以表现出生物产量高，这跟冯国郡[19]等的试验结果一致。

本研究发现复播晋牧 1 号和新玉 29 的不同部位营养成分的分布规律及含量有差异。玉米和晋牧 1 号不同部位粗纤维素含量的分布规律不一致。玉米叶片的粗纤维素高于茎部、晋牧 1 号茎部的粗纤维素高于叶片。玉米和晋牧 1 号不同部位粗蛋白质、可溶性总糖含量的分布规律一致，茎部的粗蛋白质高于叶片。这跟郭彦军[20]等的试验结果相似。

不同刈割期对高粱养分含量有很明显的影响。本研究发现第一割茬的粗纤维含量高于第二茬，第一茬的可溶性总糖含量低于第二茬，与郑庆福等[21]的研究结果相同。

4 结论

晋牧 1 号为一年生禾本科牧草，耐旱，刈割后植株再生力强，生长速度快。喀什地区复播可以刈割 2 次，刈割后 5～6 周株高可达 100cm 以上。复播玉米和饲草高粱鲜草产量有很大差异。玉米只割一次，鲜草产量达到 67 567.56kg/hm²，籽粒产量 8 708.70kg/hm²，合计产量为 76 276.27kg/hm²。晋牧 1 号第一茬和第二茬鲜草合计产量达到 167 732.73kg/hm²，生物产量远远高于复播玉米。复播玉米和饲草高粱叶片和茎部的营养成分和分布规律有差异。新玉 29 和晋牧 1 号不同部位粗纤维素的分布规律不一致。新玉 29 和晋牧 1 号不同部位粗蛋白质和可溶性总糖的分布规律一致，茎部的含量高于叶片。不同刈割期对饲草高粱的营养含量也有一定的影响。第一茬粗纤维含量高于第二茬、第一茬可溶性总糖含量低于第二茬。第一茬叶片的粗蛋白质含量高于第二茬、第一茬茎部的粗蛋白质含量低于第二茬。理想的青贮原料一般要求含水率 65%～75%，水溶性糖含量 8%～10%。晋牧 1 号的含水率为 77.52%，总糖含量高达 13.61%（干基），极显著高于玉米原料。玉米是新疆主要粮食作物之一，在新疆农牧业区也是重要的饲料作物。玉米籽粒在当地单收并作家畜的精饲料，而秸秆是供作饲料为主。跟新玉 29 对比晋牧 1 号具有产草量高，含水率较高，干物质中粗蛋白含量高、含糖量高等优质饲料的特点。晋牧 1 号的适应性较好，可用于解决夏末新鲜优质饲料短缺问题，适合南疆地区复播推广示范。

参考文献

[1] 肖丹，张苏江，王明，等．不同甜高粱品种与玉米主要农艺性状比较 [J]．江苏农业科学，2017，45（5）：79-83.

[2] Zhang W T, Wu H Q, Gu H B, et al. Variability of soil salinity at multiple spatio-temporal scales and the related driving factorsin the oasis areas of Xinjiang, China [J]. Pedosphere, 2014, 24 (6): 753-762.

[3] 艾买尔江·吾斯曼，王冀川，吐热衣夏木·依米提，等．几个甜高粱品种麦后复播种植比较试验

[J]. 新疆农垦科技，2015 (3)：18-19.

[4] 王显国. 饲用甜高粱 [J]. 中国乳业，2002 (10)：26-27.

[5] 刘丽华，曾宪国，李红宇，等. 青刈对饲用甜高粱产量和品质的影响 [J]. 黑龙江八一农垦大学学报，2011，23 (1)：5-7.

[6] 钱章强，金德纯. "皖草2号"高粱-苏丹草杂交种及其高产栽培技术 [J]. 科学养鱼，2000 (5)：41-41.

[7] 王艳秋，邹剑秋，黄瑞冬，等. 饲草高粱杂交种产量稳定性分析 [J]. 华北农学报，2008，23 (b10)：156-161.

[8] Dien B S, Sarath G, Pedersen J F, et al. Improved sugar conversion and ethanol yield for forage sorghum [*Sorghum bicolor* (L.) Moench] lines with reduced lignin contents [J]. Bioenergy Research，2009，2 (3)：153-164.

[9] Qu H, LiuX B, Dong C F, et al. Field performance and nutritive value of sweet sorghumin eastern china [J]. Field Crops Research，2014，157 (2)：84-88.

[10] 平俊爱，张福耀，杜志宏，等. '晋牧1号'高丹草的选育及其特征特性研究 [J]. 草地学报，2015，23 (6)：1233-1238.

[11] 王兆木，涂振东，贾东海. 新疆甜高粱开发利用研究 [J]. 新疆农业科学，2007，44 (1)：50-54.

[12] 冯国郡，叶凯，涂振东，等. 甜高粱主要农艺性状相关性和主成分分析 [J]. 新疆农业科学，2010，47 (8)：1552-1556.

[13] 宁正祥. 食品成分分析手册 [M]. 北京：中国轻工业出版社，2001：54-89.

[14] 张丽英. 饲料分析及饲料质量检测技术 [M]. 北京：中国农业大学出版社，2003.

[15] 张旭东，张勇，周皓，等. 喀什地区饲草高粱栽培技术 [J]. 农村科技，2014 (5)：70-71.

[16] 哈斯亚提·托逊江，哈丽代·热合木江，阿不力克木·买买提，等. 不同玉米及饲用甜高粱复播试验 [J]. 草食家畜，2013 (5)：48-50.

[17] 魏玉强. 阿克苏地区甜高粱品种比较试验总结 [J]. 新疆农业科学，2010 (2)：20-21.

[18] 艾买尔江·吾斯曼，吐热依夏木·依米体，吴全忠. 甜高粱在新疆生态条件下的适应性研究 [J]. 新疆农垦科技，2011，34 (1)：16-18.

[19] 冯国郡，叶凯，涂振东. 时空变化对甜高粱农艺性状的影响及分析 [J]. 新疆农业科学，2010，47 (2)：285-290.

[20] 郭彦军，尹亚丽，张健，等. 施肥对甜高粱产量及茎叶养分质量分数的影响 [J]. 西南大学学报（自然科学版），2011，33 (10)：21-26.

[21] 郑庆福，杨恒山，赵兰坡. 刈割次数对杂交甜高粱草产量及品质的影响 [J]. 草业科学，2009，26 (2)：76-79.

本文曾发表于《新疆农业科学》2018年第55卷第10期。

不同区域对甜高粱农艺性状及营养成分的影响研究

再吐尼古丽·库尔班[1,2]　岳丽[2]　涂振东[2]　叶凯[2]　艾克拜尔·伊拉洪[1]

(1. 新疆农业大学草业与环境科学学院，乌鲁木齐 830052；

2. 新疆农业科学院生物质能源研究所，乌鲁木齐 830091)

【研究意义】甜高粱是粒用高粱的一个变种，具有生物学产量高、含糖量高、抗性优良、适口性好、乙醇转化率高等特点，可用于制糖、饲用、生产生物燃料、酿酒、造纸等，是近年来新兴的一种饲用作物和能源作物[1-5]。新疆维吾尔自治区是我国宜农荒地资源较丰富的地区，光照强，温差大，有利于农作物糖分的积累，适宜发展甜高粱等能源作物[6]。因此，充分利用新疆地区丰富的自然资源，解决饲料不足问题，促进甜高粱产业的快速发展，对于新疆地区的农牧业发展具有重要意义。

作物品种区域试验是在一定生态地区和一定时间范围内鉴定参试品种优劣的试验，它通过对品种间差异的鉴别来评价品种。品种在区域试验中的表现直接关系到它的推广应用，而区域试验质量的好坏则是决定能否科学、客观、公正地评价一个新品种的重要因素[7]。

【前人研究进展】当前，对甜高粱遗传潜力研究仍主要停留在农艺性状上[8-13]，赵香娜[14]、闫峰[15]等对不同甜高粱资源的农艺性状进行了研究，结果显示各个性状都存在较大的遗传多样性。高明超[16]、曹文伯[17]等研究者认为甜高粱农艺性状更易受环境因素影响，农艺性状的表现型不能准确反映出真实的基因型效应，为此，在开展甜高粱育种工作时，除了调查主要的农艺性状，还应适当结合产量性状和品质性状的评估，以制定更加合理的选择方案，提高选择效果。【本研究切入点】以上可以看出，目前在新疆地区有关不同甜高粱秸秆在不同地区的秸秆粗蛋白质、粗纤维素、可溶性总糖和还原糖等营养成分的比较研究未见报道。

【拟解决的关键问题】因此，本试验以来源于辽宁省农业科学院的4份甜高粱种质资源为材料，分别在新疆玛纳斯县和奇台县等两地在同等栽培管理条件下进行了品比试验，对不同品种的农艺性状、产量和营养成分等性状进行研究，分析不同种植区域对不同甜高粱品种的生产力和品质影响，以期为新疆干旱区甜高粱种质资源的引种及合理利用提供依据。

1　材料与方法

1.1　试验地概况

试验于2016年4—9月分别在新疆农业科学院玛纳斯农业试验站和奇台麦类试验站

进行。

新疆农业科学院玛纳斯农业试验站：该区海拔 470m，地处东经 86°14′，北纬 44°14′。年平均降水量为 173mm，年平均气温为 7.2℃，全年无霜期 165d。土壤有效磷含量 25.33mg/kg，有效氮含量 83.7mg/kg，速效钾含量 256.73mg/kg，pH8.09，总盐含量 0.28g/kg。

新疆农业科学院奇台麦类试验站：该区海拔 793m，地处东经 89°12′，北纬 44°13′。年平均降水量为 176.3mm，年平均气温为 4.7℃，全年无霜期 155d。土壤有效磷含量 21.11mg/kg，有效氮含量 77.93mg/kg，速效钾含量 102.78mg/kg，pH7.71，总盐含量 0.82g/kg。

1.2　试验材料

参试品种为从辽宁省农业科学院引进的辽甜 15-1、辽甜 13、辽甜 1 号、辽甜 3 号等 4 个甜高粱杂交品种。

1.3　试验设计

试验为随机区组排列，5 行区，行长 10m，行距 60cm，株距 20cm，小区面积 30m²，3 次重复。2016 年 4 月 22—29 日人工播种。各试验小区栽培管理措施一致，采取膜下滴灌。施种肥 227kg/hm²（磷酸二铵），接合头水和三水滴尿素 303kg/hm²，人工除草 3 次，全生育期浇水 5 次。

1.4　测定指标与方法

1.4.1　农艺性状

出苗期、抽穗期、开花、成熟期、株高等采用《高粱种质资源描述规范和数据标准》[18]来对试验材料进行田间观察和数据采集。

含糖锤度：用水将锤度计调零，取少量榨出的汁液，用 ATAGO 数显锤度计测定锤度。

生物产量：单位面积土地上所收获的地上部分的全部产量，以 t/hm² 为单位。

1.4.2　营养成分

试验材料取成熟期的茎秆，取样时每个小区随机取 5 株，整体粉碎后混匀，做 3 个重复，最后取平均值。

粗蛋白含量测定采用凯氏定氮法（GB/T 6432—2018）；粗纤维含量测定采用 H_2SO_4 和 NaOH 溶液煮沸消化法（GB/T 6434—2006）；总糖和还原糖测定采用直接滴定法[19]。

1.5　统计分析

试验数据采用 DPS 软件的一般线性模型进行方差分析，显著性检验用 LSD 多重比较。

2　结果与分析

2.1　不同区域不同品种甜高粱的物候期

从表 1 可以看出：①奇台种植的甜高粱品种的生育期为 139～149d，均属晚熟品种。4 个甜高粱品种的出苗时间相同，从播种到出苗为 12d，其中辽甜 3 号的生育期最长，为 149d。辽甜 1 号的生育期最短，为 139d。②玛纳斯种植的甜高粱品种的生育期为 138～

145d，4个甜高粱品种的出苗时间基本相同，从播种到出苗为9d，其中辽甜13的生育期最长，为145d。辽甜1号的生育期最短，为138d。③辽甜1号、辽甜13在两地的生育期差异不大。辽甜3号在两地的生育期差异最大，在奇台的生育期149d，奇台种植比玛纳斯晚熟6d。辽甜15-1在奇台的生育期144d，比玛纳斯晚熟4d。

表1 不同区域甜高粱的物候期（月-日）

地点	品种名称	物候期					
		播种期	苗期	抽穗期	开花期	成熟期	全生育期（d）
奇台	辽甜15-1	4-29	5-11	6-28	7-16	9-20	144
	辽甜13	4-29	5-11	6-28	7-16	9-20	144
	辽甜3号	4-29	5-11	6-30	7-18	9-25	149
	辽甜1号	4-29	5-11	6-28	7-16	9-15	139
玛纳斯	辽甜15-1	4-22	5-1	6-25	7-11	9-10	140
	辽甜13	4-22	5-1	6-26	7-12	9-15	145
	辽甜3号	4-22	5-1	6-23	7-18	9-13	143
	辽甜1号	4-22	5-1	6-26	7-15	9-8	138

2.2 不同区域不同品种甜高粱的农艺性状

2.2.1 不同区域不同品种甜高粱的株高

从表2中可以看出：①在同一地区种植的不同甜高粱品种的株高不一致。奇台种植的4个品种的株高在278.46～313.53cm。其中辽甜15-1的株高最长，为313.53cm。辽甜13的株高为最矮，为278.46cm。辽甜15-1与辽甜13的株高差异极显著、与辽甜3号、辽甜1号的差异不显著。②对于玛纳斯种植的品种来说，辽甜15-1的株高最长，为333.33cm。辽甜13的株高最矮，为293.33cm。辽甜15-1株高与其他三个品种的差异极显著。辽甜3号与辽甜1号的株高差异不显著。辽甜13与辽甜3和1号的差异极显著。③不同区域对同一品种的株高有影响，参试的4个品种在玛纳斯的株高水平整体高于奇台。辽甜15-1、辽甜13、辽甜3号、辽甜1号在奇台和玛纳斯的均值差分别为19.8cm、14.87cm、7.73cm、6.87cm。辽甜15-1号和辽甜13在不同区域的株高差异极显著。辽甜3号和辽甜1号在不同区域的株高差异不显著。

表2 不同区域不同品种甜高粱的农艺性状

地点	品种名称	主要农艺性状		
		株高（cm）	锤度（%）	生物产量（t/hm²）
奇台	辽甜15-1	313.53±1.66Bbc	14.93±0.33Dd	14.88±30.33Bb
	辽甜13	278.46±3.33De	14.46±0.11Dd	13.85±23.33Dd
	辽甜3号	308.93±1.67Bc	11.86±0.12Ee	12.64±25.66Ff
	辽甜1号	312.46±1.33Bbc	11.53±0.66Ee	7.96±10.33Hh

（续）

地点	品种名称	主要农艺性状		
		株高（cm）	锤度（%）	亩生物产量（t/hm²）
玛纳斯	辽甜 15-1	333.33±3.33Aa	21.16±0.10Bb	15.94±31.33Aa
	辽甜 13	293.33±3.33Cd	24.73±0.66Aa	14.08±32.33Cc
	辽甜 3 号	316.66±3.33Bbc	18.19±0.23Cc	12.91±0.12Ee
	辽甜 1 号	319.33±3.33Bb	20.33±0.13Bb	8.33±31.24Gg

注 同列数据后标不同大写字母者表示差异达 1% 显著水平，标不同小写字母者表示差异达 5% 显著水平。下同。

2.2.2 不同区域不同品种甜高粱秸秆锤度

从表 2 中可以看出：①在同一地区种植的不同甜高粱品种的锤度不一致，奇台种植的辽甜 15-1 的秸秆锤度最高，为 14.93%，辽甜 1 号的秸秆锤度最低，为 11.53%。辽甜 15-1 与辽甜 13 的秸秆锤度差异不显著，辽甜 3 号与辽甜 1 号的差异不显著。辽甜 15-1 与辽甜 3 号和辽甜 1 号的秸秆锤度差异极显著。②对于玛纳斯种植的品种来说，辽甜 13 的秸秆锤度最高，为 24.73%。辽甜 3 号的秸秆锤度最低，为 18.19%。辽甜 15-1 与辽甜 1 号的秸秆锤度差异不显著，辽甜 15-1 与辽甜 1 号、辽甜 3 号的差异极显著。③不同区域对同一品种秸秆的锤度有影响，参试的 4 个品种的秸秆锤度在玛纳斯的均高于奇台的。辽甜 15-1、辽甜 13、辽甜 3 号、辽甜 1 号在奇台和玛纳斯的锤度均值差分别为 6.23%、10.27%、6.33%、8.8%。4 个不同品种在玛纳斯和奇台的锤度差异均极显著。

2.2.3 不同区域不同品种甜高粱秸秆的生物产量

从表 2 中可以看出：①在同一地区种植的不同甜高粱品种的生物产量不一致，奇台种植的 4 个不同甜高粱品种的生物产量大小顺序为辽甜 15-1＞辽甜 13＞辽甜 3 号＞辽甜 1 号，生物产量分别为 14.88t/hm²、13.85t/hm²、12.64t/hm²、7.96t/hm²，各品种的生物产量差异极显著。②玛纳斯种植的 4 个不同甜高粱品种的生物产量大小顺序跟奇台的一致，大小顺序为辽甜 15-1＞辽甜 13＞辽甜 3 号＞辽甜 1 号，生物产量分别为 15.94t/hm²、14.08t/hm²、12.91t/hm²、8.33t/hm²，各品种的生物产量差异极显著。③不同区域对同一甜高粱品种的生物产量有影响，4 个品种的生物产量在玛纳斯的均高于奇台的。辽甜 15-1、辽甜 13、辽甜 3 号、辽甜 1 号在奇台和玛纳斯的均值差分别为 1.06t/hm²、0.22t/hm²、0.26t/hm²、0.36t/hm²。4 个不同品种在玛纳斯和奇台的生物产量差异均极显著。

2.3 不同区域不同品种甜高粱的营养成分

2.3.1 不同品种甜高粱总糖含量

从表 3 可以看出：①在同一地区种植的不同甜高粱品种的秸秆总糖含量不一致，在奇台种植的 4 个不同甜高粱品种的总糖含量大小顺序为辽甜 1 号＞辽甜 15-1＞辽甜 3 号＞辽甜 13，含量分别为 8.39%、5.56%、5.41%、4.28%，其中辽甜 15-1 与辽甜 13、辽甜 1 号秸秆的总糖含量差异极显著。辽甜 15-1 与辽甜 3 号的差异不显著。②玛纳斯种植

的 4 个不同甜高粱品种的秸秆总糖含量大小顺序跟奇台的不一致，大小顺序为辽甜 1 号＞辽甜 13＞辽甜 15－1＞辽甜 3 号，含量分别为 9.15%、6.77%、6.09%、5.82%，其中辽甜 15－1 与辽甜 13、辽甜 1 号的总糖含量差异极显著，而辽甜 15－1 与辽甜 3 号的总糖含量差异显著。③不同区域对同一甜高粱品种的总糖含量有很大的影响，参试的 4 个品种的总糖含量在玛纳斯的均高于奇台的。对于同一品种来说，玛纳斯和奇台的总糖含量差异均达到极显著。

表 3　不同区域不同品种甜高粱的营养成分

地点	品种名称	营养成分含量（%）			
		总糖（鲜基）	还原糖（鲜基）	粗蛋白质	粗纤维素
奇台	辽甜 15－1	5.56±0.33Eff	1.15±0.02Fg	4.43±0.01Cc	45.73±0.23Cc
	辽甜 13	4.28±0.33Gg	1.10±0.01Gh	4.02±0.03Ee	45.93±0.13Cc
	辽甜 3 号	5.41±0.10Ff	1.37±0.03Ef	4.09±0.03DEe	39.34±0.10Ef
	辽甜 1 号	8.39±0.10Bb	1.49±0.03Ee	4.05±0.04DEe	41.99±0.33De
玛纳斯	辽甜 15－1	6.09±0.03Dd	4.56±0.03Dd	4.48±0.03BC	34.22±0.23Fg
	辽甜 13	6.77±0.13Cc	6.05±0.02Bb	5.41±0.03Aa	47.63±0.13 Bb
	辽甜 3 号	5.82±0.10DEe	5.32±0.03Cc	4.16±0.03Dd	43.18±0.33Dd
	辽甜 1 号	9.15±0.06Aa	6.50±0.03Aa	4.60±0.03Bb	49.09±0.33Aa

2.3.2　不同品种甜高粱还原糖含量

从表 3 可以看出：①在同一地区种植的不同甜高粱品种的还原糖含量不一致，在奇台种植的 4 个不同甜高粱品种的还原糖含量大小顺序为辽甜 1 号＞辽甜 3 号＞辽甜 15－1＞辽甜 13，含量分别为 1.49%、1.37%、1.15%、1.10%，其中辽甜 15－1 与辽甜 13、辽甜 1 号、辽甜 1 号秸秆的还原糖含量差异极显著。辽甜 3 与辽甜 1 号的差异显著。②玛纳斯种植的 4 个不同甜高粱品种的还原糖含量大小顺序跟奇台的不一致，大小顺序为辽甜 1 号＞辽甜 13＞辽甜 3 号＞辽甜 15－1，含量分别为 6.50%、6.05%、5.32%、4.56%，品种间差异均极显著。③不同区域对同一甜高粱品种的还原糖含量有很大的影响，4 个品种的还原糖含量在玛纳斯的均高于奇台的。对于同一品种来说玛纳斯和奇台的还原糖含量差异均达到极显著。

2.3.3　不同品种甜高粱粗蛋白质含量

从表 3 可以看出：①在同一地区种植的不同甜高粱秸秆的粗蛋白质含量差异不大，在奇台种植的辽甜 13 与辽甜 3 号、辽甜 1 号秸秆的粗蛋白质含量差异均不显著，而辽甜 13 与辽甜 15－1 的差异极显著。其中辽甜 15－1 的粗蛋白质含量最高，已达到 4.43%。②玛纳斯种植的 4 个不同甜高粱品种的粗蛋白质含量大小顺序跟奇台的不一致，大小顺序为辽甜 13＞辽甜 1 号＞辽甜 15－1＞辽甜 3 号，含量分别为 5.41%、4.60%、4.48%、4.16%，其中辽甜 15－1 与辽甜 13、辽甜 3 号的粗蛋白质含量差异极显著，而辽甜 15－1 与辽甜 1 号的粗蛋白质含量差异显著。③不同区域对同一甜高粱品种的粗蛋白质含量有一定的影响，参试的 4 个品种的粗蛋白质含量在玛纳斯的均高于奇台的。不同种植地区的同一品种的粗蛋白质含量不一致，辽甜 15－1 在奇台与玛纳斯的粗蛋白质含量差异显著，辽甜 13 在奇台与玛纳斯的粗蛋白质含量差异极显著，辽甜 3 号在奇台与玛纳斯的粗蛋白质含量差异显著，辽甜 1 号在奇台与玛纳斯的粗蛋白质含量差异极显著。

2.3.4　不同品种甜高粱粗纤维素含量

从表 3 可以看出：①在同一地区种植的不同甜高粱品种秸秆的粗纤维素含量有差异，在奇台种植的辽甜 15 - 1 与辽甜 13 秸秆的粗纤维素含量差异不显著，而辽甜 15 - 1 与辽甜 3 号、辽甜 1 号的差异极显著。秸秆粗纤维素含量大小顺序为辽甜 13＞辽甜 15 - 1＞辽甜 1 号＞辽甜 3 号，含量分别为 45.93％、45.73％、41.99％、39.34％，其中辽甜 13 的粗纤维素含量最高，已达到 45.93％。②玛纳斯种植的 4 个不同甜高粱品种的秸秆粗纤维素含量大小顺序跟奇台的不一致，大小顺序为辽甜 1 号＞辽甜 13＞辽甜 3 号＞辽甜 15 - 1，含量分别为 49.09％、47.63％、43.18％、34.22％，4 个品种的粗纤维素含量差异极显著。③不同区域对同一甜高粱品种的粗纤维素含量有很大的影响，除了辽甜 15 - 1 外其他 3 个品种的粗纤维素含量在玛纳斯的均高于奇台的。不同种植地区同一品种的粗纤维素含量差异均极显著。

3　讨论

3.1　不同区域对不同甜高粱品种物候期的影响分析

甜高粱为短日照作物，在新疆长日照条件下有利于其营养生长[20]。本试验中发现不同种植区对物候期有一定的影响，辽甜 3 号在两地的生育期差异最大，在奇台的生育期 149d，在奇台种植比玛纳斯晚熟 6d；辽甜 15 - 1 在奇台的生育期 144d，比在玛纳斯晚熟 4d，这表明不同区域对同一品种的物候期有影响。对于生育期来说，在玛纳斯地区种植的所有品种基本上比奇台地区种植的生育期短。李春喜[21]等认为不同的地形地貌和气候等自然条件对甜高粱生长有极显著影响，试验结果为随着海拔升高，气温下降，甜高粱生长时间缩短，株高、单株鲜重，叶片数、茎叶产量、糖锤度等性状降低。因此气候因素的影响不能忽略，不同种植区域有关气候条件对甜高粱生长特性及品质的影响需要进一步研究。

3.2　不同区域对不同甜高粱品种农艺性状的影响分析

甜高粱茎秆含糖锤度是一个非常复杂的性状，它受单株重、茎秆质地和茎秆出汁率等内因及外界环境条件、栽培技术措施等的影响[22]。本研究结果显示，不同品种的秸秆锤度有差异，奇台种植的 4 个不同甜高粱品种的含糖锤度在 11.53％～14.93％，玛纳斯种植的 4 个不同品种的锤度在 18.19％～24.73％。籍贵苏等[23]研究表明，甜高粱茎秆含糖量一般在 11％～21％，这与本研究的结论基本相吻合。辽甜 1 号和辽甜 3 号的锤度与宋金昌[24]、冯海生[25]等的结果不同，在西宁地区种植的锤度为 15％左右，而本研究结果为奇台种植的锤度在 12％左右，玛纳斯的 20％左右，地区间存在很大的差异。辽甜 1 号和辽甜 3 号在新疆石河子地区株高、生物产量和茎秆含糖量[26]与本研究中奇台地区的结果基本相同。

前人研究表明气候因素、栽培模式、海拔高度对甜高粱生长发育有极大影响[20,27]，这跟本试验结果基本符合。本研究中发现株高、锤度和生物产量在两地都有变化。锤度和生物产量在不同区域的差异均极显著。大多数品种在玛纳斯的株高、锤度和生物产量高于奇台的。株高较高的辽甜 15 - 1、辽甜 13 等品种，其生物产量和含糖量也相对较高，它们之间可能存在正相关，这与杨相昆[26]等的试验结果相同。具体相关性显著与否，还有待进一步的验证。甜高粱基因型是影响其生物产量的主要因素[28]。本研究结果表明，不同甜高粱品种的生物产量有差异，其中辽甜 15 - 1 的最高，辽甜 1 号最低。韩立朴等[29]研究表明，不同甜高粱品种产量存在差异，这跟本研究结果一致。

3.3 不同区域对不同甜高粱品种营养成分的影响分析

甜高粱可溶性总糖主要贮存于茎秆中，茎秆的含糖量是衡量其品质的重要参数，这对于生产乙醇和青贮饲料至关重要[29]。本研究中发现总糖、还原糖、粗蛋白质和粗纤维素等营养成分在品种之间有差异。这是由于不同植物甚至同一植物不同组织和器官的生理生化反应存在差异造成的[30]。

史红梅[31]等证明海拔高度对高粱籽粒品质有明显的调控作用。而本试验结果同样证明不同区域对同一甜高粱品种秸秆的营养成分也有很大的影响，参试的 4 个品种的营养成分在玛纳斯的均高于奇台的。对于同一品种来说玛纳斯和奇台的总糖、还原糖和粗纤维素含量差异均达到极显著水平。因为甜高粱营养品质在不同时间、不同地点、不同品种上的表现是不同的[20]。

4 结论

本试验参与的不同种植区的 4 个不同甜高粱品种的农艺性状和营养成分存在差异。不同区域对同一品种的生长特性及营养成分有很明显的影响。奇台和玛纳斯种植的甜高粱品种的生育期在 138～149d，均属晚熟品种。辽甜 1 号、辽甜 13 在两地的生育期差异不大。辽甜 3 号在两地的生育期差异最大，在奇台的生育期 149d，奇台种植比玛纳斯晚熟 6d。辽甜 15 - 1 在奇台的生育期 144d，比玛纳斯晚熟 4d。参试的 4 个品种在玛纳斯的株高水平、秸秆含糖锤度、生物产量整体高于奇台。辽甜 15 - 1、辽甜 13、辽甜 3 号、辽甜 1 号在奇台和玛纳斯的生物产量的均值差分别为 1.06t/hm²、0.22t/hm²、0.26t/hm²、0.36t/hm²，其中辽甜 15 - 1 的生物产量在不同种植区均居第一位，分别为 14.88t/hm²、15.94t/hm²。综上所述，除了生物产量，辽甜 15 - 1 在玛纳斯和奇台等两地的总糖、粗蛋白质含量等营养成分也比较高，主要性状表现优于其他品种。因此初步确定该品种在新疆北疆地区具有推广利用价值，可作为种植饲料甜高粱的首选品种。

参考文献

[1] 姜慧，胡瑞芳，邹剑秋，等．生物质能源甜高粱的研究进展 [J]．黑龙江农业科学，2012，3 (2)：139 - 141.

[2] 张晓英，赵威军．甜高粱茎秆含糖量的研究进展 [J]．山西农业科学，2011，39 (6)：616 - 618.

[3] 宋旭东，张桂香，史红梅，等．甜高粱资源的鉴定与利用评价 [J]．天津农业科学，2012，18 (1)：119 - 122.

［4］ Tian Y，Zhao L，Meng H，et al. Estimation of un－used land potential for biofuels development in the People's Republic of China ［J］. AppliedEnergy，2009，86（S1）：77－85.

［5］ Zhao Y L，Abdughanid，Yoss，et al. Biomass yield and changes in chemical composition of sweet sorghum cultivars grown for biofuel ［J］. Field Crops Research，2009，111（1）：55－64.

［6］ 王亚静，毕于运. 新疆发展甜高粱液体燃料的可行性分析 ［J］. 华中农业大学学报（社会科学版），2008（5）：24－28.

［7］ 冯国郡，王兆木，贾东海. 新疆甜高粱区域试验精确度分析及品种的灰色综合评判 ［J］. 杂粮作物，2008，28（2）：70－73.

［8］ 刘洋，苏俊波，黄丽芳，等. 北京、湛江地区甜高粱引种品种比较试验 ［J］. 广东农业科学，2011，38（5）：30－34.

［9］ 李春喜，董喜存，李文建，等. 甜高粱在青海高原种植的初步研究 ［J］. 草业科学，2010，27（9）：75－81.

［10］ 姚正良，刘秦. 甘肃河西灌区甜高粱适应性试验 ［J］. 中国糖料，2008，5（1）：30－32.

［11］ 王继师，刘祖昕，樊帆，等. 24个甜高粱品种主要农艺性状与品质性状遗传多样性分析 ［J］. 中国农业大学学报，2012，17（6）：83－91.

［12］ Haussmann B I G，Hess D E，Reddy B V S，et al. Quantitative－genetic parameters of sorghum growth under strige infestation in Mali and Kenya ［J］. Plant Breeding，2010，120（1）：49－56.

［13］ 刘洋，罗萍，林希昊，等. 甜高粱主要农艺性状相关性及遗传多样性初析 ［J］. 热带作物学报，2011，32（6）：1004－1008.

［14］ 赵香娜，李桂英，刘洋，等. 国内外甜高粱种质资源主要性状遗传多样性及相关性分析 ［J］. 植物遗传资源学报，2008，9（3）：302－307.

［15］ 闫锋. 甜高粱主要农艺性状遗传参数分析 ［J］. 中国糖料，2010，2（1）：24－26.

［16］ 高明超，王鹏文. 甜高粱主要农艺性状遗传参数估计 ［J］. 安徽农学通报，2007，13（5）：114－124.

［17］ 曹文伯，庞铁军. 甜高粱品种主要性状广义遗传力的初步研究 ［J］. 中国种业，2009，13（8）：45－46.

［18］ 陆平. 高粱种质资源描述规范和数据标准 ［M］. 北京：中国农业出版社. 2006：51－60.

［19］ 宁正祥. 食品成分分析手册 ［M］. 北京：轻工业出版社，2001：45－47.

［20］ 黎大爵，廖馥苏. 甜高粱及其利用 ［M］. 北京：科学出版社，1992：136－139.

［21］ 李春喜，冯海生. 甜高粱在青海高原不同海拔生态区的适应性研究 ［J］. 草业学报，2013，22（3）：51－59.

［22］ 卢峰，吕香玲，邹剑秋，等. 甜高粱茎秆含糖量遗传研究进展 ［J］. 作物杂志，2011，8（2）：8－12.

［23］ 籍贵苏，杜瑞恒，侯升林，等. 甜高粱茎秆含糖量研究 ［J］. 华北农学报，2006，21（Z2）：81－83.

［24］ 宋金昌，范莉，牛一兵，等. 不同甜高粱品种生产与奶牛饲喂特性比较 ［J］. 草业科学，2009，26（4）：74－78.

［25］ 冯海生，李春喜，白生贵，等. 8个甜高粱品种在西宁地区的比较试验 ［J］. 草业科学，2012，29（1）：97－100.

［26］ 杨相昆，田海燕，陈树宾，等. 甜高粱品种比较试验初报 ［J］. 农业科技通讯，2008，1（4）：66－68.

［27］ 闫慧颖，李春喜，叶培麟，等. 晋杂甜高粱品种在青海水、旱地的适应性 ［J］. 山西农业科学，2016，44（10）：1487－1492.

[28] 张丽敏，刘智全，陈冰嬬，等．我国能源甜高粱育种现状及应用前景［J］．中国农业大学学报，2012，17（6）：76-82.

[29] 韩立朴，马凤娇，谢光辉，等．甜高粱生产要素特征、成本及能源效率分析［J］．中国农业大学学报，2012，17（6）：56-69.

[30] 惠红霞，许兴，李守明．宁夏干旱地区盐胁迫下枸杞光合生理特性及耐盐性研究［J］．中国农学通报，2002，18（5）：29-34.

[31] 史红梅，张海燕，张桂香．不同生态条件对高粱品质性状的影响［J］．现代农业科技，2010，1（18）：40-45.

本文曾发表于《中国农业科技导报》2014 年第 16 卷第 4 期。

盐碱地甜高粱光合特性及
农艺性状变化研究

冯国郡[1,2]　再吐尼古丽·库尔班[2]　朱敏[2]

（1. 新疆农业大学农学院，乌鲁木齐 830052；

2. 新疆农业科学院生物质能源研究所，乌鲁木齐 830091）

干旱和半干旱地区土壤盐渍化已成为限制农作物产量的重要因素[1]，我国盐渍化土地面积约 1.7 万 km²，其中轻度和中度盐渍化土地占全部盐渍化土地的 50% 以上，因此，开发和利用该部分土地对我国农业生产具有极其重要的意义。甜高粱抗旱、耐涝、耐盐碱，适应性强，是非粮能源作物[2-3]，种植甜高粱并利用其茎秆生产乙醇潜力巨大[4-5]。光合作用是植物生产最基本的生理过程之一。作物生物学产量的 90%～95% 来自光合作用产物，只有 5%～10% 来自根系吸收的营养成分[6-7]，光合作用是形成作物产量的物质基础[8]。因此，研究作物光合作用及其与环境条件的关系，对于揭示作物生长发育规律，指导作物高产优质栽培和培育高产品种均具有重要的理论和实践意义。近几年来，随着生物质能源作物研究的兴起，甜高粱的耐盐碱研究逐步增多，主要有耐盐碱种质的筛选[9-12]、耐盐指标的筛选[11]、耐盐碱机制[10,13-14]、生理指标[14-15]、光合特性[16]及盐碱地对农艺性状的影响[17-18]，但多数为室内萌芽期、苗期的研究。本研究在新疆正常壤土地和中度盐碱地自然条件下，对当地甜高粱主栽品种的光合特性、叶绿素、水分利用效率、产量等的变化进行研究，探讨甜高粱在盐碱地的光合变化规律、影响因子及生理机制，为有效开发利用西北干旱区盐碱土地、发展甜高粱生产提供理论依据和实践指导。

1　材料与方法

1.1　试验材料与设计

试验区位于新疆农业科学院玛纳斯农业试验站，该站位于东经 86°14′、北纬 44°14′，海拔 470m。本试验以当地正常壤土地为对照，试验地土壤类型的全盐含量、pH、土壤养分含量等见表 1。供试材料为甜高粱中早熟品种新高粱 3 号、中晚熟品种新高粱 9 号。2012 年 5 月 3 日同期播种。试验区行长 5m，行距 0.6m，株距 0.20m，保苗数 75 000 株/hm²，10 行区，3 次重复，小区面积 30m²。播种时每公顷施种肥磷酸二铵 300kg、硫酸钾 225kg；拔节期结合甜高粱中耕、开沟，每公顷施复合肥 195kg、尿素 150kg、硫酸钾 112.5kg。整个生育期对照田浇水 5 次，盐碱地由于土壤板结呈泥浆，不渗水，只浇水 2 次。

表 1　不同试验地养分及盐分含量

试验地	深度 (cm)	pH	有机质 (g/kg)	有效磷 (mg/kg)	速效钾 (mg/kg)	水溶性氮 (mg/kg)	全盐 (%)
对照田	0~20	8.56	10.1	27.05	353.5	69.65	0.05
盐碱地	0~20	9.56	10.4	39.1	704	49.9	0.46

1.2　叶片光合特性的测定

选择晴天早晨，在自然光照下采用便携式光合测定系统（CI‑340 型，美国 CID 公司）于拔节期 6 月 22 日起，每隔 7d 对甜高粱叶片的光合速率（Pn）、蒸腾速率（Tr）、气孔导度（Gs）、胞间 CO_2 浓度（Ci）等生理指标进行测定，同时得到光合有效辐射（PAR）、空气相对湿度（RH）、气温（Ta）、环境 CO_2 浓度（Ca）等参数。叶片水平水分利用效率（WUE，$\mu mol/mmol$）的计算公式为：$WUE = Pn/Tr$。

选择 5 株长势一致的植株挂牌，测定从上至下第 1、2、3 片功能叶，对叶片的中部进行测定，记录每片叶测试数据，重复 3 次，取平均值。用 SPAD‑502 叶绿素仪测定叶绿素含量（以 SPAD 值记），分别在叶片顶部、中部、下部取三个点测定，取平均值作为结果。

1.3　数据处理

用 Excel 软件进行数据处理和作图，用 DPS 软件进行相关分析和方差分析，并进行 Duncan 多重比较。

2　结果与分析

2.1　两种土壤类型下田间微气象因子

从图 1 可以看出，对照田和盐碱地田间光合有效辐射均于拔节时期（6 月 22 日）达到最大值，其值分别为 1 728 $\mu mol/(m^2/s)$ 和 1 824 $\mu mol/(m^2 \cdot s)$，对照田和盐碱地的光合有效辐射均值分别为 1 408 $\mu mol/(m^2 \cdot s)$ 和 1 513 $\mu mol/(m^2 \cdot s)$，两者之间不存在显著差异（$p>0.05$）；田间空气相对湿度在拔节期（6 月 22 日至 7 月 6 日）两种处理下变化趋势不同，对照田经历了上升—下降过程，而盐碱地拔节初期田间空气相对湿度最高为 38.7%，经历了下降—上升过程。至拔节末期两种处理田间空气相对湿度基本一致，而后经历小幅上升，至开花期（8 月 3 日）达到较高水平，随后开始缓慢下降，此阶段盐碱地空气相对湿度均低于对照田。对照田和盐碱地均值分别为 34.1% 和 31.9%，两者之间不存在显著差异（$p>0.05$）；两种处理下生育期气温均值分别为 34.6℃ 和 35.5℃，环境 CO_2 浓度均值分别为 503.3 $\mu mol/mol$ 和 482.9 $\mu mol/mol$，皆不存在显著差异（$p>0.05$）。

2.2　净光合速率（Pn）变化

从图 2 可以看出，与对照田相比，盐碱条件下，新高粱 3 号 Pn 平均值为 13.05 $\mu mol/$

（m²·s），较对照下降了 40.7%，新高粱 9 号 Pn 平均值为 12.15μmol/（m²·s），较对照下降了 43.7%。两品种盐碱地与对照地 Pn 均值达极显著差异（$p<0.01$）。

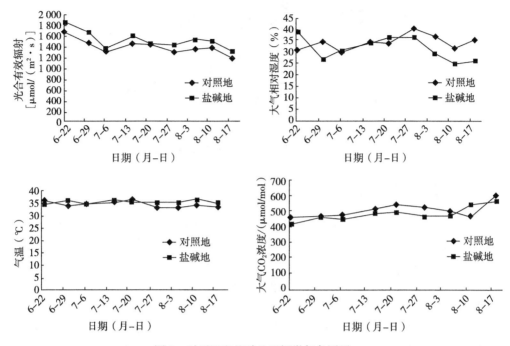

图 1　对照田和盐碱地田间微气象因子

盐碱条件下，早熟品种新高粱 3 号在各时期的 Pn 极显著低于对照（$p<0.01$），而且 Pn 的峰值推后，对照在抽穗期（7 月 15 日）达到峰值为 29.27μmol/（m²·s），而盐碱地在挑旗期（7 月 21 日）Pn 最高为 24.92μmol/（m²·s），峰值过后对照 Pn 下降缓慢，成熟期（08 月 25 日）Pn 仍为 19.63μmol/（m²·s），盐碱地 Pn 迅速下降，成熟期（8 月 18 日）Pn 只有 0.9μmol/（m²·s）；晚熟品种新高粱 9 号除拔节初期（6 月 22 日）外，其余各时期的 Pn 极显著低于对照（$p<0.01$），盐碱地与对照皆在拔节期达到峰值，对照地峰值为 29.7μmol/（m²·s），盐碱地为 28.43μmol/（m²·s）。峰值过后对照 Pn 下降缓慢，成熟期（9 月 14 日）Pn 为 10.36μmol/（m²·s），盐碱地 Pn 则迅速下降，生育末期（8 月 18 日）Pn 只有 0.83μmol/（m²·s）。新高粱 3 号在对照地块及盐碱地的 Pn 均值皆高于新高粱 9 号。

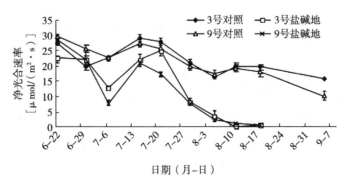

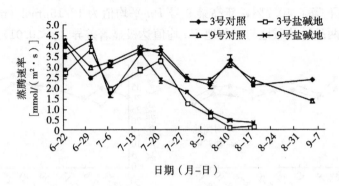

图2　盐碱地净光合速率和蒸腾速率的变化

2.3　蒸腾速率（Tr）变化

从图2可以看出，与对照相比，盐碱条件下，新高粱3号Tr平均值为1.87mmol/（m²·s），较对照下降了36.6%，新高粱9号Tr平均值为2.07mmol/（m²·s），较对照下降了30.1%。两品种盐碱地与对照间Tr均值达极显著差异（$p<0.01$）。盐碱胁迫下，新高粱3号、新高粱9号在各时期的Tr极显著低于对照（$p<0.01$），两品种皆在拔节末期达到峰值分别为3.82mmol/（m²·s）和4.23mmol/（m²·s），其对照均于拔节初期达到峰值，分别为4.04mmol/（m²·s）和4.24mmol/（m²·s）。两品种在盐碱地Tr表现规律基本同Pn。新高粱3号在对照地块及盐碱地的Tr均值皆略低于新高粱9号。

2.4　气孔导度（Gs）变化

由图3可以看出，气孔导度的变化趋势与蒸腾速率的变化规律相一致。与对照相比，盐碱条件下，新高粱3号Gs平均值为58.14mmol/（m²·s），较对照下降了47.5%，新高粱9号Gs平均值为57.71mmol/（m²·s），较对照下降了47.1%。两品种盐碱地与对照间Gs均值达极显著差异（$p<0.01$）。

盐碱胁迫下，新高粱3号、新高粱9号除拔节期外在其余各时期Gs极显著低于对照（$p<0.01$）。新高粱3号在抽穗期达到峰值118.64mmol/（m²·s）后迅速降低，至成熟期为7.49mmol/（m²·s），新高粱9号拔节期末期出现小峰值后迅速下降，生育末期为4.96mmol/（m²·s），新高粱3号在对照地块及盐碱地的Gs均值皆略高于新高粱9号。

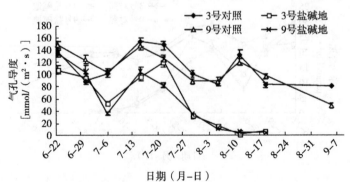

日期（月-日）

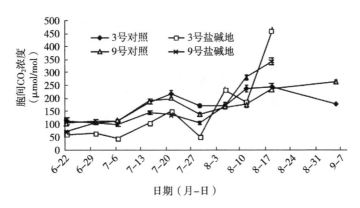

图 3 盐碱地气孔导度和胞间 CO_2 浓度的变化

2.5 胞间 CO_2 浓度（C_i）变化

由图 3 可以看出，甜高粱叶片 C_i 总体呈上升—下降—上升的趋势，盐碱地后期 C_i 上升幅度较大，成熟期（生育末期）C_i 达到最高。与对照相比，盐碱条件下，新高粱 3 号 C_i 平均值为 $151.37\mu mol/mol$，较对照下降了 13.1%，新高粱 9 号 C_i 平均值为 $162.69\mu mol/mol$，较对照下降了 4.7%。两品种盐碱地与对照间 C_i 均值无显著差异（$p>0.05$）。盐碱胁迫后期使两品种叶片 C_i 迅速变大。对照田新高粱 3 号成熟期 C_i 达到峰值为 $244.01\mu mol/mol$，而盐碱地此时 C_i 达到最高值为 $461.10\mu mol/mol$；对照田新高粱 9 号在灌浆期 C_i 达到峰值为 $265.40\mu mol/mol$，而盐碱地此时 C_i 达到最高值为 $342.63\mu mol/mol$。方差分析表明，新高粱 3 号、新高粱 9 号在 7 月 29 日前对照田的 C_i 极显著高于盐碱地（$p<0.01$），7 月 29 日后 C_i 无显著差异（$p>0.05$）。

2.6 水分利用效率（WUE）变化

由图 4 可知，与对照田相比，盐碱条件下，新高粱 3 号 WUE 平均值 $6.19\mu mol/mmol$，较对照下降了 18.1%；新高粱 9 号 WUE 平均值为 $4.84\mu mol/mmol$，较对照下降了 34.5%。新高粱 3 号的平均 WUE 高于新高粱 9 号。两品种盐碱地与对照间 WUE 均值达显著差异（$p<0.05$）。

盐碱胁迫下，新高粱 3 号、新高粱 9 号拔节期 WUE 达最高，分别为 $8.24\mu mol/mmol$ 和 $8.03\mu mol/mmol$，对照田新高粱 3 号灌浆期 WUE 最高为 $9.22\mu mol/mmol$，新高粱 9 号在挑旗期的 WUE 最高为 $8.31\mu mol/mmol$。方差分析表明，新高粱 3 号除拔节（6 月 22 日）、抽穗（7 月 21 日）外，其他时期对照田的 WUE 极显著高于盐碱地（$p<0.01$），新高粱 9 号除拔节末期（7 月 21 日）外，其余各时期对照田的 WUE 极显著高于盐碱地（$p<0.01$）。

2.7 叶片叶绿素 SPAD 值变化

由图 4 可知，与对照田相比，盐碱条件下，新高粱 3 号 SPAD 平均值 30.97，较对照下降了 32.7%；新高粱 9 号 SPAD 平均值为 20.92，较对照下降了 47.3%。新高粱 3 号的平均 SPAD 值高于新高粱 9 号。两品种盐碱地与对照间 SPAD 均值达显著差异（$p<0.05$）。

盐碱胁迫使甜高粱叶片 SPAD 峰值提前，新高粱 3 号 SPAD 值在拔节后期剧增达最

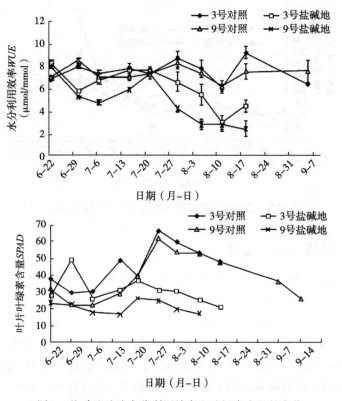

图 4　盐碱地叶片水分利用效率和叶绿素含量的变化

高为 49.58，对照田在开花期（7 月 28 日）达到最高为 66.51；新高粱 9 号盐碱地拔节期 SPAD 值最高为 26.13，对照田在挑旗期 SPAD 值最高为 61.66。方差分析表明，新高粱 3 号除拔节期（7 月 6 日）外，其他时期对照田的 SPAD 极显著高于盐碱地（$p < 0.01$），新高粱 9 号在拔节期（7 月 15 日）后，对照田的 SPAD 显著高于盐碱地（$p < 0.05$）。

2.8　物候期及产量等农艺性状变化

早熟品种新高粱 3 号在盐碱地出苗、分蘖、拔节、挑旗至灌浆期，每个生育时期都滞后于对照田 2～10d（表 2），成熟期却提前 9d；晚熟品种新高粱 9 号在盐碱地只生长到拔节未抽穗即枯死。盐碱胁迫造成甜高粱发育迟缓，抑制甜高粱组织和器官的生长和分化，使植物的发育进程提前。盐碱地新高粱 3 号、新高粱 9 号在生物产量、含糖锤度、株高、茎粗等农艺性状方面极显著低于对照田（表 3），两品种盐碱地的生物产量分别低于对照田 57.8% 和 76.5%，含糖锤度分别低于对照田 38.5% 和 100.0%，盐碱胁迫对甜高粱植株含糖量的积累产生较大的影响。

表 2　盐碱地甜高粱物候期（月-日）

品种名称	处理	播种期	出苗期	分蘖期	拔节期	挑旗期	抽穗期	开花期	灌浆期	成熟期
新高粱 3 号	对照（CK）	5-3	5-9	5-19	6-14	7-13	7-21	7-26	8-1	8-25
	盐碱地	5-3	5-11	5-29	6-21	7-2	7-28	8-3	8-7	8-18

（续）

品种名称	处理	播种期	出苗期	分蘖期	拔节期	挑旗期	抽穗期	开花期	灌浆期	成熟期
新高粱9号	对照（CK）	5-3	5-9	5-19	6-18	8-5	8-1	8-15	8-18	9-14
	盐碱地	5-3	5-11	5-29	6-25	无	无	无	无	无

表3 盐碱地甜高粱农艺性状

品种名称	处理	生育期 (d)	生物产量 (kg/亩)	含糖锤度 (%)	株高 (cm)	茎粗 (cm)	绿叶数
新高粱3号	对照（CK）	108	3 033.5B	23.8B	236.7B	29.3A	17.7B
	盐碱地	99	1 281.6C	14.63C	142.0C	22.3C	15.0C
	与CK±（%）		-57.8	-38.5	-40.0	-23.9	-15.1
新高粱9号	对照（CK）	128	4 222.4A	24.9A	340.0A	27.8B	19.7A
	盐碱地	拔节未抽穗	992.6D	0D	88D	22.5C	15C
	与CK±（%）		-76.5	-100.0	-74.1	-19.1	-23.9

注 同列数据后标不同大写字母者表示在1%水平下差异显著。

2.9 净光合速率与影响因子的相关分析

从表4可见，两种土地类型下两个品种的 Pn 及其影响因子相关性不一致，对照田条件下，新高粱3号、新高粱9号的 Pn 与 Gs、PAR、Ta 达到了极显著相关，新高粱3号的 Pn 和 Tr 达到显著相关；盐碱条件下，两品种的 Pn 与 PAR、Ta、Ca 极显著和显著相关，与其他因子间相关不显著。

表4 盐碱地甜高粱品种净光合速率与影响因子的相关系数

因子	新高粱3号		新高粱9号	
	对照	盐碱地	对照	盐碱地
Tr（X_1）	0.677*	-0.203	0.519	-0.008
GS（X_2）	0.830**	0.166	0.894**	-0.218
Ci（X_3）	-0.113	-0.483	-0.164	-0.689
WUE（X_4）	-0.311	0.455	-0.412	0.641
PAR（X_5）	0.889**	0.974**	0.911**	0.951**
Ta（X_6）	0.863**	0.995**	0.893**	0.999**
RH（X_7）	-0.055	-0.605	-0.396	-0.696
Ca（X_8）	-0.252	0.821*	-0.049	0.912**

3 讨论

盐分对植物生长的抑制机制是一个相当复杂的问题。一般而言，盐胁迫引起的植株生长受抑是一系列生理反应综合作用的结果，其中包括水分状况、离子平衡、气孔运动、光合效率以及碳分配和利用等的改变[20]。光合作用是植物生长发育的基础，它为植物提供丰富的物质和能量，植物的生长往往依赖于光合速率的大小。盐胁迫既可以直接影响植物生长，又可以通过抑制为生长提供物质基础的光合作用而间接影响生长，且浓度越大，作用时间越长越明显，但对盐胁迫下植物光合速率下降的原因至今还未形成统一认识[21]。本研究结果显示，盐碱地条件下，净光合速率（Pn）、蒸腾速率（Tr）、气孔导度（Gs）、水分利用效率（WUE）、叶绿素 SPAD 值的平均值均极显著低于对照田，生育后期更为显著，这可能是盐碱胁迫抑制了甜高粱的光合作用，降低叶片水分利用效率和叶绿素值，引起甜高粱植株体内发生代谢紊乱，从而影响了甜高粱正常生长发育，使得其在盐碱地的生物产量水平低下。

一般认为，逆境胁迫下，引起植物叶片光合速率降低的植物自身因素主要有气孔的部分关闭导致的气孔限制和叶肉细胞光合活性下降导致的非气孔限制两类。本研究结果表明，在盐碱地条件下，甜高粱叶片的 Pn、Tr、Gs 三者变化曲线基本一致，为双峰曲线，即在拔节、挑旗期分别出现两个峰值后，随生育时期不断推进，三者逐步下降，之后逐步趋于零，基本呈上升—下降—上升—下降规律。但是 Ci 呈先降低后升高的趋势，基本为上升—下降—上升规律，与刘俊英[22]在胶东对卫矛的研究结果一致。根据 Farquhar 等[23]提出的观点及研究结果显示，甜高粱受盐碱胁迫净光合速率的下降可分为两个时期，即在抽穗前，光合速率下降伴随着 Gs 和 Ci 的降低，此时 Pn 下降主要原因在于气孔限制；随着盐胁迫的持续，Pn 和 Gs 进一步下降，而 Ci 上升，使非气孔因素成为限制光合作用的主要因素。这是由于盐胁迫初期主要是渗透胁迫作用，叶片气孔收缩，气孔导度降低，从而限制了 CO_2 向叶绿体的输送，导致光合受阻；而在胁迫后期，虽然气孔导度继续平缓下降，但胞间 CO_2 浓度转向升高，此时净光合速率继续下降则是由于非气孔因素所引起，叶肉因素成为主要限制因素。

植物抗盐性评价的可靠指标至今还没有被确定，有人利用植物细胞膜透性变化作为抗盐性指标，有人利用植物体含盐量作为指标，也有人利用植物在不同含盐量土壤中的存活情况作为指标[24]。植物对盐胁迫的反应是一个整体的植株反应，即使是一个最重要的生理过程如拒吸过程也不能单独决定植株的表现，因此，必须采用一系列的综合指标来反映植物的抗性。目前主要有生理和形态两类指标，将二者有机结合可以有效地评估植物的抗盐性。本试验在全盐含量 0.46% 的田间土壤条件下，测定两品种光合生理指标及成熟度、生物产量、含糖锤度、株高、茎粗等农艺性状，得到新高粱 3 号耐盐碱能力大于新高粱 9 号的结论。但是同样两个品种，在室内盆栽实验通过不同浓度 NaCl 胁迫，根据幼苗叶片叶绿素含量及丙二醛的比较得出，新高粱 9 号（T601）耐盐能力大于新高粱 3 号（XT-2）的结论[15]。可以说，幼苗的耐盐能力与全生育不一致，幼苗耐盐能力强的品种在全生育期并不一定强，所以，还需要研究苗期耐盐碱性与全生育期耐盐碱性的相关性，使得快速简便的苗期测定能够真正应用到生产实践。

4　结论

中度盐碱地条件下，甜高粱品种新高粱 3 号、新高粱 9 号生育期内净光合速率、蒸腾速率、气孔导度、水分利用效率、叶片叶绿素 SPAD 值的均值极显著或显著下降，胞间 CO_2 浓度（C_i）均值下降但未达到显著水平。甜高粱受盐碱胁迫净光合速率的下降原因抽穗前主要为气孔因素，抽穗后主要为非气孔因素。盐碱胁迫抑制了甜高粱的光合作用，降低叶片水分利用效率和叶绿素值，引起甜高粱植株体内发生代谢紊乱，造成甜高粱发育迟缓，抑制甜高粱组织和器官的生长和分化，从而影响了甜高粱正常生长发育和含糖量的积累，使得其在盐碱地的生物产量和植株含糖锤度极显著低于正常地。通过对两品种光合生理指标、成熟度、生物产量、含糖锤度、株高、茎粗等农艺性状综合考察，得到新高粱3号耐盐碱能力大于新高粱9号的结论。在西北中度盐碱田种植非粮生物质能源作物甜高粱时，除选择合适的耐盐碱品种外，还应考虑种植效益和注重土地质量保护等生态效益。

参考文献

［1］Munns R. Comparative physiology of salt and water stress ［J］. Plant Cell Environ, 2002, 25: 239 - 250.

［2］Qiu H G, Huang J K, Yang J, et al. Bioethanol development in China and the potential impacts on its agricultural economy ［J］. Appl Energ, 2010, 87: 76 - 83.

［3］谢光辉, 庄会永, 危文亮, 等. 非粮能源植物: 生产原理和边际地栽培 ［M］. 北京: 中国农业大学出版社, 2011.

［4］Qiu Huangang, Sun Lixin, Huang Jikun, et al. Liquid biofuels in China: Current status, government policies, and future opportunities and challenges ［J］. Renew Sust Energ Rev, 2012, 16 (5): 3095 - 3104.

［5］ZhaoY I, Dolat A, Steinberger Y, et al. Biomass yield and changes in chemical composition of sweet sorghum cultivars grown for biofuel ［J］. Field Crop Res, 2009, 111 (1 - 2): 55 - 64.

［6］Zelitch I. The close relationship between net photo synthesis and crop yield ［J］. BioScience, 1982, 32: 796 - 802.

［7］Fageria N K. Maximizing Crop Yields ［M］. USA: Marcel Dekker, Inc., 1992: 55 - 63.

［8］徐世昌, 戴俊英, 沈秀瑛, 等. 水分胁迫对玉米光合性能及产量的影响 ［J］. 作物学报, 1995, 21 (3): 356 - 363.

［9］闫丽. 高粱耐盐碱种质资源筛选及木质素合成相关基因鉴定 ［D］. 济南: 山东农业大学, 2011.

［10］孙璐. 高粱耐盐品种筛选及耐盐机制研究 ［D］. 沈阳: 沈阳农业大学, 2012.

［11］籍贵苏, 杜瑞恒, 刘国庆, 等. 高粱耐盐性评价方法研究及耐盐碱资源的筛选 ［J］. 植物遗传资源学报, 2013, 14 (1): 6.

［12］王秀玲, 程序, 李桂英. 甜高粱耐盐材料的筛选及芽苗期耐盐性相关分析 ［J］. 中国生态农业学报, 2010, 18 (6): 1239 - 1244.

［13］戴凌燕. 甜高粱苗期对苏打盐碱胁迫的适应性机制及差异基因表达分析 ［D］. 沈阳: 沈阳农业大学, 2012: 53 - 55.

［14］贝盏临, 张欣, 魏玉清. 盐碱胁迫对 M - 81E 甜高粱种子萌发及幼苗生长的影响 ［J］. 河南农业科学, 2012, 41 (2): 45 - 49.

［15］吐尔逊·吐尔洪, 再吐尼古丽·库尔班, 阿扎提·阿布都古力. NaCl 胁迫下 3 个甜高粱品种生理指标的比较研究 ［J］. 中国农学通报, 2012, 28 (3): 60 - 65.

［16］葛江丽, 石雷, 谷卫彬, 等. 盐胁迫条件下甜高粱幼苗的光合特性及光系统Ⅱ功能调节 ［J］. 作物学报, 2007, 33 (8): 1272 - 1278.

[17] 再吐尼古丽·库尔班，朱敏，冯国郡，等. 不同盐碱地对甜高粱农艺性状的影响 [J]. 新疆农业科学，2011，48（7）：1244-1248.

[18] 再吐尼古丽·库尔班，吐尔逊·吐尔洪，阿扎提·阿布都古力. 盐碱地对甜高粱秸秆产量与含糖锤度的影响 [J]. 西北农林科技大学学报（自然科学版），2012，40（9）：109-113.

[19] 余叔文，汤章城. 植物生理与分子生物学 [M]. 2版. 北京：科学出版社，1998：259-274.

[20] Greenway H，Munns R. Mechanisms of salt tolerance in non-halo-phytes [J]. Anm Rev Plant Physiology，1980，31：149-190.

[21] 郭书奎，赵可夫. NaCl 胁迫抑制玉米幼苗光合作用的可能机理 [J]. 植物生理学报，2001，27（6）：461-466.

[22] 刘俊英，姚延木寿. 不同盐处理对胶东卫矛光合作用的影响 [J]. 山西农业科学，2010，38（2）：21-25.

[23] Farquhar G D，Caemmerer S Von，Berry J A. Abiochemical model of photosynthet CO_2 assimilation in leaves of C_3 species [J]. Planta，1980，149：78-90.

[24] 马建华，郑海雷，赵中秋，等. 植物抗盐机理研究进展 [J]. 生命科学研究，2001，5（3）：175-179，226.

本文曾发表于《吉林农业大学学报》2013年第35卷第3期。

甜高粱高光效种质的筛选和
生理生化指标的比较

冯国郡[1,2]　章建新[1]　李宏琪[1]　叶凯[2]　郭建富[2]

(1. 新疆农业大学农学院，乌鲁木齐 830052；2. 新疆农业科学院，乌鲁木齐 830091)

光合作用是作物产量形成的基础，光合效率直接影响着作物的产量、品质并反映其光能利用率[1]。目前作物的叶面积指数和经济系数已难以继续增加，若想进一步提高作物产量就必须提高生物量，这使得提高作物光能利用率成为关键，有人将其称为"第二次绿色革命"[2-3]。C_4 植物的高光效育种可以通过从农作物品种中进一步筛选出光合能力更强的株系或品种来实现[4-5]。高光效育种评价指标主要有 2 种。一是形态指标，如叶片，包括叶片大小、叶片厚、气孔密度等。一些研究者指出，叶片厚度与光合速率呈正相关[6-7]。赵秀琴等[8]发现，光合速率与比叶面积呈负相关。形态指标还有株型，包括株高，分枝多少、长短和角度，叶片形状、层次和调位性，叶柄长短和角度等[9]。在水稻[10-11]、小麦[12]、甘薯[13]、大豆[14]等作物上已提出高光效品种的具体形态指标。通过育种手段获得理想株型和通过栽培措施改善植株外在形态，以提高植株的光能截获能力，从而提高外在光能转化效率，成为育种工作普遍采用的技术手段。二是生理生化指标，如 CO_2 补偿点、光呼吸、净光合速率等。过去通常以抽穗期测定的光合速率作为高光效种质的单一评价指标[14-15]，后来逐渐认识到气孔导度、蒸腾速率、胞间 CO_2 浓度、水分利用效率[16]、光量子通量密度、CO_2 补偿点、羧化效率、光合功能期、光抑制等也是衡量高效利用光能的重要参数。RuBPCase 酶活性、PEPCase 酶活性和含量与光合效率呈正相关，与产量也密切相关，被认为可作为高光效筛选的可靠指标[17-18]。甜高粱属于 C_4 作物，是一种新兴的生物质能源作物，具有适应性强、抗旱、耐涝、耐盐碱等特性[19]，是目前公认的最具有应用前景的可再生能源作物之一[20]。关于甜高粱种质光合生理多样性及叶片光合生理指标的研究尚未见报道。本试验以 72 份甜高粱品种（系）为材料，通过测定新疆现有甜高粱种质资源的光合特性，及对高光效种质与低光效种质的生理生化指标进行比较分析，旨在为建立高光效品种的筛选与鉴定技术提供理论依据。

1 材料与方法

1.1 试验材料与田间设计

供试材料共 72 份，来源见表 1。试验于 2010—2011 年在新疆农业科学院玛纳斯农业试验站进行。该站位于东经 86°14′，北纬 44°14′，海拔 470m，土壤类型为壤土；土壤 pH 为 7.8，总盐含量 3.1g/kg，有机质含量 2.3g/kg，有效氮含量 89.6mg/kg，有效磷含量

26.3mg/kg，速效钾含量416.0mg/kg。采用随机区组设计，3次重复，3行区，行长5m，行距0.6m，株距0.2m，小区面积9m²，保苗7.5万株/hm²。播种时每亩施种肥磷酸二铵20kg、硫酸钾15kg；拔节期结合甜高粱中耕、开沟，每亩施复合肥13kg，尿素10kg，硫酸钾7.5kg。整个生育期浇水5次。

表1 供试72份甜高粱种质来源

序号	名称	来源	序号	名称	来源
1	42	中国科学院植物研究所	37	MN-3329	中国农业科学院
2	07T-160-1	中国科学院植物研究所	38	甜选13	中国农业科学院
3	10	中国科学院植物研究所	39	MN-3466	中国农业科学院
4	北甜蔗	中国科学院植物研究所	40	甜选86	中国农业科学院
5	堪萨斯所科学	中国科学院植物研究所	41	糖高粱	中国农业科学院
6	AE-197	中国科学院植物研究所	42	甜选26	中国农业科学院
7	L313	辽宁	43	MN-2647	中国农业科学院
8	LT07	辽宁	44	JUAR-3	中国农业科学院
9	LT05	辽宁	45	甜选56	中国农业科学院
10	LT02	辽宁	46	甜选46	中国农业科学院
11	LT01	辽宁	47	MN-4566	中国农业科学院
12	LTG-5	黑龙江	48	JT08-1	山西
13	合甜	黑龙江	49	LS01	辽宁
14	LTG-2	黑龙江	50	L309	辽宁
15	LEOTI-3	中国农业科学院	51	L0206	辽宁
16	MN-4128	中国农业科学院	52	JT01	山东
17	ROMA	中国农业科学院	53	JIN02	辽宁锦州
18	MN-4539	中国农业科学院	54	KTG-2	中国科学院植物研究所
19	ALBAUGH	中国农业科学院	55	TLF-1	新疆吐鲁番
20	MN-3808	中国农业科学院	56	新高粱2号	新疆乌鲁木齐
21	MN-94	中国农业科学院	57	新高粱9号	新疆乌鲁木齐
22	UT84	中国农业科学院	58	新高粱3号	新疆乌鲁木齐
23	BABUSH	中国农业科学院	59	新高粱4号	新疆乌鲁木齐
24	MN-4540	中国农业科学院	60	sp11	新疆乌鲁木齐
25	辽宁8142	中国农业科学院	61	sp225	新疆乌鲁木齐
26	BATHURST	中国农业科学院	62	sp234	新疆乌鲁木齐
27	MN-55	中国农业科学院	63	sp235	新疆乌鲁木齐
28	5431/S	中国农业科学院	64	sp33	新疆乌鲁木齐
29	BAHANA2	中国农业科学院	65	sp341	新疆乌鲁木齐
30	MN-4322	中国农业科学院	66	sp342	新疆乌鲁木齐
31	MN-2609	中国农业科学院	67	sp36	新疆乌鲁木齐
32	甜126	中国农业科学院	68	sp310	新疆乌鲁木齐
33	甜选77	中国农业科学院	69	sp41	新疆乌鲁木齐
34	甜选9	中国农业科学院	70	sp51	新疆乌鲁木齐
35	AMES	中国农业科学院	71	sp52	新疆乌鲁木齐
36	能饲1号	河北省农林科学院	72	sp65	新疆乌鲁木齐

1.2　测定指标及方法

1.2.1　农艺及产量等性状

调查性状包括生育期、株高、茎粗、单株重、小区生物产量等。成熟后从每小区中连续取 10 株进行性状调查。叶面积采用方格法测算。

1.2.2　光合生理测定指标及方法

分 4 次分别于早熟材料抽穗期（7 月 8 日）、中熟材料抽穗期（7 月 19 日）、晚熟材料抽穗期（7 月 31 日、8 月 1 日），晴天自然光源下于 9：00 采用 CI－340 超轻型便携式光合测定系统仪测定各品种（系）净光合速率（Pn）、蒸腾速率（Tr）、叶片气孔导度（Gs）、胞间 CO_2 浓度（Ci），选择 3 株长势一致的植株挂牌标记，取穗位下部 3 片平展叶片中部进行测定，重复 3 次，每个材料共 18 组数据，选取差异不显著的 9 组数据进行平均。测定早熟材料时光合有效辐射为 1 705.3～1 859.6μmol/（m^2・s），气温 37.1～38.6℃，大气湿度 77.5％～78.3％；测定中熟材料时光合有效辐射为 1 765.6～1 895.8μmol/（m^2・s），气温 37.4～38.9℃，大气湿度 70.5％～71.9％；测定晚熟材料时光合有效辐射为 1 805.6～1 910.4μmol/（m^2・s），气温 37.6～38.7℃，大气湿度 70.9％～72.1％；其中早熟材料 14 份，对照为 MN－4128（CK1）；中熟材料 22 份，对照为 TLF－1（CK2）；晚熟材料 36 份，对照为 KTG－2（CK3）。

1.2.3　生理生化指标的测定方法

于抽穗期取挂牌植株穗位下部 3 片叶，将每片叶中部剪下，用锡箔纸包好记录编号，迅速放入液氮灌中，放入超低温冰箱保存以备用。总氮及总蛋白质含量采用德国氮分析仪（RAPIDN，ELEMENTAR，Germany）测定。叶绿素含量采用浸提法[21]测定，3 次重复。可溶性糖采用硫酸-蒽酮法[22]测定，3 次重复。PEPCase 酶活性采用李明军等[23]方法测定，3 次重复。

1.2.4　锤度的测定

成熟后从每小区中连续取 5 株，用水将锤度计调零，分别从茎秆上、中、下部位取少量榨出的汁液，用 ATAGO 数显锤度计测定锤度，每品种（系）的锤度为 15 个数据的平均值。

1.3　数据处理

采用 Excel2003 处理试验数据，采用 DPS9.50 统计分析软件对试验数据进行显著性检验及相关分析。

2　结果与分析

2.1　甜高粱种质的光合生理参数多样性

2.1.1　叶片净光合速率（Pn）和蒸腾速率（Tr）

72 份甜高粱的净光合速率最小值为 5.64μmol/（m^2・s），最大值为 37.94μmol/（m^2・s），平均值为 21.33μmol/（m^2・s），变异系数为 30.47％，净光合速率为 15.0～30.0μmol/（m^2・s）的占品种（系）总数的 75.0％，其中 20～25μmol/（m^2・s）最多，为 23 个品种（系）。

蒸腾速率最小值为 0.45mmol/(m² · s)，最大值为 6.36mmol/(m² · s)，平均值为 3.93mmol/(m² · s)，变异系数为 29.98%，蒸腾速率为 3.0~5.0mmol/(m² · s) 的占品种（系）总数的 61.1%（图 1）。

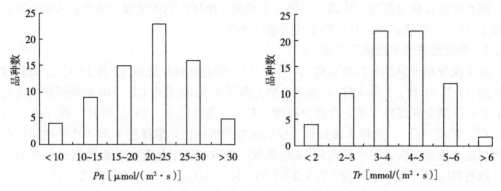

图 1　72 份甜高粱种质叶片净光合速率和蒸腾速率分布

2.1.2　气孔导度（Gs）和胞间 CO_2 浓度（Ci）

72 份甜高粱的气孔导度最小值为 4.7mmol/(m² · s)，最大值为 222.63mmol/(m² · s)，平均值为 125.72mmol/(m² · s)，变异系数为 49.76%，气孔导度为 100.0~200.0mmol/(m² · s) 占品种（系）总数的 68.1%。胞间 CO_2 浓度最小值为 14.1μmol/mol，最大值为 243.45μmol/mol，平均值为 89.93μmol/mol，变异系数为 66.21%，胞间 CO_2 浓度为 50.0~150.0μmol/mol 占品种（系）总数的 63.9%（图 2）。气孔导度间达极显著相关，与蒸腾速率间达显著相关，与胞间 CO_2 浓度相关程度较小。含糖锤度与抽穗期净光合速率、蒸腾速率、气孔导度呈弱负相关，与胞间 CO_2 浓度相关程度较小。由此可见，72 份甜高粱种质资源具有丰富的光合生理多样性，为选择不同类型的光合生理种质奠定了基础。

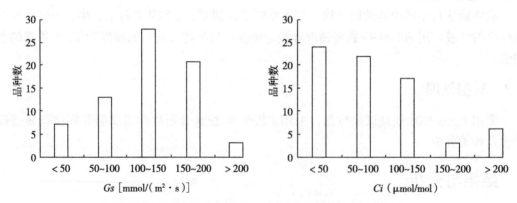

图 2　72 份甜高粱种质叶片气孔导度和胞间 CO_2 浓度分布

2.2　甜高粱生物产量、锤度与抽穗期净光合速率等相关关系

由表 2 可知，生物产量与抽穗期净光合速率、气孔导度间达极显著相关，与蒸腾速率间达显著相关，与胞间 CO_2 浓度相关程度较小。含糖锤度与抽穗期净光合速率、蒸腾速

率、气孔导度呈弱负相关，与胞间 CO_2 浓度相关程度较小。

表 2 甜高粱生物产量、锤度与抽穗期光合生理相关系数

性状	净光合速率	蒸腾速率	气孔导度	胞间 CO_2 浓度	生物产量	锤度
净光合速率	1.000 0					
蒸腾速率	0.704 2**	1.000 0				
气孔导度	0.750 0**	0.707 5**	1.000 0			
胞间 CO_2 浓度	0.004 7	0.003 6	0.188 7	1.000 0		
生物产量	0.495 6**	0.221 8*	0.360 9**	0.044 6	1.000 0	
锤度	−0.136 6	−0.176 3	−0.145 0	0.007 1	0.117 8	1.000 0

注 显著性标准 $r_{0.05}=0.258\ 6^*$，$r_{0.01}=0.335\ 7^{**}$

2.3 不同熟期种质的主要光合生理指标

根据净光合速率数值，分别筛选出净光合速率高、中、低的早熟品系 07T - 160 - 1、ALBAUGH、MN - 4128（CK1）；中熟品系新高粱 3 号、LT02、LT05、MN - 4539、TLF - 1（CK2）；晚熟品系 MN - 3466、LT07、JIN02、KTG - 2（CK3），对照分别为各组中净光合速率值较低的品种（系）。抽穗期取样，对其叶绿素 a、叶绿素 b、总叶绿素、可溶性糖、总氮、总蛋白含量及 PEPC 羧化酶活性等生理生化指标进行分析检测。

2.3.1 叶绿素含量

由表 3 可知，早中晚熟种质的叶绿素含量各不相同。早熟高光效种质 07T - 160 - 1、ALBAUGH 的叶绿素 a 含量分别比对照 CK1 高 40.31% 和 77.17%，总叶绿素含量分别比对照 CK1 高 79.44% 和 22.52%，而叶绿素 b 含量则为 07T - 160 - 1 比对照 CK1 高 83.91%，ALBAUGH 的叶绿素 b 含量比对照低 12.53%。中熟高光效种质新高粱 3 号、LT02、LT05 的叶绿素 a、叶绿素 b、总叶绿素含量皆高于对照 CK2，其幅度分别为 12.34%～31.68%、15.47%～57.08%、13.06%～37.51%；但 MN - 4539 的叶绿素 a、叶绿素 b、总叶绿素含量比对照略有降低，幅度为 0.97%～2.17%。晚熟高光效种质 MN - 3466、JIN02 的叶绿素 a、叶绿素 b、总叶绿素含量皆高于对照 CK3，其幅度分别为 6.48%～18.13%、16.48%～137.70%、8.81%～45.99%；LT07 的叶绿素 b 含量比对照 CK3 高 1.20%，叶绿素 a 和总叶绿素与对照基本持平。

表 3 不同类型高光效甜高粱种质叶片叶绿素含量比较

熟期类型	品种（系）	叶绿素 a		叶绿素 b		总叶绿素	
		含量（mg/g）	增量（%）	含量（mg/g）	增量（%）	含量（mg/g）	增量（%）
早熟	07T - 160 - 1	2.93	77.17	1.54	83.91	4.48	79.44
	ALBAUGH	2.32	40.31	0.73	−12.53	3.06	22.52
	MN - 4128（CK₁）	1.66	0	0.84	0	2.49	0

（续）

熟期类型	品种（系）	叶绿素a		叶绿素b		总叶绿素	
		含量（mg/g）	增量（%）	含量（mg/g）	增量（%）	含量（mg/g）	增量（%）
中熟	新高粱3号	2.90	31.68	1.03	57.08	3.93	37.51
	LT02	2.63	19.26	0.86	30.74	3.49	21.90
	LT05	2.48	12.34	0.76	15.47	3.23	13.06
	MN-4539	2.16	-2.17	0.65	-0.97	2.81	-1.90
	TLF-1（CK$_2$）	2.2	0	0.66	0	2.86	0
晚熟	MN-3466	3.00	18.13	1.83	137.70	4.84	45.99
	LT07	2.52	-0.98	0.78	1.20	3.30	-0.47
	JIN02	2.71	6.48	0.90	16.48	3.60	8.81
	KTG-2（CK$_3$）	2.54	0	0.77	0	3.31	0

2.3.2 可溶性糖含量

由表4可知，早中晚熟种质的可溶性糖含量各不相同。早熟高光效种质ALBAUGH的可溶性糖含量比对照CK1高19.57%，07T-160-1的可溶性糖含量比对照CK1低37.22%。中熟高光效种质新高粱3号、LT05、MN-4539的可溶性糖含量比对照CK2高，幅度为17.04%～42.02%，LT02的可溶性糖含量比对照CK2低17.97%。晚熟高光效种质MN-3466、LT07、JIN02的可溶性含糖量均低于对照CK3，幅度为14.70%～30.0%。

2.3.3 总氮和总蛋白含量

由表4可知，早、中、晚熟种质的总氮含量及总蛋白含量各不相同。早熟高光效种质07T-160-1、ALBAUGH的氮含量均高于对照CK1；中熟高光效种质除LT05外，新高粱3号、LT02、MN-4539的总氮含量均低于对照CK2。晚熟高光效种质MN-3466、LT07、JIN02的总氮含量均高于对照CK3。总蛋白含量规律与此一致。

表4 不同类型高光效甜高粱种质叶片的可溶性糖、总氮和总蛋白含量比较

熟期类型	品种（系）	可溶性糖		总氮		总蛋白	
		含量（%）	增量（%）	含量（%）	增量（%）	含量（%）	增量（%）
早熟	07T-160-1	1.22	-37.22	1.90	26.74	11.87	26.74
	ALBAUGH	2.33	19.57	1.55	3.72	9.71	3.70
	MN-4128（CK1）	1.95	0	1.50	0	9.37	0
中熟	新高粱3号	2.02	17.04	1.47	-12.59	9.19	-12.58
	LT02	1.41	-17.97	1.52	-9.74	9.49	-9.75
	LT05	2.45	42.02	1.92	13.99	11.98	14.00
	MN-4539	2.36	36.83	1.50	-10.56	9.40	-10.55
	TLF-1（CK2）	1.72	0	1.68	0	10.51	0

（续）

熟期类型	品种（系）	可溶性糖		总氮		总蛋白	
		含量（%）	增量（%）	含量（%）	增量（%）	含量（%）	增量（%）
晚熟	MN－3466	1.82	－30.00	1.73	30.05	10.84	30.06
	LT07	2.21	－14.70	1.43	7.42	8.95	7.43
	JIN02	1.85	－28.67	1.59	19.03	9.92	19.04
	KTG－2（CK3）	2.59	0	1.33	0	8.34	0

2.3.4　PEP 羧化酶活性

由表 5 可知，早、中、晚熟种质的 PEP 羧化酶活性各不相同。早熟高光效种质07T－160－1、ALBAUGH 的 PEP 的羧化酶活性均高于对照 CK1，分别高出 108.70% 和351.63%。中熟高光效种质新高粱 3 号、LT02、LT05、MN－4539 的 PEP 羧化酶活性均高于对照 CK2，幅度为 9.07%～133.77%。晚熟高光效种质 MN－3466、LT07、JIN02的 PEP 羧化酶活性均高于对照 CK3，幅度为 50.93%～72.23%。

表5　不同类型高光效甜高粱种质叶片的净光合速率、PEP 羧化酶活性比较

熟期类型	品种（系）	PEP 羧化酶活性（U/min）	PEP 羧化酶活性增量（%）	净光合速率[μmol/(m² · s)]	净光合速率增量（%）
早熟	07T－160－1	6.83	108.70	27.86	114.64
	ALBAUGH	14.77	351.63	23.27	79.28
	MN－4128（CK1）	3.27	0	12.98	0
中熟	新高粱 3 号	14.20	90.57	28.07	149.73
	LT02	14.80	98.69	17.05	51.69
	LT05	17.41	133.77	23.02	104.80
	MN－4539	8.12	9.07	13.74	22.24
	TLF－1（CK2）	7.45	0	11.24	0
晚熟	MN－3466	13.67	50.93	25.80	94.72
	LT07	15.60	72.23	14.51	9.51
	JIN02	15.08	66.44	16.41	23.85
	KTG－2（CK3）	9.06	0	13.25	0

2.4　高光效种质形态和农艺性状

由表 6 可以看出，早熟高光效种质 ALBAUGH 和07T－160－1 的株高大于或与对照基本持平，中熟高光效种质株高高于对照 7.56%～16.44%，晚熟高光效种质中除 MN－3466外，其余都高于对照。早、中、晚熟高光效种质的单株重都分别高于其对照，幅度为 3.83%～113.83%。早、中、晚熟高光效种质的叶面积指数都高于其对照，幅度为8.36%～124.64%。

表6 不同类型高光效甜高粱种质主要形态和农艺性状比较

熟期类型	品种（系）	株高(cm)	株高增量（%）	茎粗(cm)	茎粗增量（%）	生育期(d)	单株重(kg)	单株重增量（%）	锤度（%）	叶面积指数	叶面积指数增量（%）
早熟	07T-160-1	179.5	-1.37	1.67	2.89	97	0.65	80.94	17.4	1.46	124.64
	ALBAUGH	214	17.58	1.96	20.7	102	0.44	21.88	15.3	1.01	55.72
	MN-4128（CK1）	182	0	1.63	0	97	0.36	0	11.1	0.65	0
中熟	新高粱3号	248	10.22	2.21	-15.29	114	0.68	25.38	19.6	1.61	8.36
	LT02	242	7.56	2.29	-12.38	105	1.16	113.83	11.9	2.21	49.07
	LT05	262	16.44	2.40	-8.04	105	1.03	89.83	17.6	2.93	96.99
	MN-4539	253	12.44	2.66	1.79	116	0.65	20.58	10.6	3.21	115.77
	TLF-1（CK2）	225	0	2.61	0	120	0.54	0	10.1	1.49	0
晚熟	MN-3466	234	-15.43	1.85	-14.96	124	1.27	4.16	19.3	2.93	23.86
	LT07	297	7.34	2.59	19.03	124	1.27	3.83	16.5	2.81	18.5
	JIN02	329	18.90	3.29	50.93	124	1.85	51.64	11.4	3.91	65.05
	KTG-2（CK3）	276.7	0	2.18	0	124	1.22	0	15.1	2.37	0

2.5 抽穗期叶片净光合速率与生理生化指标相关关系

由表7可知，抽穗期叶片净光合速率与总叶绿素含量呈极显著相关（$r=0.746$），与叶绿素a和叶绿素b含量呈显著相关（$r=0.688$，0.670），与总氮含量、总蛋白含量、PEP羧化酶活性呈正相关（$r=0.516$，0.517，0.371），与可溶性糖含量、叶面积指数呈负相关。

表7 抽穗期叶片净光合速率与生理生化指标相关系数

性状	叶绿素a含量	叶绿素b含量	总叶绿素含量	可溶性糖含量	总氮含量	总蛋白含量	PEP羧化酶活性	净光合速率	叶面积指数
叶绿素a含量	1.000								
叶绿素b含量	0.663*	1.000							
总叶绿素含量	0.915**	0.908**	1.000						
可溶性糖含量	-0.320	-0.522	-0.459	1.000					
总氮含量	0.278	0.457	0.400	-0.398	1.000				
总蛋白含量	0.280	0.461	0.403	-0.395	1.000	1.000			
PEP羧化酶活性	0.525	-0.006	0.289	0.210	0.086	0.084	1.000		
净光合速率	0.688**	0.670*	0.746**	-0.242	0.516	0.517	0.371	1.000	
叶面积指数	0.378	0.034	0.226	0.216	0.038	0.037	0.501	-0.114	1.000

3 讨论

本研究结果表明，甜高粱生物产量与抽穗期净光合速率、气孔导度间相关极显著，与蒸腾速率间达显著相关。高光效甜高粱种质抽穗期基本表现出叶绿素 a 含量、叶绿素 b 含量、总叶绿素含量、总氮含量、总蛋白含量、PEPC 羧化酶活性、叶面积指数等指标显著高于低光效对照。抽穗期叶片净光合速率与总叶绿素含量呈极显著相关，与叶绿素 a 和叶绿素 b 含量呈显著相关，与总氮含量、总蛋白含量、PEPC 羧化酶活性正相关程度较高。新疆甜高粱种质具有丰富的光合生理多样性。除继续将抽穗期叶片净光合速率作为选择指标外，气孔导度、蒸腾速率、总叶绿素含量、叶绿素 a 含量、叶绿素 b 含量、PEPC 羧化酶活性、总氮含量、总蛋白含量也可作为甜高粱高光效育种的生理生化指标。

作物光合性状的差异不仅与其自身的遗传特性、植物学特征有关，还受到外界生理生态环境的影响。多年的研究结果证明，植物的光合速率是一个相对稳定的遗传性状[24-25]。Zhao[26]从栽培种与普通野生稻的杂种后代中筛选出高光效材料，也证实了光合速率可以稳定地遗传下去，这为高光效育种奠定了理论基础。本研究结果显示，甜高粱生物产量与抽穗期净光合速率呈极显著相关，这与赵永平[24]、韩勇[25]、朱保葛[27]、郑殿君[28]和王丽妍[29]在啤酒大麦、水稻、大豆和花生等作物的研究结果基本一致。因此，抽穗期净光合速率可以作为高产甜高粱品种的有效评价指标。研究发现，对于不同甜高粱种质净光合速率与主要光合生理指标的相关性表明，净光合速率与气孔导度和蒸腾速率呈极显著正相关（$r=0.750\ 0^{**}$，$0.704\ 2^{**}$），这与郑宝香[16]在大豆上的研究结果一致。由此可说明气孔导度和蒸腾速率 2 个光合生理指标的选择也会导致净光合速率的增益。因此，在甜高粱高光效育种中，除继续将抽穗期叶片净光合速率作为选择指标外，气孔导度和蒸腾速率也可作为高光效育种的光合生理指标之一。

叶绿素是叶片吸收、传递和转化光能的基本物质，因此叶绿素含量的高低与叶片光合速率密切相关[28,30]。本研究结果表明，抽穗期甜高粱叶片总叶绿素含量与净光合速率呈极显著正相关，说明叶片叶绿素含量的增加为高光效甜高粱光合速率的提高奠定了基础。

研究认为[31-32]PEP 羧化酶活性的存在与否及其强弱应该是高光效的标志，这一结果也启发我们有可能通过 PEP 羧化酶来筛选高光效种质[33]。本研究结果显示，早、中、晚熟不同类型高光效甜高粱种质在抽穗期的 PEP 酶活性分别高于低光效对照，幅度为 9.07%～351.63%。抽穗期 PEP 酶活性与净光合速率呈正相关，但未达到显著水平。随着生育进程的推进，高光效种质的 PEP 羧化酶活性和净光合速率可能会明显增加，两者的相关程度也会更加密切。有关甜高粱高光效育种的评价指标还有待于深入研究。

甜高粱茎秆含糖锤度是一个非常复杂的性状，它受单株重、茎秆质地和茎秆出汁率等内因及外界环境条件、栽培技术措施等的影响。目前关于含糖锤度与生物产量关系的研究有正相关[34]、负相关[35]、不相关[36-37]多种结论，但对于含糖锤度与光合作用的相关性还未见报道。本研究通过一年试验得到含糖锤度与抽穗期净光合速率呈弱负相关的结果（$r=-0.136\ 6$），还有待于通过大量重复性试验去验证。

参考文献

[1] 姜武，姜卫兵，李志国．园艺作物光合性状种质差异及遗传表现研究进展［J］．经济林研究，2007，25（4）：102-108．

[2] Long S P, Zhu X G, Naidu S L, et al. Can improved photo - synthesis in crease crop yields? [J]. Plant Cell Environ, 2006, 29: 315 - 330.

[3] Zhu X G, Long S P, Ort D R. What is the maximum efficiency with which photosynthesis canconvert solar energy into biomass? [J]. Curr Opin Bio technol, 2008, 19: 153 - 159.

[4] 李培夫. 农作物高光效育种技术的研究与应用 [J]. 种子科技, 2006 (6): 41 - 44.

[5] 李万云, 李韬. 农作物现代育种技术的研究与应用进展 [J]. 中国农学通报, 2005, 21 (12): 166 - 169.

[6] 杜维广, 王育民, 谭克辉. 大豆品种（系）间光合活性的差异及其与产量的关系 [J]. 作物学报, 1982, 8 (2): 131 - 135.

[7] 苗以农, 徐克章. 大豆光合生理生态的研究——第6报 不同品种大豆叶片解剖的研究 [J]. 大豆科学, 1986, 5 (3): 219 - 222.

[8] 赵秀琴, 赵明, 陆军, 等. 热带远缘杂交水稻高光效后代在温带的光合特性观察 [J]. 中国农业大学学报, 2002, 7 (3): 1 - 6.

[9] Peng S, Khush G S, Virk P, et al. Progress in ideotype breeding to increase rice yield potential [J]. Field Crops Research, 2008, 108 (1): 32 - 38.

[10] 袁江, 王丹英, 丁艳锋, 等. 早籼稻品种遗传改良进程中株型的演变特征 [J]. 中国水稻科学, 2009, 23 (3): 277 - 281.

[11] 蔡耀辉, 李永辉, 邱箭, 等. 水稻高光效育种研究进展及展望 [J]. 江西农业学报, 2009, 21 (12): 26 - 29.

[12] 李万昌. 小麦株型与产量结构间的协调性分析 [J]. 江苏农业学报, 2009, 25 (5): 966 - 970.

[13] 张松树, 马志民, 刘兰服. 甘薯高光效育种技术探讨 [J]. 华北农学报, 2008, 23 (增刊): 162 - 165.

[14] 杜维广, 张桂茹, 满为群, 等. 大豆高光效品种（种质）选育及高光效育种再探讨 [J]. 大豆科学, 2001, 20 (2): 110 - 114.

[15] 傅旭军, 朱申龙, 李百权, 等. Li - 6400 光合作用测定仪在大豆高光效育种上的应用研究 [J]. 浙江农业科学, 2005 (6): 473 - 474.

[16] 郑宝香, 满为群, 杜维广, 等. 高光效大豆光合速率与主要光合生理指标及农艺性状的关系 [J]. 大豆科学, 2008, 27 (3): 397 - 401.

[17] 满为群, 杜维广, 张桂茹, 等. 高光效大豆几项光合生理指标的研究 [J]. 作物学报, 2003, 29 (5): 697 - 700.

[18] 李霞, 王超, 陈晏, 等. PEPC 酶活性作为水稻高光效育种筛选指标的研究 [J]. 江苏农业学报, 2008, 24 (5): 559 - 564.

[19] 冯国郡, 叶凯, 涂振东, 等. 甜高粱主要农艺性状相关性和主成分分析 [J]. 新疆农业科学, 2010, 47 (8): 1552 - 1557.

[20] Doggett H. Sorghum [M]. 2nd. New York: Longman Scientific and Technical, 1988: 4 - 5.

[21] 张志良, 瞿伟菁. 植物生理学实验指导 [M]. 3版. 北京: 高等教育出版社, 2002.

[22] 王学奎. 植物生理生化试验原理和技术 [M]. 北京: 高等教育出版社, 2000: 138 - 167.

[23] 李明军, 刘萍. 植物生理学实验技术 [M]. 北京: 科学出版社, 2007.

[24] 赵永平. 不同品种啤酒大麦叶片光合特性与产量和品质关系的研究 [D]. 兰州: 甘肃农业大学, 2008.

[25] 韩勇, 李建国, 姜秀英. 辽宁省水稻灌浆期光合特性及其与产量品质的相关性分析 [J]. 吉林农业科学, 2012, 37 (1): 4 - 8.

[26] Zhao M. Selecting and characterizing high - photosynthesis plants of O. sativa×O. rufipogon progenies [C] //Rrice science for a better world. Manila: 4th Conference of the Asian Crop Science Associ-

ation，2001：24-27.

[27] 朱保葛，柏惠侠，张艳，等. 大豆叶片净光合速率、转化酶活性与籽粒产量的关系 [J]. 大豆科学，2000，19（4）：346-349.

[28] 郑殿君，张治安，姜丽艳，等. 不同产量水平大豆叶片净光合速率的比较 [J]. 东北农业大学学报，2010，41（9）：1-5.

[29] 王丽妍，徐宝慧，杨成林. 北方地区不同花生品种光合生理特性的比较 [J]. 华南农业大学学报，2010，31（4）：12-15.

[30] 王继安，宁海龙，罗秋香，等. 大豆品种间叶绿素含量、RUBP 活性、希尔反应活力及其与产量间的关系 [J]. 东北农业大学学报，2004，35（2）：129-134.

[31] Brown R H，Hattersley P W. Leaf a natomy of C_3-C_4 Species as related to evolution of C_4 photosynthesis [J]. Plant Physiol，1989，91：1543-1550.

[32] Svensson P，Bläsing O E，Westhoff P. Evolution of C_4 phospho-enolpyruvate carboxylase [J]. Arch Biochem Biophys，2003，414：180-188.

[33] 郝乃斌，谭克辉，那青松，等. C_3 植物绿色器官 PEP 羧化酶活性比较研究 [J]. 植物学报，1991，33（9）：692-697.

[34] 李振武，支萍，孔令旗，等. 甜高粱主要性状的遗传参数分析 [J]. 作物学报，1992，18（3）：213-221.

[35] 陈连江，陈丽，赵春雷. 甜高粱品种（系）主要性状间关系的初步研究 [J]. 中国糖料，2007（4）：16-18，23.

[36] 刘洋，罗萍，林希昊，等. 甜高粱主要农艺性状相关性及遗传多样性初析 [J]. 热带作物学报，2011，32（6）：1004-1008.

[37] 杨伟光，杨福，高春福，等. 甜高粱主要农艺性状相关性研究 [J]. 吉林农业大学学报，1995，17（1）：29-31，45.

本文曾发表于《作物学报》2013 年第 39 卷第 8 期。

不同种植密度对甜高粱糖分积累及 SS、SPS 活性的影响

陈维维[1]　再吐尼古丽·库尔班[2]　涂振东[2]　叶凯[2]

(1. 新疆农业大学食品科学与药学学院，乌鲁木齐 830052；
2. 新疆农业科学院生物质能源研究所，乌鲁木齐 830091)

甜高粱[1]起源于非洲，是普通高粱的一个变种，由于其茎秆富含糖分，故称为甜高粱或糖高粱[2]。在众多的生物质能源中，甜高粱被誉为"生物质能源系统中的最有竞争力者"，原因是秸秆含糖量高，可食用、制糖、制酒、饲用。甜高粱作为一种新的生物质能源已经受到国家的极大关注。针对不同用途，不同品种的甜高粱，研究相应的种植技术和种植模式，可提高甜高粱的种植效益。土耳其学者 Turgut 等[3-5]在土耳其的 Bursa 做了关于不同种植密度、不同氮素水平下甜高粱产量的研究，结果表明适宜的行株距和氮素水平可有效提高甜高粱中干物质含量和种子产量。蔗糖磷酸合酶（sucrose phosphate synthase，SPS）和蔗糖合酶（sucrose synthase，SS）是高等植物中与糖代谢密切相关的酶。现已证实，SPS 是植物合成蔗糖过程中一个极其重要的调控酶，Huber[6]还证明 SPS 活性直接影响光合产物在淀粉与蔗糖之间的分配。SS 能够调控蔗糖累积与蔗糖代谢，既可降解蔗糖又可合成蔗糖，功能复杂。Lingle 等[7]研究表明蔗糖降解过程中 SS 活性与甘蔗节间伸长有相关性，Moore 等[8]研究表明 SS 还可为细胞壁的合成提供 UDPG（尿苷二磷酸葡萄糖）[9]。因此，研究不同种植密度条件下甜高粱茎秆糖分及酶活性的变化意义重大。近年来国内外对不同密度下甜高粱产量和糖分变化的研究也逐渐增多。研究表明，同一品种不同栽培密度间的产量差异显著，龙甜 6 号和龙甜 2 号采用密度 67 500 株/hm² 时产量最高、含糖量最高[10]。在内蒙古辽河平原，种植密度为 20 万株/hm² 可较好地协调甜高粱甜格雷兹群体与个体的生长，使鲜、干草和粗蛋白质都达到较高水平[11]。麦茬复种饲用杂交甜高粱在黑龙江地区最佳肥密组合时产量可以达到 31.3t/hm²[12]。在北疆伊犁河谷新高粱 3 号（XT－2）生物产量、茎秆产量、产糖量和籽粒产量随着种植密度降低而呈现递减趋势[11]。虽然已有不同品种间的甜高粱 SS、SPS 活性变化的相关研究[8,13-16]，但不同品种、不同密度下的 SS、SPS 的活性研究鲜有报道。关于新疆独特气候条件下甜高粱糖分积累规律及糖分变化的研究较少。一定条件下，种植密度是影响高粱糖分积累的重要因素。本研究甜高粱 XT－2 和 T601 品系在不同种植密度条件下，茎秆中 SPS 和 SS 的活性与含糖量和糖分的交互变化，以期明确新疆生态条件下甜高粱含糖量积累特征及规律。

1 材料与方法

1.1 材料与试验设计

早熟品种新高粱 3 号（XT－2）和中晚熟品种新高粱 9 号（T601），由新疆农业科学院生物质能源研究所提供。XT－2 生育期 110～115d（既适合北疆非宜棉区春播，又适合南疆麦收后复播）。株高 2.6～3.2m，秆长 2.3～2.8m，茎粗 1.5～2.2cm，叶节 13～17节，单株鲜重 0.6～1.5kg；果穗为紧密纺锤形，穗重 30～50g，千粒重 18～23g，籽粒外壳红色，种子浅红色，卵圆形，产籽 150～230kg/亩；该品种抗旱、抗倒、抗（耐）黑穗病。T601 成熟期较 XT－2 晚，其他性状相似。采用随机区组排列，3 个重复，小区面积30m²。2011 年 4 月 27 日种植于新疆玛纳斯试验田。试验设置不同种植密度处理如表 1 所示。小区为 10 行区，行长 5m，试验小区间留走道 1m。分别取甜高粱拔节期、挑旗期、开花期、灌浆期、成熟期的茎秆，每个处理随机取 3 株整体粉碎后混匀，测定糖含量。

表 1 种植密度处理

密度处理	株行距（cm²）	植株数（株/hm²）
B1	8×60	13 890
B2	10×60	11 110
B3	12×60	9 250
B4	14×60	7 929
B5	16×60	6 938
B6	18×60	6 170
B7	20×60	5 555

1.2 指标测定

从拔节后 10d 开始，采用直接滴定法[17]每 10d 测定一次总糖、还原糖（以葡萄糖计），对整个植株含糖量进行 3 次重复测定。

蔗糖含量＝（可溶性总糖－还原糖）×0.95[18]。

采用间苯二酚比色法[19]略加改动测定 SS 和 SPS 活性。在 0～4℃以 15 800×g 离心样品匀浆 10min，取上清液直接用于酶活性测定。

1.3 数据处理与统计分析

采用 DPS 统计整理数据和作图。

2 结果与分析

2.1 甜高粱还原糖含量

从表 2 和表 3 可以看出，2 个品种在整个生育期还原糖含量的变化趋势不一致。XT－2

密度处理 B1、B3、B5、B6、B7 的还原糖含量的变化趋势与 T601 基本一致，B2、B4 呈现升高、降低、再升高、再降低的变化趋势。T601 不同密度处理的还原糖含量均呈升高、降低的变化趋势。

由表 2 可见 XT-2 不同密度处理对甜高粱还原糖含量变化有明显影响。处理 B1、B7 的变化趋势一致，还原糖含量呈升高、平缓、下降的趋势。处理 B3、B5、B6 的变化趋势一致，还原糖含量呈升高、下降的趋势，峰值均出现在挑旗期，最高者 B6 为 5.82%（鲜基）。处理 B2、B4 的变化趋势一致，还原糖含量呈升高、下降、再升高、再下降的趋势，B2 的还原糖含量峰值出现在灌浆期，为 6.58%（鲜基），B4 的还原糖含量峰值出现在挑旗期，为 4.74%（鲜基）。经多重比较分析，在挑旗期密度处理 B1 的还原糖含量与 B2 的差异显著，与 B7 差异不显著，与其他密度处理均呈极显著差异。在灌浆期，不同密度处理的还原糖含量均呈极显著差异。在成熟期，不同密度处理之间的还原糖含量差异极显著。密度处理 B7（株行距 20cm×60cm，5 555 株/hm²）的还原糖含量最高。由表 3 可看出，T601 的密度处理 B2、B7 还原糖含量呈降低趋势，其他密度处理均呈升高、降低的变化趋势，其峰值均出现在开花期，最高者 B5 为 4.39%（占鲜基）。经多重比较分析后，在拔节期和灌浆期，密度处理 B1 与其他处理均呈极显著差异。在成熟期，密度处理 B1 与 B6 无差异，与其他处理均呈极显著差异。密度处理 B5 和 B7 呈显著差异，其余处理间均呈极显著差异。成熟期还原糖含量最高者为密度处理 B4（株行距 14cm×60cm，7 929 株/hm²）。

由表 2 和表 3 还看出，XT-2 和 T601 在密度处理 B3 下还原糖含量呈现一致的升高、降低的变化趋势，在其他密度处理下变化趋势均不一致。XT-2 在密度处理 B3 下还原糖含量峰值出现在挑旗期，为 4.84%（鲜基），T601 在密度处理 B3 下还原糖含量峰值出现在开花期，为 3.54%（鲜基）。

表 2　XT-2 还原糖含量的变化（%）

生育时期	B1	B2	B3	B4	B5	B6	B7
拔节期	1.88Aa	1.73ABbc	1.52Cde	1.63BCcd	1.48Ce	1.65BCbc	1.76ABab
挑旗期	5.22BCbc	4.87Ccd	4.84Cd	4.74Cd	5.41ABb	5.82Aa	4.16De
开花期	5.43Aa	4.93ABb	3.49Dd	5.07ABab	4.21Cc	4.26Cc	4.70BCb
灌浆期	5.04Bb	6.58Aa	3.38Ef	4.41Cc	4.19Dd	3.39Ef	3.53Ee
成熟期	1.93Dd	2.03Cc	1.81Ee	2.05Cc	1.39Ff	2.17Bb	2.80Aa

注　同行不同大写字母表示差异达 1%显著水平，不同小写字母表示差异达 5%显著水平。

表 3　T601 还原糖含量的变化（%）

生育时期	B1	B2	B3	B4	B5	B6	B7
拔节期	3.55Aa	2.65Ff	2.74EFef	2.95CDcd	3.15Bb	3.04BCc	2.85DEde
挑旗期	3.24Bc	3.54Ab	2.94Cd	2.71De	3.74Aa	2.27Ef	2.68De
开花期	3.41Cc	4.39Bb	2.80Dd	2.16Ee	7.53Aa	2.27Ee	2.66Dd
灌浆期	2.63Aa	1.58Bb	1.43Cd	1.50BCc	1.06Ef	1.23De	0.90Fg
成熟期	1.12Cc	0.64Ef	1.65Aa	1.36Bb	1.02Dd	1.14Cc	0.94De

注　同行不同大写字母表示差异达 1%显著水平，不同小写字母表示差异达 5%显著水平。

2.2　不同栽培密度对甜高粱总糖含量的影响

从表4和表5可以看出，早熟和晚熟2个品种在整个生育期总糖含量总的变化基本一致，呈升高的趋势，在成熟期达最高值。品种间和密度处理间总糖含量有差异。在整个生育期，拔节期总糖含量很低，糖分从挑旗期开始明显积累，到成熟期达最高值。

由表4可见，XT-2不同密度处理各时期总糖含量均不一致。拔节期最高者是B1，为2.75%（鲜基），最低者B5为1.40%（鲜基）。挑旗期最高者是B5，为6.50%（鲜基），最低者B7为4.22%（鲜基）。开花期最高者是B5，为8.82%（鲜基），最低者B2为6.36%（鲜基）。灌浆期最高者是B3，为11.56%（鲜基），最低者B6为10.00%（鲜基）。成熟期各处理总糖含量均达到峰值，但B3＞B5＞B1＞B6＞B2＝B7＞B4。经多重比较分析，B1和B6，B2和B7差异不显著，B3和B4差异极显著，B3和B5差异不显著，总糖含量最高者是B3，为14.20%（鲜基），最低者是B4，为11.52%（鲜基）。因此密度处理B3有利于XT-2总糖的积累。

由表5可看出，T601不同密度处理的总糖含量在整个生育期均呈升高趋势。B2的总糖含量除开花期稍低于其他密度处理外，各时期均明显高于其他密度处理。经多重比较分析，B1和B7，B2和B6差异不显著，B3与其他各处理均差异极显著。各个处理总糖含量在成熟期均达到峰值，其值为B2＞B1＞B6＞B7＞B5＞B4＞B3，最高者B2为14.42%（鲜基），最低者B3为10.99%（鲜基）。表明B2有利于T601总糖含量的积累。由表4和表5看出，XT-2和T601总糖含量在密度处理B2下变化趋势不一致，在其他密度处理下变化趋势均一致。XT-2在密度处理B2下变化趋势同其他密度处理的XT-2和T601均呈上升趋势，T601在密度处理B2下呈上升、降低、上升趋势。

表4　XT-2总糖含量的变化（%）

生育时期	B1	B2	B3	B4	B5	B6	B7
拔节期	2.75Aa	2.33Bb	1.75Dd	1.94Cc	1.40Ee	1.74Dd	2.22Bb
挑旗期	6.44Aa	5.03Cd	5.57BCc	5.97ABbc	6.50Aa	6.20ABab	4.22De
开花期	7.29Bc	6.36De	7.18CDd	7.60Bbc	8.48Aa	7.76Bb	7.75Bb
灌浆期	10.46BCDc	6.35Cd	7.17Bc	10.30CDc	11.43Aab	10.19Dc	11.17ABab
成熟期	13.16ABab	12.82ABbc	14.20Aa	11.52Bc	13.62Aab	13.05ABab	12.82ABbc

注　同行不同大写字母表示差异达1%显著水平，不同小写字母表示差异达5%显著水平。

表5　T601总糖含量的变化（%）

生育期时	B1	B2	B3	B4	B5	B6	B7
拔节期	3.39Bb	3.72Aa	2.94Dd	3.17Cc	3.18Cc	3.12Cc	2.75De
挑旗期	4.11Bb	4.59Aa	3.46De	3.54Dde	3.68CDcd	3.02Ef	3.83Cc
开花期	9.20DEd	10.19BCc	8.57EFe	10.87ABb	9.52CDd	11.56Aa	8.31Fe
灌浆期	10.86Aa	10.14Bc	9.53Cd	9.42Cd	10.65ABab	10.41ABbc	10.95Aa
成熟期	13.36Bb	14.09Aa	10.75De	12.33Cd	12.61Cc	14.31Aa	13.37Bb

注　同行不同大写字母表示差异达1%显著水平，不同小写字母表示差异达5%显著水平。

2.3　不同栽培密度对甜高粱蔗糖含量的影响

两个品种整个生育期蔗糖含量总的变化呈升高趋势。拔节期蔗糖含量很低，接近于零，随着生育期变化蔗糖含量慢慢升高，这跟总糖的积累规律相似。

由表 6 可见，XT-2 不同密度处理的蔗糖含量变化趋势一致，均在开花期后迅速上升，成熟期达峰值。各峰值表现为 B3＞B5＞B1＞B6＞B2＞B7＞B4，最高者 B3 为 9.98%（鲜基），最低者 B4 为 7.42%（鲜基），经多重分析比较，B3 和 B4 差异极显著。表明 B3 有利于 XT-2 的蔗糖积累。

由表 7 可看出，T601 的密度处理 B5 蔗糖含量变化趋势同 XT-2，其他密度处理蔗糖均在挑旗期后开始明显积累，成熟期达到峰值。密度处理 B4 在开花期后呈降低、升高的趋势，成熟期达到峰值。T601 各峰值表现为 B2＞B1＞B7＞B6＞B5＞B4＞B3，最高者 B2 为 11.29%（鲜基），最低者 B3 为 7.48%（鲜基）。多重比较分析表明，B2 和 B6 峰值差异极显著。说明 B2 有利于 T601 蔗糖含量的积累。

由表 6 和表 7 可看出，XT-2 和 T601 在密度处理 B4 下蔗糖含量变化趋势稍有差别，XT-2 在整个生育期均呈上升趋势，T601 在开花期至灌浆期呈下降趋势，灌浆期后至成熟期呈上升趋势。两者在其他密度处理下均呈现一致的变化趋势，且在同一密度处理下T601 的增幅比 XT-2 的增幅大。

表 6　XT-2 蔗糖含量的变化（%）

生育时期	B1	B2	B3	B4	B5	B6	B7
拔节期	0.48Aa	0.27Bb	0.01Dd	0.06Dd	0.01Dd	0.01Dd	0.16Cc
挑旗期	0.52Aa	0.03Bc	0.03Bc	0.55Aa	0.21Bb	0.03Bc	0.03Bc
开花期	0.88DEd	0.59Ed	2.60ABb	1.45CDc	3.26Aa	2.29Bb	2.07BCb
灌浆期	3.83Dd	2.54Ee	6.31Aa	4.23CDd	5.44Bbc	5.02BCc	5.84ABab
成熟期	9.01ABb	8.64BCb	9.98Aa	7.88Cc	9.90Aa	9.36ABab	7.80Cc

注　同行不同大写字母表示差异达 1% 显著水平，不同小写字母表示差异达 5% 显著水平。

表 7　T601 蔗糖含量的变化

生育时期	B1	B2	B3	B4	B5	B6	B7
拔节期	0.12Aa	0.02Bb	0.03Bb	0.04Bb	0.05Bb	0.06Bb	0.07Bb
挑旗期	0.31Bb	0.42ABb	0.07Cc	0.35Bb	0.02Cc	0.33Bb	0.60Aa
开花期	4.35Bc	4.24Bc	4.40Bc	6.91Ab	0.69Cd	7.37Aa	4.32Bc
灌浆期	6.46Dc	6.76CDc	7.31BCb	6.68Dc	7.71ABb	7.41Bb	8.17Aa
成熟期	10.46Bb	11.30Aa	7.48Fe	8.49Ed	9.45Dc	9.68CDc	10.22BCb

注　同行不同大写字母表示差异达 1% 显著水平，不同小写字母表示差异达 5% 显著水平。

2.4　甜高粱蔗糖合酶活性

如表 8 和表 9 所示，2 个品种生育期 SS 活性变化趋势不一致，XT-2 不同密度处理无明显变化规律，T601 的 B1、B2、B3、B4、B5、B7 变化趋势一致，呈升高、降低、升高趋势，而密度处理 B6 呈降低、升高、降低趋势。

由表 8 可见，XT‐2 不同密度处理的 SS 活性无明显的变化规律，密度处理 B1 的变化趋势同 T601 一致，呈升高、降低、升高的趋势，峰值出现在成熟期。B2、B3、B6 呈升高、降低、升高、降低的 M 形变化趋势。B4、B5 变化趋势一致，呈下降、升高趋势，B5 的峰值出现在开花期，而 B4 的峰值出现在灌浆期。B7 呈升高、降低的趋势。经多重分析，成熟期各密度处理间 XT‐2 的 SS 活性差异均极显著。成熟期 B1 的 SS 活性最高。

由表 9 可见，T601B1、B2、B3、B4、B5、B7 的 SS 活性变化趋势一致，B1、B2、B3、B4、B5 的第一个峰值均出现在开花期，而 B7 的第一个峰值出现在挑旗期。B6 呈升高、降低的趋势，峰值出现在灌浆期。经多重分析比较，成熟期各密度处理间差异均极显著，密度处理 B3 的 SS 活性最高。

由表 8 和表 9 所示，XT‐2 与 T601 在密度处理 B1 下的 SS 活性变化趋势一致，呈现升高、降低、升高的趋势，且峰值均出现在成熟期。而在其他密度处理下的 SS 活性变化趋势均不一致，且峰值出现的时间也不一致。

表 8　XT‐2 的 SS 活性的变化 [mg/(g·h)]

生育时期	B1	B2	B3	B4	B5	B6	B7
拔节期	119.71Ee	60.63Ff	390.24Bb	581.46Aa	374.69Bb	225.43Cc	181.90Dd
挑旗期	590.79Bb	592.35Bb	634.32Aa	503.73Cc	314.05Ef	332.71Ee	402.67Dd
开花期	328.04Cd	486.62Bb	161.69De	497.51Bb	999.68Aa	345.15Cc	491.29Bb
灌浆期	360.69Ee	458.64Dd	534.82Cc	671.64Bb	847.32Aa	631.21Bb	657.65Bb
成熟期	858.21Aa	31.09Gg	315.60Cc	166.35Ff	511.50Bb	287.62Ee	296.95Dd

注　同行不同大写字母表示差异达 1% 显著水平，不同小写字母表示差异达 5% 显著水平。

表 9　T601 的 SS 活性的变化 [mg/(g·h)]

生育时期	B1	B2	B3	B4	B5	B6	B7
拔节期	158.58Ee	359.14Cc	192.78Dd	141.48Ff	203.67Dd	384.02Bb	430.66Aa
挑旗期	324.94Cc	412.00Bb	407.34Bb	225.43Dd	226.99Dd	321.82Cc	643.65Aa
开花期	446.20Cc	394.90Ee	432.21Dd	755.60Aa	373.13Ff	657.65Bb	289.18Gg
灌浆期	164.80De	186.56Dde	412.04Cc	492.85Bb	435.32Cc	1105.41Aa	213.08Dd
成熟期	1091.42Bb	865.98Dd	1606.03Aa	887.75Cc	638.99Gg	744.71Ff	794.46Ee

注　同行不同大写字母表示差异达 1% 显著水平，不同小写字母表示差异达 5% 显著水平。

2.5　甜高粱蔗糖磷酸合酶活性

如表 10 和表 11 所示，XT‐2 不同密度处理的 SPS 活性大部分呈逐渐升高趋势，只有 B2、B4 呈升高、降低、升高的趋势。T601 不同密度处理的 SPS 活性无明显变化规律。

由表 10 可见，XT‐2 B2、B4 的 SPS 活性呈升高、降低、升高的变化趋势，B2 的峰值出现在成熟期，B4 的峰值出现在灌浆期。B1、B3、B5、B6、B7 的 SPS 活性均呈升高趋势，最高值均出现在成熟期。经多重分析比较，成熟期各密度处理间差异均显著，B6 的 SPS 活性最高。由表 11 可见，T601 各个密度处理的 SPS 活性无明显变化规律。T601

B1 的变化趋势同 XT‐2 的 B2、B4，呈升高、降低、升高的趋势。T061 B2、B3 的与 XT‐2 的大部分密度处理变化趋势一致，呈升高趋势。B4、B6 均呈降低、升高、降低、升高的 W 形变化趋势。T601 的密度处理 B5、B7 的 SPS 酶活性变化趋势一致，呈降低、升高的变化趋势。多重分析比较表明，成熟期各密度处理间的 SPS 活性差异均显著。B1 的 SPS 活性最高。

由表 10 和表 11 可见，XT‐2 与 T601B3 的 SPS 活性变化趋势一致，呈升高的变化趋势，而其他密度处理的变化趋势均不一致，XT‐2B4 的 SPS 活性峰值出现在灌浆期，而 T601 的 B7 出现在灌浆期，而两品种其他密度处理的峰值均出现在成熟期。

表 10　XT‐2 的 SPS 活性的变化　[mg/(g·h)]

生育时期	B1	B2	B3	B4	B5	B6	B7
拔节期	511.50Aa	487.66Aa	286.07Bb	480.41Aa	447.76Aa	296.95Bb	506.84Aa
挑旗期	393.34Dd	407.34Cc	427.55Bb	564.36Aa	342.04Ee	421.33Bb	427.54Bb
开花期	404.22Ee	545.71Bb	391.79Ff	234.76Gg	489.74Cc	429.10Dd	673.19Aa
灌浆期	573.69Cc	441.54Ee	449.31Ee	691.85Bb	886.19Aa	531.71Dd	702.74Bb
成熟期	1405.47Bb	1184.70Cc	782.03Ff	676.31Gg	962.37Dd	1703.98Aa	820.89Ee

注　同行不同大写字母表示差异达 1% 显著水平，不同小写字母表示差异达 5% 显著水平。

表 11　T601 的 SPS 活性的变化　[mg/(g·h)]

生育时期	B1	B2	B3	B4	B5	B6	B7
拔节期	159.98Cc	458.64ABa	412.00Bb	463.30ABa	458.64ABa	452.43ABab	477.30Aa
挑旗期	455.53Bc	548.82Aa	461.75Bb	286.06Ef	345.15De	370.02Cd	136.81Fg
开花期	443.10Ee	592.35Cc	513.06Dd	755.60Aa	340.49Gg	662.31Bb	415.11Ff
灌浆期	600.12Bb	754.04Aa	729.17Aa	486.63Cc	231.65Dd	94.84Ee	559.70Bb
成熟期	1609.14Aa	1023.01Cc	774.25Dd	1100.75Bb	668.53Ff	726.06Ee	531.72Gg

注　同行不同大写字母表示差异达 1% 显著水平，不同小写字母表示差异达 5% 显著水平。

3　讨论

甜高粱生物产量高、茎秆多汁多糖、乙醇转化率高、抗逆性强，是最具优势的生物质能源作物之一。种植甜高粱的直接目标就是要获得高糖产量[20]。不同种植密度的甜高粱的生长环境中水、热、光照等条件有差异，势必导致其茎秆糖分积累的一定差异[21]。

本试验表明，2 个品种获得较高含糖量的种植密度不同。2 个品种在整个生育期还原糖含量的变化趋势不一致。XT‐2 大部分密度处理变化趋势同 T601。T601 不同密度处理的还原糖含量的变化趋势基本一致，呈现升高、降低的变化趋势。甜高粱 XT‐2 中大部分密度处理的还原糖含量在开花期呈平缓趋势，而 T601 在开花期最高，这与李正祥、Lingle 等[22-23]研究结果一致。XT‐2 和 T601 除 B2 外总糖含量变化趋势均一致，呈升高趋势，与沈飞等[24]的先升、后降、再升、再降的 M 形变化趋势不同，这可能是由于甜高梁存在品种间的差异，种植密度也可能是原因之一。T601 的蔗糖含量从挑旗期逐渐升高，成熟期最高，XT－2 的蔗糖含量从开花期逐渐升高，成熟期最高，这与李正祥等[22]研究结果一致。这种变化与植物的光合作用、光合产物分配等有关。

　　T601 不同密度处理的 SS 活性除 B6 外均呈升高、降低、升高的趋势，在成熟期呈升高趋势，这与崔江慧等[16]的研究结果一致，其 SS 活力的增加呈低-高-低-高的变化趋势，甜高粱茎秆中蔗糖的合成及含量与 SS 活力有关，而 XT－2 的 SS 活性变化无明显规律。XT－2 的 SPS 活性在不同密度处理下大部分呈逐渐升高的趋势，而 T601 无明显规律。这与 Zhu 等[25]研究结果一致，SPS 在蔗糖代谢中其具有重要作用，甘蔗中的蔗糖合成与 SPS 活力有极大关系，而且蔗糖可引起细胞分化、成熟，同样成熟期甜高粱含有相对较高含量的蔗糖，SPS 的活性也很高。

　　有人研究表明 SAI（可溶性酸性转化酶）、NI（中性转化酶）等也是蔗糖代谢中重要的调控酶，并经 PCR 分析了 SAI 的结构和功能[26]，由于实验条件所限本实验只研究了 SS、SPS 活性的变化规律，有关 SAI、NI 的变化及其他糖分的含量变化需进一步研究。

参考文献

[1] 贾东海，王兆木，林萍，等. 不同种植密度和施肥量对新高粱 3 号产量及含糖量的影响 [J]. 新疆农业科学，2010 (1)：47-53.

[2] 何振富，贺春贵，王国栋，等. 种植密度对陇东旱塬区光敏型高丹草生物学性状及产量的影响 [J]. 草业科学，2018，35 (5)：1188-1198.

[3] 张华文，秦岭，杨延兵，等. 种植密度和品种对甜高粱生物性状与产量的影响 [J]. 山东农业科学，2008 (7)：13-15，18.

[4] 刘明慧，王钊，王西红. 甜高粱的综合利用与开发 [J]. 农产品加工，2005 (9)：30-31.

[5] Bilgill T U, Duman A, Acikgoz E. Production of sweet sorghum [Sorghum bicolor (L.) Moench] increases with increased plant densities and nitrogen fertilizer levels [J]. Acta Agric Scandinavica Section B-Soil Plant，2005，56：236-240.

[6] Huber S C. Role and regulation sucrose phosphate synthase in higher plants [J]. Annu Rev Plant Physiol Plant Mol Biol, 1996, 47：431-445.

[7] Lingle S E, Dunlap J R. Sucrose metabolism in netted muskmelon fruit during development [J]. Plant Physiol，1987，84：386-389.

[8] Moore P H. Temporal and spatial regulation of sucrose accumulation in the sugarcane stem [J]. Australian Journal of Plant Physiology，1995，22：661-679.

[9] 崔江慧，薛薇，刘会玲，等. 甜高粱与粒用高粱茎秆生长过程中糖及其代谢相关酶活性的比较 [J]. 华北农学报，2009 (5)：150-154.

[10] 焦少杰，王黎明，姜艳喜，等. 不同栽培密度对甜高粱产量和含糖量的影响 [J]. 中国农学通报，2010，26 (6)：115-118.

[11] 郑庆福，李凤山，杨恒山，等. 种植密度对杂交甜高粱"甜格雷兹"生长、品质及产量的影响 [J]. 草原与草坪，2005 (4)：61-65.

[12] 郑桂萍，刘沐江，汪秀志，等. 不同种植方式及肥密因素下饲用甜高粱的产量表现 [J]. 水土保持通报，2009，29 (3)：25-28.

[13] Hoffmann - Thoma G, Hinkel K, Nicolay P, et al. Sucrose accumulationin sweet sorghum stem internode sinrelation to growth [J]. Physiologia Plantarum, 1996, 97: 277 - 284.

[14] Ferraris R, Charles - Edwaed D A. Acomparative analysis of the growth of sweet and forage sorghum crops: accumulation of soluble carbohydrates and nitrogen [J]. Aust J Agric Res, 1986, 37: 513 - 522.

[15] Vietor D M, Miller F R. Assimilation, partitioning, andnonstructural carbohydrate in sweet compared with grain sorghum [J]. Crop Sci, 1990, 30: 1109 - 1115.

[16] 刘洋, 赵香娜, 岳美琪, 等. 甜高粱茎秆不同节间糖分累积与相关酶活性的变化 [J]. 植物遗传资源学报, 2010, 11 (2): 162 - 167.

[17] 罗在粉, 王兴章, 卿云光. 斐林试剂测定食品中还原糖影响因素的探讨 [J]. 中国卫生检验杂志, 2009, 19 (4): 951 - 961.

[18] 张意静. 食品分析技术 [M]. 北京: 中国轻工业出版社, 2001: 138 - 151.

[19] 薛应龙. 植物生理学实验手册 [M]. 上海: 上海科技出版社, 1985: 148 - 150.

[20] 马涌, 张福耀, 赵威军, 等. 甜高粱育种思路探讨 [J]. 山西农业科学, 2011, 39 (6): 619 - 621.

[21] 杨相昆, 田海燕, 魏建军, 等. 不同播种方式及种植密度对马铃薯种薯生产的影响 [J]. 西南农业学报, 2009, 22 (4): 910 - 912.

[22] 李正祥. 糖高粱糖分积累规律初步研究 [J]. 宁夏农林科技, 1980 (4): 11 - 12.

[23] Lingle SE. Sucrose metabolism in the primary culm of sweet sorghum during development [J]. CropSci, 1987, 27: 1214 - 1219.

[24] 沈飞, 刘荣厚. 甜高粱糖分积累规律及其酒精发酵的研究 [J]. 农机化研究, 2007 (2): 149 - 152.

[25] ZhuY J, Komor E, Moore P H. Sucrose accumulationin the sug - arcane stem is regulated by the difference between the activities of soluble acid invertase and sucrose phosphate synthase [J]. PlantPhysiol, 1997, 115: 609 - 616.

[26] 刘洋. 甜高粱茎秆糖分积累关键酶基因克隆及功能标记开发 [D]. 北京: 中国农业科学院, 2009: 1 - 101.

本文曾发表于《西北农林科技大学学报（自然科学版）》2013年第41卷第4期。

甜高粱光合生理特性及其与产量的关系

冯国郡[1,2]　章建新[1]　李宏琪[1]　叶凯[2]　郭建富[2]

（1. 新疆农业大学农学院，乌鲁木齐 830052；

2. 新疆农业科学院，乌鲁木齐 830091）

　　光合作用是植物生产最基本的生理过程之一。作物生物学产量的 90%～95% 来自光合作用产物，只有 5%～10% 来自根系吸收的营养成分[1-2]。前人对花生[3]、啤酒大麦[4]、水稻[5]、大豆[6-7]等作物的光合生理特性进行了较多研究，对涉及的相关生理生化过程有了较深刻的认识，并不同程度地分析了产量、品质与光合生理参数的关系。甜高粱是普通粒用高粱的一个变种，属禾本科一年生草本植物，其特点是茎秆汁液富含糖分，且易于发酵转化成乙醇。作为一种新兴的生物质能源作物，甜高粱具有适应性强、抗旱、耐涝、耐盐碱等特性[8]，是目前公认的最具有应用前景的可再生能源作物之一[9]。近年来，人们在甜高粱种质资源的遗传多样性及利用、遗传育种、栽培等方面进行了较多研究[10-15]。目前，针对高粱（甜高粱）生理生化方面的研究，主要集中在干旱、低温等逆境胁迫下相关生理生化指标的变化上[16-19]。在光合生理方面，刘晓辉等[20]研究了 8 个甜高粱品系的叶、茎叶绿素含量及呼吸强度；朱凯等[21]以 A1 型和 A3 型细胞质的 10 个甜高粱品种（组合）为试材，分别对其在拔节后不同时间的净光合速率进行了测定，并对光合影响参数进行了比较与分析。但有关甜高粱光合生理特性及其与生物产量和含糖锤度的相关性鲜见报道。本试验以 9 个中熟甜高粱品系为材料，通过测定光合参数和生理指标，比较分析了不同甜高粱品系的光合作用特性，探讨了灌浆期甜高粱光合生理特性及其与生物产量和含糖锤度的关系，以期为甜高粱的高光效育种提供依据。

1　材料与方法

1.1　供试材料与试验设计

　　供试材料有中熟甜高粱品系 LT05、UT84、BABUSH、新高粱 3 号、TLF‐1、MN‐94、LT02、MN‐4539、MN‐4322 共 9 个。试验于 2011 年在新疆农业科学院玛纳斯农业试验站进行。该站位于东经 86°14′，北纬 44°14′，海拔 470m，土壤类型为壤土，土壤 pH 7.8，总盐 3.1g/kg，有机质 2.3g/kg，有效 N 89.6mg/kg，有效 P 26.3mg/kg，速效 K 416.0mg/kg。试验区行长 5m，行距 0.6m，株距 0.2m，保苗数 75 000 株/hm²，10 行区，3 次重复，小区面积 30m²。2011 年 5 月 6 日播种，于 5 月 15 日出苗。播种时每公顷施种肥磷酸二铵 300kg、硫酸钾 225kg；拔节期结合甜高粱中耕、开沟，每公顷施复合肥 195kg，尿素 150kg，硫酸钾 112.5kg。整个生育期浇水 5 次。

1.2 测定指标及方法

1.2.1 光合生理指标

选择晴天正午，在自然光照下采用便携式光合测定系统（CI‐340型，美国 CID 公司）于灌浆期（8月14日）测定甜高粱各品系的净光合速率（Pn）、蒸腾速率（Tr）、叶片气孔导度（Gs）、胞间 CO_2 浓度（Ci），光照强度在 $1\,800\sim1\,900\mu mol/(m^2 \cdot s)$。选择3株长势一致的植株挂牌，取穗位下部刚展开的平展叶片中部进行测定，记录每片叶的测试数据，重复3次，取9个数据的平均值。

1.2.2 生理生化指标

于灌浆期取甜高粱各品系挂牌植株穗位下部的3片叶，将每片叶中部剪下，用锡箔纸包好记录编号，迅速放入液氮罐中，放入超低温冰箱保存备用。叶绿素 a、叶绿素 b、总叶绿素含量按张志良等[22]的浸提法测定，3次重复。PEP Case 酶活性采用李明军等[23]的方法测定，3次重复。氮及总蛋白质量分数采用德国氮分析仪（RAPIDN，ELEMENTAR，GERMANY）测定。将称好的甜高粱鲜叶片于 105℃杀青 30min，再 80℃烘 48h，测定时用粉碎机粉碎，精确称取 250mg 粉末用于氮质量分数测定，误差<1%，3次重复。总蛋白质量分数＝氮质量分数×6.25。可溶性糖质量分数采用硫酸‐蒽酮法[24]测定，3次重复。

1.2.3 农艺性状及产量调查性状

包括株高、茎粗、小区生物产量、单穗粒质量、千粒质量，并将小区生物产量和单穗粒质量分别折合成每公顷生物产量和籽粒产量。成熟后从每小区中连续取10株进行田间性状调查和室内考种。叶面积采用方格法测算，于甜高粱灌浆期在各品系样点中随机取样5株，将植株上的所有叶片剪下，统计出单株叶片数量。取一块透明纸，上面划成许多 $1cm^2$ 的小方格，将透明纸压在叶片上，然后计算叶片所占有的方格数，边缘部分不满一格的可估计。叶片占有的方格数的总和，即为叶片面积。再以同样方法测定出其他4株植物的叶面积，并求出这5株的单株平均叶面积。

叶面积指数（LAI）＝单株平均叶面积×5/样品所占土地面积

1.2.4 含糖锤度的测定

甜高粱成熟后从每小区中连续取5株，用水将锤度计调零，分别从茎秆上、中、下部位取少量榨出的汁液，用 ATAGO 数显锤度计测定含糖锤度，每品系的含糖锤度为15个数据的平均值。

1.3 数据处理

采用 Excel 2003 和 DPS 9.50 统计分析软件对试验数据进行处理和显著性检验及相关分析。

2 结果与分析

2.1 不同甜高粱品系叶片光合生理特性的比较

2.1.1 Pn

Pn 在一定程度上反映了植物光合作用的水平。由表1可知，LT05 的 Pn 最大，为

16.01μmol/(m^2·s)；MN-4322 最小，为 4.11μmol/(m^2·s)；LT05 的 Pn 较 MN-4322 高 289.5%；LT02、新高粱 3 号、BABUSH、UT84、MN-94 的 Pn 也较高。

表1　9个甜高粱品系叶片的光合生理特性参数

品系	Pn [μmol/(m^2·s)]	Tr [mmol/(m^2·s)]	Gs [mmol/(m^2·s)]	Ci (μmol/mol)
LT05	16.01±1.52a	3.72±0.14b	212.51±13.71c	415.27±3.35cd
UT84	12.83±1.60cd	3.48±0.22be	321.63±66.90b	475.17±8.98ab
BABUSH	14.24±0.65be	4.33±0.88a	159.30±24.13cd	381.40±38.69d
新高粱3号	14.57±0.25ab	3.25±0.09bed	329.17±17.87b	446.67±26.89be
TLF-1	4.27±0.37e	3.18±0.09bed	82.37±5.96d	499.50±55.21a
MN-94	12.56±0.80d	3.01±0.15cd	661.90±27.29a	498.60±9.90a
LT02	14.60±0.10ab	3.27±0.06bed	332.53±12.96b	459.90±5.21ab
MN-4539	11.47±0.55d	2.66±0.23d	263.08±5.96be	479.00±7.66ab
MN-4322	4.11±0.18e	2.88±0.07cd	99.93±4.04d	489.97±3.52ab

注　同列数据后标不同小写字母者表示在 0.05 水平差异显著。下表同。

2.1.2　Tr

Tr 可以反映作物调节自身水分损耗能力变化的状况。由表1可知，BABUSH 的 Tr 最大，为 4.33mmol/(m^2·s)；MN-4539 最小，为 2.66mmol/(m^2·s)；BABUSH 的 Tr 较 MN-4539 高 62.8%；其余 7 个品系 Tr 居中，其中 LT05 与 MN-94、MN-4322 差异达显著水平，其他各品系间无显著差异。

2.1.3　Gs

Gs 是影响作物光合特性的重要因子。由表1可知，MN-94 的 Gs 最大，为 661.90mmol/(m^2·s)；TLF-1 最小，为 82.37mmol/(m^2·s)；MN-94 的 Gs 较 TLF-1 高 703.57%；LT02、新高粱 3 号、UT84 具有相对较高的 Gs，MN-4539、LT05、BABUSH 的 Gs 居中。

2.1.4　Ci

由表1可知，TLF-1 的 Ci 最大，为 499.50μmol/mol；BABUSH 最小，为 381.40μmol/mol；TLF-1 的 Ci 较 BABUSH 高 31.0%；MN-94、MN-4322、MN-4539、UT84、LT02、新高粱 3 号的 Ci 相对较高。

2.2　不同甜高粱品系叶片生理特性的比较

2.2.1　叶绿素

叶片中叶绿素含量直接影响叶片的光合效率。由表2可知，新高粱 3 号的叶绿素 a、叶绿素 b、总叶绿素含量均最高，分别为 3.42mg/g、1.21mg/g 和 4.63mg/g；BABUSH 的叶绿素 a 及总叶绿素含量最低，分别为 2.33mg/g 和 3.02mg/g；MN-4322 的叶绿素 b 含量最低，为 0.66mg/g。LT02、MN-94、LT05 的叶绿素 a、叶绿素 b 和总叶绿素含量均较高。

表2 9个甜高粱品系叶片的叶绿素含量及 PEP 羧化酶活性

品系	叶绿素 a（mg/g）	叶绿素 b（mg/g）	总叶绿素（mg/g）	PEP 羧化酶活性（U/min）
LT05	3.00±0.08c	0.91±0.02d	3.91±0.10d	23.06±0.22a
UT84	2.56±0.04e	0.78±0.01f	3.33±0.05f	21.78±0.13b
BABUSH	2.33±0.03g	0.69±0.00g	3.02±0.03h	12.71±0.06f
新高粱 3 号	3.42±0.01a	1.21±0.01a	4.63±0.01a	17.75±0.08d
TLF-1	2.68±0.04d	0.87±0.01e	3.55±0.04e	9.31±0.07h
MN-94	3.05±0.05c	0.94±0.02c	3.98±0.04c	15.64±0.04e
LT02	3.24±0.03b	1.12±0.01b	4.36±0.04b	18.50±0.03c
MN-4539	2.56±0.04e	0.76±0.00f	3.32±0.04f	10.30±0.03g
MN-4322	2.47±0.01f	0.66±0.01h	3.14±0.02g	8.54±0.08i

2.2.2 PEP 羧化酶

PEP 羧化酶为 C_4 途径光合作用的关键酶，与 C_3 作物中 Rubisco 相比，PEP 羧化酶对 CO_2 的亲和力更高。由表 2 可知，LT05 的 PEP 羧化酶活性最高，为 23.06U/min；MN-4322 最低，为 8.54U/min；LT05 的 PEP 羧化酶活性较 MN-4322 高 170%；UT84、LT02、新高粱 3 号的 PEP 羧化酶活性相对较高，MN-4539、TLF-1 的酶活相对较低。

2.2.3 氮

由表 3 可知，LT05 叶片氮质量分数最高，为 3.20%，LT02 叶片氮质量分数最低，为 2.25%，LT05 叶片氮质量分数较 LT02 高 42.2%；TLF-1 和 MN-94 的氮质量分数较高，BABUSH、MN-4539 和 UT84 氮质量分数中等，新高粱 3 号和 MN-4322 氮质量分数较低。

表3 9个甜高粱品系叶片氮、总蛋白和可溶性糖的质量分数（%）

品系	氮质量分数	总蛋白质量分数	可溶性糖质量分数
LT05	3.20±0.01a	19.96±0.04a	5.71±0.02be
UT84	2.49±0.02d	15.53±0.03cd	5.85±0.05b
BABUSH	2.60±0.01c	16.25±0.02be	5.58±0.06c
新高粱 3 号	2.45±0.04e	15.32±0.03cde	6.72±0.29a
TLF-1	2.81±0.01b	16.26±1.31be	6.87±0.03a
MN-94	2.80±0.01b	17.52±0.02b	5.74±0.04be
LT02	2.25±0.01f	14.03±0.01e	4.25±0.04e
MN-4539	2.51±0.01d	15.67±0.09cd	6.76±0.05a
MN-4322	2.44±0.02e	14.75±0.12de	5.15±0.06d

2.2.4 总蛋白

由表 3 可知，LT05 叶片总蛋白质量分数最高，LT02 叶片总蛋白质量分数最低，LT05 的叶片总蛋白质量分数较 LT02 高 42.3%；MN-94、TLF-1、BABUSH、MN-4539、UT84 和新高粱 3 号的总蛋白质量分数中等。

2.2.5　可溶性糖

由表 3 可知，TLF-1 叶片可溶性糖质量分数最高，LT02 叶片可溶性糖质量分数最低，TLF-1 叶片可溶性糖质量分数较 LT02 高 61.6%；MN-4539、新高粱 3 号的可溶性糖质量分数也较高，UT84、MN-94、LT05 的可溶性糖质量分数居中。

2.3　不同甜高粱品系产量、含糖锤度及形态性状的比较

由表 4 可知，9 个甜高粱品系间的生物产量、籽粒产量、含糖锤度、株高、茎粗均有一定的差异。其中，LT05、LT02、新高粱 3 号、MN-94 的生物产量较高，LT02、LT05、MN-4539、TLF-1 的籽粒产量较高，新高粱 3 号、LT05、UT84、BABUSH 的含糖锤度较高，LT05、BABUSH、新高粱 3 号、LT02 的植株较高，BABUSH、MN-94、TLF-1 的茎粗较粗，BABUSH、LT05、LT02 的 LAI 较大。

表 4　9 个甜高粱品系的产量、含糖锤度及植株性状

品系	生物产量（kg/hm²）	籽粒产量（kg/hm²）	含糖锤度（%）	株高（cm）	茎粗（cm）	叶面积指数
LT05	46 669.51±32.27a	6 423.23±7.70b	17.64±0.12b	265.03±2.89a	2.43±0.03b	3.30±0.05b
UT84	39 171.03±50.17c	3 696.05±5.60d	16.53±0.06c	188.36±4.41d	2.14±0.03c	2.41±0.04d
BABUSH	40 002.06±19.86c	2 766.15±1.50f	16.33±0.06c	261.71±1.67a	2.74±0.00a	3.46±0.11a
新高粱 3 号	45 336.15±5.72ab	3 726.04±1.80d	19.62±0.06a	253.34±3.33b	2.36±0.06b	1.88±0.10e
TLF-1	29 167.53±52.42e	3 745.57±1.60d	10.16±0.12f	225.02±2.89c	2.68±0.06a	1.60±0.05f
MN-94	44 169.23±31.29b	2 985.04±5.50e	12.84+0.12d	185.04±2.89c	2.72±0.06a	2.41±0.04d
LT02	45 835.54±3.52a	6 741.33±5.70a	11.95±0.06e	246.76±1.67b	2.35±0.06b	2.93±0.05c
MN-4539	35 835.06±51.62d	5 527.54±4.70c	7.24±0.00h	161.73±1.67e	2.30±0.06b	0.67±0.02g
MN-4322	19 000.74±25.29f	2 934.06±4.70e	8.54±0.06g	151.03±0.58f	1.62±0.06d	0.49±0.02h

2.4　甜高粱品系生物产量、籽粒产量、含糖锤度与光合生理生化指标的相关性分析

将甜高粱生物产量、籽粒产量、含糖锤度与影响光合的生理生化指标进行相关分析，结果见表 5。由表 5 可知，生物产量与 Pn 达极显著正相关（$r=0.933$），与 PEP 酶活性、叶面积指数（LAI）达显著相关（$r=0.775$，0.743），与含糖锤度、叶绿素 a、叶绿素 b、总叶绿素、Gs 正相关程度较高（$r=0.664$，0.643，0.644，0.647，0.591），与总蛋白质量分数、氮质量分数呈正相关，但相关系数较小（$r=0.352$，0.177），与 Ci 呈负相关，但未达到显著水平。

籽粒产量与各性状间的相关性均未达到显著水平，与 Pn 的相关程度较高（$r=0.424$），与叶绿素 a、叶绿素 b、总叶绿素的相关程度也较高（$r=0.411$，0.385，0.405），与 PEP 酶活性相关程度最高（$r=0.437$），与可溶性糖质量分数之间呈负相关。含糖锤度与 Pn、Tr、PEP 酶活性、叶面积指数（LAI）均达显著正相关，与叶绿素 a、叶绿素 b、总叶绿素相关程度较高，与总蛋白质量分数、氮质量分数呈不显著正相关，与 Ci 呈显著负相关。

表5 中熟甜高粱生物产量、籽粒产量、含糖锤度与光合生理生化指标的相关性分析

性状	P_n	T_r	G_s	C_i	叶绿素a	叶绿素b	总叶绿素	氮	总蛋白	可溶性糖	PEP羧化酶活性	LAI	生物产量	含糖锤度	籽粒产量
P_n	1.000														
T_r	0.479	1.000													
G_s	0.471	-0.216	1.000												
C_i	-0.638	-0.863**	0.245	1.000											
叶绿素a	0.460	-0.169	0.512	0.05	1.000										
叶绿素b	0.446	-0.103	0.424	0.013	0.970**	1.000									
总叶绿素	0.458	-0.149	0.486	0.039	0.997**	0.986**	1.000								
氮	0.080	0.259	-0.012	-0.185	-0.011	-0.116	-0.047	1.000							
总蛋白	0.301	0.317	0.130	-0.305	0.057	-0.068	0.015	0.967**	1.000						
可溶性糖	-0.200	-0.211	-0.112	0.177	-0.084	-0.010	-0.060	0.299	0.221	1.000					
PEP羧化酶活性	0.776*	0.385	0.394	-0.347	0.514	0.466	0.501	0.223	0.376	-0.255	1.000				
LAI	0.724*	0.831**	0.225	-0.690*	0.236	0.253	0.242	0.316	0.421	-0.383	0.676*	1.000			
生物产量	0.933*	0.383	0.591	-0.457	0.643	0.644	0.647	0.177	0.352	-0.100	0.775*	0.743*	1.000		
含糖锤度	0.685*	0.679*	0.187	-0.625*	0.403	0.424	0.412	0.233	0.350	0.031	0.747*	0.691*	0.664	1.000	
籽粒产量	0.424	-0.099	-0.024	-0.134	0.411	0.385	0.405	0.079	0.144	-0.252	0.437	0.208	0.439	-0.055	1.000

3 讨论

3.1 甜高粱生物产量与 *Pn* 之间的关系

目前生产上审定推广的甜高粱品种生物产量在 75 000kg/hm² 以上，籽粒产量一般为 2 250~7 500kg/hm²，籽粒产量占总生物产量的比例不足 1/10。甜高粱作为最具发展潜力的能源作物，主要是利用其茎秆汁液的糖分，直接从单糖发酵为酒精（比粮食制酒少一道淀粉水解为单糖的工序）。因此，选育高生物产量、高糖品种，对于用甜高粱生产乙醇产业来说至关重要。光合作用是作物产量形成的基础，光合效率直接影响着作物的产量、品质，并反映其光能利用率[25]。作物光合性状的差异不仅与其自身的遗传特性、植物学特征有关，还受到外界生理生态环境的影响。只有前者引起的差异具有可遗传性，而高光效育种的重点就在于能否将品种和个体间的差异稳定地遗传下去。多年来的研究证明，植物的光合速率是一个相对稳定的遗传性状[26-27]。Zhao[28] 从栽培种与普通野生水稻的杂种后代中筛选出高光效材料，也证实光合速率可以稳定遗传。甜高粱属于 C₄ 作物，在 C₄ 作物品种中也可以进一步筛选出光合能力更强的株系或品种，这些都为甜高粱高光效品种的选育提供了相关的理论依据。本研究结果表明，甜高粱的生物产量与灌浆期 *Pn* 达极显著正相关，这与王丽妍等[3]在花生、赵永平[4]在啤酒大麦、韩勇等[5]在水稻、朱保葛等[6]和郑殿君等[7]在大豆上的研究结果一致。因此，可以将 *Pn* 作为选择高产甜高粱品种的一个有效指标。在本研究的 9 个参试品系中，筛选出的 4 个品系 LT05、LT02、新高粱 3 号和 MN‐94 不仅 *Pn* 较高，而且均具有较高的生物产量，可作为高产高光效种质加以利用。近年来，人们越来越关注如何将光合效率作为选育和鉴定优良品种的重要指标。叶片 *Pn* 的测定简单、方便、准确，因此在育种实践中应注意利用生理和生化指标来进行早代选择，将形态育种与生理育种相结合，以提高育种效率。

3.2 甜高粱含糖锤度与 *Pn* 之间的关系

在甜高粱茎秆汁液中有多种糖类，但主要成分为蔗糖、果糖和葡萄糖，这 3 种糖的总和接近于总糖。

含量，其中又以蔗糖含量最高[29]。糖含量与含糖锤度呈显著的线性正相关关系[30-31]，工业上将含糖锤度作为衡量糖含量高低的指标。甜高粱茎秆是糖分贮存的重要器官，其含糖量是决定产糖量的关键因素。茎秆含糖量一直是甜高粱研究的重点之一。马鸿图等[11]、李胜国等[12]研究表明，甜高粱茎汁含糖锤度表现为负向杂种优势，茎汁含糖锤度为由微效多基因决定的数量性状，以基因的加性效应为主，且低含糖锤度基因存在部分显性遗传，说明利用优势育种提高甜高粱茎秆含糖量比较困难。甜高粱杂交亲本与 F₁、F₂ 和 F₃ 之间的含糖锤度具有极显著的亲子相关关系，在优势育种中更要注重选育含糖量高的亲本。高明超等[14]统计了 22 个甜高粱品种 8 个性状的遗传力，结果表明，生育期、含糖量（锤度）、株高和节数的遗传力较高，可以在早期世代选择。本研究结果表明，甜高粱茎秆含糖锤度与 *Pn* 呈显著正相关，筛选出的含糖锤度较高的品系有新高粱 3 号、LT05、UT84、BABUSH，其也具有较高的 *Pn*，*Pn*、含糖锤度、生物产量之间为正向积累的过程，相互正影响，在甜高粱早代早期通过简单快速测定 *Pn*，对于尽早初步筛选出含糖锤度高、生物产量高的品系是有效的，可以加快育种步伐。

3.3 高光效甜高粱与叶绿素含量的关系

高光效植株叶片常具有较高的光能适应能力、较高的光合作用速率、快捷的光合产物输出、较低的光合产物消耗等。较高的光能适应能力是指植物叶片对光强和光质具有很强的适应能力，对光强的适应是指具有较低的光补偿点和较高的光饱和点，叶片具有较宽的有效光合范围，可以充分利用不同光照强度及光质的光能进行光合作用，叶绿素 a 含量高的种质可以更好地利用长波光，叶绿素 b 含量高的种质可以较好地利用漫射光中比例高的短波光，因此，叶绿素是影响光合作用速率的主要因素[7]。本研究筛选出的高光效种质 LT05、新高粱 3 号、LT02、MN-94 均具有相对较高的叶绿素 a、叶绿素 b 和总叶绿素含量，且得出 Pn 与叶绿素 a、叶绿素 b、总叶绿素含量呈正相关的结果，这与郑殿君等[7]在大豆上的研究结果基本吻合。

4 结论

甜高粱品种生物产量、含糖锤度与灌浆期叶片 Pn、PEP 羧化酶活性、LAI 间均达极显著或显著相关，与叶绿素 a、叶绿素 b、总叶绿素含量的相关程度较高，与总蛋白质量分数、氮质量分数呈正相关关系。本研究综合比较后筛选出 LT05、LT02、新高粱 3 号、MN-94 为高产、高糖、高光效种质。由于现代技术手段的不断改进，可方便地进行叶片 Pn 的快速、准确测定，因此可以将 Pn 作为选择甜高粱高光效种质的有效指标，将高光效育种与传统育种相结合，以提高育种效率。

参考文献

[1] Zelitch I. The close relation ship between net photo synthesis and crop yield [J]. Bio Science, 1982, 32: 796-802.

[2] Fageria N K. Maximizing crop yields [M]. NewYork, USA: Marcel Dekker, 1992: 55-63.

[3] 王丽妍，徐宝慧，杨成林. 北方地区不同花生品种光合生理特性的比较 [J]. 华南农业大学学报，2010, 31 (4): 12-15.

[4] 赵永平. 不同品种啤酒大麦叶片光合特性与产量和品质关系的研究 [D]. 兰州：甘肃农业大学, 2008.

[5] 韩勇，李建国，姜秀英. 辽宁省水稻灌浆期光合特性及其与产量品质的相关性分析 [J]. 吉林农业科学, 2012, 37 (1): 4-8.

[6] 朱保葛，柏惠侠，张艳，等. 大豆叶片净光合速率、转化酶活性与籽粒产量的关系 [J]. 大豆科学, 2000, 19 (4): 346-349.

[7] 郑殿君，张治安，姜丽艳，等. 不同产量水平大豆叶片净光合速率的比较 [J]. 东北农业大学学报, 2010, 41 (9): 1-5.

[8] 冯国郡，叶凯，涂振东，等. 甜高粱主要农艺性状相关性和主成分分析 [J]. 新疆农业科学, 2010, 47 (8): 1552-1557.

[9] Doggett H. Sorghum [M]. 2nd ed. NewYork：Longman Scientificand Technical，1988：4-5.

[10] 赵香娜，李桂英，刘洋，等．国内外甜高粱种质资源主要性状遗传多样性及相关性分析 [J]. 植物遗传资源学报，2008，9（3）：302-307.

[11] 马鸿图，徐希德．高粱茎秆含糖量遗传研究 [J]. 辽宁农业科学，1989（4）：15-20.

[12] 李胜国，马鸿图．高粱茎秆含糖量遗传研究 [J]. 作物杂志，1993（1）：18-21.

[13] 刘忠民．糖粮兼用高粱品种选育问题的讨论 [J]. 遗传，1979（1）：19-21.

[14] 高明超，王鹏文．甜高粱主要农艺性状遗传参数估计 [J]. 安徽农学通报，2007，13（5）：114.

[15] 吴秋平，袁翠平，姜文顺，等．30个甜高粱品种糖产量与氮素利用特性 [J]. 中国农业科学，2008，41（12）：4055-4062.

[16] 黄瑞冬，孙璐，肖木辑，等．持绿型高粱 B35 灌浆期对干旱的生理生化响应 [J]. 作物学报，2009，35（3）：560-565.

[17] 张秀芳．多效唑对高粱幼苗某些抗逆生理指标的影响 [J]. 安徽农业科学，2007，35（13）：4435，4453.

[18] 马纯艳，李碉莹，徐昕，等．高粱 3853-1 与高粱 3801-2 生理指标及抗性分析 [J]. 辽宁师范大学学报（自然科学版），2006，29（2）：223-225.

[19] 吕金印，郭涛．水分胁迫对不同品种甜高粱幼苗保护酶活性等生理特性的影响 [J]. 干旱地区农业研究，2010，28（4）：89-93.

[20] 刘晓辉，杨明，邓日烈，等．甜高粱若干生理性状的研究 [J]. 杂粮作物，2008，28（5）：302-304.

[21] 朱凯，王艳秋，张飞，等．不同细胞质甜高粱品种光合作用动态研究 [J]. 江苏农业科学，2012，40（3）：67-69.

[22] 张志良，瞿伟菁．植物生理学实验指导 [M]. 3版．北京：高等教育出版社，2002.

[23] 李明军，刘萍．植物生理学实验技术 [M]. 北京：科学出版社，2007.

[24] 王学奎．植物生理生化试验原理和技术 [M]. 北京：高等教育出版社，2000：138-167.

[25] 姜武，姜卫兵，李志国．园艺作物光合性状种质差异及遗传表现研究进展 [J]. 经济林研究，2007，25（4）：102-108.

[26] MalikTA，Wright D，Virk D S. Inheritance of net photo syn-thesis and transpiration efficiency in spring wheat *Triticum aestioum* L. under drought [J]. Plant Breeding，1999，118；93-95.

[27] 江华，王宏炜，苏吉虎，等．小麦杂交后代的光合作用 [J]. 作物学报，2002，28（4）：451-454.

[28] Zhao M. Selecting and characterizing high-photo synthesis plants of *O. sativa*×*O. rufi* pogonprogenies [C] //Rice Science for a Better World. Manila：4th Conference of the Asian Crop Sci-ence Association，2001：24-27.

[29] 崔江慧，薛薇，刘会玲，等．甜高粱与粒用高粱茎秆生长过程中糖及其代谢相关酶活性的比较 [J]. 华北农学报，2009，24（5）：150-154.

[30] Selvi B，Palanisamy S. Character as sociationin sorghum [J]. Indian J Agr Sci，1987，57（7）：498-499.

[31] Parvatikar S，Manjunath T. Alternateuses of sorghum-sweet sorghums, a new prospects for juicy stalks and grain yields [J]. Journal of Maharashtra Agricultural Universities，1991，16（3）：352-354.

本文曾发表于《西北农业学报》2013年第22卷第3期。

砷污染农田甜高粱对砷的累积特性研究

再吐尼古丽·库尔班[1]　吐尔逊·吐尔洪[2]　阿扎提·阿布都古力[1]　叶凯[1]

(1. 新疆农业科学院生物质能源研究所，乌鲁木齐，830091；

2. 新疆农业大学草业与环境科学学院，乌鲁木齐 830052)

重金属在空气、土壤和水体中的存在对生物有机体产生严重的影响，并且其在食物链中的生物富集极具危险性[1]。因此，在重金属污染土壤上不适宜种植粮食、饲料、果蔬等进入食物链的作物。另一方面，面临国际范围内的石油、煤炭等化石燃料资源的紧缺，开发能源植物资源已成为热门课题[2]。近些年来，重金属污染地的植物修复主要集中在超富集植物的研究领域[3]。但是超富集植物在污染修复过程中存在生物量小、根系浅等弊端[4]，因此只有污染地表面的土壤得到修复。因此理想的植物修复物种应该具有大生物量、深根系和富集高浓度重金属等特征[5]。甜高粱具有多种用途，其主要用途是作能源、糖料和饲料，具有很高的综合利用价值。甜高粱与其他禾谷类作物相比，具有抗旱、耐涝、耐盐碱、耐瘠薄、耐高温和耐干热风等特点[6]。如利用边际重金属废弃地开发非食用能源植物甜高粱，应该是一条解决能源植物与人争粮、与粮争地矛盾的有效途径[7]。在重金属污染的边际土地种植能源植物可以达到一举两得的效果，一方面，对重金属污染环境进行生态恢复，保护和改善自然与农业生态环境；另一方面，种植能源植物不占用可耕农田，并且有利于农村产业结构调整，对保障能源安全将产生重要和深远的影响[8]。因此重金属污染土地开发可再生能源作物甜高粱具有很重要的研究意义。目前，对砷超富集植物的研究主要集中在蜈蚣草上[9-11]，似乎以蜈蚣草为砷超富集研究的模式植物。今后，需要研究不同种、属、种群或生态型对砷的吸收、转运、富集和解毒机制。在重金属污染农田施加适量的改良剂（石灰和磷矿粉）后可以进行甘蔗、甜高粱、香根草等能源植物的生产[8]。孙健[12]等的研究结果表明，铅锌尾矿和矿毒水污染土壤中高粱的抗性比玉米强。虽然有关砷污染对植物的影响方面的研究已多有报道，可关于自然重金属砷污染土壤对甜高粱生长影响及体内积累规律的研究很少。本文以博乐某村周边重金属污染农田为示范基地，进行不同品种能源植物甜高粱示范种植，探讨5种甜高粱品种（品系）对砷的富集性，进而确定所选甜高粱品种有没有重金属耐受性、是否为超富集植物及重金属植物体内的分布特征，为土壤砷污染的防治工作和修复工作以及安全经济利用重金属轻度污染农田提供参考。

1　材料与方法

1.1　试验田土壤污染状况

田间试验于2011年6月4日至8月3日在新疆博乐市阿热勒托海牧场阿都呼尔都格

村重金属污染农田进行。按多点混合法，共采集表层土样 10 个（采样深度为 0～20cm），测定土壤中重金属含量。单项污染指数 P_i 根据土壤中污染物含量与相应评价标准计算：$P_i=C_i/S_i$，P_i 为 i 污染物的污染指数，C_i 为 i 污染物的实测值，S_i 为 i 污染物的评价标准。当单项污染指数 $P_i<1$ 为未污染，$P_i>1$ 为污染。土壤综合污染指数：$P_{综}=[(P_{平均}^2+P_{max}^2)/2]^{1/2}$，$P_{综}$ 为监测点的综合污染指数，$P_{平均}$ 为监测点所有污染物单项污染指数 P_i 的平均值，P_{max} 为监测点所有污染物单项污染指数中的最大值。当土壤综合污染指数 $\leqslant0.7$ 为安全，$\leqslant1.0$ 为警戒线，$\leqslant2.0$ 为轻污染，$\leqslant3.0$ 为中污染，>3.0 为重污染。根据以上方法计算出了蔬菜地田间土壤重金属污染指数和污染评价结果[13]。Cd、As、Pb、Cr 等四个重金属元素含量见表 1。土壤 Cd、Pb、Cr 含量都没超过国家一级标准值，其中土壤 As 含量超过一级标准值的 1.15 倍。根据土壤污染分级标准得知除了 As 以外其他元素的单项评价结果为尚清洁，只有 As 为轻污染，综合评价结果为警戒线。因此本试验测定植株体内重金属含量时只检测了 As 含量。

表 1　试验田土壤重金属含量及污染评价结果

采样点	Cd (mg/kg)	As (mg/kg)	Pb (mg/kg)	Cr (mg/kg)	平均污染指数	最大污染指数	综合污染指数	综合评价结果
博乐	0.19	17.32	28.40	41.00	0.84	1.15	1.00	警戒线（尚清洁）
一级国家标准	0.20	15.00	35.00	90.00				
单项污染指数	0.93	1.15	0.81	0.46				
单项评价结果	尚清洁	轻污染	尚清洁	安全				

1.2　试验材料

参试品种为来自新疆农业科学院生物质能源研究所提供的新高粱 3 号（XT-2）、新高粱 4 号（XT-4）、新高粱 9 号（T601），黑龙江省农业科学院提供的龙杂 11 和山东省农业科学院提供的济甜 11-8 等 5 个甜高粱品种（系）。

1.3　试验设计

试验随机排列，试验小区的形状为长方形，小区行长 5m，5 行区，行距为 60cm，株距为 20cm，小区面积 5m×0.6m×5＝15m²，试验小区间打埂，留走道 1.0m。试验总施肥量 50kg/亩，其中：N 肥 25kg/亩，P 肥 20kg/亩，K 肥 5kg/亩。供试肥料：须施用尿素（含 N 46%）、重过磷酸钙（含 P_2O_5 46%）、硫酸钾（含 K_2O 33%）。

1.4　取样及测定方法

2011 年 5 月 25 日播种，相关指标测定时间分别为 2011 年 6 月 25 日（苗期）、2011年 8 月 3 日（拔节期）。取样时将甜高粱整株连根挖起，按以下标准方法对样品进行洗涤：依次用自来水、蒸馏水、去离子水洗涤，整个洗涤时间不超过 2min，用不锈钢刀具把清洗后的样品的地上部和根部分开，在 105℃烘箱内杀青 30min，再在 70～80℃ 的温度下烘干，用不锈钢粉碎机粉碎备用。

植物体内 As 含量的测定：称取 0.1g 左右样品于瓷坩埚中，先在低温电炉上加热赶尽白烟后，将坩埚置于马弗炉中，在 500℃ 的高温下加热 2h，取出后用 HNO_3 与水的体积比为 1∶1 的溶解，转移到 50mL 容量瓶中，用去离子水稀释至刻度，采用氢化物发生器-原子吸收分光光度计（北京 TAs - 990 型原子吸收分光光度计）测定 As 含量[14]。

为确认重金属 As 对甜高粱生长趋势的影响，苗期采取整株甜高粱，用尺子进行苗高和根长的检测。

2 结果与分析

2.1 甜高粱不同部位 As 含量

5 种甜高粱品种（品系）各部分 As 含量的分布如表 2 所示。根据植物体内重金属含量来判断该植物是否是富集植物。体内的 As 含量接近土壤中的 As 含量才能满足植物修复的要求。

表 2　甜高粱各部位重金属 As 的含量（mg/kg）

品种		XT - 2	XT - 4	T601	龙杂 11	济甜 11 - 8
苗期	叶	0.25±0.04Aa	0.01±0.005Cc	0.03±0.005Cc	0.02±0.005Cc	0.15±0.05Bb
	茎部	0.5±0.07Aa	0.41±0.07ABa	0.28±0.01BCb	0.13±0.05Cc	0.24±0.10BCbc
	根部	1.09±0.06Aa	1.03±0.09Aa	0.32±0.005Cc	0.23±0.04Cc	0.51±0.05Bb
拔节期	叶	0.48±0.02Aa	0.44±0.02Aa	0.17±0.02Cc	0.06±0.04Dd	0.32±0.01Bb
	茎部	0.75±0.11Aa	0.46±0.03Bb	0.34±0.01BCc	0.25±0.05Cd	0.28±0.04Ccd
	根部	1.31±0.22Aa	1.23±0.14Aa	0.21±0.01Cc	0.45±0.13BCc	0.89±0.22ABb

注　同行不同大写字母表示差异达 1% 显著水平；同行不同小写字母表示差异达 5% 显著水平。

由表 2 可知，甜高粱不同品种和不同部位对重金属 As 的吸收含量有差异。

苗期：XT - 2 叶片、茎部和根部对重金属 As 的吸收量比同一时期的其他品种多，吸收量分别为 0.25mg/kg、0.5mg/kg、1.09mg/kg。XT - 2 叶片吸收的 As 含量与 XT - 4、T601、龙杂 11、济甜 11 - 8 的 As 含量差异极显著（$p<0.01$），XT - 4 与 T601、龙杂 11 叶片 As 含量间差异不显著（$p>0.05$）；5 个品种茎部 As 含量大小顺序为 XT - 2＞XT - 4＞T601＞济甜 11 - 8＞龙杂 11。XT - 2 茎部 As 含量与 XT - 4 茎部 As 含量差异不显著（$p>0.05$），XT - 2 茎部 As 含量与 T601、龙杂 11、济甜 11 - 8 的 As 含量差异极显著（$p<0.01$），济甜 11 - 8 和龙杂 11 茎部 As 含量差异不显著（$p>0.05$）；龙杂 11 根内 As 含量最少，仅 0.23mg/kg。XT - 2 根部吸收的 As 含量与 XT - 4 根部吸收的 As 含量差异不显著（$p>0.05$），XT - 2 与 T601、龙杂 11、济甜 11 - 8 的 As 含量差异极显著（$p<0.01$）。

拔节期：XT - 2 叶片、茎部和根部内 As 含量比其他品种多，分别为 0.48mg/kg、0.75mg/kg、1.31mg/kg。XT - 2 叶片吸收的 As 含量与 XT - 4 的 As 含量差异不显著（$p>0.05$），XT - 2 与 T601、龙杂 11、济甜 11 - 8 的 As 含量差异极显著（$p<0.01$）。茎

部 As 含量大小顺序为 XT-2>XT-4>T601>济甜 11-8>龙杂 11。XT-2 茎部 As 含量与其他品种 As 含量差异极显著（$p<0.01$）。根部吸收的 As 含量大小顺序为 XT-2>XT-4>济甜 11-8>龙杂 11>T601。其中 XT-2 根部吸收的 As 含量与 XT-4 根部吸收的 As 含量差异不显著（$p>0.05$），XT-2 根部吸收的 As 含量与济甜 11-8 差异显著（$p<0.05$），与 T601、龙杂 11 差异极显著（$p<0.01$）。

苗期和拔节期甜高粱体内 As 含量结果表明，甜高粱不同部位 As 的含量均随着生育期的延长而增加，拔节期吸收的 As 含量多于苗期，说明甜高粱中 As 的含量跟生育期有关系。拔节期除了 T601 茎部 As 的含量大于根和叶部外，其他品种地下部分 As 的含量大于地上部分，各部位 As 含量大小顺序为根部>茎部>叶片。根部对 As 的吸收含量在品种之间有差异，大小依次为 XT-2（1.31mg/kg）>XT-4（1.23mg/kg）>济甜 11-8（0.89mg/kg）>龙杂 11（0.45mg/kg）>T601（0.21mg/kg），说明不同品种对同一元素的吸收量和分布是不同的。所有品种长势也较正常，未发现异常现象。XT-2、XT-4、济甜 11-8 根部中重金属 As 的含量超出了国家食品卫生标准 0.5mg/kg（GB 4810—94），但在长势上没有显示出来。

2.2 土壤 As 含量对甜高粱生长的影响

苗期不同品种的苗高和根长测定结果表明（图 1），苗期不同品种的苗高和根长之间有差异。龙杂 11 的苗最高，达 58.2cm，XT-4 的苗最矮，仅 44.9cm。龙杂 11 的苗高与济甜 11-8、T601 的苗高差异不显著（$p>0.05$），龙杂 11 与 XT-2 和 XT-4 的差异极显著（$p<0.01$）。图中还可以看出苗期根长最长的是 XT-2，达 12cm，依次为 T601>龙杂 11>济甜 11-8>XT-4。XT-2 的根长与 T601、龙杂 11 的差异不显著，XT-2 与 XT-4、济甜 11-8 的差异显著（$p<0.05$）。以上结果说明，重金属 As 对幼苗生长有一定的抑制作用，但影响程度较轻，所有品种在生育前期均未出现明显的中毒症状。

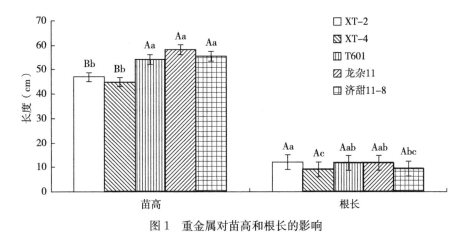

图 1 重金属对苗高和根长的影响

2.3 土壤 As 含量对甜高粱各部位 As 转运系数的影响

转运系数是指地上部某元素质量分数与地下部某元素质量分数之比，用来评价植物将重金属从地下部向地上部运输和富集的能力[15]。甜高粱不同时期的转运系数如图 2 所示。

苗期济甜 11－8 的叶片转运系数最高，达 0.30，XT－4 叶片转运系数最低，仅为 0.004。而拔节期 T601 叶片的转运系数最高，达 0.79，龙杂 11 叶片的转运系数最低，仅为 0.13。5 个品种的叶片在苗期的平均转运系数为 0.15，拔节期为 0.40，说明拔节期叶片对 As 的转运系数高于苗期。

T601 茎部的转运系数最高，苗期达到 0.87，拔节期达到 1.59。苗期各品种茎部的平均转运系数为 0.55，而拔节期平均转运系数为 0.68。可以看出，甜高粱茎部的转运系数大于叶片，从不同生育期甜高粱各部分的转运系数可以看出，甜高粱中 As 的转运系数随着生育期的延长而增加。就不同甜高粱品种而言，T601 茎部的转运系数高于其他品种，并与其他品种间的差异极显著。

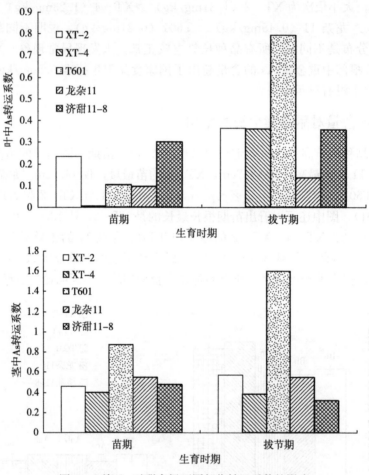

图 2　土壤 As 对甜高粱不同部位转运系数的影响

3　讨论

甜高粱对重金属的吸收富集因品种不同而有所差异，但砷含量在甜高粱各器官中的分配基本遵循根＞茎＞叶的规律。这与水稻对重金属砷的吸收富集规律相似[16]。不同品种甜高粱对砷的吸收富集能力不同。张树攀[17]进行的 3 种高粱属牧草对土壤重金属镉的吸收特征的研究表明，在幼苗期和拔节期内，3 种高粱属牧草茎鞘中镉的富集量大于叶片中的富集量，而抽穗期 3 种高粱属牧草叶片中镉的富集量大于茎鞘中的富集量，不同生育期内以抽穗期富集量最高。这跟本试验结果有所不同。尽管这 5 种甜高粱品种（品系）在砷轻污染土壤中生长良好，但与砷超积累植物相比，其不同部位砷含量及砷在植物体内的迁移率均较低，说明其对砷污染土壤的修复能力相对较弱。

本试验在苗期不同品种的苗高和根长之间差异达到极显著或显著水平，重金属砷对幼苗生长有一定的抑制作用。因为植物在重金属胁迫下，植物的膜系统首先受到伤害，根细胞膜的损伤使得根系活力降低、功能受损，这可能会抑制植物对矿质元素的吸收，植物无法利用基质中的养分，使净光能合成较少，直接导致叶片黄化，进而表现为生长受到抑制[18]。

T601 的转运系数高于其他品种，并与其他品种间的差异极显著。不同品种之间吸收砷存在差异的原因可能是根系的氧化能力不同导致沉积的铁氧化物膜数量不同，从而影响了水稻对砷的吸收和转运；排除铁氧化物膜的作用，可能是由于不同水稻品种本身对砷的吸收与转运能力的不同[19]。

植物对重金属的抗性的获得有避性与耐性两种途径，耐性又具有两条基本途径：排斥与富集，排斥机制中，植物通过减少根系吸收和向地上部运来降低重金属含量；富集机制则是重金属在植物体内以不具生物活性的解毒形式存在[20]。本试验结果显示，甜高粱体内的砷大部分集中在植物的根部，说明砷的吸收及向地上部分的转移受到限制，可见这 5 种甜高粱品种对砷的耐性机制主要是排斥机制。这跟贺玉姣[21]等的甜高粱和玉米幼苗对锌胁迫的响应试验结果相似。

参考文献

[1] Sanitadi T，Gabbrielli G. Response to cadmium in higher plants [J]. Environmental and Experimental Botany，1999，41：105.

[2] 肖波，周英彪，李建芬. 生物质能循环经济技术 [M]. 北京：化学工业出版，2006：1-10.

[3] 李文学，陈同斌. 超富积植物吸收富集对重金属的生理和分子生物学机制 [J]. 应用生态学报，2003（4）：627-631.

[4] Hernández A J，Becerril J M，Garbisu C. Assessment of the phytoextraction potential of high biomass crop plants [J]. Environmental Pollution，2008，152：32.

[5] Alkortai I，Hernandez A J，Becerril J M，et al. Recent findings on the phytoremediation of soils contaminated with environmentally toxic heavy metals and metalloids such as zinc，cadmium，lead and arsenic [J]. Reviews on Environmental Health，2004，3：71.

[6] 李继洪，高士杰，郭中校. 甜高粱的特点利用及存在的问题 [J]. 农业与技术，2008，28（3）：54.

[7] 钱伯章. 我国燃料乙醇产业发展现状及前景 [J]. 太阳能，2007，8：7-9.

[8] 余海波，宋静，骆永明，等. 典型重金属污染农田能源植物示范种植研究 [J]. 环境监测管理与技术，2011，3（23）：71-77.

[9] 李文学，陈同斌，陈阳，等. 蜈蚣草毛状体对砷的富集作用及其意义 [J]. 中国科学，2004，34（5）：402-408.

[10] 李文学,陈同斌,刘颖茹.刈割对蜈蚣草的砷吸收和植物修复效率的影响 [J]. 生态学报,2005,25 (3):538-542.

[11] 陈同斌,韦朝阳,黄泽春,等.砷超富集植物蜈蚣草及其对砷的富集特征 [J]. 科学通报,2002,47 (3):207-21.

[12] 孙健,铁柏清,钱湛,等.复合重金属胁迫对玉米和高粱成苗过程的影响 [J]. 山地农业生物学报,2005,24 (6):514-521.

[13] 帕尔哈提·克依木,张红艳,王成,等.乌鲁木齐市郊区部分蔬菜基地土壤重金属含量及评价. 新疆农业科学,2007,44 (1):99-10.

[14] 张行峰.实用农化分析 [M]. 北京:化学工业出版社,2005:299-305.

[15] 聂发辉.关于超富集植物的新理解 [J]. 生态环境,2005,14:136-138.

[16] 王玲梅,韦朝阳,杨林生,等.两个品种水稻对砷的吸收富集与转化特征及其健康风险 [J]. 环境科学学报,2010,30 (4):832-840.

[17] 张树攀.高粱属牧草对土壤重金属砷的响应及富集效应的研究 [D]. 扬州:扬州大学,2010.

[18] Vazquez M D, Poschenrieder C, Barcelo J. Chromium (Ⅵ) induced structural and ultrastructural changes in bush bean plants (*Phaseolus vulgaris*) [J]. Annals of Botany Company, 1987, 59:427-438.

[19] 刘文菊,胡莹,毕淑芹,等.苗期水稻吸收和转运砷的基因型差异研究 [J]. 中国农学通报,2006,22 (6):356-360.

[20] BAKER A J M. Accumulatiors and excluders strategies in the response of plants to heavy metals [J]. Plant Nuture, 1981, 3:643-654.

[21] 贺玉姣,刘兴华,蔡庆生.C4 植物甜高粱和玉米幼苗对 Zn 胁迫的响应差异 [J]. 生态环境,2008,17 (5):1839-1842.

本文曾发表于《中国农学通报》2013 年第 29 卷第 3 期。

重金属 Cd 和 Pb 在甜高粱幼苗
体内的积累特性研究

吐尔逊·吐尔洪[1]　　再吐尼古丽·库尔班[2]　　叶凯[2]

（1. 新疆农业大学草业与环境科学学院，乌鲁木齐 830052；

2. 新疆农业科学院生物质能源研究所，乌鲁木齐 830091）

目前在中国受到重金属污染的农田土壤大约有 200 万 hm²，约占总耕地面积的1/5[1]。虽然在国内化学修复方面[2]的研究仍在进行中，并且在发现新的物理化学方法[3-4]的情况下，植物修复的优势也不可抵挡，尤其是用超积累植物清除土壤中重金属元素有十分重要的价值和巨大的潜力[5]。目前应用于植物修复的超富集植物大部分有植株矮小、生长速度慢、生物量少等缺点，因而难以满足商业要求[6-7]。因此，寻找开发生物量大、富集能力强的超富集植物是植物修复技术发展的必然趋势。为此，国内外不少学者对重金属超积累植物进行了大量的研究，但他们的研究角度有一定的差异。Murooka 等[8]总结了豆科植物与根瘤菌共生修复的重金属污染的机制，Krishnani 等[9]综述了用植物及其木质纤维素残留物修复水中重金属污染的近期研究进展，在此基础上揭示了植物修复重金属污染前景。在国内研究方向与国外的基本一致。刘小宁等[10]总结最近国内研究趋势后，认为应以在重金属污染区及相应恶劣生境地区的先锋种植物为重点研究对象。

国内已进行过关于重金属污染下高粱生理特性方面的研究[11-12]。甜高粱是一个公认的抗逆性强物种。它起源于干旱、炎热、土壤贫瘠的非洲大陆，恶劣的生态条件使甜高粱具有很强的抗逆境能力。与其他禾谷类作物相比，甜高粱更为抗旱、耐涝、耐盐碱、耐瘠薄、耐高温、耐干热风等[13]。最近的研究表明甜高粱在各种复合土壤系统下对 Cd 有一定的修复能力[14-15]。此外，甜高粱对各种土壤污染的重金属修复方面的研究也在进行中[16]并且已有应用[17]。利用于重金属修复的甜高粱秸秆可作为燃料乙醇的原材料，而不用于粮食生产。在这方面比其他农作物相比具有一定的优势。但甜高粱的品种多样，抗逆性有很大的差别。所以研究对重金属具有超富集能力品种是很必要的。为此，笔者通过外加镉和铅的方式，研究了土壤中重金属存在条件下的 2 种甜高粱品种幼苗体内含量的变化以及在不同浓度条件下植物对它们的吸收和富集特性，为利用甜高粱材料进行植物修复并品种筛选等研究工作提供参考。

1 材料与方法

1.1 试验时间、地点

研究盆栽试验于 2011 年 6 月 16 日至 7 月 31 日在新疆农业大学温室进行。

1.2 试验材料

参试品种为新疆农业科学院和辽宁省农业科学院提供的新高粱 3 号（XT－2）和辽甜 1 号 2 个品种。

1.3 试验方法

1.3.1 试验设计

土壤经自然风干、去杂质、磨碎后过 5mm 筛后，分别置于规格为 90mm×120mm 的塑料盆中，每盆装土 1.5kg（以干土计）；幼苗在新疆农业大学露天温室轻壤上栽培，待幼苗出现 2～3 片真叶时，将长势一致的苗体分别移栽入各花盆中，进行重金属胁迫处理。处理采用向花盆以 $CdCl_2 \cdot 2.5H_2O$ 和 $PbNO_3$ 的溶液形式添加外源重金属。试验将镉（Cd）、铅（Pb）胁迫分别设为 4 个处理浓度，每个处理 3 个重复。重金属离子的胁迫含量范围根据土壤环境质量等级设计，即 Cd^{2+} 的 4 个处理质量分数分别设为 Ⅰ-3mg/kg、Ⅱ-6mg/kg、Ⅲ-9mg/kg、Ⅳ-12mg/kg，Pb^{2+} 的 4 个处理质量分数分别设为 Ⅰ-300mg/kg、Ⅱ-600mg/kg、Ⅲ-900mg/kg、Ⅳ-1 200mg/kg[18]，并分别设对照组。向花盆定期加入等量去离子水使土壤含水量保持不变。处理后第 25 天分别采集根部、茎部和叶片样品。

1.3.2 测定方法

将样品用自来水、蒸馏水、去离子水，交替清洗，洗涤时间不超过 2min，并保证不留任何泥土。然后用不锈钢工具把清洗后的样品地上部和根部分开，在 105℃ 烘箱内杀青 30min，再在 70～80℃ 的温度下烘干，用不锈钢粉碎机粉碎备用。准确称取 0.200g 样品于消化管，用 3 酸消化法消化后，转移到 50mL 容量瓶中，用去离子水定容。采用原子吸收分光光度计（普析通用 TAS－990 型原子吸收分光光度计）测定植物体内的 Cd 和 Pb 含量[19]。

富集系数（BCF）和转运系数（TF）是衡量植物是否为超积累植物的重要指标。富集系数越高，表明植物对该金属的吸收能力越强[20]。其计算式为[21-22]如下。

富集系数＝器官中重金属含量/土壤中重金属含量

转运系数＝茎和叶中重金属含量/根部重金属含量

2 结果与分析

2.1 甜高粱体内重金属含量的变化

从图 1 中可以看出，Cd 和 Pb 胁迫下，2 个不同品种甜高粱体内，即根、茎、叶里的重金属含量都随处理重金属含量的升高而增加。因对照中 Pb 和 Cd 浓度很小，没插入到图中。2 个品种 4 个处理根茎叶中重金属含量与相应对照之间存在显著性差异。根部重金属含量间差异均达到显著差异水平；低浓度处理时，虽然在根部有明显 Cd、Pb 积累量，但茎和叶片内的重金属含量没有明显差异。辽甜 1 号各部位的 Cd 含量大于 XT－2 的 Cd 含量。从处理Ⅱ开始两个品种各部位的 Cd 含量的差异逐步减小；4 个处理 2 个品种根部、叶片和茎部的 Cd 含量之间的差异不大。但各部位 Pb 之间的差异很明显，即根部积累量远大于茎和叶。茎部和叶内的 2 种重金属之间的差异很小，但茎部的 Cd 含量均大于叶片内的含量。茎部和叶片的 Pb 含量差异不明显；Pb（Ⅰ）、Pb（Ⅱ）下辽甜 1 号根部积累的含量高于 XT-2，而茎部和叶片积累的 Pb 含量 XT-2 高于辽甜 1 号；从整体上看，不同品种中 2 个重金属的积累都是地下部分远远大于地上部分，说明幼苗期重金属大部分集中在甜高粱的根部。两个品种各部位对 Cd 的积累规律基本一致，重金属积累含量大小依次为根部＞茎部＞叶片。两个品种对 Pb 的积累规律也基本一致，重金属积累含量大小依次为根部＞叶片＞茎部。

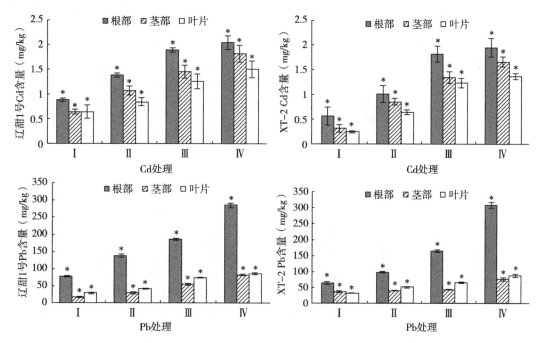

图 1　不同质量分数 Cd、Pb 处理下各品种甜高粱幼苗体内 Cd、Pb 含量比较

［＊表示与对照差异显著（$p < 0.05$）］

2.2　两个品种富集系数的比较

富集系数是反映植物各器官将重金属吸收转移到体内能力大小的指标。在研究植物对重金属吸收潜力时，富集因子和转运因子相对于实际含量更有指导意义[23]。

富集系数越高，表明植物体内重金属富集浓度越大。根据富集系数的计算公式计算了 2 个甜高粱品种地上 2 部分和地下部分的镉、铅含量富集系数（图 2）。

图中可以看出，2 个品种各部分对 Cd 和 Pb 的富集数系规律有所不同。2 个品种对 Cd 的富集系数大小顺序为根部＞茎部＞叶片，而对 Pb 的富集系数顺序为根部＞叶片＞茎部。这规律与体内各部位的分布规律一致。虽然重金属含量与 2 个品种体内的分布含量成正比，但辽甜 1 号对 Cd 富集系数与处理重金属含量成反比，即处理浓度越大，富集系数越小。辽甜 1 号根、茎和叶片的 Cd 富集系数随着处理浓度减少的规律比较明显。XT-2 根、茎和叶片的 Cd 富集规律与辽甜 1 号不同，但随着处理浓度增大，根部的富集规律没有明显的变化趋势，叶片和茎部的富集系数明显增高；2 个品种根、茎和叶片对 Pb 的富集规律很相似。随着 Pb 处理浓度的升高，2 个品种根部的富集系数先降低后增高，XT-2 叶片和茎部的富集系数均降低，辽甜 1 号的叶片和茎部没有明显的趋势。

同一品种对不同重金属的吸收量是不同的，不同品种对同一重金属的吸收量也是不同的。辽甜 1 号各部分对 Cd 的富集系数均高于 XT-2。辽甜 1 号根部对 Pb 的富集系数高于 XT-2。2 个品种对两个重金属元素的富集系数均小于 1 的，不满足超积累植物富集系数大于 1 的要求。因此不属于的超积累植物。虽然 2 个品种各部分的富集系数都小于 1，可甜高粱对土壤中的 Cd 和 Pb 有一定的吸收能力，特别是根部的富集能力明显。

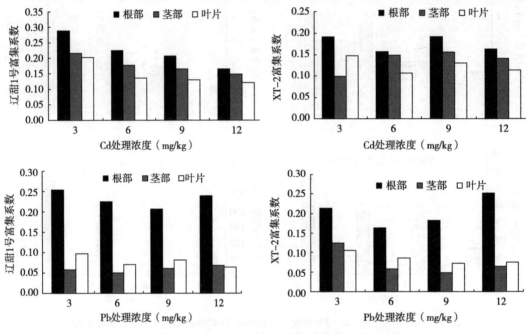

图 2　Cd 和 Pb 胁迫下甜高粱不同部分富集系数的比较

2.3　两个品种转运系数的比较

转运系数是反映植物不同部位间重金属运移能力大小的指标，转运系数越大说明植物从地下部分向地上部分运移重金属的能力越强。表 1 为 2 个品种的转运系数数据。

表 1　2 个甜高粱品种对 Cd 和 Pb 的转运系数

重金属	处理	处理浓度 (mg/kg)	辽甜 1 号		XT-2	
			茎部	叶片	茎部	叶片
Cd	I	3	0.73	0.73	0.56	0.44
	II	6	0.78	0.61	0.84	0.64
	III	9	0.77	0.66	0.74	0.68
	IV	12	0.89	0.74	0.85	0.70

（续）

重金属	处理	处理浓度 (mg/kg)	辽甜1号		XT-2	
			茎部	叶片	茎部	叶片
Pb	I	300	0.22	0.38	0.58	0.50
	II	600	0.22	0.31	0.41	0.52
	III	900	0.29	0.40	0.26	0.40
	IV	1 200	0.29	0.31	0.25	0.28

在重金属胁迫下不同器官的转运系数随处理浓度变化和品种的不同而有所不同。2个品种的茎部转运系数均高于叶片的转运系数。对 Cd 的转运系数而言，辽甜1号茎部在低浓度处理时的转运系数高于 XT-2，叶片的转运系数低于 XT-2，而从处理 II 开始2个品种茎部转运系数差异不太显著；2个品种对 Pd 的转运系数与 Cd 不同，即叶片对 Pb 转运系数大于茎部。辽甜1号茎部的转运系数随着处理浓度的增加而有所增加，XT-2 茎部的转运系数反而降低。叶片对 Pb 的转运系数虽然没有随着处理浓度而升高或降低的趋势，但叶片在低浓度处理时的运转能力比高浓度时的高。从运转能力角度来讲，2个品种甜高粱各器官的转运系数都小于1，因此都不是 Cd 和 Pb 的超积累植物。

3 讨论

工业的迅速发展使土壤重金属污染变得更普遍、更严重。虽然已发现很多超富集植物种类，但还得需要研究和发现适合各地土壤条件的生物量高的新物种。甜高粱适合新疆盐碱土壤的和气候条件的特性已被证实[24]，并在新疆有一定优势[25]和种植经验[26]。甜高粱的生物量比其他同类植物高，此外甜高粱在生物燃料的生产方面的潜力巨大，不会对食品安全产生威胁。向土壤添加各种肥料和添加剂可以提高甜高粱修复重金属污染地的效果，Pb 的修复效果可达 $0.35kg/hm^2$，Cd 的达 $0.052kg/hm^2$[27]。本研究的结果也与前人的类似盆栽试验结果基本相符，即对 Cd 的吸收特性随着土壤 Cd 含量的增加而增加，根系吸收富集能力大于茎和叶片[17,28]。虽然本研究结果显示辽甜1号和 XT-2 不是超富集品种，但通过延长采集时间，或种植到污染地并添加肥料和添加剂等方式可能提高富集效率。2个品种在植物修复方面的潜力很大，有待进一步研究。

4 结论

重金属 Cd 和 Pb 胁迫下2个不同品种甜高粱体内的重金属含量都随处理重金属含量的升高而增加。不同重金属胁迫下甜高粱根部积累的重金属含量差异均达到极显著差异水平。茎和叶片内的重金属含量没有明显差异，即根部积累量远大于茎和叶。说明幼苗期重金属大部分集中在甜高粱的根部。2个品种各部位对 Cd 和 Pb 的积累规律基本一致，即 Cd 积累含量大小依次为根部＞茎部＞叶片，Pb 积累含量大小依次为根部＞叶片＞茎部；2个品种各部分对 Cd 和 Pb 的富集数系规律有所不同。对 Cd 富集系数大小顺序为根部＞

茎部＞叶片，而对 Pb 的富集系数顺序为根部＞叶片＞茎部；辽甜 1 号根部、茎和叶片对低浓度 Cd 污染的富集效果较好，XT-2 茎和叶片对 Cd 富集效果随着污染浓度的增加而增高，根部富集能力基本不变。对 Cd 的转运系数而言，辽甜 1 号茎部在低浓度处理时的转运系数高于 XT-2，叶片的转运系数低于 XT-2；叶片对 Pb 转运系数大于茎部。辽甜 1 号茎部的转运系数随着处理浓度的增加而有所增加，XT-2 茎部的转运系数反而降低。

2 个品种对 2 种重金属元素的富集系数和转运系数均小于 1，不满足超积累植物富集系数大于 1 的要求。因此 2 个品种均不属于 Cd 和 Pb 的超积累植物。

参考文献

[1] 李东旭，文雅. 超积累植物在重金属污染土壤修复中的应用 [J]. 科技情报开发与经济，2011，21 (1)：177-181.

[2] Zhang L，Feng H，Li X，et al. Heavy metal contaminant remediation study of western Xiamen Bay sediment，China：laboratory bench scale testing results [J]. Journal of Hazardous Materials，2009，172 (1)：108-116.

[3] Peng J，Song Y，Yuan P，et al. The remediation of heavy metals contaminated sediment [J]. Journal of Hazardous Materials，2009，161 (2-3)：633-640.

[4] Shi W，Shao H，Li H，et al. Progress in the remediation of hazardous heavy metal-polluted soils by natural zeolite [J]. Journal of Hazardous Materials，2009，170 (1)：1-6.

[5] Adriano D C，Wenzel W W，Vangronsveld J，et al. Role of assisted natural remediation in environmental cleanup [J]. Geoderma，2004，122 (2-4)：121-142.

[6] Khan A G，Kuek C，Chaudhry T M，et al. Role of plants，mycorrhizae and phytochelators in heavy metal contaminated land remediation [J]. Chemosphere，2000，41 (1-2)：197-207.

[7] 刘小梅，吴启堂，李秉滔. 超富集植物治理重金属污染土壤研究进展 [J]. 农业环境科学学报，2003，22 (5)：636-640.

[8] Murooka Y，Goya M，Hong S H，et al. A new remediation system for heavy metals using leguminous plant and rhizobia symbiosis [M] // Nitrogen fixation：from molecules to crop productivity. Dordrecht：Springer Netherlands，2002：38，581.

[9] Krishnani K，Ayyappan S. Heavy metals remediation of water using plants and lignocellulosic agrowastes [J]. Reviews of Environmental Contamination and Toxicology，2006：188，59-84.

[10] 刘小宁，马剑英，张慧文，等. 植物修复技术在土壤重金属污染中应用的研究进展 [J]. 中国沙漠，2009，29 (5)：859-865.

[11] 刘大林，王秀萍，胡楷崎，等. 土壤镉含量对高粱属植物生理生化特性的影响 [J]. 生态学杂志，2011，30 (11)：2478-2482.

[12] 刘文拔. 有机肥对土壤—小麦、高粱系统中重金属污染的环境效应研究 [D]. 贵州：贵州大学，2008.

[13] 葛江丽，姜闯道，石雷，等. 甜高粱研究进展 [J]. 安徽农业科学，2006，34 (22)：5815-5816，5892.

[14] Ping Z，Wensheng S，Zhian L，et al. Removal of metals by sorghum plants from contaminated land [J]. Journal of Environmental Sciences，2009，21 (10)：1432-1437.

[15] 余海波，宋静，骆永明，等. 典型重金属污染农田能源植物示范种植研究 [J]. 环境监测管理与技

术，2011，23（3）：71-76.

[16] 马淑敏，孙振钧，王中．蚯蚓-甜高粱复合系统对土壤镉污染的修复作用及机理初探［J］．农业环境科学学报，2008，27（1）：133-138.

[17] 刘大林，胡楷崎，刘伟国，等．高粱属植物对土壤镉吸收及亚细胞的分配［J］．生态学杂志，2011，30（6）：1217-1221.

[18] 孙健，铁柏清，钱湛，等．复合重金属胁迫对玉米和高粱成苗过程的影响［J］．山地农业生物学报，2005，24（6）：514-521.

[19] 刘凤枝．农业环境监测实用手册［M］．北京：中国标准出版社，2001：699.

[20] 夏汉平，束文圣．香根草和百喜草对铅锌尾矿重金属的抗性与吸收差异研究［J］．生态学报，2001，21（7）：1121-1129.

[21] 栾以玲，姜志林，吴永刚．栖霞山矿区植物对重金属元素富集能力的探讨［J］．南京林业大学学报（自然科学版），2008，32（6）：69-72.

[22] 魏树和，杨传杰，周启星．三叶鬼针草等7种常见菊科杂草植物对重金属的超富集特征［J］．环境科学，2008，29（10）：2912-2918.

[23] 崔爽，周启星，晁雷．某冶炼厂周围8种植物对重金属的吸收与富集作用［J］．应用生态学报，2006，17（3）：512-515.

[24] 严良政，张琳，王士强，等．中国能源作物生产生物乙醇的潜力及分布特点［J］．农业工程学报，2008，24（5）：213-216.

[25] 王亚静，毕于运．新疆发展甜高粱液体燃料的可行性分析［J］．华中农业大学学报（社会科学版），2008（5）：24-28.

[26] 王兆木，涂振东，贾东海．新疆甜高粱开发利用研究［J］．新疆农业科学，2007，44（1）：50-54.

[27] Zhuang P, Shu W, Li Z, et al. Removal of metals by sorghum plants from contaminated land［J］. Journal Environmental Sciences, 2009, 21（10）：1432-1437.

[28] 张树攀．高粱属牧草对土壤重金属镉的响应及富集效应的研究［D］．扬州：扬州大学，2010.

本文曾发表于《新疆农业科学》2012 年第 49 卷第 11 期。

不同播种期对甜高粱生育期
糖分含量的影响

再吐尼古丽 · 库尔班[1]　陈维维[2]　叶凯[1]

(1. 新疆农业科学院生物质能源研究所，乌鲁木齐 830091；

2. 新疆农业大学食品科学与药学学院，乌鲁木齐，830052)

【研究意义】甜高粱是重要的饲料及糖料作物，并被认为是有广阔前景的生物能源作物[1]。甜高粱品种选育不仅要求茎秆产量高，而且要求茎秆含糖量高。因用途不同，对茎秆含糖量及其组成成分的要求有一定的差异，但总体上要求选育茎秆产量及其糖分含量高的优良品种。相关研究表明，就某一特定的甜高粱品种而言，在不同的地区种植，不同的播种期，对其生长期、主要的生物性状以及总的生物学产量和茎秆的含糖量均会产生一定的影响[2-3]。因此根据不同的生长环境和生产目的，选择合适的甜高粱种植期，对于提高甜高粱生物学产量、延长甜高粱茎秆的可供应期具有重要的意义和实际价值。【前人研究进展】宋高友等[4]对甜高粱茎秆糖分累积变化规律进行了研究。结果表明，茎秆中糖分的积累变化是随籽粒成熟度的提升而升高。完熟期甜高粱茎秆中的糖分含量最高。谢凤周[5]的研究也表明从抽穗期开始到完熟期，茎秆中的锤度呈逐渐增加的趋势。甜高粱在不同的播种期，对其生长期、主要的生物性状以及总的生物学产量和茎秆的含糖量均会产生一定的影响[6-7]。周绍东等[8]研究表明，不同播期下甜高粱叶片叶绿素含量在孕穗和开花期达到最高值，播期越早叶绿素含量越高。叶面积、比叶重对播期有密切关系。李超等[9]对不同播期下高粱籽粒淀粉含量的影响研究表明，随着灌浆过程的不断推进，高粱籽粒总淀粉、支链淀粉、直链淀粉含量均不断增加，支链/直链淀粉比值也在波动中增大，成熟期达到最大值。适时晚播对高粱籽粒总淀粉、支链淀粉含量的增加和支链/直链淀粉比值的提高有利，适时播种对高粱籽粒直链淀粉含量的增加有利。【本研究切入点】虽然有关不同播期对高粱产量、含糖锤度、叶片形状影响方面的研究已多有报道[10]，但是不同播期下秸秆总糖、还原糖和蔗糖含量在不同生育时期的变化及累规律的研究未见报道。因此本试验在不同播种期条件下研究全生育期甜高粱茎秆糖分含量的变化情况，进一步探讨甜高粱糖分组成及变化规律，进而为指导甜高粱适宜种植及生产提供依据。【拟解决的关键问题】确定该地区该甜高粱品种的适宜种植时间。

1　材料与方法

1.1　试验材料

试验材料取自种植于新疆农业科学院玛纳斯农业试验站的早熟品种新高粱 3 号

（XT‐2）和晚熟品种新高粱 9 号（T601）秸秆。

1.2　试验设计及取样方式

玛纳斯（新疆北部准噶尔盆地南缘）2011 年 4 月 28 日、5 月 3 日、5 月 8 日、5 月 13 日、5 月 19 日共计 5 个不同播期，每个处理 3 个重复。处理随机排列，试验小区的形状为长方形，小区行长 10m，5 行区，行距为 60cm，株距分别为 20cm，小区面积 10m×0.6m×5＝30m²。试验材料分别取拔节期、挑旗期、开花期、灌浆、成熟期的茎秆。取样时时每个处理随机取 3 株，整体粉碎后混匀，测定糖分含量，重复 3 次，取平均值。

1.3　测定方法

总糖、还原糖的测定采用直接滴定法[11]。蔗糖含量按式（1）计算[12]。

$$蔗糖含量＝（可溶性总糖含量－还原糖含量）×0.95 \qquad (1)$$

1.4　统计分析

试验数据利用 Excle 绘制折线图，利用 DPS 软件的一般线性模型进行方差分析，显著性检验用 LSD 多重比较。

2　结果与分析

2.1　不同播期对甜高粱物候期的影响

从表 1 可以看出，各处理生育期范围在 107～143d，其中早熟品种 XT‐2 的生育范围在 107～123d，晚熟品种 T601 的生育范围在 130～143d。不同播期条件下两种品种生育期变化的表现基本一致。随着播期的延迟，生育期逐渐缩短。

早熟品种 XT‐2 在 4 月 28 日播种的出苗时间为 9d，5 月 3 日种植的出苗时间为 7d，5 月 8 日种植的出苗时间为 6d，5 月 13 日种植的出苗时间为 7d，5 月 19 日种植的出苗时间为 4d。XT‐2 在 4 月 28 日种植的生育期最长，为 123d，最晚播期处理（5 月 19 日）生育期最短，为 107d，比 4 月 28 日种植的缩短了 16d。

晚熟品种 T601 在 4 月 28 日播种的出苗时间为 9d，5 月 3 日种植的出苗时间为 7d，5 月 8 日种植的出苗时间为 6d，5 月 13 日种植的出苗时间为 7d，5 月 19 日种植的出苗时间为 4d。T601 在 4 月 28 日播期生育期最长，为 143d，最晚播期处理（5 月 19 日）生育期最短，为 130d，比 4 月 28 日种植的缩短了 13d。

表 1　不同播期对甜高粱生育期的影响

（品种）播期	生育时期									全生育期（d）
	播种期（月‐日）	出苗期（月‐日）	分蘖期（月‐日）	拔节期（月‐日）	挑旗期（月‐日）	抽穗期（月‐日）	开花期（月‐日）	灌浆期（月‐日）	成熟期（月‐日）	
（XT‐2）第一播期	4‐28	5‐7	5‐25	6‐14	7‐6	7‐11	7‐16	8‐1	8‐28	123
（XT‐2）第二播期	5‐3	5‐10	5‐27	6‐18	7‐9	7‐14	7‐19	8‐1	8‐28	117

（续）

（品种）播期	生育时期									全生育期（d）
	播种期（月-日）	出苗期（月-日）	分蘖期（月-日）	拔节期（月-日）	挑旗期（月-日）	抽穗期（月-日）	开花期（月-日）	灌浆期（月-日）	成熟期（月-日）	
（XT-2）第三播期	5-8	5-14	6-1	6-21	7-15	7-21	7-26	8-3	8-30	114
（XT-2）第四播期	5-13	5-20	6-8	6-24	7-17	7-23	7-27	8-3	8-30	109
（XT-2）第五播期	5-19	5-23	6-14	6-30	7-17	7-24	7-29	8-7	9-3	107
（T601）第一播期	4-28	5-7	5-25	6-16	8-1	8-6	8-10	8-23	9-17	143
（T601）第二播期	5-3	5-10	5-27	6-18	8-3	8-8	8-13	8-23	9-17	137
（T601）第三播期	5-8	5-14	6-1	6-21	8-5	8-11	8-15	8-25	9-17	134
（T601）第四播期	5-13	5-20	6-8	6-24	8-8	8-11	8-15	8-26	9-23	133
（T601）第五播期	5-19	5-23	6-14	6-28	8-12	8-15	8-19	8-27	9-26	130

从试验结果看，随着播期延迟，气温、土温逐渐升高，降雨逐渐增加，高粱出苗及生长发育速度加快，不同播期的生育时期间隔也逐渐缩短。在同一播期时间不同品种的出苗天数基本一致，从拔节期开始不同品种的生长速度不一致导致生育期的长短区别。

2.2 不同播期对甜高粱总糖含量的影响

不同播期下不同品种甜高粱秸秆总糖含量在整个生育期的变化趋势基本一致，呈升高的趋势，成熟期达到峰值。秸秆总糖含量的方差分析看出（表2），品种之间、不同播期之间总糖含量有极显著或者显著性差异。拔节期总糖含量很低，糖分从挑旗期开始积累，成熟期达到最高值。不同阶段总糖含量的变化幅度有差异。XT-2不同播期处理拔节期、挑旗期、开花、成熟期总糖含量的差异均达到极显著水平。不同生育阶段第一播期与第二、第三、第四、第五等4个播期的差异均达到极显著水平。成熟期XT-2第一播期总糖含量最高为15.06%（占鲜基），第五播期总糖含量最低为7.69%，因此品种XT-2播期越早总糖含量越高。T601不同播期处理拔节期、挑旗期、开花、成熟期总糖含量的差异均极显著。在同一生育期T601不同播期总糖含量的高低没有规律性。达到成熟期总糖含量升高到最高值，其中第五播期的总糖含量最高（13.35%），后面依次为第三（12.46%）、第四（10.35%）、第一（10.30%）、第二（9.74%）播期，T601总糖均随着播期的延后而提高。不同品种在同一生育阶段内不同播期处理的总糖含量有差异。开花期XT-2和T601第四播期糖分含量差异极显著外其他播期的糖分含量差异均不显著。除了开花期外其他生育期，在同一播期不同品种的糖分含量差异均极显著。生育前期（拔节、挑期）品种XT-2的总糖含量均高于T601，生育后期（开花、灌浆、成熟）品种XT-2第一播期总糖含量高于T601，剩下4个播期处理两个品种总糖含量的高低没有规律性。

表2 不同播期对甜高粱总糖含量的影响（%，FW）

（品种）播期	生育时期				
	拔节期	挑旗期	开花期	灌浆期	成熟期
（XT-2）第一播期	3.49±0.08Aa	6.55±0.21Aa	7.90±0.15ABb	11.05±0.36Aa	15.06±0.35Aa

（续）

（品种）播期	生育时期				
	拔节期	挑旗期	开花期	灌浆期	成熟期
（XT-2）第二播期	3.08±0.08Bb	4.98±0.3Bb	7.22±0.15Bb	7.75±0.09DEe	11.19±0.35Cd
（XT-2）第三播期	3.07±0.08Bb	3.52±0.17Dee	7.1±0.15Bb	8.46±0.17CDd	11.04±0.35Cde
（XT-2）第四播期	2.74±0.08Cc	4.61±0.16BCc	5.61±0.15Cc	7.98±0.16DEde	10.58±0.35CDdef
（XT-2）第五播期	2.67±0.08Cc	4.32±0.13Cd	4.95±0.15Cc	6.27±0.19Gf	7.69±0.35Eg
（T601）第一播期	2.2±0.08Dd	3.75±0.06De	7.71±0.15Bb	9.33±0.21BCc	10.30±0.35CDef
（T601）第二播期	2.13±0.08DEd	3.17±0.05De	7.76±0.15ABb	9.38±1.03BC	9.74±0.35Df
（T601）第三播期	2.03±0.08EFe	3.69±0.12Ef	7.73±0.15Bb	6.54±0.19FGf	12.46±0.35Bc
（T601）第四播期	1.95±0.08Ff	2.34±0.05Fg	9.16±0.15Aa	10.31±0.40Ab	10.35±0.35CDdef
（T601）第五播期	1.80±0.08Gg	1.47±0.12Gh	5.45±0.15Cc	7.42±0.19DFe	13.35±0.35Bb

注　同列数据后标不同大写字母者表示差异达 1% 显著水平，标不同小写字母者表示差异达 5% 显著水平。下同。

2.3　不同播期对甜高粱还原糖含量的影响

不同播期下不同品种甜高粱还原糖含量的变化趋势有差异。XT-2 不同播期处理还原糖含量的变化趋势基本一致，呈升高、降低的变化趋势。T601 第一播期还原糖含量的变化趋势跟 XT-2 一样，其他播期还原糖含量呈降低、升高、又降低的变化趋势。不同播期甜高粱还原糖含量的方差分析看出（表 3），品种之间、不同播期之间还原糖含量有差异。XT-2 不同播期处理挑旗期还原糖含量达到最高值，到成熟期降到最低值。XT-2 同一播期的还原糖含量差异均极显著，同一生育期不同播期的还原糖含量差异不显著或者显著。T601 还原糖峰值除了第一播期的挑旗期外其他处理都出现于开花期。同一生育期种植期还原糖含量有差异，比如开花期第一播期与第二、第三、第四、第五播期的还原糖含量差异极显著，第三与第四、第五的差异不显著。2 个品种在同一生育期内不同播期还原糖含量有差异，XT-2 的还原糖含量始终高于 T601，还原糖含量达到极显著差异水平。

表 3　不同播期对甜高粱还原糖含量的影响（%，FW）

（品种）播期	生育时期				
	拔节期	挑旗期	开花期	灌浆期	成熟期
（XT-2）第一播期	3.15±0.02ABa	4.48±0.11ABa	4.04±0.16Ab	3.37±0.08Bb	1.86±0.11Bc
（XT-2）第二播期	3.06±0.02Bb	4.41±0.22ABa	4.25±0.16Aab	3.68±0.08Aa	1.07±0.01Eg
（XT-2）第三播期	3.18±0.02Aa	5.06±2.63Aa	3.56±0.16Bc	3.6±0.08ABa	2.03±0.04Bb
（XT-2）第四播期	2.95±0.02Cc	4.20±0.34ABab	4.36±0.16Aa	3.60±0.08ABa	2.45±0.06Aa
（XT-2）第五播期	2.8±0.02Dd	4.09±0.01ABab	4.18±0.16Aab	3.63±0.08Aa	1.56±0.05Cd
（T601）第一播期	1.89±0.02Ff	2.98±0.06BCbc	1.37±0.16Ef	1.40±0.08DEe	0.64±0.01Gi

（续）

（品种）播期	生育时期				
	拔节期	挑旗期	开花期	灌浆期	成熟期
（T601）第二播期	2.12±0.02Ee	1.86±0.13Ccd	2.59±0.16Cd	1.01±0.08Ff	1.36±0.01CDe
（T601）第三播期	1.81±0.02Fg	1.36±0.01Cd	1.81±0.16De	1.59±0.08Dd	1.16±0.01DEfg
（T601）第四播期	1.7±0.02Gh	1.79±0.08Ccd	1.78±0.16De	2.49±0.08Cc	0.86±0.03Fh
（T601）第五播期	1.58±0.02Hi	1.08±0.03Cd	1.85±0.16De	1.31±0.08Ee	1.28±0.26DEef

2.4 不同播期甜高粱蔗糖含量的影响

不同播期下不同品种甜高粱蔗糖含量的变化趋势基本一致，呈升高的变化趋势。拔节期蔗糖含量很低，接近零，蔗糖含量从挑旗期开始慢慢积累，这跟总糖的积累规律相似，T601 蔗糖含量的积累速度比 XT-2 快。

表4 为不同播期下甜高粱蔗糖含量的变化分析结果。不同播期处理拔节期、挑旗期 XT-2 蔗糖含量的变化趋势不明显，差异不显著。生育后期蔗糖含量差异达到极显著差异水平。在同一生育阶段内不同播期处理之间蔗糖含量的差异也不明显，拔节期各处理之间差异均不显著、挑旗期除了第一播期外其他处理之间差异均不显著。开花期第一与第二播期的差异不显著，第三与第四、第五之间的差异不显。灌浆期第一与第三的差异极显著，成熟期第一与第三、第四、第五的差异极显著。到成熟期第一播期的总糖含量达到最高值，播期越早蔗糖含量越高。这跟总糖含量的变化趋势相似。T601 同一生育阶段在不同处理之间蔗糖含量有差异，差异极显著或者不显著。成熟期蔗糖含量升高到最高，最高的为第三播期 9.17%，依次为第一、第四、第二和第五。不同品种之间蔗糖含量的变化幅度不一样，T601 蔗糖含量高于 XT-2，到成熟期还是 T601 的蔗糖含量高于 XT-2。

表4 不同播期对甜高粱蔗糖含量的影响（%，FW）

（品种）播期	生育时期				
	拔节期	挑旗期	开花期	灌浆期	成熟期
（XT-2）第一播期	0.1±0.01Cc	1.15±0.17Aa	2.67±0.12Cd	5.90±0.3Bb	5.94±0.77Dd
（XT-2）第二播期	0.1±0.01Cc	0.12±0.17Cc	1.91±0.12Cd	2.89±0.3De	7.66±0.77Bb
（XT-2）第三播期	0.1±0.01Cc	0.16±0.17Cc	0.18±0.12De	3.55±0.3Dd	7.17±0.77BCbc
（XT-2）第四播期	0.1±0.01Cc	0.26±0.17Cc	0.48±0.12De	3.16±0.3Dde	6.39±0.77CDcd
（XT-2）第五播期	0.1±0.01Cc	0.16±0.17Cc	0.21±0.12De	1.71±0.3Ef	1.87±0.77Ee
（T601）第一播期	0.02±0.01Dd	0.26±0.17Cc	5.06±0.12ABab	6.36±0.3ABab	7.88±0.77Bb
（T601）第二播期	0.1±0.01Cc	0.85±0.17Bb	3.94±0.12Bc	6.77±0.3Aa	6.19±0.77CDd
（T601）第三播期	0.1±0.01Cc	0.13±0.17Cc	4.66±0.12Bbc	5.03±0.3Cc	9.17±0.77Aa
（T601）第四播期	1.30±0.01Aa	1.26±0.17Aa	5.85±0.12Aa	6.12±0.3ABb	7.63±0.77Bb
（T601）第五播期	1.23±0.01Bb	1.19±0.17Aa	2.73±0.12Cd	4.86±0.3Cc	9.14±0.77Aa

3　结论

不同播期条件下两种品种生育期变化的表现基本一致。随着播期的延迟，生育期逐渐缩短。

早熟和晚熟品种在整个生育期总糖含量总的变化趋势基本一致，呈升高的趋势，成熟期达到峰值。拔节期总糖含量很低，糖分从挑旗期开始积累，到成熟期达到最高值。不同播期处理拔节期、挑旗期、开花期、成熟期 XT-2 总糖含量的差异均达到极显著水平。T601 不同播期处理拔节期、挑旗期、开花期、成熟期总糖含量的差异均极显著。两个品种在整个生育期还原糖含量总的变化趋势有差异。

XT-2 不同播期处理还原糖含量的变化趋势基本一致，呈升高、降低的变化趋势。T601 第一播期还原糖含量的变化趋势跟 XT-2 一样，其他播期还原糖含量呈降低、升高、又降低的变化趋势。2 种品种在同一生育期内不同播期还原糖含量有差异，XT-2 的还原糖含量始终高于 T601，还原糖含量达到极显著差异水平。

两个品种在整个生育期蔗糖含量总的变化趋势基本一致，呈升高的变化趋势。不同品种之间蔗糖含量的变化幅度不一样，T601 蔗糖含量高于 XT-2，到成熟期还是 T601 的蔗糖含量高于 XT-2。

4　讨论

甜高粱茎秆汁液富含糖分，可用于发酵制取燃料酒精，或者直接用于制糖。因而，作为能源作物和糖料作物，甜高粱茎秆糖分的高低是衡量甜高粱茎秆利用价值的重要指标。由于不同种植期的甜高粱的生长环境存在水、热、光照等条件的差异，势必导致甜高粱茎秆糖分的积累产生一定的差异[13]。

在 2 个品种甜高粱不同播期的试验表明，获得较高含糖量的播期存在品种间差异。各品种均表现出一个规律，2 个品种随着播期的延迟，生育期逐渐缩短。这跟张燕[14]等的试验结果基本一致。可能播期过早时气温较低，影响幼苗生长速度，影响成熟时间。

本试验发现 XT-2 秸秆总糖含量随着播期的延迟而降低，而 T601 秸秆总糖含量随着播期的延迟有所提高。李子芳等[9]研究不同播期下 5 个品种锤度的变化，结果除绿能 1 号外，其余各品种的锤度均随着播期的延后而提高，这跟本实验结果相似。

通过本试验分析可以得出，不同播期对甜高粱秸秆糖分含量的影响很明显。各地区应根据高粱品种和用途不同，及时有效地调整最佳播期，以获得最佳的经济效益。

参考文献

[1] Gnansounou E, Dauriat A, Wyman C E. Refining sweet sorghum to ethanol and sugar: economic trade-offs in the context of North China [J]. Bioresource Techonlogy, 2005, 96 (9): 985-1002.
[2] 张志鹏，朱凯，王艳秋. 甜高粱不同播种期对主要性状影响的研究 [J]. 辽宁农业科学, 2005 (3):

69 - 70.

[3] Shi Y C, Seib P A, Bernardin J E. Effects of temperature during grain - filling on starches from six wheat cultivars [J]. Cereal Chemistry, 1994, 71: 369 - 383.

[4] 宋高友, 苏益民, 陆伟等. 甜高粱的综合开发利用 [J]. 粮食作物, 1998, 3: 6 - 7.

[5] 谢凤周. 糖高粱茎秆糖分积累规律初步研究 [J]. 辽宁农业科学, 1989, 5: 50 - 51.

[6] 张志鹏, 朱凯, 王艳秋等. 甜高粱不同播种期对主要性状影响的研究 [J]. 辽宁农业科学, 2005 (3): 69 - 70.

[7] 李子芳, 裴忠有. 不同播期对甜高粱产量和锤度的影响 [J]. 安徽农业科学, 2009, 37 (10): 4474 - 4475.

[8] 周绍东, 周宇飞. 播种期对各生育时期甜高粱叶片性状的影响 [J]. 沈阳农业大学学报, 2005, 36 (3): 340 - 342.

[9] 李超, 肖木辑. 不同播期对高粱籽粒淀粉含量的影响 [J]. 沈阳农业大学学报, 2009, 40 (6): 708 - 711.

[10] PEARCE. Specific leaf weight and photosynthesis in alfalfas [J]. Crop Science, 1969, 9: 423 - 426.

[11] 杨明, 刘丽娟, 李莉云, 等. 甜高粱蔗糖合酶表达与蔗糖积累的相关分析 [J]. 作物学报, 2009, 35 (1): 185 - 189.

[12] 张意静. 食品分析技术 [M]. 北京: 中国轻工业出版社, 2001: 138 - 151.

[13] 沈飞, 刘荣厚. 不同种植时期对甜高粱主要生物性状及成糖的影响 [J]. 安徽农业科学, 2006, 34 (12): 2681 - 2683.

[14] 张燕, 吴桂春, 张喜琴. 播期对酿酒高粱植株生长及产量的影响 [J]. 作物栽培, 2010, 5: 12 - 14.

本文曾发表于《西北农林科技大学学报（自然科学版）》2012年第40卷第12期。

甜高粱对土壤重金属 Cd 的吸收规律

再吐尼古丽·库尔班[1]　　吐尔逊·吐尔洪[2a]　　阿不都热依木·卡德尔[2b]

阿扎提·阿布都古力[1]　　叶凯[1]

（1. 新疆农业科学院生物质能源研究所，乌鲁木齐 830091；

2a. 新疆农业大学草业与环境科学学院，乌鲁木齐 830052；

2b. 新疆农业大学化工学院，乌鲁木齐 830052）

能源植物作为生物质能源的原料具有广阔的应用前景，能源植物生物量比较大而且在我国资源丰富。研究表明，用于重金属污染修复的超富集植物往往具有植株矮小、生长速度慢、生物量少等缺点，因而难以满足商业要求[1-3]。甜高粱是国际公认的能源植物，与其他能源植物种类相比，甜高粱除了具有抗逆、抗旱、耐涝、耐贫瘠、耐盐碱等节水、节能特性外，还具有生长快、生物产量高、易收割等作为重金属污染修复植物应具备的特征[4-5]。

在人口众多、农用耕地极为珍贵的中国，不可能利用农用地来生产生物能源[6]。利用重金属废弃地开发能源植物，应该是一条解决能源植物开发利用中与人争粮、与粮争地矛盾的有效途径[7]。如果在重金属污染土壤上种植能源作物甜高粱超富集品种，不仅能够解决土壤重金属污染问题，还可以将回收重金属后的甜高粱秸秆残留物用于生产工业酒精，避免出现因植物体内的重金属难以处理而造成的二次污染等环境问题。

国外学者已在甜高粱富集重金属方面做过不少研究工作[8-12]。如马淑敏等[11]研究了能源作物甜高粱对土壤镉污染的修复作用及其机制，发现甜高粱不仅生物量大，而且对重金属镉有一定积累作用，在蚯蚓作用下其富集效果可以得到提高；贺玉姣[12]研究了能源植物甜高粱对重金属 Pb、Zn、Cu 胁迫的生理适应性，表明甜高粱对 Cu 的耐受性大于玉米，Pb、Zn 处理时甜高粱体内积累的重金属量较玉米多。总的来看，目前有关重金属在甜高粱各器官中分布的研究还比较少。

为此，本研究以辽甜 1 号和新高粱 3 号为研究对象，采用盆栽试验探讨了其对土壤重金属镉的吸收规律及镉在植株各部位的分布，并分析了镉对甜高粱幼苗生长趋势的影响，以期为甜高粱在重金属污染地区环境修复中的应用提供理论依据。

1　材料与方法

1.1　材料

参试品种为辽甜 1 号、新高粱 3 号 2 个甜高粱品种，分别由辽宁省农业科学院和新疆农业科学院提供。

1.2　试验设计及取样方式

在露天试验地种植 2 个甜高粱品种，待幼苗长出 2～3 片真叶时，将长势一致的苗体分别移栽入花盆中（直径 90mm，高 120mm），然后进行 Cd^{2+} 胁迫处理（以 $CdCl_2 \cdot 2.5H_2O$ 的形式外源加入，每盆 3 株）。

根据等毒性原理设计 5 个 Cd^{2+} 胁迫处理，即土壤中 Cd^{2+} 的含量分别为：0（CK）mg/kg、3mg/kg、6mg/kg、9mg/kg、12mg/kg[13]。每处理 3 个重复。定期加入去离子水使土壤含水量为田间持水量的 70% 左右。2011 年 7 月 6 日进行 Cd^{2+} 胁迫处理，分别于 7 月 9 日、7 月 16 日、7 月 21 日、7 月 26 日和 7 月 31 日采集植物样品（保持地上部和根）。取样时将甜高粱整株连根挖起，测量植株高度，处理后期重复间出现差异时取平均值，采样后于室内测量根长。

1.3　测定方法

样品采集后依次用自来水、蒸馏水、去离子水进行洗涤，整个洗涤时间不超过 2min，用不锈钢刀具将清洗后的样品按地上部和根部分开，于 105℃ 烘箱内杀青 30min，再在 70～80℃ 的温度下烘干，用不锈钢粉碎机粉碎备测。

在测定植物体内的 Cd 含量时，称取 0.2g 左右的样品于瓷坩埚中，先在低温电炉上加热赶尽白烟后，将坩埚置于马弗炉中，在 500℃ 的高温下加热 2h，取出后用体积分数 50%HNO_3 溶解，将溶液转移到 50mL 容量瓶中，用去离子水稀释至刻度，采用原子吸收分光光度计（北京 TAs-990 型原子吸收分光光度计）测定 Cd 含量[14]。

2　结果与分析

2.1　不同 Cd^{2+} 处理下甜高粱不同部位 Cd 含量的变化

表 1 显示，2 个甜高粱品种的不同部位对 Cd 的吸收规律基本相似。在不同含量 Cd 胁迫处理条件下，甜高粱体内的 Cd 含量随着土壤 Cd 含量的增加及处理时间的延长总体上呈增大趋势。在同一采样时间，CK 植株体内的 Cd 含量均小于各 Cd^{2+} 胁迫处理组。由 2 种甜高粱不同部位 Cd 含量的方差分析结果可知，不同处理甜高粱根、茎、叶中 Cd 含量的差异基本均达极显著水平（$p<0.01$），且随着处理时间的延长差异变得更为明显。

在同一采样时间及同一处理条件下，甜高粱不同部位的 Cd 含量有明显差异，总体表现为根＞茎＞叶，且大多数处理 Cd 含量在根、茎、叶间的差异达到了极显著或显著水平。辽甜 1 号和新高粱 3 号不同部位 Cd 含量的差异亦有所不同，在本试验 Cd^{2+} 处理条件下，甜高粱辽甜 1 号根、茎、叶片中的 Cd 含量分别为 0.01～1.98mg/kg、0.04～1.77mg/kg 和 0.04～1.45mg/kg；新高粱 3 号根、茎、叶片中的 Cd 含量分别为 0.02～1.95mg/kg、0.02～1.69mg/kg 和 0.02～1.35mg/kg。

处理第 25 天（2011 年 7 月 31 日）时，当外源添加的 Cd^{2+} 含量为 3～12mg/kg 时，甜高粱各部位吸收的 Cd 含量均明显增加，2 种供试甜高粱同一部位的 Cd 含量基本均表现为辽甜 1 号＞新高粱 3 号。由此可以看出，辽甜 1 号对重金属 Cd 的吸收量高于新高粱 3 号。

表 1　不同 Cd²⁺ 处理下 2 个甜高粱品种各部位镉含量的变化（mg/kg）

品种	Cd²⁺ (mg/kg)	部位	不同采样时间（年-月-日）的镉含量				
			2011-07-09	2011-07-16	2011-07-21	2011-07-26	2011-07-31
辽甜 1号	0（CK）	根	0.01±0.02Il	0.02±0.005Kl	0.02±0.002Jj	0.03±0.005Hi	0.03±0.005Ij
		茎	0.04±0.016Il	0.06±0.002KLm	0.07±0.003Jjk	0.06±0.004Hij	0.08±0.005IJk
		叶	0.04±0.005Il	0.05±0.001Lm	0.06±0.005Jk	0.06±0.005Hj	0.06±0.001Jk
	3	根	0.46±0.07Gh	0.68±0.005Ef	0.7±0.017FGfg	0.81±0.017Ee	0.86±0.04Gh
		茎	0.36±0.13Hj	0.56±0.005Hi	0.63±0.04Hh	0.52±0.023Gg	0.65±0.003Hi
		叶	0.32±0.18Hk	0.37±0.011Jk	0.44±0.004Ii	0.46±0.039Gh	0.60±0.011Hi
	6	根	0.83±0.27De	0.94±0.005Ccd	0.96±0.005Dd	1.08±0.023Cc	1.35±0.059De
		茎	0.54±0.03Fg	0.62±0.003Fg	0.73±0.017Ff	0.92±0.057Dd	1.06±0.057Fg
		叶	0.43±0.021Gi	0.51±0.002Ij	0.66±0.011GHgh	0.73±0.002Ff	0.81±0.058Gh
	9	根	0.87±0.005Dd	0.93±0.03Cd	1.09±0.023Cc	1.29±0.004Bb	1.85±0.07Bb
		茎	0.59±0.005Ef	0.82±0.002De	0.9±0.069Ee	1.13±0.063Cc	1.49±0.056Cd
		叶	0.56±0.005EFfg	0.59±0.002Gh	0.72±0.057Ff	0.81±0.056Ee	1.17±0.057Ef
	12	根	1.24±0.25Aa	1.77±0.003Aa	1.81±0.017Aa	1.93±0.003Aa	1.98±0.002Aa
		茎	1.14±0.33Bb	1.43±0.026Bb	1.43±0.023Bb	1.25±0.019Bb	1.77±0.057Bc
		叶	0.93±0.06Cc	0.95±0.003Cc	0.97±0.011Dd	0.95±0.058Dd	1.45±0.057Cd
新高粱 3号	0（CK）	根	0.04±0.07HIi	0.04±0.005Ij	0.03±0.006HIij	0.02±0.005Kk	0.03±0.025Mm
		茎	0.02±0.004Ii	0.03±0.005Ijk	0.05±0.006Ij	0.04±0.005Kk	0.04±0.007Nn
		叶	0.02±0.016Ii	0.02±0.005Ik	0.03±0.006Ij	0.05±0.005Kk	0.07±0.002Nn
	3	根	0.08±0.002GHh	0.17±0.028Hh	0.39±0.027Gh	0.44±0.055Hh	0.56±0.01Jj
		茎	0.05±0.035HIhi	0.08±0.008Ii	0.13±0.02Hi	0.27±0.026Ii	0.33±0.03Kk
		叶	0.03±0.005HIi	0.08±0.003Iij	0.12±0.025HIi	0.13±0.005Jj	0.24±0.005Ll
	6	根	0.42±0.027Ff	0.53±0.057Ee	0.64±0.058Ef	0.87±0.005Ff	0.95±0.015Gg
		茎	0.39±0.021Ff	0.39±0.057Ff	0.48±0.021Fg	0.54±0.01Gg	0.88±0.005Hh
		叶	0.12±0.011Gg	0.28±0.023Gg	0.38±0.002Gh	0.46±0.01Hh	0.62±0.03Ii
	9	根	1.18±0.007Bb	1.28±0.010Bb	1.38±0.004Bb	1.61±0.011 5Bb	1.73±0.005Bb
		茎	0.85±0.05Dd	0.84±0.003Dd	1.13±0.036Cd	1.27±0.005Dd	1.39±0.01Dd
		叶	0.74±0.003Ee	0.94±0.034Cc	0.97±0.014De	0.98±0.02Ee	1.17±0.005Ff
	12	根	1.38±0.038 1Aa	1.53±0.063Aa	1.64±0.041Aa	1.75±0.005Aa	1.95±0.007Aa
		茎	0.97±0.001Cc	1.25±0.004Bb	1.43±0.025Bb	1.53±0.019Cc	1.69±0.004Cc
		叶	0.77±0.032Ee	0.91±0.041Cc	1.18±0.059Cc	1.26±0.041Dd	1.35±0.020Ee

注　同列数据后标不同大写字母者表示差异达 0.01 显著水平，标不同小写字母者表示差异达 0.05 显著水平。

2.2　不同 Cd²⁺ 处理条件下甜高粱形态特征的变化

由表 2 可见，不同含量 Cd²⁺ 处理条件下，辽甜 1 号和新高粱 3 号幼苗的生长趋势基本一致，即随着土壤 Cd^{2+} 含量的增加，其苗高和根长的生长均受到抑制，在处理结束的第 25 天（2011 年 7 月 31 日）时，各处理根长、苗高之间差异明显。2011 年 7 月 9 日至 2011 年 7 月 31 日，辽甜 1 号 CK 处理幼苗根长一直高于其他处理，至 7 月 31 日各处理根长表现为 CK＞3mg/kg 处理＞6mg/kg 处理＞9mg/kg 处理＞12mg/kg 处理。2011 年 7 月 9 日至 2011 年 7 月 16 日，新高粱 3 号 CK 幼苗根长均小于其他处理，这可能是由于土壤 Cd^{2+} 刺激了根的生长；7 月 21 日至 7 月 31 日，CK 幼苗根长均大于其他处理，至 7 月 31 日，其幼苗根长依次表现为 CK＞3mg/kg 处理＞6mg/kg 处理＞9mg/kg 处理＞12mg/kg 处理。当土壤中添加的 Cd^{2+} 含量为 0～3mg/kg 时，2 个甜高粱品种苗高差异不大；当土壤 Cd^{2+} 含量为 6～12mg/kg 时，2 个甜高粱品种的苗高与 CK 差异明显，至 7 月 31 日，各 Cd^{2+} 处理苗高均小于 CK。可以看出，幼苗苗高与土壤的 Cd^{2+} 含量有关，且 Cd^{2+} 含量越高，幼苗生长越缓慢。同一处理条件下，不同品种甜高粱幼苗的生长速度也不一样，总体来看，各处理新高粱 3 号的苗高均低于辽甜 1 号，说明新高粱 3 号幼苗对重金属 Cd 比较敏感。与苗高相比，土壤中的 Cd^{2+} 对甜高粱根部产生了明显的抑制作用，且抑制作用随着土壤 Cd^{2+} 含量的增加而增大。

表 2　不同 Cd^{2+} 处理下 2 个甜高粱品种形态特征的变化

品种	Cd^{2+} (mg/kg)	形态指标 (cm)	不同采样时间（年-月-日）				
			2011－07－09	2011－07－16	2011－07－21	2011－07－26	2011－07－31
辽甜 1 号	0（CK）	根长	15.0	17.0	22.0	30.0	33.0
		苗高	36.0	53.0	64.0	76.0	90.0
	3	根长	11.0	12.0	13.0	26	30.0
		苗高	40.0	59.0	64.0	78.0	92.0
	6	根长	7.4	13.5	16.0	26.3	27.0
		苗高	33.0	48	59.0	73.0	84.0
	9	根长	3.5	7.5	8.8	10.2	12.5
		苗高	25.0	43	56.0	71.0	80.0
	12	根长	2.7	4.0	6.8	8.3	10.2
		苗高	29.0	44.0	55.0	73.0	85.0
新高粱 3 号	0（CK）	根长	4.0	8.0	14.5	20.0	37.5
		苗高	24.0	38.0	48.0	68.0	84.0
	3	根长	6.2	9.5	9.4	10.8	35.5
		苗高	25.0	40.0	53.0	67.0	83.0
	6	根长	5.3	8.1	11.6	16.3	17.2
		苗高	25.0	49.0	59.0	69.0	82.0
	9	根长	4.5	6.5	10.3	10.0	10.5
		苗高	29.0	45.0	58.0	67.0	79.0
	12	根长	5.2	9.0	8.5	16.0	17.0
		苗高	36.0	43.0	50.0	58.0	60.0

3 结论与讨论

研究过程中观察发现，土壤 Cd 污染对甜高粱幼苗产生了极大的毒害效应。主要表现为幼苗叶片变窄变薄、叶片发黄失绿、植株矮化及根系生长发育严重受阻等；且土壤 Cd 含量越大，幼苗越小，生长发育越慢，根系越短，这与前人的试验结果[15]相似。随着土壤重金属 Cd 含量的增加，甜高粱的根系和苗高生长均受到抑制，且对根长的抑制作用明显大于苗高。孙健等[16]研究了重金属 Cd、Pb、As、Zn、Cu 复合污染对高粱成苗过程的影响，也得到了类似的结论。

本研究发现，在不同的土壤 Cd 污染条件下，不同高粱品种受影响的程度存在明显差异，在同一采样时间的相同处理下，新高粱 3 号苗高总体上均低于辽甜 1 号，说明重金属 Cd 对新高粱 3 号生长的影响比较明显。本试验结果表明，2 个甜高粱品种的幼苗根长和苗高均随着处理时间的延长而逐渐升高，表现出对镉具有极高的耐受力，说明本试验条件下的 Cd^{2+} 胁迫不能完全阻止这 2 个甜高粱品种幼苗和根系的发育。甜高粱不同部位吸收的重金属 Cd 含量不同，地上部和地下部 Cd 含量均随着处理时间的延长而增加，且地下部 Cd 含量明显高于地上部，这可能是植物对逆境环境的一种适应，即将有害离子积累于根部，阻止其对光合作用及新陈代谢活性的毒害。辽甜 1 号和新高粱 3 号不同部位的 Cd 含量总体均表现为根＞茎＞叶，表明根对 Cd 的聚集能力较茎、叶强，这与前人的研究结果[11]类似。本研究发现，与对照相比，3～12mg/kg Cd 处理高粱根、茎、叶内的镉含量均大幅度提高。试验还发现，在土壤 Cd 污染环境下，2 种甜高粱品种对 Cd 的吸收量存在着一定差异，其中辽甜 1 号体内积累的 Cd 含量较新高粱 3 号多，因为不同作物对污染物的吸收累积不同，同一作物的不同品种对污染物的吸收累积也有差异[17-18]，说明辽甜 1 号幼苗对 Cd 污染土壤的净化效果较新高粱 3 号明显，这为筛选具重金属镉富集能力的植物品种奠定了基础。

参考文献

[1] 李廷强，董增施，姜宏，等. 东南景天对镉-苯并 [a] 芘复合污染土壤的修复效果 [J]. 浙江大学学报（农业与生命科学版），2011，37（4）：465-472.

[2] 施积炎，陈英旭，田光明，等. 海州香薷和鸭跖草铜吸收机理 [J]. 植物营养与肥料学报，2004，10（6）：642-646.

[3] Bert V，Meerts P，Saumitou-Laprade P，et al. Genetic basis of Cd tolerance and hyper accumulation in Arab dopsishalleri [J]. Plant and Soil，2003，249：9-18.

[4] 高士杰，刘晓辉，李玉发，等. 中国甜高粱资源与利用 [J]. 杂粮作物，2006，26（4）：273-274.

[5] Alkorta I，Allica J H，Becerril J M，et al. Recent findings on the phytoremediation of soils contaminated with environmentally toxic heavy metals and metalloids such as zinc，cadmium，lead，and arsenic [J]. Environmental Science and Bio-Technology，2004，3：71-90.

[6] 李干琼. 生物质能源对玉米、大豆国际市场的影响分析 [J]. 中国科技论坛，2008，1（1）：79-83.

[7] 钱伯章. 我国燃料乙醇产业发展现状及前景 [J]. 太阳能，2007（8）：7-9.

[8] 贺玉姣，刘兴华，蔡庆生 . C₄ 植物甜高粱和玉米幼苗对 Zn 胁迫的响应差异 [J]. 生态环境，2008，17（5）：1839 - 1842.

[9] 王云，宋艳霞，孙海燕，等 . 铅胁迫对甜高粱种子活力的影响 [J]. 内蒙古民族大学学报（自然科学版），2006，21（5）：521 - 525.

[10] 崔永行，范仲学，杜瑞雪，等 . 镉胁迫对甜高粱种子萌发的影响 [J]. 华北农学报，2008，23（增刊）：140 - 143.

[11] 马淑敏，孙振钧，王冲 . 蚯蚓—甜高粱复合系统对土壤镉污染的修复作用及机理初探 [J]. 农业环境科学学报，2008，27（1）：133 - 138.

[12] 贺玉姣 . 能源植物甜高粱对重金属 Pb、Zn、Cu 胁迫的生理适应性研究 [D]. 南京：南京农业大学，2008.

[13] 熊蔚蔚，吴淑杭，徐亚同，等 . 等毒性配比法研究镉、铬和铅对淡水发光细菌的联合毒性 [J]. 生态环境，2007，6（4）：1085 - 1087.

[14] 张行峰 . 实用农化分析 [M]. 北京：化学工业出版社，2005：299 - 305.

[15] 李秀珍，李彬 . 重金属对植物生长发育及其品质的影响 [J]. 四川林业科技，2008，29（4）：159 - 165.

[16] 孙健，铁柏清，钱湛 . 复合重金属胁迫对玉米和高粱成苗过程的影响 [J]. 山地农业生物学报，2005，24（6）：514 - 521.

[17] Grant C A，Clarke J M，Duguid S，et al. Selection and breeding of plant cultivars to minimize cadmium accumulation [J]. Science of the Total Environment，2008，390：301 - 310.

[18] Yu H，Wang J L，Wei F，et al. Cadmium accumulation in different ricecultivars and screening for pollution - safecultivars of rice [J]. Science of the Total Environment，2006，370：302 - 30.

本文曾发表于《西北植物学报》2012年第32卷第11期。

施肥方式对甜高粱秸秆产量和
糖分含量以及酶活性的影响

再吐尼古丽·库尔班[1]　陈维维[2]　叶凯[1]

(1. 新疆农业科学院生物质能源研究所，乌鲁木齐830091；

2. 新疆农业大学食品学院，乌鲁木齐830052)

甜高粱是一种新型绿色可再生高能作物，生物产量高，开发用途广，利用价值大。利用新疆独特的自然资源，开发再生性能源和相关化工产品，从而逐步建立该区域新能源产业和新的经济增长点[1-2]。

随着化石燃料的日趋紧张和环境污染的加重，利用可再生能源作为化石产品的替代品变得愈加重要。世界主要的工业和制造业都在寻求以农产品为基础的原料来替代化石产品为基础的能源供给[3-4]。

甜高粱被誉为"生物质能源系统中最有力的竞争者"，因此也就成了人类开发生物质能的重点[5]。但由于甜高粱配套的栽培技术滞后，品种的增产作用没能充分发挥，一定程度影响了其开发与推广[6]。施肥是关系到作物产量的重要因素，对甜高粱也不例外。而且，不同施肥方式对甜高粱含糖量和酶活性的影响十分重要。蔗糖合酶（sucrose synthase，SS）和蔗糖磷酸合酶（sucrose phosphate synthase，SPS）是高等植物中与糖代谢密切相关的酶[7]。蔗糖合酶主要催化蔗糖的降解，以提供尿苷二磷酸葡萄糖（UDPG）和果糖，满足机体多糖合成或呼吸作用的需要[8]。蔗糖磷酸合酶主要催化蔗糖的生物合成[9]。蔗糖合酶和蔗糖磷酸合酶的活性都关系着甜高粱中总糖、还原糖含量的变化。研究甜高粱在不同施肥量下蔗糖合酶和蔗糖磷酸合酶的活性与茎秆中含糖量的关系，对提高甜高粱糖分含量及其利用率都有着不可忽视的作用。

中国甜高粱资源丰富，目前有关高粱茎秆含糖量的研究已多有报道，对糖代谢酶的研究也不少[10-11]，但有关施肥方式与秸秆产量和品质关系方面的研究目前还较少。本试验以新疆推广面积较大的品种新高粱3号（XT-2）和新高粱9号（T601）为研究材料，围绕不同施肥方式对不同甜高粱品种含糖量和酶活性的影响开展一些尝试性探讨，分析不同施肥方式下秸秆生物产量和糖分、蔗糖代谢相关酶活性的变化，摸清不同氮、磷、钾用量下最佳施肥量与最佳产量之间的关系，为甜高粱平衡施肥措施制定提供可靠的科学依据，以提高其产量和品质。

1　材料和方法

1.1　试验材料及地点

试验于2011年4月27日至2011年9月17日在新疆农业科学院玛纳斯农业试验站进

行。供试甜高粱品种为：早熟品种新高粱 3 号（XT‑2）和晚熟品种新高粱 9 号（T601），由新疆农业科学院选育，通过品种审定委员会审定，适合新疆各积温带种植。

1.2　试验设计

本试验总施肥量为 750kg/hm²，其中的 N、P、K 肥分别为 375kg/hm²、300kg/hm²、75kg/hm²，肥源分别为尿素（含 N46%）、重过磷酸钙（含 P_2O_5 46%）、硫酸钾（含 K_2O 33%）。为确定磷钾肥作为基肥、追肥的效果，2 个参试品种各设置 4 种施肥方式（表 1）：①CK（对照），空白不施肥；②A1，传统施肥方法，磷肥、钾肥全部作为基肥一次施入，氮肥 30% 作为基肥，70% 作为追肥，追肥分两次施入，第一次追施 60%，第二次追施 40%；③A2，等量化施肥方法，氮肥、磷肥、钾肥在各时期均等量施入；④A3，N、P、K 后移改进作为追肥施入方法。试验重复 3 次，处理随机排列。试验小区长方形，小区行长 7m，6 行区，行距为 0.60m，株距为 0.20m，小区面积 25.2m²。试验小区间打埂，留走道 1.0m，每公顷理论保苗株数约 11.89 万株。

表 1　试验不同处理施肥方式设置（kg/hm²）

处理	N			P			K		
	基肥	拔节肥	孕穗肥	基肥	拔节肥	孕穗肥	基肥	拔节肥	孕穗肥
CK	0	0	0	0	0	0	0	0	0
A1	112.5	157.5	105	300	0	0	75	0	0
A2	124.5	126	124.5	99	100.5	100.5	25	25	25
A3	75	150	150	75	150	75	0	0	75

1.3　取样时间及方式

分别取 XT‑2 和 T601 的拔节期、挑旗期、开花期、灌浆期、成熟期秸秆作为测试材料，每期每次取 5 棵新鲜秸秆，去掉叶子和叶鞘，粉碎后混匀，设置 3 个重复，最后取平均值。

1.4　测定指标及方法

1.4.1　水分含量

水分测定采用直接干燥法。称取粉碎好固定质量的茎秆粉末，放在培养皿中，在电热恒温鼓风干燥箱中 65℃ 下先干燥 4h，取出放入干燥器中至冷却后称重。然后放入电热恒温鼓风干燥箱中再次干燥 30min，放入干燥器中待冷却后称其质量。计算其水分含量。

1.4.2　总糖、还原糖、蔗糖含量

总糖、还原糖采用直接滴定法[12]测定。利用斐林溶液与还原糖共沸，生成氧化亚铜沉淀反应，以亚甲基蓝为指示液，以样品或经水解后的样品滴定煮沸的斐林氏溶液，达到终点时还原糖可将蓝色的次甲基蓝变为无色，以示终点。根据样品的消耗量求总糖、还原

糖的含量。蔗糖含量[13]＝(可溶性总糖含量－还原糖含量)×0.95。

1.4.3 相关酶活性蔗糖磷酸合酶和蔗糖合成

酶活性测定采用间苯二酚法[14]。方法略有改动，在 $200\mu L$ 提取液中加入 $350\mu L$ 测定液（20mmol/L Glc-6-P，4mmol/L Fru-6-P，3mmol/L UDPG，5mmol/L $MgCl_2$ 和 1mmol/L EDTA）。37℃反应30min，加入 $100\mu L$ 5mmol/L 的 NaOH 溶液，沸水浴10min 终止反应。冷却后加入 0.5mL 1%间苯二酚溶液和 3.5mL 37%盐酸溶液，85℃反应 10min，冷却后测定 A480 吸光值。

1.4.4 生物产量甜高粱生物产量的高低是判断

其作为生物能源、产能系数合理性的重要经济目标之一，指作物在生产期间生产和积累有机物质的总量，即全株根、茎、叶、花和果实等干物质总重量，称作生物产量（计算生物产量时通常不包括根系）。将每小区取 5 株植株（含茎秆、叶片、穗三部分）称重，重复 3 次，取平均值。

1.5 数据统计分析

试验数据采用 DPS 软件的一般线性模型进行方差分析，显著性检验用 LSD 多重比较。

2 结果与分析

2.1 施肥方式对甜高粱生育期和生物产量的影响

从甜高粱生育期调查结果（表2）可知，早熟品种 XT-2 各处理均播种于 2011 年 4 月 27 日。虽然拔节、灌浆、开花时间有所差异但 8 月 28—30 日均成熟，生育期为 123～125d。晚熟品种 T601 各处理均播种于 2011 年 4 月 27 日。虽然拔节、灌浆、开花时间有所差异但 9 月 15—17 日均成熟，生育期为 141～143d；同一品种不同施肥方式之间生育期没有显著差异。

表2 不同施肥方式对不同品种甜高粱生育期的影响

品种	处理	时期（月-日）								全生育期 (d)
		播种期	出苗期	拔节期	挑旗期	抽穗期	开花期	灌浆期	成熟期	
XT-2	CK	4-27	5-7	6-12	7-8	7-15	7-19	8-1	8-30	125
	A1	4-27	5-7	6-12	7-7	7-14	7-19	8-2	8-29	124
	A2	4-27	5-7	6-14	7-8	7-15	7-19	8-1	8-30	125
	A3	4-27	5-7	6-12	7-7	7-14	7-19	7-29	8-28	123
T601	CK	4-27	5-7	6-12	8-4	8-9	8-12	8-23	9-17	143
	A1	4-27	5-7	6-12	8-4	8-9	8-12	8-23	9-15	141
	A2	4-27	5-7	6-12	8-2	8-6	8-10	8-23	9-17	143
	A3	4-27	5-7	6-12	8-2	8-6	8-10	8-23	9-16	142

由图1可以看出，不同施肥水平下不同品种甜高粱的生物产量有显著差异；施入氮、磷、钾肥处理的生物产量均要高于对照；不同品种的生物产量有差异，同一施肥处理下T601的生物产量均极显著高于XT-2。其中，对于XT-2来说，以A3处理生物产量最高（54 916.96kg/hm²），极显著高于相应对照14.96%，它与A1和A2处理间差异极显著；对于T601来说，以A1处理生物产量最高（64 136.60kg/hm²），极显著高于相应对照10.48%，与A3和A2处理间差异极显著。各处理甜高粱生物产量表现为T601-A1＞T601-A3＞T601-A2＞T601-CK＞XT-2-A3＞XT-2-A2＞XT-2-A1＞XT-2-CK。以上结果说明，在生育后期集中施入钾肥作追肥有利于XT-2的高产，而在生育前期磷、钾肥全部作基肥一次施入有利于T601的高产；虽然不同施肥方式处理均能不同程度增加甜高粱生物产量，施肥处理间差异显著。

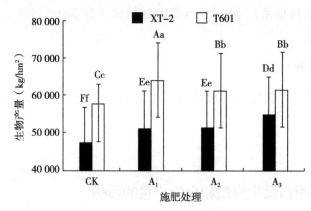

图1　不同施肥处理甜高粱生物产量

（不同大小写字母分别表示处理间在0.01和0.05水平有显著性差异）

2.2　施肥方式对甜高粱秸秆糖分含量的影响

2.2.1　总糖含量

图2显示，甜高粱不同品种和不同施肥处理秸秆总糖含量有差异。秸秆总糖含量在拔节期很低，其基本从挑旗期开始积累，并总体上随生育期呈逐渐升高的趋势；除T601-A2处理总糖含量在开花期达到最高值外，其他处理秸秆总糖含量均在成熟期达到最高值。在成熟期，各处理秸秆总糖含量高低顺序为XT-2-A3＞XT-2-A1＞T601-A1＞T601-A3＞T601-CK＞XT-2-A2＞XT-2-CK＞T601-A2；在成熟期，同一施肥处理甜高粱秸秆的总糖含量基本表现为XT-2高于T601，并以XT-2-A3总糖含量为最高（12.7%，占鲜基重），极显著高于其他处理（$p < 0.01$）。XT-2-A3和T601-A1处理秸秆总糖含量分别在XT-2和T601品种中达到最高值，分别显著高于相应对照1.73%、0.69%。

本试验结果证明，施用氮、磷、钾肥对甜高粱秸秆总糖含量的提高有明显作用。对于品种XT-2来说，N、P、K后移改进作追肥施入方法（A3）对提高秸秆总糖含量的效果最好，秸秆总糖含量达到12.7%。对于T601来说，磷、钾肥全部作基肥一次施入（A1）对提高秸秆总糖含量的效果较好，秸秆总糖含量达到12.01%。

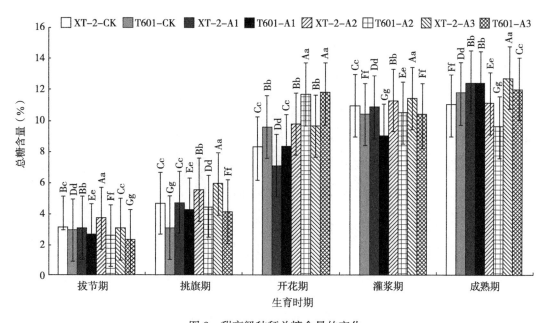

图 2　甜高粱秸秆总糖含量的变化

（同一生育时期不同大小字母分别表示处理间在 0.01 和 0.05 水平有显著性差异；下同）

2.2.2　还原糖含量

不同施肥处理下 2 个品种在整个生育期还原糖含量总的变化趋势不一致，品种之间、同一品种的不同处理之间有差异（图 3）。其中，XT-2 品种各施肥处理秸秆还原糖含量的变化趋势基本一致，随生育期呈先升高后降低的变化趋势，但各处理峰值出现阶段不一致。XT-2-CK 和 XT-2-A1 秸秆还原糖含量峰值出现于开花期，而 XT-2-A2 和 XT-2-A3 处理出现于挑旗期，前两者峰值高于后两者，但前两者之间及后两者之间峰值差异均不显著（$p > 0.05$）。

XT-2 各处理秸秆还原糖含量均在成熟期降到最低值，此时还原糖含量大小顺序为 XT-2-A1＞XT-2-A3＞XT-2-A2＞XT-2-CK。T601 不同施肥处理秸秆还原糖含量变化趋势基本一致，随生育期均呈升高—降低—升高的趋势；T601-A1、T601-A2、T601-A3 处理峰值出现于挑旗期，此时三者的还原糖含量差异不显著（$p > 0.05$），而 T601-CK 峰值却出现于拔节期，T601 各处理还原糖含量的最低值均出现于灌浆期；在成熟期，T601 还原糖含量表现为 T601-A1＞T601-CK＞T601-A2＞T601-A3。

另外，除成熟期外，在同一生育阶段 XT-2 各处理的还原糖含量均高于 T601，并在挑旗期、开花期、灌浆期表现得尤为突出。即在整个生育期 XT-2 甜高粱品种秸秆还原糖含量变化幅度更大。

2.2.3　蔗糖含量

不同施肥下 2 个品种甜高粱秸秆蔗糖含量的变化曲线（图 4）表明：品种 XT-2 各施肥处理的蔗糖含量变化趋势基本一致，随生育期呈现逐渐升高的趋势。各处理均在成熟期达到最高值，且处理组蔗糖含量均高于 CK，此时蔗糖含量大小依次为 XT-2-A3＞XT-2-A1＞XT-2-A2＞XT-2-CK，其中 XT-2-A3 的蔗糖含量（8.52%，占鲜基重）与 XT-2 其他处理差异极显著。

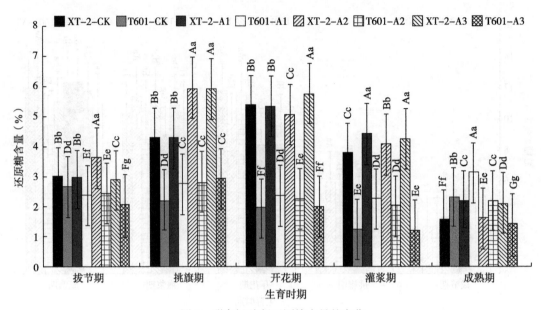

图 3 甜高粱秸秆还原糖含量的变化

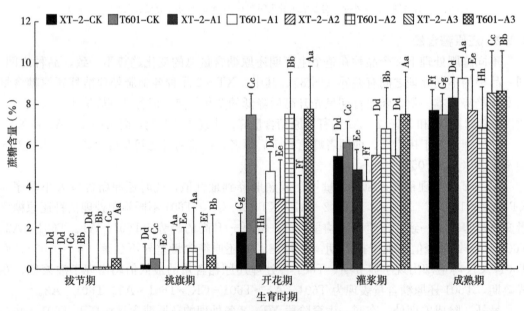

图 4 甜高粱蔗糖含量的变化

同时，T601 各处理秸秆蔗糖含量随生育期呈升高—降低—升高的变化趋势，出现 2 个峰值，T601－A1 和 T601－A3 最高峰值均出现于成熟期，而 T601－CK 和 T601－A2 均出现于开花期。成熟期蔗糖含量高低依次为 T601－A1＞T601－A3＞T601－CK＞T601 －A2，其中的 T601－A1 蔗糖含量（9.22%）与 T601 其他处理差异极显著。另外，2 个品种的秸秆蔗糖含量相比较而言，在挑旗期和开花期 T601 明显高于 XT－2，而在生育后期（灌浆期和成熟期）两者逐渐接近。以上结果说明，2 个甜高粱品种的秸秆蔗糖含量在整个生育期总的变化趋势不一致。拔节、挑旗期蔗糖含量很低，从挑旗期后开始大幅度提高，成熟期达到最高值，蔗糖含量变化趋势相似于总糖含量。

氮、磷、钾后移改进作为追肥施入法（A3）和磷、钾肥全部作基肥一次施入法（A1）对提高秸秆蔗糖含量的效果较好。

2.3 施肥方式对甜高粱蔗糖合酶和蔗糖磷酸合酶活性的影响

2.3.1 蔗糖合酶（SS）活性

由图5可以看出，不同施肥方式下2个品种甜高粱蔗糖合酶（SS）活性的变化趋势不一致，施肥方式对秸秆酶活性的影响很明显，同一品种在不同时期的SS活性差异极显著（$p<0.01$）。其中，XT-2秸秆全生育期SS活性呈升高—降低—升高的趋势，并在成熟期达到峰值，其中成熟期SS活性最高的是XT-2-A1 [149.34mg/(g·h)]，它分别极显著高于同期XT-2-A2、XT-2-CK和XT-2-A3约19.74%、17.42%和24.97%（$p<0.01$）。

同时，T601在不同施肥方式处理下各生育期蔗糖合酶活性均不同，随生育期基本呈降低、升高、降低、升高的变化趋势，并在成熟期基本达到峰值；此时T601-A3蔗糖合酶活性最高 [266.74mg/(g·h)]，分别极显著高于T601-CK、T601-A1、T601-A2处理90.66%、70.32%和40.68%（$p<0.01$）。

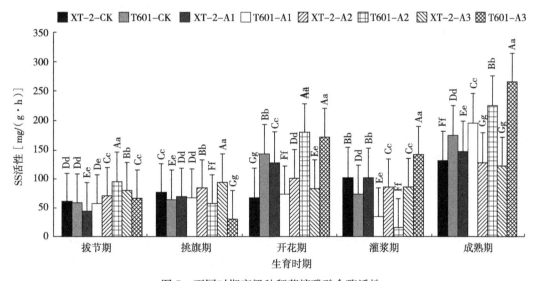

图5 不同时期高粱秸秆蔗糖磷酸合酶活性

2.3.2 蔗糖磷酸合酶（SPS）活性

不同施肥方式甜高粱全生育期的SPS活性（图6）值除了XT-2-A3外其他处理的变化趋势基本一致，均呈降低、升高、降低、升高的W形变化趋势，且其最高值均出现于成熟期。成熟期各施肥处理的SPS活性均高于CK，并以XT-2-A1的活性 [431.21mg/(g·h)] 最高，T601-CK处理的活性 [154.58mg/(g·h)] 最低；此时XT-2-A1与其他处理的SPS活性差异达到极显著差异水平（$p<0.01$），XT-2-A2与XT-2-A3、T601-A1的差异不显著（$p>0.05$）。同时，T601各处理之间SPS活性差异均极显著，并表现为T601-A2>T601-A3>T601-A1>T601-CK。

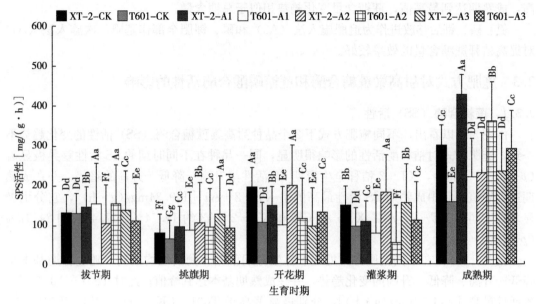

图 6　不同时期甜高粱秸秆蔗糖磷酸合酶活性

本试验结果表明，施肥方式对甜高粱秸秆蔗糖合酶和蔗糖磷酸合酶活性值均有显著影响，且两个品种的适宜施肥方式不尽相同。

3　讨论

合理施用氮、磷、钾肥是提高高粱产量和改善品质的一项重要措施。本研究表明，施入氮磷钾肥明显提高了甜高粱秸秆的生物产量。不过不同品种的生物产量有差异，同一施肥处理下 T601 的生物产量均极显著高于 XT-2。这可能由于受钾肥、不同品种、基因型等因素影响。本研究还表明，施肥处理方式秸秆生物产量均高于 CK，但各施肥处理之间未达到显著性差异。贾东海等[15]研究了新高粱 3 号高产高效栽培适应的种植密度和施肥量，研究结果表明肥料对生物产量增产不显著，本试验结果与之基本一致。

目前在高粱上进行施肥方式与产量及氮素利用率关系的研究很少，而在小麦、玉米、谷子等禾谷类作物上的研究较多，但结论不一。陈祥等[16]研究认为，与"一炮轰"施肥技术相比，氮肥后移可以提高冬小麦的籽粒产量、氮肥利用率，以 50% 基施＋50% 返青追施效果最好。曹昌林等[17]研究高粱产量及氮素利用率关系的实验结果也出现类似情况，即磷、钾全部作基肥，氮素总量的 30% 底施，70% 拔节期追施，则可明显提高高粱产量和氮素利用率。刘虎林[18]研究认为，化肥一次性底施效果要好于分次施用。董二伟等[19]研究认为，对氮、磷、钾这 3 因素中任 2 个因素设计最佳施用量时，施磷肥均具有较好的增产效果，而施钾肥没有增产效果。本研究结果表明，不同甜高粱品种获得最高生物产量的施肥处理方式不一致。对于 XT-2 来说，以氮、磷、钾后移改进作追肥施入处理的产量最高（54 916.96kg/hm²），而对于 T601 却以生育前期施入磷、钾肥全部作基肥一次施入处理产量最高（64 136.60kg/hm²）。

甜高粱秸秆中糖分含量是评价其品质好坏的重要指标，而且秸秆糖分主要积累蔗糖、果糖及葡萄糖。蔗糖是光合产物运输的主要形式，蔗糖在进入果实之后可以在蔗糖代谢相关酶的作用下转变为其他形式（葡萄糖、果糖）贮存起来；而且秸秆糖分含量多少及蔗糖代谢相关酶的活性是衡量果实库强弱的重要生化指标[20]，因此，秸秆糖分的含量及蔗糖代谢相关酶的活性与秸秆品质密切相关。

前人研究[21-23]表明，果实中糖含量与糖代谢相关酶活性关系密切。齐红岩等[20]发现，土壤中增施钾肥能提高番茄果实中可溶性糖的含量，并且果实中糖的含量在一定范围内与土壤中施钾量呈正相关关系；土壤中增施钾肥能使番茄果实中4种蔗糖代谢相关酶活性均增强，促进了果实中可溶性糖的积累，说明钾肥增加果实中可溶性糖的含量是通过调节果实中蔗糖代谢相关酶活性来完成的。韩启厚等[24]研究结果表明，糖酸比以果实膨大期施钾肥最好，可能是由于此时钾肥对果实中可溶性糖的影响要远远大于对有机酸的影响，提高了果实中可溶性糖的含量，所以可以认为开花期集中施入钾肥可提高番茄果实品质，果实风味良好。本实验结果表明，不同施肥方式对甜高粱秸秆糖分含量和蔗糖合成相关酶活性均有重要的调节作用。本试验条件下，A3处理提高了XT-2秸秆的品质，而A1处理则提高了T601秸秆的品质。钾是植物体内多种酶的催化剂，能激活多种不同酶体系，在作物产量及品质形成过程中发挥重要功能[25]。可见，通过各种栽培措施的调控能很好地调节果实中可溶性糖及蔗糖代谢相关酶的活性，从而达到调控果实品质的目的。

参考文献

[1] Wangzh M，Tuzh D，Jiad H. The development and utilization of sugar sorghum in Xinjiang [J]. Xinjiang Agricultural Sciences，2005，44（1）：50－54.

[2] Kang Z H，Yang G H，Yang X P，et al. Developing sweet sorghum production，in augurating the new age of theenergy agriculture [J]. Chinese Agricultural Science Bulletin，2007，21（1）：340－342.

[3] Liu G F，Zhao J W，Zheng X P，et al. Development and prospect of sweet sorghum in Shanxi [J]. Journal Of Shanxi Agricultural Sciences，2006，34（3）：14-17.

[4] Li D J. Studies on sustainable agro－ecology system of sweet sorghum [J]. Scientia Agricultura Sinica，2002，35（8）：1021-1024.

[5] Zou J Q，Song R B，Lu Q S，et al. A new green renewable energy crop－sweet sorghum and its breeding tactics [J]. RainFed Crops，2003（3）：134-135.

[6] Zhao K，Ma L B，Geng G，et al. Comprehensive development and utilization of sweet sorghum [J]. Sugar Crops of China，2008，3：67-70.

[7] Zhang M F，Li Z L. Sucrose metabolizing enzymes in plants [J]. Plant Physiology Communications，2002，38（3）：289-295.

[8] Liu L X，Shen F F，Lu H Q，et al. Research advance on sucrose phosphate synthase in sucrose metabolism [J]. Molecular Plant Breeding，2005，3（2）：275-281.

[9] Zhou P，Ye B Y，Chen Y Q，et al. The recent advances on sucrose phosphate synthase [J]. Letters in Bio－technology，2006，17（6）：1001-1003.

[10] Huber S C. Role of sucrosephosphate synthase in partitioning of carboninleaves [J]. Plant Physical，1983，71：821-881.

［11］Mcbeeg G，Miller F R. Carbon hydrates in sorghum culmsas influenced by cultivars， spacing， and maturity over ad iurnalperiod ［J］. CropSci，1982，22：381－385.

［12］Yang M，Liu L J，et al. Correlation analysis between sucrose synthase expression and sucrose accumulation in sweet sorghum ［*Sorghum bicolor* （L.） Moench］ ［J］. Acta Agronomica Sinica，2009，35（1）：185－189.

［13］张意静 . 食品分析技术 ［M］. 北京：中国轻工业出版社，2001：138－151.

［14］薛应龙 . 植物生理学实验手册 ［M］. 上海：上海科学技术出版社，1985：148－150.

［15］Jia D H，Wang Z M，Lin P. Effect of various amount of fertilizer planting and densities on yield and sugar contentof new sweet sorghum 3 ［J］. Xinjiang Agricultural Sciences，2010，47（1）：47－53.

［16］Chen X，Tong Y A，Li J X，et al. Effect of post poning N application on the yield， apparent N recovery and N absorption of winter wheat ［J］. PlantNutrition and Fertilizer Science，2008，14（3）：450－455.

［17］Cao C L，Dong L L，et al. Effect of fertilization modes in conditions of alternate furrow irrigation on yield and N efficiency in sorghum ［J］. Journal of Shanxi Agricultural Sciences，2012，40（4）：361－364.

［18］Liu H L. Crop nutrition at seedling stage and fertilizer application ［J］. Journal of Shanxi Agricultural Sciences，2007，35（3）：39－41.

［19］Donge W，Wang J S，Han P Y，etal. Effect of fertilization on growth， dry matter accumulation， nutrient uptake and distribution in sorghum ［J］. Journal of Shanxi Agricultural Sciences，2012，40（6）：645－650.

［20］齐红岩 . 番茄光合运转糖——蔗糖的运转、代谢及其相关影响因素的研究 ［D］. 沈阳：沈阳大学，2004.

［21］Yuan Y J，Hu Y L，Xie J H. Effect of temperature on sugar metabolism and enzyme activities in postharvest ripening banana fruit ［J］. Chinese Journal of Tropical Crops，2011，32（1）：66－70.

［22］Liu H Y，Zhu ZH J，et al. The effects of different roots to cks on the sugar metabolisman drelated enzymeactivities in small and early－maturing water melon during fruit development ［J］. Acta Horticulturae Sinica，2004，31（1）：47－52.

［23］Mccollum T G，Huber D J，Cantlife D J. Soluble sugar accumulation and activity of related enzymes during musk melonfruit development ［J］. J. Am. Soc. Hort. Sci.，1988，113：399－403.

［24］韩启厚 . 不同生育期施钾肥对温室番茄蔗糖代谢的调控 ［D］. 北京：中国农业科学院，2009.

［25］Cao Y J，Zhao H W，Wang X H，et al. Effects of potassium fertilization on yield， quality and sucrose metabolism of sweet maize ［J］. Plant Nutrition and Fertilizer Science，2011，17（4）：881－887.

本文曾发表于《新疆农业科学》2012年第49卷第10期。

不同肥料配施处理对甜高粱
产量及锤度的影响

朱敏[1] 叶凯[2] 再吐尼古丽·库尔班[2] 涂振东[2] 冯国郡[2] 郭建富[3]

(1. 新疆农业大学，乌鲁木齐830000；2. 新疆农业科学院，乌鲁木齐830091；

3. 新疆农业科学院玛纳斯试验站，玛纳斯832200)

【研究意义】甜高粱也称芦粟和糖高粱，是粒用高粱的一个变种，因其生物学产量极高，有"高能作物"之称，同时具有抗旱、耐涝、耐贫瘠、耐盐碱等特性，享有"作物中的骆驼"之美誉。在世界矿质能源愈来愈匮乏的情况下，生物质能源的研究与开发日益紧迫，甜高粱作为最具优势的可再生能源作物无疑显示了发展的前景[1-5]。基于此，对甜高粱的种植和研究在世界各地广泛兴起。肥料作为作物生长的关键因素，对甜高粱的产量和品质均有重大影响。【前人研究进展】焦少杰等[6]、郭彦军等[7]研究了黑土和紫色土上甜高粱种植，发现不同肥料配比及不同施肥方式均能改变甜高粱的产量、含糖量及植株性状。寻求最优肥料配施方案是提高甜高粱产量品质的重要手段。【本研究切入点】灰漠土是新疆主要农耕土种之一，其面积为900多万亩，主要分布在沿天山北坡一带[8-9]。研究立足灰漠土甜高粱种植，探究适于新疆地区甜高粱种植的最佳施肥方式。【拟解决的关键问题】试验基于新疆重要农业土壤之一灰漠土[10]，研究不同施肥方式对不同甜高粱品种产量和含糖量的影响，为指导甜高粱生产提供科学依据。

1 材料与方法

1.1 材料

2010年试验在新疆农业科学院玛纳斯农业试验站进行，试验地土质为灰漠土，基础土壤养分含量为有效氮（N）100.3mg/kg，有效磷（P_2O_5）70.1mg/kg，速效钾（K_2O）220mg/kg，pH 7.58。地势平整，利于灌溉。

供试材料为新高粱3号、新高粱9号、辽甜1号3个品种。

1.2 方法

试验为氮、磷、钾3个因素，4个施肥水平，重复3次，处理随机排列，试验小区的形状为长方形，小区行长5m，行距0.6m，10行区，株距为25cm，小区面积5m×0.6m×10＝30m²，试验小区间打埂1.0m，各小区不得串水。春播前整地施农家肥45t/hm²，田间管理同大田生产管理。设4个处理。A₁空白不施肥。A₂传统施肥方法：磷肥、钾肥全部作基肥一次施入，氮肥30%作为基肥，70%作为追肥，追肥分两次施入，第一次追

60%，第二次追施 40%。A_3 等量化施肥方法：氮肥、磷肥、钾肥均等量施入。A_4 氮肥、磷肥、钾肥后移改进施肥方法（表1）。

表1 各处理施肥方案（kg/hm²）

处理	尿素			重过磷酸钙			硫酸钾		
	种肥	拔节肥	孕穗肥	种肥	拔节肥	孕穗肥	种肥	拔节肥	孕穗肥
A_1	0	0	0	0	0	0	0	0	0
A_2	112.5	157.5	105	300	0	0	75	0	0
A_3	125	125	100	100	100	100	25	25	25
A_4	75	150	150	75	150	75	0	0	75

1.3 数据测量及分析

收获期取每小区中间两行进行测产，每小区随机取 3 株样本采用 ATAGO 数显锤度计测汁液锤度。利用 Excel 及 DPS 数据处理系统进行数据分析。

2 结果与分析

2.1 不同肥料配施处理对甜高粱产量的影响

研究表明，A_3 处理各品种产量均高于其他处理，此处理下新高粱 3 号、辽甜 1 号、新高粱 9 号产量分别较对照高 9.6%、18.9%、37%。研究表明，各重复间的差异不显著，表明重复小区之间的条件基本一致，试验误差很小，在不显著范围内。试验所选用的三个甜高粱品种在特征特性方面均有不同，新高粱 3 号生育期 112d，辽甜 1 号生育期为124d，新高粱 9 号是晚熟品种，生育期 147d，品种间产量差异明显，通过方差分析可看出品种对产量的影响达到极显著水平。不同施肥方式对甜高粱产量有影响，但未达到显著水平。品种与施肥方式互作对产量有显著影响，在 1% 区间达到极显著水平，说明互作效应巨大。从 F 值可看出，对产量作用的大小次序为品种间＞施肥方式间（图1，表2）。

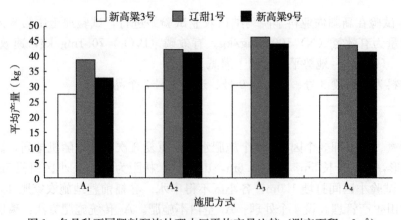

图 1 各品种不同肥料配施处理小区平均产量比较（测产面积：6m²）

表 2 各品种不同肥料配施处理小区平均产量方差分析

变异来源	平方和	自由度	均方	F 值	$F_{0.05}$	$F_{0.01}$
重复间	0.20	2	0.10	0.002	3.29	5.31
处理间	1 634.79	11	148.62	105.80**	2.22	3.09
施肥方式	235.51	3	78.50	1.75	2.90	4.46
品种间	1 310.14	2	655.07	60.32**	3.29	5.31
品种×施肥	89.15	6	14.86	10.58**	2.5	3.7
误差	33.71	24	1.40			
总变异	1 668.50	35				

注 * 表示在 5%区间达到显著水平，** 表示在 1%区间达到极显著水平。

品种间产量 LSD 检验结果表明：辽甜 1 号产量最高，在 5%区间辽甜 1 号、新高粱 9 号、新高粱 3 号均达到显著水平；在 1%区间，辽甜 1 号和新高粱 9 号产量差异不明显，新高粱 3 号与前述品种差异显著。不同肥料配施处理间产量 LSD 检验结果表明：A_3 处理的产量最高，较对照高出 21.5%，处理 A_2、A_4 分别较对照产量高出 14.1%、12.4%。各处理之间产量存在差异。但均未达到显著水平（表 3）。

表 3 品种间和不同施肥处理间产量 LSD 检验

处理	品种间			处理	不同施肥处理		
	均值	5%显著水平	1%极显著水平		均值	5%显著水平	1%极显著水平
L	42.61	a	A	A_3	40.18	a	A
T	39.85	b	A	A_2	37.73	ab	A
X	28.66	c	B	A_4	37.18	ab	A
				A_1	33.07	b	A

2.2 不同肥料配施处理对甜高粱锤度的影响

结果表明，A_3 处理各品种锤度均高于其他处理，此处理下新高粱 3 号、辽甜 1 号、新高粱 9 号锤度分别较对照高 24.8%、26.1%、55.7%。方差分析结果表明，各重复间的差异不显著，表明重复小区之间的条件基本一致，试验误差很小，在不显著范围内。不同品种间锤度略有差异，但未达到显著水平。不同施肥方式间甜高粱锤度差异明显，在区间达到极显著水平。品种与施肥方式互作对锤度有显著影响，在区间达到极显著水平，说明互作效应巨大。从 F 值可看出，对锤度作用的大小次序为施肥方式>品种（表 4，图 2）。

表 4 各品种不同肥料配施处理小区平均产量方差分析

变异来源	平方和	自由度	均方	F 值	$F_{0.05}$	$F_{0.01}$
重复间	1.7	2	0.9	0.2	3.3	5.3
处理间	175.5	11	16.0	29.7**	2.2	3.1

（续）

变异来源	平方和	自由度	均方	F 值	$F_{0.05}$	$F_{0.01}$
施肥方式	134.7	3	44.9	26.7**	2.9	4.5
品种间	25.1	2	12.5	2.5	3.3	5.3
品种×施肥	138.1	6	23.0	42.9**	2.5	3.7
误差	12.9	24	0.5			
总变异	188.4	35				

注 * 表示在 5%区间达到显著水平，** 表示在 1%区间达到极显著水平。

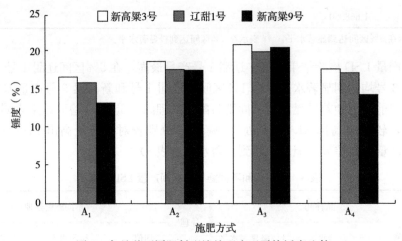

图 2　各品种不同肥料配施处理小区平均锤度比较

研究表明，新高粱 3 号的平均锤度最高，但品种间锤度差异均未达到显著水平；不同施肥方式间锤度 LSD 检验结果表明，各处理间锤度的差异明显，A_3 处理在 1%区间与其他处理差异达到极显著水平，且平均锤度最高，比对照 A_1 的锤度高出 34.4%；A_4 与 A_1 处理锤度差异不显著，A_3、A_1 分别与 A_4、A_1 处理在 5%区间差异达显著水平。可见，不同施肥方式对甜高粱锤度的影响很大（表 5）。

表 5　品种间和不同施肥处理间锤度 LSD 检验

处理	品种间			处理	不同施肥处理		
	均值	5%显著水平	1%极显著水平		均值	5%显著水平	1%极显著水平
X	18.3	a	A	A_3	20.3	a	A
L	17.5	ab	A	A_2	17.7	b	B
T	16.3	b	A	A_4	16.3	c	BC
				A_1	15.1	c	C

3　讨论

品种依然是影响甜高粱产量的重要因素之一，试验设计的施肥处理对甜高粱产量影响不大，推测为高肥力土壤[11]上肥料的使用对作物产量的提高并没有明显帮助。施肥处理对甜高粱含糖量有显著影响，这可能与之前的一些研究结果略有出入，以往的试验重在肥料用量的不同，试验则重在施肥时间的管理，可见科学合理的施肥时间也是提高甜高粱品质的重要方式。通过与空白处理的对比表明，在同一施肥条件下，新高粱 9 号无论从产量还是含糖量来看均比其他两个品种有更大的提升空间。

4 结论

试验选用的三个品种中辽甜 1 号产量最高，新高粱 3 号锤度最高，新高粱 9 号产量、含糖量的提升潜力均很大。在施肥方式上，无论从产量还是含糖量来比较，等量化施肥都有更好的效果。在甜高粱种植中，根据不同品种的特性，因地制宜，因时制宜，保证土壤均衡供肥能力可有效提高甜高粱的品质。

参考文献

[1] 卢庆善. 高粱学 [M]. 北京：中国农业出版社，1999.

[2] 黎大爵. 甜高粱可持续农业生态系统研究 [J]. 中国农业科学，2002，35 (8)：1021 - 1024.

[3] 张福耀，赵威军，平俊爱. 高能作物——甜高粱 [J]. 中国农业科技导报，2006，8 (1)：14 - 17.

[4] 李桂英，李金枝. 美国甜高粱的栽培及其糖浆生产技术 [J]. 作物杂志，2005 (4)：33 - 35.

[5] 张志鹏，杨镇，朱凯，等. 可再生能源作物——甜高粱的开发利用 [J]. 杂粮作物，2005，25 (5)：334 - 335.

[6] 焦少杰，王黎明，姜艳喜，等. 不同施肥方式对甜高粱产量和含糖量的影响 [J]. 中国农村小康科技，2010 (1)：62 - 64.

[7] 郭彦军，尹亚丽，张健，等. 施肥对甜高粱产量及茎叶养分质量分数的影响 [J]. 西南大学学报（自然科学版），2011，33 (10)：21 - 26.

[8] 再吐尼古丽·库尔班，朱敏，冯国郡，等. 不同盐碱地对甜高粱农艺性状的影响 [J]. 新疆农业科学，2011，48 (7)：1244 - 1248.

[9] 冯国郡，叶凯，涂振东，等. 甜高粱主要农艺性状相关性和主成分分析 [J]. 新疆农业科学，2010，47 (8)：1552 - 1557.

[10] 郭建富，叶凯，冯国郡，等. 高产高糖甜高粱主要农艺性状相关性研究 [J]. 新疆农业科学，2011，48 (8)：1411 - 1417.

[11] 张炎，王讲利，付明鑫，等. 新疆棉田土壤养分评价指标的建立 [C] // 新疆生产建设兵团科协. 中国科协 2005 年学术年会"新疆现代农业论坛"论文专集. 石河子：新疆生产建设兵团科协，2005.

[12] 董婷婷，张新，南翔，等. 内蒙古林西地区甜高粱高产优化栽培技术 [J]. 中国农学通报，2010，26 (5)：87 - 92.

本文曾发表于《新疆农业科学》2012年第49卷第10期。

不同播种期下甜高粱秸秆
SS、SPS 酶活性的研究

叶凯[1,2]　再吐尼古丽·库尔班[2]　陈维维[3]　郭顺堂[1]

(1. 中国农业大学食品科学与营养工程学院，北京 100083；

2. 新疆农业科学院生物质能源研究所，乌鲁木齐 830091；

3. 新疆农业大学食品学院，乌鲁木齐 830000)

【研究意义】近年来，已经出现从可再生的资源中生产酒精用于替代石油燃料的研究[1]。酒精可以从各种含糖的物质原料中获取，甜高粱是生产酒精原料中较为有前景的原料之一[2]。甜高粱是一种 C_4 作物，具有很高的光合速率，同时与高粱的其他种属相比，甜高粱具有较高的生物学产量和糖产量[3]。【前人研究进展】甜高粱品种选育要求不仅茎秆产量高，而且茎秆含糖量高。因用途不同，对茎秆含糖量及其组成成分的要求有一定的差异，但总体上要求选育茎秆产量及其糖分含量高的优良品种。甜高粱茎秆中主要是蔗糖[4]，不同品种的糖分含量差异明显[5]，不同的播期不但影响茎秆和糖的产量，而且还影响汁液锤度和纯度以及淀粉含量。Braodhead（1972）进一步用丽欧做播期实验，结果表明三个播期的茎秆锤度存在显著差异。因此研究不同播种时间对甜高粱秸秆的糖含量具有重要意义。在高等植物中参与蔗糖代谢相关的酶有蔗糖磷酸合酶（sucrose phosphate synthase，SPS）、蔗糖合酶（sucrose synthase，SS），和转化酶（invertase，INV）[6]。前人研究表明，甜高粱秸秆蔗糖积累与 SAI 和 SS 的关系密切，但品种之间酶活性不一致[7-8]。【本研究切入点】虽然有关甜高粱不同品种的糖分含量差异、生育期糖分积累及代谢相关酶的研究已多有报告，但有关不同播期影响甜高粱茎秆糖分积累规律及 SS、SPS 酶活性的研究目前开展得较少。因此，以新高粱 3 号（XT-2）和新高粱 9 号（T601）为研究对象在 5 个不同播期条件下进行糖分检测和酶活性测定试验，分析不同播期甜高粱秸秆在不同生育阶段 SS 和 SPS 活性的变化规律及相关性。【拟解决的关键问题】探索不同播期下秸秆 SS、SPS 活性的变化规律与糖和酶活性的相关性为甜高粱秸秆糖分积累与糖相关的代谢及调控机制提供参考。

1　材料与方法

1.1　材料

试验材料取自种植于新疆农业科学院玛纳斯试验站的早熟品种新高粱 3 号（XT-2）和晚熟品种新高粱 9 号（T601）秸秆。

1.2　试验设计及取样方式

共设 5 个不同播期，分别为 2011 年（新疆北部准噶尔盆地南缘）4 月 28 日、5 月 3

日、5 月 8 日、5 月 13 日、5 月 19 日，每个处理 3 个重复。处理随机排列，试验小区的形状为长方形，小区行长 10m，5 行区，行距为 60cm，株距分别为 20cm，小区面积 10m×0.6m×5＝30m²。试验材料分别取拔节期、挑旗期、开花期、灌浆、成熟期的茎秆。取样时每个处理随机取 3 株，去掉叶子和穗子后秸秆整体粉碎后混匀，测定相关糖分含量和酶活性，重复 3 次，取平均值。

1.3　测定方法

采用蒽酮比色法测可溶性糖含量[9]，蔗糖含量计算公式为

$$蔗糖含量＝（可溶性总糖含量－还原糖含量）×0.95 \qquad (1)$$

采用间苯二酚比色法[10]测定蔗糖合酶（SS）和蔗糖磷酸合酶（SPS）的活性，方法略加改动。测定前不使用纱布过滤，而在 4℃，10 000r/min 离心 10min，取上清液直接用于酶活性测定。

1.4　数据分析

试验数据利用 Excel 绘制折线图，采用 DPS 软件进行相关性分析。

2　结果与分析

2.1　甜高粱不同播期蔗糖含量的变化

不同播期甜高粱秸和蔗糖含量的变化曲线图表明，两个品种在整个生育期蔗糖含量总的变化趋势基本一致，呈升高的趋势。拔节期蔗糖含量很低，蔗糖含量从挑旗期开始慢慢积累，成熟期达到最高值。不同播期处理拔节期、挑旗期秸秆蔗糖含量的变化趋势不明显，生育后期蔗糖含量差异比较明显。在成熟期对于新高粱 3 号来说蔗糖含量由高到低顺序分别为第二播期＞第三播期＞第四播期＞第一播期＞第五播期，蔗糖含量分别为 7.66%（占鲜基）、7.17%（占鲜基）、6.39%（占鲜基）、5.94%（占鲜基）、1.87%（占鲜基）。对于新高粱 9 号来说秸秆蔗糖含量由高到低顺序分别为第三播期＞第五播期＞第一播期＞第四播期＞第二播期，蔗糖含量分别为 9.17%（占鲜基）、9.14%（占鲜基）、7.88%（占鲜基）、7.63%（占鲜基）6.19%（占鲜基）（图 1）。

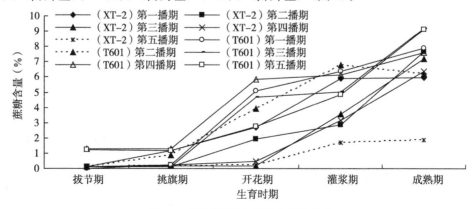

图 1　不同播期甜高粱糖含量的变化

以上试验结果表明,成熟期蔗糖含量达到最高值,可不同品种和不同播期之间秸秆蔗糖含量有差异。新高粱9号秸秆的蔗糖含量高于新高粱3号。对于新高粱3号来说到成熟期第二播期的蔗糖含量最高,第五播期最低,表明播期越早蔗糖含量越高。对于新高粱9号来说第三播期蔗糖含量最高,第二播期最低,表明晚一点的播种期有利于蔗糖含量的积累。

2.2　甜高粱不同播期 SS、SPS 活性的变化

研究表明,不同品种秸秆蔗糖合酶(SS)活性的变化趋势基本一致,呈升高、降低的趋势。秸秆 SS 活性在灌浆期达到最高值,此时新高粱3号 SS 活性由高到低顺序为第二播期>第一播期>第三播期>第四播期>第五播期,SS 活性值分别为 339.39mg/(g·h)、247.47mg/(g·h)、235.36mg/(g·h)、173.96mg/(g·h)、126.10mg/(g·h)。新高粱9号的 SS 活性由高到低顺序为第三播期>第五播期>第四播期>第二播期>第一播期,SS 活性值分别为 348mg/(g·h)、266.98mg/(g·h)、260.93mg/(g·h)、213.28mg/(g·h) 和 138.89mg/(g·h)(图2)。

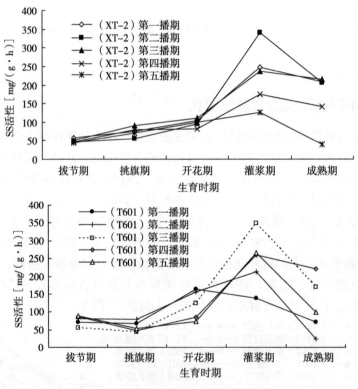

图2　不同播期甜高粱 SS 活性的变化

研究表明,不同品种秸秆蔗糖磷酸合酶(SPS)活性的变化趋势有所不同。新高粱3号在不同生育期秸秆 SPS 活性的变化趋势为升高、降低、升高、降低的 M 形变化。新高粱3号不同播期 SPS 活性的最高值均出现于灌浆期,灌浆期 SPS 活性最高的为第一播期,达 377.41mg/(g·h),最低的为第五播期,仅为 160.87mg/(g·h)。新高粱9号秸秆 SPS 活性最高值出现于成熟期,第四播期秸秆 SPS 活性最高,达 229.55mg/(g·h),第一播期最低,仅为 102.19mg/(g·h)(图3)。

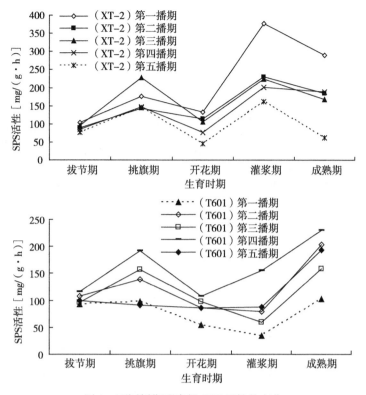

图 3　不同播期甜高粱 SPS 活性的变化

2.3　蔗糖含量与酶活性相关性

　　不同播期蔗糖含量与 SS 活性进行相关性分析表明，不同播期和不同品种秸秆蔗糖含量与 SS 活性的相关趋势有差异。新高粱 3 号第一播期、新高粱 3 号第二播期、新高粱 3 号第四播期、新高粱 9 号第一播期、新高粱 9 号第三播期，新高粱 9 号第四播期、新高粱 9 号第五播期均在前几个生育时期表现为曲线正相关趋势，在后期的不同时期开始有负相关走向。而新高粱 3 号第三播期，新高粱 3 号第五播期、新高粱 9 号第二播期在前几个生育时期表现为曲线负相关趋势，在后期的不同时期开始有正相关走向。除新高粱 3 号第一播期（$R^2 = 0.973\ 5$）、第三播期（$R^2 = 0.835\ 9$）的蔗糖含量与 SS 活性呈极显著相关外（$p < 0.01$），其余播期的蔗糖含量与 SS 活性均呈相关性不显著（图 4）。

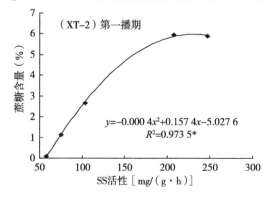

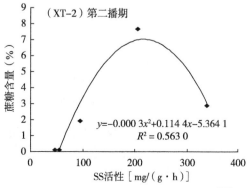

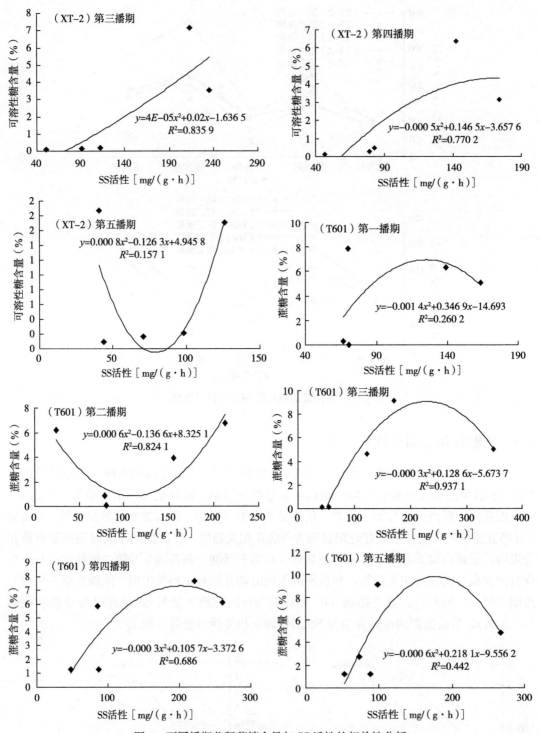

图 4　不同播期茎秆蔗糖含量与 SS 活性的相关性分析

　　不同播期蔗糖含量与 SPS 活性进行相关性分析表明，蔗糖含量与 SPS 活性在品种之间有差异，新高粱 3 号不同播期秸秆蔗糖含量与 SPS 活性的相关性趋势有差异，而新高粱 9 号不同播期秸秆蔗糖含量与 SPS 活性的相关性趋势基本一致。新高粱 3 号第一，第

二、第三播期均在前几个生育时期表现为曲线正相关趋势，在后期的不同时期开始有负相关走向。新高粱3号第四播期、新高粱3号第五播期，新高粱9号第一播期、新高粱9号第二播期、新高粱9号第三播期、新高粱9号第四播期、新高粱9号第五播期在前几个生育时期表现为曲线负相关趋势，在后期的不同时期开始有正相关走向。从p值来看这两个品种在不同播期下秸秆蔗糖含量与SPS活性均呈相关不显著（$p>0.05$）（图5）。

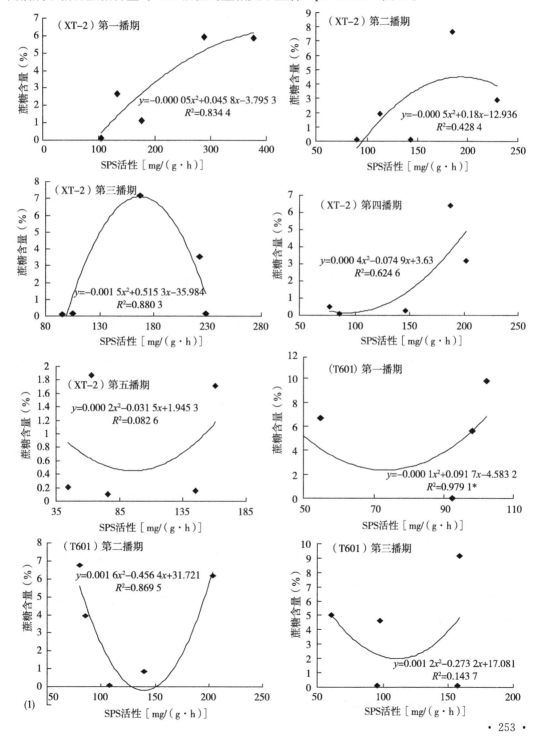

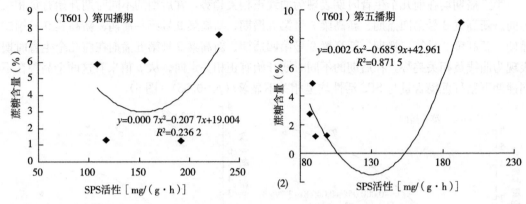

图 5　不同播期茎秆蔗糖含量与 SPS 活性的相关性分析

3　讨论

甜高粱以其生物学产量高、易于栽培成为具有潜在应用价值的能源作物。了解甜高粱的糖分组成及决定因子对增加甜高粱糖分产量具有重要意义[11]。在高等植物中，参与蔗糖分解的酶主要有可溶性酸性转化酶（SAI）、中性转化酶（NI）和蔗糖合酶（SS），SAI和 NI 催化蔗糖分解为单糖。SS 既能催化蔗糖合成又能催化其分解[12]，但在高粱茎秆中主要起分解蔗糖作用[13]。前人研究结果表明，在甜高粱中，蔗糖积累主要与茎秆中蔗糖磷酸合酶（SPS）的表达相关[14]，而试验发现两个品种在不同播期下秸秆 SPS 活性与蔗糖含量的相关性都不显著（$p > 0.05$）。

前人研究表明因为 SS 的主要作用是分解蔗糖，在甜高粱生长发育的后期，各形态器官已经建成，无须再分解大量蔗糖，此时 SS 活性下降，茎秆中糖分积累增加[15]。刘洋等[16]的研究表明甜高粱秸秆不同节间蔗糖含量与 NI、SPS、SS 活性无明显相关性，而SAI 活性显著负相关，薛薇等[17]的高粱叶酶活性研究结果以 5 个高粱品系和 1 个杂交种SS、SPS 活性与可溶性糖相关性有差异，然而试验表明除新高粱 3 号第一播期、第三播期的蔗糖含量与 SS 活性极显著相关外（$p < 0.01$），其余播期的蔗糖含量与 SS 活性相关性不显著（$p > 0.05$）。大多数有关甜高粱酶活性与糖代谢相关性方面的文献也证明，不同品种甜高粱秸秆蔗糖积累与酶活性的相关性结论不完全一致[18,19]。由于一个地区不同时间的作物生长所需的温度、光照和降水条件有很大的差异，因而对于同一作物的同一品种来说，不同的种植期对其生长情况会产生一定的差异[20]。该试验中，不同品种和不同播期秸秆蔗糖含量有差异。早播时新高粱 3 号蔗糖含量比较高，晚播时新高粱 9 号蔗糖含量高。因此在新疆尤其是在北疆新高粱 3 号糖分积累的最适播期为 5 月初旬，新高粱 9 号最适播期为 5 月中旬。

4　结论

茎秆的蔗糖含量随着生育时期的推进不断升高，在成熟期达到最高值。不同品种和不同播期秸秆蔗糖含量有差异。同一播期新高粱 9 号的蔗糖含量高于新高粱 3 号。对于新高粱 3 号来说到成熟期第二播期的蔗糖含量最高，达 7.66%，第五播期最低，仅为 1.87%，说明播期越早蔗糖含量比较高。对于新高粱 9 号来说第三播期蔗糖含量最高，达 9.17%，第二播期最低，仅为 6.19%，说明播期晚点有利于晚熟品种秸秆蔗糖含量的积累。

　　秸秆 SS、SPS 活性跟不同播种期有关。不同品种秸秆 SS 活性的变化趋势基本一致，灌浆期达到最高值，而不同品种 SPS 活性的变化趋势有所不同，新高粱 3 号不同播期 SPS 活性的最高值均出现于灌浆期，新高粱 9 号秸秆 SPS 活性最高值出现于成熟期。

　　不同播期和不同品种之间秸秆蔗糖含量与 SS、SPS 酶活性的相关趋势有差异。除新高粱 3 号第一播期（$R^2 = 0.9735$）、第三播期（$R^2 = 0.8359$）的蔗糖含量与 SS 活性呈极显著相关外（$p < 0.01$），其余播期的蔗糖含量与 SS 活性均呈相关性不显著（$p > 0.05$）。两个品种在不同播期下秸秆蔗糖含量与 SPS 活性均呈相关不显著（$p > 0.05$）。

参考文献

[1] Chaly A E, El‑Taweel A A. Kinetic modeling of continuous production of eithanol fom cheese whey [J]. Biomass and Bioenergy, 1997, 12 (6): 461‑472.

[2] Cosse G. Overview on the Different routes for industial uhilization of sorghum [C]. First European seminar on Sorghum for Energy and Industry. Toulouse: INRA, 1996: 1‑3.

[3] Evaggeli B, Dimitis P K, et al. Structure and composition of sweet sorghum stalk components [J]. Industial Crops and Products, 1997 (6): 279‑302.

[4] McBee C C, Miller F R. Cartbohydrates in sorghum culms as infuenced by culivas, spacing, and maturity over a diurnal period [J]. CopSci, 1982, 22: 381‑385.

[5] 赵香娜, 李桂英, 刘洋, 等. 国内外甜高粱种植资源主要性状遗传多样性及相关性分析 [J]. 植物遗传资源学报, 2008, 9 (3): 302‑307.

[6] 张明方, 李志凌. 高等植物中蔗糖代谢相关的酶 [J]. 植物生理学通讯, 2002, 38 (3): 289‑295.

[7] Cudrun H T, Karin H, Peter N, et al. Sucrose accuralation in sweet sorghum stem intenodles in relation to growth [J]. Physiologia Plantarnim, 1996, 97: 277‑284.

[8] Sarah E L. Sucrose metabolism in the primary culm of sweet sorghum during development [J]. Crop Sei, 1987, 27: 1214‑1219.

[9] 杨明, 刘丽娟, 李莉云, 等. 甜高粱蔗糖合酶表达与蔗糖积累的相关分析 [J]. 作物学报, 2009, 35 (1): 185‑189.

[10] 薛应龙. 植物生理学实验手册 [M]. 上海: 上海科学技术出版社, 1985: 148‑150.

[11] Farar J, Polloek C, Callagher J. Sucrose and the integration of metabolism in vascular plants [J]. Plant Science, 2000, 154: 1‑11.

[12] 张明方, 李志凌. 高等植物中与蔗糖代谢相关的酶 [J]. 植物生理学通讯, 2002, 38 (3): 289‑295.

[13] Iee Tarpley, Donald M Vietor. Compartmentation of sucrose during radial transfer in mature sorghum culm [J]. BMC plant biology, 2007, 7 (1): 33.

[14] 杨明, 刘丽娟, 李莉玲, 等. 甜高粱蔗糖积累与茎秆中 SPS 表达的相关性研究 [J]. 中国农业科学, 2009, 42 (1): 85‑92.

[15] MeColum T C, Huber D J, Cantlife D J. Soluble sugar acumulation and activity of related enzymes

during musk melonfuit development [J]. J Am Soc Hort Sei, 1988, 113: 399 - 403.

[16] 刘洋, 赵香娜, 岳美琪, 等. 甜高粱茎秆不同节间糖分累积与相关酶活性的变化 [J]. 植物遗传资源学报, 2010, 11 (2): 162 - 167.

[17] 薛薇, 崔江慧, 孙爱芹. 高粱可溶性糖含量与 SS, SPS 酶活性的相关性研究 [J]. 中国农业科技导报, 2009, 11 (2): 124 - 128.

[18] Lingle S E. Sucroe Metabolism in the primary culm of sweet sorghum during development [J]. Cmop Sei, 1987, 27 (6): 1214 - 1219.

[19] Zhu Y J, Komor E, Moore P H. Sucrose accumulation in the sugarane stem is regulated by the diference between the activities of olubleacid intertase and sucrose phosphate synthase [J]. Plant Physiol, 1997 (97): 277 - 284.

[20] 沈飞, 刘荣厚. 不同种植时期对甜高粱主要生物性状及成糖的影响 [J]. 安徽农业科学, 2006, 34 (12): 2681 - 2683.

本文曾发表于《西北农林科技大学学报（自然科学版）》2012 年第 40 卷第 9 期。

盐碱地对甜高粱秸秆产量与含糖锤度的影响

再吐尼古丽·库尔班[1]　　吐尔逊·吐尔洪[2]　　阿扎提·阿布都古力[1]

（1. 新疆农业科学院生物质能源研究所，乌鲁木齐 830091；

2. 新疆农业大学草业与环境科学学院，乌鲁木齐 830052）

根据联合国教科文组织和联合国粮农组织的不完全统计，全世界盐碱地的面积约为 9.54 亿 hm^2，我国约有 0.99 亿 hm^2，且分布范围广，是盐渍化危害最为严重的国家之一，尤其是在生态系统脆弱的西部干旱、半干旱地区绿洲土壤盐渍化问题异常突出[1-3]。而且次生盐碱化问题在不断加剧，给农业生产带来严重威胁[4]。因此，研究植物的抗盐性，筛选耐盐性农作物品种，已成为农业发展及环境治理亟待解决的重要课题。

甜高粱属于 C_4 作物，具有很高的净光合速率。它起源于干旱、炎热、土壤贫瘠的非洲大陆，具有很强的抗逆境能力，与其他禾谷类作物相比，甜高粱更为抗旱、耐涝、耐盐碱、耐瘠薄、耐高温、耐干热风等，对土壤的适应能力较强[5]。此外甜高粱用途广泛，可谓浑身是宝，其籽粒可以食用、作酿酒原料或饲料；叶片富含蛋白，可用作饲料，也可直接还田，改良土壤；茎秆可生产酒和酒精，榨汁后的残渣可作为制造纸张及纤维板的原料；酒糟可作为饲料喂牛，也可用于生产改良盐碱地的有机肥[6-7]。目前有关甜高粱研究方面的文献主要集中于栽培育种、秸秆发酵产乙醇及菌株筛选、秸秆糖分研究、秸秆贮藏技术及盆栽试验下耐盐生理指标变化等方面[8-10]，但未见关于田间盐胁迫对甜高粱生长特性、产量、含糖量等经济效益影响的研究论文。新疆盐碱土的总面积为 0.22 亿 hm^2，占全国盐碱土面积（0.99 亿 hm^2）的 22.01%[11]，不少地方因土壤盐渍化，土地处于抛荒状态。因此，种植甜高粱对有效利用盐渍化土地和缓解能源危机具有重大的意义。为此，本研究以新疆及外省份引进的 22 个不同品种（系）甜高粱为试验材料，在正常田块和盐碱地种植，研究盐碱成分对甜高粱含糖锤度及秸秆产量的影响，以期为甜高粱耐盐高糖品种的筛选提供参考。

1　材料与方法

1.1　试验材料

试验材料为新疆及外省份引进的 22 个甜高粱品种（系）：沈试 203、L0204/LTR115、济甜 1 号、303A/304、L0206A/LTR116、晋甜 09 - 1、龙甜高粱- 5、辽甜 3 号、合甜、济甜杂 1 号、晋甜 08 - 1、辽饲杂 1 号、辽甜 7 号、龙甜高粱- 1、辽甜 4 号、龙甜高粱- 2、辽甜 2 号、辽甜 1 号、辽甜 6 号、313A/314、新高粱 3 号、新高粱 9 号。

1.2 试验设计

试验于新疆农业科学院玛纳斯农业试验站进行。选择土壤盐含量不同的正常田块（对照，CK）和盐碱地，2010 年 5 月 5 日播种，9 月 19 日收获。土壤养分含量详见表 1。试验采用随机区组排列，4 行区，2 次重复，行长 5m，行距 0.6m，株距 0.2m，小区面积 5m×0.6m×4＝12m²，精量播种，每穴 4 粒。播种后在距株行 10cm 左右处开沟，人工施入磷酸二铵 7.49g/m²，硫酸钾镁 7.49g/m²，重过磷酸钙 7.55g/m²；再结合头水追肥尿素 30g/m²。在高粱生长至 3～5 叶期时人工间苗，除分蘖 2～3 次，5～7 叶期定苗。头水前中耕 3 次，并人工培土；头水后喷施高效氯氰菊酯、啶虫脒除虫。全生育期浇水 4～5 次。

表 1　不同供试土壤的养分及盐分含量

试验土壤	土层深度 (cm)	pH	水溶性氮 (mg/kg)	有效磷 (mg/kg)	速效钾 (mg/kg)	Cl⁻ (g/kg)	Na⁺ (g/kg)	盐分含量 (g/kg)
对照	0～20	8.89	64	19.4	426	0.04	0.11	1.2
盐碱地	0～20	9.85	140	27	722	0.58	1.8	3.2～5.4

1.3 测定项目及方法

于收获期测定每小区甜高粱新鲜秸秆产量和含糖锤度。含糖锤度的测定方法为于收获期在每个小区随机选取 3 株甜高粱，用数字糖度计测量茎下、中、上部节间糖汁的锤度（％），3 次重复，取平均值。

1.4 数据处理

试验数据采用 DPS 软件的一般线性模型进行方差分析，显著性检验用 LSD 多重比较。

2 结果与分析

2.1 不同土壤对甜高粱秸秆产量的影响

从表 2 可以看出，区组间的甜高粱秸秆产量差异不显著（$p>0.05$），表明各重复的试验条件基本一致，重复之间的试验误差很小。但不同品种、土壤及其交互作用对甜高粱秸秆产量的影响差异均达到极显著水平，这是由于所选用的甜高粱品种在形态特征和产量特征上具有不同的特点[12]。从 F 值看，土壤对甜高粱秸秆产量的影响大于品种。

表 2　不同品种甜高粱秸秆产量的方差分析

变异来源	平方和	自由度	均方	F 值	p 值
区组间	464 145.9	2	232 072.9	3.067 9	0.051 6
土壤间	100 732 961.56	1	100 732 961.57	1 331.661	0.000 1

（续）

变异来源	平方和	自由度	均方	F 值	p 值
品种间	68 844 950	21	3 278 331	43.338 6	0.000 1
土壤×品种	29 094 747	21	1 385 464	18.315 4	0.000 1
误差	6 505 438	86	75 644.62		
总变异	205 642 241.96	131			

从表 3 可以看出，对照田块甜高粱秸秆产量为 21.84～76.76t/hm²，平均产量为 52.55t/hm²。辽甜 1 号的秸秆产量最高，其次为辽甜 3 号、沈试 203、晋甜 09-1、济甜杂 1 号、313A/314、新高粱 9 号等，而龙甜高粱-5、合甜、新高粱 3 号、龙甜高粱-1、龙甜高粱-2、辽甜 6 号的秸秆产量均相对较低。由此可知，对于土壤正常的对照田块，种植高粱时应优先采用辽甜 1 号，其次考虑辽甜 3 号、沈试 203、晋甜 09-1、济甜 1 号、313A/314、新高粱 9 号。

表 3　不同土壤各品种甜高粱秸秆产量的 LSD 检验

品种	对照			盐碱地		
	秸秆产量（t/hm²）	5%显著水平	1%极显著水平	秸秆产量（t/hm²）	5%显著水平	1%极显著水平
沈试 203	67.55**	b	AB	19.40**	hij	GHI
L0204/LTR115	55.79**	efg	DEFG	30.32**	cd	DE
济甜 1 号	65.12**	bc	BC	28.64**	cdef	DEF
303A/304	52.33**	gh	FG	23.50**	efgh	EFGH
L0206A/LTR116	58.16**	defg	CDEF	27.31**	defg	DEFG
晋甜 09-1	66.09**	bc	BC	55.43**	a	A
龙甜高粱-5	21.84	k	K	19.49	hij	GHI
辽甜 3 号	67.91**	ab	AB	29.99**	cde	DE
合甜	25.08**	k	JK	10.25**	k	J
济甜杂 1 号	59.48**	cdef	BCDEF	48.45**	b	AB
晋甜 08-1	48.21**	h	GH	15.14**	ijk	HIJ
辽饲杂 1 号	55.87**	efg	DEFG	30.22**	cd	DE
辽甜 7 号	58.13**	defg	CDEF	18.93**	hij	GHIJ
龙甜高粱-1	33.17**	ij	IJ	13.23**	jk	IJ
辽甜 4 号	54.34**	fgh	DEFG	35.04**	c	CD
龙甜高粱-2	38.10**	ij	I	20.06**	hi	FGHI
辽甜 2 号	54.15**	fgh	EFG	43.16**	b	BC
辽甜 1 号	76.76**	a	A	14.30**	ijk	IJ
辽甜 6 号	39.77**	i	HI	22.1**	fgh	EFGHI
313A/314	63.06**	bcd	BCD	32.77**	cd	D

（续）

品种	对照			盐碱地		
	秸秆产量 （t/hm²）	5% 显著水平	1% 极显著水平	秸秆产量 （t/hm²）	5% 显著水平	1% 极显著水平
新高粱 3 号	32.88**	j	IJ	20.86**	ghi	FGHI
新高粱 9 号	62.26**	bcde	BCDE	20.77**	ghi	FGHI

注　同列数据后标不同大写字母表示差异达1%显著水平，标不同小写字母者表示差异达5%显著水平。同行数据后标＊者表示差异达5%显著水平，标＊＊者表示差异达1%极显著水平。表5同。

盐碱地甜高粱秸秆产量变化于 10.25～55.43t/hm²，平均产量为 26.34t/hm²。其中晋甜09-1 的秸秆产量最高，其次为济甜杂1号、辽甜2号、辽甜4号、313A/314、L0204/LTR115、辽饲杂1号等，合甜、龙甜高粱-1 的秸秆产量较低。晋甜09-1与济甜杂1号的秸秆产量差异显著，且二者与其他品种除辽甜2号外的产量差异均达到极显著水平。

同一甜高粱品种在不同土壤的秸秆产量有差异。除龙甜高粱-5 在不同土壤的秸秆产量差异不显著外，其他21个甜高粱品种的秸秆产量差异均极显著，且同一甜高粱品种在盐碱地的秸秆产量均低于对照田块。表明盐碱程度对甜高粱的秸秆产量有明显影响。

2.2　不同土壤对甜高粱秸秆含糖锤度的影响

从表4可以看出，区组间的甜高粱秸秆含糖锤度差异不显著（$p>0.05$），表明各重复之间的试验误差很小。不同品种、土壤及其交互作用下甜高粱秸秆含糖锤度的差异均达极显著水平（$p<0.01$），说明甜高粱品种和土壤盐碱成分及其交互作用对秸秆含糖锤度的影响很大。从 F 值可以看出，土壤间对含糖锤度的影响大于品种。

表4　不同品种甜高粱秸秆含糖锤度的方差分析

变异来源	平方和	自由度	均方	F 值	p 值
区组间	0.251 0	2	0.125 5	0.201 2	0.818 1
土壤间	90.918 2	1	90.918 2	145.789	0.000 1
品种间	729.293 3	21	34.728 3	55.687 4	0.000 1
土壤×品种	405.307	21	19.300 3	30.948 4	0.000 1
误差	53.632 1	86	0.623 6		
总变异	1 279.402	131			

从表5可以看出，对照田块甜高粱秸秆含糖锤度在 10.59%～20.51%，平均含糖锤度为 16.17%。晋甜08-1 的含糖锤度最高，为 20.51%；其次为龙甜高粱-5、合甜、L0204/LTR115、辽甜7号、辽甜3号、313A/314、辽甜1号，含糖锤度均在17%以上。辽饲杂1号的含糖锤度最低，为 10.59%。晋甜08-1 的含糖锤度极显著高于其他21个甜高粱品种。

表 5　不同土壤各品种甜高粱秸秆含糖锤度的 LSD 检验

品种	对照			盐碱地		
	含糖锤度（%）	5% 显著水平	1% 极显著水平	含糖锤度（%）	5% 显著水平	1% 极显著水平
沈试 203 号	13.39**	i	G	11.29**	hi	IJ
L0204/LTR115	18.15	bc	BC	17.08	cd	D
济甜 1 号	15.90	efg	DEF	14.98	e	EF
303A/304	16.94	cde	BCDE	18.22	bc	BCD
L0206A/LTR116	16.53**	def	CDE	12.45**	gh	GHI
晋甜 09-1	15.40*	fgh	EF	13.90*	ef	FG
龙甜高粱-5	18.38*	b	B	19.89*	a	AB
辽甜 3 号	17.81**	bcd	BC	11.35**	hi	IJ
合甜	18.28**	b	B	14.24**	ef	F
济甜杂 1 号	15.96**	efg	DEF	11.57**	hi	IJ
晋甜 08-1	20.51*	a	A	18.86*	ab	ABC
辽饲杂 1 号	10.59**	j	H	17.03**	cd	D
辽甜 7 号	18.01**	bc	BC	10.74**	i	J
龙甜高粱-1	13.32**	i	G	10.59**	i	J
辽甜 4 号	13.38*	i	G	12.08*	h	HIJ
龙甜高粱-2	15.98*	ef	DEF	17.30*	cd	CD
辽甜 2 号	14.69**	gh	FG	7.68**	j	K
辽甜 1 号	17.15**	bcde	BCD	10.43**	i	J
辽甜 6 号	16.58**	def	CDE	19.97**	a	A
313A/314	17.79	bcd	BC	16.65	d	DE
新高粱 3 号	16.55**	def	CDE	19.41**	ab	AB
新高粱 9 号	14.38	hi	FG	13.47	fg	FGH

　　盐碱地甜高粱秸秆含糖锤度在 7.68%～19.97%，平均含糖锤度为 14.51%。辽甜 6 号的秸秆含糖锤度最高，其次为龙甜高粱-5、新高粱 3 号、晋甜 08-1、303A/304、龙甜高粱-2、L0204/LTR115、辽饲杂 1 号，秸秆含糖锤度均在 17% 以上。辽甜 2 号的秸秆含糖锤度最低，仅为 7.68%。辽甜 6 号与龙甜高粱-5、新高粱 3 号、晋甜 08-1 的秸秆含糖锤度差异均不显著，但这 4 个品种与其他品种间差异极显著。

　　同一甜高粱品种在不同土壤间的秸秆含糖锤度有差异，除 303A/304、龙甜高粱-5、辽饲杂 1 号、龙甜高粱-2、辽甜 6 号、新高粱 3 号等 6 个品种外，其他品种均以对照田块的秸秆含糖锤度高于盐碱地。沈试 203 号、L0206A/LTR116、辽甜 3 号、合甜、济甜杂 1 号、辽饲杂 1 号、辽甜 7 号、龙甜高粱-1、辽甜 2 号、辽甜 1 号、辽甜 6 号、新高粱 3 号的秸秆含糖锤度在 2 种不同土壤间的差异极显著，晋甜 09-1、龙甜高粱-5、晋甜 08-1、辽甜 4 号、龙甜高粱-2 的含糖锤度在不同土壤间差异显著，而 L0204/LTR115、济甜

1号、303A/304、313A/314、新高粱9号在不同土壤间的差异不显著。表明盐碱地对甜高粱的含糖锤度有影响。

3 结论与讨论

盐胁迫对植物生长影响较大，尤其在重盐碱区，可导致植物死亡、颗粒不收[13]。本试验结果表明，盐碱地对甜高粱秸秆产量的影响大，同一品种在正常田块和盐碱地的秸秆产量差异极显著（龙甜高粱-5除外），这与李新举等[14]的结果一致。本研究结果显示，对照田块中辽甜1号的秸秆产量最高，龙甜高粱-5和合甜的秸秆产量较低。盐碱地中晋甜09-1的秸秆产量最高，合甜和龙甜高粱-1的秸秆产量较低。晋甜09-1和313A/314的秸秆产量在2种土壤均较高，而其他甜高粱品种在不同土壤中的秸秆产量变化没有规律性，这是因为不同参试品种（系）的特征和农艺性状不同所致。

本研究结果表明，盐碱地中22个甜高粱品种秸秆的平均糖锤度为14.51%，对照田块的平均糖锤度为16.17%，秸秆液汁糖锤度的平均值与相关文献报道差异较小，有几个品种糖锤度平均值高于相关文献报道[15-17]。甜高粱是高温短日照作物，其茎秆汁液含糖锤度因种植地区的不同而有很大差异，同一品种在光照好、温差大的地区种植，其含糖量会明显高于日照少、温差小的地区[18]。新疆地区干旱少雨，光照充足，全年日照时间为2 500~3 500h，为甜高粱糖类的合成和生长提供了得天独厚的最佳条件[19]。因此，新疆种植的某些甜高粱品种的含糖锤度会高于其他地区。

本研究中，对照田块晋甜08-1的含糖锤度最高，为20.51%；盐碱地中则以辽甜6号的含糖锤度最高。同一品种在不同土壤中的含糖锤度不一致，其中龙甜高粱-5和晋甜08-1在对照田块和盐碱地中的含糖锤度均高于18%。这是由于在盐胁迫下，不同植物甚至同一植物不同组织和器官的生理生化反应存在差异[20]，导致同一盐碱条件下植物的糖分积累情况存在差异。

本研究发现，对照田块中多数甜高粱品种的含糖锤度高于盐碱地，但303A/304、龙甜高粱-5、辽甜6号、新高粱3号、龙甜高粱-2和辽饲杂1号的秸秆含糖锤度则以盐碱地中高于对照田块。此试验结果与高凤菊[21]的试验结果相似。

就本试验中供试的甜高粱品种、盐碱地的土壤条件及施肥等管理水平而言，在边远地区盐碱地上种植甜高粱是可行的，但通过甜高粱秸秆产量和含糖锤度这2个指标，未能筛选出耐盐、高产、高糖的甜高粱品种。在后续研究中，还需增加供试品种，以期从中筛选出适合在盐碱地种植的甜高粱品种。

参考文献

[1] 朱庭芸. 灌区土壤盐渍化防治 [M]. 北京：农业出版社，1992：32-38.

[2] 张俊伟. 盐碱地的改良利用及发展方向 [J]. 农业科技信息，2011，4（2）：63-64.

[3] 鲁春霞，于云江，关有志，等. 甘肃省土壤盐渍化及其对生态环境的损害评估 [J]. 自然灾害学报，2001，10（1）：99-102.

[4] 吕贻忠，李保国．土壤学［M］．北京：中国农业出版社，2006：356－357.

[5] 卢庆善，朱翠云．甜高粱及其产业化问题和方略［J］．辽宁农业科学，1998，24（5）：24－28.

[6] 宾力，潘琦．甜高粱的研究和利用［J］．中国糖料，2008（4）：58－63.

[7] 卢庆善．甜高粱［M］．北京：中国农业科学技术出版社，2008：1－24.

[8] 姚正良，刘秦．甘肃河西灌区甜高粱适应性试验［J］．中国糖料，2008（1）：30－33.

[9] 丛靖宇，张烨，杨冠宇，等．不同品种甜高粱幼苗的耐盐能力［J］．中国农学通报，2010，26 （19）：128－135.

[10] 王秀玲，程序，李桂英．甜高粱耐盐材料的筛选及芽苗期耐盐性相关分析［J］．中国生态农业学报，2010，18（6）：1239－1244.

[11] 罗廷彬，任崴，谢春虹．新疆盐碱地生物改良的必要性与可行性［J］．干旱区研究，2001，18 （1）：46－48.

[12] 焦少杰，王黎明，姜艳喜，等．不同栽培密度对甜高粱产量和含糖量的影响［J］．中国农学通报，2010，26（6）：115－118.

[13] 卢树昌，苏卫国．重盐碱区耐盐植物筛选试验研究［J］．西北农林科技大学学报（自然科学版），2004，32（11）：19－24.

[14] 李新举，张志国．甜高粱抗盐性研究初报［J］．中国糖料，1998（4）：30－32.

[15] 杜瑞恒，赵恩庭．盐碱地种植甜高粱经济性状水平及影响因素［C］//中国农村生物质能源国际研讨会暨东盟与中日韩生物质能源论坛论文集．北京：中国农业出版社，2008：358－363.

[16] 籍贵苏，杜瑞恒，侯升林，等．甜高粱茎秆含糖量研究［J］．华北农学报，2006，21（增）：81－83.

[17] 范晶，陈连江，陈丽，等．黑龙江省甜高粱的开发利用［J］．中国糖料，2005（3）：58－60.

[18] 邹剑秋，王艳秋．我国甜高粱育种方向及高效育种技术［J］．杂粮作物，2007，27（6）：403－404.

[19] 涂振东，王钊英，傅力．甜高粱秸秆燃料乙醇产业化问题与对策的探讨［J］．可再生能源，2009，4（27）：106－109.

[20] 惠红霞，许兴，李守明．宁夏干旱地区盐胁迫下枸杞光合生理特性及耐盐性研究［J］．中国农学通报，2002，18（5）：29－34.

[21] 高凤菊．盐度对不同类型甜高粱品种萌发、生长发育及产量的影响［D］．泰安：山东农业大学，2011.

本文曾发表于《中国农学通报》2012年第28卷第3期。

NaCl 胁迫下 3 个甜高粱品种
生理指标的比较研究

吐尔逊·吐尔洪[1]　再吐尼古丽·库尔班[2]　阿扎提·阿不都古力[2]

(1. 新疆农业大学草业与环境科学学院，乌鲁木齐 830052；

2. 新疆农业科学院生物质能源研究所，乌鲁木齐 830091)

土壤盐渍化是影响农业生产以及生态环境的一个全球性问题，也是目前制约着我国农业增产的主要土壤因素之一。全球不同类型盐碱地面积占世界耕地面积的 10%，其中我国就有 $2.6 \times 10^7 hm^2$。主要分布在新疆、甘肃等西北干旱、半干旱地区，而且盐碱化和次生盐渍化每年都在不断加重[1]。盐碱地的有效利用是当前工农业发展亟待解决问题。虽然很多耐盐植物品种已在西北盐碱地上种植推广，但产量和质量方面比不上正常地的种植效果。高粱是我国主要栽培作物之一，主要分布在东北、华北、西北和黄河流域。甜高粱是高粱的一个变种，也是光合效率最高的作物之一，具有较高的生物学产量。它具有抗逆、抗旱、耐涝、耐贫瘠、耐盐碱等节水、节能特性[2-4]。所以在中国西北地区盐碱化土壤改良方面，适合生长在盐碱化土壤的甜高粱品种的筛选具有一定应用潜力。

国内外很多学者在植物耐盐性等方面做了大量研究和报道。但有关甜高粱的研究不多。在国外，早期的研究报道很少，主要从 20 世纪 90 年代开始。高粱对盐胁迫的响应与其他植物类似，即萌发率和生长速率降低，体内离子平衡失调等[5-6]。最近 R. Srinivasan，Yamato 等人研究了盐胁迫下高粱地土壤微生物特征的变化及其高粱生长的影响[7-8]。相关研究主要集中在盐胁迫下高粱体内酶活性变化的特征[9]、染色体变化[10]、品种产量、生理特性、耐盐性能和体内离子含量的比较等方面[11-14]。有关甜高粱的研究极为少见，只能找到盐胁迫下甜高粱产量动态方面的研究[15]。在国内，相关研究与国外的研究方向基本一致，即国内的研究也集中在种子萌发率[16]、耐盐特性[17]、耐盐品种的筛选[18]、酶活性变化[19-20]、生理特性[21]、光合特性[22]等方面。但在西北盐碱地甜高粱品种的耐盐特性试验没有被记载。

盐胁迫是影响植物生长、降低农作物产量的主要逆境因素之一。长期以来，植物耐盐机制以及如何提高植物的耐盐性，增加在盐胁迫下农作物的产量一直是人们关注的焦点。因此研究甜高粱的耐盐性对有效利用盐渍化土地和发展生物质能源具有重要意义。本研究以甜高粱品种为实材，采用盆栽实验的方法研究三个不同品种甜高粱在盐胁迫下生理指标的变化，为甜高粱的抗盐性育种与抗盐栽培提供一定的理论依据。

1 材料和方法

1.1 供试材料

1.1.1 材料甜高粱品种 T601、辽甜 1 号和 XT - 2 的幼苗叶片。

1.1.2 仪器设备离心机、分光光度计、电子分析天平、恒温水浴、研钵、试管、移液管（1mL、5mL）、试管架、移液管架、洗耳球、剪刀。

1.1.3 试剂三氯乙酸、硫代巴比妥酸（TBA）溶液、丙酮、$CaCO_3$、石英砂等。

1.2 试验设计

2010 年 7—9 月在新疆农业大学露天温室上进行了 3 个甜高粱品种的耐盐碱试验。花盆直径为 20cm，高度为 25cm，每个花盆有 1.5kg 土壤。对发育 20d 的甜高粱苗子进行挑选，将高度和叶片生长情况基本一致的苗子移栽到花盆。然后对甜高粱幼苗进行 NaCl 胁迫处理试验。处理前后用等量水浇灌，以免土壤可溶性组分的流失和受到干旱胁迫的影响。用蒸馏水配制不同浓度的 NaCl 溶液，用此溶液使花盆土壤的 NaCl 浓度梯度为 0%、0.4%、0.8%、1.2%、1.6%，分别记为 CK，处理Ⅰ、Ⅱ、Ⅲ、Ⅳ。每个处理 3 次重复。NaCl 处理后第 7 天采集叶片，采样之前记载生理性状表现，采集样品时间以 6d 为周期。

1.3 测定项目

叶绿素含量 a 和叶绿素 b 采用分光光度计法的测定[23]，相加得叶绿素 a＋b 含量。丙二醛含量采用巴比妥酸法测定[23]。

1.4 数据分析

数据处理用 DPS6.50 统计软件，Excel2003 的制作图表功能。

2 结果与分析

2.1 NaCl 胁迫对幼苗叶片中叶绿素含量的影响

2.1.1 NaCl 胁迫对幼苗叶片中叶绿素 a 含量的影响

由图 1 可知，处理前期 T601 叶绿素 a 含量为最高，XT - 2 为最低。辽甜 1 号叶片中的叶绿素 a 均呈现出 M 形下降趋势，且波动幅度较大。XT - 2 的叶绿素 a 先上升，然后平稳降低。但 T601 叶片叶绿素 a 含量一直平稳降低；NaCl 胁迫下 3 个品种叶片叶绿素 a 含量均小于对照，处理Ⅳ叶片叶绿素 a 最小。XT - 2 叶片叶绿素 a 含量小于其他品种，处理后期处理Ⅰ、Ⅱ、Ⅲ的叶绿素 a 含量与 CK 基本相等，即土壤 NaCl 浓度为 0.4%、0.8%、1.2%时叶绿素 a 的含量与对照基本相等。但 1.6%的土壤 NaCl 对叶绿素 a 的影响明显。3 个品种各处理叶绿素 a 含量的变化趋势与其对应 CK 的变化趋势基本一致，且整个处理阶段叶绿素 a 的变化趋势基本不变。这说明盐胁迫只能降低叶片叶绿素 a 的含量，不能改变其变化方向。

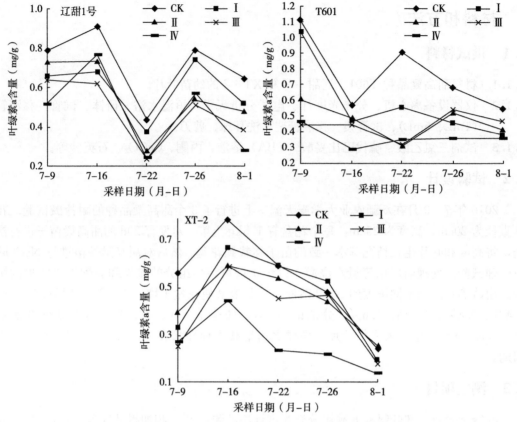

图 1　NaCl 盐胁迫条件下 3 种甜高粱品种幼苗叶片中叶绿素 a 含量的变化

2.1.2　NaCl 胁迫对幼苗叶片中叶绿素 b 含量的影响

由图 2 可知，叶绿素 b 也表现出下降的趋势。与叶绿素 a 相似，各处理叶片叶绿素 b 均小于 CK。从第二个采样日期开始，辽甜 1 号和 T601 的 4 个处理叶片叶绿素 b 含量相差不大，下降曲线交错一起，说明土壤 NaCl 浓度为 0.4%、0.8%、1.2%、1.6%时，对叶片叶绿素 b 含量的影响没有明显差异。处理前期 XT-2 处理Ⅰ、Ⅱ、Ⅲ的叶绿素 b 含量均小于 CK，但从第二个采样点开始基本与 CK 相等，且几乎呈平行的下降，处理Ⅳ叶绿素 b 均小于各处理和对照。

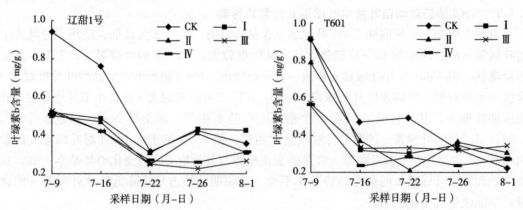

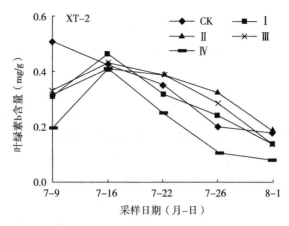

图 2 NaCl 盐胁迫条件下 3 种甜高粱品种幼苗叶片中叶绿素 b 含量的变化

2.1.3 NaCl 胁迫对幼苗叶片中叶绿素 a＋b 含量的影响

由图 3 可知，叶绿素 a＋b 综合体现 NaCl 胁迫对叶片叶绿素 a、b 的影响。XT－2 处理Ⅰ、Ⅱ、Ⅲ叶绿素 a＋b 含量与对照没有差异的情况下，处理Ⅳ叶绿素 a＋b 含量明显低于对照，辽甜 1 号和 T601 的 4 个处理叶绿素 a＋b 含量低于对照，但相互差异不大。3 个品种叶绿素 a＋b 含量曲线的波动与叶绿素 a 含量的曲线波动基本一致。

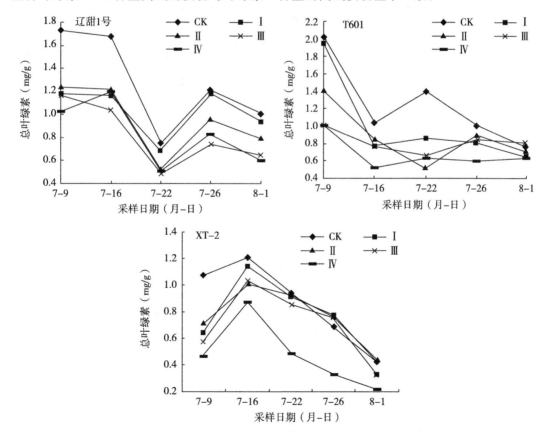

图 3 NaCl 盐胁迫条件下 3 种甜高粱品种幼苗叶片中叶绿素 a＋b 含量的变化

2.2　盐胁迫对幼苗叶片中丙二醛含量的影响

　　丙二醛（MDA）含量的高低可以反映细胞膜脂过氧化的程度和植物对逆境条件反应的强弱[23]。不同 NaCl 浓度梯度条件下 3 种甜高粱品种叶片中丙二醛含量如图 4 所示。从图 4 中可以看出，3 个甜高粱品种幼苗叶片中的丙二醛含量随着浓度的增加和时间的延长均呈增加的趋势。不同浓度 NaCl 对甜高粱叶中丙二醛含量影响也不同，NaCl 浓度越高，丙二醛含量越大。T601 和辽甜 1 号对照叶片间丙二醛含量差异不大，但两者均为 XT-2 对照叶片的丙二醛含量的 1/2 左右。虽然 T601 和辽甜 1 号受盐胁迫的影响后叶片丙二醛的变化幅度大于 XT-2，但 XT-2 对照丙二醛含量就很大，受到 NaCl 胁迫后，各处理丙二醛仍然大于其他 2 个品种，最大达到 40μmol/mg，但 T601 和辽甜 1 号最大时 30μmol/mg 左右。T601 和辽甜 1 号对照叶片间丙二醛含量没有明显差异的前提下，T601 各处理丙二醛大于辽甜 1 号，处理浓度越大差异变得越显著。从这个角度讲，NaCl 胁迫下的叶片丙二醛含量的动态适合用来进行甜高粱品种的耐盐性鉴定。类似研究结果显示，盐胁迫对植物细胞膜造成了严重伤害。MDA 含量越高，植株的细胞膜受到的损伤更大[24-25]。根据丙二醛含量的变化可以初步判定盐胁迫条件下 T601 的耐盐性比其余 2 个品种好。

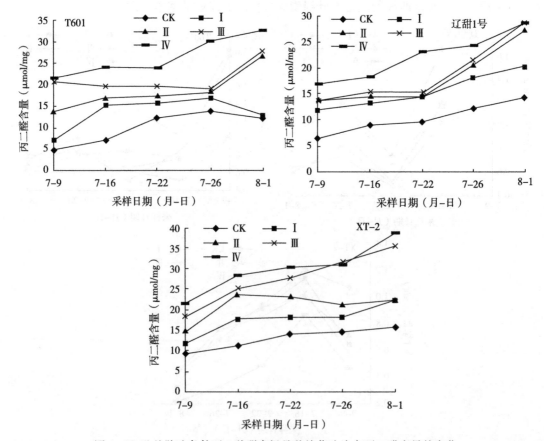

图 4　NaCl 盐胁迫条件下 3 种甜高粱品种幼苗叶片中丙二醛含量的变化

3　结论

不同浓度 NaCl 胁迫下，3 种甜高粱品种幼苗叶片中叶绿素 a、叶绿素 b 和叶绿素 a＋b 含量随着处理时间的延长均呈下降的趋势。其中叶绿素 a 含量和叶绿素 a＋b 含量呈现出 M 形下降，叶绿素 b 含量平稳降低。处理叶片叶绿素 a 含量均小于对照，NaCl 胁迫只能降低叶片叶绿素 a 含量，不能改变其变化趋势；处理前期叶绿素 b 含量均小于对照，到处理后期叶绿素 b 含量与对照接近；3 个品种叶绿素 a＋b 含量随着处理浓度和处理时间的波动与叶绿素 a 含量和叶绿素 b 含量的变化基本一致。T601 的叶绿素 a 含量最高，其次为辽甜 1 号，XT－2 的叶绿素 a 含量最低。受到不同程度 NaCl 胁迫后，高低顺序基本不变；3 个甜高粱品种幼苗叶片中的丙二醛含量随着浓度的增加和时间的延长均呈增加的趋势。T601 和辽甜 1 号对照丙二醛含量小于 XT－2，受到 NaCl 胁迫后，XT－2 各处理丙二醛仍然大于其他 2 个品种。T601 各处理丙二醛大于辽甜 1 号。根据 3 个品种受 NaCl 胁迫后的叶绿素和丙二醛含量的比较，可以初步确定 3 个品种的耐盐能力大小顺序为 T601＞辽甜 1 号＞XT－2。

4　讨论

研究植物耐盐碱能力在有效利用土地资源、土壤环境的保护和缓解能源危机等方面意义极大。耐盐碱能力好的农作物品种很多，但耐盐碱能力与当地气候条件的关系很大。甜高粱作为能源作物越来越引起研究者的关注。甜高粱对土壤的适应能力较强，且很多品种的抗旱耐盐能力也被证实。从这个角度讲，研究筛选适合生长在干旱区盐碱土上的甜高粱品种具有很高的研究价值。然而，确定植物耐盐碱能力的指标很多，但植物的逆境生理指标之间的相关性不太明确。

根据 2 个常用指标叶绿素和丙二醛初步决定 3 个品种的耐盐碱能力的强弱。虽然王秀玲等[18,26]研究筛选出了很多耐盐甜高粱品种，但甜高粱众多品种中 T601、辽甜 1 号和 XT－2 等 3 个品种在新疆有一定种植历史和研究基础。

研究中的叶绿素含量的变化结果与其他甜高粱品种的相关研究基本一致。丛靖宇等[27]研究了 BJ－17、BJ－18 和 M－00113 个甜高粱品种的耐盐能力。随着 NaCl 浓度的增加叶绿素 a、b 和总叶绿素降低规律，叶绿素的降低幅度大小顺序，丙二醛的增加规律与丛靖宇等[27]的研究结果基本一致。本研究显示 NaCl 处理一个月后，不同处理叶绿素含量的差异逐渐减少，丙二醛含量的差异基本不变。叶片丙二醛随着盐处理浓度的增加而增加的规律与其他植物的研究结果也相似，即盐胁迫条件下牧草[24]、景天三七[28]和中国春—百萨偃麦草[23]等植物叶片丙二醛含量变化与本研究结果基本一致。只根据叶绿素和丙二醛确定 3 个品种的耐盐碱性存在一定的局限性。为了更确切地确定和定量化耐盐碱品种的耐盐能力，需要进一步研究其他发芽率、叶片损害程度、产量、酶活性、秸秆摊分含量等生理指标。

参考文献

[1] 吕贻忠，李保国. 土壤学 [M]. 北京：中国农业出版社，2006：356-357.

[2] 赵永红，陈茜，王惠滨，等. 甜高粱盐碱地高产栽培技术及开发利用 [J]. 中国种业，2006，11：56-57.

[3] 杨明，刘丽娟，李莉云，等. 高粱蔗糖积累与茎秆中 SPS 表达的相关性研究 [J]. 中国农业科学，2009，42 (1)：85-921.

[4] Boursier P, Lauchli A. Growth responses and mineral nutrient relations of salt stressed sorghum [J]. 1990, 30 (6)：1226-1233.

[5] Bernstein N, Lauchli A, Silk K. Kinematics and dynamics of sorghum (*Sorghum bicolor*) leaf development at various Na/Ca salinities [J]. PlantPhysiol, 1993, 103 (4)：1107-1114.

[6] Bernstein N, Silk W K, Lauchli. Growth and development of sorghum leaf growth under conditions of NaCl stress：possible role of some mineral elements in growth inhibition [J]. Planta, 1993, 196 (4)：699-705.

[7] Srinivasan R, Alagawadi A R, Yandigeri M S, et al. Characterization of phosphate-solubilizing microorganisms from salt-affected soils of India and their effect on growth of sorghum plants [*Sorghum bicolor* (L.) Moench] [J]. Annals of Microbiology, 2012, 62 (1)：93-105.

[8] Yamato M, Ikeda S, Iwase K. Community of arbuscular mycorrhizal fungi in a coastal vegetation on Okinawa island and effect of the isolated fungi on growth of sorghum under salt-treated conditions [J]. Mycorrhiza, 2008, 18 (5)：241-249.

[9] Sofía García-Mauriño, José Monreal, Rosario Alvarez, et al. Characterization of salt stress-enhanced phosphoenolpyruvate carboxylase kinase activity in leaves of *Sorghum vulgare*：independence from osmotic stress, involvement of ion toxicity and significance of dark phosphorylation [J]. Planta, 2003, 216 (4)：648-655.

[10] Ceccarelli M, Santantonio E, Marmottini F, et al. Chromosome endoreduplication as a factor of salt adaptation in *Sorghum bicolor* [J]. Protoplasma, 2006, 227 (2-4)：113-118.

[11] Azhar F M, Mcneilly T. Grain yield and ionic relations of four sorghum accessions grown in NaCl salinity [J]. Int J Agri Biol, 2000, 2 (3)：226-231.

[12] Hassanein M S, Ahmed A G, Zaki N M. Growth and productivity of some sorghum cultivars under saline soil condition [J]. Journal of Applied Sciences Research, 2010, 6 (11)：1603-1611.

[13] Mahmood T, Iqbal N, Raza H, et al. Growth modulation and ion partitioning in salt stressed sorghum (*Sorghum bicolor* L.) by exogenous supply of salicylic acid. [J]. Pakistan Journal of Botany, 2010, 42 (5)：3047-3054.

[14] Nawaz K, Talat A, Iqra K H, et al. Induction of salt tolerance in two cultivars of sorghum (*Sorghum bicolor* L.) by exogenous application of proline at seedling stage [J]. World Applied Sciences Journal, 2013, 10 (1)：93-99.

[15] Blaskó L, éva Babett ábrahám, Balogh I. Possibilities of sweet sorghum production on a salt affected soil. [J]. analele universiтăţii din oradea fascicula protectia mediului, 2009, 14：32-39.

[16] 柴媛媛，史团省，谷卫彬. 种子萌发期甜高粱对盐胁迫的响应及其耐盐性综合评价分析 [J]. 种子，2008，27 (2)：43-47.

[17] 李志华. 辽杂系列高粱杂交种耐盐性鉴定报告 [J]. 杂粮作物，2008，28 (5)：305-307.

[18] 王秀玲，程序，李桂英．甜高粱耐盐材料的筛选及芽苗期耐盐性相关分析 [J]．中国生态农业学报，2010，18 (6)：1239-1244.

[19] 吕金印，赵晖，冯万健．NaCl 胁迫对甜高粱幼苗保护酶活性等生理特性的影响 [J]．干旱地区农业研究，2008，26 (6)：133-138.

[20] 史雨刚，吴治国，马金虎．不同浓度 NaCl 胁迫对高粱幼苗 SOD、POD 酶活性的影响 [J]．山西农业科学，2007，35 (12)：71-73.

[21] 葛江丽．盐胁迫对甜高粱幼苗碳同化及生理生化指标的影响 [J]．沈阳：沈阳农业大学，2007.

[22] 鑫王，姜闯道，李志强，等．盐胁迫下高粱新生叶片结构和光合特性的系统调控 [J]．作物学报，2010，36 (11)：1941-1949.

[23] 刘训财，陈华锋，井立文，等．盐胁迫对中国春—百萨燕麦草双二倍体 SOD、CAT 活性和 MDA 含量的影响 [J]．安徽农学通报，2009，15 (8)：43-47.

[24] 刘延吉，张珊珊，田晓艳，等．盐胁迫对 NHC 牧草叶片保护酶系统，MDA 含量及膜透性的影响 刘延 [J]．草原与草坪，2008 (2)：30-34.

[25] 骆建霞，申屠稚瑾，张津华，等．盐胁迫对海姆维斯蒂枸子生长及丙二醛和脯氨酸含量的影响 [J]．天津农学院学报，2008，15 (4)：8-12.

[26] 王秀玲，程序，谢光辉，等．NaCl 胁迫对甜高粱发芽期生理生化特性的影响 [J]．生态环境学报，2010，19 (10)：2285-2290.

[27] 丛靖宇，张烨，杨冠宇，等．不同品种甜高粱幼苗的耐盐能力 [J]．中国农学通报，2010，26 (19)：128-135.

[28] 田晓艳，刘延吉，张蕾，等．盐胁迫对景天三七保护酶系统、MDA、Pro 及可溶性糖的影响 [J]．草原与草坪，2009，6 (137)：11-15.

本文曾发表于《新疆农业科学》2011年第48卷第8期。

甜高粱对盐碱地改良效果的研究初报

再吐尼古丽·库尔班[1]　吐尔逊·吐尔洪[2]　阿扎提·阿不都古力[1]　叶凯[1]

(1. 新疆农业科学院生物质能源研究所，乌鲁木齐 830091；

2. 新疆农业大学草业环境科学学院，乌鲁木齐 830052)

【研究意义】新疆盐碱土的总面积为 2 181.4 万 hm²，占全国盐碱土面积（9 913 万 hm²）的 22.01%。其中，盐渍化土地面积为 997.1 万 hm²，盐土面积为 957.0 万 hm²，碱化土面积为 227.3 万 hm²。盐碱化已经成为新疆农业开发和持续发展的重大限制条件和障碍因素[1]。盐碱地资源的利用、盐渍化耕地的改良，在农业生产发展中很有必要性。长期以来，采用的工程措施和化学措施，治理盐碱地取得了明显效果，但这两种措施不仅耗资巨大，而且还会带来负面效果，如土壤养分淋洗、工程滑坡、淤塞、土壤理化性质变差等，因而限制了其使用范围，难以推广[2]。前人研究表明生物措施改良盐碱地是最为有效的，但在盐碱地一般植物很难生存[3]。

甜高粱属于 C₄ 植物，具有很高的净光合速率，作为绿色能源作物越来越引起人们的关注。甜高粱具有抗旱、耐涝、耐盐碱等优良特性，对土壤的适应能力较强[4]，在中国北方及西北包括新疆等不少地方因轻度和中度盐渍化，土地处于抛荒状态，因此种植甜高粱对有效利用盐渍化土地和缓解能源危机有重大意义。【前人研究进展】前人研究表明，耐盐植物对盐碱地具有很明显的改良作用，但这些研究主要集中在杜仲、枸杞、麻黄及中药材、高粱、玉米等植物对盐胁迫的生理反应、耐盐机制、耐盐适应性及产量等方面[5-6]。【本研究切入点】目前进行田间种植研究及土壤改良效果分析的较少，尤其是在盐碱地上种植甜高粱。【拟解决的关键问题】因此本论文以甜高粱为试验材料，通过 3 年常规种植，研究甜高粱对盐碱地土壤养分含量及盐分含量的影响，为大面积推广应用甜高粱改良盐碱地技术奠定了良好基础。

1　材料与方法

1.1　试验区概况

试验于 2008 年 4 月至 2011 年 4 月在新疆农业科学院玛纳斯农业试验站进行。试验地属中温带大陆性气候，冬季长而严寒，夏季短而酷热，昼夜温差大。年平均气温 6～6.8℃，≥10℃的积温为 3 700℃，无霜期 172d 左右，正常年份初霜期在 10 月上旬，终霜期为翌年的 4 月中旬。

1.2　试验设计

试验地为强度盐碱地，一般每年冬浇 1 次，常年种植甜高粱（新高粱 3 号、新高粱 4

号）。试验地面积 2 000m², 通过 3 年（2008—2011 年）的种植, 2009 年、2010 年和 2011 年每年测量土壤中各种成分的变化。

1.3　测定方法

取样土层为 0～20cm 于每年 3 月随机取 3 个点, 每次取样时将土混为一个土样。风干土样分析全盐含量、养分含量等指标。按土壤农业化学常规分析方法[7]来分析全盐含量、pH、有效磷和速效钾; 将土样按 1:5 土水比混合浸提后测定盐分含量和盐分离子; Cl^- 用 $AgNO_3$ 滴定法; Na^+ 用火焰光度法测定。数据采用 DPS 软件进行统计处理。

2　结果与分析

本试验主要从表层土壤盐分变化、养分变化等几个方面探讨了种植甜高粱对盐碱土壤的改良效果。表 1 为 3 年盐碱地土壤盐分含量及养分含量的检验结果。

表 1　土壤养分及盐分含量 LSD 方差分析

年份	土层（cm）	pH	有效磷（mg/kg）	速效钾（mg/kg）	Cl^-（g/kg）	Na^+（g/kg）	含盐量（%）
2009	0～20	9.67B	9.1C	262.0C	0.68A	1.98A	1.16A
2010	0～20	9.85A	27.0A	722.0B	0.58B	1.8B	0.54B
2011	0～20	9.58C	26.2B	1 044.0A	0.22C	0.641C	0.28C

注　同列不同大写字母表示差异达 1% 显著水平。

2.1　土壤盐分含量的变化

前人研究显示重度盐碱地段栽植白刺后, 土壤迅速脱盐, 5 年后 0～20cm 土层土壤含盐量降低 44.14%[8]。盐碱地上种植苜蓿后, 土壤中可溶性盐分含量明显下降。三年生苜蓿使表层土壤盐分降低 75% 左右[9]。王玉珍等[10]（2006 年）报道, 利用中亚滨藜（Atriplex centralasiatica）、翅碱蓬（Suaeda heteroptera）、罗布麻（Apocynum venetum）、地肤（Bassia scoparia）、柽柳（Tamarix chinensis）、白刺（Nitraria sibirica）6 种盐生植物在含盐量 0.89% 以上的滨海氯化物潮盐土上种植, 6 种植物都能使土壤中的盐分含量下降 38%～58%。但不同类型植物降低土壤盐分的机制不同, 有些植物通过根系的吸收到体内积累, 有些通过调节小气候, 减少水分蒸发抑制盐分上升, 防止土壤返盐。班乃荣等[11]对耐盐植物的盐碱地改良效果试验结果表明, 甜高粱 0～20cm 土壤脱盐率 34.8%、饲用甜菜 0～20cm 土壤脱盐率 21.7%。

从图 1 可以看出本试验 0～20cm 土壤盐分变化情况。种植甜高粱后盐碱地土壤盐分含量

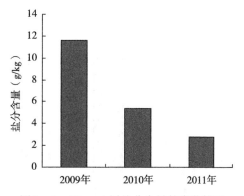

图 1　0～20cm 土层盐分含量的变化情况

呈降低的变化趋势。试验检验结果看出（表 1），种植甜高粱第 1 年、第 2 年、第 3 年盐分含量的差异极显著（$p < 0.01$）。第 2 年土壤 0～20cm 层盐分降低率为 53.45%、第 3 年盐分降低率达到 75.86%。甜高粱根系很发达，一般植株长到 6～8 片叶时，根系入土深度达到 100～150cm，完全成长时深度达到 180cm 以上。甜高粱根系的主要部分在 30cm土层以内，这些根系对水分和养分的吸收能力也很强[12]。试验结果说明甜高粱对盐碱地土壤表层改良效果比其他盐碱植物较好，改良机制跟其他作物相似。一部分土壤表层盐被甜高粱根系吸收到体内，另外盐碱地上生长甜高粱减少地面水分的蒸发，而阻止表层土壤盐分的积累。更深的土层改良需要进一步研究。

2.2　土壤养分含量的变化

通过种植甜高粱提高土壤养分的作用表现在多个方面。图 2 为种植甜高粱后盐碱地各养分含量的变化情况。

pH 是土壤的一个重要指标，其变化将直接影响土壤养分动态以及土壤微生物群落的种类、数量和活性等，影响着植物根系的生长发育[13]。从 pH 变化图 2（a）看出，pH 的变化呈升高、降低的变化趋势。每年的 pH 差异极显著，但降低幅度很小，pH 种植第 2年升高 1.82%、第 3 年降低 0.93%。从总体上来说，pH 轻度降低。李志丹等[13]认为这可能是由于盐渍化土壤本身具有的理化性质和缓冲能力不同所致。

研究结果表明种植甜高粱 3 年后，土壤有效磷改善比较明显（图 2A），总的变化趋势呈升高。在 0～20cm 土壤层有效磷第一年、种植第二年、第三年的差异极显著。种植第三年表层土壤有效磷含量略有降低可能是植物生长过程中对磷选择性吸收的结果，这一现象与李加宏等[14]在非盐生植物小麦上的观测研究结果一致。

种植耐盐植物甜高粱 3 年后，土壤速效钾也得到明显的改善（图 2B）。在 0～20cm土壤层速效钾均有不同程度的增加，每年的差异均达到极显著水平。种植 3 年后土壤速效钾增加 74.9%。张素瑛等[15]通过利用玉米做盐碱地改良效果试验，也得出类似结论。

从图 2D 看出，土壤种植甜高粱后，Cl^- 和 Na^+ 均下降。种植第 2 年时 Cl^- 和 Na^+ 分别降低了 14.7%、9.09%、第 3 年时 Cl^- 和 Na^+ 分别降低 67.64%、67.62%。第一年、第二年、第三年的 Cl^- 和 Na^+ 差异均达到极显著差异水平。土壤中的 Cl^- 离子减少量较大于 Na^+ 的降低量。

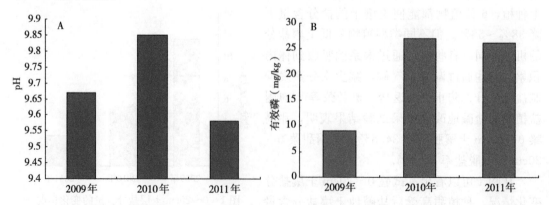

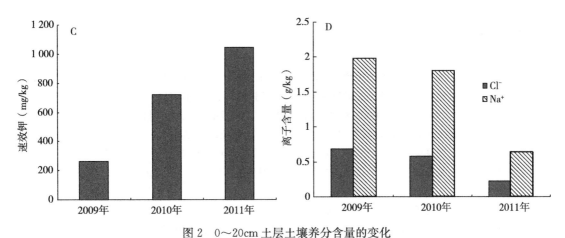

图 2　0～20cm 土层土壤养分含量的变化

A. pH 的变化　B. 有效磷的变化　C. 速效钾的变化　D. Cl⁻、Na⁺ 的变化

很多研究表明种植盐生植物可以降低土壤中 Cl^- 和 Na^+ 含量。比如，干旱区盐碱地草坪种植 3 年紫花苜蓿后，0～30cm 土层的 Na^+ 离子减少 79%，Cl^- 离子下降 95.86%[16]，说明紫花苜蓿对 Cl^- 和 Na^+ 降低效果比甜高粱高。

3　讨论

甜高粱与其他作物的盐碱地改良效果比较时，需要进一步了解土壤其他盐分离子的含量。刘延吉等[17]以白蜡、新疆杨、刺槐等 3 种绿化苗木树种为试材，研究土壤盐分离子含量时，根据盐分离子的多少顺序，即 $Cl^- > Na^+ > Mg^{2+} > SO_4^{2-} > K^+ > HCO_3^- > Ca^{2+}$，判断地区盐碱类型为 NaCl 型。本试验土壤表层 Na^+、Cl^- 盐分离子含量占全盐含量 22.93%，其他六种盐分离子的比例也相当大，不能判断 NaCl 型盐碱地。此外、更深层土壤盐分离子、养分含量等的变化动态的研究也没深入，这方面内容是下一步研究的重点。一般在植被的恢复过程中，随着土壤有机质含量增加，土壤 pH 和容重降低，氮的矿化能力增强，土壤微生物量明显提高，酶活性增强，稳性团聚体数量和质量提高，土壤结构改善，土肥力提高[18]。

4　结论

利用甜高粱盐碱改良试验结果表明，甜高粱具有比较好的盐碱土壤改良效果，种植过程中土壤盐分含量逐渐降低，种植 3 年后土壤盐分含量降低 75.86%。土壤养分含量也发生明显变化，其中 pH 轻度降低、速效钾含量明显提高、Cl^- 和 Na^+ 等盐分离子均下降、其中 Cl^- 离子减少最多。

总之，种植甜高粱对盐碱地具有非常明显的脱盐作用，对盐碱地的改良十分有益。甜高粱不同品种农艺性状存在差异，因而盐分的抑制效果也有较大差别。如能根据需要和土壤情况，选种对路的耐盐品种，将使盐碱地的改良和利用效果更好。

参考文献

[1] 罗廷彬，任崴，等．新疆盐碱地生物改良的必要性与可行性 [J]．干旱区研究，2001（3）：46-47.
[2] 肖振华．灌溉水质对土壤水盐动态的影响 [j]．土壤学报，1994，31（1）：8-16.
[3] 郭晔红，蔺海明．种植中药材对盐碱地的改良效果研究 [J]．甘肃农业大学学报，2005，6：757-762.
[4] 黎大爵，廖馥荪．甜高粱及其利用 [M]．北京：科学出版社，1992：17.
[5] 李志华．辽杂系列高粱杂交种耐盐性鉴定报告 [J]．杂粮作物，2008，28（5）：305-306.
[6] 贾恢先，肖雯，张振霞，等．沿黄灌溉盐渍区杜仲引种的研究 [J]．甘肃农业大学学报，2003，38（1）：39-42.
[7] 劳家柽．土壤农化分析手册 [M]．北京：农业出版社，1988.
[8] 邢尚军，张建锋，等．白刺造林对重盐碱地的改良效果 [J]．东北林业大学学报，2003，31（6）：96-99.
[9] 郭晔红，张晓琴．紫花苜蓿对次生盐渍化土壤的改良效果研究 [J]．甘肃农业大学学报，2004，2（39）：173-176.
[10] 王玉珍，刘永信，魏春兰，等．6种盐生植物对盐碱地土壤改良情况的研究 [J]．安徽农业科学，2006，34（5）：951-957.
[11] 班乃荣，陈兴会．耐盐植物对盐碱地的改良效果试验 [J]．宁夏农林科技，2004，1：26-28.
[12] 卢庆善．甜高粱 [M]．北京：中国农业科学技术出版社，2008，4：37.
[13] 李志丹，干友民．牧草改良盐渍化土壤理化性质研究进展 [J]．草业科学，2004，6（21）：17-22.
[14] 李加宏，俞仁培．土壤作物根际系统中离子的迁移 [J]．土壤学报，1998，35（2）：187-194.
[15] 张素瑛，白莲香．生物覆盖对盐碱地的改良效果 [J]．山西农业科学，2004，32（3）：40-42.
[16] 刘虎俊，王继和．干旱区盐碱地草坪建植的坪床土改良 [J]．草原与草坪，2003（2）：30-34.
[17] 刘延吉，许建秋．盐碱地综合改良技术对营口沿海产业基地土壤盐度及3种绿化苗木生理特性的影响 [J]．沈阳农业大学学报，2010，41（3）：354-356.
[18] 杨方社，李怀恩．沙棘植物对砒砂岩沟道土壤改良效应的研究 [J]．水土保持通报，2010，1（31）：49-53.

本文曾发表于《新疆农业科学》2011年第48卷第7期。

不同盐碱地对甜高粱农艺性状的影响

再吐尼古丽·库尔班　朱敏　冯国郡　阿扎提·阿布都古力　叶凯

（新疆农业科学院生物质能源研究所，乌鲁木齐830091）

【研究意义】我国作为能源消费大国，加快发展生物质替代能源，在解决能源安全和温室气体减排方面的重要性显而易见[1]。受粮食安全和农业可耕地面积制约，今后不可能再扩大以粮食为原料的燃料乙醇生产。而我国有数千万公顷盐碱地资源，种植大田农作物产量很低，改造起来难度大、成本高，如果能将其合理利用种植甜高粱，则完全可以解决燃料乙醇的原料需求。因此，利用我国大量的盐碱地资源，大力发展以甜高粱等非粮作物为原料的燃料乙醇，既不与粮争地，也不与人争粮，对于解决我国能源安全、节能减排和"三农"问题，促进社会经济的和谐发展以及生态环境的改善都具有重大意义[2]。【前人研究进展】甜高粱属于碳四途径（C_4）植物，具有很高的净光合速率，作为绿色能源作物越来越引起人们的关注。甜高粱具有抗旱、耐涝、耐盐碱等优良特性，对土壤的适应能力较强，具有玉米等其他作物无法比拟的开发利用优势，极具开发价值[3-4]。前人研究主要集中于不同浓度盐胁迫处理下研究甜高粱体内盐离子含量的变化[5]、酶活性及幼苗性状变化等生理变化或者品种选育、高产栽培及产业化等方面[6-8]。【本研究切入点】有关甜高粱耐盐研究报道并不多，尤其是田间试验[9-11]。【拟解决的关键问题】研究3种不同盐碱成分的试验田进行2种甜高粱品种的耐盐性试验，探讨盐碱地对不同品种甜高粱各种农艺性状的影响，为盐碱化地区甜高粱的栽培与种植技术提供参考。

1 材料与方法

1.1 材料

新高粱3号（XT-2），新高粱9号（T601）等2两种品种，来自新疆农业科学院生物质能源研究所。

1.2 方法

2010年春季，选择土壤含盐量不同的3块地种植甜高粱，出苗期和收获期测定相关农艺性状。3块试验地盐分含量见表1，其中CK是对照、地Ⅰ为轻度盐渍化地、地Ⅱ为重度盐渍化地[12]。

试验随机区组排列，2行区，两次重复，行长5m，行距0.6m，株距0.2m，小区面积5m×0.6m×2=6m²，精量播种，每穴4粒。施肥方式：N肥15hm²/亩，P肥5hm²/亩，K肥5hm²/亩。在用量分配上，P、K肥作为基肥一次处理，N肥用50%作为基肥，50%

作为追肥。N、P、K肥品种分别为尿素、过磷酸钙和氧化钾。收获期每小区进行各农艺性状的测定，并进行试验结果分析。

含糖量的测定：收获期将每个小区随机选取 3 株，用数字糖度计测量茎下、中、上部节间糖汁的锤度（%），3 个重复。数据处理利用 Excel 和 DPS 进行。

表 1　不同盐碱地土壤养分及盐分含量

试验地	土层 (cm)	pH	水溶性氮 (mg/kg)	有效磷 (mg/kg)	速效钾 (mg/kg)	Cl⁻ (g/kg)	Na⁺ (g/kg)	盐分含量 (g/kg)
CK	0~5	7.92	65.3	14.5	309	0.02	0.076	0.7
I	0~5	8.89	64	19.4	426	0.04	0.11	1.2
II	0~5	9.85	140	27	722	0.58	1.8	5.4

2　结果与分析

2.1　盐碱地对甜高粱农艺性状的影响

不同品种甜高粱在不同盐碱地各农艺性状的平均值及 LSD 检验结果见表 2。

表 2　不同盐碱地各品种主要农艺性状 LSD 检验结果

盐碱地	品种	出苗率 (%)	茎粗 (cm)	株高 (cm)	锤度 (%)	每亩生物产量 (kg)
CK	XT-2	98±1Aa	19.64±0.1ABbc	252.8±1Bb	18.64±0.5Ab	5 198.20±1Aa
	T601	98±1Aa	21.66±1ABab	332.4±0.53Aa	16.55±0.5Bc	5 080.667±0.5Aa
I	XT-2	98.67±0.57Aa	21.21±1.3ABabc	215.67±2.04Cc	16.55±0.8Bc	2 192.17±113.1Cc
	T601	98.33±0.57Aa	22.13±1.31ABab	328.32±6Aa	14.38±0.5Cd	4 150.47±189.1Bb
II	XT-2	56.67±7.63Bc	18.8±2.81Bc	136.67±17.56Dd	19.41±0.5Aa	1 391±7.8Dd
	T601	90.67±3.05Ab	22.78±0.75Aa	131±8.54Dd	13.46±1.5Cd	1 385.25±15.24Dd

注　同列不同大写字母表示差异达 1% 显著水平，不同小写字母表示差异达 5% 显著水平。

2.2　盐碱地对甜高粱出苗率的影响

各品种甜高粱在不同盐碱地的出苗率变化如图 1 所示。盐分处理对甜高粱的出苗率有明显影响，两种品种出苗率的变化趋势一致。

不同盐碱地、不同品种对出苗率的 LSD 检验结果（表 2）看出，同一品种在不同盐碱地的出苗率不一样。随着盐碱含量的升高出苗率明显降低。这与张云华等高粱萌发期和苗期耐盐性研究结果一致[13]。CK 和盐碱地 I XT-2 的出苗率比盐碱地 II 高。CK 和盐碱地 I 对品种 XT-2 出苗率的影响差异不显著，显示出品种 XT-2 在轻度盐碱地具有一定的耐盐性。CK 和盐碱地 I XT-2 的出苗率、与盐碱地 II 出苗率差异极显著，说明强度盐碱地品种 XT-2 生长趋势较弱。CK 和盐碱地 I 对 T601 出苗率的影响差异不显著、与盐碱地 II 差异显著。T601 在盐碱地 I 和盐碱地 II 的差异显著，表明 T601 在强度盐碱地具有比较好的生长趋势。在同一试验地不同品种的出苗率差异不一致。CK 和盐碱地Ⅰ 2个品种的出苗率差异不显著，说明盐碱地Ⅰ两者都具有耐盐能力。盐碱地Ⅱ 2个品种的出苗率差异极显著，T601 的出苗率高于 XT-2，说明 T601 耐盐能力比 XT-2 强。

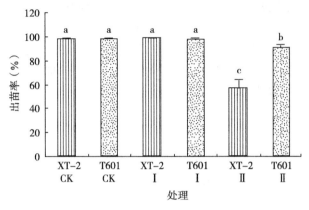

图 1 盐碱地对出苗率的影响

2.3 盐碱地对甜高粱茎粗的影响

图 2 为不同盐碱地各品种茎粗变化曲线。从图中可以看出，两个品种在不同盐碱地茎粗变化趋势不一致。LSD 检验结果显示（表 2），同一品种在不同盐碱地的茎粗差异都不显著。CK、盐碱地Ⅰ、盐碱地Ⅱ对品种 XT-2 茎粗的影响差异不显著。CK、盐碱地Ⅰ、盐碱地Ⅱ对品种 T601 的茎粗影响差异也不显著，说明盐碱地间差异不显著。

不同品种在同一盐碱地的差异不一致，CK 和盐碱地Ⅰ两个品种的茎粗差异都不显著，盐碱地Ⅱ两者差异极显著，T601 的茎粗大于 XT-2。总之，从茎粗的变化来看，T601 耐盐性比 XT-2 好。

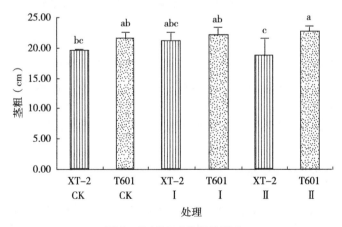

图 2 盐碱地对茎粗的影响

2.4 盐碱地对甜高粱株高的影响

2 个品种在不同盐碱地株高的变化趋势一致，随着盐分含量的增加，株高降低。甜高粱的生长受到土壤盐分含量的影响。盐胁迫下苗期大麦也表现出类似的症状[14]。

从检验结果（表2）看出，品种XT-2在不同试验地的株高差异极显著，盐分含量对XT-2的株高产生很大的影响。CK和盐碱地Ⅰ对T601株高的差异不显著、CK与盐碱地Ⅱ差异极显著，说明强度盐碱地T601生长速度受到抑制，这跟李新举[15]等的甜高粱M81E盐碱试验结果一致。CK和盐碱地Ⅰ两个品种的株高差异都极显著，盐碱地Ⅱ差异不显著。这表明强度盐碱地2个品种生长速度都受到抑制，在土壤盐分含量＞4.7g/kg是甜高粱生长受到明显抑制[15]。总之，3种试验地品种T601的株高均高于XT-2，这进一步证明T601耐盐性强于XT-2（图3）。

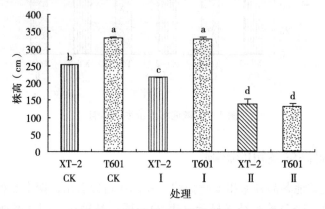

图3　盐碱地对株高的影响

2.5　盐碱地对甜高粱含糖量的影响

从表2可以知道，CK和盐碱地Ⅰ对XT-2的含糖量差异极显著、CK与盐碱地Ⅱ的差异显著、盐碱地Ⅰ和盐碱地Ⅱ差异极显著。CK和盐碱地Ⅰ对T601含糖量的差异极显著、CK与盐碱地Ⅱ差异显著、盐碱地Ⅰ和盐碱地ⅡT601含糖量差异不显著。总之，不同的2种品种在同一盐碱地的含糖量差异均极显著，XT-2的含糖量一致高于T601。

糖分是盐胁迫下重要的渗透调节物质。图4显示，不同盐度胁迫对甜高粱体内含糖量的积累产生较大的影响。T601糖分含量随着盐分含量的升高而降低，盐碱地Ⅱ含糖量比对照降低2.74％，盐碱地Ⅰ比对照降低1.82％。XT-2在不同盐碱地糖分含量的变化跟T601不一致，盐碱地ⅠXT-2含糖量比对照降低1.75％，盐碱地Ⅱ比对照累计锤度为1.11％。枸杞叶片可溶性糖也在高盐处理下糖分含量高于低盐胁迫[16]，这与本试验结果相似。

2.6　盐碱地对甜高粱生物产量

图5为不同盐碱地两种品种生物产量变化图，从图中可以看出生物产量是随着盐分含量的增加而减少的。检验结果表明（表2），同一品种在不同试验地的差异极显著，说明盐分含量对生物产量的影响很大。CK、盐碱地Ⅱ两种品种的生物产量差异不显著、盐碱地Ⅰ两者的差异极显著。盐碱地ⅡXT-2的生物产量比对照减产73.5％，盐碱地Ⅰ减产57.82％。盐碱地ⅠT601减产18.29％，盐碱地Ⅱ减产72.73％。一般作物如大豆[17]、油葵[18]等在随着盐浓度的增加，产量均下降的，这跟本实验结果相似。

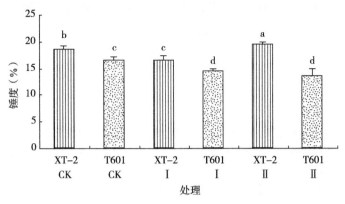

图 4　盐碱地对含糖量的影响

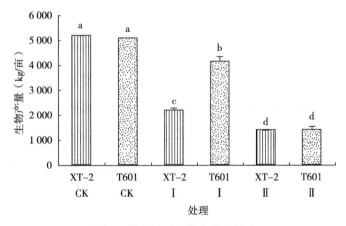

图 5　盐碱地对生物产量的影响

3　讨论

盐分胁迫对植物最普遍和最显著的效应就是抑制生长。盐胁迫会造成植物发育迟缓，抑制植物组织和器官的生长和分化，使植物的发育进程提前。植物被转移到盐逆境中几分钟后，生长速率即有所下降，其下降程度与根际渗透压成正比。最初盐胁迫造成植物叶面积扩展速率降低，随着含盐量的增加，叶面积停止增加，叶、茎和根的鲜重及干重降低[19]。马铃薯试管苗的苗高、根长、生物量显著下降[20]。

4　结论

甜高粱出苗率和茎粗在盐碱地Ⅲ才受到影响，其中盐碱地Ⅲ对品种 XT‑2 出苗率的影响最大。株高和生物产量受盐分含量的影响很明显，其中盐碱地Ⅲ的影响最大。盐分含量对两种品种含糖量的影响不一致，其中盐碱地对品种 T601 含糖量影响比较大，品种 XT‑2 的含糖量在盐碱地Ⅱ才受到影响。

从不同盐分含量的试验地两种品种的出苗率、茎粗、株高和生物产量的变化情况来看，T601比XT-2具有比较强的耐盐能力。

参考文献

[1] 马克敏. 论我国农民宅基地使用权制度及其完善 [J]. 内江师范学院学报，2003 (5)：60-63.

[2] 魏玉清，任贤. 利用盐碱地种植甜高粱生产燃料乙醇的产业化前景分析 [J]. 安徽农业科学，2010，38 (21)：11279-11282.

[3] 黎大爵，廖馥荪. 甜高粱及其利用 [M]. 北京：科学出版社，1992：17.

[4] 郭德栋，李山源. 糖甜菜的性状遗传和基因 [J]. 中国糖料，1983 (3)：10-16.

[5] 王宝山，邹琦. NaCl胁迫对高粱成熟叶质外体和共质体中Na^+、Ca^{2+}浓度的影响 [J]. 应用与环境生物学报，1997，3 (4)：309-312.

[6] 吕金印，赵晖. NaCl胁迫对甜高粱幼苗保护酶活性等生理特性的影响 [J]. 干旱地区农业研究，2008，6 (26)：134-139.

[7] 吴发远，葛江丽. NaCl胁迫对甜高粱幼苗抗性酶活性的影响 [J]. 中国农业科学，2009，25 (6)：136-139.

[8] 丛靖宇，张烨. 不同品种甜高粱幼苗的耐盐能力 [J]. 中国农学通报，2010，26 (19)：128-135.

[9] Rana G，Katerji N. Evapotranspiration measurement for tall plant canopies：the sweet sorghum case [J]. Theoretical & Applied Climatology，1996，54 (3-4)：187-200.

[10] Pilar Bernal M，Antoni F，Navarro，et al. Carbon and nitrogen transformation duration composting of sweet sorghum bagasse [J]. Biol Fertil Soils，1996 (22)：141-148.

[11] Ruzica Stricevic，Endre Caki. Relationships between available soil water and indicators of plant water status of sweet sorghum to be applied in irrigation scheduling [J]. Irrigation Science，1997，18 (1)：17-21.

[12] 鲁如坤. 土壤农业化学常规分析 [M]. 北京：中国农业科技出版社，2000：355.

[13] 张云华，孙守均. 高粱萌发期和苗期耐盐性研究 [J]. 内蒙古民族大学学报，2004，19 (3)：300-304.

[14] 李尉霞，齐军仓. 大麦苗期耐盐性生理指标的筛选 [J]. 石河子大学学报，2007，25 (1)：23-27.

[15] 李新举，张志国. 甜高粱抗盐性初报 [J]. 中国糖料，1998，4：30-32.

[16] 蔺海明，张有福. 盐分胁迫下不同年龄枸杞枝条着生叶片生理特征的研究 [J]. 中国生态农业学报，2007，5 (15)：112-115.

[17] 徐卫红，徐芬芬. 壳聚糖对盐胁迫下大豆幼苗抗盐性的影响 [J]. 湖北农业科学，2010，8 (49)：1859-1862.

[18] 石必显，雷中华. 利用盆栽试验对4个油葵品种的耐盐性鉴定 [J]. 新疆农业科学，2010，47 (3)：523-527.

[19] 杨少辉，季静，王罡宋，等. 盐胁迫对植物影响的研究进展 [J]. 分子植物育种，2006，4 (3)：139-142.

[20] 王新伟. 同盐浓度对马铃薯试管苗的胁迫效应 [J]. 马铃薯杂志，1998，12 (4)：203-207.

本文曾发表于《新疆农业科学》2010年第47卷第8期。

甜高粱主要农艺性状
相关性和主成分分析

冯国郡[1]　叶凯[1]　涂振东[1]　郭建富[2]　再吐尼古丽·库尔班[1]

(1. 新疆农业科学院，乌鲁木齐 830091；

2. 新疆农业科学院玛纳斯试验站，玛纳斯 832200)

【研究意义】甜高粱是普通粒用高粱的一个变种，属禾本科一年生草本植物，其特点是茎秆汁液富含糖分[1]，作为一种高能植物，具有适应性强、抗旱、耐涝、耐盐碱、耐肥、耐瘠薄、生长迅速、糖分积累快和生物学产量高等优良特性[2-4]。甜高粱作为一种战略贮备资源，在不影响粮食安全，不与人争粮、不与粮争地的前提下，用甜高粱代替粮食生产燃料乙醇受到政府鼓励。【前人研究进展】陈连江等[5]对甜高粱形态性状与产量和质量性状之间的关系、产量性状与品质性状之间的关系作了初步研究，不同作者对不同地点、不同品种甜高粱主要农艺性状的相关分析做了初步研究[6-8]，结果不尽相同。【本研究切入点】对甜高粱主成分分析研究鲜见报道。以新疆2008年甜高粱区域试验为材料，对影响产糖量的13个主要农艺性状进行相关分析，并进行主成分分析。【拟解决的关键问题】通过分析使育种者把握主要性状、综合协调考虑其他次要性状，以提高育种选择的目标性和效率，为甜高粱育种实践提供理论依据。

1　材料与方法

1.1　试验地点

新疆农业科学院玛纳斯试验站、奇台麦类试验站、伊犁州农科所和拜城油料作物试验站4个点进行。各点土壤肥力中等，土壤类型属壤土、沙壤土。前茬分别为甜菜、冬小麦和玉米，秋翻春灌，播前精细整地，每亩施农家肥 $2\sim4m^3$，磷酸二铵等 $10\sim20kg$ 做基肥。

1.2　材料

为2008年新疆甜高粱区域试验材料，分别是：新高粱3号、XT-11、XT-12、XT-13、XT-14、XT-15、XT-16、XT-17、TJ-01、T601十个品种。

1.3　方法

1.3.1　试验设计

试验采用随机区组排列设计，重复3次，小区长5m，行距0.6m，株距0.20m，5行区，小区面积15m²，留苗密度为83 325株/hm²。4月22日至5月7日播种，全生育期中耕除草3~6次，去分蘖2~3次，奇台、拜城苗期防地老虎1次，7月防蚜虫2次，浇水4~6次，追肥1次，施尿素150~225kg/hm²。

1.3.2 调查记载项目

调查出苗期、分蘖期、拔节期、开花期、抽穗期、挑旗期和成熟期，乳熟末期在1行内连续取10株调查植株性状株高、茎粗、节数、秆长和穗长等项目；调查植株抗性性状如抗旱性、抗倒性、抗虫性及抗病性；蜡熟期田间收获3行，计产面积9m²，测量经济性状如小区生物产量、小区茎秆产量、汁液锤度和穗籽粒重等；连续取10株室内考种粒色、千粒重等项目。

1.3.3 锤度测定

收获时每个品种随机取5株，用水将锤度计调零，每株分别测上、中、下3个茎节汁液，用ATAGO数显锤度计测定锤度，所得锤度为15个数据的平均值。

性状的研究方法采用相关分析及主成分分析等，数据处理采用唐启义等[9]DPS统计软件完成。

2 结果与分析

2.1 甜高粱产糖量及其主要农艺性状相关分析

2.1.1 参试甜高粱各品种平均性状

对2008年新疆甜高粱区域试验与产糖量相关13个农艺性状进行分析（表1）。

表1 参试甜高粱品种各性状平均值

品种（系）	生育期（d）	每亩生物学产量（kg）	每亩茎秆产量（kg）	每亩籽粒产量（kg）	锤度（%）	株高（cm）	秆长（cm）	节数	茎粗（mm）	单株重（kg）	秆重（kg）	穗粒重（g）	千粒重（g）	每亩产糖量（kg）
XT-2	127	5 198.2	3 921.7	304.7	18.3	253.8	241.1	14.5	19.64	0.86	0.75	64.7	24	725.7
XT-11	139	6 197.1	4 731.1	320.2	16.4	362.3	347.3	17.8	20.29	0.9	0.8	56.8	21.8	492.2
XT-12	138	7 660.1	6 711.6	389.6	17.7	373.5	359.6	16.7	22.39	1.1	0.88	75.9	23.6	1 038.1
XT-13	133	7 515.3	5 932.6	447.6	18	357.6	336.8	16.8	23.2	1.23	1.007	89.4	23.8	1 067.3
XT-14	125	5 820.9	4 145.6	478.4	17.3	309.9	294.4	14.8	21.1	1.06	0.85	89.9	24.6	719
XT-15	130	6 234.4	4 610.9	555	16.9	360.1	344.9	16.3	21.64	1.11	0.85	107.4	24.4	782.1
XT-16	130	7 498.4	6 391.2	432.3	16.3	389.2	378.5	18.4	23.16	1.33	1.03	84.5	21.1	1 026.3
XT-17	141	7 536.7	5 698.8	511.4	16.2	378.7	367	17.2	21.58	1.17	0.85	80.7	18.6	961.7
TJ-01	121	5 286.6	4 119.5	574.5	13.5	314.6	296.3	13.2	21.11	1.01	0.71	83.2	26.7	554.5
T601	124	5 080.1	4 111.9	405.4	16.2	332.9	319.9	13.8	21.66	1	0.73	86.8	27.2	671.4

2.1.2 产糖量、生物产量等与各性状间相关性分析

主要农艺性间的相关分析，通过性状间相关性分析可知，产糖量与生物产量、茎秆产量、茎粗、单株重和秆重呈极显著相关（显著性标准 $r_{0.05} = 0.631\ 9^*$，$r_{0.01} = 0.764\ 6^{**}$），

与生育期、锤度、株高、秆长和节数正相关，但未达到显著程度，与籽粒产量、穗粒重相关性很小，与千粒重呈负相关；生物产量与茎秆产量、株高、秆长和节数、单株重、秆重呈极显著相关，与茎粗呈显著相关，与籽粒产量、穗粒重相关性很小，与千粒重呈负；相关茎秆产量与株高、秆长、秆重呈极显著相关，与穗粒重相关性很小，与籽粒产量、千粒重呈负相关；籽粒产量与穗粒重呈显著相关，与株高、茎粗、单株重相关，但不显著，与锤度、节数呈负相关；锤度与株高、秆长、穗粒重、千粒重呈负相关；株高与秆长呈极显著相关，与节数、茎粗、单株重呈显著相关。以上相关表明选育产糖量高的甜高粱品种时，注意选择植株高大、节数多，茎秆粗壮的品种，同时也要兼顾生育期和锤度，而籽粒性状和籽粒产量与产糖量关系不大，无须过多关注（表2）。

2.2　主成分分析

在各种问题的多指标分析中，指标的个数多，又有相互关联，分析工作比较困难。多元统计的主成分分析是指在不损失或很少损失原有信息的前提下，将原来个数较多而且彼此相关的指标转换为新的个数较少而彼此独立或不相关的综合指标，从而简化多指标分析[10]。主成分分析在花生[11]、玉米[12]、燕麦[13]、鲜食大豆[14]、蚕豆[15]和普通油茶[16]的农艺性状的研究中都有应用。

对供试材料的13个主要农艺性状进行主成分分析，得到13个性状遗传相关矩阵的特征根和对应的特征向量。其中前3个特征根在13个特征根中累计贡献率达88.47%，包含了全部指标的绝大部分信息，列出主成分分析因子得分。选取前3个主成分来代替13个性状指标进行分析。第一个主成分的特征值为7.234 2，方差贡献率是55.647 9%，代表了全部性状信息的55.647 9%，是最主要的主成分；第二个主成分的特征值为2.912 7，方差贡献率是22.405 4%，是仅次于第一主成分的重要主成分；第三个主成分的特征值是1.354 7，方差贡献率是10.421 1%；其他主成分的贡献率逐步减小。前3个主成分的累积贡献率是88.474 5%，已把甜高粱主要农艺性状88.474 5%的信息反映出来，因此可以选取前3个主成分为甜高粱性状选择的综合指标。表3至表5第一主成分主要为生物产量、茎秆产量、单株重、秆重、株高、秆长、节数、茎粗及生育期，主要反映与产糖量有关的植株体性状；第二主成分主要为籽粒产量、穗粒重和千粒重，主要反映甜高粱的经济产量；第三主成分为含糖锤度，其与产糖量密切相关。结合相关分析结果，在育种实践中着重关注第一主成分性状，即产糖量有关的植株体性状，如株高、秆长、节数、茎粗及生育期的选择，其次是第三主成分为含糖锤度性状的选择，籽粒性状不必作为重点性状。

3　讨论

研究结果表明，通过性状间相关性分析可知，产糖量与生物产量、茎秆产量、茎粗、单株重和秆重呈极显著相关（显著性标准 $r_{0.05}=0.631\ 9^*$，$r_{0.01}=0.764\ 6^{**}$），与生育期、锤度、株高、秆长和节数正相关，但未达到显著程度，与籽粒产量、穗粒重相关性很小，与千粒重呈负相关。以2004年区试材料为研究对象的结果基本一致[8]，但有一点不同，即上次产糖量与籽粒产量呈负相关，而这次为弱正相关（$r=0.076\ 1$）；这与Broadhead[3]研究结果即甜高粱籽粒产量的生产似乎不随糖产量的增加而减少相似。

表2 甜高粱各农艺性状间的相关系数

性状	生育期	生物产量	茎秆产量	籽粒产量	锤度	株高	秆长	节数	茎粗	单株重	秆重	穗粒重	千粒重
生物产量	0.743 1*												
茎秆产量	0.655 4*	0.955 8**											
籽粒产量	-0.264 5	0.068 1	-0.032 5										
锤度	0.333 5	0.283 3	0.238	-0.557 7*									
株高	0.634 6*	0.791**	0.778 3**	0.230 5	-0.111 1								
秆长	0.641 9*	0.786 3**	0.778 5**	0.205 1	-0.103 5	0.997 4**							
节数	0.799 8**	0.822 8**	0.757 2*	-0.198	0.307 2	0.77**	0.779 6**						
茎粗	0.167 6	0.720 3*	0.769 5*	0.320 9	0.054 2	0.710 5*	0.692*	0.441 2					
单株重	0.211 7	0.769 8**	0.742 8*	0.441 7	0.016 7	0.707 9*	0.701 2*	0.547 2	0.915 2**				
秆重	0.389 4	0.831**	0.788 7**	0.036 6	0.398 1	0.620 3	0.610 4	0.756 4*	0.795 8**	0.855 7**			
穗粒重	-0.347 5	0.080 1	0.015 7	0.776 1*	-0.087 3	0.217	0.197 6	-0.137 1	0.518	0.546 9	0.265 5		
千粒重	-0.802 4**	-0.704 6*	-0.572 5*	0.118 7	-0.192 4	-0.534 4	-0.560 4	-0.818 7**	-0.140 5	-0.395 1	-0.498 6	0.281 8	
产糖量	0.414 2	0.842 3**	0.842 3**	0.076 1	0.466 1	0.503 7	0.505 7	0.526 7	0.782 5**	0.802 5**	0.807 2**	0.297 1	-0.441 7

注　显著性标准 $r_{0.05}=0.631\ 9*$，$r_{0.01}=0.764\ 6**$。

表3　各性状的特征根与特征向量

性状	因子 1	因子 2	因子 3	因子 4	因子 5	因子 6	因子 7	因子 8	因子 9	因子 10	因子 11	因子 12	因子 13
生育期	0.259 1	-0.336	-0.213 9	0.210 2	0.354 2	0.324	0.108 1	-0.427	0.328 8	0.299 3	-0.194	0.099 9	0.245 7
生物产量	0.358 7	-0.051	0.048 1	0.048 9	-0.082 5	0.409	0.180 3	0.001 9	-0.177	-0.112	-0.203	0.058 8	-0.754 5
茎秆产量	0.344 2	-0.046	0.073 6	-0.278	-0.078 9	0.451 8	0.005 3	0.642	0.098 1	-0.019	-0.044	-0.078	0.395 2
籽粒产量	0.038 8	0.503 8	-0.253 4	0.446 3	-0.052 1	0.292 6	0.354 9	-0.028	-0.194	-0.034	0.442 2	0.004 1	0.178 7
锤度	0.075 3	-0.291	0.662 9	0.295 9	0.367 4	0.061 4	-0.127	0.029 5	-0.287	0.005 1	0.371 8	-0.067	0.040 9
株高	0.332 4	0.079 8	-0.272 2	-0.172	0.34	-0.197	-0.025	-0.086	-0.293	-0.045	-0.045	-0.726	0.005
秆长	0.332 1	0.064 8	-0.279 1	-0.164	0.327 4	-0.226	-0.203	0.107 4	-0.366	-0.01	0.079 2	0.654 4	0.035 5
节数	0.326 2	-0.211	-0.059 1	0.109 3	-0.012 6	-0.48	0.400 7	0.275 6	0.444 4	0.052 3	0.357 4	-0.006	-0.198
茎粗	0.288 6	0.282 5	0.224 5	-0.364	-0.002	0.100 3	-0.171	-0.438	0.376 4	-0.422	0.317 4	0.049 5	0.014 3
单株重	0.308 9	0.276 4	0.142 6	0.025 1	-0.327 7	-0.059	-0.358	-0.076	0.013 2	0.736 2	0.095 1	-0.061	-0.085
秆重	0.320 2	0.044 7	0.352 1	0.021 8	-0.305 6	-0.28	0.440 6	-0.232	-0.265	-0.086	-0.381	0.097 7	0.344 5
穗粒重	0.062 8	0.508 4	0.200 4	0.384 1	0.376 6	-0.134	-0.146	0.240 3	0.319 3	-0.112	-0.44	0.012 9	-0.053 3
千粒重	-0.257 1	0.268 3	0.229 3	-0.49	0.398	0.069 9	0.487 9	0.000 4	0.001 3	0.389 7	0.024 7	0.065 2	-0.105 8

表 4　主成分的特征值与累计贡献率

编号	特征值	贡献率（%）	累计贡献率（%）
1	7.234 2	55.647 9	55.647 9
2	2.912 7	22.405 4	78.053 4
3	1.354 7	10.421 1	88.474 5
4	0.623 5	4.796 2	93.270 7
5	0.436 1	3.354 4	96.625 1
6	0.306 7	2.359 1	98.984 2
7	0.086 2	0.662 8	99.647
8	0.038	0.292 5	99.939 4
9	0.007 9	0.060 6	100

表 5　主成分分析因子得分

编号	$Y(i,1)$	$Y(i,2)$	$Y(i,3)$	$Y(i,4)$	$Y(i,5)$	$Y(i,6)$	$Y(i,7)$	$Y(i,8)$	$Y(i,9)$
N(1)	−4.15	−2.604 2	1.336 7	0.462 3	−0.583	0.155 9	−0.112	0.142 1	0.092 8
N(2)	−0.06	−3.086 1	−1.578	−0.369 5	0.349 1	−0.688 8	0.347 3	−0.123	−0.02
N(3)	2.362	−0.988 3	0.388 2	−0.865	0.667 6	0.989 7	0.067 8	0.26	−0.065
N(4)	2.528	0.572 1	1.705 8	−0.148 8	−0.088	0.261 6	0.286 9	−0.381	0.079 5
N(5)	−1.71	0.723 5	0.938 5	0.758 9	−0.19	−0.183 1	0.062 7	−0.065	−0.226
N(6)	0.312	1.846 1	0.045	1.156 4	1.040 5	−0.438 6	0.195 4	0.215 8	0.083 9
N(7)	3.937	0.649 6	0.283 2	−0.611 6	−1.043	−0.815 1	−0.157	0.204 9	0.005 5
N(8)	2.659	−0.533	−1.626	1.202 5	−0.236	0.544 3	−0.425	−0.132	0.009 3
N(9)	−3.31	2.428	−1.61	−0.542 5	−0.727	0.486	0.290 4	0.023 6	0.028 2
N(10)	−2.56	0.992 4	0.116	−1.042 6	0.809 7	−0.312	−0.557	−0.147	0.011 9

　　结果表明生物产量与茎秆产量、株高、秆长、节数、单株重和秆重呈极显著相关，与茎粗呈显著相关，这点与杨伟光等[6]研究结果相似。但是其认为株高与植株含糖量呈极显著的正相关，这与研究结果相反。由此可以看出，甜高粱性状之间的关系是复杂的，既相互制约又相互影响，不同时间、不同地点、不同品种的研究结果可能会有所不同。

　　在新疆选育优质、高产糖量的甜高粱品种时，注意选择植株高大、节数多、茎秆粗壮的品种，同时也要兼顾生育期和锤度，而籽粒性状和产量与产糖量关系不大，无须过多关注。

4　结论

　　通过性状间相关性分析可知，产糖量与生物产量、茎秆产量、茎粗、单株重和秆重呈极显著相关（显著性标准 $r_{0.05}=0.631\,9^*$，$r_{0.01}=0.764\,6^{**}$），与生育期、锤度、株高、秆长、节数正相关，但未达到显著程度，与籽粒产量、穗粒重相关性很小，与千粒重呈负相关。

　　主成分分析表明，前3个特征根在13个特征根中累计贡献率达88.47%，包含了全部指标的绝大部分信息，因此，可选取前3个主成分来代替13个性状指标进行分析。

　　在育种实践中着重关注第一主成分性状，即产糖量有关的植株体性状，如株高、秆长、节数、茎粗及生育期的选择，其次是第三主成分为含糖锤度性状的选择，籽粒性状不必作为重点选择性状。

参考文献

[1] 李桂英，李金枝 . 美国甜高粱的栽培及其糖浆生产技术 [J]. 作物杂志，2005 (4)：33 - 35.

[2] 杨文华 . 甜高粱在我国绿色能源中的地位 [J]. 中国糖料，2004 (3)：57 - 59.

[3] 黎大爵，廖馥荪 . 甜高粱及其利用 [M]. 北京：科学出版社，1992.

[4] 葛江丽，姜闯道，石雷，等 . 甜高粱研究进展 [J]. 安徽农业科学，2006，34 (22)：5815 - 5816，5892.

[5] 陈连江，陈丽，赵春雷 . 甜高粱品种（系）主要性状间关系的初步研究 [J]. 中国糖料，2007，(4)：16 - 18.

[6] 杨伟光，杨福，高春福，等 . 甜高粱主要农艺性状相关性研究 [J]. 吉林农业大学学报，1995，17 (1)：29 - 31，453.

[7] 赵香娜，李桂英，刘洋，等 . 国内外甜高粱种质资源主要性状遗传多样性及相关性分析 [J]. 植物遗传资源学报，2008，9 (3)：302 - 307.

[8] 冯国郡，王兆木，贾东海 . 新疆甜高粱区域试验精确度分析及品种的灰色综合评判 [J]. 杂粮作物，2008，28 (2)：70 - 73.

[9] 唐启义，冯明光 . DPS数据处理系统 [M]. 北京：中国农业出版社，1998.

[10] 袁志发，周静宇 . 多元统计分析 [M]. 北京：科学出版社，2003：188 - 201.

[11] 张晓杰，姜慧芳，任小平，等 . 中国花生核心种质的主成分分析及相关分析 [J]. 中国油料作物学报，2009，31 (3)：298 - 304.

[12] 刘海燕 . 外引矮秆玉米自交系性状综合评价 [J]. 中国种业，2009 (12)：37 - 39.

[13] 王海林 . 主成分分析在燕麦引种筛选中的应用评价 [J]. 草业与畜牧，2009，16 (5)：17 - 23.

[14] 王学军，郝德荣，顾国华，等 . 鲜食大豆主要农艺性状的遗传变异、相关性和主成分分析 [J]. 金陵科技学院学报，2008，24 (3)：61 - 64.

[15] 王晓娟，祁旭升，王兴荣 . 蚕豆种质资源主要性状遗传多样性分析 [J]. 农业现代化研究，2009，30 (5)：633 - 636.

[16] 谢鹏，谭晓风，袁军，等 . 普通油茶优良单株产量与主要性状的主成分分析 [J]. 湖南林业科技，2009，36 (2)：16 - 22.

本文曾发表于《Plant，Soil and Environment》2021 年第 67 卷第 5 期。

Impact of Long – term Use of Fertilizer and Farmyard Manure on Soil Chemical Properties and Biomass Yield under a Sweet Sorghum Cropping System in Xinjiang, China

Introduction

Xinjiang is one of the important agricultural regions of China and is located in an extremely arid and semiarid region (Liu et al., 2012). Owing to the inappropriate irrigation and fertilization practices, more than 30% of the cultivated fields suffer from secondary salinization (Li et al., 2008).

Sweet sorghum [*Sorghum bicolor* (L.) Moench] is a common salt – tolerant grain sorghum crop species suitable for arid land cultivation and shows several advantages, e. g., high biomass yield, rapid growth, wide adaptability to diverse climate and soil conditions, rich sugar content, high resistance to drought and salinity, and good yield potential in marginal environments (Zhang et al., 2016). These characteristics make it an alternative forage crops to others (Yu et al., 2008). Sweet sorghum has been the most dominant forage crop cultivated in the Xinjiang arid region in the northwest of China for many years. Inorganic nitrogen, phosphorus, potassium, and FYM have been applied as fertilizers. Long – term fertilization has been considered as an efficient method of counteracting the harmful effects of continuous cropping. Thus, long – term experiments have been widely established, and the effects of fertilization on crop yield and soil for sustainable crop production have been widely studied. For example, the long – term application of organic manure with balanced N, P, and K fertilizer has promoted soil microbial activity and enhanced crop production (Chen et al., 2018), and the long – term application of manures has effectively prevented soil acidification and increased the crop productivity (Zhai et al., 2011). However, research results are not consistent owing to the complexity and diversity of the agronomic practices, cropping systems, and soil conditions.

Although sweet sorghum cultivation has a long history in China, the research on this topic mainly concentrated on breeding tactics for improving ethanol production (Zou et al., 2003), establishing sustainable sweet sorghum – based cropping systems (Tang et al., 2018) and evaluating these systems, etc. Some experimental achievements conducted in this study area showed that the sweet sorghum species Xingaoliang No. 3 was relatively more resistant to soil salinity and suitable for accumulating higher sugar content than other species (Zaituniguli et al., 2012). However, little attention has been paid to the change of soil fertility, the trend of annual crop yield, and the sugar content of sweet sorghum in different long-term fertilization management in this region. In this study, we initiated a continuous long-term fertilization experiment for single cropping of sweet sorghum variety Xingaoliang No. 3 in 2008 to the end of 2018 to assess (1) the effect of different fertilization on the sweet sorghum biomass yield, (2) sweet sorghum stalk Brix, and (3) the change in soil chemical properties during the long-term experimental period.

Materials and Methods

Experimental site description. The single-cropping, long-term, a field experiment was performed for the sweet sorghum variety Xingaoliang No. 3 continuously from 2008 to 2018 at the experimental station of Xinjiang Academy of Agricultural Sciences, located in Manasi County (86°14′E, 44°14′N, 470m in altitude), Xinjiang Uyghur Autonomous Region in northwestern China.

This region has a typical dry continental climate and has an annual precipitation of 180~270mm. The total annual evaporation is 1 000~1 500mm. The annual frost-free period is 165days, and the mean annual temperature is 7.2℃. The field was prepared and used for continuous sweet sorghum cultivation from late April to the end of September every year and remained fallow for the remainder of the year.

Experimental design. The experiment began in April 2008 and continued for eleven years until October 2018. The salt-tolerant, salt-sensitive, sweet sorghum Xingaoliang No. 3 cultivar, which has been recommended for widespread cultivation in Xinjiang, was selected for this study, and different fertilization treatments with three replicates were established: CK (control, without fertilization), NK (application of N+K), NP (application of N+P), PK (application of P+K), NPK (application of N+P+K), and another three different treatments combined with organic manure (M, NPKM, and 1.5NPKM). The details are provided in Table 1.

Table 1 The annual fertilization rate and fertilizer type of each treatment [kg/(hm² · a)]

treatment	N		P		K		manure
	basal	topdressing	basal	topdressing	basal	topdressing	basal
CK	0	0	0	0	0	0	0
NK	108	72	27	27	0	0	0
NP	108	72	0	0	72	72	0
PK	0	0	27	27	72	72	0

（续）

| treatment | N | | P | | K | | manure |
	basal	topdressing	basal	topdressing	basal	topdressing	basal
NPK	108	72. 0	27	27	72	72	0
M	0	0	0	0	0	0	12 000
NPKM	108	72. 0	27	27	72	72	12 000
1. 5NPKM	108	72. 0	27	27	72	72	18 000

The urea, P_2O_5, and K_2O were applied to represent the N, P, and K, respectively. The NPK was applied at a constant rate as basal and topdressing fertilizers every year. Organic manure was only applied as basal fertilizer. Basal fertilizers were applied before sowing (1st May – 10th May), and topdressing was applied to the soil surface at the jointing stage of the sorghum (1st July – 10th July). The total N, P, and K contents of the farmyard organic manure were 26. 5g/kg, 7. 9g/kg, and 18. 2g/kg, respectively.

The area of each treatment and control plot was set as $30m^2$ (5m×6m). Three replications were set for each treatment. Sweet sorghum was planted at a density of 250 plants per plot (approximately 83 330 plants/hm^2), with a spacing of 20cm between rows. An equal amount of groundwater was applied during crop growth and at the sowing and fertilization period for irrigation of each plot. The aboveground stalk was completely harvested from each plot for biomass and other measurements at the date of maturity (1st of September – 5th September). Then, the field was plowed to a depth of 15 – 30cm and most of the root residue was cleaned by raking before flattening the surface of the soil.

Sample analysis. Soil samples (0 – 20cm depth) were collected in September after harvesting every year. In each plot, the soil was collected from ten points randomly and mixed into one sample. After carefully removing the surface organic materials and fine roots, the soil samples were air – dried and sieved using a 2mm sieve before determining the soil chemical properties.

Soil pH and soil organic matter (SOM) were determined by the electrometric instrument (Mettler Toledo FE20, Shanghai, China) and the dichromate wet oxidation method, respectively (Marc and Jacques 2006).

The plant biomass yield was determined at harvest time in 2008, 2009, 2010, 2011, 2013, and 2018 by weighing. The final biomass yield of each plot was calculated as the average value of the replicates and expressed in t/hm^2. The sugar Brix was the average of five physiological mature stalks determined by hand refractometer in each plot at harvest time in 2008, 2009, 2010, and 2018.

Statistical analysis. Statistical analyses were performed using Excel 2013 and SPSS 25. 0 softwares. Statistically significant differences were identified using a one – way analysis of variance (ANOVA) with the least significant difference (LSD) tests at the 0.05 and 0.01 levels of significance. Data obtained from the triplicate measurements are presented as the mean ± standard deviation (SD).

Results and Discussion

Overall yield and stalk sugar Brix. The average biomass yield of sweet sorghum of treated plots differed significantly from the CK (Fig. 1a). Compared to CK, the average biomass of NPKM was the highest (94.06t/hm²), increased by 47.24%, the treatments NP, NK, PK, NPK, 1.5NPKM, and M increased the yield, but differences were not significant ($p > 0.05$). A significant difference ($p < 0.05$) in the average yield of sweet sorghum biomass between NPKM and M was also observed, which suggests that the combination of the proper amount of manure [12 000.0kg/(hm² · a)] and inorganic fertilizer is important to obtain the highest yield.

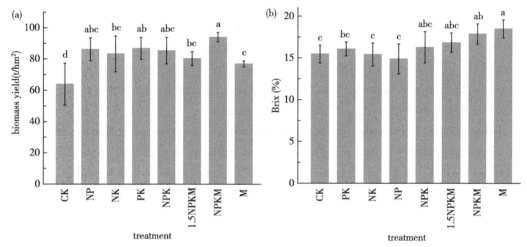

Fig. 1 (a) Average biomass yield of 6 years within 11 years and (b) average stem sugar Brix in 2018

(Notes. The vertical bars indicate standard deviations. The different small letters at the top of the error bars in each treatment group indicate significant differences among fertilizer treatments at the $p < 0.05$ level.)

The sugar Brix of sweet sorghum stems are shown in Fig. 1b. The sugar Brix of NPKM and M differed significantly from that of the CK, whereas no significant differences ($p > 0.05$) were observed among the average sugar Brix of the other treatments. The treatments NPKM and M increased the sugar Brix by 2.41% and 3.02%, respectively. Sweet sorghum is a sugar crop with high potential for bioenergy production, the sugar content and biomass yield both are essential for the quantity of bioenergy. Therefore, NPKM is the proper combination of manure and inorganic fertilizer which can obtain high sweet sorghum yield with higher sugar Brix.

Tendency of annual biomass and sugar Brix. To get a more comprehensive understanding than the aforementioned consequence, the changes of biomass and sugar Brix were analyzed over the study years, Fig. 2. The sweet sorghum biomass yields of the different treatments exhibited diverse tendencies in response to the different fertilization and varying climate (Fig. 2a). The biomass of CK significantly decreased with years while the biomass of other treatments fluctuated over the years.

The biomass of all treatments has been becoming significantly higher than that of CK year by year, until the end of cultivation. Without the application of any fertilizer for 11 years, the yield of CK significantly decreased by 40.66%, from 80.71t/hm² to 47.89t/hm² ($p<0.05$). The biomass of all pure inorganic fertilized treatments (NP, NK, PK, and NPK) was extraordinarily high in 2010 and declined to a stable level in the following year. However, the annual biomass of NPKM changed slightly and was the highest in the last years of the experiment. At the end of the experiment, the NPKM had increased the yield by 97.96%.

Sugar Brix is a measurement of the percentage by weight of soluble solids in water and is widely used as an approximation for sugar content. The changing of the sugar Brix illustrated the same trend for all treatments over the years (Fig. 2b). It increased from 2008 to 2009 and then decreased until 2018. At the end of the experiment, the lowest Brix was observed for PK, whereas the highest value was shown by M for all years. The second-highest Brix value was obtained for NPKM, indicating that long-term organic fertilization can increase the sugar Brix of sweet sorghum stem.

Soil properties in different fertilization treatments. Long-term fertilization and continuous cropping practices affect soil properties and nutrient availability. Table 2 represents the change in soil pH and organic matter after 11 years of sweet sorghum cultivation with different fertilizers.

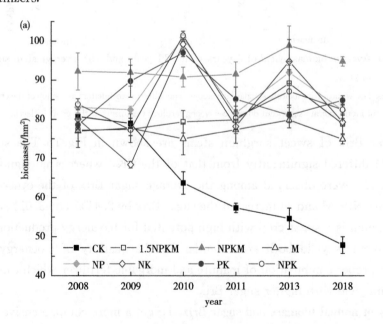

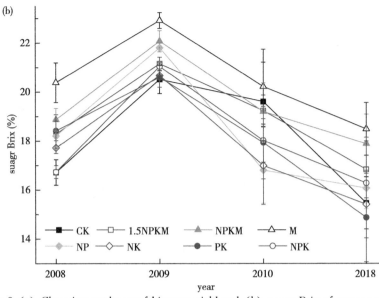

Fig. 2 (a) Changing tendency of biomass yield and (b) sugar Brix of sweet sorghum over the years

(Vertical bars represent the standard deviation.)

Table 2　Soil pH and organic matter concentrations in 2008 and in 2018

	2018								2008 (before experiment)
	CK	NP	NK	PK	NPK	M	1.5NPKM	NPKM	
pH	8.17± 0.03a	8.02± 0.01ab	8.03± 016ab	7.84± 0.08bc	7.98± 0.03ab	7.72± 0.24c	7.86± 0.17bc	7.92± 0.07bc	7.89± 0.17c
SOM (g/kg)	10.92± 0.16c	14.92± 0.79ab	14.60± 0.73ab	14.18± 0.95b	14.34± 0.27b	15.23± 0.96ab	15.97± 1.74a	15.76± 0.87a	14.14± 0.14b

Note　Different letters in the same column imply that there is a significant difference between treatments at $p < 0.05$; Blank refers to the initial topsoil before the experiment.

The quantity of NPK distributed in each kilogram of topsoil after treatment was calculated according to natural soil bulk density of this region 1.45g/cm³ (Wang et al. 2016), the inorganic nutrient source per kilogram of soil were 0.062g/kg N, 0.049g/kg P and 0.019g/kg K, respectively. The amounts of distributed nutrient in each kilogram of topsoil from organic manure in treatment M (12 000kg/hm²) were 0.110g/kg N, 0.033g/kg P, and 0.075g/kg K, respectively.

pH and soil total salt. Fig. 3a shows the changes in the soil pH value observed for the topsoil (0 – 20cm) at the experimental site during the years 2008 – 2018. Soil pH for the three treatments with organic manure exhibited a steady increasing trend at the beginning of the experiment, whereas a quick decrease was observed for the other treatments. Then, the pH for all treatments decreased sharply from 2012 to 2015 and began to increase afterward.

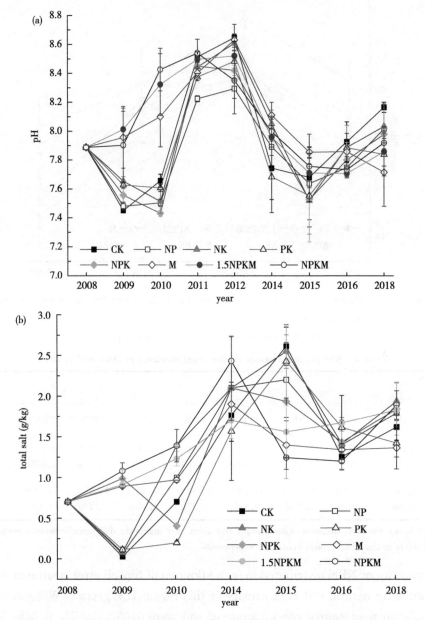

Fig. 3　Annual changes of (a) soil pH and (b) total salt during the long-
term fertilization experiment

In 2018, the pH for the CK was highest, with no significant differences with the other treatments ($p > 0.05$), and the pH for all treatments stabilized at 7.8–8.2. However, the treatments PK, M, 1.5NPKM, and NPKM decreased the soil pH value to a significantly different level ($p < 0.05$), indicating that the importance of organic manure application to alleviate soil alkalization.

As illustrated in Fig. 3b, the soil total salt (TS) was affected by different fertilization, the changing of the total salt for all treatments was an upward trend. In 2018, only the TS for treatment M was significantly lower than that for the CK and all other treatments ($p < 0.05$) (Table S1). Here, the result provided favorable evidence for preventing soil salination with organic manure application.

Soil organic matter. Soil organic matter (SOM) ranged from 10.00g/kg to 22.00g/kg for the different treatments during the experimental period (Fig. 4). The SOM for the CK appeared to show a steady decreasing tendency, whereas the SOM for fertilizer treatment showed a tendency to increase in waves. The differences in the SOM between the CK and other treatments became clearer over the years. The SOMs for NPKM and 1.5NPKM were the highest at the later period of this cultivation. In 2018, 1.5NPKM and NPKM increased the soil organic matter by 46.25% and 44.23%, respectively. The results indicate that the organic manure combined with inorganic NPK enhanced the soil organic matter more than single organic manure application after cultivation practice.

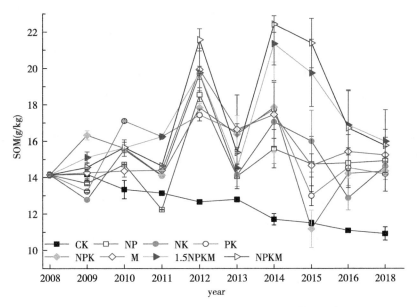

Fig. 4　Annual change of soil organic matter under different long-term fertilization in 2008-2018

In general, the change in soil nutrients resulted in a change in the biomass and stem sugar content. The biomass yield was in accordance with the change of soil organic matter for the CK. This indicated that under the condition of no fertilizer, the initial organic matter in the soil as the only nutrient source of sweet sorghum is highly positively related with sweet sorghum biomass production. The combined effect of nutrients both from organic manure and inorganic fertilzers improved the biomass production of the sweet sorghum.

Discussion

Effect of long-term fertilization on soil pH, total salt and SOM. Soil pH affects nutrient availability to plants. Some components in the soil buffer against the pH changes caused by natural and anthropogenic inputs of acidic and basic fertilizers. Long-term fertilization of soil and cultivation of different crops may result in different consequences in different regions. In a cotton-chickpea cropping system in vertisols of India, farmyard manure treatment markedly lowered the soil pH when manure was combined with inorganic fertilizer in comparison with nitrogen fertilization alone (Meena et al., 2019). Organic manure application contributed to the soil organic acids and caused a reduction in soil pH due to humic and fulvic acids decomposed from SOM during microbial decomposition of organic manures (Liang et al., 2012), releasing of CO_2 in the soil (Walker et al., 2004) and to the nitrification of NH_4^+ (Chang et al., 1991). Soil organic matter buffers pH over a wider range of pH values than other buffering components in soil and at pH>8.5, the buffering occurs because of the phenolic groups (Pan et al., 2011). However, the temporal variations of soil pH in the long-term scales were less reported in the study area. In this study, soil pH values for the treatments with organic manure increased obviously for the first three years, whereas the pH for the CK and inorganically fertilized soil decreased. The decrease in pH for the CK and the inorganic fertilized soil was in close agreement with the findings of Lal (1997), but the change of pH for soil treated with organic manure was opposite to his result. Then, the pH for all treatments undulated till the end of the experiment. Finally, the pH for inorganic fertilized soil was the lowest, possibly because of the slowness of organic manure decomposition in this arid land soil.

Total salt. The topsoil salinity was highly variable in the cropland area in Xinjiang, and the correlation between the salt concentration and the soil pH varied for the soils. Cotton cultivation without fertilization resulted in a decrease in pH and salinity in this experimental region (Liu et al., 2016). In this study, soil total salt increased for 7 years and began to stabilize after a sharp decline for all treatments. Obviously, the soil salt contents were affected by fertilization and sweet sorghum cultivation, and the overall result was not consistent with the results of Liu (2016) in central Asia. After being stabilized for 11 years, no significant differences across treatments were observed in the total soil salt in comparison with that of the CK. Compared with the strong soil salt deposit caused by strong evaporation, the effects of irrigation, fertilization and cultivation on soil salt were relatively low, this might be the reason for insignificant differences between the treatments and control plot.

Soil organic matter. As reported, SOM can be increased with the application of extra organic fertilization (Mapfumo et al., 2007). However, the SOM varies for the different soils mainly due to the decomposition rate of the organic matter. A report by Garcia-Ruiz et al. (2012) showed that the application of organic fertilizer results in no remarkable changes in the SOM for a short period due to the slow rate of the decomposition of organic matter. In the case of long-term organic fertilization, Bado et al. (2012) showed that the residual effects on soil organic carbon were found after 8 years when the amount of manure application was approximately $5 \sim 10t/(hm^2 \cdot a)$. In this experiment, significant differences in the levels of SOM were observed for all fertilization treatments at the end of 11 years cultivation in comparison with that of the CK. Interestingly, the SOM for the treatments receiving only inorganic fertilizer treatments increased gradually as it did in those treatments where organic manure was also used to treat the soil. Similar results have been previously reported, for example, the soil organic C increased with the long – term application of inorganic fertilizers, and the increase was more when manure was applied along with inorganic fertilizers in maize – wheat – cowpea cropping system in the semiarid region of India (Kanchikerimath and Singh, 2001). The SOM for inorganic fertilized soil is likely a result of the increased amount of roots and plant residues and their higher humification. In comparison with the initial SOM, the SOM in treated soil after 11 years cultivation did not increase significantly despite the relatively high quantities of organic and inorganic fertilizers applied.

Effect of long – term fertilization on stalk sugar Brix %. The total sugar content of the juice can be calculated from the Brix. The high sugar content of the sorghum stalk is an important factor in assessing sorghum quality. At maturity, the sweet sorghum juice sugar content ranged from 10 to 25 Brix % (Ritter et al., 2004). The Brix % value of sweet sorghum juice in this research ranged from 14.87% to 22.92%, but the highest Brix was not obtained for the highest biomass yield. The treatment M and NPKM, which were related to the manure, accounted for the highest Brix propertion during the cultivation period.

The effect of fertilizers on the sweet sorghum sugar content varies with the environment and gene type, e. g., a study (Holou and Stevens, 2012) found that the application of nitrogen increased the sugar content in sweet sorghum. In contrast, another study (Almodares et al., 2009) observed that the application of nitrogen decreased sugar content while all other conditions were the same.

In this experiment, relatively higher 11 – year average values of biomass and Brix were observed in the NPKM treatment, whereas extra manure had a negative effect on the biomass yield, i. e., the case of 1.5NPKM. Therefore, the amount of fertilizer set for NPKM was the best combination applicable for the soil type of this experimental region and the cultivar of sweet sorghum – Xingaoliang No. 3.

Conclusions

Based on the results of this 11 – year field experiment, we concluded：

In this arid and semi – arid experimental region, all fertilizer treatments increased the annual biomass of sweet sorghum. Among them, the combination of 12 000. 0kg/hm² manure with chemical fertilizer NPK produced the highest average biomass yield with higher sugar Brix and increased the biomass yield by 97. 96% at the end of the experiment compared with the control plot. Therefore, NPKM was recommended for long – term cultivation in this region.

After the long‐term cultivation of sweet sorghum (in 2018), the treatment M alone accounted for the lowest soil pH and soil total salt. The three treatments with organic manure had advantages of improving soil quality, compared with the traditional inorganic fertilizer treatments. Among all treatments, the NPKM was the most common treatment accounted for the highest soil organic matter.

References

Almodares A, et al., 2009. The effects of nitrogen fertilizer on chemical compositions in corn and sweet sorghum. American‐Eurasian Journal of Agricultural & Environmental Sciences, 6 (4): 441 - 446.

Bado B V, et al., 2012. Long term effects of crop rotations with fallow or groundnut on soil fertility and succeeding sorghum yields in the Guinea Savannah of West Africa.

Chang C, et al., 1991. Soil chemistry after eleven annual applications of cattle feedlot manure. Journal of Environmental Quality, 20 (2): 475 - 480.

Chen W, et al., 2018. Mechanisms by which organic fertilizer and effective microbes mitigate peanut continuous cropping yield constraints in a red soil of south China. Applied Soil Ecology, 128: 23 - 34.

García‐Ruiz, R., et al., 2012. Improved soil quality after 16 years of olive mill pomace application in olive oil groves." Agronomy for Sustainable Development, 32 (3): 803 - 810.

Holou, R. A. Y. and G. Stevens, 2012. Juice, sugar, and bagasse response of sweet sorghum (*Sorghum bicolor* (L.) Moench cv. M81E) to N fertilization and soil type. Global Change Biology Bioenergy, 4 (3): 302 - 310.

Kanchikerimath M and D Singh, 2001. Soil organic matter and biological properties after 26 years of maize‐wheat‐cowpea cropping as affected by manure and fertilization in a cambisol in semiarid region of India. Agriculture, Ecosystems & Environment, 86 (2): 155 - 162.

Lal R, 1997. Long‐term tillage and maize monoculture effects on a tropical alfisol in western Nigeria. II. Soil chemical properties. Soil and Tillage Research, 42 (3): 161 - 174.

Li Y, et al., 2008. Effect of irrigation management on soil salinization in Manas River Valley, Xinjiang, China. Frontiers of Agriculture in China, 2 (2): 216 - 223.

Liang Q, et al., 2012. Effects of 15 years of manure and inorganic fertilizers on soil organic carbon fractions in a wheat‐maize system in the North China Plain. Nutrient Cycling in Agroecosystems, 92 (1): 21 - 33.

Liu M, et al., 2012. Effects of irrigation water quality and drip tape arrangement on soil salinity, soil moisture distribution, and cotton yield (*Gossypium hirsutum* L.) under mulched drip irrigation in Xinjiang, China. Journal of Integrative Agriculture, 11 (3): 502 - 511.

Liu S, et al., 2016. Response of soil microorganisms after converting a saline desert to arable land in central Asia. Applied Soil Ecology 98: 1 - 7.

Mapfumo P, et al., 2007. Organic matter quality and management effects on enrichment of soil organic matter fractions in contrasting soils in Zimbabwe. Plant and Soil, 296 (1/2): 137 - 150.

Marc P and Jacques G, 2006. Handbook of soil analysis mineralogical, organic and inorganic methods. Netherlands, Springer.

Meena B P, et al., 2019. Long-term sustaining crop productivity and soil health in maize-chickpea system through integrated nutrient management practices in vertisols of central India. Field Crops Research, 232: 62-76.

Pan M H, et al., 2011. Handbook of soil sciences. Properties and Processes, Cambridge University Press.

Ritter K, et al., 2004. Investigating the use of sweet sorghum as a model for sugar accumulation in sugarcane. 4th International Crop Science Congress (4ICSC). Brisbane, Australia, The Regional Institute: 1-5.

Tang C-C, et al., 2018. Establishing sustainable sweet sorghum-based cropping systems for forage and bioenergy feedstock in North China Plain. Field Crops Research, 227: 144-154.

Walker D J, et al., 2004. Contrasting effects of manure and compost on soil pH, heavy metal availability and growth of *Chenopodium album* L. in a soil contaminated by pyritic mine waste. Chemosphere, 57 (3): 215-224.

Wang Y, et al., 2016. Water repellency and its influencing factors in Manas River Basin, China. Chinese Journal of Applied Ecology, 27 (12): 3769-3776.

Yu J, et al., 2008. Ethanol production by solid state fermentation of sweet sorghum using thermotolerant yeast strain. Fuel Processing Technology, 89 (11): 1056-1059.

Zaituniguli K, et al., 2012. Effect of saline soil on the stalk yield and sugar contents of sweet sorghum (in Chinese). Journal of Northwest A&F University 40 (9): 109-114.

Zhai L, et al., 2011. Long-term application of organic manure and mineral fertilizer on N_2O and CO_2 emissions in a red soil from cultivated maize-wheat rotation in China. Agricultural Sciences in China, 10 (11): 1748-1757.

Zhang S J, et al., 2016. Chemical composition and in vitro fermentation characteristics of high sugar forage sorghum as an alternative to forage maize for silage making in Tarim Basin, China. Journal of Integrative Agriculture, 15 (1): 175-182.

Zou J, et al., 2003. A new green renewable energy crop—sweet sorghum and its breeding tactics (in Chinese). Rain Fed Crops, 23 (3): 134-135.

第四部分

高粱综合利用

本文曾发表于《西北农业学报》2013年第22卷第6期。

贮藏方法和时间对甜高粱
秸秆糖分及酶活性的影响

再吐尼古丽·库尔班[1]　吐尔逊·吐尔洪[2]　陈维维[3]　叶凯[1]

(1. 新疆农业科学院生物质能源研究所，乌鲁木齐 830091；

2. 新疆农业大学草业与环境学院，乌鲁木齐 830052；

3. 新疆农业大学食品学院，乌鲁木齐 830052)

含糖量较高的甜高粱秸秆是燃料乙醇和畜牧饲料理想的生产原料，但采收后的甜高粱茎秆中的糖类容易转化，甚至酸败、腐坏。这些导致甜高粱乙醇生产期较短，无法实现周年生产。因此，茎秆收获后必须快速加工，设法延长甜高粱茎秆及其汁液的贮藏期限，减少贮藏期内糖分的损失，延长向生产企业供应原料的时间[1]。如果在自然条件下就能较好地贮藏甜高粱，则可以降低成本，并实现长年加工平稳生产，较好地解决秸秆贮藏与加工周期的矛盾。目前，甜高粱茎秆以及汁液的贮藏方法多集中在以下几种技术方面：冷冻低温贮藏法[2-4]、浓缩制糖浆贮藏法[5]、气调贮藏法[6]、高温灭菌法[7]、防腐剂法[8]等。虽然这些方法可以达到较好的贮藏效果，但能耗较大、设施昂贵，不利于后期乙醇发酵。因此，还需进一步研究一种长效、低成本、工艺简单、适合在大田生产的甜高粱茎秆的贮藏方式。

新疆农业科学院生物质能源研究所课题组前期贮藏试验[9-10]表明，秸秆去掉叶子后立放堆放或者平放堆放效果比带叶堆放和短秆层级堆放效果好，含糖锤度比其他贮藏方式高，自然露天贮藏时间可以延长到5个月左右。因此，本试验以新疆推广面积最大的新高粱3号和新高粱4号为研究材料，选用去叶方式分别进行露天立放和平放堆放，研究甜高粱秸秆的糖分含量及变化动态。根据 Gnansounou 等[3]研究可知，蔗糖是甜高粱［Sorghum bicolor（L.）Moench］茎秆中糖分积累的主要形式，约占总含糖量的85%。大量研究表明，与蔗糖代谢相关的酶有蔗糖合酶（sucrose synthase，SS）、蔗糖磷酸合酶（sucrose phosphate synthase，SPS）和转化酶（invertase，INV）[11]。有些植物糖代谢与蔗糖代谢相关酶相关[12-13]。目前，有关甜高粱贮藏及形状变化方面的研究已多有报道[14-16]，可对甜高粱秸秆糖代谢与酶活性研究[17-18]的很少，尤其是有关贮藏期糖代谢与酶活性的研究未见报道。因而本试验以两个高糖含量的甜高粱品种为材料，研究贮存过程中茎秆糖代谢以及蔗糖降解酶活性的变化，旨在阐明蔗糖代谢相关酶活性变化与甜高粱茎秆蔗糖降解的相关性，为甜高粱茎秆蔗糖降解调控及培育茎秆耐贮甜高粱品种提供理论依据。

1 材料与方法

1.1 材料

取种植于新疆农业科学院玛纳斯试验站的新高粱3号（XT-2）、新高粱4号（XT-4）

为试材。

1.2 处理方式与取样

采收后的甜高粱秸秆采用去叶去穗和带叶去穗两种处理后，每捆 20kg 左右，成捆立放堆放在水泥场上。贮藏试验从 2010 年 10 月 15 日开始，2011 年 4 月 15 日结束，贮藏时间为 180d。每隔 15d 定期测糖分含量。酶活性隔 1 个月测 1 次，测定时间分别为 2010 年 10 月 30 日、2010 年 11 月 15 日、2010 年 12 月 14 日、2011 年 1 月 15 日、2011 年 3 月 15 日、2011 年 4 月 15 日。

1.3 测定方法

采用斐林试剂滴定法[19]测定糖分含量。蔗糖含量＝（可溶性总糖含量－还原糖含量）×0.95。

采用间苯二酚比色法[20]测定 SS 和 SPS 的活性，方法略加改动。在 4℃、10 000r/min 离心 10min，取上清液直接用于酶活性测定。

1.4 数据处理

采用 Excel 画图，DPS 软件的一般线性模型进行方差分析，用 LSD 多重比较进行显著性检验。

2 结果与分析

2.1 不同贮藏对甜高粱秸秆糖分含量的影响

将通过甜高粱整株立放堆放后的秸秆，用于长期贮藏并定期采样检测糖分含量的变化情况，结果如图 1 所示。甜高粱秸秆总糖含量在整个贮藏过程中表现为上升、下降的波浪趋势如图 1 所示。可以看出不同贮藏方式秸秆总糖含量的变化幅度有差异，秸秆贮藏至第 45 天时，总糖含量升高到最高值，此时总糖含量大小顺序依次为：XT－2 去叶立放贮存＞XT－4 去叶立放贮存＞XT－4 带叶立放贮存＞XT－2 带叶立放贮存，总糖含量较初始含量分别升高至 76.20％、70.03％、68.06％、60.59％，总糖累积含量分别为 25.50％、29.47％、27.49％、9.88％。说明贮藏至第 45 天时，去叶立放贮存秸秆总糖含量高于带叶立放贮存。

贮藏 45d 后秸秆总糖含量总的变化呈下降的趋势，贮藏至第 180 天时，不同品种在不同贮藏方式下秸秆总糖含量差异很明显，比如 XT－2 去叶立放秸秆总糖含量为 55.63％、XT－2 带叶立放秸秆总糖含量为 52.69％、XT－4 带叶立放秸秆总糖含量为 51.93％、XT－4 去叶立放为 53.73％，总糖累计分别为 5％、13％、11％、2％。总糖含量大小顺序依次为：XT－2 去叶立放贮存＞XT－4 去叶立放贮存＞XT－4 带叶立放贮存＞XT－2 带叶立放贮存。

从图 1 中可以看出，贮藏至第 15 天时还原糖含量升高而蔗糖含量降低。贮藏至第 45 天时，还原糖含量降低而蔗糖含量升高，此时还原糖含量大小依次为：XT－2 带叶立放贮存＞XT－2 去叶立放贮存＞XT－4 带叶立放贮存＞XT－4 去叶立放贮存，蔗糖含量大小顺序依次为：XT－2 去叶立放贮存＞XT－4 去叶立放贮存＞XT－4 带叶立放贮存＞XT－2

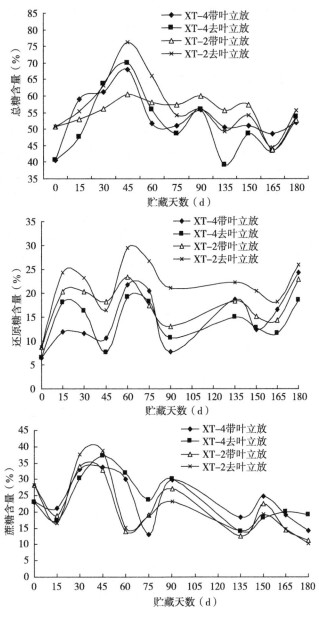

图 1　贮藏期甜高粱秸秆总糖、还原糖、蔗糖含量的变化

带叶立放贮存。还原糖含量变化跟总糖含量相反，而蔗糖含量跟总糖含量变化相似。贮藏至第 60 天时，蔗糖含量降低到最低值，而还原糖含量又升高。60d 后蔗糖含量总的趋势为降低，而还原糖含量呈升高的变化趋势。主要可能原因在于，贮藏前期秸秆水分含量较高，一些植物体自带的导致蔗糖水解的酶，仍能保持活性，具有水解蔗糖的能力，有利于酶活性的提高[21]。因此，在贮藏的前 15d，蔗糖出现下降趋势而还原糖含量增加。而随着贮藏时间的延长，微生物和作物自身的呼吸代谢过程消耗一部分糖分，在此过程中，首先蔗糖转化还原糖，然后还原糖用于微生物和作物的呼吸代谢[15]。因此，贮藏后期（60d后）蔗糖明显降低，而还原糖明显增加。

从以上试验结果可以看出，不同贮藏方式秸秆总糖含量差异达到极显著，长期贮藏过程中不同贮藏方式对甜高粱糖分含量有很大的影响，去叶立放贮存效果比较明显，有利于秸秆总糖含量的保持。

2.2　不同贮藏对甜高粱秸秆酶活性的影响

图 2 为贮藏期甜高粱秸秆蔗糖合酶（SS）和蔗糖磷酸合酶（SPS）活性的变化曲线图。由图中可以看出，两个品种在不同贮藏方式下，秸秆的 SS 活性在整个贮藏期变化趋势基本一致，呈升高、降低、升高、降低的变化，而 SPS 活性变化趋势呈降低、升高、降低的变化趋势。贮藏前 30d，SS、SPS 活性的变化趋势相反，而后期变化趋势基本一致。贮藏前期（前 30d）XT-4 在两种贮藏方式下的秸秆 SS 活性均高于 XT-2。贮藏中、后期活性大小顺序为：XT-4 带叶立放贮存＞XT-4 去叶立放贮存＞XT-2 带叶立放贮存＞XT-2 去叶立放贮存。贮藏结束第 180 天时 XT-4 两种贮藏方式秸秆的 SS 活性还是高于 XT-2，两个品种带叶立放贮存秸秆 SS 活性高于去叶立放贮存。

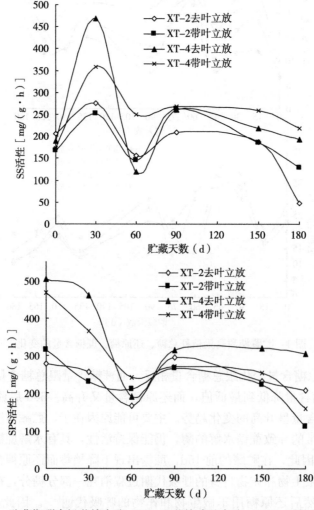

图 2　贮藏期甜高粱蔗糖合酶（SS）和蔗糖磷酸合酶（SPS）活性的变化

贮藏前期（前30d）XT-4两种贮藏方式秸秆的SPS酶活性均高于XT-2，贮藏中和后期酶活性大小顺序为：XT-4去叶立放贮存＞XT-2去叶立放贮存＞XT-4带叶立放贮存＞XT-2带叶立放贮存。贮藏结束第180天时，去叶立放贮存的秸秆SPS活性比带叶立放贮存高，其中XT-4去叶立放贮存SPS活性高于XT-2去叶立放贮存。

2.3　贮藏期秸秆蔗糖含量与SS、SPS活性的相关性

对两个品种蔗糖含量和SPS活性进行相关性分析，见图3。不同品种在不同贮藏方式下蔗糖含量与SPS活性的相关性曲线图大致相同，两种不同品种在贮藏前期蔗糖含量与SPS活性表现为正相关趋势，而贮藏后期表现为负相关趋势。从相关系数上看，XT-2带叶立放贮存（$R^2=0.6446$，$p=0.2912$）、XT-2去叶立放贮存（$R^2=0.3763$，$p=0.3233$）、XT-4带叶立放贮存（$R^2=0.2028$，$p=0.57$）、XT-4去叶立放贮存（$R^2=0.1374$，$p=0.4276$）的蔗糖含量与SPS活性相关性都不显著（$p>0.05$）。

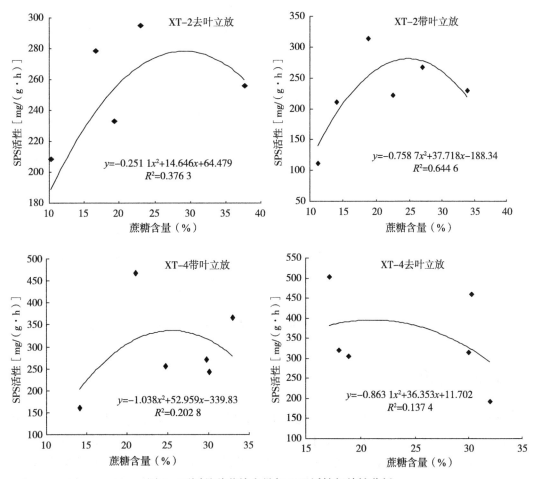

图3　不同品种蔗糖含量与SPS活性相关性分析

对两个品种蔗糖含量和SS活性进行相关性分析表明（图4），品种XT-2在不同贮藏方式下秸秆蔗糖含量与SS活性的相关性有所不同，XT-2带叶立放贮存在整个贮藏期内蔗糖含量随着SS活性的增加，曲线一直呈上升趋势（$R^2=0.8864$，$p=0.0019$），相关

性极显著 $p < 0.01$。XT-2去叶立放贮存在贮藏后期蔗糖含量随着 SS 活性的增加，呈下降的趋势（$R^2 = 0.902\ 6$，$p = 0.013$），相关性不显著 $p > 0.01$。

XT-4带叶立放贮存（$R^2 = 0.790\ 7$，$p = 0.06$）在贮藏前期 SS 活性和蔗糖含量呈负相关、贮藏后期呈正相关方向走，而 XT-4去叶立放贮存（$R^2 = 0.395\ 4$，$p = 0.5$）SS 活性和蔗糖含量的相关性正好相反。从检验值 $p > 0.05$ 来看 XT-4两个不同贮藏方式 SS 活性和蔗糖含量的相关性都不显著。

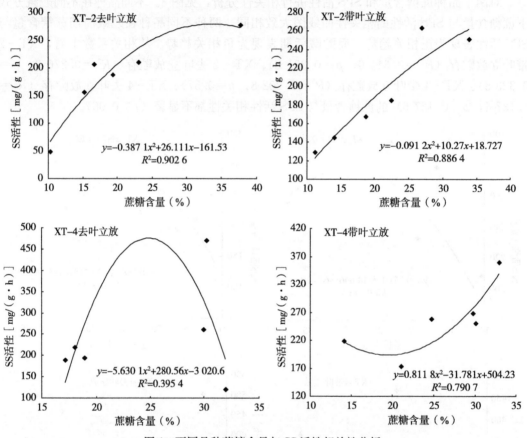

图4　不同品种蔗糖含量与 SS 活性相关性分析

3　结论与讨论

　　茎秆汁液含糖量是甜高粱育种的主要目标，而贮藏期间如何有效地维持糖含量对乙醇的生产效率有重要影响。甜高粱的播种时间一般在 5、6 月，根据生育期的不同，收获期一般在 8 月、9 月和 10 月。甜高粱茎秆汁液在室温下放置很容易被微生物降解利用。在甜高粱茎秆采收后，由于光合作用减弱，呼吸代谢作用增强，呼吸代谢速率过高导致消耗大量糖分等营养物质[15]。

　　目前，还未见有关甜高粱秸秆长期露天自然冷冻贮藏过程中秸秆糖代谢及蔗糖代谢相关酶活性变化的研究。因此，笔者首次用含糖锤度比较高的两个地方品种为试验材料，分析180d贮藏阶段的秸秆糖分含量及蔗糖代谢相关酶活性的变化动态。本试验发现贮藏至第45天时，总糖含量升高到峰值，此时总糖含量大小顺序依次为：XT‐2去叶立放贮存＞XT‐4去叶立放贮存＞XT‐4带叶立放贮存＞XT‐2带叶立放贮存，总糖含量累计分别为25.50％、29.47％、27.49％、9.88％。这可能与甜高粱秸秆在自然冻藏期间糖类的降解和水分的散失有关[22]。代树华等[15]的甜高粱汁液浓缩试验结果表明，贮藏35d后总糖损失分别68.2％、37.8％，而本试验贮藏至第180天时，XT‐2去叶立放秸秆总糖含量仍为55.63％，XT‐2带叶立放秸秆总糖含量为52.69％，XT‐4带叶立放秸秆总糖含量为51.93％，XT‐4去叶立放为53.73％，总糖累计分别为5％、13％、11％、2％，说明本试验方法适合保持秸秆糖分含量。Eckhoff等[6]采用二氧化硫的方法贮藏甜高粱茎秆，保存3个月后总的可发酵糖并没有显著下降。再吐尼古丽·库尔班等[23]研究表明，冷冻（－18℃）贮藏下120d内总糖含量的变化差异不显著。但以上贮藏方法成本过高，可能会污染环境。可见，本试验露天自然冷冻贮藏方式对糖分保持效果很好，明显优于冷冻、浓缩和二氧化硫贮藏法。

在高等植物中，参与蔗糖分解的酶主要有可溶性酸性转化酶（SAI）、中性转化酶（NI）和蔗糖合酶（SS），SAI和NI催化蔗糖分解为单糖。SS既能催化蔗糖合成又能催化其分解[11]，但在高粱茎秆中主要起分解蔗糖作用[24]。此试验结果与杨明等[17]的试验结果不一致，即在甜高粱茎秆和叶片中的SPS表达量与蔗糖含量有很高的相关性，而本试验两个品种在不同贮藏方式下秸秆SPS活性与蔗糖含量的相关性都不显著（$p > 0.05$）。阮燕晔等[25]的甜高粱茎秆贮存过程中蔗糖代谢及其相关酶活性的变化研究结果表明，SS活性与蔗糖含量没有明显关系。刘洋等[26]的研究表明，甜高粱秸秆不同节间蔗糖含量与NI、SPS、SS活性无明显相关性，而SAI活性显著负相关。然而本试验表明，XT‐4两个不同贮藏方式SS活性和蔗糖含量的相关性都不显著，而XT‐2秸秆蔗糖含量与SS活性相关性显著，这跟前人研究结果有所不同。大多数有关甜高粱酶活性与糖代谢相关性方面的文献也证明，不同品种甜高粱秸秆蔗糖积累与酶活性的相关性结论不完全一致[27-28]，本试验也出现类似的结果。两个品种SS活性与蔗糖积累的相关性不一致，这可能是不同品种甜高粱的酶活性对其茎秆的影响不一致[29]。本试验酶活性测定点比较少，从而出现潜在的影响，还需要进一步研究。

综上所述，长期贮藏过程中不同贮藏方式对甜高粱糖分含量有很大的影响，不同贮藏方式秸秆总糖含量差异明显，去叶立放贮存工序简单、成本低廉，有利于秸秆总糖含量的保持，适合于温度较低且干燥的地区。

参考文献

[1] Evaggeli B，Dimitris P K，Bernard M，et al. Structure and composition of sweet sorghum components [J]. Industrial Crops and Products，1997，6（3）：297‐302.

[2] Mamma D，Koullas D，Fountoukidis G，et al. Bioethanol from sweet sorghum：simultaneous saccharification and fermentation of carbohydrates by a mixed microbial culture [J]. Process Biochemistry，1996，31（4）：377‐381.

[3] Gnansounou E, Dauriat A, Wyman C E. Refining sweet sorghum to ethanol and sugar: economic trade‐offs in the context of North China [J]. Bioresource Technology, 2005, 96 (9): 985-1002.

[4] Shen F, Peng L, Zhang Y, et al. Thin‐layer drying kinetics and quality changes of sweet sorghum stalk for ethanol production as affected by drying temperature [J]. Industrial Crops and Products, 2011, 3 (34): 1588-1594.

[5] 梅晓岩, 刘荣厚, 沈飞. 甜高粱茎秆汁液成分分析及浓缩贮藏的试验研究 [J]. 农业工程学报, 2008 (1): 218-223.

[6] Eckhoff S R, Bender D A, Okos M R. Preservation of chopped sweet sorghum using sulfur dioxide [J]. Transactions of the American Society of Agricultural Engineers, 1985, 28 (2): 606-609.

[7] 武冬梅, 李冀新, 孙新纪, 等. 甜高粱汁发酵贮藏技术的研究 [J]. 酿酒科技, 2009 (5): 105-106.

[8] 汪彤彤, 刘荣厚, 沈飞. 防腐剂对甜高粱茎秆汁液贮存及酒精发酵的影响 [J]. 江苏农业科学, 2006 (3): 159-161.

[9] 叶凯, 涂振东, 再吐尼古丽·库尔班. 甜高粱茎秆贮存方式及形状变化的研究 [J]. 农产品加工(创新版), 2009 (6): 57-60, 74.

[10] 叶凯, 涂振东, 再吐尼古丽·库尔班. 不同品种甜高粱秸秆在不同储藏方式中形状变化研究 [J]. 新疆农业科学, 2009, 46 (5): 946-951.

[11] 张明方, 李志凌. 高等植物中与蔗糖代谢相关的酶 [J]. 植物生理学通讯, 2002 (3): 289-295.

[12] 杨国志, 张明方. 植物蔗糖代谢参与酶的表达及调控 [J]. 北方园艺, 2006 (5): 45-47.

[13] 杨景华, 张明方. 植物蔗糖代谢关键酶的研究进展 [J]. 细胞生物学杂志, 2002 (6): 359-364.

[14] 严洪冬, 焦少杰, 王黎明, 等. 甜高粱茎秆在冷冻条件下含糖量的变化研究 [J]. 黑龙江农业科学, 2009 (6): 44-45.

[15] 代树华, 李军, 陈洪章, 等. 区域选择对甜高粱秸秆贮藏的影响 [J]. 酿酒科技, 2008 (8): 17-19.

[16] 贾茹珍, 张春红. 甜高粱秆汁储藏方法的研究 [J]. 食品工业科技, 2008 (6): 274-275, 279.

[17] 杨明, 刘丽娟, 李莉云, 等. 甜高粱蔗糖积累与茎秆中 SPS 表达的相关性研究 [J]. 中国农业科学, 2009, 42 (1): 85-92.

[18] 杨明, 刘丽娟, 李莉云, 等. 甜高粱蔗糖合酶表达与蔗糖积累的相关分析 [J]. 作物学报, 2009, 35 (1): 185-189.

[19] 宁正祥. 食品分析 [M]. 北京: 中国轻工业出版社, 1998: 797.

[20] 薛应龙. 植物生理实验手册 [M]. 上海: 上海科学技术出版社, 1985: 148-150, 644.

[21] 何经纬, 王之盛, 曾有均. 温度和时间对酶水解豆粕效果的影响 [J]. 饲料工业, 2007 (2): 20-22.

[22] 蒲彬, 贺玉凤, 贾雪峰, 等. 甜高粱秆冻藏保鲜技术研究 [J]. 粮油食品科技, 2008 (5): 17-18.

[23] 再吐尼古丽·库尔班, 吐尔逊·吐尔洪, 郭建福, 等. 贮藏温度对甜高粱秸秆糖分含量的影响 [J]. 中国农学通报, 2011, 27 (30): 142-146.

[24] Tarpley L, Vietor D M. Compartmentation of sucrose during radial transfer in mature sorghum culm [J]. BMC plant biology, 2007, 7 (1): 33.

[25] 阮燕晔, 王心铭. 甜高粱茎秆贮存过程中蔗糖代谢及其相关酶活性的变化研究 [J]. 中国农学通报, 2012, 28 (18): 65-70.

[26] 刘洋, 赵香娜, 岳美琪, 等. 甜高粱茎秆不同节间糖分累积与相关酶活性的变化 [J]. 植物遗传资源学报, 2010, 11 (2): 162-167.

[27] Hoffmann‐Thoma G, Hinkel K, Nicolay P, et al. Sucrose accumulation in sweet sorghum stem in-

ternodes in relation to growth [J]. Physiologia plantarum, 1996, 97 (2): 277 - 284.

[28] Lingle S E. Sucrose metabolism in the primary culm of sweet sorghum during development [J]. Crop Sci, 1987, 27 (6): 1214 - 1219.

[29] Zhu Y J, Komor E, Moore P H. Sucrose accumulation in the sugarcane stem is regulated by the difference between the activities of soluble acid intertase and sucrose phosphate synthase [J]. Plant Physiol, 1997 (97): 277 - 284.

本文曾发表于《新疆农业科学》2013 年第 50 卷第 4 期。

Studies on the Activities of SS and SPS Enzymes and Sucrose Metabolism of Sweet Sorghum under Open – air Storage

Lu Liang [1,2]　Ye Kai[1]　Tu Zhendong[1]　Zhu Min[1]　Zaituniguli · Kuerban[1]

(1. Research Institute of Bioenergy, Xinjiang Academy of Agricultural Sciences, Urumqi 830091, China; 2. College of Food and Pharmaceutical Sciences, Xinjiang Agricultural University, Urumqi 830052, China)

0　Introduction

【Research significance】Sweet sorghum (sugar sorghum), with its fast growth, high yield, succulent stem and high sugar content, is classified as renewable energy plants to be developed in the future in the EC, so it has a very bright and broad application prospects[1-2]. It is the most important crop in the plant biomass energy development in Xinjiang, and the study of the sugar content of sweet sorghum culms and its related enzyme activity changes is of great significance in respects of its improvement, effective use and development. 【Previous research progress】The sugar in sweet sorghum culms can be easily converted. It must be rapidly processed after harvest; otherwise it will cause the stem deterioration, sugar loss, thus influencing the processing. But sweet sorghum has a concentrative mature period, a short harvest time and a huge amount, so the processing capacity is also the restraining factor. All the harvested culms can't be treated completely in a short period of time, so we need a better storage process for sweet sorghum[3-6]. During the storage time, problems like the methods of storage, the change of culm weight and sugar content, and what the longest (or optimal) storage time is are all related to the making full use of sugar, the schedule of processing enterprises and its economic benefits. Many scholars have conducted researches, most of which focused on the storage methods and breeding aspects, more from the sucrose metabolism perspective, but less from the perspective of the regulation and control of the sucrose degradation of research at the molecular level. Huber [7] has pointed out that the higher the vitality of SPS is, the more sucrose accumulation will be. Zhang Mingfang[8] also proved that the SPS has a certain role in the accumulation of sucrose. During the plant growth and development period, the SS is involved in the physiological function of input and regulating fruit sucrose metabolism, but the role of SS is generally considered to decompose sucrose, providing a synthetic substrate for the cell wall and synthetic starches, and its activity is the highest in the synthesis starch or cell wall organization [9]. In addition, Yang Ming[10], studied the SS and SPS protein expression of sorghum leaves and stems by means of Western blotting and analyzed the correlation between them and sucrose accumulation. He found the high expression levels of SPS in the sweet sorghum culms, SS in leaves and in stems, presuming that sweet sorghum sucrose was accumulated by synergistic effects. 【Entry point】 At present, most of the sweet sorghum sucrose metabolism studies focused more on the mechanism of sucrose accumulation, but less on the sucrose degradation mechanism for sweet sorghum after harvest. But which kind of degrading enzyme plays a leading role in the sucrose degradation of sweet sorghum after harvest remains unclear. If we can find the key or the crucial enzyme in the sucrose degradation, of course, the theoretical foundation for regulating it will be laid, which will also provide a theoretical basis for cultivating sweet sorghum varieties that will be able to be stored for a longer period of time. The experiment takes the new sorghum 9 (T601) as the test material, studies how well the well-shaped stored type without ears and leaves and the well-shaped stored variety with leaves but no ears respond to the stacked storage and the change of the stem sucrose metabolism during storage as well as sucrose degradation activity in the hope of clarifying the relationship between the changes of sucrose metabolism related enzymes and sweet sorghum culm sucrose degradation and laying the theoretical foundation for the regulation of the sucrose degradation. 【The key problems intended to be solved】 The molecular regulation of the key enzymes that cause sucrose degradation will have a great significance in inhibiting the easy degradation during the storage of sweet sorghum culms and provide the basis for the storage of sweet sorghum that will be processed and used for energy.

1　Materials and methods

1.1　Materials

The test materials are the new sorghum 9 (T601) that grows in the Manas Experiment Station attached to Xinjiang Academy of Agricultural Sciences.

1.2　Handling and sampling

The Storage test began from November 25, 2010, and ended on May 10, 2011. The storage time was 150days. After harvest, sweet sorghum was stored in two processing modes in the open air in natural environment: culms with leaf and spikes/ears removed were classified as well-shape type I, culms with spikes/ears but no leaves were classified as well-shape type II. And the stacking heights were all 3meters. Every other 15 days, the materials were cramped out from the ground 1m, 2m, 3m high respectively, and marked as I_1, I_2, I_3, II_1, II_2 and II_3 in turn. And then their sucrose content and enzyme activities were determined to investigate the sugar metabolism changes during storages. As different nodes of the straw had different sugar contents, 3 plants were cramped out randomly per treatment each time. The sucrose content and enzyme activities were made clear and this test was repeated 3 times after they were crushed, and then mean value would be adopted.

1.3 Method for determination

1.3.1 Determination of sucrose content

Calculate the sucrose content (total soluble sugar content - reducing sugar content) × 0.95[11]. Methods of Nielsen et al. [12] were referred to and a little improvement was made in them. 2g sample was whetted to homogenate in ice bath after being added 25mL phosphate buffer solution (pH = 7), filtered with four - layer gauze, centrifuged for 10minutes (13 000g, 4℃). Then 5mL supernatant fluid was imbibed and the volume was fixed at 250mL for related activity determination. All the above operations are carried out under 0~4℃ and the experiment would be repeated 3 times in the test set.

1.3.2 Determination of enzyme activity

Resorcinol colorimetry was applied to test SS and SPS activities [13], but with slight changes: 350μL measured liquid was added in 200μL extract (20mM Glc - 6 - P, 4mM Fru - 6 - P, 3mM UDPG, 5mM MgCl$_2$, and 1mM EDTA), reacted 30 min under 37℃, 100μL NaOH solution of 5mM was joined, and a boiling water bath for 10min. After cooling, 0.5mL 1% resorcinol solution and 3.5mL 37% hydrochloric acid solution were added, and it reacted 10min under 85℃ to measure A$_{480}$ absorbance value after cooling.

1.4 Data Processing

Experimental data were collected and processed by using excel software, and an analysis of variance with the general linear model of DPS software was applied, and finally went through a significant test by LSD multiple comparison.

2 Results and analysis

2.1 The sucrose content changes

Sugar is the important composition of sweet sorghum culm, and understanding its sugar composition and decision factor, accurately determining carbohydrate composition are of great significance for the study of sweet sorghum culm processing characteristics [14]. Table 1 shows that storage methods have effect on sucrose content of culms, and within the same storage time under different storage methods, straw sucrose contents reach extremely different levels.

The content of sucrose in sweet sorghum culm, on the whole, displays a declining trend with the extension of storage time, but there is a difference between the different methods, the straw sugar contents of I_1, I_2 and I_3 slowly decreased with the extension of storage time, while the sugar content of II_1, II_2 and II_3, increased before the storage time of 60days, and after that time, it would drop gradually.

Table 1　During storage straw sucrose content changes (Unit: g/100g)

storage days (d)	I_1	I_2	I_3	II_1	II_2	III_3
0	7.14Dd	12.35Aa	6.04Ee	8.81Cc	5.82Ff	8.96Bb
15	6.42Ee	9.82Bb	3.91Ff	10.79Aa	8.10Dd	9.17Cc
30	5.47Ef	9.86Bb	5.56Ee	10.11Aa	9.12Dd	9.31Cc
45	5.47Ff	9.82Bb	5.56Ee	10.13Aa	9.10Dd	9.31Cc
60	11.17Aa	8.17Ee	7.35Ff	10.34Cc	8.43Dd	10.97Bb
75	4.25Ff	6.54Dd	6.31Ee	8.15Bb	7.89Cc	8.84Aa
90	10.78Aa	8.95Cc	5.94Ff	6.62Ee	9.07Bb	7.51Dd
105	7.8Aa	6.87Cc	3.44Ff	5.48Dd	5.08Ee	7.64Bb
120	3.24Ee	5.64Cc	1.37Ff	4.61Dd	6.72Bb	9.83Aa
135	4.30Ee	5.42Cc	2.5Ff	5.23Dd	7.48Bb	7.55Aa
150	0.51Ff	2.30Cc	3.74Bb	1.94Ee	2.08Dd	5.78Aa
165	0.35Aa	0.21Dd	0.18De	0.34ABb	0.31BCb	0.28Cc

Note　Uppercase letters in the same line show significant difference of 1% and lowercase letters indicate the difference of 5% significant level.

Sucrose metabolism is rapid in the storage time of 15d, the sugar in the well – shaped stored type II with leaves but no ears dropped the fastest. In view of the weakening photosynthesis and the increasing respiration of sweet sorghum culm after harvest, and that blade also consumed part of the sugar and other nutrients[15]; sucrose content of I_2 decreased the most slowly; The leafless and earless conditions being taken into account, moisture 2m away from the crib was kept better, advantageous to sugar preservation. During the storage period from 15d to 60d, changes of sucrose content varied little, decreasing slowly, which was found to be related to the local low temperature weather. The sugar dropped the fastest in type I_1, the slowest dropping was found in type II_1 with leaves but nor ears. From the day 60th to day 90th, except for the type II_2, whose sugar decreased slowly, the sucrose content in rest types increased first and then decreased later; from the day 90th to day 150th, the sucrose content under the different ways of storage decreased first and then increased; by the end of storage on day 150th, except for type I_3 which increased first and then decreased, the sucrose content under the rest storage methods reached nearly zero decrease. The order of sucrose content throughout the whole storage period was $\mathrm{II}_3 > \mathrm{II}_2 > \mathrm{I}_2 > \mathrm{II}_1 > \mathrm{I}_1 > \mathrm{I}_3$. The above shows that the type with leaves and no ears is more favorable for storage than the type without leaves and ears. But mildewed and rotten ones become the restricting factors for the storage of sorghum culms with leaves but not ears. The height of the storage stack should be no higher than two meters.

2.2　SS, SPS activity changes in different storage methods and different periods

Sucrose phosphate synthase (SPS) and sucrose synthase (SS) are the rate‐limiting enzyme of higher plants in vivo regulation of sucrose metabolism, the main physiological function is to adjust the input of content of sucrose, and metabolize sucrose[16]. Fig. 1 and 2 are the changes of SS and SPS activities under different methods of storing sweet sorghum culms. Fig. 1 showed that enzyme activity value of I_3 had a rapid rise and then decreased; but the SS enzyme activity showed a slow decreasing trend under the other storage methods in the previous three months. To the fifth month of storage, I_3, II_1 and II_2 SS enzyme activity reached a high level. But I_2 and II_3 SS enzyme activity had a slow downward trend. Fig. 2 showed that the enzyme activity reduced slowly after the first rise, and then rose to flat under six kinds of storage mode. SPS activity of I_3 changed significantly as rising fastest in the first month storage. The SS and SPS enzyme activities of I_3 were much higher than types of other storage methods throughout the storage period. The SS and SPS enzyme activities of types of the other storage methods had a general consistent change.

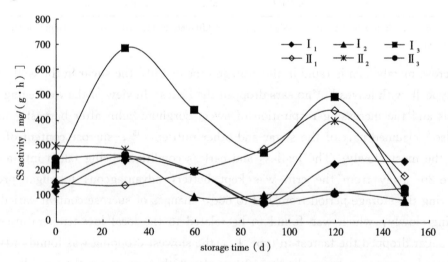

Fig. 1　SS activity changes of the culms during storage period

2.3　Sucrose content and enzyme analysis under different storage methods

Sucrose content and SS, SPS activity by different storage methods had different change trends (Fig. 3 and 4). The trends can be better described by quadratic equation

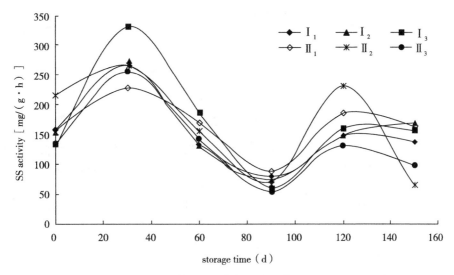

Fig. 2　SPS activity changes of the culms during storage period

$Y=a+b+c$, wherein Y is the enzyme specific activity, and is SS, SPS enzyme activity in different periods, and a, b and c refer to parameters.

A correlation analysis of the sucrose content and SPS activity under different storage methods was conducted so as to obtain correlation coefficients. On the whole, under all different storage methods, in prior storage period, Ⅰ₁, Ⅱ₂ and Ⅱ₃'s culm performance is positive correlation during previous period and negative correlation during later period. Then Ⅰ₂, Ⅰ₃ and Ⅱ₁'s performance is contrary to them. From the perspective of the correlation coefficient, the sucrose content and the SPS enzyme activity of Ⅰ₁ ($R^2=0.467$, $p=0.4484$), Ⅰ₂ ($R^2=0.0343$, $p=0.9356$), Ⅰ₃ ($R^2=0.0064$, $p=0.9415$), Ⅱ₁ ($R^2=0.3307$, $p=0.6196$), Ⅱ₂ ($R^2=0.4167$, $p=0.4247$) and Ⅱ₃ ($R^2=0.2415$, $p=0.3345$) were not significantly correlated ($p>0.05$).

A correlation analysis of the sucrose content and SS activity under different storage methods was conducted so as to obtain correlation coefficients. On the whole, under all different storage methods, type Ⅰ₁'s expression was negative linear correlation, type Ⅰ₂' performance was positive linear correlation, Ⅰ₃ had negative correlation during previous period and positive correlation during later period, Ⅱ₁ and Ⅱ₂ had positive relation during previous period and negative relation during later period, and Ⅱ₃ showed a positive correlation. Under different storage methods, the sucrose contents and SS enzyme activity relationship of sweet sorghum culms were different. In view of the correlation coefficient, the sucrose content and SS enzyme activity correlations of I₁ ($R^2=0.4323$, $p=0.1088$), Ⅰ₂ ($R^2=0.289$, $p=0.2135$), Ⅰ₃ ($R^2=0.1268$, $p=0.9749$), Ⅱ₁ ($R^2=0.5652$, $p=0.3481$), Ⅱ₂ ($R^2=0.6225$, $p=0.6809$) and Ⅱ₃ ($R^2=0.1889$, $p=0.3476$), were not significant ($p>0.05$).

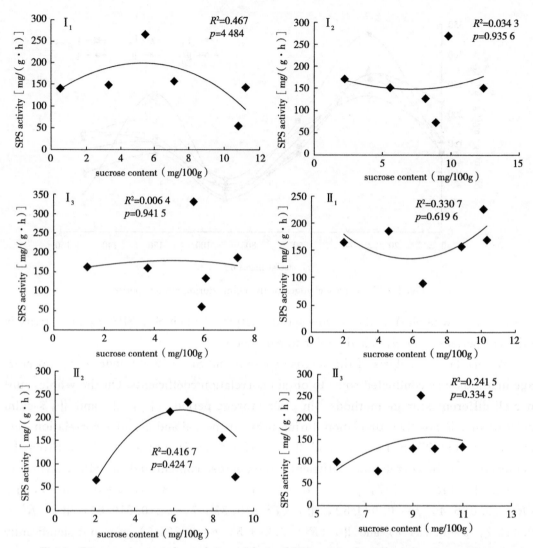

Fig. 3　Sucrose content and correlation analysis of SPS activity by different storage methods

3　Discussion

Sweet sorghum, famous for its high yield and convenient cultivation, has become a plant biomass with potential applicable value. The study of relation between the sucrose metabolism and enzyme activities during the storage of sweet sorghum culms is of great significance to prolong the sweet sorghum culm crushing stage and maintain the quality.

The research results show that the sucrose content of sweet sorghum culms displays a downward tendency with the prolongation of storage time, but the difference exists between the different ways. Type I_1, I_2, and I_3 sucrose content increased with the increase of storage time while the sugar pf type II_1, II_2 and II_3 increased before the first 60 days and after that time, it began to decrease slowly.

Under different storages, the changing tendencies of sucrose content and SS and SPS enzyme activities are different. A correlation analysis of the sucrose content and SPS activity under different storage methods was conducted. Under different storage methods, I_1, II_2 and II_3's culm performance is positive correlation during previous period and negative correlation during later period; I_2, I_3 and II_1's performance is contrary to them. A correlation analysis of the sucrose content and SS activity under different storage methods was conducted. Under different storages, type I_1's expression was negative linear correlation, type I_2's performance was positive linear correlation; I_3 had negative correlation during previous period and positive correlation during later period. II_1 and II_2 had positive relation during previous period and negative relation during later period, and II_3 showed a positive correlation. Under different storage methods, the sucrose contents and SS enzyme activity of sweet sorghum culms were different.

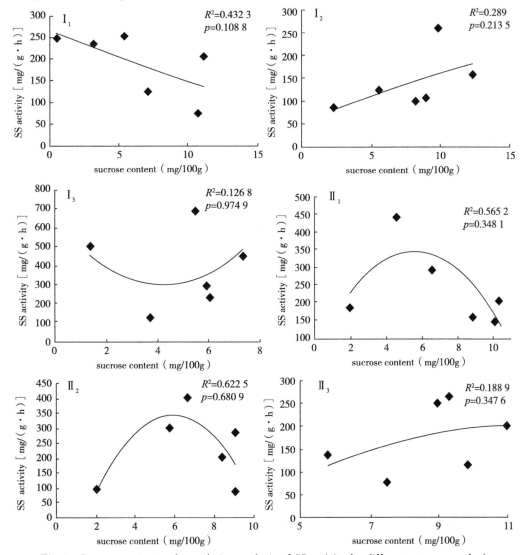

Fig. 4　Sucrose content and correlation analysis of SS activity by different storage methods

On the one hand, the sweet sorghum T601 is variety produced by the joint effort of Chinese Academy of Agricultural Sciences and our institute after long – term selection and domestication and its genetic basis is quite complex. Previous studies have shown SS and SPS enzyme activities are different between different varieties and storage methods, leading to inconsistent correlations[17]. On the other hand, this experiment researches the relationship between the sucrose metabolism and its relevant enzyme by attempting to store the culms in the open air environment. Due to the climatic factors, half of the entire experimental time is in frost period. Although low temperature storage can guarantee the less loss of sugar, but this method consumes large energy, and in the thawing process before use will result in culm juice yield deduction[18]. Our predecessors have confirmed that the storage temperature has obvious effects on the sugar content, so to maintain the stability of the storage environment is very important, because temperature fluctuations often exert stimulative influence on cell protoplasm, thereby promoting microbial respiration and accelerating deterioration and rot of the sweet sorhuum culms [19]. This study shows that there are significant differences of sucrose decomposition and enzyme activity's variation between different storage methods. Actually they are related to the open – air storage environment.

4 Conclusion

Sucrose phosphate synthase may be closely related to the sucrose degradation during sweet sorghum culms storage time, so it is of great significance to research the changes of sweet sorghum straw sucrose content and enzymatic activity. The findings tell us that the well – shaped stored type with leaves but no ears is superior to the type neither with leaves nor ears for storage, but ventilation should be paid attention to and the storage height is supposed to be lower than 2meters.

References

[1] Li Dajue. Developing sweet sorghum industry to resolve the problems of food and energy security and agriculture in China [J]. Review of China Agricultural Science and Technology, 2004, 6 (5): 55 – 58.

[2] Bin Li, Pan Qi. Utilization and research review of sweet sorghum [J]. Sugar Crops of China, 2008 (4): 58 – 65.

[3] Farrar J, Pollock C, Gallagher J. Sucrose and the integration of metabolism in vascular plants [J]. Plant Science, 2000, 154: 1 – 11.

[4] Zhang Mingfang, Li Zhilin. Sucrose – metabolizing enzymes in higher plant [J]. Plant Physiology Journal, 2002, 38 (3): 289 – 295.

[5] Lv Yingmin, Zhang Dapeng. Accumulation of sugars in developing fruits [J]. Plant Physiology Jour-

nal，2000，36（3）：258-265.

［6］ Zhao Zhizhong, Zhang Shanglong, Xu Changjie, et al. Roles of Sucrose - metabolizing enzymes in accumulation of sugars in satsuma mandarin fruit ［J］. Acta Horticulturae Sinica, 2001, 28 (2): 112-118.

［7］ Hubbard N L, Pharr D M, Huber S C. Sucrose - phosphate synthase and other sucrose metabolizing enzymes in fruits of various species ［J］. Physiol plant, 1991, 82 (2): 191-196.

［8］ Zhang Mingfang, Jiang Youtiao, Yu Kang, et al. Comparison of sugar contents and its related metabolic enzyme activities in developing fruits of *Cucumis melo*. ［J］. Acta Agriculturae Zhejiangensis, 1998, 10 (6): 310-312.

［9］ McCollum T G, Huber D J, Cantlife D J. Soluble sugar accumulation and activity of related enzymes during muskmelon fruit development ［J］. Amer Soc Hort Sci, 1988, 113: 399-403.

［10］ Yang Ming, Liu Lijuan, Li Liyun, et al. Correlation analysis between sucrose synthase expression and sucrose accumulation in sweet sorghum ［J］. Acta Agronomica Sinica, 2009, 35 (1): 185-189.

［11］ Zhang Jingjing. Food analysis techniques ［M］. Beijing: China Light Industry Press, 2001: 138-151.

［12］ Nielsen T H, Skiarbek H C, Karlsen P. Carbohydrate metabolism during fruit development in sweet pepper (*Capsicum annuum*) plants ［J］. Physiol Plant, 2005, 96 (9): 985-1002.

［13］ Xue Yinglong. Plant physiology lab manual ［M］. Shanghai: Shanghai Science and Technology Press, 1985: 148-150.

［14］ Li Yunkang, Pan Siyi. Determination of saccharides components in orange juice by HPLC ［J］. Food Science, 2006, 27 (4): 190-192.

［15］ Mei Xiaoyan, Liu Hourong, Shen Fei. Physiological property of postharvest sweet sorghum stalk and its modified atmosphere packaging storage ［J］. Journal of Agricultural Engineering, 2008, 24 (7): 165-170.

［16］ Lu Hequan, Shen Fafu, Liu Linxiao, et al. Recent advances in study on plant sucrose synthase ［J］. Chinese Agricultural Science Bulletin, 2005, 21 (7): 34-37.

［17］ Xue Wei, Cui Jianghui, Sun Aiqin et al. Research of soluble sugar content and activities of sucrose synthase and sucrose phosphate synthase on sorghum ［J］. China Agricultural Science and Technology, 2009, 11 (2): 124-128.

［18］ Gnansounou E, Dauriat A, Wyman C E. Refining sweet sorghum to ethanol and sugar: economic trade - offs in the context of North China ［J］. Bioresource Technology, 2005, 96 (9): 985-1002.

［19］ Zaituniguli • Kuerban, Tuerxun • Tuerhong, Guo Jianfu, et al. Effects of conservation temperatures on the sugar contents of sweet sorghum ［J］. Chinese Agricultural Science Bulletin, 2011, 27 (30): 142-146.

［20］ Lee T, Donald M V. Compartmentation of sucrose during radial transfer in mature sorghum culm ［J］. BMC Plants Biology, 2007 (7): 33.

本文曾发表于《食品研究与开发》2013 年第 3 期。

不同处理对甜高粱秸秆贮藏效果的影响

再吐尼古丽·库尔班[1]　吐尔逊·吐尔洪[2]　叶凯[1]

(1. 新疆农业科学院生物质能源研究所，乌鲁木齐 830091；

2. 新疆农业大学 草业与环境学院，乌鲁木齐 830052)

甜高粱茎秆是一种可再生能源，利用其生产燃料乙醇具有原料可再生、缓解大气污染和部分补充不可再生化石能源的优势[1]。甜高粱秸秆在贮藏期的霉变、含糖量降低，甜高粱秸秆贮藏没有成熟的解决方法。秸秆贮藏是制约甜高粱产业化的核心问题之一。含糖量较高的甜高粱秸秆是燃料乙醇和畜牧饲料理想的生产原料，但甜高粱秸秆在不同客观环境条件下贮藏的性状变化，决定着甜高粱产业化的优势区域和生产工艺方式[2]。

目前有关高粱茎秆不同贮藏方式含糖量的变化研究已多有报道，比如将秸秆去叶切成短段冷藏[3]、用塑料薄膜覆盖并充以二氧化硫贮藏[4]、脱除甜高粱秸秆中的水分、进行干燥贮藏[5]、榨汁后加入防腐剂贮藏[6]等，但是都存在许多问题，如耗能高、糖分保留效果不明显、成本高等。但有关不同温度贮藏对不同品种甜高粱秸秆糖分含量的影响研究还未见报道。本文研究了新高粱 3 号、新高粱 4 号两种不同品种甜高粱秸秆在冷冻（-18℃）、冷藏（5℃）、室温（20~25℃）等 3 种不同温度处理下 120d 内茎秆可溶性糖、还原糖和果糖含量的变化情况，为甜高粱贮藏效果和产业化提供参考。

1　材料与方法

1.1　材料与处理

试验材料取自种植于新疆农业科学院玛纳斯试验站的新高粱 3 号（XT-2）和新高粱 4 号（XT-4）。甜高粱秸秆收获当天去掉穗子和叶子，于节间处切割成 20~30cm 的小段用于试验。进行如下处理：①置于 5℃ 冰箱中（冷藏）贮藏；②置于 -18℃ 冰柜中（冷冻）贮藏；③以 20~25℃（室温）下贮藏。每隔 30d 取样一次，3 个重复，取平均值。贮藏时间为 120d。

1.2　试剂与仪器

1.2.1　试剂

硫酸铜（$CuSO_4 \cdot 5H_2O$）、次甲基蓝（$C_{16}H_{18}ClN_3S \cdot 3H_2O$）、酒石酸钾钠（$C_4H_4O_6KNa \cdot 4H_2O$）、氢氧化钠（$NaOH$）、亚铁氰化钾（$K_4[Fe(CN)_6] \cdot 3H_2O$）、盐酸（$HCl$）、乙酸锌（$CH_3COO)_2Zn \cdot 2H_2O$）、葡萄糖（$C_6H_{12}O_6 \cdot H_2O$）、果糖（$C_6H_{12}O_6 \cdot H_2O$）、蒽酮

（$C_{14}H_{10}O$）均为分析纯，甲基红（$C_{15}H_{15}O_2N_3$）为指示剂。

1.2.2　仪器

XT-100 型高速多功能粉碎机（浙江金太阳）、HWS24 数显恒温水浴锅（江苏金坛）、SHB-Ⅲ循环水式多用真空泵（长城科工贸）、CP214 电子分析天平（美国奥克斯）、DHG-9040A 型电热恒温鼓风干燥箱（上海一恒）、TU-1810 型紫外-可见光分光光度计（北京普析通用仪器有限责任公司）等。

1.3　测定方法

1.3.1　可溶性糖、还原糖含量的测定采用直接滴定法[7]。

蔗糖含量=［水溶性可溶性糖含量-还原糖含量］×0.95；可溶性糖含量=还原糖含量+蔗糖含量[8]

1.3.2　果糖

采用蒽酮比色法[8]。

1.4　统计分析

试验数据采用 DPS 软件的一般线性模型进行方差分析，显著性检验用 LSD 多重比较。

2　结果与分析

2.1　可溶性糖含量的变化

图 1 为 2 品种甜高粱秸秆在不同贮藏条件下可溶性糖含量的变化曲线图。

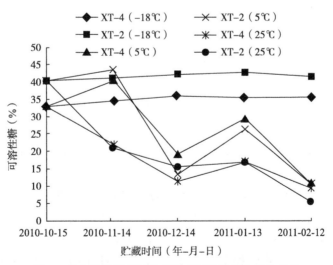

图 1　甜高粱秸秆不同贮藏温度可溶性糖含量的变化

冷冻贮藏下 XT-4、XT-2 贮藏至 120d 时可溶性糖含量从初始的 32.73%（干基重）、40.34%（干基重），分别升高到 36.11%（干基重）、41.66%（干基重），可溶性糖累计分别为 3.36%、1.33%（图 1）。冷冻条件下 XT-4、XT-2 可溶性糖含量变化趋势一致，各贮藏期可溶性糖含量差异不显著（表 1）。

表 1   不同温度贮藏期可溶性糖含量的 LSD 分析（%）

贮藏期 （年-月-日）	XT-2			XT-4		
	−18℃冷冻	5℃冷藏	25℃常温	−18℃冷冻	5℃冷藏	25℃常温
2010-10-15	40.34±0.01Aa	40.33±0.02Aa	40.33±0.02Aa	32.74±0.01Bb	32.73±0.01Bb	32.73±0.02Bb
2010-11-15	41.34±0.1Bb	43.64±0.1Aa	21.21±0.01Ff	34.46±0.06Dd	40.96±0.04Cc	21.78±0.09Ee
2010-12-15	42.08±0.07Aa	13.23±0.02Ee	15.2±0.03Dd	35.94±0.01Bb	18.81±0.01Cc	11.28±0.02Ff
2011-1-15	42.84±0.01Aa	26.6±0.03Dd	17.14±0.01Ff	35.59±0.01Bb	29.50±0.01Cc	17.25±0.02Ee
2011-2-15	41.66±0.01Aa	10.78±0.01Dd	5.72±0.01Ff	36.11±0.01Bb	10.91±0.03Cc	9.94±0.02Ee

注   同行不同大写字母表示差异达 1%显著水平；同行不同小写字母表示差异达 5%显著水平。下同。

冷藏贮藏至 30d 时 XT-4、XT-2 两品种秸秆可溶性糖含量均升高到最高值，分别为 40.96%（干基重）、43.64%（干基重），可溶性糖累计分别为 8.24%、3.30%。贮藏至 120d 时 XT-4、XT-2 可溶性糖损失分别达到 21.82%、29.56%（图 1）。冷藏贮藏条件下 XT-4、XT-2 可溶性糖含量总的变化趋势相似，出现 M 形变化。从表 2 看出冷藏下不同品种甜高粱秸秆在不同贮藏期的可溶性糖含量差异均极显著，温度对可溶性糖含量的影响较大。

表 2   不同温度贮藏期还原糖含量的 LSD 分析（%）

贮藏期 （年-月-日）	XT-2			XT-4		
	−18℃冷冻	5℃冷藏	25℃常温	−18℃冷冻	5℃冷藏	25℃常温
2010-10-15	12.29±0.40Aa	12.29±0.62Aa	12.29±0.74Aa	7.43±0.02Bb	7.43±0.02Bb	7.43±0.02Bb
2010-11-15	14.36±0.96Cc	14.61±0.52Cc	15.31±0.39BCbc	8.88±0.15Dd	22.08±0.12Aa	16.3±0.87Bb
2010-12-15	13.36±1.12Bb	10.33±1.02Cc	8.39±0.74CDd	7.43±0.40DEd	15.49±0.27Aa	5.56±0.75Ee
2011-1-15	13.82±0.28Bb	14.02±0.49Bb	9.81±0.61Cc	8.1±0.15Dd	25.16±0.26Aa	7.01±0.51Ee
2011-2-15	7.69±0.74Cc	10.45±0.34Aa	4.83±0.53Ee	6.96±0.25CDd	8.66±0.27Bb	6.89±0.21Dd

注   同行不同大写字母表示差异达 1%显著水平；同行不同小写字母表示差异达 5%显著水平。

室温下两种品种甜高粱秸秆的可溶性糖含量迅速降低。贮藏至 120d 时 XT-4、XT-2 可溶性糖损失分别为 22.80%、34.62%（图 1）。

从以上结果可以看出不同温度之间可溶性糖含量差异达到极显著，说明温度对可溶性糖含量的变化有很大的影响。同一温度下不同品种秸秆可溶性糖含量趋势基本一致，冷冻贮藏不同贮藏期可溶性糖含量差异不显著、冷藏和室温下不同贮藏期可溶性糖含量差异极显著。2 个品种可溶性糖含量变化幅度不一致，XT-2 初始可溶性糖含量高于品种 XT-4，可各处理同一贮藏期糖分损失一致大于品种 XT-4。低温贮藏糖含量变化不大，微生物吸收利用少，故保存的效果较好。

2.2   还原糖含量的变化

图 2 为甜高粱秸秆 120d 内还原糖含量的变化曲线图。

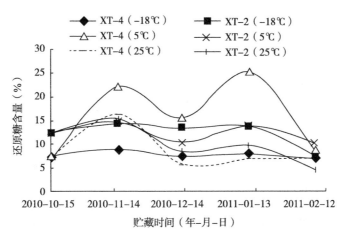

图2 不同温度贮藏下还原糖含量的变化

冷冻贮藏处理XT-4、XT-2秸秆还原糖含量的变化趋势相似，贮藏1个月和3个月时出现2个高峰点，出现M形变化。贮藏至1个月时XT-4、XT-2还原糖含量从7.43%（干基重）、12.29%（干基重）分别升高到8.88%（干基重）、14.36%（干基重），还原糖累计分别为1.45%、2.07%。XT-4、XT-2贮藏至3个月时还原糖含量分别升高到8.1%（干基重）、13.82%（干基重），还原糖累计分别为0.66%、1.53%。以上可以看出贮藏1个月时还原糖累计最多。方差分析结果说明冷冻对不同品种还原糖含量的影响不一致。

5℃和25℃贮藏条件下两种品种秸秆还原糖含量总的变化趋势相似，都出现上升、降低、上升、降低的变化趋势。5℃贮藏第30天时XT-4、XT-2秸秆的还原糖含量从7.43%（干基重）、12.29%（干基重）分别升高到22.08%（干基重）、14.61%（干基重），还原糖累计分别为14.64%、2.32%。25℃贮藏第30天时XT-4、XT-2秸秆的还原糖含量从7.43%（干基重）、12.29%（干基重）分别升高到16.3%（干基重）、15.31%（干基重），还原糖累计分别为8.86%、3.02%。

总之，3种不同温度贮藏至第30天时两品种甜高粱秸秆还原糖含量均升高到最高值。贮藏至第30天后3种贮藏方式还原糖含量总的变化呈下降的趋势，贮藏至120d时降到最低值。不同温度对不同品种的影响不一致，不同贮藏期XT-4不同温度对秸秆还原糖含量的差异均达到极显著差异水平，而XT-2不一致。贮藏到30d时XT-4各贮藏温度对秸秆还原糖含量的差异均极显著，而XT-2来说不显著。贮藏到120d时XT-4冷冻和室温下秸秆还原糖含量差异不显著，冷冻和冷藏的差异极显著，XT-2各温度之间的还原糖含量差异达到极显著。

2.3 果糖含量的变化

图3为不同品种在贮藏期间秸秆果糖含量的变化曲线图。

从图3可以看出，3种温度秸秆贮藏至第30天时果糖含量累计均最大。-20℃贮藏第30天时XT-4、XT-2果糖累计分别为26.41%、26.89%。5℃贮藏果糖含量累计分别为17.55%、30.16%。室温条件下两品种甜高粱秸秆果糖含量变化趋势都很明显，贮

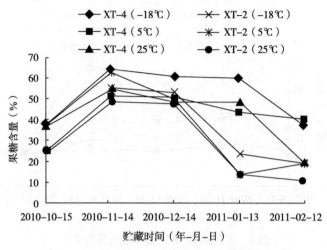

图 3　甜高粱秸秆不同贮藏温度果糖含量的变化

藏至第 30 天时果糖累计分别达到 25.78%、24.66%。品种之间果糖累计幅度有差别。三种处理下甜高粱秸秆果糖含量在整个贮藏过程中均呈先升高后降低的趋势,但升高和降低幅度有差别。果糖的升高说明甜高粱秸秆在贮藏过程中蔗糖分解变成了葡萄糖和果糖。在整个贮藏期,温度越低果糖含量越高,温度对果糖含量有显著差异。不同温度下秸秆果糖含量的差异极显著(表 3)。

表 3　不同温度贮藏期果糖含量的 LSD 分析（%）

贮藏期 （年-月-日）	XT-2			XT-4		
	−18℃冷冻	5℃冷藏	常温	−18℃冷冻	5℃冷藏	常温
2010-10-15	24.64±0.05Bb	24.64±0.07Bb	24.62±0.15Bb	37.26±0.01Aa	37.27±0.1Aa	37.26±0.01Aa
2010-11-15	51.54±0.02Dd	54.81±0.05Cc	49.31±0.1Ee	63.67±0.08Aa	54.81±0.05Cc	63.05±0.1Bb
2010-12-15	49.65±0.57Cc	53.01±0.01Bb	47.99±0.01Dd	60.67±0.6Aa	49.02±0.04Cc	49.66±0.57Cc
2011-1-15	43.82±0.02Cc	23.41±0.03Dd	13.95±0.15Ee	60.22±0.1Aa	48.29±0.08Bb	14.01±0.03Ee
2011-2-15	40.20±0.08Aa	19.25±0.06De	11.35±0.02Ef	37.64±0.07Bb	20.15±0.06Cc	19.39±0.07Dd

注　同行不同大写字母表示差异达 1% 显著水平;同行不同小写字母表示差异达 5% 显著水平。

3　结论

品种之间、温度之间可溶性糖含量差异不一致。冷冻处理可溶性糖含量变化差异不显著,变化趋势不明显,表明冷冻贮藏能有效维持茎秆糖分含量。冷藏和室温下可溶性糖含量差异均极显著,温度对可溶性糖含量有很大的影响。

不同温度处理 XT-4、XT-2 秸秆还原糖含量的变化趋势相似,贮藏 1 个月和 3 个月时出现 2 个高峰点,出现 M 形变化。不同品种还原糖升降幅度不一致,XT-4 还原糖累计幅度高于 XT-2。

不同温度下秸秆果糖含量的差异极显著。在整个贮藏期，温度越低果糖含量越高，温度对果糖含量有显著差异。

4　讨论

甜高粱的收割期约半个月，造成甜高粱茎秆大量堆积，由于茎秆富含糖分，含水量高，收获后极易受微生物感染，容易发生霉烂和干化，影响酒精的后续发酵[9]。甜高粱糖分高低是衡量甜高粱茎秆利用价值的主要指标，研究甜高粱贮存过程中糖分和水分的变化，对于燃料乙醇大规模长期生产的企业来说具有重大意义[10]。

本文以冷藏、冷冻和室温等3种不同温度下贮藏甜高粱秸秆，研究不同贮藏期茎秆糖分含量的变化，发现冷藏贮藏有利于贮藏前期茎秆可溶性糖含量的累计，使可溶性糖含量的高峰提前。这与王贵元[11]等的红肉脐橙6℃贮藏试验结果相似。冷藏和室温下糖含量总体表现出下降趋势，尤其是常温下糖类物质消耗过多，糖含量下降最多。茎秆贮藏至30d时还原糖含量升高，120d时降到最低值。这是因为在贮藏过程中，微生物生长首先是分解可溶性糖转化成还原糖，故最初还原糖的含量是增加的；随着之后可溶性糖被分解完，微生物开始利用还原糖以促进自身的新陈代谢，故还原糖的含量不断下降，直到消耗到净[12]。Ewing等[13]的马铃薯低温贮藏试验结果也发现类似的现象，认为是还原糖含量的升高，可能发生低温糖化现象。引起低温糖化的因素比较复杂，包括基因型和贮藏条件等。目前甜高粱茎秆低温糖化的生理生化机制目前仍不十分清楚，需要进行深入探讨。

参考文献

[1] 曹文伯. 发展甜高粱生产开拓利用能源新途径 [J]. 中国种业，2002 (1)：28 - 29.

[2] 代树华，李军，陈洪章，等. 区域选择对甜高粱秸秆贮藏的影响 [J]. 酿酒科技，2008 (8)：17 - 20.

[3] Evaggeli Billa，Dimitris P Koullas，Bernard Monties，et al. Structure and composition of sweet sorghum stalk components [J]. Industrial Crops and Products，1997 (6)：297 - 302.

[4] Edkhof S R，Bender D A. Preservation of chopped sweet sorghum using sulfur dioxide [J]. Transactions of the ASAE，1985，28 (2)：606 - 609.

[5] 张管生. 甜高粱秸秆制燃料乙醇工程路线探讨 [J]. 中外能源，2006 (11)：104 - 107.

[6] 汪彤彤，刘荣厚，沈飞. 防腐剂对甜高粱茎秆汁液贮存及乙醇发酵的影响 [J]. 江苏农业科学，2006 (3)：159 - 161.

[7] 杨明，刘丽娟，李莉云，等. 甜高粱蔗糖合酶表达与蔗糖积累的相关分析 [J]. 作物学报，2009，35 (1)：185 - 189.

[8] 张意静. 食品分析技术 [M]. 北京：中国轻工业出版社，2001：138 - 151.

[9] 闫鸿雁，付立中，胡国宏，等. 国内外甜高粱研究现状及应用前景分析 [J]. 吉林农业科学，2006，31 (5)：63 - 65.

[10] 袁翠平，王永军，吴秋平，等. 甜高粱茎秆糖产量形成及其调控研究进展 [J]. 中国农业科技导

报，2008，10 (3)：12-17.

[11] 王贵元，夏仁学，曾祥国，等. 不同温度贮藏红肉脐橙果肉主要色素和糖含量的变化及其相关性. 西北农业学报，2007，16 (3)：180-183.

[12] 贾茹珍，张春红. 甜高粱秆汁储藏方法的研究 [J]. 食品工业科技，2008 (6)：274-275.

[13] Ewing E E, Senesac A H, Sieczka J B, et al. Effects of short periods of chilling and warming on potato sugar content and chipping quality [J]. Am potato J, 1981, 58：663-647.

本文曾发表于《食品科技》2012 年第 37 卷第 6 期。

贮藏期甜高粱性状与总糖含量的研究

陆亮[1,2]　　再吐尼古丽·库尔班[1]　　叶凯[1]　　涂振东[1]

(1. 新疆农业科学院生物质能源研究所，乌鲁木齐 8300912；

2. 新疆农业大学食品科学与药学学院，乌鲁木齐 830052)

甜高粱作为一种高能植物[1-3]，具有适应性强、抗旱、耐涝、耐盐碱、耐肥、耐瘠薄、生长迅速、糖分积累快、生物学产量高等优点，茎秆富含糖分汁液，可经加工转化为乙醇，是一种取之不尽、用之不竭的再生生物能源库，为人类开发生物能源提供了更加廉价丰富的再生原料，显示出诱人的前景[4]。

在利用甜高粱茎秆制乙醇的过程中，原料的收获不仅数量大而且时间集中，以及受加工条件所限，难以在短时间内处理完，即加工有一段过程。在这段不太长的存贮过程中，环境温度、湿度等的变化，最长存放时间以及存贮方式等都是生产上急需弄清楚的问题，它关系到加工设备的准备与安排和进程的掌握，因此，研究贮藏期间性状变化与总糖含量的关系，对延长榨期，充分利用糖分，将损失控制在最低限度有重要的意义[5-7]。曹文伯[8]等研究了半卧式堆放和整捆立置露天堆放的贮藏方式下甜高粱茎秆的出汁率、锤度及秆重，发现各贮藏性状前期变化显著，而后期趋于平缓。代树华等[9]考察了北京和内蒙古苏尼特右旗两地的甜高粱秸秆自然贮藏性状变化及含糖量变化情况，取得了很好的效果，发现利用优势区域的选择能够使甜高粱秸秆适应产业化全年 300d 的生产需求。然而，对一些新疆本地培育的甜高粱品种的总糖和性状变化之间的关系却仍不了解。本试验利用新疆独特的自然条件——天然大冷库进行自然冻贮，通过探讨甜高粱不同贮藏方式、不同贮藏时间对甜高粱秸秆糖分含量与性状的变化规律及相关性，可为新疆甜高粱秸秆的最佳贮藏方式、贮藏时间、秸秆糖分变化等问题提供理论依据。

1　材料与方法

1.1　取样

试验材料取自 2010 年种植于新疆农业科学院玛纳斯农业试验站，品种为 T601。常规水肥管理。

甜高粱秸秆收割后，在自然环境下露天采取井型去叶去穗、带叶去穗堆放处理，贮藏时间为：2010 年 11 月 25 日到 2011 年 5 月 10 日。共设 2 堆，Ⅰ型和Ⅱ型，堆放高度都为3m。每次分别在离地 1m、2m、3m 处随机抽取，依次标记为Ⅰ1、Ⅰ2、Ⅰ3、Ⅱ1、Ⅱ2和Ⅱ3 的样品，每隔 15d 测定 1 次堆内温度和湿度，并同时取样测定总糖含量和秸秆水分，考察贮藏过程中甜高粱秸秆的糖分代谢变化。由于秸秆的不同节位含糖量不同，本实验每次每个处理随机取 3 株，整体粉碎后混匀，测定糖分含量，重复 3 次，然后取平均值。

1.2 仪器和试剂

1.2.1 试剂硫酸铜（$CuSO_4 \cdot 5H_2O$）、次甲基蓝（$C_{16}H_{18}ClN_3S \cdot 3H_2O$）、酒石酸钾钠（$C_4H_4O_6KNa \cdot 4H_2O$）、氢氧化钠（$NaOH$）、亚铁氰化钾（$K_4[Fe(CN)_6] \cdot 3H_2O$）、盐酸（$HCl$）、乙酸锌（$CH_3COO)_2Zn \cdot 2H_2O$、葡萄糖（$C_6H_{12}O_6 \cdot H_2O$）均为分析纯；甲基红（$C_{15}H_{15}O_2N_3$）为指示剂。

1.2.2 仪器 XT - 100 型高速多功能粉碎机（浙江金太阳）、HWS24 数显恒温水浴锅（江苏金坛）、SHB - Ⅲ型循环水式多用真空泵（长城科工贸）、CP214 电子分析天平（美国奥克斯）、DHG - 9040A 型电热恒温鼓风干燥箱（上海一恒）、A 数字温湿度计 - GMK - 930 - HT（韩国 G - WON）等。

1.3 试验方法

1.3.1 总糖的测定

采用斐林试剂滴定法[10-11]。利用斐林溶液与还原糖共沸，生成氧化亚铜沉淀反应，以次甲基蓝为指示液，以样品或经水解后的样品滴定煮沸的斐林氏溶液，达到终点时还原糖可将蓝色的次甲基蓝变为无色，以示终点。根据样品的消耗量求得总糖的含量。

1.3.2 温湿度的测定

采用韩国 G - WON 数字温湿度计直接读取。

1.3.3 水分的测定

采用差重法，称取粉碎好固定质量的茎秆粉末，放在培养皿中，在电热恒温鼓风干燥箱中 65℃下先干燥 4h，取出放入干燥器中至冷却后称重。然后放入电热恒温鼓风干燥箱中再次干燥 30min，放入干燥器中待冷却后称其质量。然后计算其水分。

2 结果与分析

2.1 温度的变化

由图 1 可知，本试验时间的 6 个月当中，其间垛内的温度变化较大。而不同贮藏方式之间的温度变化趋势没有明显差别，区别在于不同高度之间，去叶去穗的贮藏方式温度都普遍高于带叶带穗的贮藏方式，并且随着高度的上升，温度逐渐降低。总的变化趋势是：在前 30d 贮藏温度基本趋于平稳，然后急速下降，直到 2011 年 1 月底（60d）时才开始上升，2011 年 2—3 月温度出现波动变化，是由于贮藏期间秸秆的反复冻融造成的。到了 3 月初（115d），温度的变化回升至 0℃以上，而后逐渐升高。在整个贮藏的 6 个月中，垛内温度至少有两个半月（75d）处于 0℃以下，即冻结状态，温度最低的时候（45d 时），垛内温度可达 -17℃，而我们当时观察到室外温度已接近 -40℃，这对甜高粱茎秆的贮藏有关键的作用。去叶去穗的贮藏方式温度都低于带叶去穗的贮藏方式，说明去叶去穗的贮藏方式有利于散热，避免霉变的发生。

2.2 湿度的变化

由图 2 可知，不同贮藏方式的湿度变化趋势没有明显差别，区别在于不同高度之间，

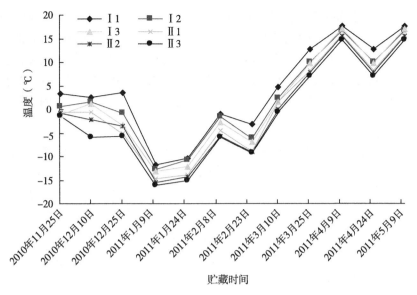

图 1　不同贮藏方式温度变化

带叶带穗的贮藏方式湿度都高于去叶去穗的贮藏方式，并且随着高度的上升，湿度逐渐降低。总的变化趋势是：贮藏 15d，有一个湿度急剧下降的过程，这是由于甜高粱秸秆采收以后有一个水分平衡的过程，当达到平衡以后，湿度基本在一个水平上下波动。当贮藏到 75d 时，湿度有轻微上升的现象，由于当时正处于下雪天气，影响到了观察结果。而后到 3 月以后，湿度再次趋于平行，发现这是由于在露天贮藏条件下，温度上升到了 0℃以上，甜高粱垛上积雪开始消融，使得它的湿度能保持如此，直到贮藏结束。在整个贮藏过程中，带叶去穗的贮藏方式湿度普遍高于去叶去穗的贮藏方式，这是由于带叶去穗方式中大量的甜高粱叶子堆积在一起，导致它的通透性降低，水分蒸发缓慢。湿度过高，容易引起整个垛内的秸秆发霉，这说明带叶去穗方式对甜高粱秸秆的贮藏是不利的。

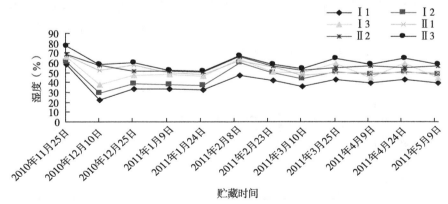

图 2　不同贮藏方式湿度变化

2.3　水分的变化

由图 3 可知，甜高粱秸秆的水分含量在整个贮藏过程中，都是在 70％左右波动的。带叶去穗贮藏方式的水分含量大多都高于去叶去穗贮藏方式。这和有些文献查到的略有不同[12]。分析认为：作为一个整体性秸秆垛来贮藏，除去甜高粱码垛周边的秸秆，整个垛内所含的水分应该是处于一种流通性的动态平衡，在大体上趋于一致。所测的水分不仅是秸秆本身的水分，也代表了垛内的平均水分含量，它和湿度是呈线性正相关，湿度的变化一直较平缓，使得甜高粱秸秆的水分含量也趋于一个相对平衡的状态，直到实验终止；并且在取样过程中，是否由于取样不均，造成一些随机误差，也是要考虑的问题。

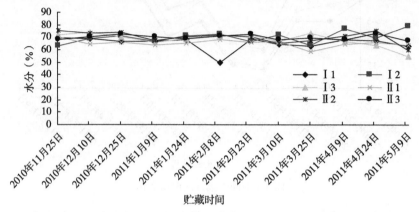

图3　不同贮藏方式水分含量的变化

2.4　总糖的变化

由图4可知，总糖含量在甜高粱秸秆贮存的前15d较为平缓，然后有所升高，在30d时达到最高点，这是由于秸秆内的自由水散失，秸秆内糖分升高。而后当水分达到平衡后，糖分总体呈下降趋势，并在贮存到45d的时候，室外气温急速降低，使得秸秆冻结，糖分含量相对稳定。3月下旬（120d）的时候，由于解冻，糖分急剧变化，略有回升，但到165d时，糖分逐渐降低，在180d时，糖分降至最低点。在整个贮藏期间，去叶去穗的糖分累计上升都比带叶带穗的要高。籍贵苏[13]等对不同品种的甜高粱茎秆收获后含糖量作对比后发现，随着茎秆的水分丧失和汁液含量的降低，茎秆含糖量逐渐升高，在25d达到最高值，但随后降低。这与所测得结果大致相同。

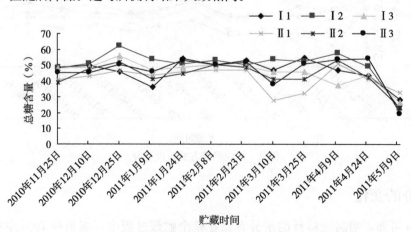

图4　不同贮藏方式总糖含量的变化

3 结论

甜高粱成熟茎秆收割后，甜高粱茎秆糖分变化与茎秆水分有密切的关系，糖分随着失水而升高，一般进入冻结期糖分上升速度减慢，解冻后又开始升高。

贮藏期间不同贮藏方式秸秆的温湿度变化趋势较为一致，处于渐变的过程。尤其观察到，带叶带穗的贮藏方式在贮藏 1 个月时，垛内有轻微的霉变发生，当贮藏到 2 个月时，垛内的甜高粱秸秆已大量发生霉变，后期即使糖分继续存在，但已不可取。由此说明带叶带穗的贮藏方式的最佳贮藏时间是 2 个月。而去叶去穗的贮藏方式湿度都要低于带叶去穗的贮藏方式，说明去叶去穗的贮藏方式通透性较好，这样可以减少发霉情况的产生，对贮藏是有利的。

贮藏期间总糖的含量与温湿度呈正相关关系。30d 时，总糖含量最高，45d 时，糖分开始缓慢下降直至趋于平缓，当贮藏达到 90d 时，糖分再度开始缓慢下降，直至 4 月底时变化最大，贮藏实验结束。说明去叶去穗的贮藏方式的最合理贮藏时间应该在 5 个月。

4 问题与讨论

本试验为整垛堆放，对于贮藏期间的霉变情况，只能观察到大概的现象，无法作出系统的分析，需要改进试验方法后进一步试验。

试验过程中有降雨、下雪的天气，露天贮存使试验结果的准确性受到一定的影响，比如 2011 年 2 月 8 日测定第 6 次数据时，恰逢降雪天气，导致湿度出现小幅波动的反常现象，可能是秸秆被淋湿，影响了测定结果。

贮藏期间，水分的变化不是很明显，这是由于本实验测得的水分含量为湿基含水量，它只能单纯表现出一定质量下的秸秆水分含量，并不能体现出贮藏过程中的失水率，这需要以后进一步改进。

本试验只对此 2 种贮藏方式作了比较，并不能说明此试验得到的贮藏方式就是最优的。除此之外，还有何更好的方式，有待今后试验。

参考文献

[1] 张福耀，赵威军，平俊爱. 高能作物——甜高粱 [J]. 中国农业科技导报，2006，8 (1)：14 - 17.

[2] 谷卫彬，黎大爵. 甜高粱：高效太阳能转化器 [J]. 太阳能，2004 (4)：12 - 14.

[3] Bar BANTI L, Grandi S, Vecchi A, et al. Sweet and fibre sorghum [*Sorghum bicolor* (L.) Moench], energy crops in the frame of environmental protection from excessive nitrogen loads [J]. Europ J Agronomy, 2006 (25)：30 - 39.

[4] 王孟杰. 甜高粱茎秆制取燃料乙醇产业化前景 [J]. 中国建设动态 (阳光能源)，2007 (2)：56 - 58.

[5] 张志鹏，朱凯，王艳秋，等. 甜高粱不同播期对主要性状影响的研究 [J]. 辽宁农业科学，2005 (3)：69 - 70.

[6] 沈飞，刘荣厚. 不同种植时期对甜高粱主要生物性状及成糖的影响 [J]. 安徽农业科学，2006，34

（12）：2681－2683.

［7］ 蒲彬，贺玉凤，贾雪峰，等．甜高粱秆冻藏保鲜技术研究［J］．粮油食品科技，2008，16（5）：71－72.

［8］ 曹文伯．甜高粱茎秆贮存性状变化的观察［J］．中国种业，2005（4）：43.

［9］ 代树华，李军，陈洪章，等．区域选择对甜高粱秸秆贮藏的影响［J］．酿酒科技，2008（8）：17－19.

［10］ 穆华荣．食品检验技术［M］．北京：化学工业出版社，2005.

［11］ 大连轻工业学院，华南理工大学，郑州轻工业学院，等．食品分析［M］．北京：中国轻工业出版社，2005.

［12］ 王二强，李天成，韩冰，等．甜高粱秆自然贮存过程中水分和糖分的基准描述［J］．现代农业科技，2009（17）：9－11，14.

［13］ 籍贵苏，杜瑞恒，侯升林，等．甜高粱茎秆含糖量研究［J］．华北农学报，2006，21：81－83.

本文曾发表于《中国农学通报》2011年第27卷第30期。

贮藏温度对甜高粱秸秆糖分含量的影响

再吐尼古丽·库尔班[1]　　吐尔逊·吐尔洪[2]　　郭建福[3]　　叶凯[1]

(1. 新疆农业科学院生物质能源研究所,乌鲁木齐8300912;

2. 新疆农业大学草业与环境科学学院,乌鲁木齐830052;

3. 新疆农业科学院玛纳斯试验站,玛纳斯832200)

从能源安全和经济发展方面看,甜高粱茎秆制取燃料乙醇具有较为广阔的前景[1-2]。加强甜高粱茎秆生物能源综合开发利用,对缓解国家能源紧张、改善生态环境[3]和促进国民经济稳定持续发展都具有十分重要而深远的意义。目前,限制甜高粱茎秆制取燃料乙醇发展的主要原因为原料可供给的时间较短、酒精企业年实际生产时间较短以及设备闲置时间较长、生产成本高等。因此,甜高粱茎秆生产燃料乙醇应该从甜高粱茎秆的贮藏入手,以延长甜高粱茎秆的可供给时间[4]。甜高粱的收割期约半个月,由于茎秆富含糖分、含水量高,收获后极易受微生物感染,容易发生霉烂和干化,影响酒精的后续发酵[5]。

目前有关贮藏期甜高粱茎秆锤度、水分和形状变化等方面的研究已多有报道[6-8],但有关不同贮藏温度下甜高粱秸秆糖含量的变化研究还未见报道。本研究探讨在冷冻(-18℃)、冷藏(5℃)、室温(16~20℃)条件下甜高粱秸秆的糖分和水分含量的变化规律,为甜高粱秸秆保鲜贮藏提供参考依据。

1　材料与方法

1.1　试验时间、地点

田间试验于2010年5月4日至10月15日在新疆农业科学院玛纳斯农业试验站进行,室内试验从2010年10月15日至2011年2月12日在新疆农业科学院生物质能源研究所实验室进行。

1.2　试验材料

试验材料为种植于新疆农业科学院玛纳斯农业试验站的新高粱3号的秸秆。甜高粱秸秆收获当天去掉穗子和叶子,于节间处切割成20~30cm的小段用于试验。

1.3　试验方法

1.3.1　试验设计

试验设置如下3个处理:①置于5℃冰箱中贮藏(冷藏);②置于-18℃冰箱中贮藏

（冷冻）；③置于室温（16～20℃）下贮藏。每隔 30d 取样一次，3 个重复，每个重复测 3 次，取平均值，贮藏时间为 120d。

1.3.2 测定内容及方法

水分测定采用直接干燥法。总糖、还原糖的测定采用直接滴定法[9]。蔗糖含量按式（1）计算[10]。贮藏时间总计 120d，相关指标测定时间分别为 2010 年 10 月 15 日、2010 年 11 月 14 日、2010 年 12 月 14 日、2011 年 1 月 13 日、2011 年 2 月 12 日，每 30d 测一次。

$$蔗糖含量＝（可溶性总糖含量－还原糖含量）×0.95 \qquad (1)$$

1.3.3 统计分析

试验数据采用 DPS 软件的一般线性模型进行方差分析，显著性检验用 LSD 多重比较。

2 结果与分析

2.1 贮藏温度对秸秆水分含量的影响

图 1 表明，不同温度处理的甜高粱秸秆水分含量均随着贮藏时间的延长而不断降低。对整个贮藏期间甜高粱秸秆的水分含量进行方差分析（表 1），结果表明：①冷冻贮藏下秸秆水分含量在 0d、60d 和 120d 的差异极显著（$p<0.01$），冷冻 0d、90d 的差异显著（$p<0.05$），冷冻 30d、60d、90d 的差异不显著（$p>0.05$）。②冷藏贮藏秸秆水分含量在 0d、30d 间的差异不显著（$p>0.05$），0d、60d、90d、120d 间的差异极显著（$p<0.01$）。③室温贮藏下水分含量在各贮藏时期的差异均达极显著（$p<0.01$）。④3 种不同贮藏温度同一贮藏期的水分含量不同。30d 时冷冻、冷藏秸秆水分含量差异不显著（$p>0.05$），与室温的差异极显著（$p<0.01$）。60d 时冷冻、冷藏秸秆水分含量差异显著（$p<0.05$），与室温的差异极显著（$p<0.01$）。90d 和 120d 时，冷冻、冷藏和室温贮藏的秸秆水分含量差异均极显著（$p<0.01$）。

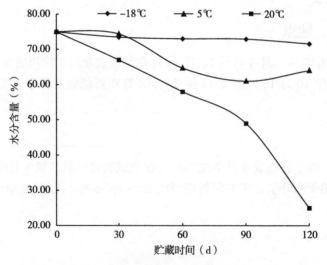

图 1 甜高粱秸秆水分含量的变化

表 1　不同贮藏温度秸秆水分含量的变化（%）

贮藏温度	0d	30d	60d	90d	120d
冷冻（−18℃）	74.95±0.87Aa	73.45±0.21ABbc	73.01±0.97BCc	72.93±0.72ABbc	71.57±1.25Cd
冷藏（5℃）	74.95±1.05Aa	74.34±0.17ABab	64.72±0.43Bb	61±0.08Fg	64±0.88Ef
室温（20℃）	74.95±0.52Aa	67±0.82De	58±0.94Gh	49±1.04Hi	25±0.78Ij

注　同行或同列不同大写字母表示差异达 1% 显著水平；同行或同列不同小写字母表示差异达 5% 显著水平。下同。

从上面的数据分析可以看出，随着贮藏温度的升高水分损失加快，冷冻贮藏水分含量降幅度比其他处理小，整个变化趋势相对平稳，贮藏至 120d 时水分损失达 3.38%。冷藏贮藏秸秆水分含量呈缓慢降低的变化趋势，贮藏至 120d 时水分损失达 10.95%。室温下秸秆水分含量剧烈降低，贮藏至 120d 时水分损失达到 49.45%。说明低温能够降低秸秆水分含量的散失。

2.2　贮藏温度对秸秆总糖含量的影响

图 2 为甜高粱秸秆在不同贮藏温度下总糖含量的变化曲线。从图 2 中可以看出，冷冻、冷藏和室温贮藏下总糖含量的变化趋势不一致，冷冻贮藏总糖含量变化趋势不明显。冷藏贮藏总糖含量呈 M 形变化趋势，冷藏 30d 和 90d 总糖略有积累，这种现象与作物超甜玉米含糖量的变化相似[11]。室温贮藏总糖含量呈降低的变化趋势，代谢较快，糖类物质消耗过多，120d 内总糖含量下降最多。

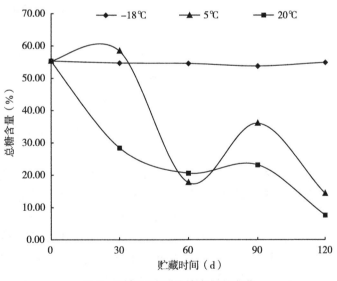

图 2　甜高粱秸秆总糖含量的变化

总糖含量的数据分析结果（表 2）说明：①冷冻贮藏处理秸秆总糖含量在冷冻 0d、30d、60d、90d 和 120d 等 5 个时期的差异均不显著（$p>0.05$），总的变化趋势相对平稳。②冷藏贮藏下秸秆总糖含量在 0d、30d、60d、90d 和 120d 等 5 个时期的差异均达极显著水平（$p<0.01$）。③室温贮藏下秸秆总糖含量在 0d、30d、60d、90d 和 120d 等 5 个时期间的差异均达极显著水平（$p<0.01$）。④从 30d 开始，同一时期的 3 种不同贮藏温度下

的总糖含量差异达极显著（$p < 0.01$）水平。

冷冻贮藏下整个贮藏期总糖含量差异不显著，冷藏和室温下总糖含量的差异极显著，因此冷冻下可以保持甜高粱秸秆的总糖含量。

表2　不同贮藏温度总糖含量的变化（%）

贮藏温度	0d	30d	60d	90d	120d
冷冻（-18℃）	55.32±1.18Bb	54.7±1.59Bb	54.57±0.66Bb	53.76±1.50Bb	54.86±0.504Bb
冷藏（5℃）	55.32±1.18Bb	58.42±1.05Aa	17.7±0.98Gg	36.06±0.47Cc	14.29±1.02Hh
室温（20℃）	55.32±1.18Bb	28.47±0.63Dd	20.61±0.44Ff	23.18±1.34Ee	7.64±1.20Ii

2.3　贮藏温度对秸秆还原糖含量的影响

图3为甜高粱秸秆不同贮藏温度下120d内还原糖含量的变化曲线。由图可知，冷冻、冷藏和室温贮藏下秸秆还原糖含量均呈M形变化趋势，升高和降低的幅度有差异。

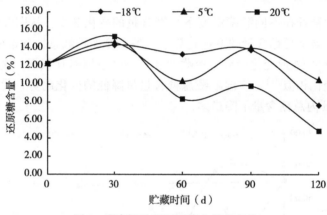

图3　甜高粱秸秆还原糖含量的变化

从方差分析结果（表3）可知：①冷冻贮藏下秸秆还原糖含量在0d和30d、90d、120d等4个时期的差异极显著（$p < 0.01$），与60d的差异不显著（$p > 0.05$）。贮藏30d和60d、90d之间的还原糖含量差异均不显著（$p > 0.05$），与120d的差异极显著（$p < 0.01$）。②冷藏贮藏下还原糖含量在0d和30d、60d、90d、120d的差异均极显著（$p < 0.01$）。30d和60d、120d差异极显著，与90d的差异不显著。60d和90d的差异极显著，与120d的差异不显著（$p > 0.05$）。③室温贮藏下60d、90d间的还原糖含量差异显著（$p > 0.05$），0d和30d、60d、90d、120d之间的差异极显著。④在同一贮藏期不同温度之间还原糖含量有差异。30d时冷冻、冷藏、室温差异不显著（$p > 0.05$）；60d时温度之间差异极显著（$p < 0.01$）；90d时冷冻和冷藏差异不显著（$p > 0.05$），冷冻、冷藏和室温之间差异极显著（$p < 0.01$）；120d时温度之间差异均极显著（$p < 0.01$）。

表3　不同贮藏温度还原糖含量的变化（%）

贮藏温度	0d	30d	60d	90d	120d
冷冻（-18℃）	12.29±0.40Cd	14.36±0.96ABabc	13.36±1.12BCcd	13.82±0.28ABbc	7.69±0.74Ff

（续）

贮藏温度	0d	30d	60d	90d	120d
冷藏（5℃）	12.29±0.62Cd	14.61±0.52ABab	10.33±1.02De	14.02±0.49ABbc	10.45±0.34De
室温（20℃）	12.29±0.74Cd	15.31±0.39Aa	8.39±0.74EFf	9.81±0.61DEe	4.83±0.53Gg

　　冷冻对贮藏前期茎秆还原糖含量的影响不显著，但120d秸秆还原糖含量降低到极显著水平。不同温度贮藏至30d时秸秆还原糖含量均升高到最高值，贮藏至120d时降到最低值。这是因为在贮藏过程中，初期微生物活动使总糖分解成还原糖，造成最初还原糖含量的增加，直到总糖被分解完，微生物才开始利用还原糖以促进自身的新陈代谢，故还原糖的含量不断下降[12]。

2.4　贮藏温度对秸秆蔗糖含量的影响

　　甜高粱秸秆中主要有3种糖分——蔗糖、葡萄糖和果糖，它们均可被直接利用或发酵产生酒精[6]。图4为秸秆不同贮藏温度下蔗糖含量的变化曲线。3种不同贮藏温度条件下蔗糖含量变化趋势有差别。对数据进行方差分析（表4）可知，冷冻贮藏下各贮藏期蔗糖含量的差异不显著（$p>0.05$）。冷藏贮藏下蔗糖含量在0d和30d、60d、90d、120d间的差异均达极显著水平，其中60d和120d的差异显著。室温下0d、30d、120d的蔗糖含量差异极显著，60d和90d的差异不显著，较高的温度对蔗糖含量的变化有明显影响。3种不同温度对蔗糖含量的影响也有差异，前90d不同温度对蔗糖含量的影响差异极显著；120d时冷冻和冷藏、室温之间的差异达极显著水平，冷藏和室温之间的差异不显著。

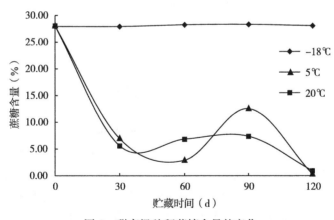

图4　甜高粱秸秆蔗糖含量的变化

表4　不同贮藏温度蔗糖含量的变化（%）

贮藏温度	0d	30d	60d	90d	120d
冷冻（-18℃）	28.1±0.45Aa	27.94±0.78Aa	28.27±0.43Aa	28.34±0.55Aa	28.09±0.22Aa
冷藏（5℃）	28.1±0.48Aa	6.97±4.78Cc	2.9±0.2DEd	12.57±0.54Bb	0.35±0.12Ee
室温（20℃）	28.1±0.96Aa	5.6±0.79CDc	6.83±0.73Cc	7.37±1.5Cc	0.92±0.15Ede

从以上结果可以看出，在整个贮藏过程中，冷藏和室温贮藏的蔗糖含量总的变化均呈降低的趋势。因为贮藏过程中蔗糖、果糖、葡萄糖等糖在 NSI、ASI 等酶的作用下，转化为还原糖，还原糖含量明显升高而蔗糖含量呈降低趋势[13]。低温处理的茎秆蔗糖含量变化趋势较慢，蔗糖含量明显高于同期的室温贮藏。

3 结论

温度对水分含量的散失有很大的影响，随着贮藏温度的升高水分散失加快，冷冻贮藏水分含量变化幅度比其他处理小，整个变化趋势相对平稳。冷藏贮藏秸秆水分含量呈缓慢降低的变化趋势，室温下秸秆水分含量剧烈降低。

不同温度之间总糖含量的变化有极显著差异，冷冻贮藏下总糖含量的变化差异不显著，冷藏和室温下总糖含量的变化差异极显著。因此冷冻下可以保持甜高粱秸秆的总糖含量。

不同温度下秸秆还原糖含量降低和升高幅度不一致，30d 还原糖含量都升高至最高值，之后开始降低。在同一贮藏期不同温度之间还原糖含量有差异。由于试验条件的限制，只对各 30d 内的含糖量进行了试验分析，更长时间含糖量的变化情况有待进一步研究。

蔗糖含量在整个贮藏期内均呈降低的趋势。低温处理的茎秆蔗糖含量变化趋势较慢，蔗糖含量明显高于同期的室温贮藏。

糖分含量变化不明显说明贮藏效果较好，变化显著说明微生物不断利用糖分，或由于腐败变质而影响糖的变化，所以 3 种方法中选冷冻贮藏方法较为合适。甜高粱茎秆生产过程中如果条件允许考虑采用冷冻的方式进行贮藏。

4 讨论

甜高粱茎秆中的糖分容易转化，收获以后必须迅速加工，否则就会造成茎秆变质、糖分损失，影响加工。然而，甜高粱成熟期集中，收割期短，数量巨大，受加工能力等因素制约，收获的茎秆不可能在短时间内加工完毕，因此需要有一个贮藏过程[14]。

目前还未见有关甜高粱秸秆低温贮藏糖分变化的文献。笔者首次用冷冻（−18℃）、冷藏（5℃）及室温（20℃）等不同温度贮藏秸秆，并分析 120d 贮藏阶段的糖分含量。此试验结果与张润光等[15]的 5℃和室温等不同温度贮藏石榴的试验结果相似，即冷藏和室温下总糖含量总体表现出下降趋势，尤其是常温下糖类物质消耗过多，总糖含量下降最多。严洪冬等[16]采用手持糖分仪测定了冷冻（−18℃）贮藏 45d 的甜高粱秸秆糖分（锤度），糖分的变化规律与本研究总糖的结果基本相同；冷冻贮藏下甜高粱秸秆总糖含量变化趋势相对平稳。

梅晓岩等[13]的甜高粱汁液贮藏试验结果表明，浓缩 2 倍和 3 倍的汁液贮藏 35d 后总糖损失分别 68.2%、37.8%，说明此条件不符合以保持糖分为前提的贮藏。而冷冻和室温贮藏秸秆 30d 后总糖损失分别为 1.12%、48.31%，冷藏贮藏秸秆 30d 后总糖累计 5.6%。Eckhoff 等[17]用塑料薄膜覆盖并充以二氧化硫的方法贮藏甜高粱茎秆时，可保存 3 个月，其总的可发酵糖并没有显著下降。但该方法用到二氧化硫，可能会污染环境，且需要用塑料薄膜覆盖，这既增加了工作强度，又增加了贮藏成本。可以看出本试验冷藏和冷冻贮藏方式对总糖保持效果都很好，冷藏和冷冻方法明显优于浓缩和二氧化硫贮藏法。

经过统计分析发现冷藏贮藏至 30d 时还原糖含量显著升高，可能发生低温糖化现象。这与 Ewing 等[18] 的马铃薯低温贮藏试验结果相似。引起低温糖化的因素比较复杂，包括基因型和贮藏条件等。甜高粱茎秆低温糖化的生理生化机制目前仍不十分清楚，需要进行深入探讨。

综上所述，温度对糖分含量的变化起重要作用。因此研究甜高粱秸秆低温贮藏试验，利用新疆当地冬季的冷源进行大面积露天自然冷冻贮藏，可为一种经济、适用、可行的贮藏技术方法提供理论基础。

参考文献

[1] Mamma D，Koullas D，Fountoukidis G，et al. Bioethanol from sweet sorghum：simultaneous saccharification and fermentation of carbohydrates by a mixed microbial culture [J]．Process Biochemistry，1996，31：377 - 381.

[2] Reddy B V S，Ramesh S，Reddy P S，et al. Sweet sorghum—a potential alternate raw material for bio - ethanol and bioenergy [J]．International Sorghum and Millets Newsletter，2005，46：79 - 86.

[3] Zhan X，Wang D，Tuinstra M R，et al. Ethanol and lactic acid production as affected by sorghum genotype and location [J]．Ind Crop Prod，2003，18：245 - 255.

[4] 沈飞，刘荣厚．甜高粱糖分积累规律及其酒精发酵的研究 [J]．农机化研究，2007 (2)：149 - 152.

[5] 张志鹏，杨镇，朱凯，等．可再生能源作物——甜高粱的开发利用 [J]．杂粮作物，2005，25 (5)：334 - 335.

[6] 代树华，李军，陈洪章，等．区域选择对甜高粱秸秆贮藏的影响 [J]．酿酒科技，2008 (8)：17 - 19.

[7] 叶凯，涂振东，再吐尼古丽·库尔班．甜高粱茎秆贮存方式及性状变化研究 [J]．农产品加工（创新版），2009 (6)：57 - 65.

[8] 叶凯，涂振东，再吐尼古丽·库尔班．不同品种甜高粱秸秆在不同储藏方式中形状变化研究 [J]．新疆农业科学，2009，46 (5)：946 - 951.

[9] 杨明，刘丽娟，李莉云，等．甜高粱蔗糖合酶表达与蔗糖积累的相关分析 [J]．作物学报，2009，35 (1)：185 - 189.

[10] 张意静．食品分析技术 [M]．北京：中国轻工业出版社，2001：138 - 151.

[11] 刘勋甲，徐尚忠．超甜玉米乳熟期营养成分及不同贮藏处理的含糖量与口感变化 [J]．长江蔬菜，1999 (11)：31 - 33.

[12] 贾茹珍，张春红．甜高粱秆汁储藏方法的研究 [J]．食品工业科技，2008 (6)：274 - 275.

[13] 梅晓岩，刘荣厚，沈飞，等．甜高粱茎秆采后生理特性及其自发气调包装贮藏的研究 [J]．农业工程学报，2008，24 (7)：165 - 170.

[14] 黎大爵，廖馥荪．高粱及其利用 [M]．北京：科学出版社，1992：103 - 105.

[15] 张润光，张有林．温度对采后石榴果实品质和某些生理指标的影响 [J]．植物生理学通讯，2009，45 (7)：647 - 650.

［16］严洪冬，焦少杰，王黎明，等．甜高粱茎秆在冷冻条件下含糖量的变化研究［J］．黑龙江农业科学，2009（6）：44-45.

［17］Edkhoff S R. Bender D A. Preservation of chopped sweet sorghum using sulfur dioxide［J］. Transactions of the ASAE, 1995, 28（2）: 606-609.

［18］Ewing E E, Senesac A H, Sieczka J B, et al. Effects of short periods of chilling and warming on potato sugar content and chipping quality［J］. Am Potato J, 1981, 58: 663-647.

本文曾发表于《新疆农业科学》2009年第46卷第5期。

不同品种甜高粱秸秆在不同
贮藏方式中性状变化研究

叶凯　涂振东　再吐尼古丽·库尔班

（新疆农业科学院，乌鲁木齐 830091）

能源危机是当今社会发展面临的巨大挑战之一，中国是世界上唯一的无石油战略贮备的石油消费大国。因此，我国急需研究、开发新的可替代能源，来保证我国的能源安全与现代化经济高速发展的需要。生物质能因其清洁、可循环再生等优点被认为是最有希望的替代能源之一。当前最主要的是加大研究力度，挖掘低成本的生产燃料酒精的其他渠道，而甜高粱正是比较适合在盐碱地上种植、用来生产燃料酒精的高能作物[1,2]。

利用甜高粱秸秆生产燃料乙醇，无论是从经济性还是从能源安全的角度讲，都具有广阔的发展前景。世界各国对甜高粱秸秆发酵制取酒精技术进行了不懈的探索，但原料保藏、运行成本等问题始终是制约甜高粱生产酒精燃料的重要因素[3]。甜高粱秸秆在贮藏期的霉变、含糖量降低以及贮藏没有成熟的解决方法等问题，成为制约甜高粱秸秆制取燃料乙醇产业化的瓶颈。目前贮藏甜高粱秸秆的方法都存在耗能高、糖分保留效果不明显、成本高等问题[4-7]。存贮过程中，茎秆重量、出汁率及汁液糖分含量等主要经济性状有何变化、如何变化，最长存放时间以及存贮方式等都是生产上急需弄清楚的问题，它关系到加工设备的准备与安排和进程的掌握，以达到糖分的充分利用，将损失控制在最低限度[8]。因此利用新高粱4号（XT-4）、新高粱3号（XT-2）等两种不同品种的甜高粱茎秆进行露天贮藏，研究了两品种在不同贮藏过程中糖分含量、重量、霉变和温度等因素的变化规律，找出甜高粱秸秆最合理的贮存方法和时间，为加工生产中原料的安全存贮提供了依据。

1　材料与方法

材料为新高粱4号（XT-4）、新高粱3号（XT-2），由新疆农业科学院玛纳斯农业试验站甜高粱示范基地提供，2008年9月28日收割，贮藏至2000年4月27日，共7个月（213d），采用天然露天贮存法。2008年11月下旬茎秆结冻，2009年3月上旬解冻。

1.1　试验处理

收获后秸秆采取去叶去穗和不去叶去穗两种处理。

1.2 贮藏方式和分析方法

贮藏方式为 4 种：带叶平放堆放、带叶立放堆放、去叶平放堆放、去叶立放堆放。

1.2.1 立放堆放试验

甜高粱收获后，每捆 15kg 左右，共 20 捆，成捆直立堆放在场上，每隔 10d 定期测量甜高粱茎秆重量、糖分含量（锤度，%）、室外自然温度，并观察茎秆发霉情况。固定称五个捆，重量为五次称重的平均数，锤度用数字手持袖珍折射仪每次测 5 株，每株测上、中、下三个茎节，所得锤度为 15 个数据的平均值。

1.2.2 平放堆放试验

甜高粱收获后，每 15kg 左右，共 20 捆，扎捆平放堆放。每隔 10d 定期测定甜高粱茎秆的重量、糖分含量（锤度，%）、室外自然温度，并观察茎秆发霉情况。固定称五个捆，重量为五次称重的平均数，锤度用数字手持袖珍折射仪每次测 5 株，每株测上、中、下三个茎节，所得锤度为 15 个数据的平均值。

2 结果与分析

新高粱 4 号（XT-4）、新高粱 3 号（XT-2）等两种甜高粱茎秆带叶平放堆放、带叶立放堆放、去叶平放堆放、去叶立放堆放等不同贮藏过程中的茎秆重量、糖分、温度及发霉等因素的变化规律。贮藏试验从 2008 年 9 月 28 日至 2009 年 4 月 27 日，总共 7 个月（213d）（表 1、表 2）。

2.1 甜高粱茎秆贮藏过程中重量变化

新高粱 4 号（XT-4）、新高粱 3 号（XT-2）平放堆放和立放堆放贮存过程中秸秆重量变化显示，收割后甜高粱茎秆水分高，在自然条件下贮藏，重量变化明显。可以看出，两个品种重量变化的趋势较为一致。从总体上看 XT-4 和 XT-2 秸秆在贮藏期间的重量处于快速减少—缓慢降低—快速减少的趋势。贮藏初期前 20d 平均气温 20~24℃ 蒸发量较大，因此重量减幅最大。此期间两个品种秸秆重量都快速减少，XT-4 带叶平放堆放失重率为 26.18%，带叶立放堆放为 17.61%，去叶平放堆放为 33.81%，去叶立放堆放为 31.38%；XT-2 带叶平放堆放失重率为 18.93%，带叶立放堆放为 31.76%，去叶平放堆放为 25.37%，去叶立放堆放为 28.23%。显示前 20d XT-4 去叶平放堆放、去叶立放堆放失重率比带叶堆放大，XT-2 带叶立放堆放、去叶立放堆放失重率比其他两种贮藏方式大。之后慢慢进入冬季，气温逐日降低，而出现霜冻，蒸发量变小，因此 11 月 28 日至翌年 2 月 26 日，茎秆重量减幅度变小，变化趋于缓慢降低。3 月 28 日之后气温又开始升高，重量减幅加快，叶早已干黄。随着贮藏期的延长，秸秆内部出现空腔，XT-4 茎秆内部空腔现象比 XT-2 严重。

从 2008 年 9 月 18 日至 2009 年 2 月 26 日，XT-4 带叶平放堆放失重率为 25%，带叶立放堆放失重率为 33%，去叶平放堆放失重率为 23.81%，去叶立放堆放失重率为 36.25%；XT-2 带叶平放堆放失重率为 13.05%，带叶立放堆放失重率为 29.88%，去叶平放堆放

表1　新高粱4号（XT-4）在不同储藏过程中形状变化数据

储藏日期 （年-月-日）	室外温度 （℃）	XT-4带叶平放堆放				XT-4带叶立放堆放				XT-4去叶平放堆放				XT-4去叶立堆堆放			
		平均重量 (kg/捆)	重量减少 (%)	平均锤度 (%)	发霉情况 (%)	平均重量 (kg/捆)	重量减少 (%)	平均锤度 (%)	发霉情况 (%)	平均重量 (kg/捆)	重量减少 (%)	平均锤度 (%)	发霉情况 (%)	平均重量 (kg/捆)	重量减少 (%)	平均锤度 (%)	发霉情况 (%)
2008-09-28	24	15.2		18	0	15.9		17	0	16.8		20.7	0	16		20.4	0
2008-10-07	21	14.4	5.26	22.1	0	14.3	10.06	21.6	0	14.7	12.50	23.4	0	14.4	10.00	23.8	0
2008-10-17	8	11.22	26.18	20.67	0	13.1	17.61	25.75	0	11.12	33.81	25.41	0	10.98	31.38	25.37	0
2008-10-27	10	11.86	21.97	23.95	10	13.12	17.48	25.12	0	12.72	24.29	24.47	0	11.34	29.13	26.21	0
2008-11-07	0	11.8	22.37	22.74	15	12.38	22.14	25.34	2	13.6	19.05	24.16	2	12.35	22.81	28.54	0
2008-11-17	7	11.18	26.45	22.92	40	11.94	24.91	27.06	3	12.82	23.69	21.83	5	11.36	29.00	27.63	2
2008-11-27	-3	12	21.05	24.15	40	11	30.82	25.04	5	12.8	23.81	26.74	5	11.4	28.75	28.63	2
2008-12-08	-3	11.4	25.00	23.91	40	12.1	23.90	25.46	5	11.3	32.74	23.24	8	13	18.75	26.05	5
2008-12-18	-7	11.28	25.79	24.17	40	11.72	26.29	24.35	5	12.8	23.81	26.37	8	11.12	30.50	26.41	5
2008-12-28	-8	11.2	26.32	23.13	40	11.7	26.42	23.95	5	12.79	23.87	25.67	8	11.1	30.63	27.13	5
2009-01-07	-11	10.88	28.42	19.1	45	11.6	27.04	21.45	8	12.68	24.52	24.04	10	11	31.25	27.74	8
2009-01-17	-5	10.72	29.47	20.55	55	11.6	27.04	23.28	10	12.4	26.19	21.04	20	10.92	31.75	21.29	10
2009-01-27	-6	10.7	29.61	20.23	55	11.6	27.04	23.29	10	12.4	26.19	22.04	20	11	31.25	21.31	20
2009-02-06	-2	10.8	28.95	25.63	60	11.8	25.79	24.16	10	12.4	26.19	25.31	25	11	31.25	19.28	25
2009-02-16	-10	11.6	23.68	23.62	60	12.1	23.90	26.15	15	13.28	20.95	24.91	25	11.6	27.50	24.32	25
2009-02-26	-7	11.4	25.00	20.33	60	10.6	33.33	18.35	30	12.8	23.81	23.41	30	10.2	36.25	26.46	30
2009-03-08	3	11.28	25.79	19.42	65	10.5	33.96	23.38	35	11.72	30.24	26.23	35	8.72	45.50	25.73	30
2009-03-18	5	10	34.21	21.93	70	11.62	7.04	23.75	35	11.66	30.60	28.22	35	9.72	39.25	28.08	30
2009-03-28	24	11	27.63	23.55	70	12	24.53	22.35	35	12.8	23.81	24.05	35	11.42	8.75	29.3	30
2009-04-07	24	7.56	50.26	24.89	70	8.96	43.65	25.51	38	7.96	52.62	31.22	35	6.88	57.00	28.61	35
2009-04-17	26	7.24	52.37	30.25	75	8.68	45.41	24.14	40	7.6	54.76	29.8	45	6.7	58.13	29.94	45
2009-04-28	30	6.81	55.20	22.35	80	7.59	52.26	21.77	40	6.7	60.12	23.66	45	5.5	65.63	25.66	45

表 2 新高粱 3 号 (XT-2) 在不同储藏过程中形状变化数据

储藏日期 (年-月-日)	室外温度 (℃)	XT-2 带叶平放堆放				XT-2 带叶立放堆放				XT-2 去叶平放堆放				XT-2 去叶立放堆放			
		平均重量 (kg/捆)	重量减少 (%)	平均锤度 (%)	发霉情况 (%)	平均重量 (kg/捆)	重量减少 (%)	平均锤度 (%)	发霉情况 (%)	平均重量 (kg/捆)	重量减少 (%)	平均锤度 (%)	发霉情况 (%)	平均重量 (kg/捆)	重量减少 (%)	平均锤度 (%)	发霉情况 (%)
2008-09-28	24	12.10		19.60	0	8.50		20.30	0	13.40		22.30	0	8.50		22.30	0
2008-10-07	21	10.2	15.70	24.40	0	8.10	4.71	25.10	0	11.00	17.91	21.00	0	7.00	17.65	24.60	0
2008-10-17	8	9.81	18.93	23.30	0	8.40	1.18	22.79	0	12.98	3.13	22.35	0	8.40	1.18	26.36	0
2008-10-27	10	10.58	12.56	20.03	5	6.78	20.24	22.03	2	10.64	20.60	26.36	3	6.92	18.59	28.20	0
2008-11-07	0	11.10	8.26	21.18	10	6.96	18.12	25.46	5	10.78	19.55	17.60	5	6.89	18.94	25.40	2
2008-11-17	7	10.66	11.90	18.59	35	6.62	22.12	26.25	5	10.7	20.15	24.06	5	6.70	21.18	23.34	3
2008-11-27	-3	10.60	12.40	25.48	40	6.50	23.53	27.88	5	10.40	22.39	29.73	4	6.60	22.35	30.24	5
2008-12-08	-3	10.70	11.57	26.46	45	6.60	22.35	24.08	10	10.60	20.90	27.55	10	6.60	22.35	25.13	5
2008-12-18	-7	10.60	12.40	24.52	45	6.60	22.35	27.13	10	10.40	22.39	25.93	10	6.60	22.35	27.36	5
2008-12-28	-8	10.51	13.14	23.98	45	6.51	23.41	26.35	10	10.38	22.54	25.87	12	6.59	22.47	26.98	8
2009-01-07	-11	10.40	14.05	16.71	50	6.36	25.18	23.03	12	10.32	22.99	18.50	12	6.44	24.24	23.13	12
2009-01-17	-5	10.28	15.04	19.80	55	6.36	25.18	23.34	20	10.20	23.88	25.32	25	6.44	24.24	26.94	20
2009-01-27	-6	10.39	14.13	19.73	55	6.34	25.41	23.56	20	10.30	23.13	24.39	25	6.41	24.59	24.57	20
2009-02-06	-2	10.40	14.05	15.28	55	6.40	24.71	22.06	25	10.40	22.39	19.62	25	6.40	24.71	19.60	25
2009-02-16	-10	10.80	10.74	18.22	55	6.54	23.06	21.02	30	10.60	20.90	20.53	25	6.44	24.24	16.02	30
2009-02-26	-7	10.52	13.06	18.00	55	5.96	29.88	20.25	30	9.90	26.12	19.09	30	6.04	28.94	19.51	30
2009-03-08	3	11.50	4.96	18.88	60	7.50	11.76	25.21	35	9.70	27.61	21.86	30	6.07	28.59	24.06	30
2009-03-18	5	10.48	13.39	19.24	70	7.54	11.29	29.34	35	9.80	26.87	20.93	35	6.20	27.06	27.21	35
2009-03-28	24	10.60	12.40	21.04	65	6.50	23.53	27.76	35	10.40	22.39	21.46	35	6.60	22.35	26.06	35
2009-04-07	24	7.4	38.84	19.92	70	4.76	44.00	23.83	40	6.64	50.45	19.40	40	5.04	40.71	25.32	40
2009-04-17	26	6.56	45.79	22.64	75	4.32	49.18	25.42	40	5.76	57.01	19.52	45	4.64	45.41	25.30	40
2009-04-28	30	5.62	53.55	20.88	85	3.8	55.29	20.43	40	4.73	64.70	23.52	48	2.98	64.94	25.30	40

失重率为 26.11%,去叶立放堆放失重率为 28.94%。此期间 XT-4 带叶立放堆放和去叶立放堆放减幅最大,XT-2 不同贮藏方式重量减幅都比 XT-4 小。XT-2 去叶立放堆放和带叶立放堆放失重速度较慢,并且没发现茎秆空腔现象。

至 2009 年 4 月 28 日 XT-4 带叶平放堆放失重率达到 55.2%,带叶立放堆放失重率为 52.26%,去叶平放堆放失重率为 60.12%,去叶立放堆放失重率为 65.63%。XT-2 带叶平放堆放失重率为 53.55%,带叶立放堆放失重率为 55.29%,去叶平放堆放失重率为 64.7%,去叶立放堆放失重率为 64.94%。这说明贮藏期最后 2 个月重量减幅度都很大。

综上立放堆放失重速度始终比平放堆放快,XT-4 失重减幅度比 XT-2 相应的贮藏方式秸秆重量减幅度大并且茎秆内部空腔发生率也比较严重。至 2009 年 4 月 28 日 XT-4 四种贮藏方式茎秆根部第 5~6 节基本上干掉,内部出现空腔,而 XT-2 带叶立放堆放和去叶立放堆放两种贮藏方式茎秆只干掉根部第 2~3 节的部分(图 1、图 2)。

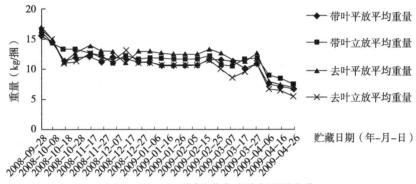

图 1 XT-4 不同贮藏方式秸秆重量变化

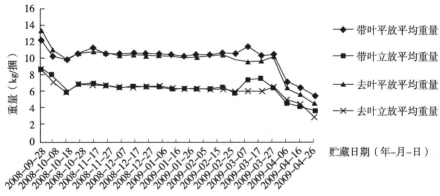

图 2 XT-2 不同贮藏方式秸秆重量变化

2.2 甜高粱茎秆贮藏过程中糖分变化

XT-4、XT-2 的糖分含量变化显示,贮藏初期前 20d 随着茎秆失水,糖分迅速增加。此期间 XT-4 带叶平放堆放锤度从 18% 提高到 23.95%,锤度累计上升 5.95%;带叶立放堆放锤度累计上升 8.75%;去叶平放堆放锤度累计上升 4.71%;去叶立放堆放锤度累计上升 5.81%。XT-2 带叶平放堆放锤度从 19.6% 提高到 23.3%,锤度累计上升 3.7%;带叶立放堆放锤度累计上升 2.49%;去叶平放堆放锤度累计上升 0.05%;去叶立放堆放锤度累计上升4.06%。在此阶段XT-4锤度累计比XT-2多，XT-4带叶立放堆放锤度累计上升最大。

10月17日至12月28日锤度变化相对稳定，12月28日到2月28日因茎秆冻结锤度稍微降低，3月上旬气温开始回升即秸秆解冻，糖分又开始升高。

从2008年9月28日至2009年4月27日XT-4带叶平放堆放锤度累计上升4.35%，带叶立放堆放锤度累计上升4.77%，去叶平放堆放锤度累计上升2.96%，去叶立放堆放锤度上升5.28%。XT-2带叶平放堆放锤度累计上升1.28%，带叶立放堆放锤度累计上升0.13%，去叶平放堆放锤度累计上升1.22%，去叶立放堆放锤度累计上升3%。

以上可以看出锤度变化跟重量变化有密切的关系，重量减少锤度上升，重量降低缓慢锤度变化也缓慢。因为立放堆放失重比平放堆放快，因此立放堆放锤度累计也比平放堆放高。XT-4不同贮藏方式中去叶立放堆放和带叶立放堆放锤度比其他方式较高，XT-2去叶立放堆放锤度累计比其他方式较高。XT-4不同贮藏方式锤度累计都比XT-2相应的不同贮藏方式高（图3、图4）。

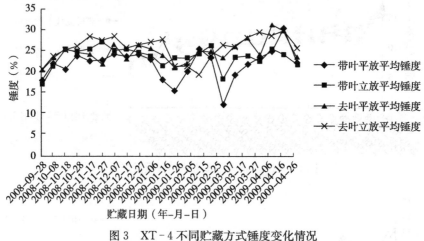

图3　XT-4不同贮藏方式锤度变化情况

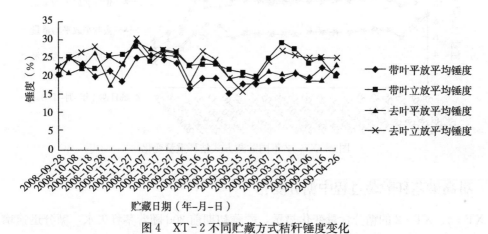

图4　XT-2不同贮藏方式秸秆锤度变化

2.3　甜高粱茎秆贮藏过程中发霉情况

两种品种不同贮藏方式秸秆在贮藏过程中发霉程度变化可以看出，发霉程度与贮藏时间、透风程度和温度有密切的关系，并且茎秆发霉程度随着贮藏期的延长呈加重趋势。两个品种的病变情况一致，带叶平放堆放和其他堆放方式病变情况有差别。带叶平放堆放贮藏20d开始剧烈发霉，而其他方式茎秆2个月后才开始病变。茎秆贮藏初期前2个月，带叶平放堆放发霉速度比其他贮藏方式快，发霉率在40%左右，而带叶立放、去叶平放和去叶立放堆放除了切口稍微发生病变外几乎没发生霉变（图5）。

各贮藏方式11月28日后进入冻结期，因此发霉程度开始缓慢升高，翌年2月26日后随着温度的升高秸秆慢慢解冻，发霉又开始加重。贮藏至2009年4月27日时XT-4带叶平放堆放发霉度已经到80%，XT-2带叶平放堆放发霉度已经到85%，并发生病虫危害，其他方式发霉度是40%左右。

从以上可以看出结冻前和解冻后的茎秆发霉速度比结冻期的发霉速度快，带叶平放堆放霉变比其他贮藏方式早发生。因此两品种带叶平放堆放最合理的贮藏时间为1个月，去叶平放堆放、去叶立放堆放和带叶立放堆放贮存时间可以延长为5个月左右（图5）。

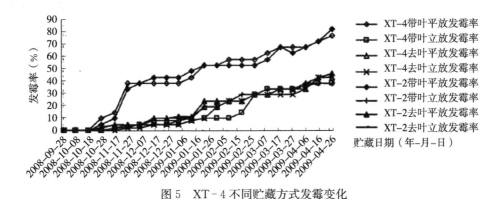

图5　XT-4不同贮藏方式发霉变化

3　结论

两个品种重量变化趋势较为一致，贮藏初期前20d平均气温20~24℃蒸发量较大，重量减幅最大，两个品种秸秆重量都迅速减少。此期间XT-4带叶立放堆放和去叶立放堆放减幅度最大，XT-2不同贮藏方式重量减幅都比XT-4小。11月28日至翌年2月26日是冬季，气温逐日降低，而出现霜冻，蒸发量变小，茎秆重量减幅度变小，变化趋于缓慢降低。3月28日之后气温又开始升高，重量减幅加快，叶鞘早已干黄。随着贮藏期的延长，秸秆内部出现空腔，XT-4茎秆内部空腔现象比XT-2严重。至2009年4月28日XT-4四种贮藏方式茎秆根部第5~6节基本上干掉，内部出现空腔，而XT-2带叶立放堆放和去叶立放堆放两种贮藏方式茎秆只干掉根部第2~3节的部分。立放堆放失重速度始终比平放堆放快，XT-4失重减幅度比XT-2相应的贮藏方式秸秆重量减幅大。

贮藏过程中茎秆糖分变化和重量变化有密切的关系，随着重量的减少锤度上升，重量降低缓慢锤度变化也缓慢。贮藏初期前20d内因此茎秆失重速度较快，此期间XT-4带叶立放锤度累计上升最大（8.75%），XT-2去叶立放锤度累计上升4.06%。从2008年9月28日至2009年4月27日XT-4去叶立放堆放锤度累计上升5.28%，XT-2去叶立放堆放锤度累计上升3%。因为立放堆放失重比平放堆放快，因此立放堆放锤度累计比平放堆放锤度累计高。XT-4不同贮藏方式中去叶立放堆放和带叶立放堆放锤度比其他方式较高，XT-2去叶立放堆放锤度累计比其他方式较高。XT-4不同贮藏方式锤度累计都比XT-2相应的不同贮藏方式锤度累计高。

发霉程度与贮藏时间、透风程度和温度有密切的关系，并且茎秆发霉程度随着贮藏期的延长而加重的趋势。两个品种的病变情况一致，带叶平放堆放和其他堆放方式病变情况有差别。带叶平放堆放贮藏第20天开始剧烈发霉，而其方式茎秆2个月后才开始病变。带叶平放堆放最合理存放时间为1个月，两个品种的其他方式（去叶平放堆放、去叶立放堆放和带叶立放堆放）贮存时间可以延长为5个月左右。贮存近7个月的发霉、重量、锤度等因素的变化规律中可以看出，不同贮藏方式中XT-2带叶立放堆放和去叶立放堆放方式是最合理的方式。

试验过程中有降雨、下雪的天气，露天贮存使试验结果的准确性受到一定的影响，比如10月28日测第4次数据、3月27日测第17次数据的时候均出现秸秆重量加重的反常现象，可能秸秆被淋湿，另外还有从土壤中吸收水分的原因。

参考文献

[1] 刘杰，李源有. 利永甜高粱秸秆加工乙醇存在的问题及建议 [J]. 吉林农业科学，2007，32（2）：62-65.

[2] Liu R，Shen F. Impacts of main factors on bioethanol fermentation from stalk juice of sweet sorghum by immobilized *Saccharomyces cerevisiae* (CICC 1308) [J]. Bioresource Tecthnology，2007 (10)：2-10.

[3] 代树华，李军，陈洪章，等. 区域选择对甜高粱秸秆贮藏的影响 [J]. 酿酒科技，2008 (8)：17-19.

[4] Evaggeli B，Dimitris P K，Bemard M，et al. Structure and composition of sweet sorghun stalk components [J]. Industrial Crops and Products，1997 (6)：297-302.

[5] Edkhof S R，Bender D A. Preservation of chopped sweet sorghum using sulfur dioxide [J]. Transactions of the ASAE，1985，28 (2)：606-609.

[6] 张管生. 甜高粱秸秆制燃料乙醇工程路线探讨 [J]. 中外能源，2006 (11)：104-107.

[7] 汪彤形，刘荣原，沈飞. 防腐剂对甜高粱茎秆汁液贮存及乙醇发酵的影响 [J]. 江苏农业科学，2006 (3)：159-161.

[8] 曹文伯. 甜高粱茎秆贮存性状变化的观察 [J]. 中国种业，2005 (4)：43.

本文曾发表于《农产品加工（创新版）》2009年第6期。

甜高粱茎秆贮存方式及性状变化的研究

叶凯　涂振东　再吐尼古丽·库尔班

（新疆农业科学院，乌鲁木齐 830091）

随着能源问题的日益突出，清洁、可再生的生物能源越来越受到人们的关注。甜高粱 [Sorghum bicolor（L.）Moench] 是粒用高粱的一个变种，具有较强的适应性和光合效率、较高的含糖量和生物产量，被选定为可再生能源的主选资源。利用甜高粱秸秆生产燃料乙醇，无论是从经济性还是从能源安全的角度讲，都具有广阔的发展前景[1]。甜高粱茎秆汁液中的糖经生物发酵可产生酒精，不但可以解决能源环境危机问题，而且在生产酒精的同时，还能够综合利用其副产物、废弃物，发挥更高的经济效益[2]。

尽管以甜高粱为原料制取酒精有很大的优势，但成本和技术问题始终是制约甜高粱生产酒精燃料的重要因素。甜高粱茎秆中的糖类极易转化，茎秆变质快、不易贮藏，其汁液也极易酸败[3-4]。因此原料贮藏困难问题也是导致甜高粱制取酒精至今未形成规模化工业生产的主要原因之一，是发展甜高粱酒精生产工业的瓶颈。本文研究了几种甜高粱茎秆的贮藏方法，旨在找出一种简便易行的贮藏方法，以延长甜高粱茎秆的贮藏期，并确定新疆地区的合理加工时期与最大加工时限。

1　材料与方法

1.1　材料

新高粱4号（XT-4），新疆农业科学院玛纳斯农业试验站甜高粱示范基地提供，2008年9月28日收割，贮藏至2009年4月26日，共7个月，采用天然露天贮存法。2008年11月下旬茎秆冻结，2009年3月上旬解冻。

1.2　试验处理方法

收获后秸秆采取去叶去穗和不去叶去穗2种处理。

1.3　贮藏方式和分析方法

贮藏方式为以下9种：带叶平放堆放、带叶立放堆放、去叶平放堆放、去叶立放堆放，以及短秆单层、双层、3层、4层、5层等金字塔形堆放。

1.3.1　直立堆放试验

甜高粱收获后，每1捆15kg左右，共20捆，成捆直立堆放在场上，每隔10d定期测量甜高粱茎秆重量、糖分含量（可溶性固形物）、室外自然温度，并观察有无腐烂现象。

固定称量 5 捆，取 5 次称重的平均值；糖分含量用数字式手持袖珍折射仪测得，每次测 5 株，每株测上、中、下 3 个茎节，所得糖度为 15 个数据的平均值。

1.3.2 平放堆放试验

甜高粱收获后，将其捆成 15kg/捆左右，共 20 捆，扎捆平放堆放。每隔 10d 测定甜高粱茎秆的重量、糖分含量、室外自然温度，并观察茎秆发霉情况。测量方式同上。

1.3.3 不同层级堆放试验

把秸秆截取为 20cm 左右的短秆，每 50 个为 1 小捆。堆放方式为单层、双层、3 层、4 层、5 层，呈金字塔形堆放。设计 2 个重复试验，第 1 个用于专门测定糖分，每 1 层测 5 个短秆，第 2 个重复试验固定用于称重。

2 结果与分析

本文研究了甜高粱茎秆在不同贮藏过程中带叶平放堆放、带叶立放堆放、去叶平放堆放、去叶立放堆放、短秆层级堆放的重量、糖分、温度及发霉情况的变化规律。

高粱茎秆平放及立放堆放贮藏过程中温度、重量、糖度与发霉变化见表 1，高粱茎秆层级（金字塔）堆放贮藏过程中温度、重量、糖度与发霉变化见表 2。

2.1 甜高粱茎秆贮藏过程中重量变化

XT-4 不同贮藏方式秸秆重量变化见图 1。收割后的甜高粱茎秆水分含量高，在自然条件下贮藏，重量变化明显。图 1 显示，从总体上看，不同贮藏方式甜高粱的重量处于渐变的过程。贮藏初期前 20d 平均气温 20~24℃，蒸发量较大，重量减幅较快。其中失重率为：带叶平放堆放 26.18%，带叶立放堆放 17.61%，去叶平放 33.81%，去叶立放堆放为 31.38%。此期间去叶平放和去叶立放堆放失重量始终较快。之后进入冬季，气温逐日降低，而出现霜冻，蒸发量变小，因此重量的减幅变小，变化趋于相对平稳。茎秆贮存至 140d 后重量减幅加快，叶鞘早已干黄，随着贮藏期的延长，在秸秆内部出现空腔。贮藏至 213d 时，带叶平放失重率达到 55.2%，带叶立放达到 52.26%，去叶平放达到 60.12%，去叶立放堆放达到 65.63%。这说明贮藏期最后 2 个月重量减幅度很大，速度最快的是去叶立放堆放和去叶平放堆放。

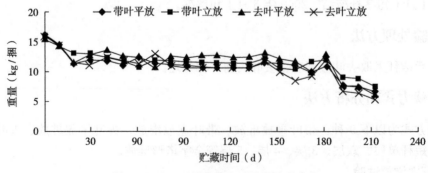

图 1 XT-4 不同贮藏方式秸秆重量变化

XT-4 短秆不同贮藏方式重量变化见图 2。从图 2 中可以看出，重量处于减少的过

表1　高粱茎秆平放及立放堆放储藏过程中温度、重量、糖度与发霉变化

储藏时间(d)	室外温度(℃)	XT-4 带叶平放堆放				XT-4 带叶立放堆放				XT-4 去叶平放堆放				XT-4 去叶立放堆放			
		平均重量(kg/捆)	重量减少(%)	平均糖度(%)	发霉情况(%)	平均重量(kg/捆)	重量减少(%)	平均糖度(%)	发霉情况(%)	平均重量(kg/捆)	重量减少(%)	平均糖度(%)	发霉情况(%)	平均重量(kg/捆)	重量减少(%)	平均糖度(%)	发霉情况(%)
0	24	15.2	—	18	0	15.9	—	17	0	16.8	—	20.7	0	16	—	20.4	0
10	21	14.4	5.26	22.1	0	14.3	10.06	21.6	0	14.7	12.50	23.4	0	14.4	10.00	23.8	0
20	8	11.22	26.18	20.67	0	13.1	17.61	25.75	0	11.12	33.81	25.41	0	10.98	31.38	25.37	0
30	10	11.86	21.97	23.95	10	13.12	17.48	25.12	0	12.72	24.29	24.47	0	11.34	29.13	26.21	0
40	0	11.8	22.37	22.74	15	12.38	22.14	25.34	2	13.6	19.05	24.16	2	12.35	22.81	28.54	0
50	7	11.18	26.45	22.92	40	11.94	24.91	27.06	3	12.82	23.69	21.83	5	11.36	29.00	27.63	2
60	−3	12	21.05	24.15	40	11	30.82	25.04	5	12.8	23.81	26.74	5	11.4	28.75	28.63	2
70	−3	11.4	25.00	23.91	40	12.1	23.90	25.46	5	11.3	32.74	23.24	8	13	18.75	26.05	5
80	−7	11.28	25.79	24.17	40	11.72	26.29	24.35	5	12.8	23.81	26.37	8	11.12	30.50	26.41	5
90	−8	11.2	26.32	23.13	40	11.7	26.42	23.95	5	12.79	23.87	25.67	8	11.1	30.63	27.13	5
100	−11	10.88	28.42	19.1	45	11.6	27.04	21.45	8	12.68	24.52	24.04	10	11	31.25	27.74	8
110	−5	10.72	29.47	20.55	55	11.6	27.04	23.28	10	12.4	26.19	21.04	20	10.92	31.75	21.29	10
120	−6	10.7	29.61	20.23	55	11.6	27.04	23.29	10	12.4	26.19	22.04	20	11	31.25	21.31	20
130	−2	10.8	28.95	25.63	60	11.8	25.79	24.16	15	12.4	26.19	25.31	25	11	31.25	19.28	20
140	−10	11.6	23.68	23.62	60	12.1	23.90	26.15	25	13.28	20.95	24.91	25	11.6	27.50	24.32	25
150	−7	11.4	25.00	20.33	60	10.6	33.33	18.35	30	12.8	23.81	23.41	30	10.2	36.25	26.46	25
160	3	11.28	25.79	19.42	65	10.5	33.96	23.38	35	11.72	30.24	26.23	35	8.72	45.50	25.73	30
170	5	10	34.21	21.93	70	11.6	27.04	23.75	35	11.66	30.60	28.22	35	9.72	39.25	28.08	30
180	24	11	27.63	23.55	70	12	24.53	22.35	35	12.8	23.81	24.05	35	11.4	28.75	29.3	30
190	24	7.56	50.26	24.89	70	8.96	43.65	25.51	38	7.96	52.62	31.22	35	6.88	57.00	28.61	35
200	26	7.24	52.37	30.25	75	8.68	45.41	24.14	40	7.6	54.76	29.8	45	6.7	58.13	29.94	45
210	30	6.81	55.20	22.35	80	7.59	52.26	21.77	40	6.7	60.12	23.66	45	5.5	65.63	25.66	45

表2 高粱茎秆层级（金字塔）堆放储藏过程中温度、重量、糖度与发霉变化

储藏时间(d)	室外温度(℃)	XT-4 单层堆放 平均重量(kg)	重量减少(%)	平均糖度(%)	发霉情况(%)	XT-4 双层堆放 平均重量(kg)	重量减少(%)	平均糖度(%)	发霉情况(%)	XT-4 3层堆放 平均重量(kg)	重量减少(%)	平均糖度(%)	发霉情况(%)	XT-4 4层堆放 平均重量(kg)	重量减少(%)	平均糖度(%)	发霉情况(%)	XT-4 5层堆放 平均重量(kg)	重量减少(%)	平均糖度(%)	发霉情况(%)
0	24	16	0	18	0	34.80	—	20.80	0	45.80	—	20.10	0	52.00	—	22.20	0	57.50	—	19.80	0
10	21	14.2	11.25	18.6	3	29.00	16.67	23.00	3	40.60	11.35	23.60	3	44.80	13.85	25.30	3	46.00	20.00	23.00	3
20	8	13.9	13.13	22.96	10	27.50	20.98	24.62	8	37.80	17.47	23.44	7	41.50	20.19	22.81	7	45.80	20.35	24.74	10
30	10	13.2	17.50	23.5	12	25.10	27.87	23.11	9	34.40	24.89	21.11	10	41.20	20.77	24.65	10	44.20	23.13	23.52	10
40	0	13.3	16.88	23.44	20	24.60	29.31	25.07	15	35.20	23.14	22.21	15	42.00	19.23	21.34	15	42.00	26.96	21.34	15
50	7	13.8	13.75	25.03	40	25.20	27.59	20.40	35	39.00	14.85	22.58	35	36.40	30.00	23.11	35	40.10	30.26	19.50	30
60	-3	12.5	21.88	18.8	40	24.00	31.03	26.06	35	33.00	27.95	26.01	35	36.00	30.77	24.48	35	39.00	32.17	25.90	30
70	-3	13	18.75	28.3	45	25.00	28.16	24.57	38	34.50	24.67	24.84	40	36.50	29.81	25.98	35	40.60	29.39	26.67	35
80	-7	12.6	21.25	25.5	45	24.60	29.31	24.20	38	33.00	27.95	24.20	40	35.00	32.69	23.70	35	38.40	33.22	26.00	35
100	-11	12.2	23.75	11.86	45	24.00	31.03	17.83	38	32.00	30.13	23.00	40	35.00	32.69	15.98	35	37.60	34.61	18.18	35
110	-5	12.4	22.50	18.6	50	24.00	31.03	20.86	45	32.40	29.26	17.66	45	34.60	33.46	18.73	40	37.60	34.61	19.92	40
120	-2	12	25.00	15.4	50	24.00	31.03	17.43	45	30.40	33.62	21.84	45	34.60	33.46	22.81	45	38.00	33.91	19.51	40
130	-10	13.6	15.00	23.76	50	24.40	29.89	22.81	45	33.30	27.29	23.87	45	39.70	23.65	24.38	50	44.40	22.78	24.26	50
140	-7	12	25.00	20.6	53	23.00	33.91	22.00	50	32.20	29.69	18.25	45	33.80	35.00	19.62	50	36.60	36.35	21.56	50
160	3	10.8	32.50	21.83	50	20.00	42.53	23.52	50	26.40	42.36	20.72	50	31.80	38.85	20.20	50	35.50	38.26	23.61	55
170	5	11.5	28.13	23.6	55	23.40	32.76	22.80	50	31.40	31.44	22.86	50	32.60	37.31	21.50	50	35.60	38.09	21.50	55
180	24	12.5	21.88	27.33	55	24.00	31.03	22.31	50	33.00	27.95	21.12	55	36.00	30.77	22.06	50	39.00	32.17	23.74	55

程。甜高粱短秆贮存时间为 2008 年 9 月 28 日至 2009 年 3 月 28 日，共 181d。贮藏期前 10d 重量减少幅度最大，之后减幅变小。在各种不同层级堆放方式中，5 层金字塔堆放失重速度最快，前 10d 就占到总重量的 20.0%，单层堆放减幅较慢（14.2%）。贮存至 181d 时，失重最快的是 5 层堆放，由快到慢的顺序为 5 层、双层、4 层、3 层和单层。贮存至 181d，1～5 层失重率都在 27%～30%，而平放堆放和立放堆放失重率在 23%～27%，因此在不同贮藏方式中，短秆层级堆放失重速度比其他方式快。

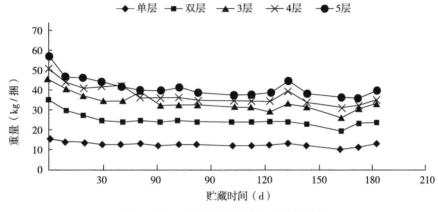

图 2　XT-4 短秆不同贮藏方式重量变化

2.2　甜高粱茎秆贮藏过程中糖分变化

　　XT-4 不同贮藏方式糖分变化见图 3。平放堆放和立放堆放茎秆在整个贮藏过程中糖分含量的变化是升高的趋势。由图 3 可以看出，贮藏期前 20d 随着茎秆失水，糖分迅速增加。此期间带叶平放糖分从 18 个百分点提高到 23.95 个百分点，糖分累计上升 5.95 个百分点，带叶立放糖分累计上升 8.75 个百分点，去叶平放糖分累计上升 4.71 个百分点，去叶立放糖分累计上升 5.81 个百分点。此期间带叶立放糖分累计上升最大。之后的变化为相对稳定，糖分缓慢降低，呈逐渐上升又降低的趋势。20～90d 糖分变化相对稳定，90～150d 因茎秆冻结糖分开始降低，3 月上旬（160d）气温回升，秸秆解冻，糖又开始升高，4 月 17 日（200d）后糖分又开始降低。

　　在整个贮藏期内（213d），带叶平放堆放糖分累计上升 4.35 个百分点、带叶立放堆放糖分累计上升 4.77 个百分点、去叶平放堆放糖分累计上升 2.96 个百分点、去叶立方堆放糖分累计上升 5.28 个百分点。因为立放堆放失重比平放堆放快，因此立放堆放糖分累计上升也比平放堆放要高。

　　XT-4 短秆不同贮藏方式糖分变化见图 4。由图 4 可见，各层级糖分变化总的趋势是前 20d 剧烈升高，之后相对稳定，80～130d 出现 W 形变化，之后开始降低，3 月上旬（160d）解冻后又开始升高的变化过程。前 20d 各层糖分含量都剧烈提高，单层短秆糖度从 18 个百分点提高到 22.96 个百分点，总糖度累计升高 4.96 个百分点，双层糖度累计升高 3.82 个百分点，3 层为 3.34 个百分点，4 层为 0.61 个百分点，5 层为 4.94 个百分点。在整个贮藏期内，单层糖度累计上升最高，为 9.33 个百分点，双层累计为 1.51 个百分点，3 层为 1.02 个百分点，4 层为 0.14 个百分点，5 层为 3.94 个百分点。从以上可以看

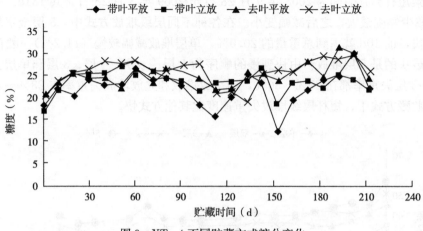

图 3　XT‐4 不同贮藏方式糖分变化

出，在整个贮藏期内，平放堆放和立放堆放糖度累计上升都比短秆高，并且甜高粱茎秆糖分变化与茎秆水分有密切的关系，糖分随着失水而升高，一般进入冻结期糖分上升速度减慢，解冻后又开始升高。

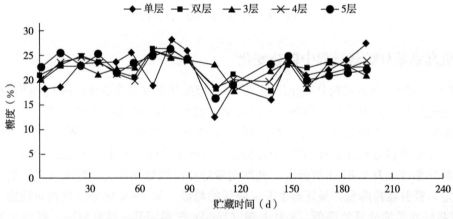

图 4　XT‐4 短秆不同贮藏方式糖分变化

2.3　甜高粱茎秆贮藏过程中霉变情况

　　XT‐4 不同贮藏方式霉变率见图 5。从图 5 中可以看出，发霉程度与贮藏时间、室外温度有密切的关系，茎秆霉变程度随着贮藏期的延长而加重。冻结前和解冻后的茎秆发霉速度比冻结期快。茎秆贮藏期前 2 个月，短秆层级堆放和带叶平放堆放发霉速度比其他贮藏方式快，霉变率都在 30% 以上。而带叶立放、去叶平放和去叶立放堆放的茎秆除了切口稍微发生病变外，几乎没发生发霉。各种贮藏方式的茎秆进入冻结期后 2 个月内发霉程度开始缓解，随着温度的升高，秸秆慢慢解冻，150d 后秸秆的发霉又开始加重。贮藏试验结束时，带叶平放堆放霉变率已经达到 80%，并且发生虫病危害，带叶立放、去叶平放、去叶立放等 3 种方式霉变率为 40% 左右。短秆层级堆放试验 3 月 28 日（181d）结束的时候，发霉程度都在 50% 以上。从以上可以看出，短秆各种层级堆放和带叶平放堆放霉变速度比其他贮藏方式严重，因此短秆层级堆放和带叶平放堆放最合理存放时间为30d。去叶平放堆放、去叶立放堆放和带叶立放堆放贮存时间可以延长为150d左右。

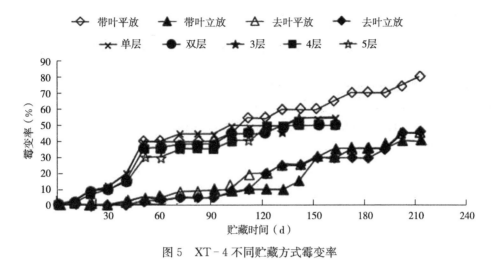

图 5　XT-4 不同贮藏方式霉变率

3　结论

贮藏期间不同贮藏方式秸秆的重量变化趋势较为一致，处于渐变的过程。以贮藏初期前 20d 平均气温 20～24℃蒸发量较大，重量减幅较快。此期间去叶平放、去叶立放堆放和短秆层级堆放失重速度比较快。随着气温的降低，重量的减幅也变小，随着贮藏期的延长，秸秆内部出现空腔。甜高粱短秆贮存共 181d，试验结束时，各层级堆放失重率都达到 50%以上。带叶平放堆放和立放堆放贮存至 4 月 28 日共 213d，此时各贮藏方式失重率都在 50%以上，其中去叶立放和去叶平放堆放失重量最大。贮藏期最后 2.5 个月重量减幅很大，在不同贮藏方式中，短秆层级堆放失重速度比其他方式快。

贮藏期前 20d 糖分迅速增加，此期间带叶立放糖度累计上升最大。在整个贮藏期内，平放堆放和立放堆放糖度累计上升都比短秆高，并且甜高粱茎秆糖分变化与茎秆水分有密切的关系，糖分随着失水而升高，一般进入冻结期糖分上升速度减慢，解冻后又开始升高。

茎秆贮藏期前 2 个月，短秆层级堆放和带叶平放堆放发霉速度比其他贮藏方式快，霉变率都在 30%以上。而带叶立放、去叶平放和去叶立放堆放除了切口稍微发生病变外，几乎未发生发霉。茎秆发霉程度随着贮藏期的延长而加重。短秆各种层级堆放和带叶平放堆放霉变速度比其他贮藏方式严重，因此短秆层级堆放和带叶平放堆放最合理存放时间为 1 个月。从秸秆贮藏过程中形状变化规律来看，在各种贮藏方式中，去叶立放堆放、带叶立放堆放和去叶平放堆放贮藏方式比较合理，其贮存时间可以延长为 5 个月左右。

试验过程中有降雨、下雪的天气，露天贮存使试验结果的准确性受到一定的影响，比如 2008 年 10 月 28 日测定第 4 次、2009 年 3 月 28 日测定第 19 次数据时，均出现秸秆重量加大的反常现象，可能是秸秆被淋湿，又一次从土壤中吸收水分的缘故。

参考文献

[1] 刘杰，李源有．利用甜高粱秸秆加工乙醇存在的问题及建议［J］．吉林农业科学，2007，32（2）：62－65.
[2] 贾茹珍，张春红．甜高粱秆汁储藏方法的研究［J］．食品工业科技，2008（6）：273－277.
[3] 张瑞宇．生鲜食品低温域贮藏及其低温效应［J］．保鲜与加工，2005，5（1）：15－181.
[4] 于泓鹏，曾庆孝．食品玻璃化转变及其在食品加工储藏中的应用［J］．食品工业科技，2004，39（11）：27－291.

本文曾发表于《新疆农业科学》2008 年第 45 卷第 5 期。

高效代谢木糖产乙醇酵母菌株的选育

涂振东[1]　叶凯[1]　韩丽丽[2]　李勇峰[2]　陈高云[2]　赵媛[2]　刘敏[2]

(1. 新疆农业科学院，乌鲁木齐 830091;

2. 中国人民解放军防化指挥工程学院三系生物防护教研室，北京 102205)

20 世纪 70 年代的石油危机及当今世界对能源需求的急剧增长，加快了人们寻找开发燃油替代能源的步伐。作为传统的生物发酵产品和潜力巨大的燃料，乙醇已被公认为是最有发展前景的可再生清洁能源之一[1]。微生物原生质体融合起源于 20 世纪 50 年代，又称细胞融合技术，是指两种不同的亲株酶法去壁后，得到的原生质体（球），置于高渗溶液中，在一定融合剂的促融作用下使两者相互凝集并发生细胞之间的融合，进而导致基因重组，获得新菌株的育种方法[2]。与其他育种技术相比，具有杂交频率较高、受接合型或致育型的限制较小和遗传物质更为完整，并且存在着两株以上亲株同时参与融合形成融合子的可能性等优点[3]，提高菌株产量和品质的潜力较大。原生质体融合方法主要有：硝酸钠、高钙高 pH、PEG 法、电击法等，其中简便经济且较为常用的方法为 PEG 融合法和电击融合法[4]。诱变技术是微生物育种的另一有效途径；紫外线是最常见的物理诱变因子，而甲基磺酸乙酯（EMS）和 LiCl 毒性小，使用简单，作用效果较好，是微生物育种常用的化学诱变因子。上述三种诱变因子复合处理效果更佳。地球上植物纤维原料极为丰富，主要由纤维素、半纤维素和木质素构成。与纤维素相比，半纤维素更容易被酸或酶水解成木糖，含量可高达 35% 以上，而木糖又是第二大糖类物质。木糖的乙醇发酵一直被人们视为植物纤维原料生物转化生产乙醇的关键因素[5]。但自然界中缺少能将上述生物质有效转化为乙醇的微生物菌种。所以培育优质、高产的微生物菌株十分必要。在微生物育种中较常用的方法主要有原生质体融合法、诱变育种法以及基因工程[6-7]育种方法，研究主要采用前两种做了高效代谢木糖产乙醇的酵母菌株的选育。

1　材料与方法

1.1　材料

1.1.1　菌种

季也蒙毕赤酵母（*Pichia guillermondii*，以下简称 G）和休哈塔假丝酵母（*Candida shehatea*，以下简称 X）。

1.1.2　培养基

普通 YPD：蛋白胨 20g，葡萄糖 20g，酵母膏 10g，蒸馏水定容至 1L。固体 YPD 再加 20g 琼脂。115℃灭菌 30min。

再生培养基：在普通 YPD 中添加 17％的蔗糖。115℃灭菌 30min。

复筛培养基：蛋白胨 20g，木糖 200g，酵母膏 10g，琼脂 20g，蒸馏水定容至 1L，115℃灭菌 30min。

木糖 YPD：用木糖替换普通 YPD 中的葡萄糖。

诱变固体培养基：普通固体 YPD 培养基中加 0.2％的 LiCl。

1.1.3 试剂[8]

磷酸缓冲液：0.2M NaH_2PO_4 92mL 和 0.2M Na_2HPO_4 8mL，pH＝5.8。

高渗缓冲液：100mL 磷酸缓冲液中加 17g 蔗糖。

蜗牛酶（Snaillase）：购买于北京欣经科生物技术有限公司。用高渗缓冲液配制为 1.5％（用 0.2μm 滤膜过滤除菌）。

预处理剂：100mL 磷酸缓冲液中加 0.1g EDTA 和 0.1mL β-巯基乙醇。

融合剂：PEG（相对分子质量＝6 000）35％- 10mmol/L $CaCl_2$ - 17％蔗糖（用 0.2μm 滤膜过滤除菌）。其中 PEG（相对分子质量＝6 000）购买于北京欣经科生物技术有限公司。

0.2mol/L 的 EMS：用 pH＝7.2 的磷酸缓冲液配制，0.22μm 滤膜过滤除菌。其中 EMS 购买于北京化学试剂公司。

2％的 NaS_2O_3：0.2μm 滤膜过滤除菌。

0.1mol/L 的 EMS：用 pH＝7.2 的磷酸缓冲液配制，0.22μm 滤膜过滤除菌。

木糖：购买于上海生工生物工程技术服务有限公司。

1.2 方法

1.2.1 菌种活化

将两种酵母接种在 YPD 斜面上，30℃恒温培养 1d，重复两次。将活化的酵母菌斑用牙签挑取适量接种于液体 YPD 培养基中，30℃200 r/min 摇床振荡培养 12～16h，此时可达到对数生长期。

1.2.2 原生质体制备[9]

取上述活化的处于对数生长期中期的菌液（浓度约为 $2×10^7$ 个/mL）3mL，3 500 r/min 离心 5min 得菌体。磷酸缓冲液洗 2 次，加 3mL 预处理剂，28℃培养 10min。3 500 r/min 离心 5min，弃上清，磷酸缓冲液洗 2 次，加 2mL 1.5％蜗牛酶液，30℃处理 30～45min。高渗缓冲液洗 2 次并悬浮。

1.2.3 原生质体的形成率与再生率测定

用平板菌落法测定[10]。原生质体形成率＝（A－B）/A×10％，原生质体再生率＝（C－B)/(A－B)×100％。其中，A 为酶解前每毫升菌液在普通平板上长出的菌落数，B 为酶解后每毫升菌液在普通平板上长出的菌落数，C 为酶解后每毫升菌液在高渗再生平板上长出的菌落数。

1.2.4 PEG 融合技术

融合处理：将 X 和 G 两种原生质体进行种内和种间融合，即 XX 融合，GG 融合，XG 融合。融合步骤：取两种原生质体按等量混合（各取 0.5mL），离心，用 0.4mol/L $CaCl_2$ 洗涤，离心。加入 2mL35％PEG（相对分子质量＝6 000）－$CaCl_2$（10mmol/L），

30℃下振荡融合 30min。用高渗缓冲液洗 2 次，适当稀释。涂于再生培养基，30℃培养 2～4d。继代培养融合子以检测稳定性。

1.2.5 电击融合

融合处理：同 PEG 融合。

融合步骤：两种原生质体按等量混合（各取 0.5mL），离心，用 0.4mol/L CaCl₂ 洗涤，离心。用 Bio‑Red 生产的电击仪进行电击，条件为 5 kV/cm，25F 和 200Ω，电击时间 40ms。涂于高渗筛选固体培养基，30℃培养 2～4d。继代培养融合子以检测稳定性。

1.2.6 诱变处理方法[11]

取适量 1.2.1 活化的菌液分别用以下三种方法进行诱变：

EMS 与 LiCl 复合诱变：1mL 0.2mol/L EMS 缓冲液加 1mL 菌液于试管中加塞密闭，30℃暗处震荡 5h，加 2mL 2%Na₂S₂O₃ 终止反应，适当稀释诱变液并涂布在诱变固体培养基。

紫外照射与 LiCl 复合诱变：5mL 菌液于直径 9cm 的平皿中，20W 紫外 30cm 处分别照射一段时间。同时不断搅拌，稀释涂布诱变固体培养基（红光下操作）。

紫外、EMS 及 LiCl 复合诱变：2.5mL 0.1mol/L EMS 缓冲液加 2.5mL 菌液混合于试管中，加塞密闭 30℃暗处振荡 5h，转入直径 9cm 的平皿中，20W 紫外 30cm 处照射一段时间，同时不断搅拌，稀释涂布诱变固体培养基（红光下操作）。

1.2.7 诱变致死率的测定

紫外单独照射菌液：分别在 2min、4min、6min、8min 和 10min 后稀释涂布平板，同时用未经紫外照射的菌液作为对照，30℃恒温培养，3d 后平板计数，取平均值，计算致死率。

将 EMS 处理 5h 的菌液紫外照射：分别在 2min、4min、6min、8min 和 10min 后稀释涂布平板，同时用未经紫外照射的菌液作对照，30℃恒温培养，3d 后平板计数，取平均值，计算致死率。

诱变致死率计算公式如下。

$$致死率 = \frac{(对照组菌落数 - 诱变组菌落数)}{对照组菌落数} \times 100\%$$

2 结果与分析

2.1 原生质体的形成率与再生率

从 X 和 G 的原生质体形成率与再生率可看出，在制备原生质体的过程中，所选择的试验条件比较有效，充分说明参考文献中的试验条件比较适用于研究的菌种（表1）。

表1 X 和 G 原生质体形成率与再生率

菌株	形成率（%）	再生率（%）
X	79.8	11.2
G	86.1	15.7

2.2 融合子复筛后乙醇发酵能力

X 和 G 融合后，不断提高培养基中木糖浓度，经过多次继代培养，挑选出生长较好的菌株至30％木糖YPD平板，生长5d后出现几个生物量较对照显著增加的菌斑（图1）。

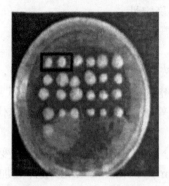

图1　融合菌株生长状态（蓝色框内为对照）

挑较大菌落发酵，发酵液组分为（20％木糖＋2％蛋白胨＋1％酵母提取物），3mL体系，发酵后3d取样，液相色谱检测发酵液中乙醇含量，筛选出生产乙醇能力较高的菌株进一步发酵，检测乙醇含量，这样每批发酵都将乙醇产量不稳定的以及产量低的剔除，不断缩小范围，最终筛选出生产乙醇高效的菌株为XX2，即X和X种内融合的一个菌株。继续发酵XX_2，重复3次。结果表明，对照和诱变融合株乙醇含量分别为1.87mg/mL和2.81mg/mL，乙醇产量提高了37.7％（表2）。

表2　亲本菌株X和融合菌株XX2发酵液中乙醇含量

菌株名称	乙醇含量（mg/mL）$n=9$
X（CK）	1.87 ± 0.3
XX_2	2.81 ± 0.2

2.3　紫外诱变时间的选择

从紫外照射对X的致死曲线与紫外照射对经EMS处理的X的致死曲线可以看出，二者变化趋势不同，并且前者照射10min后致死率达100％，后者在8min时就已经全部致死，这可能是由于后者是经EMS处理后所造成的。对G的致死曲线，情况与X的基本类似。高致死率容易产生突变株，但负突变较多；低致死率不易产生突变，但正突变比例较高。试验选择致死率在80％左右，故紫外照射时间选为6min（图2至图5）。

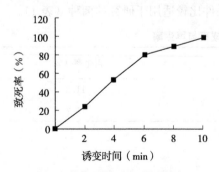

图2　紫外照射对X的致死率

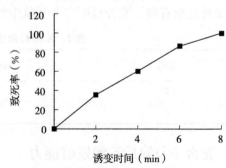

图3　紫外照射对经EMS处理的X的致死率

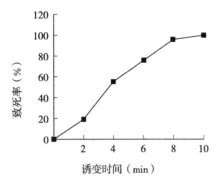

图 4　紫外照射对 G 的致死率

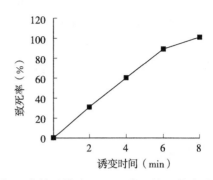

图 5　紫外照射对经 EMS 处理的 G 的致死率

2.4　诱变菌株的发酵筛选

X 和 G 分别做 1.2.6 所述三种诱变，涂布平皿，生长 3d 后，每个平皿中挑 15 个菌斑发酵，发酵液组分为 20％木糖＋2％蛋白胨＋1％酵母提取物，3mL 体系，发酵后 3d 取样，液相色谱检测发酵液中乙醇含量，筛选出生产乙醇能力较高的菌株进一步发酵，这样每批发酵实验都将乙醇产量不稳定的以及产量低的剔除，不断缩小范围，最终筛选出生产乙醇高效的菌株分别为 X_1、X_4、X_{12}、X_{13}。继续发酵 X_1、X_4、X_{12}、X_{13}，重复 3 次。结果表明，X_1、X_4、X_{12}、X_{13} 的乙醇产量分别比对照提高了 30.9％、15.7％、84.9％、47.1％（表 3）。

表 3　四种诱变菌株及其亲本 X 发酵液中乙醇含量

菌株	乙醇含量（mg/mL）$n=9$
X（CK）	23.4±3.86
X_1	30.6±0.30
X_4	27.1±3.01
X_{12}	43.3±4.25
X_{13}	34.4±3.65

3　讨论

燃料乙醇是一种清洁便捷的可再生能源，被纳入许多国家的发展战略规划[12]。木糖的乙醇发酵一直被人们视为植物纤维原料生物转化生产乙醇的关键因素。研究表明，适宜的木糖发酵产率和乙醇浓度可以降低工艺总成本的 25％[13]，因此提高木糖的乙醇发酵产率是该技术商业化生产的必要条件[12-13]。自然界中发酵木糖的酵母菌有 *Pichia stipitis*、*Candida shehatae* 和 *Pachysolen tannophilus*，但它们对乙醇的耐受能力较差，发酵液中乙醇浓度低，不适合乙醇的工业化生产。

采用原生质体融合与诱变育种方法，对 X 和 G 进行菌株筛选，最终得到五株以 X 为出发菌的乙醇高效菌株，即 XX_2、X_1、X_4、X_{12}、X_{13}，其乙醇产量分别比对照提高了

37.7%、30.9%、15.7%、84.9%和47.1%。由此可见，原生质体融合育种与诱变育种在微生物育种中是行之有效的。

G 没有得到理想的菌株，这可能是由于其遗传物质相对比较保守，很难通过融合或诱变的方法得到理想菌株。鉴于这种现象，将继续对 X 进行融合与诱变育种，以期得到更为理想的菌株。

参考文献

[1] 刘巍峰，张晓梅，陈冠军，等．木糖发酵酒精代谢工程的研究进展 [J]. 过程工程学报，2006，6 (1)：138 - 143.

[2] 魏运平，叶俊华，赵光鉴．原生质体融合技术及其在酿酒酵母菌株选育中的应用 [J]. 酿酒科技，2003 (1)：87 - 89.

[3] 无锡轻工业学院．微生物学 [M]. 北京：中国轻工业出版社，1997.

[4] 陈冬纯，周传云．根霉、酵母原生质体的制备与融合探讨 [J]. 现代食品科技，2006，22 (1)：26 - 29.

[5] 徐勇，范一民，勇强，等．木糖发酵重组菌研究进展 [J]. 中国生物工程杂志，2004，24 (6)：58 - 63.

[6] Line H T, Noriyuki K, Keiichi K, et al. Cloning and expression of a NAD$^+$ - dependent xylitol dehydrogenase gene (xdhA) of *Aspergillus oryzae* [J]. J Biosci Bioeng, 2004, 97 (6)：419 - 422.

[7] Andreas H, Hassan M, Michael K, et al. Xylose utilisation: cloning and characterization of the xylitol dehydrogenase from *Galactocandida mastotermitis* [J]. Biol Chem, 1999, 380：1405 - 1411.

[8] 蔡车国，刘月英．用原生质体融合法优化啤酒酵母的凝絮性和发酵性能 [J]. 厦门大学学报，2006，45 (1)：110 - 113.

[9] 李华，何忠宝．原生质体融合构建葡萄酒降酸酵母的研究 [J]. 微生物学杂志，2006，26 (2)：5 - 8.

[10] 郝林．食品微生物学实验技术 [M]. 北京：中国农业出版社，2001：76 - 83.

[11] 杜娟，曲音波，林觐勤，等．灰绿曲霉高产纤维素酶突变株的选育 [J]. 厦门大学学报（自然科学版），2006，45（增刊）：23 - 26.

[12] Zaldivar J, Nielsen J, Olsson L. Fuel ethanol production from lignocellulose: a challenge for metabolic engineering and process integration [J]. Appl Microbiol Biotechnol, 2001, 56：17 - 34.

[13] Jeffries T W, Kurtman C P. Strain selection taxonomy and genetics of xylose - fermentation yeasts [J]. Enzyme Microb Technol, 1994, 16：922 - 932.

本文曾发表于《新疆农业科学》2017年第54卷第9期。

甜高粱籽粒与秸秆混合酒醅理化指标特征变化的研究

岳丽　涂振东　王卉　山其米克　叶凯

（新疆农业科学院生物质能源研究所，乌鲁木齐 830091）

　　【研究意义】甜高粱是粒用高粱的一个变种[1]，抗逆性强、生物通量高、茎秆多汁，出汁率可高达 40%～70%，汁液中的总糖含量可达到 16%～22%，被认为是最具发展潜力的生物乙醇原料[2]。当前研究表明[3]，每亩甜高粱秸秆经过发酵可生产乙醇 250kg，比单位面积玉米高出 1.2 倍，而用甜高粱秸秆制取乙醇的成本约为 3 200元/t，比玉米低 25%～30%。利用甜高粱生产燃料乙醇是发展生物质能源产业重要途径之一[4]，温室气体排放少[5]，原料易得、价格相对较低，工艺、技术简便易行，便于推广[6]，发酵后酒糟可以作为饲料，也可以作为原料生产菌体蛋白[7]。【前人研究进展】梁艳玲[8]等对甜高粱在燃料乙醇和白酒中的应用进行了研究；陈朝儒[9]以甜高粱茎秆榨汁及渣混合原料进行同步糖化乙醇发酵并进行条件优化；韩冰[10]等采用先进固体发酵技术生产乙醇，筛选出高产乙醇酵母菌株并优化了固体发酵设备；叶凯[11]等采用多重诱变方式，从酿酒酵母菌中筛选出适合新疆甜高粱秸秆六碳糖发酵的高产菌株。刘杰[12]对 2 个不同品种的甜高粱进行了固态发酵实验，结果表明，品种不同乙醇产率不同，产率分别为 $3.96t/hm^2$ 和 $3.75t/hm^2$；耿欣[13]对甜高粱秸秆生产燃料乙醇工艺参数的变化规律及相关性进行了研究，结果表明平均 13.5kg 高粱秸秆生产 1kg 无水乙醇；沈飞[14]等考察了干燥茎秆生产乙醇的可行性，发酵终点时乙醇质量分数可以达到 67.06mg/g（干基）；王二强[15]建立了酵母菌株 TSH－SC－1 固态发酵生产乙醇的动力学模型。【本研究切入点】目前有关甜高粱乙醇的研究主要集中在实验室规模的工艺优化[16]、菌种筛选[17]、副产物利用[18]，对于中试生产的研究仅限于可行性评价、能耗分析[19]，有关甜高粱全株酒醅温湿度的变化特征和物质动态变化规律还鲜见报道。【拟解决的关键问题】本文通过研究甜高粱籽粒与秸秆混合酒醅温湿度的变化特征、理化因子的动态变化规律，为揭示甜高粱乙醇发酵机制及物质代谢提供理论依据。

1 材料与方法

1.1 材料

1.1.1 原料及试剂

　　甜高粱品种为新高粱 3 号，种植于新疆农业科学院玛纳斯农业试验站，平均锤度为 19.5%。安琪耐高温酿酒酵母来源于安琪酵母股份有限公司；糖化酶来源于北京奥博星生物技术有限责任公司。

1.1.2 仪器设备

MIK－100 温湿度记录仪（杭州美控公司）、SH520 型石墨消解仪（济南海能仪器有限公司）、SL3001 电子天平（上海民侨精密科学仪器有限公司）、XT－100 型高速多功能粉碎机（50～100 目）（浙江永康市红太阳机电有限公司）、DL－1 万用电炉（北京市永光明医疗仪器厂）、DHG－9240A 型电热鼓风干燥箱（上海一恒科技有限公司）、K1100 型全自动凯氏定氮仪（济南海能仪器有限公司）、DZKW－S－4 热恒温水浴锅（北京光明医疗仪器有限公司）。

1.2 方法

1.2.1 测定指标

水分：参照 GB 5009.3—2016《食品安全国家标准　食品中水分的测定》。

总糖、还原糖：参照 GB 5009.7—2016《食品安全国家标准　食品中还原糖的测定》。

蛋白质：参照 GB 5009.5—2010《食品安全国家标准　食品中蛋白质的测定》。

酒精度：取 100g 酒醅，加入蒸馏水，用蒸馏器蒸馏出 100mL 液体，利用酒精计测定酒精度。

酸度：酸碱中和法测定。

1.2.2 发酵工艺流程

1.2.2.1 发酵工艺流程

甜高粱籽粒与秸秆（含穗）→收割→粉碎→接种→拌料、调湿→入窖、密封→发酵→蒸馏

1.2.2.2 工艺操作要点

接种：称取酿酒酵母（秸秆量的 0.15%），用 10 倍于酵母量的 2% 糖水（38～40℃）活化 10～20min，与适量的糖化酶（秸秆量的 0.08%）混合均匀，喷淋于摊开的甜高粱秸秆上。

拌料、调湿：人工翻料，搅拌均匀后进行调湿，将原料含水率控制在 68%～72%。

入窖密封：将拌好的甜高粱籽粒与秸秆酒醅填入窖池（大小 4m×3m×1.6m），边装填边踩实，直到装满为止，并放入自动温湿度计。绘出温湿度计分布（共 15 个），记录时间段为封窖—起窖，记录间隔 30min/次，取样间隔 12h/次（图 1）。

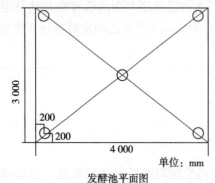
发酵池平面图

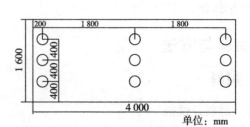
发酵池立剖图

图 1　发酵池中温湿度计分布

1.3 数据设计

绘图采用 Prism 5.0 软件；统计分析采用 SPSS 17.0 软件。

2 结果与分析

2.1 酒醅理化指标变化

2.1.1 酒醅温度变化

温度是影响微生物发酵极其重要的因素之一，窖池中温度的变化是由环境温度（主要是地温）和微生物进行生长代谢共同作用的结果[20]。通过对窖池内不同空间位置的温度进行测定，表明各个发酵层的温度变化趋势与白酒发酵时一致[21-22]。整个发酵过程酒醅的温度变化幅度为 8.5~14.5℃，窖池内不同部位的发酵温度存在差异，酒醅温度上层＞中层＞下层；相对于周围区域，中心区域酒醅温度变化较为缓慢（图 2）。

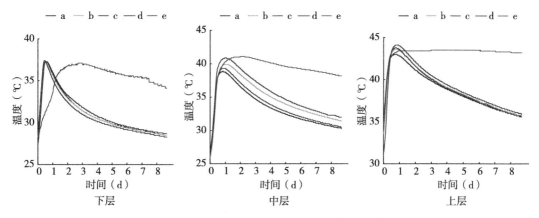

图 2 发酵过程中不同发酵层酒醅温度的变化
（a、b、c、d 代表窖池周围区域，e 代表窖池中心区域）

同一发酵层中心区域与周围区域酒醅温度变化特征不同。上层酒醅：中心区域与周围区域酒醅温度最高值接近，但是达到最高温所需的时间相差 4.3 倍，周围区域酒醅温度于封窖后 16.5h 时达到最高值 43.6℃，而中心区域于 71.5h 时达到最高值 43.5℃，周围区域的升温速率是中心区域的 5 倍左右；中心区域酒醅温度维持高温时间为 172.5h，而周围区域温度在最高温仅维持了 11.9h，然后开始缓慢下降，周围区域下降速率明显大于中心区域。中层酒醅：周围区域和中心区域酒醅温度极差相差 1.4℃，周围区域的升温速率是中心区域的 2 倍左右。下层酒醅：周围区域与中心区域酒醅温度升温速率相差最大，约为 6.4 倍；酒醅温度下降初期速率相差 6.9 倍，后期降温速率逐渐接近，达到 0.021℃/h。

不同发酵层的酒醅温度差异较大，酒醅温度上层＞中层＞下层。上层酒醅温度最高可达到 43.6℃，下层酒醅最高时仅 37.3℃，两者相差 6.3℃，这可能是由于水泥窖池地表温度较低，下层酒醅与窖壁之间发生热传递，降低了下层酒醅温度。下层酒醅温度变化较快，上层酒醅温度变化较平稳。下层酒醅的温度上升速率最快，可达到 0.836℃/h，中层次之，上层最慢为 0.608℃/h；酒醅温度下降时，下层的下降速率最高可达到 0.097℃/h，中层次之，上层最低 0.064℃/h，相差 0.033℃/h（表1）。

表1　发酵过程中不同发酵层酒醅温度的变化特征

特征值	上层酒醅		中层酒醅		下层酒醅	
	周围区域	中心区域	周围区域	中心区域	周围区域	中心区域
最高温度（℃）	43.6	43.5	39.8	41.1	37.3	37.1
最低温度（℃）	33.6	34.7	26.4	26.3	28.2	28.6
极差（℃）	10.1	8.8	13.4	14.8	9.2	8.5
升温时间（h）	16.5	71.5	20.4	48	11	65
升温速率（℃/h）	0.608	0.123	0.660	0.308	0.836	0.131
维持高温时间（h，最高温±0.2℃）	11.9	172.5	11.4	33.0	4.9	29.0
降温速率（℃/h，最高温时—72h）	0.064	0.000	0.073	0.017	0.097	0.014
降温速率（℃/h，72h—发酵终点）	0.032	0.002	0.036	0.018	0.021	0.021

注　室温为 10～30℃。

2.1.2　酒醅湿度变化

发酵过程中，初始的湿度会因蒸发和代谢活动而发生变化，所以仅仅控制初始底物湿度并不能保证整个固态发酵过程的顺利进行，对固态发酵过程中湿度的监测也很关键[23]。研究表明，发酵过程中不同发酵层酒醅湿度变化情况为酒醅湿度从入窖后不断升高，达到最高值然后基本保持稳定。其中下层酒醅湿度相对较高，最高可达到 92.6%。整个发酵过程酒醅的湿度变化幅度为 10% 左右，酒醅湿度下层＞中层＞上层；中心区域酒醅温度比周围区域变化较为缓慢（图3）。

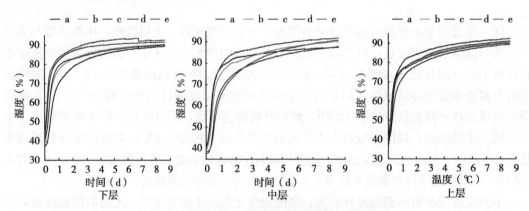

图3　发酵过程中不同发酵层酒醅湿度的变化

下层酒醅出窖湿度最高为 92.4%，中层次之，上层最低为 90.8%，这可能是由于受重力作用，酒醅中的水分由上层向下层移动，导致下层酒醅的湿度高于中层和上层。下层酒醅湿度增长速率最快，初期可达到每小时 0.65 个百分点，上层酒醅湿度增加最慢为每小时 0.576 个百分点。中心区域酒醅湿度略高于周围区域，两者相差 0.9～3.3 个百分点，中心区域和周围区域酒醅湿度增长速率接近（表 2）。

表 2　发酵过程中不同发酵层酒醅湿度的变化特征

特征值	上层		中层		下层	
	周围区域	中心区域	周围区域	中心区域	周围区域	中心区域
24h 后湿度（%）	77.9	76.5	76.4	76.7	82.2	83.5
出窖湿度（%）	87.5	90.8	90.1	91.2	91.5	92.4
湿度增长速率（个百分点/h，0～72h）	0.576	0.575	0.586	0.594	0.650	0.653
湿度增长速率（个百分点/h，72h 后）	0.059	0.079	0.061	0.050	0.018	0.013

2.1.3　酒醅水分变化

　　窖池中适宜的水分含量，可以保证窖池中微生物的生长代谢，保证酒醅的正常发酵，酒醅水分含量的变化结果表明，甜高粱秸秆酒醅中水分含量呈上升趋势，增加了 8% 左右。在整个过程中，初期水分含量变化较快，可能与此时段酵母菌及其他微生物代谢旺盛有关；后期微生物生长代谢趋于稳定，水分含量变化幅度也较小（图 4）。

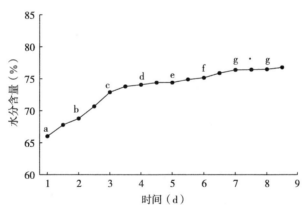

图 4　酒醅水分含量的变化

（图中不同小写字母表示差异显著，下同）

2.1.4　酒醅酒精度变化

　　酒醅中酒精度的变化是判断秸秆发酵情况的重要依据。封窖后第 1 天酒醅中乙醇含量增加非常明显，酒精度增加了 7%，然后酒精度增长速度趋于缓慢，第 156 小时达到最高值 12.5%，然后开始下降并趋于稳定。这是由于甜高粱秸秆发酵时先转化可溶性糖，然后在酵母菌、糖化酶的共同作用下将籽粒中的淀粉转化为糖类，产生部分乙醇，发酵后期部分酒精转化成酸和酯，导致酒精度明显下降，最终趋于稳定（图 5）。

2.1.5　酒醅中总糖、还原糖变化

　　总糖、还原糖含量的变化可以从侧面反应乙醇的生成速度。入窖后酒醅中的总糖、还原糖迅速减少，在 48h 内消耗了总糖 75%，然后还原糖消耗速度逐渐变慢，第 6 天后总糖、还原糖含量仍然降低但是无显著变化，逐渐趋于稳定直至发酵结束（图 6）。

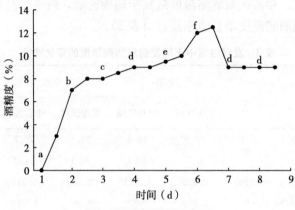

图5　酒醅酒精度的变化

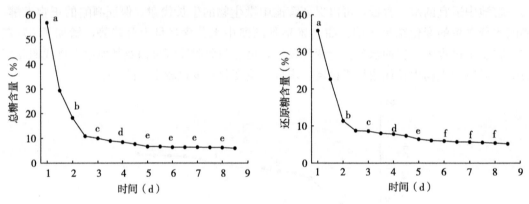

图6　酒醅中总糖、还原糖含量的变化

2.1.6　酒醅中蛋白质变化

研究表明，第1～4天酒醅中蛋白质含量迅速增加（$p<0.05$），由5.1%增加到了8.6%，第6天后，蛋白质含量变化不显著（$p>0.05$）。与原料相比，发酵后酒醅蛋白质含量提高了68.5%（图7）。

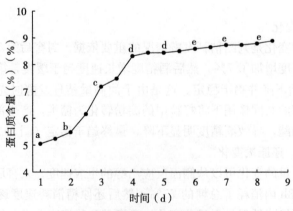

图7　酒醅中蛋白质含量的变化

2.1.7　酒醅酸度变化

发酵时由于产酸微生物的代谢作用，产生一定量的酸类物质，酒醅酸度在整个发酵过程中呈上升趋势，到第 8 天时酸度为 0.72%，与发酵初期相比增加了 2 倍左右（图8）。

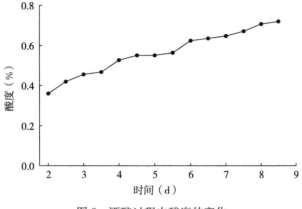

图 8　酒醅过程中酸度的变化

2.2　酒醅酒精度与各理化指标的相关性

研究表明，酒精度变化与总糖、还原糖呈高度负相关关系（$p<0.01$），相关系数分别为 0.918、0.928，即总糖、还原糖含量降低，酒精度升高；酒精度与酸度、水分含量和湿度之间呈正相关关系（表3）。

表 3　酒醅酒精度与各理化指标间相关性

	温度	湿度	水分	总糖	还原糖	蛋白质	酸度
酒精度	0.768**	0.907**	0.846**	−0.918**	−0.928**	0.820**	0.890**

注　** 表示在 0.01 水平（双侧）极显著相关，* 表示在 0.05 水平（双侧）显著相关。

3　讨论

3.1　温度

在甜高粱秸秆酒醅过程中窖池内不同位置酒醅温度存在差异，酒醅温度上层>中层>下层；相对于周围区域，中心区域酒醅温度变化更加平缓。出现这一现象的原因可能是：下层酒醅及周围区域酒醅与窖壁之间发生热传递[24]，降低了酒醅温度，微生物的活动相对较弱，产生的热量少，温度变化幅度较小。而上层酒醅及中心区域酒醅温度受环境温度的影响相对较小，主要是由酒醅中微生物代谢所决定的[25]。

3.2　酒精度

酒精度主要由秸秆中的含糖量决定，含糖量越高，转化出的酒精就相对较多。研究结果表明新高粱 3 号（锤度 19.5%）在发酵时间为 156h 时，酒醅酒精度可达到最高值 12.5%，而与再吐尼古丽等[26]的研究结果发酵 48h 酒精度达到最高值 2.52% 存在差异。

这可能是由于实验选用的甜高粱秸秆含籽粒，籽粒中存在淀粉可以增加酒精度，且籽粒的发酵速度较慢会引起发酵时间的延长，而再吐尼古丽选用的原料是甜高粱的秸秆无籽粒。试验的出酒率为 120L/t，与梅晓岩[19]的研究结果相似，每亩甜高粱可产 387～433L 乙醇，此结果与任丽[27]的研究结果 48.4kg/t 有一定的差异，可能与甜高粱的品种、发酵菌种和原料粉碎度不同有关。

3.3 蛋白质

发酵后酒糟中的蛋白质由 5.1％增加到了 8.6％，这与杨森[28]的研究结果相似，即发酵后饲料中粗蛋白质量分数提高。增加的蛋白质可能来自非蛋白氮的转化及菌体自溶产生的各种生物活性物质[29]，还有可能是由于酵母菌消耗了一部分糖类，导致干物质含量降低[30]，发酵后的蛋白质含量（干基）与原料相比提高了，研究的结果符合上述观点。发酵后酒糟略带酒香味、蛋白质含量较高，质地松软、适口性好，具有替代部分饲料粮的潜力，还可以作为原料生产菌体蛋白饲料[31]，解决当前蛋白饲料严重短缺问题。

4 结论

在甜高粱籽粒与秸秆混合酒醅固态发酵过程中，主要通过酵母菌将秸秆中的糖分和籽粒中的淀粉转换成乙醇，所以发酵时间和酿酒酵母直接相关，发酵80h后中层酒醅温度下降，酒醅酸度开始直线上升时，酵母菌逐渐进入衰亡期，发酵时间为156h接近发酵终点，此时乙醇产率可达到12.5％。利用甜高粱籽粒与秸秆固态发酵生产乙醇，不仅实现了甜高粱的能源化，还可提高甜高粱发酵残渣作为饲料的营养价值。

参考文献

[1] 陈展宇，常雨婷，邓川，等．盐碱生境对甜高粱幼苗抗氧化酶活性和生物量的影响 [J]．吉林农业大学学报，2017，39（1）：15-19．

[2] Martín Calviño, Messing J. Sweet sorghum as a model system for bioenergy crops [J]. Current Opinion in Biotechnology, 2012, 23 (3): 323-329.

[3] 肖明松，杨家象．甜高粱茎秆固体发酵制取乙醇产业化示范工程 [J]．农业工程学报，2006，22（增1）：207-210．

[4] Matsakas L, Christakopoulos P. Optimization of ethanol production from high dry matter liquefied dry sweet sorghum stalks [J]. Biomass & Bioenergy, 2013, 51 (2): 91-98.

[5] 高慧，胡山鹰，李有润，等．甜高粱乙醇全生命周期温室气体排放 [J]．农业工程学报，2012，28（1）：178-183．

[6] 赵建国．废渣固态发酵生产酵母蛋白质饲料及其产业化发展措施 [J]．饲料与畜牧，2006（11）：32-36．

[7] 代树华．甜高粱茎秆固态发酵酒精及饲料的研究 [D]．北京：北京化工大学，2009．

[8] 梁艳玲，伍彦华，林一雄．甜高粱在提取燃料乙醇和白酒中的应用 [J]．轻工科技，2016（3）：15．

[9] 陈朝儒，王智，马强，等．甜高粱茎汁及茎渣同步糖化发酵工艺优化 [J]．农业工程学报，2016，

32（3）：253-258.

[10] 韩冰，王莉，李十中，等．先进固体发酵技术（ASSF）生产甜高粱乙醇［J］．生物工程学报，2010，26（7）：966-973.

[11] 叶凯．甜高粱高生物糖量生产条件与乙醇发酵工程菌株构建［D］．北京：中国农业大学，2015.

[12] 刘杰，郑士梅，李原有，等．利用甜高粱茎秆提取乙醇的实验报告（第Ⅰ报）——不同品种乙醇提取量的实验［J］．酿酒科技，2007（5）：51-53.

[13] 耿欣，李天成，李十中，等．甜高粱茎秆固态发酵制取燃料乙醇过程分析与中试研究［J］．太阳能学报，2010，31（2）：257-262.

[14] 沈飞，梅晓岩，曹卫星，等．自然干燥甜高粱茎秆长期贮藏及乙醇发酵研究［J］．农业工程学报，2011，27（12）：250-255.

[15] 王二强，耿欣，李十中，等．甜高粱秆分批固态发酵制乙醇动力学研究［J］．食品与发酵工业，2009（10）：1-4.

[16] 薛洁，王异静，贾士儒．甜高粱茎秆固态发酵生产燃料乙醇的工艺优化研究［J］．农业工程学报，2007，23（11）：224-228.

[17] 王炜，崔明九，秦春林，等．基于文献计量的甜高粱研究态势分析［J］．草业科学，2016，33（9）：1846-1858.

[18] 刘乃新，高谊，张文彬，等．2015年英文文献甜高粱研究动向［J］．中国糖料，2016，38（6）：52-54.

[19] 梅晓岩，刘荣厚．中国甜高粱茎秆制取乙醇的研究进展［J］．中国农学通报，2010，26（5）：341-345.

[20] 黄治国，罗惠波，程铁辕，等．酒醅发酵过程中温度变化曲线的实时检测及其数学模型建立［J］．酿酒科技，2008（10）：20-22.

[21] 陈丙友，韩英，张鑫，等．酒醅温度调控对清香型白酒发酵过程的影响［J］．食品与发酵工业，2016，42（6）：44-49.

[22] 周瑞平，王涛，陈云宗，等．多粮浓酱兼香型白酒酿造过程中窖内糟醅温度变化［J］．酿酒科技，2012（10）：46-48.

[23] Pandey A, Soccol C R, Mitchell D. New developments in solid state fermentation：Ⅰ-bioprocesses and products［J］．Process Biochemistry，2000，35（10）：1153-1169.

[24] 李明春，程铁辕，黄治国，等．窖池酒醅温度的三维结构图［J］．食品研究与开发，2012，33（2）：21-24.

[25] 李增胜，任润斌．清香型白酒发酵过程中酒醅中的主要微生物［J］．酿酒，2005，32（5）：33-34.

[26] 再吐尼古丽，叶凯，涂振东，等．甜高粱秸秆固态发酵提取粗乙醇初步研究［J］．新疆农业科学，2009，46（3）：674-677.

[27] 任丽，田瑞华，段开红，等．甜高粱秸秆固体发酵生产乙醇工艺研究［J］．酿酒科技，2008（2）：52-54.

[28] 杨森，王石垒，张雷，等．甜高粱茎秆残渣生料多菌种固态发酵生产蛋白饲料［J］．农业工程学报，2015，31（15）：309-314.

[29] 张轩，赵述淼，陈海燕，等．酿酒酵母固态发酵白酒糟生产蛋白饲料的研究［J］．饲料工业，2012（19）：27-31.

[30] 张建华．酒糟发酵蛋白质饲料菌种筛选的研究［J］．粮食与饲料工业，2010（8）：46-48.

[31] 张玉诚，薛白，达勒措，等．混菌固态发酵白酒糟开发为蛋白质饲料的条件优化及营养价值评定［J］．动物营养学报，2016（11）：42.

本文曾发表于《食品科学》2013 年第 13 期。

多基因串联表达木糖发酵工程菌株的构建

陆亮[1,2]　叶凯[2]　刘敏[3]　于孟斌[3]　陈高云[3]　涂振东[2]

（1. 新疆农业大学食品科学与药学学院，乌鲁木齐 830052；

2. 新疆农业科学院生物质能源研究所，乌鲁木齐 830091；

3. 中国人民解放军防化学院三系生物防护教研室，北京 102205）

在遗传学方面，人们对酿酒酵母进行了广泛研究，已经得到它的全基因组序列，其单倍体核 DNA 容量仅为大肠杆菌的 3.5 倍。尽管酿酒酵母菌基因组较小，但它在大多数生物学特性上都与其他真核生物相似[1]。越来越多的证据表明，不同种类真核生物之间的许多细胞代谢机制具有保守性。基于酿酒酵母菌具有研究遗传学和分子生物学的强大优势，且易于培养，因此成为研究真核生物各种分子生物学基本问题的首选生物[2-3]。

酿酒酵母是传统工业生产乙醇的优良菌株，与细菌相比具有较高的乙醇耐受力，对纤维素水解液中的抑制物一直具有较高的抗性[4]。木质纤维素水解产物中的六碳糖可由传统酿酒酵母很容易地发酵成酒精，但酿酒酵母不能发酵木糖，只能发酵其异构体木酮糖[5]。因此，如果能利用基因工程手段获得以混合糖为原料产乙醇的基因工程菌，理论上可使乙醇产量提高 25％，从而降低生产成本[6-7]。为解决以上问题，构建利用木糖产乙醇的重组酿酒酵母有两个策略：一是在酿酒酵母中木糖向木酮糖转化的途径；Kotter[8]、Amore[9]等将树干毕赤氏酵母（*P. stipitis*）的木糖还原酶基因（*xyl1*）与木糖醇脱氢酶基因（*xyl2*）转移到酿酒酵母中使其表达，得到的酵母转化子可以在有氧条件下利用木糖并产生木糖醇。二是在酿酒酵母中超表达下游代谢途径的基因。Karhumaa 等[10-11]构建的重组酿酒酵母 TMB3050 和 TMB3057，两株菌在表达 *P. stipitis* 的 *xyl1*、*xyl2* 基础上过表达 *tkl1*、*tal1* 和 *xks1*，它们的过表达明显增加了重组菌在木糖上生长的速度和乙醇产量。这证明木糖代谢下游流向乙醇生成方向的强化也是需要的。

本研究通过 RT－PCR 方法从树干毕赤酵母中获取 *xyl1* 和 *xyl2*，从酿酒酵母中获取 *xks1*、*tal1* 和 *tkl1*。将控制木糖向木酮糖转换的 *xyl1*、*xyl2* 与 *tal1* 进行拼接后引入到酿酒酵母中进行表达；再将控制木酮糖向乙醇转化的 *xks1* 与 *tkl1* 进行拼接后一起转入酿酒酵母中进行超表达。两个重组质粒的获得为工程菌的构建和改良打下了较好的基础。

1　材料与方法

1.1　菌株与载体

含有 5 个目的基因的克隆质粒（本实验室保存）；酿酒酵母表达载体 pAUR123（日本

TaKaRa 公司）；克隆载体 pBS‐T、大肠杆菌 DH5α（北京天根公司）；酿酒酵母 INVScl（王淑豪博士惠赠）。

1.2　试剂

Taq DNA 聚合酶（北京康为世纪公司）；T4 DNA 连接酶、限制性内切酶［纽英伦（NEB）生物技术有限公司］；Aureobasidin A（AbA）、PCR 产物回收试剂盒、B 型（细菌）质粒小提试剂盒（日本 TaKaRa 公司）；DNA Marker、反转录系统（北京天根公司）；其余试剂为进口或国产分析纯。

1.3　培养基

LB 培养基：氧化钠 1％、酵母提取物 0.5％、蛋白胨 1％（固体＋琼脂 1.5％）。
YPD 培养基：葡萄糖 2％、酵母提取物 1％、蛋白胨 2％（固体＋琼脂 1.5％）。

1.4　引物

根据 GenBank 公布的 DNA 序列，设计引物如下所示，引物的合成由上海英维捷基（Invitrogen）公司完成，见表 1。

表 1　实验所用引物

引物名称	引物序列（5′→3′）
Xyl1r	5′‐ TGCTGCTGCTGCTGCTGCGACGAAGATAGGAATCTTGTCCCAGTCCCA‐3′
Xyl2f	5′‐ GCAGCAGCAGCAGCAGCAATGACTGCTAACCCTTCCTTGGTGTTGAAC‐3′
Xyl2r	5′‐ TGCTGCTGCTGCTGCTGCCTCAGGGCCGTCAATGAGACACTTGACAGC‐3′
Tal1f	5′‐ GCAGCAGCAGCAGCAGCAATGTCTGAACCAGCTCAAAAGAAACAAAAG‐3′
Xks1r	5′‐ TGCTGCTGCTGCTGCTGCGATGAGAGTCTTTTCCACTTCGCTTAAGGG‐3′
Tkl1f	5′‐ GCAGCAGCAGCAGCAGCAATGACTCAATTCACTGACATTGATAAGCTA‐3′
Cxyl1f	5′‐ TCCCCCGGGATGCCTTCT̲ATTAAGTTGAACTCTG‐3′
Ctal1r	5′‐ CCGCTCGAGTTAAGCGGTAACTTTCTTTTCAATC‐3′

注　串联 *xyl1 ‐ xyl2 ‐ tal1* 的引物为 *Xyl1r*、*Xyl2f*、*Xyl2r* 和 *Tal1f*；串联 *xks1 ‐ tkl1* 基因片段的引物为 *Xks1r* 和 *Tkl1f*；*X12A* 连接片段在上游引物的前端加上 *Xma*Ⅰ的酶切位点，在下游引物的末端加上 *Xho*Ⅰ的酶切位点。设计引物（画线部分为酶切位点）为 *Cxyl1f* 和 *Ctal1r*；*SK* 连接片段在上游引物的前端加上 *Xma*Ⅰ的酶切位点，在下游引物的末端加上 *Xho*Ⅰ的酶切位点。设计引物（画线部分为酶切位点）为 *Cxks1f* 和 *Ctkl1r*。

1.5　方法

1.5.1　目的基因的克隆

根据设计的引物，分别以实验室贮备的 *pBS ‐ T ‐ xyl1*、*pBS ‐ T ‐ xyl2*、*pBS ‐ T ‐ xks1*、*pBS ‐ T ‐ tal1* 和 *pBS ‐ T ‐ tkl1* 为模板，进行 PCR 扩增。扩增条件参照 Sambrook 等[12]的方法。PCR 产物用 1.0％琼脂糖凝胶进行电泳检测，并将目的基因条带回收纯化。

1.5.2 串联基因的 PCR 构建

以回收纯化的 5 个基因片段为模板，将 *xyl1*、*xyl2* 与 *tal1* 拼接，*xks1* 与 *tkl1* 拼接，构成多基因连接片段 X12A 与 SK。参考《精编分子生物学实验指南》[13] 中的方法，以 *xyl1*、*xyl2* 与 *tal1* 拼接为例：首先将 *xyl1*、*xyl2* 进行拼接，然后将其回收纯化后与 *tal1* 进一步拼接。*xks1* 与 *tkl1* 的拼接与 *xyl1*、*xyl2* 的拼接方法相同。

1.5.3 多基因片段与表达载体的连接

首先使用双酶切体系，用 *Xma*Ⅰ与 *Xho*Ⅰ内切酶对载体和回收的多基因片段进行酶切。将体系混匀，在 37℃ 条件下温育 4h 左右。消化后的产物用琼脂糖凝胶电泳分析，并回收纯化目的条带。

在 1.5mL 离心管中，按目的 DNA 与载体 DNA 体积比 3∶1 的比例建立 10μL 的连接体系，混匀后，置室温下过夜连接。

1.5.4 构建质粒转化大肠杆菌及阳性转化子的筛选

将连接产物回收纯化后，转化进 DH5α 大肠杆菌。具体转化步骤参照天根公司 DH5α 产品目录，筛选阳性克隆，测序鉴定。

1.5.5 构建质粒转化酿酒酵母及重组子的筛选

参照 Gietz[14]、Robert[15] 等的方法，采用乙酸锂完全转化法转化完成后，30℃ 培养 3~6d，直到平板上出现菌落，对菌落 PCR 鉴定，并筛选高抗性转化子。

1.5.6 粗酶液的制备

挑取筛选到的阳性克隆于 5mL YPD 培养基，30℃、200r/min 条件下培养 48h，在 4℃、1 500r/min 离心 5min，去上清收集菌体。沉淀用 1mL 灭菌水重悬细胞。然后高速离心 30s，去上清。沉淀用 1mL 破壁缓冲液洗涤一次，4℃、1 500r/min 离心 5min 后，用 200μL 破壁缓冲液再重悬细胞。加等体积的 0.4mm 酸洗玻璃珠，漩涡振荡 30s，然后在冰浴放置 30s，重复 6 次。然后以 13 000r/min 离心 10min。上清就是所要的粗提液，−20℃ 保存备用[16]。

1.5.7 SDS‑PAGE 电泳

配制 5%浓缩胶和 15%分离胶，分别添加到制胶槽中，待凝聚后供蛋白质电泳；取粗提液样品 10μL，加入 10μL 2×上样缓冲液于 100℃ 沸煮 10min，上样。使用 80V 电压使样品进入分离胶后，调至 180V 在分离胶中电泳。电泳结束后，用考马斯亮蓝染色液染色 1h，然后进行脱色液脱色，直至凝胶本底透明。通过凝胶成像系统和分析系统对凝胶进行成像[17]。

1.5.8 酶活测定

重组子中 *xyl1*、*xyl2*、*tal1*、*xks1* 和 *tkl1* 酶活的测定构建菌株的酶活测定采用表 2 中的反应体系进行[18]。

2 结果与分析

2.1 目的基因的克隆

分别以实验室制备的含有目的基因的克隆质粒为模版，利用设计的引物进行 PCR 反应，PCR 产物进行电泳分离，依据 Marker 所标定的大小，各基因均符合预期大小，且条带特异，基因克隆成功，如图 1 所示。对各目的基因条带回收备用。

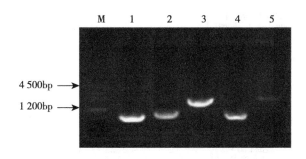

图 1　目的基因条带

［M 对应 Marker Ⅲ；1 对应 *xyl1* 片段（1 052bp）；2 对应 *xyl2* 片段（1 157bp）；

3 对应 *xks1* 片段（1 898bp）；4 对应 *tal1* 片段（1 073bp）；5 对应 *tkl1* 片段（2 108bp）］

2.2　目的基因的 PCR 克隆连接

以回收纯化的 5 个基因片段为模板，将 *xyl1*、*xyl2* 与 *tal1* 拼接，*xks1* 与 *tkl1* 拼接，构成多基因连接片段 X12A 与 SK。*xyl1*、*xyl2* 与 *tal1* 拼接过程是先将 *xyl1*、*xyl2* 进行拼接，然后将其回收纯化后与 *tal1* 进一步进行拼接。根据图 2 中 Marker 标定大小和各基因片段对比分析，基因拼接初步成功。以 X12A 和 SK 为模版，用对应的引物分别 PCR 扩增，均能扩增出目的条带，说明多基因串联的片段连接成功。

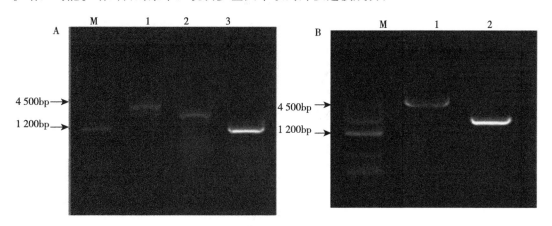

图 2　X12A 及 SK 基因的克隆

［A 中，M 对应 Marker Ⅲ；1 对应 X12A 片段（3 282bp）；2 对应 *xyl1*－*xyl2* 片段（2 209bp）；3 对应 *xyl2* 片段（1 157bp）片段

B 中，M 对应 Marker Ⅲ；1 对应 SK 片段（4 006bp）；2 对应 *xks1*（1 898bp）片段］

2.3　重组质粒的构建

分别用 *Xma* Ⅰ和 *Xho* Ⅰ双酶切克隆连接产物 X12A、SK 和表达载体 pAUR123，经琼脂糖凝胶电泳分离后，回收纯化。用 T4 DNA 连接酶分别将纯化后的 X12A 和 SK 基因与 pAUR123 连接，构建带有 X12A 和 SK 基因的重组载体 pAUR123－X12A 和 pAUR123－SK，如图 3 所示。

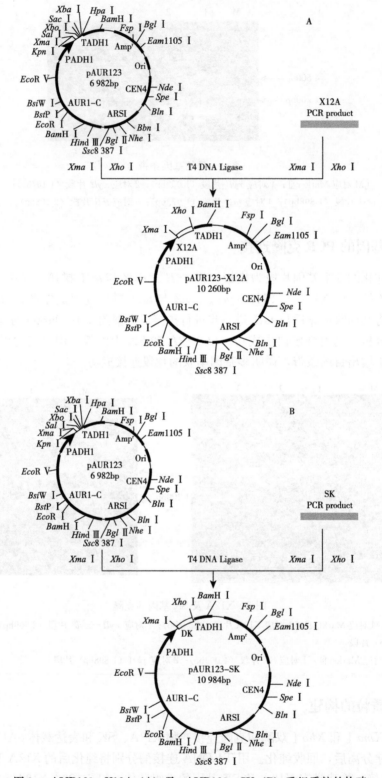

图 3 pAUR123 - X12A（A）及 pAUR123 - SK（B）重组质粒的构建

2.4　构建质粒转化大肠杆菌及阳性转化子的筛选

连接产物转化大肠杆菌 DH5α，用蓝白斑筛选出阳性转化子。提取质粒后，分别用 Xma I 和 Xho I 进行双酶切，如图 4 所示，说明基因克隆连接成功。将质粒进行测序鉴定，测序结果表明，质粒构建成功，基因序列和基因库中所列序列同源性为 99%，蛋白质同源性为 100%。

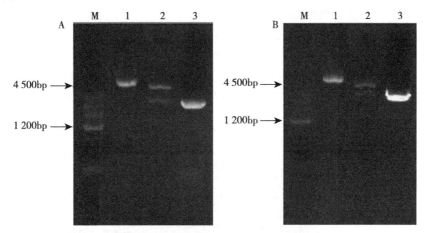

图 4　质粒 pAUR123 - X12A（A）及质粒 pAUR123 - SK（B）的酶切对照

[A 中，M 对应 MarkerⅢ；1 对应质粒 pAUR123 - X12A（10 264bp）；2 对应质粒 pAUR123 - X12A 酶切产物；3 对应 X12A 的 PCR 的 PCR 产物（3 282bp）

B 中，M 对应 MarkerⅢ；1 对应质粒 pAUR123 - SK（10 988bp）；2 对应质粒 pAUR123 - SK 酶切产物；3 对应 SK 的 PCR 的 PCR 产物（4 006bp）]

2.5　构建质粒转化酿酒酵母及重组子的筛选

采用 LiAc 电击转化法将质粒 pAUR123 - X12A 与质粒 pAUR123 - SK 分别转入酿酒酵母受体菌株 INVSc1 中，在含有 AbA 转化子选择培养基上筛选得到阳性转化子，如图 5 所示。提取酿酒酵母阳性转化子中的质粒，经 PCR 验证转化成功，转化子分别命名为 INVSc1 - X12A 与 INVSc1 - SK。

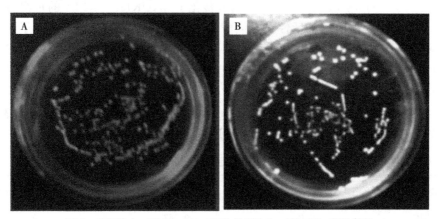

图 5　INVSc1 - X12A（A）菌及 INVSc1 - SK（B）菌的筛选

2.6　SDS‐PAGE 分析蛋白表达

　　由图 6 可知,与未转化的酿酒酵母对照菌 CK 相比较,1 号条带于约 38ku 处和 42ku 各出现一条蛋白带,而对照菌在两处未出现蛋白带。根据文献[19]推断,近平滑假丝酵母木糖还原酶基因 $xyl1$ 的蛋白分子质量约为 38.6ku,木糖醇脱氢酶基因 $xyl2$ 的蛋白分子质量约为 42.4ku。表达的蛋白的分子质量与推算值非常接近,同时在约 39ku 处有一条颜色加深带出现,与推算的转醛酶的分子质量（38.8ku）非常接近,说明 $tal1$ 基因得到了超表达,证明 INVSc1‐X12A 菌株表达了连接片段 X12A 中的 $xyl1$、$xyl2$ 和 $tal1$ 基因;2 号条带于约 69ku 与 77ku 处都出现了颜色较对照菌颜色较深的条带,根据推断,木酮糖激酶的分子质量约为 69.5ku,转酮酶的分子质量约为 77.3ku,说明 $xks1$ 与 $tkl1$ 都得到了超表达,证明了 INVSc1‐SK 菌株表达了连接片段 SK 中的 $xks1$ 与 $tkl1$ 基因。

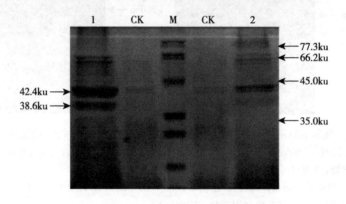

图 6　目的菌株的聚丙烯酰胺凝胶电泳图

(M 对应低分子质量蛋白质 Marker；CK 对应酿酒酵母 INVSc1 原菌株；
1 对应 INVSc1‐X12A 菌株蛋白条带；2 对应 INVSc1‐SK 菌株蛋白条带)

2.7　重组子的木糖还原酶酶活测定

　　表 2 酶活力测定结果表明,与酿酒酵母 INVSc1 原菌株和酿酒酵母 INVSc1‐SK 菌株相比较,转入了含有 $xyl1$、$xyl2$ 与 $tal1$ 基因转化子 pAUR123‐X12A 的重组酵母中后,木糖还原酶与木糖醇脱氢酶的活性在酿酒酵母 INVSc1‐X12A 菌株均得到了活性表达,虽然 tal 基因测得的结果与其他两株菌差别不大,有可能是转醛酶基因总体上表达水平不高的缘故,但总体上仍能说明转化子 pAUR123‐X12A 成功转入了酿酒酵母 INVSc1 原菌株;酿酒酵母 INVSc1‐SK 菌株中转入了含有 $xks1$ 与 $tkl1$ 基因的 pAUR123‐SK 转化子,酶活测得的结果显示此菌较其他两株菌的木酮糖激酶和转酮酶酶活都相对较高,说明转化子 pAUR123‐SK 成功转入了酿酒酵母 INVSc1 原菌株。

表 2　转化子酶活力的测定结果 $[\mu mol/(min \cdot mg)]$

转化子	CK	pAUR123‐X12A	pAUR123‐SK
XR	0	0.482	0

（续）

转化子	CK	pAUR123 - X12A	pAUR123 - SK
XDH	0	0.375	0
XK	0.317	0.334	0.523
TAL	0.048	0.047	0.047
TKT	0.170	0.243	0.436

3 结论

该研究将木糖向木酮糖转化途径的基因拼接后引入，同时将下游代谢途径的基因拼接后超表达，构建出两株重组菌株 S. cerevisiae INVSc1 - X12A 与 S. cerevisiaeINVSc1 - SK，初步结果显示这两个重组子能够有效表达目的蛋白且具有一定的酶活性表达。后续将对两株重组工程菌在以木糖为唯一碳源的混合发酵，以及在木质纤维素水解液为原料的环境里共同发酵开展研究，并继续尝试将两个转化子所含有的目的基因集中到一个转化子转入酿酒酵母中的研究，为进一步优化木糖代谢重组酵母菌株，以达到高效发酵木糖和葡萄糖生产乙醇的效果奠定基础。

重组 DNA 技术可以有效地针对目的基因进行改造，但是影响到木糖代谢的是多基因，同时也是多通路共同协调作用的结果。通过基因工程构建的 S. cerevisiae 中，木糖代谢仍然存在很多限制因素，同时由于生物生理知识和对于代谢网络调节知识的有限，很难克服这些对于影响酵母代谢木糖的限制因素[20]。酵母代谢葡萄糖和木糖从基础上是不同的，所以要想酵母高效代谢木糖生产乙醇来适应工业化要求，仍然是一个课题。

参考文献

[1] Dien B S, Cotta M A, Jeffries T W. Bacteria engineered for fuel ethanol production: current status [J]. Appl Mirobiol Biotechnol, 2003, 63: 258 - 266.

[2] Kotter P, Ciriaey M. Xylose fermentation by *Saccharomyces cerevisiae* [J]. Appl Microbiol Biotechnol, 1993, 38: 776 - 783.

[3] Wang Y, Shi W L, Liu X L, et al. Establishment of a xylose metabolic pathway in an industrial strain of *Saccharomyces cerevisiae* [J]. Biotechnol Lett, 2004, 26: 885 - 890.

[4] Tang Y Q, An M Z, Liu K, et al. Fuel ethanol production fromacid hydrolysate of wood biomass using the flocculating yeast *Saccharomyces cerevisiae* strain KF - 7 [J]. Process Biochem, 2006, 41 (4): 909 - 914.

[5] Anil L. Biofuel from D - xylose: the second most abundant sugar [J]. Resonance, 2002, 5: 50 - 58.

[6] Aristidou A, Penttila M. Metabolic engineering applications to renewable resource utilization [J]. Curr Opin Biotech, 2000, 11: 187 - 198.

[7] Nigam J N. Development of xylose - fermenting yeast *Pichia stipitis* for ethanol production through adaptation on hardwood hemicelluloses acid prehydrolysis [J]. Appl Microbiol, 2001, 90: 208 - 215.

[8] Kotter P, Amore R, Hollenberg C P, et al. Isolation and characterization of the *Pichia stipitis* xylitol

dehydrogenase gene，*XYL2*，and construction of a xylose‐utilizing Saccharomyces cerevisiae transformant [J]. Curr Genet，1990，18：493‐500.

[9] Amore R，Kotter P，Kuster C，et al. Cloning and expression in *Saccharomyces cerevisiae* of the NAD (P) H‐dependent xylose reductase‐encoding gene（*XYL1*）from the xylose‐assimilating yeast *Pichia stipitis* [J]. Gene，1991，109：89‐97.

[10] Karhumaa K，Hahn‐Hagerdal B，GORWA‐GRAUSLUND M F. Investigation of limiting metabolic steps in the utilization of xylose by recombinant *Saccharomyces cerevisiae* using metabolic engineering [J]. Yeast，2005，22（5）：359‐368.

[11] Karhuma A K，Fromanger R，Hahn‐Hagerdal B，et al. High activity of xylose reductase and xylitol dehydrogenase improves xylose fermentation by recombinant *Saccharomyces cerevisiae* [J]. Appl Microbiol Biot，2007，73：1039‐1046.

[12] Sambrook J，Russell D W. 分子克隆实验指南 [M]. 黄培堂，王嘉玺，朱厚础，等，译. 北京：科学出版社，2005：597‐632.

[13] 奥斯伯 F M，布伦特 R，金斯顿 R E，等. 精编分子生物学实验指南 [M]. 金由辛，包慧中，赵丽云，等，译. 北京：科学出版社，2008：689‐725.

[14] Gietz R D，Woods R A. Yeast transformation by the LiAc/SS carrier DNA/PEG method [J]. Method Enzymol，2006，313：107‐120.

[15] Robert H，Schidst L，Andrew R，et al. Studies on the transformation of intact yeast cells by the LiAc/SS DNA/PEG procedure [J]. Yeast，1995，11：355‐360.

[16] 赵亚华，高向阳. 生物化学与分子生物学实验技术教程 [M]. 北京：高等教育出版社，2005：95‐96.

[17] 高凌云，陈丽红，李一伟. PCR‐SSCP 中聚丙烯酰胺凝胶电泳及银染法的探讨 [J]. 福建医科大学学报，2001，35（4）：413‐414.

[18] 刘恩凯. 重组酿酒酵母木糖发酵生产乙醇的研究 [D]. 天津：天津大学，2009.

[19] 张亚珍. 代谢木糖和葡萄糖产乙醇的重组酿酒酵母的构建 [D]. 北京：首都师范大学，2008.

[20] 张琴. 酿酒酵母采用木糖发酵产乙醇的研究现状 [J]. 浙江化工，2011，42（2）：11‐15.

本文曾发表于《酿酒科技》2011年第6期。

甜高粱秸秆发酵菌种的诱变育种及其固态发酵工艺的研究

刘健[1,2]　叶凯[3]　陈美珍[1]　陈高云[2]　高小燕[1]　涂振东[3]　刘敏[2]

（1. 汕头大学理学院生物系，广东汕头 515063；

2. 中国人民解放军防化指挥工程学院三系生物防护教研室，北京 102205；

3. 新疆农业科学院，乌鲁木齐 830091）

随着人类社会的发展，石油、煤炭、天然气等化石能源急剧消耗，造成的环境污染问题日益严重，寻找开发新型、清洁的能源已成为全世界关注的话题。燃料乙醇是一种清洁的可再生能源，用它取代部分汽油，对减轻环境污染、节省石油资源、促进农业产业化发展等具有重要意义，燃料乙醇是最有希望替代传统能源的液体燃料。

甜高粱为短日照 C_4 植物，具有很高的光合效率，生长能力特别强，有"高能作物"之称。以甜高粱为原料发展燃料乙醇产业，不仅可以缓解日益加剧的能源问题，还会在社会、经济、生态等方面产生良好的效益。美国、巴西等国都纷纷开展了对甜高粱的培育和种植以及生产燃料乙醇方面的研究和开发，我国也已加入这一行列[1-2]。

能否实现利用甜高粱生产燃料乙醇，关键技术因素之一就是菌种的转化率的高低，发酵菌种的优劣将直接关系到燃料乙醇的产率。诸多学者也纷纷利用各种不同手段进行了甜高粱发酵菌种的育种筛选工作[3-4]。本文以安琪耐高温酒精活性干酵母为原始菌种，采用 $^{60}Co\ \gamma$ 辐射诱变处理，经逐级筛选以期获得具有优势的发酵菌种，并对其甜高粱秸秆固态发酵工艺进行了探索。

1　材料与方法

1.1　实验材料

1.1.1　菌种

耐高温酒精活性干酵母：安琪酵母股份有限公司生产。

1.1.2　甜高粱秸秆

成熟的甜高粱秸秆收割后，鲜秸秆由粉碎机粉碎至数毫米长度。

1.1.3　培养基

YPD培养基：蛋白胨 20g，葡萄糖 20g，酵母膏 10g，加蒸馏水至 1L；固体培养基加琼脂 15g。

TTC 上层培养基：葡萄糖 0.5g，琼脂 1.5g，TTC（红四氮唑）0.05g，加蒸馏水至 100mL。

TTC 下层培养基：葡萄糖 1g，蛋白胨 0.2g，酵母膏 0.15g，KH_2PO_4 0.1g，$MgSO_4 \cdot 7H_2O$ 0.4g，琼脂 3g，加蒸馏水至 100mL。

1.2 实验方法

1.2.1 诱变菌种的选育

1.2.1.1 菌种的活化

在 2％葡萄糖水溶液中加入 1g 干酵母，30℃活化 1h 后，在 YPD 平板上做划线，挑取单菌落于液体 YPD 培养基中，200 r/min、30℃下摇床培养 12～16h。

1.2.1.2 $^{60}Co\gamma$ 辐射诱变处理

取培养 12h 后的安琪酵母菌液于 1.5mL 离心管中，进行$^{60}Co\gamma$辐射诱变，诱变分为 5 个剂量组，分别是 2 kGy、3 kGy、4 kGy、5 kGy 和 6 kGy。将照射后的菌液按一定比例稀释，涂布于 YPD 平板，未经处理的菌液涂板作为对照，30℃恒温箱中培养，注意观察平板上菌落的生长情况[5]。

诱变致死率计算公式如下。

$$致死率 = \frac{对照组菌落数 - 诱变组菌落数}{对照组菌落数} \times 100\%$$

1.2.1.3 TTC 平板一级筛选

红四氮唑（2，3，5 -氯化三苯基四氮唑，TTC）是一种显色指示剂，原本色为无色，由于活菌中所含脱氢酶可将它还原成红色的 TF，使平板上原先几乎看不见的微小菌落染成肉眼清晰可见的红色菌落，且通过其颜色深浅可判断酵母中脱氢酶活力的大小，即酵母产乙醇能力的高低，能力越强，显色越深。

采用点接种法是将菌种接种于 TTC 下层培养基上，30℃下培养至形成一定大小的菌斑，将预先配制好的上层培养基冷却至 45℃左右，慢慢倒入下层培养基上，将菌落覆盖，移至暗处于 30℃下显色，3h 后取出，比较菌落颜色，挑取颜色较深的菌落进行下一级筛选[4,6]。

1.2.1.4 杜氏小管二级筛选

一级筛选得到的菌种经活化培养后，分别接种于含有杜氏小管的 YPD 液体培养基试管中，每株 3 个平行，30℃下 200 r/min 摇床培养 12～24h，观察杜氏小管中的产气情况。

1.2.1.5 液态摇瓶发酵三级筛选

将上级筛选所得菌种，接入 50mL YPD 液体培养基中，200r/min 30℃下恒温发酵，每隔 2h 记录 CO_2 的失重情况，发酵终止后进行蒸馏，测定乙醇浓度，每组 3 个平行取平均值。

1.2.1.6 甜高粱秸秆固态发酵

将粉碎后的甜高粱秸秆（含水率 74％，含糖量 18.5％，还原糖 5.96％）每份 300g 装入 1L 的三角瓶中，每组 3 个平行，将菌液离心所得菌体以 0.3％的接种量接入到秸秆中，30℃恒温箱中静止发酵，每隔 12h 翻动 1 次，并记录 CO_2 的失重情况，发酵结束后取样测定乙醇及糖分含量[7]。

1.2.2 诱变菌种固态发酵工艺的研究

将粉碎后的甜高粱秸秆（含水率 66％，含糖量 28.1％，还原糖含量 7.74％）每份 300g 装入 1L 的三角瓶中，将活化培养后的菌液离心所得菌体接入到秸秆中，30℃恒温箱中静止发酵，每隔 12h 翻动 1 次，在此基础上分别确定最佳的接种量、发酵温度、含水率和发酵时间条件[7]。

1.2.3　测定方法

总糖、还原糖测定：取 100g 秸秆加水 300mL，浸泡 12h 后过滤取滤液，苯酚-硫酸法测定总糖含量[8]，DNS 法测定还原糖含量[9]。

乙醇含量测定：将发酵后的秸秆用 250mL 蒸馏水洗涤过滤，取 100mL 滤液蒸馏，当馏分接近 50mL 时停止蒸馏，所得馏分采用重铬酸钾氧化分光光度法测定[10]。

秸秆含水率测定：45℃烘干至恒重，根据前后质量差值计算。

CO_2 失重测定：重量法[11]，当 CO_2 的失重小于 0.1g/h 时，视为发酵结束。

2　结果与分析

2.1　最佳诱变菌株的确定

2.1.1　$^{60}Co\,\gamma$ 辐射诱变效果

采用不同的剂量对原始菌株进行辐射诱变后，按一定比例稀释后涂布于平板，观察菌落生长情况并计数，各剂量组对原始菌株的致死率见图 1，最低剂量组 2 kGy 的致死率约为 93%，最大剂量组 6 kGy 的致死率为 99% 以上，但仍未达到完全致死率，在 YPD 平板上形成数个菌落。

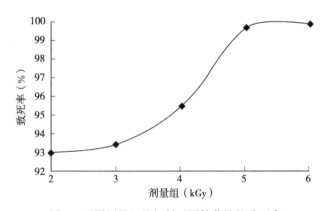

图 1　不同剂量组的辐射对原始菌株的致死率

2.1.2　TTC 平板一级筛选结果

辐射诱变后的菌液均匀涂布在 YPD 平板上培养，挑取菌斑较大的单菌落，与原始菌株一同进行 TTC 平板显色反应，显色结果见图 2，挑取染色较深的菌落共 15 株，依次命名为 H1、H2、H3……H14、H15，接入 YPD 液体培养基中，进行下一步筛选。

2.1.3　杜氏小管二级筛选结果

将上级筛选所得菌株经活化培养后接入含有杜氏小管的 10mL 液体培养基中，进行杜氏

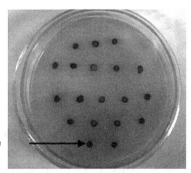

出发菌种

图 2　TTC 平板显色结果

小管产气实验，每个菌株做 3 个重复，原始菌株作为对照，结果见表 1。

表 1   杜氏小管产气实验结果

菌种编号	产气情况	菌种编号	产气情况
H1	＋＋＋	H9	＋＋＋
H2	＋＋＋＋	H10	＋＋＋＋
H3	＋＋＋	H11	＋＋
H4	＋＋	H12	＋
H5	＋＋＋	H13	＋＋
H6	＋＋	H14	＋
H7	＋	H15	＋＋＋
H8	＋＋＋	原始菌种	＋＋

注 "＋＋＋＋"表示杜氏小管中充满气体；"＋＋＋"表示杜氏小管中充满 3/4 气体；"＋＋"表示杜氏小管中充满 1/2 气体；"＋"表示杜氏小管中充满 1/4 气体。

由表 1 可知，H1、H2、H3、H5、H8、H9、H10、H15 与原始菌株相比产气较多，对这 8 个菌株进一步进行筛选，并重新命名为 H11、H12、H13、H14、H15、H16、H17、H18。

2.1.4   液态摇瓶发酵三级筛选结果

将筛选所得 8 个菌株和原始菌株进行 50mL 液体培养基摇瓶发酵实验。根据 CO_2 的失重情况，发酵进行到 12h 后发酵结束，对发酵液进行蒸馏，测定其乙醇含量，结果见表 2。

表 2   液态摇瓶发酵实验结果

菌种编号	乙醇含量（mg/mL）	提高率（%）
H11	5.281	5.48
H12	5.843	16.70
H13	5.970	19.24
H14	5.659	13.04
H15	5.795	15.75
H16	5.255	4.96
H17	5.327	6.40
H18	5.145	2.78
原始菌种	5.006	—

由表 2 可知，H12、H13、H15 提高率都在 15％以上，其中 H13 较原始菌株的提高率大，达到了 19.24％。因此，经过三级筛选，确定 H12、H13、H15 为 ^{60}Co γ 辐射诱变所得的优势菌株，进入秸秆固态发酵实验。

2.1.5   甜高粱秸秆固态发酵比较结果

经过三级筛选之后，得到 H12、H13、H15 这 3 株诱变优势菌株。通过 300g 甜高粱秸秆固态发酵实验，确定最佳诱变菌株，结果见表 3。

表3 甜高粱秸秆固态发酵结果

菌种	乙醇得率（%）	还原糖含量（%）	提高率（%）	乙醇转化率（%）
H12	3.94	0.60	11.3	47.9
H13	4.23	0.55	19.5	51.0
H15	3.90	0.58	10.2	47.3
原始菌种	3.54	0.61	—	43.2

由表3可知，H13的乙醇得率最高，为4.23%，乙醇转化率为51%，与原始菌株3.54%的乙醇得率相比，提高了19.5%，确定为最佳诱变菌株。

2.2 菌株H13最佳发酵条件的确定

2.2.1 接种量对甜高粱秸秆固态发酵的影响

图3为接种量对甜高粱秸秆固态发酵结果的影响。由图3可以得出，当接种量为0.5%时，乙醇产率是最高的，100g甜高粱秸秆可以生成5.29g乙醇，此时发酵基质中的残糖含量也相对较低，为0.73%。接种量过低或者过高都会影响乙醇的产率，0.5%为最佳接种量。

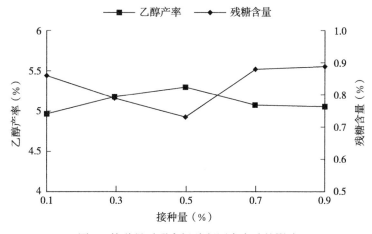

图3 接种量对甜高粱秸秆固态发酵的影响

2.2.2 温度对甜高粱秸秆固态发酵的影响

图4为温度对甜高粱秸秆固态发酵结果的影响。由图4可知，随着温度的升高，乙醇的产率也逐渐增加，当温度达到34℃以上时，乙醇生成的速率放缓，到38℃时乙醇的产率已无太大变化。这说明菌种H13在较高的温度下具有较强的发酵能力，36℃为最佳发酵温度。

2.2.3 含水量对甜高粱秸秆固态发酵的影响

由于含水量的不同导致发酵基质中糖分含量的不同，因此以乙醇转化率作为衡量含水量对发酵影响的标准。图5为含水量对甜高粱秸秆固态发酵的影响结果。

由图5可以看出，当发酵基质的含水量逐渐升高时，乙醇的转化率逐渐增加，含水量为68%~70%时，乙醇转化率达到58%；当含水量高于70%，乙醇的转化率出现了略微下降，这说明水分含量过高可能会对菌种的发酵产生抑制作用。因此，68%为最佳含水量。

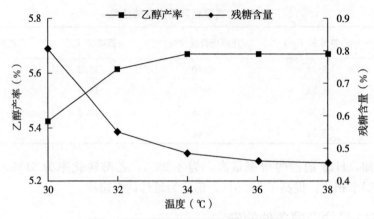

图 4　温度对甜高粱秸秆固态发酵的影响

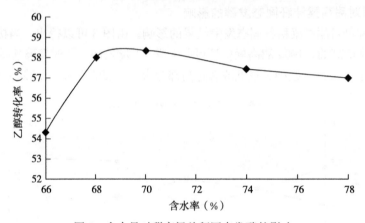

图 5　含水量对甜高粱秸秆固态发酵的影响

2.2.4　发酵时间对甜高粱秸秆固态发酵的影响

图 6 为发酵时间对甜高粱秸秆固态发酵的影响结果。由图 6 可知，发酵的时间主要集中在 24～48h 内，乙醇的产率急剧增加，到 60h，发酵基本结束，乙醇产率达到最高值，为 6.4%。

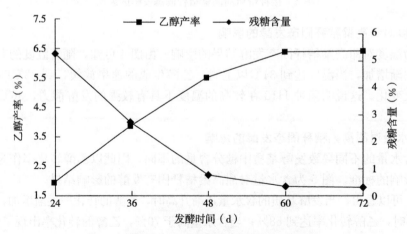

图 6　发酵时间对甜高粱秸秆固态发酵的影响

3　结论

耐高温酒精活性干酵母是目前已广泛应用于酿酒、制取乙醇的高活性干酵母，具有发酵周期短、出酒率高等特点。以此作为出发菌株，采用^{60}Co γ 辐射诱变，再经 TTC 平板显色、杜氏小管产气及液态摇瓶发酵逐级筛选，得到了 3 株较原始菌株具有较强发酵能力的诱变菌株；300g 甜高粱秸秆固态发酵试验结果显示，菌株 H13 的乙醇得率最高，为 4.23%，较原始菌株提高了 19.5%，乙醇转化率为 51%，该株被确定为最佳诱变菌株。

在确定了最佳诱变菌株 H13 后，对其甜高粱秸秆固态发酵的最佳条件进行了试验，得出 300g 甜高粱秸秆固态发酵的最佳条件为：0.5% 的接种量、68% 的基质含水量、36℃条件下恒温发酵，每 12h 翻动 1 次，60h 后发酵结束。经测定，乙醇产率可达 6.4% 鲜秸秆，发酵后产物的还原糖含量为 0.31%。

参考文献

[1] 赵立欣，张艳丽，沈丰菊. 能源作物甜高粱及其可供应性研究 [J]. 可再生能源，2005 (4)：37.

[2] 刘杰，李源有，郑士梅，等. 利用甜高粱秸秆加工乙醇存在的问题及建议 [J]. 吉林农业科学，2007，32 (2)：62-63.

[3] 董永胜，张德中，王立言，等. 固态发酵耐高温酒精酵母的选育及生产应用 [J]. 酿酒，2005，5 (32)：30-33.

[4] 张晓霞，王莹，刘长江. 甜高粱茎秆汁液酒精发酵高产菌株的选育 [J]. 可再生能源，2006，126 (2)：32-35.

[5] 张变英. ^{60}Co γ 射线对白腐菌和黑曲酶的诱变效应以及木质素降解的研究 [D]. 南宁：广西大学，2003.

[6] 陈卫平，涂谨，张凤英，等. 红四氮唑在酒精酵母选育中的应用效果研究 [J]. 酿酒科技，2003 (6)：35-37.

[7] 康利平，刘莉，刘萍，等. 甜高粱秸秆固态发酵生产燃料乙醇研究 [J]. 农业工程学报，2008，24 (7)：181-184.

[8] 林颖，吴毓敏，吴雯，等. 天然产物中的糖含量测定方法正确性的研究 [J]. 天然产物研究与开发，1996，8 (3)：5-8.

[9] 栾雨时，包永明. 生物工程实验技术手册 [M]. 北京：化学工业出版社，2005：4-6.

[10] 林仁权，胡文兰，陈国亮. 重铬酸钾氧化分光光度法测定酒中乙醇含量 [J]. 浙江预防医学，2006，18 (3)：78-79.

[11] 沈飞. 甜高粱茎秆汁液发酵制取乙醇的试验研究 [D]. 沈阳：沈阳农业大学，2006.

本文曾发表于《酿酒科技》2008 年第 10 期。

甜高粱秸秆中半纤维素酸解液的发酵研究

谢琼霞[1,2]　李勇锋[2]　陈美珍[1]　涂振东[3]　叶凯[3]　刘敏[2]

（1. 汕头大学理学院生物系，汕头 515063；

2. 中国人民解放军防化指挥工程学院三系生物防护教研室，北京 102205；

3. 新疆农业科学院，乌鲁木齐 830091）

秸秆属于木质纤维素类物质。木质纤维素是指自然界生长的、未经任何处理的植物的叶、秆、茎等材料，它的主要成分包括纤维素、半纤维素、木质素 3 种物质，其中半纤维素和纤维素约占干重的 2/3[1-2]。半纤维素是戊糖、己糖和糖酸所组成的不均一聚糖，为非结晶异质多糖，半纤维素相对分子质量相对较低，往往带有支链[3]。由于半纤维素结构及组成的混杂性，且聚合度较低，因而降解比纤维素容易得多，采用热或酸解即可使半纤维素降解为单糖或寡糖。在半纤维素的水解产物中，D-木糖约占 90%[4]。

木糖作为植物纤维原料半纤维素降解产生的主要成分，它的利用将使木质纤维素类物质乙醇发酵的产量得到提高。所以木糖发酵产乙醇已成为决定木质纤维素类物质生产乙醇的经济可行的关键因素[5]。

在戊糖发酵的微生物中，目前人们研究得最多的戊糖发酵酵母主要有 3 种酵母菌种，即管囊酵母（*Pachysolen tannophilus*）、树干毕赤酵母（*Pichia stipitis*）和休哈塔假丝酵母（*Candida shechatae*）[6]。在以上 3 种酵母中休哈塔假丝酵母有较好的代谢木糖产生乙醇的发酵速率、乙醇浓度和乙醇产率[7]。

本文利用休哈塔假丝酵母的诱变体 N6 和酿酒酵母 T05 对甜高粱秸秆水解液中的木糖发酵做了研究。

1　材料与方法

1.1　试验菌种

N6：由休哈塔假丝酵母诱变得到，休哈塔假丝酵母购自美国 ATCC。

酿酒酵母：代号命名为 T05，本实验室保存。

1.2　培养基

水洗秸秆发酵培养基：取过滤且中和过的水洗秸秆酸解液 50mL，再加入 1g 蛋白胨、0.5g 酵母粉，调 pH 至 5.0，110℃灭菌 30min。

未水洗秸秆发酵培养基：将水洗秸秆发酵培养基中过滤液换成未水洗秸秆酸解液，其他步骤相同。

1.3　主要试剂和溶液

5％重锡酸钾溶液：5g 重铬酸钾溶于 50mL 去离子水中，加 10mL 浓硫酸，冷却，定容到 100mL。

乙醇标准溶液：准确称取无水乙醇 0.200 0g 溶于 100mL 容量瓶中，定容。终浓度为 2.00mg/mL。

木糖标准溶液：准确称取干燥至恒重的木糖 0.200 0g，加少量蒸馏水溶解后，定容至 100mL，使木糖浓度为 2.00mg/mL。

3，5 二硝基水杨酸（DNS）溶液：6.5g DNS 溶于少量热蒸馏水中，移入 1 000mL 容量瓶中，加入 2mol/L 氢氧化钠 325mL，再加入 45g 丙三醇，摇匀，冷却后定容到 1 000mL。

甜高粱秸秆由新疆农业科学院提供，用粉碎机粉碎，粉碎机筛孔直径 0.5cm。所用试剂均为国产分析纯或生化试剂。

1.4　实验方法

1.4.1　甜高粱秸秆的高温酸解

取一定量粉碎的秸秆用蒸馏水充分洗涤，直至洗液中糖含量＜1mg/mL。将水洗后秸秆和未水洗秸秆于烘箱中烘干至恒重。分别称取水洗和未水洗秸秆 25g。先加入 100mL 平衡水分，然后进行酸解。酸解条件为[8]：硫酸浓度 0.8％，酸解温度 121℃、60min，固形物含量为 25％。水解完毕后，趁热过滤，滤液用碳酸钙中和，滤除硫酸钙等杂质，适当稀释后由北京谱尼测试公司用高效液相色谱仪分析糖分组成。

1.4.2　甜高粱秸秆高温酸解液发酵实验

设 2 个处理组：每组 3 个 150mL 三角烧瓶，第一组各取 50mL 水洗秸秆发酵培养基，按 5％的接种量分别接种经活化培养过的诱变体 N6 和酿酒酵母 T05；第二组各取 50mL 未水洗秸秆发酵培养基，按 5％的接种量分别接种菌 N6 和菌 T05。在 30℃、90r/min 的条件下培养发酵 48h。发酵完毕后，测其乙醇含量和残糖量。

1.4.3　发酵液含糖量测定

用 DNS 法（3，5-二硝基水杨酸法）[9]测定发酵液中的含糖量。

1.4.4　发酵液中乙醇的含量测定

利用重铬酸钾氧化法[10]测定发酵液中乙醇的含量。

2　结果与分析

2.1　两种秸秆高温酸解液糖分分析结果

秸秆酸解液稀释适当倍数后用高效液相色谱仪测糖分组成，结果见表 1。

通过对甜高粱秸秆酸解液中糖分的分析可知（表 1），25℃未水洗秸秆酸解液中没有木糖产生，证明低温不利于半纤维素的酸解。

由表 1 可知，在 121℃高温中，水洗秸秆和未水洗秸秆的酸解液均为葡萄糖、果糖、木糖的混合液。其中水洗秸秆中主要成分是木糖（8.5mg/mL），葡萄糖和果糖含量相对较少，木糖的产生是由于稀硫酸在高温状态下可较容易地将秸秆中的半纤维素水解成为木糖；而未水洗秸秆中则以葡萄糖、果糖为主要成分，木糖含量相对较少，这是由于甜高粱秸秆中含有大量的可溶性糖，成分为葡萄糖和蔗糖[11]，而蔗糖在酸性条件下极易水解成葡萄糖和果糖。

表 1 不同秸秆酸解液中主要糖分组成（mg/mL）

秸秆类型	果糖	木糖	葡萄糖	蔗糖
未水洗秸秆 1（25℃）	25.2	0	17.9	未检出
水洗秸秆（121℃）	0.9	8.5	2.0	未检出
未水洗秸秆 2（121℃）	26.1	3.2	16.5	未检出

注 未水洗秸秆 1 是指 25℃酸解未水洗秸秆结果，作为对照。以下未水洗秸秆均指未水洗秸秆 2。

在处理过程中，水洗秸秆主要目的就是洗去可溶性糖，而未水洗秸秆则保留了可溶性糖。因此，会出现未水洗秸秆中葡萄糖含量要远大于水洗秸秆的现象。另外，水洗秸秆中木糖浓度比未水洗秸秆高，原因可能是水洗秸秆经过水的浸泡后，秸秆结构变得疏松，并且洗去了残留在秸秆中的可溶性成分及一些不利水解的杂质，比表面积增大，使酸液更容易与半纤维素结构接触。

2.2 秸秆高温酸解液发酵实验结果

秸秆酸解液发酵 48h 后，测定乙醇浓度及残糖，发酵结果见表 2。

表 2 不同秸秆酸解液发酵结果（mg/mL）

秸秆类型	菌种	乙醇	残糖
水洗秸秆	N6	3.01	0.23
	酿酒酵母 T05	0.51	8.1
未水洗秸秆	N6	8.54	0.34
	酿酒酵母 T05	8.12	3.12

由表 2 可知，发酵水洗秸秆时，菌株 N6 发酵后残糖为 0.23mg/mL，菌株 T05 残糖浓度为 8.1mg/mL，远大于菌株 N6。同时菌株 N6 的乙醇产量为 3.01mg/mL，是菌株 T05 的乙醇产量的 5.9 倍。由于水洗秸秆发酵液中六碳糖的总含量（葡萄糖＋果糖）为 2.9mg/mL，所以发酵六碳糖产乙醇的理论产量为 1.47mg/mL，菌 N6 的乙醇产量明显高于六碳糖发酵产乙醇的理论产量，可见菌株 N6 能较好地代谢水洗甜高粱秸秆酸解液中的木糖成为乙醇，菌株 T05 则不能很好利用木糖。

发酵未水洗甜高粱秸秆时，菌株 N6 发酵后残糖为 0.34mg/mL，较菌株 T05 低。原因是菌株 N6 能在代谢完葡萄糖后继续发酵木糖，而菌株 T05 却不能发酵木糖。N6 发酵后乙醇产量为 8.54mg/mL，比菌株 T05 的乙醇产量提高了 5.17%。

3 结论

未水洗甜高粱秸秆在 25℃酸解时，没有木糖出现，可知室温时不利半纤维素酸解；

未水洗甜高粱秸秆在 121℃酸解时，由于可溶性糖的存在，使其水解液主要含葡萄糖、果糖，仅有少量木糖；水洗秸秆 121℃酸解液主要成分是木糖，其含量相对未水洗秸秆有大幅度提高，这可能是由于水洗过程中使秸秆的结构疏松，并且洗去了一些可溶性物质及不利水解杂质，比表面增大，利于酸充分发挥作用。

菌株 N6 的乙醇产量是酿酒酵母 T05 的乙醇产量的 5.9 倍；N6 乙醇产量比菌株 T05 的乙醇产量提高了 5.17%；诱变体 N6 能较好发酵木糖，提高乙醇产量。

在 T05 的发酵过程中，水洗秸秆发酵 48h 后其残糖量为 8.1mg/mL；而未水洗秸秆发酵的残糖量为 3.12mg/mL，与表 1 中 8.5mg/mL 和 3.2mg/mL 吻合，而 N6 的残糖含量值很小，说明未被发酵的残糖为木糖，这进一步说明 T05 不能利用木糖，而 N6 发酵木糖效果很好。

参考文献

[1] Carlo Hamelinck N，Geertje Hooijdonk V，Andre Faaij P C. Ethanol from lignocellulosic biomass：techno - economic performance in short - middle - and long - term [J]. Biomass and Bioenergy，2005，28（4）：84 - 410.

[2] 杨涛，马美湖. 纤维素类物质生产酒精的研究进展 [J]. 中国酿造，2006，(8)：11 - 15.

[3] Badal C. Saha. Hemicellulose bioconversion [J]. J Ind Microbiol Biotechnol，2003，30（5）：279 - 291.

[4] 洪解放，张敏华，等. 代谢木糖生产乙醇的基因工程菌研究进展 [J]. 食品与发酵工业，2005，31（1）：114 - 118.

[5] 钟桂芳，傅秀辉，等. 发酵木糖生产酒精的研究进展及其应用前景 [J]. 微生物学杂志，2004，24（1）：42 - 45.

[6] 陈艳萍，勇强，等. 戊糖发酵微生物及其选育 [J]. 纤维素科学与技术，2001，9（3）：57 - 61.

[7] 李素玉，陈新芳，等. 木质纤维素酒精发酵菌种的筛选 [J]. 太阳能学报，2003，24（2）：218 - 221.

[8] 王瑞明. 燃料乙醇固态发酵生产工艺的研究 [D]. 天津：天津科技大学，2002.

[9] 栾雨时，包永明. 生物工程实验技术手册 [M]. 北京：化学工业出版社，2005：4 - 6.

[10] 林仁权，胡文兰，陈国亮. 重铬酸钾氧化分光光度法测定酒中乙醇含量 [J]. 浙江预防医学，2006，18（3）：78 - 79.

[11] Evaggali B，Dimitrisp K，Bernard M，et al. Structure and composition of sweet sorghum stalk components [J]. Industrial Crops and Products，1997，6：297 - 302.

本文曾发表于《饲料研究》2019年第9期。

甜高粱酒糟饲用菌种发酵条件优化

岳丽　王卉　山其米克　涂振东

（新疆农业科学院生物质能源研究所，乌鲁木齐 830091）

甜高粱酒糟是甜高粱秸秆制备乙醇后的副产物[1]，由于其纤维素含量高，蛋白质含量低，导致利用率低下。其水分含量高，极易腐败变质[2]，造成资源的浪费。蒋红琴等[3]在甜高粱秸秆酒糟中，添加玉米粉并接种乳酸菌进行青贮保存，结果表明，添加玉米粉可以改善酒糟的青贮品质和营养价值，改善养分的降解性能，更利于消化。边文祥等[4]以甜高粱酒糟作为原料，与其他饲料进行简单复配，制成了适口性好、价格低廉的粗饲料。

微生物发酵处理，有望提高秸秆粗饲料中蛋白的含量，降低纤维类物质的含量，同时也可在发酵过程产生一些生物活性物质，但关于甜高粱秸秆酒糟发酵饲料的研究鲜见报道。代树华[5]以甜高粱酒糟为原料，采用分步发酵法生产蛋白饲料，添加硫酸铵，加入假丝酵母进行好氧发酵，然后接入鼠李糖乳杆菌进行二次厌氧发酵，获得的乳酸菌蛋白饲料营养价值较高，但是发酵过程操作复杂、设备投资大、技术要求高、易污染杂菌，不适合规模化生产。本研究拟以甜高粱酒糟为原料，通过添加饲用菌种黑曲霉和产朊假丝酵母对其进行固态发酵并优化其发酵参数，研究不同发酵工艺参数对甜高粱秸秆发酵饲料的影响，考察混菌优化发酵条件下甜高粱酒糟主要营养成分和酶活力的变化，为甜高粱秸秆饲料化提供参考。

1　材料与方法

1.1　材料与试剂

甜高粱3号酒糟，为新高粱3号秸秆发酵蒸馏乙醇后残渣；麸皮购于北园春市场；产朊假丝酵母（R）购于中国工业微生物菌种保藏管理中心；黑曲霉（H）为所在实验室保存。

乙酸钠、羧甲基纤维素钠、酪蛋白、碳酸钠购自天津市福晟化学试剂厂；三氯乙酸、乳酸、乙酸、乳酸钠购自上海豪申化学试剂有限公司；福林酚试剂，购自上海荔达生物科技有限公司。

1.2　仪器与设备

SH-520型石墨消解仪（济南海能仪器有限公司）、SL3001电子天平（上海民侨精密科学仪器有限公司）、XT-100型高速多功能粉碎机（50～100目）（浙江永康市红太阳机电有限公司）、DL-1万用电炉（北京市永光明医疗仪器厂）、DHG-9240A型电热鼓风干燥箱（上海一恒科技有限公司）、DZKW‐S‐4热恒温水浴锅（北京光明医疗仪器有限公司）、ZWY‐2102C恒温培养振荡器、上海申安LDZX‐30KBS立式压力蒸汽灭菌器、UV‐1800紫外分光光度计。

1.3　分析方法

食品中蛋白质的测定参照分光光度法（GB 5009.5—2016），标准曲线如图1所示。

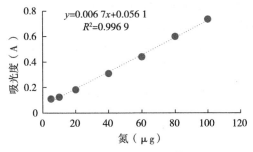

$y=0.006\ 7x+0.056\ 1$
$R^2=0.996\ 9$

图1　蛋白质含量标准曲线

纤维素酶活性参照GB/T 23881—2009[6]，标准曲线如图2所示。

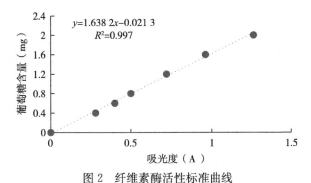

$y=1.638\ 2x-0.021\ 3$
$R^2=0.997$

图2　纤维素酶活性标准曲线

酸性、中性蛋白酶活力的测定参照GB/T 28715—2012[7]，标准曲线如图3所示。

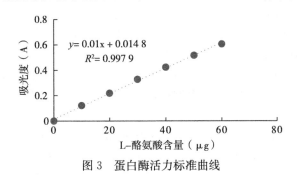

$y=0.01x+0.014\ 8$
$R^2=0.997\ 9$

图3　蛋白酶活力标准曲线

1.4　试验方法

1.4.1　单因素试验

以甜高粱秸秆酒糟为主要发酵基质，辅以20%（m/m）的麸皮，采用已筛选获得的最佳菌种组合——黑曲霉和产朊假丝酵母，接入不同配比的黑曲霉（H）和产朊假丝酵母（R）复合菌种，探讨接种量、发酵时间及发酵温度对甜高粱秸秆发酵饲料中各营养指标及活性指标的影响效应。当接种比例为 1：1 时，接种量为 2% 时蛋白质含量最高；发酵时间 5d 时蛋白含量最高；当发酵温度为 30℃ 时蛋白含量最高。

1.4.2　响应面优化试验

根据单因素试验的结果选取对粗蛋白含量影响较大的发酵温度、发酵时间、菌液接种量、接种比例，以粗蛋白质含量为响应值，应用 Design - Expert 8.0.6 中 Box - Behnken 设计 4 因素 3 水平的试验设计，见表 1。对试验结果进行方差分析以及二次回归拟合，得到具有交互项和平方项的二次方程，分析各因素的主效应和交互效应，最后在一定的水平范围内求出最优值。

表 1　响应面试验因素水平设计

水平	因素			
	发酵温度（℃）	发酵时间（d）	接种量（%）	接种比例（H：R）
−1	25	3	1	1：2
0	30	5	2	1：1

1.4.3　验证试验

按照最佳优化结果进行验证试验，每个试验 3 次重复，验证试验设计结果。

2　结果与分析

2.1　不同因素对发酵产物酶活力的影响

温度会影响微生物的生长繁殖，发酵时控制适当的温度，使菌种处于最适的温度下生长，才能达到最优的效果[8]。由图 4A 可知，在发酵温度为 30℃ 时酸性蛋白酶活力为 18.93 U/g，略低于 25℃ 时 19.79 U/g、35℃ 时 19.74 U/g，三者相比无显著性差异（$p > 0.05$）；30℃ 时中性蛋白酶活力为 41.37 U/g，显著高于 25℃ 和 35℃ 时中性蛋白酶活力；于 35℃ 时纤维素酶活力最高。结果表明，发酵温度过低不利菌体的生长，温度过高也会限制菌体的生长，因此发酵温度为 30℃ 时酶活力最高。

发酵时间是固态发酵的重要参数，时间过短时菌体生长和代谢不充足，产酶较少，发酵不充分；当发酵时间过长时染菌概率增加，并且会影响工艺进程[9]。发酵时间与酶活力的关系见图 4B。由于发酵基质中含有微生物所必需的多种营养物质，发酵开始后，黑曲霉和产朊假丝酵母利用甜高粱基质产生纤维素酶和蛋白酶，纤维素酶和蛋白酶的活力不断上升，在 5d 时酶活力达到最大值，酸性蛋白酶活力、中性蛋白酶活力、纤维素酶活力分别为 19.42U/g、36.6U/g、1.92U/g。5d 后酶活力出现略微下降。这可能是由于随着生长时间的延长，一方面，发酵基质中可利用营养逐渐减少；另一方面，由于菌体逐渐进入衰亡期，酶活力开始下降[10]。

接种量大，接种微生物具有生长优势，可以相对减少杂菌污染，有利于对固态基质中营养物质的分解和利用。但接种量过大，会造成营养物质快速消耗，导致菌体早衰，进而影响产物合成[11]。由图4C可知，当接种量为2％时酶活力较高，酸性蛋白酶活力、中性蛋白酶活力、纤维素酶活力分别为18.98U/g、19.06U/g、1.64U/g；与接种量为1％时相比，中性蛋白酶活力和纤维素酶活力分别提高了2.86倍、2.65倍；与接种量为3％时相比，酸性蛋白酶活力降低了1.42％，中性蛋白酶活力和纤维素酶活力分别高出了33.22％、12.27％。

将黑曲霉和产朊假丝酵母以不同比例接入发酵基质后其产物中蛋白酶活力、纤维素酶活力有显著性差异（$p < 0.05$）。如图4D所示，当接种比例为1：1时，中性蛋白酶活力可达33.8U/g，与其他比例相比，分别高出25.98％、18.05％；纤维素酶活力为1.68U/g，与接种比例1：2时相比，增加了26.78％；与接种比例2：1时相比，降低了6.15％。

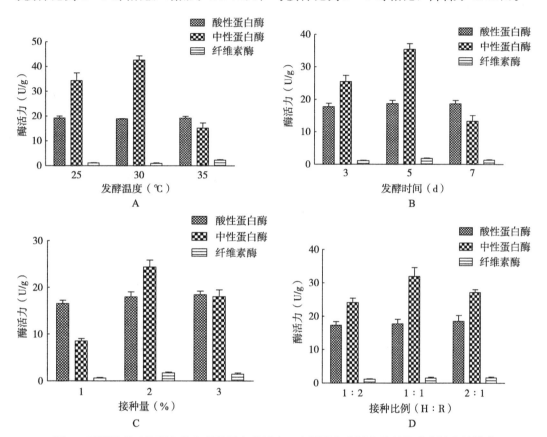

图4 不同因素对发酵产物中酸性蛋白酶活力、中性蛋白酶活力及纤维素酶活力的影响

2.2 响应面优化试验结果

响应面试验设计及试验结果见表2。

表2 响应面试验设计及结果

序号	发酵温度	发酵时间	接种量	接种比例	蛋白质含量（％）	粗纤维含量（％）
1	0	0	−1	−1	17.86	24.57
2	−1	−1	0	0	11.32	28

（续）

序号	发酵温度	发酵时间	接种量	接种比例	蛋白质含量（%）	粗纤维含量（%）
3	0	0	0	0	21.04	34.09
4	0	−1	0	1	14.22	26.95
5	0	−1	−1	0	14.49	18.928
6	0	0	−1	1	16.18	18.592
7	0	0	1	1	16.93	29.33
8	1	0	0	0	17.82	18.48
9	0	−1	0	−1	13.99	24.5
10	1	−1	0	0	16.6	29.19
11	1	0	0	−1	16.79	28.35
12	0	0	0	0	21.41	26.39
13	−1	0	−1	0	14.22	24.5
14	0	0	0	0	20.94	27.65
15	0	1	0	−1	18.14	32.2
16	−1	0	0	−1	13.38	18.87
17	−1	1	0	0	15.43	29.89
18	0	0	0	0	21.18	23.1
19	1	0	0	1	16.46	31.5
20	0	1	0	1	18.6	30.1
21	1	1	0	0	19.96	19.04
22	−1	0	0	1	14.36	37.8
23	0	0	0	0	21.83	28
24	0	1	−1	0	20.43	19.82
25	0	−1	1	0	16.74	24.36
26	−1	0	1	0	14.69	36.6
27	1	0	1	0	18.47	20.72
28	0	0	1	−1	18.19	18.984
29	0	1	1	0	20.71	23.66

2.2.1 模型的建立与显著性检验

利用 Design‐Expert 8.0.6 软件对表 2 数据进行多元回归拟合，获得蛋白质含量（Y）对自变量的方程：$Y=21.28+1.89A+2.16B+0.39C-0.13D-0.19AB+0.045AC-0.33AD-0.49BC+0.058BD+0.10CD-3.45A^2-2.06B^2-1.30C^2-2.75D^2$，其中 A 为发酵温度、B 为发酵时间、C 为接种量、D 为接种比例。由于该方程的二次项系数均为负值，可以推断方程代表的抛物面开口向下，因而具有极大值点，可以进行优化分析。由方程的一次项系数可以得出影响蛋白质含量的因素的主次顺序为发酵时间＞发酵温度＞接种量＞接种比例。对该模型进行方差分析，结果见表3。

表3 回归模型方差分析表

系数来源	平方和	自由度	均方	F值	p值
模型	217.62	14	15.54	32.12	＜0.000 1
A	42.94	1	42.94	88.73	＜0.000 1
B	55.94	1	55.94	115.60	＜0.000 1
C	1.86	1	1.86	3.85	0.069 9
D	0.21	1	0.21	0.44	0.517 5
AB	0.14	1	0.14	0.29	0.598 3
AC	8.100×10^{-3}	1	8.100×10^{-3}	0.017	0.898 9
AD	0.43	1	0.43	0.89	0.362 4
BC	0.97	1	0.97	2.00	0.178 7
BD	0.013	1	0.013	0.027	0.871 1
CD	0.044	1	0.044	0.091	0.767 2
A^2	77.28	1	77.28	159.69	＜0.000 1
B^2	27.54	1	27.54	56.90	＜0.000 1
C^2	10.93	1	10.93	22.58	0.000 3
D^2	49.11	1	49.11	101.49	＜0.000 1
残差	6.78	14	0.48		
失拟	6.27	10	0.63	4.99	0.067 5
净误差	0.50	4	0.13		
总离差	224.39	28			

注 $p<0.05$，差异显著；$p<0.01$，差异极显著。

从表3方差分析可知，以蛋白质含量为响应值建立的回归模型极显著，模型相关系数 $R^2=0.969\ 8$，校正决定系数为 0.939 6，表明模型实际值与预测值吻合度较好，失拟项 $p=0.067\ 5>0.05$，失拟不显著，说明其他不可忽略的因素对试验结果的影响很小。一次项中发酵温度和发酵时间对蛋白质含量的线性效应极显著；二次项中发酵温度、发酵时间、接种量和接种比例均对蛋白质含量的曲面效应极显著；交互项中，各因素间相互作用不显著（图5）。

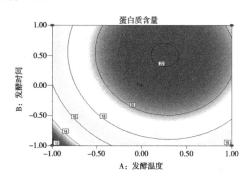
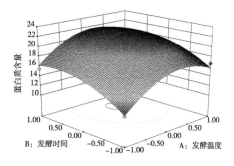

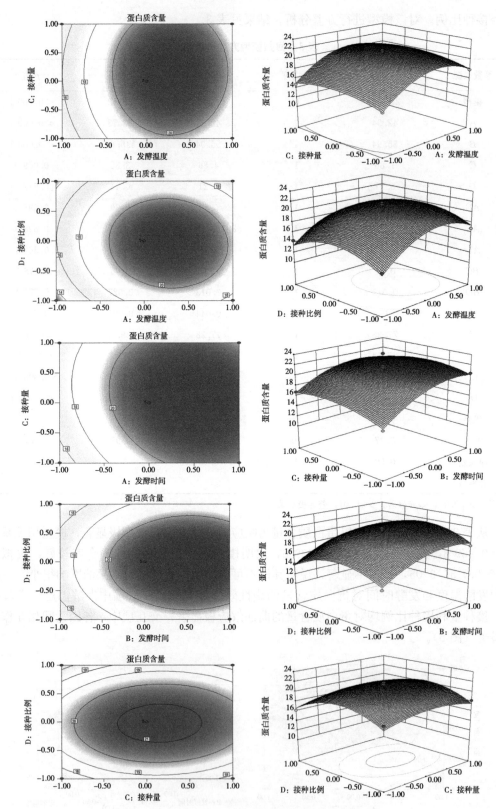

图 5　各因素交互作用对蛋白质含量影响的响应面图

2.2.2 最佳工艺的确定与验证试验

通过 Design - Expert 8.0.6 软件分析得出最佳发酵条件：发酵时间 6.24d、发酵温度 31.15℃、接种量 1.82%、接种比例 1∶1.2。在此条件下，预测的蛋白质含量为 21.93%。考虑到实际操作的可能性，将条件定为发酵时间 6.25d（150h）、发酵温度 31℃、接种量 1.8%、接种比例 1∶1.2，平行试验 3 次，得到的蛋白质含量为 21.34%，与预测值的相对误差为 2.69%，表明通过响应面试验优化甜高粱蛋白饲料的发酵工艺条件是可行的，具有实际意义。

3 讨论

响应面优化设计法是一种寻找多因素系统中最佳条件的统计方法，能够在有限的试验次数内，探讨出每个因素对试验的影响，还能评估出各个因子之间相互作用对发酵的影响，广泛应用于各种微生物的培养条件优化，均获良好效果[12]。本研究针对混合菌种的发酵过程，基于响应面法优化原理，选定影响发酵过程的温度、时间、接种量、接种比例 4 个因素，应用 Design Expert 软件设计试验，求得最佳的发酵条件为发酵时间 6.25d、发酵温度 31℃、接种量 1.8%、接种比例 1∶1.2，优化后酸性蛋白酶活力 18.31U/g、中性蛋白酶活力 18.69U/g、纤维素酶活力 1.33U/g。张玉诚等[13]利用白地霉、米曲霉、绿色木霉和枯草芽孢杆菌混菌发酵白酒糟，与未发酵的白酒糟相比，真蛋白质含量提高了 59.56%，发酵后除了胱氨酸外其余氨基酸含量均有不同程度的提高，其中赖氨酸含量增幅最高，比发酵前提高了 109.68%。程方等[14]利用黑曲霉 Z9 和啤酒酵母 PJ 复合菌种发酵马铃薯渣，发酵后粗蛋白含量为 41.72%，蛋白酶活力为 1 344.93U/g，纤维素酶活力为 120.87U/g。

4 结论

响应面法优化后的固态发酵工艺参数为：发酵时间 6.25d、发酵温度 31℃、接种量 1.8%、接种比例 1∶1.2。

在优化的工艺参数下发酵甜高粱秸秆后，蛋白质含量 21.34%、酸性蛋白酶活力 18.31U/g、中性蛋白酶活力 18.69U/g、纤维素酶活力 1.33U/g。

参考文献

[1] Dar R A, Dar E A, Kaur A, et al. Sweet sorghum - a promising alternative feedstock for biofuel production [J]. Renewable and Sustainable Energy Reviews, 2018, 82: 4070 - 4090.

[2] 付妍, 田瑞华, 段开红, 等. 不同发酵工艺对甜高粱秸秆酒糟基本营养成分的影响 [J]. 畜牧与饲料科学, 2010, 31 (2): 48 - 49.

[3] 蒋红琴, 李十中, 仇磊, 等. 甜高粱秸秆酒糟的青贮保存效果及其瘤胃降解特性研究 [J]. 饲料工业, 2017, 38 (11): 31 - 35.

[4] 边文祥，田瑞华，段开红，等．甜高粱秸秆酒糟复合饲料的初步研制 [J]．畜牧与饲料科学，2010，31（1）：37-38.

[5] 代树华．甜高粱茎秆固态发酵酒精及饲料的研究 [D]．北京：北京化工大学，2009.

[6] 国家质量监督检验检投总局，国家标准化委员会．饲用纤维素酶活性的测定——滤纸法：GB/T 23881—2009 [S]．北京：中国标准出版社，2009.

[7] 国家质量监督检验检疫总局，国家标准化委员会．饲料添加剂酸性、中性蛋白酶活力的测定——分光光度法，GB/T 28715—2012 [S]．北京：中国标准出版社，2012.

[8] 季彬，祁宏山，王治业，等．微生物促生剂发酵玉米皮生产饲料蛋白研究 [J]．中国酿造，2017，36（1）：107-110.

[9] 李姗，郭文杰，李吕木，等．小麦酒精糟饲用发酵菌种筛选及其发酵条件优化 [J]．食品与发酵工业，2018，44（2）：105-112.

[10] 李杰．多菌种固态发酵水稻秸秆产蛋白饲料的试验研究 [D]．镇江：江苏大学，2009.

[11] Lara E C, Bragiato U C, Rabelo C H S, et al. Inoculation of corn silage with *Lactobacillus plantarum* and *Bacillus subtilis* associated with amylolytic enzyme supply at feeding. 1. Feed intake, apparent digestibility, and microbial protein synthesis in wethers [J]. Animal Feed Science and Technology, 2018, 243: 22-34.

[12] 肖怀秋，李玉珍．微生物培养基优化方法研究进展 [J]．酿酒科技，2010（1）：90-94.

[13] 张玉诚，薛白，达勒措，等．混菌固态发酵白酒糟开发为蛋白质饲料的条件优化及营养价值评定 [J]．动物营养学报，2016，28（11）：3711-3720.

[14] 程方，李巨秀，来航线，等．多菌种混合发酵马铃薯渣产蛋白饲料 [J]．食品与发酵工业，2015，41（2）：95.

本文曾发表于《饲料工业》2019年第40卷第5期。

复合菌种固态发酵法提高甜高粱
秸秆饲料品质的研究

岳丽　王卉　山其米克　茆军　涂振东

（新疆农业科学院生物质能源研究所，乌鲁木齐 830091）

甜高粱是一种多用途饲料作物，具有耐旱、耐涝、耐盐碱、耐瘠薄等优良特性[1-2]。甜高粱的籽粒和茎秆都可用于生产燃料乙醇，因此被视为最有希望的能源作物[3]。甜高粱秸秆制备乙醇后的剩余残渣中仍含有部分脂肪、蛋白质、粗纤维等，可用于制作饲料[4]。甜高粱茎秆残渣的主要成分为木质纤维素，其结构复杂，难于分解[5]。添加纤维素酶可降解部分纤维素，但是纤维素酶生产成本高，不适合大规模使用[6]，通过菌株自身酶系来降解木质纤维素是降低发酵成本的重要手段之一[7]。目前多采用霉菌作为降解纤维菌种，如绿色木霉、康宁木霉、黑曲霉、青霉等[8]。研究表明，利用单菌或单酶对未经处理的木质纤维素进行降解十分困难[9]。因此，如果要充分降解纤维素，需考虑多种微生物之间的协同作用。焦有宙等研究了一种高效的玉米秸秆降解复合菌，发酵后半纤维素的降解率最高达到 48.53%，纤维素的降解率为 36.38%，木质素的降解率为 40.11%[10]。李明轩以稻草为底物，利用康氏木霉、白腐菌、酵母菌混菌发酵，发酵最终产物中粗蛋白含量从 3.49% 增加到 16.59%，粗纤维含量从 44.56% 下降到 23.17%[11]。通过微生物发酵的手段将甜高粱秸秆转变成蛋白饲料，不仅节约资源，还有利于农牧业的可持续发展。但由于微生物间存在着协同、拮抗等复杂的关系，因此目前研究的重点是不同种属菌种间的配伍能否发挥正协同作用[12]。本研究以甜高粱秸秆酒糟为主要原料，以黑曲霉等菌种为发酵菌种，以提高甜高粱秸秆发酵饲料中粗蛋白质含量，降低粗纤维含量为目标，探索单一菌种及双菌组合对甜高粱秸秆发酵饲料中各物质含量的影响，为发酵甜高粱秸秆生产蛋白饲料提供依据。

1　材料与方法

1.1　试验材料

试验菌种与培养基：新高粱 3 号酒糟，为新高粱 3 号秸秆发酵蒸馏乙醇后残渣；麸皮购于北园春市场。白地霉（B）、康宁木霉（K）、产朊假丝酵母（R）购于中国工业微生物菌种保藏管理中心；黑曲霉（H）、枯草芽孢杆菌（C）为本所在实验室保存。供试菌种所用培养基及主要作用见表 1。

表 1 供试菌种所用培养基及主要作用

项目	培养基	主要作用
白地霉	麦芽汁培养基（MEA）	用于生产蛋白质饲料
黑曲霉	马铃薯培养基（PDA）	产纤维素酶、酸性蛋白酶
枯草芽孢杆菌	牛肉膏蛋白胨（Medium）	产蛋白酶、淀粉酶
康宁木霉	马铃薯汁培养基（PDA）	产纤维素酶
产朊假丝酵母	酵母培养基（YPD）	生产饲料酵母

1.2 试验方法

1.2.1 菌种活化

用无菌吸管吸取 0.5mL 的液体培养基于安瓿管中将干燥菌体全部溶解，吸出至含有 4~5mL 液体培养基的试管中，白地霉用麦芽汁培养基，培养 3~5d。康宁木霉用马铃薯培养基，培养 5~7d。枯草芽孢杆菌用牛肉膏蛋白胨培养基，培养 2d。

1.2.2 液体菌种制备

将 100mL 液体培养基装入 500mL 三角瓶中，接入活化的菌种两环，28℃、120r/min 水浴摇床培养 24h 备用。

1.2.3 固态发酵培养

称取 100g 甜高粱秸秆酒糟装入三角瓶中，121℃灭菌 20min 后，按试验设计，以发酵培养基的 10%（V/m）接入菌种，灭菌后 28℃培养 72h，经 65℃烘干、粉碎后供分析测定用。

1.2.4 菌种组合发酵试验设计

双菌（接种比例 1∶1）混合发酵，见表 2，每个组合设 3 个重复。

表 2 双菌组合发酵试验设计

菌种代号	B	K	R
H	HB	HK	HR
B		BK	BR
K			KR

1.3 测定方法

1.3.1 粗蛋白质含量的测定

参照 GB 5009.5—2010 凯氏定氮法测定蛋白质含量。

1.3.2 粗纤维含量测定

参照国标 GB/T 6434—94 酸碱洗涤法测定粗纤维含量。

1.4 单菌种发酵

选取 5 株菌种，在无菌操作的条件下，向发酵基质中按 10%（V/m）接种量接入菌种菌悬液，充分搅拌混匀后，在（30±1）℃的条件下发酵 3d，在 60℃条件下将发酵产物烘干、粉碎，测定其中的蛋白质含量和粗纤维含量。每个处理做 3 次重复，对照试验为未接菌的甜高粱秸秆酒糟。

1.5　双菌种发酵

依据单菌发酵试验的结果，筛选出 4 株菌种，将这 4 株菌种两两组合进行混菌发酵试验，菌种配比为 1∶1，从而确定出适宜的双菌组合配伍，其余操作同单菌种发酵。

2　结果

2.1　单一菌种发酵试验

不同菌种对发酵基质的分解利用程度不同。根据不同菌种发酵后产物中蛋白质及粗纤维含量，从而筛选出分解利用甜高粱秸秆基质较好的菌种，结果如图 1 所示。

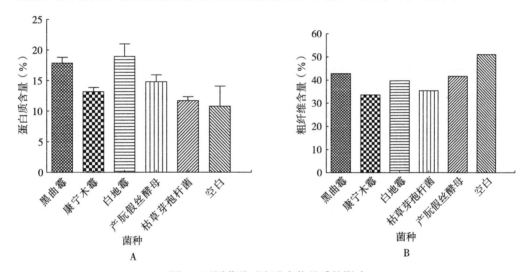

图 1　不同菌种对发酵产物品质的影响

由图 1A 可看出，与未接菌的甜高粱秸秆酒糟相比较，白地霉、黑曲霉和产朊假丝酵母发酵产物中的蛋白质含量显著性增加（$p < 0.05$），增加幅度可达 75.32%、65.11% 和 37.11%，而且增加幅度比其余 2 株菌株大，这是由于黑曲霉在生长和繁殖的过程当中，会分泌出纤维素酶、果胶酶以及淀粉酶等[13]，这些酶类可以降解甜高粱秸秆发酵基质中的纤维素等，将其转化为小分子的单糖，为微生物生长提供所需的营养物质，促进发酵产物中菌体蛋白积累；而白地霉和产朊假丝酵母的发酵产物中的粗蛋白质含量也显著性升高（$p < 0.05$），其含量可分别达 18.94%、14.81%，这是由于其自身菌体具有较高的蛋白质含量[14]。

由图 1B 可以看出，产朊假丝酵母、黑曲霉、康宁木霉、白地霉、枯草芽孢杆菌的发酵产物中粗纤维含量较空白组差异显著（$p < 0.05$），且康宁木霉、枯草芽孢杆菌降低粗纤维幅度较大，分别降低了 36.9%、30.98%，这是因为康宁木霉会分泌一些纤维素酶和半纤维素酶，分解了部分纤维素[15]。

2.1.1　发酵时间对黑曲霉发酵酒糟品质的影响

从图 2 可看出，在发酵时间 1～9d 内，随着发酵时间的延长，粗纤维含量呈下降趋势，在 9d 时达到最低值 34.24%；蛋白质含量呈先降低后升高再降低的趋势，发酵时间为 7d 时，蛋白质含量达到最高，平均值可达到 19.69%。与发酵 7d 相比，发酵 9d 时蛋白质含量显著降低（$p<0.05$），这可能是由于部分蛋白质分解造成的。综合考虑蛋白质含量和粗纤维含量，发酵时间为 7d 时品质较好。

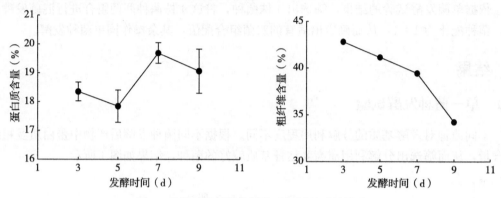

图 2　发酵时间对黑曲霉发酵酒糟品质的影响

2.1.2　发酵时间对白地霉发酵酒糟品质的影响

由图 3 可以看出，随着发酵时间的增加，白地霉发酵秸秆酒糟残渣中蛋白质含量显著升高（$p<0.05$），这可能是由于白地霉利用发酵基质中的营养成分增殖菌体引起的[16]。粗纤维含量随发酵时间的延长而逐渐减少，这可能是由于白地霉可以合成纤维素酶，降解部分纤维素，引起产物中粗纤维含量逐渐降低。

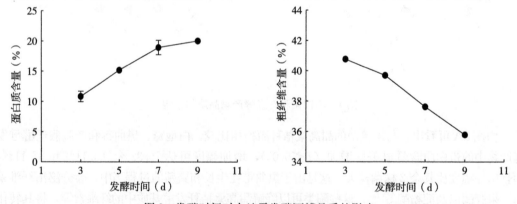

图 3　发酵时间对白地霉发酵酒糟品质的影响

2.1.3　发酵时间对产朊假丝酵母酒糟品质的影响

由不同发酵时间发酵产物中粗纤维含量和蛋白质含量变化曲线（图 4）可以看出：产朊假丝酵母的发酵产物中蛋白质含量在 7d 时达到高峰 12.73%，随后逐渐下降，可推断产朊假丝酵母在 7d 时蛋白酶活力最大。粗纤维含量随发酵时间的延长而逐渐减少。

2.1.4　发酵时间对枯草芽孢杆菌酒糟品质的影响

从图 5 可以看出，枯草芽孢杆菌发酵 9d 后粗纤维降解率明显高于 3d。从曲线也看出，枯草芽孢杆菌发酵处理 7～9d 时蛋白质含量急剧增加，从 14.84% 增加到 16.59%，相对增加了 11.7%。粗纤维含量随发酵时间的延长而逐渐减少。

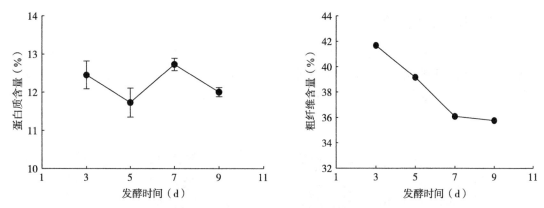

图 4 发酵时间对产朊假丝酵母发酵酒糟品质的影响

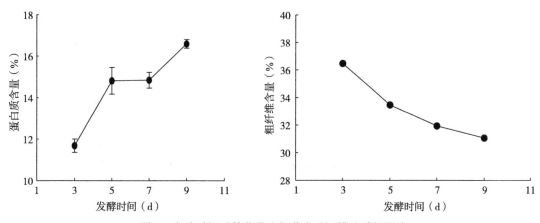

图 5 发酵时间对枯草芽孢杆菌发酵酒糟品质的影响

2.1.5 发酵时间对康宁木霉酒糟品质的影响

从不同发酵时间产物中蛋白质含量及粗纤维含量的变化情况可以看出（图 6），经康宁木霉发酵后的甜高粱秸秆酒糟，蛋白质含量呈先升高后下降的趋势，7d 时蛋白质含量最高。发酵 3～9d，康宁木霉处理后秸秆酒糟中的粗纤维含量呈直线下降趋势。

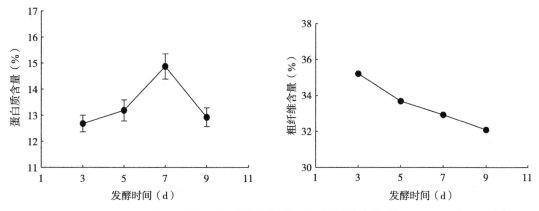

图 6 发酵时间对康宁木霉发酵酒糟品质的影响

2.2 双菌组合发酵结果

将不同的微生物进行组合后，不同的组合利用甜高粱秸秆基质的效果将会产生差别，因为它们的互作机制不同，从而导致协同关系有差异[17-18]，所以需要测定不同的双菌组合发酵秸秆酒糟中蛋白质含量和粗纤维含量，从而筛选出最优组合，结果如图 7 所示。

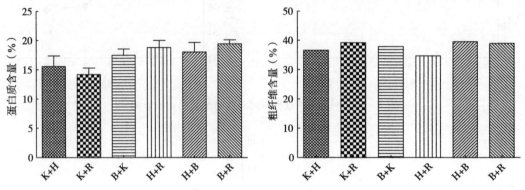

图 7　双菌组合对发酵产物品质的影响

由图 7 可看出，与空白组相比，6 个双菌组合的秸秆酒糟发酵产物中蛋白质含量均显著性升高（$p < 0.05$），粗纤维含量显著性降低（$p < 0.05$），同时，与相对应的单一菌种发酵产物相比较，双菌组合发酵秸秆酒糟中的蛋白质含量均比之高，粗纤维含量均比之低。6 种菌种组合中，白地霉和产朊假丝酵母组合，蛋白质含量增加幅度最大，与空白组相比增加了 19.43%，但是此组合粗纤维含量高达 38.95%。黑曲霉和产朊假丝酵母组合发酵产物中蛋白质含量为 18.79%，与白地霉和产朊假丝酵母组合相比，无显著性差异（$p > 0.05$）；粗纤维含量为 34.68%，较未接菌降低了 16.38%，且较单一菌种黑曲霉和产朊假丝酵母分别降低了 8.15%、7.01%；综合考虑发酵后甜高粱秸秆酒糟中的蛋白质含量和粗纤维含量，黑曲霉和产朊假丝酵母组合协同共生关系最优。

3　讨论

将酵母菌与木霉、黑曲霉或白地霉进行混菌发酵时，双菌组合的蛋白含量均高于相应单一菌种。这可能是由于混菌之间可以形成良好的协同共生关系[19-20]，且对合成蛋白酶和纤维素酶的过程具有一定的反馈调节作用，大大增加蛋白酶和纤维素酶的活力[21-22]。同时，分泌的纤维素酶可促进甜高粱秸秆基质中纤维素分解为单糖，促进菌种生长繁殖，增加菌体蛋白，从而提高发酵秸秆酒糟中粗蛋白质含量，降低纤维素含量。

4　结论

①在单一菌种发酵试验中，得出可用于提高发酵高粱秸秆酒糟蛋白质含量的优良菌种为白地霉，分解粗纤维的优势菌种为康宁木霉。

②在双菌组合发酵试验中，综合考虑蛋白质含量和粗纤维含量，可得出黑曲霉和产朊

假丝酵母是用于发酵甜高粱秸秆酒糟蛋白饲料的优选组合，发酵 7d 后，蛋白质含量可达 18.79%，粗纤维含量 34.68%。

参考文献

［1］ Qu H，Liu X B，Dong C F，et al. Field performance and nutritive value of sweet sorghum in eastern China ［J］. Field Crops Research，2014，157：84 - 88.

［2］ Laopaiboon L，Nuanpeng S，Srinophakun P，et al. Ethanol production from sweet sorghum juice using very high gravity technology：effects of carbon and nitrogen supplementations ［J］. Bioresource technology，2009，100 (18)：4176 - 4182.

［3］ 赵凯，马龙彪，耿贵，等. 能源作物甜高粱的综合开发与利用 ［J］. 中国糖料，2008 (3)：67 - 68.

［4］ 原海兵，刘军，孙东伟. 复合菌种固态发酵豆粕生产蛋白饲料的研究 ［J］. 粮食与饲料工业，2013 (6)：46 - 50.

［5］ Shen F，Saddler J N，Liu R，et al. Evaluation of steam pretreatment on sweet sorghum bagasse for enzymatic hydrolysis and bioethanol production ［J］. Carbohydrate polymers，2011，86 (4)：1542 - 1548.

［6］ 赵辰龙. 利用甘蔗尾叶发酵生产蛋白饲料 ［D］. 南宁：广西大学，2013.

［7］ 杨森，王石垒，张雷，等. 甜高粱茎秆残渣生料多菌种固态发酵生产蛋白饲料 ［J］. 农业工程学报，2015，31 (15)：309 - 314.

［8］ 杨耀刚. 10 株纤维素降解菌混菌的酶活特性研究 ［D］. 呼和浩特：内蒙古农业大学，2018.

［9］ Wang L，Luo Z，Shahbazi A. Optimization of simultaneous saccharification and fermentation for the production of ethanol from sweet sorghum (*Sorghum bicolor*) bagasse using response surface methodology ［J］. Industrial Crops and Products，2013，42：280 - 291.

［10］ 焦有宙，高赞，李刚，等. 不同土著菌及其复合菌对玉米秸秆降解的影响 ［J］. 农业工程学报，2015 (23)：201 - 207.

［11］ 李明轩. 室温条件下混菌发酵稻草秸秆的降解研究 ［D］. 延吉：延边大学，2012.

［12］ 徐雯. 利用纤维素降解菌固态发酵提高粗饲料营养价值的研究 ［D］. 南宁：广西大学，2015.

［13］ Pongsak M S. 黑曲霉和绿色木霉处理棕榈树干产酶的研究 ［D］. 哈尔滨：哈尔滨工业大学，2016.

［14］ 张文佳. 产朊假丝酵母和白地霉混合固态发酵豆渣生产反刍动物饲料的研究 ［D］. 哈尔滨：东北农业大学，2015.

［15］ 李国强. 两种木霉混合菌产酶的条件优化及其对玉米秸秆降解的研究 ［D］. 哈尔滨：东北林业大学，2011.

［16］ 张玉诚，薛白，达勒措，等. 混菌固态发酵白酒糟开发为蛋白质饲料的条件优化及营养价值评定 ［J］. 动物营养学报，2016，28 (11)：3711 - 3720.

［17］ 张高波，李巨秀，来航线，等. 菌种对苹果渣发酵饲料中蛋白酶活，纤维素酶活及总酚含量的影响 ［J］. 食品与发酵工业，2013，39 (11)：118 - 123.

［18］ Wen Z，Liao W，Chen S. Production of cellulase/β - glucosidase by the mixed fungi culture *Trichoderma reesei* and *Aspergillus phoenicis* on dairy manure ［J］. Process Biochemistry，2005，40 (9)：3087 - 3094.

［19］ Juhasz T，Kozma K，Reczey K. Production of β - glucosidase in mixed culture of *Aspergillus niger*

BKMF 1 305 and *Trichoderma reesei* RUT C30 [J]. Food technology and Biotechnology, 2003, 41 (1): 49 - 53.

[20] 黎晔晖. 复合菌种协同发酵降解木薯渣工艺研究 [D]. 广州: 华南农业大学, 2016.

[21] Marques N P, de Cassia Pereira J, Gomes E, et al. Cellulases and xylanases production by endophytic fungi by solid state fermentation using lignocellulosic substrates and enzymatic saccharification of pretreated sugarcane bagasse [J]. Industrial Crops and Products, 2018, 122: 66 - 75.

[22] Suto M, Tomita F. Induction and catabolite repression mechanisms of cellulase in fungi [J]. Journal of bioscience and bioengineering, 2001, 92 (4): 305 - 311.

本文曾发表于《新疆农业科学》2018 年第 55 卷第 8 期。

刈割期及添加剂对甜高粱
青贮发酵品质的影响

岳丽　山其米克　再吐尼古丽·库尔班　王卉　叶凯　茆军　涂振东

（新疆农业科学院生物质能源研究所，乌鲁木齐 830091）

【研究意义】随着畜牧业的快速发展，草畜矛盾开始凸显，饲草供应季节间的不均衡性是影响畜牧业可持续发展的关键[1]。甜高粱具有抗旱、耐盐碱、耐贫瘠、生物学产量高等优良特性，茎秆富含糖分，叶片柔软多汁，适口性好，是优质的饲料作物[2-4]。甜高粱具有转化率高，营养丰富的优势，用作青贮饲料是其饲用中最重要的途径[5]。新疆冬季饲草短缺形势严峻，青贮饲料可有效解决新疆冬季饲草短缺的问题，其用量正在逐年增加[6]。【前人研究进展】研究表明，甜高粱的干物质产量、粗蛋白含量和青贮饲料的有氧稳定性均高于青贮玉米，青贮饲料的 pH、乳酸含量与青贮玉米相近[7]。王建等[8]以青贮玉米为对照，分析孕穗期日本饲用青贮高粱前后常规营养成分的变化，日本饲用高粱单位面积产量是青贮玉米的数倍，并且各项营养性能指标均与青贮玉米接近。Liu[9]研究发现扁豆和甜高粱适宜的混合青贮比例是 3∶7 或 5∶5。柴庆伟[10]用甜高粱青贮料饲喂奶牛，日平均产奶量增加了 4.33％，乳脂含量提高了 3.34％。【本研究切入点】目前，国内外有关甜高粱青贮的研究主要集中在添加剂对青贮发酵品质的影响[11-14]，关于刈割时期对甜高粱青贮饲料体外消化率的研究较为缺乏。【拟解决的关键问题】以新疆地区种植的甜高粱为研究材料，分别于乳熟期、蜡熟期和完熟期刈割调制青贮，比较和分析不同刈割期、添加剂对青贮饲料的感官、发酵品质和体外消化率的影响，确定新疆甜高粱青贮的适宜刈割期及添加剂。

1　材料与方法

1.1　材料

甜高粱品种：新高粱 3 号（XT‑2）、新高粱 9 号（T601），种植于新疆农业科学院玛纳斯试验站。

青贮小样制作：利用粉碎机将刈割的甜高粱粉碎，加入添加剂后人工装入太空杯，边装填边压实，装满后密封，经过 60d 左右发酵后开盖测定品质。

1.2　方法

1.2.1　试验设计

试验共 3 个处理，分别为不添加（空白组，CK），添加 0.5％尿素（N）、0.01％青贮添加剂（EM，北京精准动物营养研究中心）。

1.2.2 测定指标

开盖后先进行感官评定，然后测定样品的营养成分和体外消化率。

1.2.2.1 感官评定

感官评定参照德国农业协会青贮质量感官评分等级方法[15]。根据气味、质地、颜色3项进行评分，满分为20分，得分总和16～20分为一等（品质优良），10～15分为二等（品质尚好），5～9分为三等（品质中等），0～4分为四等（腐败）。

1.2.2.2 评定

pH测定：利用PHS-3C酸度计测定。

蛋白质（CP）：参照GB/T 6432—94饲料中粗蛋白的测定。

可溶性糖（WSC）：采用蒽酮—硫酸比色法测定。

粗纤维（CF）：参照GB/T 6434—2006饲料中粗纤维的含量测定。

粗灰分（Ash）：参照GB/T 6438—2007饲料中粗灰分的测定。

中性洗涤纤维（NDF）：参照GB/T 20806—2006饲料中中性洗涤纤维的测定。

酸性洗涤纤维（ADF）：参照NY/T 1459—2007饲料中酸性洗涤纤维的测定。

体外消化率（IVDMD）：采用胃蛋白酶-纤维素酶酶解法[16]测定（胃蛋白酶，上海蓝季科技发展有限公司，活性1∶3 000；纤维素酶，上海源叶生物科技有限公司，活性≥10μ/mg）。

1.3 数据处理

运用SPSS19.0进行统计分析，采用Duncan's进行多重比较，差异显著水平以$p<$0.05表示。

2 结果与分析

2.1 不同品种甜高粱青贮饲料感官评价

加入青贮添加剂的青贮饲料色泽呈绿色，茎叶结构保存较好，有芳香味，无明显丁酸味，青贮效果良好，品质优良；添加尿素的青贮饲料茎叶结构保存良好，芳香味弱，有较强的酸味，青贮效果尚可；空白组青贮饲料呈深绿色，无明显丁酸味，茎叶结构保存较好（表1）。

表1 不同品种甜高粱青贮感官评分（完熟期）

品种	处理	色泽（得分）	气味（得分）	质地（得分）	总得分	品质等级
XT-2	CK	1	12	3	16	一等（优良）
	EM	2	12	4	18	一等（优良）
	N	2	10	3	15	二等（尚好）
T601	CK	1	12	3	16	一等（优良）
	EM	2	12	3	17	一等（优良）
	N	2	8	3	13	二等（尚好）

2.2　刈割期对甜高粱青贮饲料品质的影响

2.2.1　刈割期对青贮饲料消化率的影响

研究表明，刈割时期对新高粱 9 号青贮饲料粗纤维含量的影响显著（$p<0.05$）。两个品种甜高粱各刈割时期的粗纤维含量均在 20% 以上；新高粱 9 号在乳熟期刈割时粗纤维含量显著高于其他刈割时期（$p<0.05$）；蜡熟期和完熟期刈割时粗纤维含量差异不显著，但均显著低于乳熟期。新高粱 9 号和新高粱 3 号在乳熟期时酸性洗涤纤维含量高于其他时期（$p<0.05$），分别为 54.94%、55.08%。新高粱 9 号在乳熟期时中性洗涤纤维为 36.92%，蜡熟期、完熟期与其相比分别降低了 17.14%、21.4%。新高粱 9 号、新高粱 3 号青贮饲料的体外消化率均在完熟期达到最大，最高可达到 52.87%、65.35%；与乳熟期相比，分别提高了 47.3%、48.4%；与蜡熟期相比，分别提高了 21.9%、42.5%（图 1）。

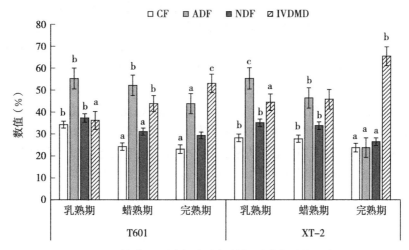

图 1　刈割期对甜高粱青贮饲料粗纤维含量的影响

2.2.2　刈割期对青贮饲料营养品质的影响

甜高粱青贮饲料的营养价值受生育期的影响较大，不同生育期的甜高粱植株营养特性和青贮特性有一定的差别。在乳熟期、蜡熟期和完熟期收获的新高粱 9 号整株干物质含量（DM）分别为 18.36%、26.95%、29.19%；新高粱 3 号的干物质含量分别为 21.15%、21.41%、34.59%。

从刈割期来看，随着刈割时间的延迟，蛋白质和可溶性糖含量逐渐增加，完熟期时高于乳熟期和蜡熟期，对新高粱 9 号而言，蛋白质含量分别比乳熟期、蜡熟期提高了 7.02%、3.7%，可溶性糖分别增加了 18.75%、20.9%（表 2）。

表 2　刈割期对甜高粱青贮品质的影响（空白组）

品种	生育时期	DM（%）	CP（%）	WSC（%）	Ash（%）	pH
	乳熟期	18.36±0.47a	7.54±0.28a	17.75±0.45a	8.57±0.25c	3.67±0.05a
T601	蜡熟期	26.95±0.52b	7.78±0.23ab	21.58±0.87b	7.8±0.22b	3.7±0.06ab
	完熟期	29.19±0.58c	8.07±0.21b	35.92±0.97c	6.78±0.19a	3.86±0.03b

（续）

品种	生育时期	DM（%）	CP（%）	WSC（%）	Ash（%）	pH
XT-2	乳熟期	21.15±0.45a	8.09±0.31a	19.45±0.77a	7.34±0.24b	3.69±0.03a
	蜡熟期	21.41±0.55a	8.20±0.38a	22.99±0.85b	6.89±0.3b	3.61±0.05a
	完熟期	34.59±0.67b	8.16±0.22a	40.35±0.88c	5.79±0.22a	3.82±0.06b

注 同一品种不同生育期尾标字母相同表示无显著差异，不同则为差异显著。

2.3 添加剂对甜高粱青贮饲料品质的影响

2.3.1 添加剂对青贮饲料消化率的影响

纤维含量是决定饲草适口性及消化率的重要因素，其中酸性洗涤纤维含量与动物消化率呈负相关关系[17]，酸性洗涤纤维含量越低，饲草的消化率越高，饲用价值越大。研究表明，不同添加剂处理对甜高粱青贮饲料中酸性洗涤纤维、中性洗涤纤维、粗纤维含量均有一定的影响。与空白组相比，尿素处理组与青贮添加剂处理组均能降低青贮饲料中酸性洗涤纤维、中性洗涤纤维、粗纤维的含量（$p<0.05$）。相比空白组，新高粱 9 号青贮添加剂组饲料中酸性洗涤纤维、中性洗涤纤维、粗纤维分别降低了 32%、26.5%、27%；新高粱 3 号青贮添加剂饲料中分别降低了 19.2%、7.8%、21.7%。与空白组相比较，尿素处理后新高粱 9 号青贮中粗纤维、中性洗涤纤维和酸性洗涤纤维的含量降低率分别为 21.74%、12.65%、25.12%。添加尿素和青贮添加剂后，青贮饲料的体外消化率均能增加。添加青贮添加剂后，新高粱 3 号青贮饲料的体外消化率可达到 65.35%，与空白组相比提高了 7.17%（图 2）。

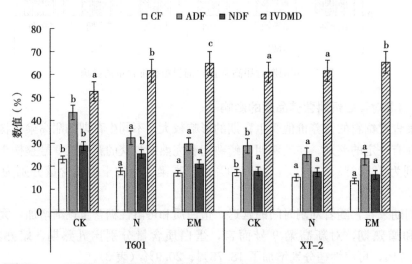

图 2 不同添加剂对甜高粱青贮体外消化率的影响

2.3.2 添加剂对青贮饲料营养品质的影响

可溶性糖是乳酸菌的发酵底物，是影响青贮效果的重要因素[18]。研究表明，可溶性糖含量与青贮饲料的 pH 呈负相关关系，可溶性糖含量越高，青贮饲料的 pH 越低。尿素和青贮添加剂处理能够增加青贮料中的乳酸含量，其中青贮添加剂处理组和尿素处理组的 pH 均显著低于空白组（$p<0.05$）。

不同添加剂对新高粱3号干物质（DM）含量影响不显著，而添加剂对新高粱9号干物质含量影响显著（$p<0.05$）。添加尿素和青贮添加剂可有效减少蛋白质的损失，且在尿素处理组中效果更明显。加入青贮添加剂青贮后，蛋白质含量水平高于空白组，新高粱9号和新高粱3号分别比空白组提高了3.34%、4.4%；加入尿素青贮后，新高粱9号和新高粱3号的蛋白质含量分别比空白组提高了11.4%、6.5%；尿素和青贮添加剂处理均可以比较好地保存青贮料中的干物质和蛋白质含量（表3）。

表3 不同添加剂对甜高粱青贮品质的影响

品种	处理	DM（%）	CP（%）	WSC（%）	Ash（%）	pH
	CK	29.19±0.58a	8.07±0.21a	35.92±0.97a	6.78±0.19a	3.86±0.03b
T601	N	34.14±0.49b	8.99±0.33b	39.96±1.05b	8.16±0.12b	3.7±0.05a
	EM	37.3±0.53c	8.34±0.37ab	43.7±0.89c	9.92±0.16c	3.67±0.05a
	CK	34.59±0.67a	8.16±0.22a	40.35±0.88a	5.79±0.22a	3.82±0.06b
XT-2	N	35.57±0.55ab	8.69±0.30b	42.06±0.90a	6.61±0.33b	3.7±0.02a
	EM	36.81±0.62b	8.52±0.40ab	46.73±1.03b	8.01±0.25c	3.63±0.05a

注 同一品种不同处理尾标字母相同表示无显著差异，不同则为差异显著。

2.4 不同品种甜高粱青贮饲料的品质

2.4.1 不同品种甜高粱青贮饲料的消化率

新高粱3号和新高粱9号在完熟期时粗纤维含量、酸性洗涤纤维含量和中性洗涤纤维含量差异显著，但体外消化率无显著差异。新高粱3号的粗纤维含量、酸性洗涤纤维含量和中性洗涤纤维含量比新高粱9号低了18.87%、20.4%、23.38%。新高粱3号的体外消化率在完熟期可达到65.35%，比在乳熟期刈割高出了25.31%（图3）。

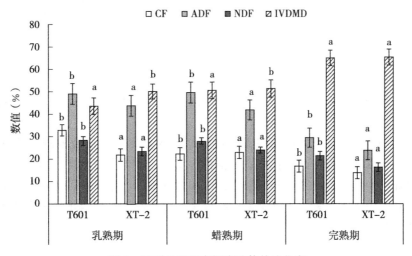

图3 不同品种甜高粱青贮体外消化率

2.4.2 不同品种甜高粱青贮饲料的青贮品质

研究表明，各品种甜高粱的干物质含量和可溶性糖含量均随收获时间的延长而增加，并且不同品种间存在差异。在乳熟期与蜡熟期，不同品种在相同生育期可溶性糖含量差异显著（$p<0.05$）。从完熟期的可溶性糖含量可看出，新高粱 9 号的高于新高粱 3 号，但是差异不显著（$p>0.05$）。新高粱 9 号与新高粱 3 号青贮的 pH 均在 3.60 左右（表4）。

表4 不同品种甜高粱青贮品质的变化（青贮添加剂组）

生育时期	品种	DM（%）	CP（%）	WSC（%）	Ash（%）	pH
乳熟期	T601	20.78±0.45a	7.24±0.42a	24.67±0.88a	10.31±0.12a	3.58±0.03a
	XT-2	22.51±0.32b	8.41±0.51b	32.75±1.08b	10.06±0.15a	3.53±0.02a
蜡熟期	T601	25.22±0.43a	8.34±0.37a	28.20±0.38a	9.89±0.15b	3.63±0.05b
	XT-2	26.05±0.40a	8.71±0.41a	41.44±0.8b	8.62±0.21a	3.48±0.05a
完熟期	T601	37.3±0.53a	8.99±0.33a	43.7±0.89a	9.92±0.16b	3.67±0.05a
	XT-2	36.81±0.62a	8.52±0.40a	46.73±1.03b	8.01±0.25a	3.63±0.05a

注　同一生育期不同品种尾标字母相同表示无显著差异，不同则为差异显著。

3　讨论

罗峰等[19]以甜杂 2 号为材料，研究了播期对甜高粱生育期以及不同生育时期生物产量、粗蛋白和粗纤维的影响。结果表明，播期对甜高粱的生物产量影响较大，甜高粱适合在蜡熟期至完熟期收获。第一播期的粗纤维含量先升高后降低，在乳熟期达到最高值 32.33%。试验结果与此一致，乳熟期时粗纤维含量高于蜡熟期和完熟期，且新疆玛纳斯县种植的新高粱 3 号的生育期与第一播期种植的甜杂 2 号的生育期接近。

刈割时期是决定饲草产量和青贮品质的重要因素，确定适宜的刈割时期必须兼顾饲草产量和营养物质的动态变化，一般在营养物质与草产量均达到较高时为宜[20]。试验结果表明，随着甜高粱生长期的推移，中性洗涤纤维、酸性洗涤纤维和粗纤维含量均减少，体外消化率与粗蛋白含量逐渐升高。孙仕仙等[21]的研究结果表明干物质体外消化率和纤维素之间呈线性关系，消化率随纤维含量的增加而极显著下降，研究所得的纤维素和干物质体外消化率之间的关系也符合此规律。综合考虑粗蛋白含量、酸性洗涤纤维、中性洗涤纤维、粗纤维和体外消化率，得出在完熟期刈割甜高粱更合适，因此，种植于新疆北疆地区的甜高粱最佳青贮收割时期是完熟期。

添加尿素和青贮添加剂均比常规青贮效果好。赵天章等[22]研究发现氨化处理不但能提高秸秆的消化率和采食量，而且能增加秸秆含氮量，改善家畜生产性能。秸秆经尿素氨化处理可以降低中性洗涤纤维、酸性洗涤纤维和粗纤维的含量，这可能是由于氨化处理破坏了秸秆细胞壁中的木质素—半纤维素—纤维素的复合结构，使得半纤维素和木质素从细胞壁中游离出来[23]。

4　结论

随着甜高粱刈割期的后移，粗纤维、酸性洗涤纤维、中性洗涤纤维含量逐渐减少，在完熟期时达到最低，新高粱 3 号分别为 13.58％、23.51％、16.35％，新高粱 9 号分别为 16.74％、29.55％、21.34％，与乳熟期相比降低了 15.3％～32.85％、20.87％～57.31％、21.4％～24.76％；完熟期时新高粱 3 号的体外消化率与粗蛋白含量可达到 65.35％、8.16％，比乳熟期时提高了 48.4％、0.86％。

青贮过程中，加入青贮添加剂和尿素均能降低 pH，有效减少干物质及可溶性糖的损失；蛋白质含量分别比空白组提高了 3.34％～4.4％、6.5％～11.4％；体外消化率分别比空白组提高了 7.17％～23.22％、1.22％～17.06％。

参考文献

[1] 冯骁骋．天然草地牧草青贮机理及品质调控研究 [D]．呼和浩特：内蒙古农业大学，2014．

[2] Barcelos C A，Maeda R N，Anna L M M S，et al. Sweet sorghum as a whole‐crop feedstock for ethanol production [J]．Biomass&Bioenergy，2016（94）：46－56．

[3] 渠晖．甜高粱在长江下游农区用作青贮作物的栽培利用技术研究 [D]．南京：南京农业大学，2016．

[4] Dar R A，Dar E A，Kaur A，et al．Sweet sorghum a promising alternative feedstock for biofuel production [J]．Renewable&Sustainable EnergyReviews，2018，82：4070－4090．

[5] 宋金昌，牛一兵，付志新，等．甜高粱饲用性能及生物学产量和营养成分分析 [J]．饲料广角，2008（5）：41－43．

[6] 魏进招．不同基因型饲用高粱全株粗蛋白含量及积累规律研究 [D]．天津：天津农学院，2010．

[7] Podkówka Z，Podkówka L. Chemical composition and quality of sweet sorghum and maize silages [J]．Journal of Central European Agriculture，2011，12（2）：294－303．

[8] 王建，赵健康，赵芳，等．日本饲用高粱青贮前后与玉米青贮的营养成分比较 [J]．黑龙江畜牧兽医，2017（9）：195－196．

[9] Liu H，Deng H，Xu H，et al. Nutritional quality of mixed silage of lablab purpureus and sweet sorghum [J]．Animal Husbandry and Feed Science，2017，9（6）：398－401，416．

[10] 柴庆伟．利用甜高粱秸秆榨汁后的皮渣替代玉米秸秆制取青贮饲料 [D]．石河子：石河子大学，2010．

[11] Amer S，Mustafa A F. Short communication：effects of feeding pearl millet silage on milk production of lacta‐ting dairy cows [J]．Journal of Dairy Science，2012，95（2）：859－863．

[12] Xing L，Chen L J，Han L J. The effect of an inoculant and enzymes on fermentation and nutritive value of sorghum straw silages [J]．Bioresource Technology，2009，100（1）：488－491．

[13] Colombini S，Galassi G，Crovetto G M，et al. Milk production，nitrogen balance，and fiber digestibility prediction of corn，whole plant grain sorghum，and forage sorghum silages in the dairy cow [J]．Journal of Dairy Science，2012，95（8）：4457－4467．

[14] 秦立刚，许庆方，董宽虎，等．不同添加剂对甜高粱青贮品质影响的研究 [J]．中国畜牧兽医，2010，37（12）：27－30．

[15] 李旭业，董扬，尤海洋，等．不同感官分级方法对全株玉米青贮饲料评价比较 [J]．现代畜牧科技，2017（3）：1－3．

[16] 孙海霞，周道玮．松嫩草地不同牧草体外干物质消化率的研究 [J]．中国草地学报，2008，30（2）：11－14．

[17] 张战胜，孙国君，于磊，等．紫花苜蓿与无芒雀麦混合青贮对发酵品质的影响 [J]．草食家畜，2014 (5)：43 - 48.

[18] 李洪影，焉石，孙涛，等．施磷对不同收获时期青贮玉米碳水化合物积累的影响 [J]．草业学报，2011, 20 (4)：90 - 97.

[19] 罗峰，陈鹏，裴忠有，等．播期对甜高粱不同生育时期生物产量及品质的影响 [J]．湖北农业科学，2013, 52 (14)：3260 - 3263.

[20] 孙元枢．中国小黑麦遗传育种研究与应用 [M]．杭州：浙江科学技术出版社，2002：12.

[21] 孙仕仙，陶瑞，杨思林，等．紫花苜蓿范氏纤维素含量与体外消化率的相关性研究 [J]．西南农业学报，2012, 25 (6)：2356 - 2359.

[22] 赵天章，李慧英，闫素梅．反刍动物饲料纤维物质瘤胃降解规律研究进展 [J]．饲料工业，2010, 31 (7)：28 - 31.

[23] 刘辉，徐荣，董克．基于氨化技术的作物秸秆饲料化研究 [J]．青海师范大学学报（自然科学版），2017, 33 (2)：59 - 63.

本文曾发表于《新疆农业科学》2017 年第 54 卷第 10 期。

青贮菌剂对甜高粱秸秆与
酒糟青贮品质的影响

岳丽　叶凯　再吐尼古丽·库尔班　王卉　山其米克　涂振东

（新疆农业科学院生物质能源研究所，乌鲁木齐 830091）

【研究意义】甜高粱是粒用高粱的一个变种[1]，具有高光效、抗旱、耐盐碱、耐贫瘠、生物学产量高等优良特性，是集能源、饲料、糖料、粮食于一体的作物[2-3]。甜高粱茎叶富含蛋白质、氨基酸、维生素、矿物质等营养物质[4]，生物学产量可达到 6～8t/亩，比青贮玉米高出 1.5t/亩左右[5]，是优质的饲草资源。酒糟是甜高粱秸秆固态发酵燃料乙醇后的副产物[6]，其产量远远大于乙醇。酒糟中含有部分蛋白质、有机酸和矿质元素等，但是酒糟的水分含量高，若不及时处理，就会腐败变质，不仅浪费了宝贵的资源，还会严重污染周围环境。青贮不仅可以减少养分损失，而且能保持青绿饲料营养成分，适口性好，消化率高[7]，是延长高水分饲料贮存时间的有效方法。【前人研究进展】渠晖等[8]认为甜高粱青贮发酵在饲用品质上（包括干物质产量、粗蛋白质和可消化干物质产量等）比玉米优势明显，用作青贮作物有较大的潜力。李俊[9]从产奶量和成本效益方面对青贮甜高粱与青贮玉米秸秆饲喂奶牛进行了对比试验，结果表明，青贮甜高粱饲喂奶牛产奶量高于饲喂青贮玉米秸秆，经济效益十分明显。邵丽玮[10]对甜高粱的饲用价值及在畜牧生产中的应用进行总结，认为甜高粱是一种大有发展前途的饲草作物，是实现畜牧业可持续发展的有效途径之一。【本研究切入点】目前关于甜高粱青贮的研究集中在饲用价值[11-12]、青贮品质[13-14]及发酵过程微生物种群变化[15]，而关于甜高粱酒糟青贮的研究还鲜见报道。研究青贮菌剂对甜高粱秸秆与酒糟品质的影响。【拟解决的关键问题】通过青贮发酵试验，研究甜高粱秸秆青贮发酵动态变化和酒糟青贮的发酵品质，以期为甜高粱酒糟和秸秆青贮饲料的有效利用提供科学依据。

1　材料与方法

1.1　材料

甜高粱品种：新高粱 3 号，种植于新疆农业科学院玛纳斯农业试验站。

酒糟来源：新高粱 3 号整株固态发酵、蒸馏乙醇后所得的残渣。

青贮制作：利用青贮收割机将秸秆收获并粉碎为 1～2cm 的碎渣（平均含水量为66%）。人工填入窖池，边装填边踩实，装满直至原料高出池边 50cm，然后用塑料布密封，用棉被压实，保证不漏气，经过 40d 左右发酵后开窖饲喂。

1.2 方法

1.2.1 青贮试验

试验共 5 个处理,分别为秸秆、秸秆中添加 0.01％青贮菌剂(新疆农业科学院微生物应用研究所)、酒糟、酒糟中添加 0.15％酿酒酵母、酒糟中添加 0.01％青贮菌剂,菌剂每克活菌数≥100 亿个。

1.2.2 测定指标

开窖后先进行感官评定,然后测定样品中的干物质、粗蛋白、粗脂肪、粗纤维、中性洗涤纤维、酸性洗涤木质素、粗灰分等含量。

1.2.2.1 感官评定

采用德国农业协会(DLG)感官评分标准及等级进行评定。根据气味、质地、色泽 3 项进行评分[16]。

1.2.2.2 实验室评定

总酸:酸碱中和法测定。

pH 测定:利用 pHS-3C 酸度计测定;蛋白质:参照 GB/T 6432—94 饲料中粗蛋白的测定。

水分:参照 GB 5009.3—2016 食品中水分的测定。

总糖、还原糖:参照 GB 5009.7—2016 食品中还原糖的测定。

粗纤维:参照 GB/T 6434—2006 饲料中粗纤维的含量测定。

粗灰分:参照 GB/T 6438—2007 饲料中粗灰分的测定。

中性洗涤纤维:参照 GB/T 20806—2006 饲料中中性洗涤纤维的测定。

酸性洗涤木质素:参照 GB/T 20805—2006 饲料中酸性洗涤木质素的测定。

1.3 数据处理

运用 SPSS19.0 进行统计分析,采用 Duncan's 进行多重比较,差异显著水平以 $p < 0.05$ 表示。

2 结果与分析

2.1 青贮菌剂对秸秆和酒糟青贮品质的影响

2.1.1 青贮发酵品质的测定

研究表明,秸秆+青贮菌剂组青贮的发酵品质优于秸秆直接青贮。添加青贮菌剂组甜高粱茎叶结构保持良好,感官得分更高;pH 显著($p < 0.05$)低于对照组,总酸含量显著($p < 0.05$)高于对照组。

酒糟+酿酒酵母组与酒糟+青贮菌剂组感官得分高于对照组酒糟。添加青贮菌剂或酿酒酵母可显著降低酒糟 pH($p < 0.05$),加入酿酒酵母组青贮 pH 最低为 3.88,其次是加青贮菌剂组;添加酿酒酵母、青贮菌剂组总酸含量分别为 1.10％和 0.76％,显著高于酒糟直接青贮的 0.04％($p < 0.05$)。

青贮菌剂对甜高粱秸秆和酒糟的青贮发酵品质具有积极影响,能够有效提高总酸含量、降低青贮 pH。总体而言，秸秆的青贮品质优于酒糟，这可能与青贮前品质有关，酒糟在固态发酵后颜色变为墨绿色，芳香味变弱，品质低于原料秸秆。青贮酒糟的品质略低于秸秆，等级为Ⅱ级尚好，仍然具有一定的饲用价值，具有作为青贮原料的潜力（表1）。

表1 不同处理甜高粱青贮发酵品质

处理	pH	总酸含量（%）	气味	色泽	质地	感官得分	等级
秸秆	3.80±0.01d	1.13±0.02b	芳香味（14）	与原料相似（2）	茎叶结构保持良好（3）	17	Ⅰ级优等
秸秆＋青贮菌剂	3.68±0.01e	1.34±0.03a	芳香味（14）	与原料相似（2）	茎叶结构保持良好（4）	18	Ⅰ级优等
酒糟	5.50±0.02a	0.04±0.02d	芳香味弱（10）	略有变色（1）	叶子结构保持较差（1）	12	Ⅱ级尚好
酒糟＋酿酒酵母	3.88±0.02c	1.10±0.02b	芳香味弱（10）	略有变色（1）	叶子结构保持较差（2）	13	Ⅱ级尚好
酒糟＋青贮菌剂	4.04±0.02b	0.76±0.03c	芳香味弱（10）	略有变色（1）	叶子结构保持较差（2）	13	Ⅱ级尚好

注 同列数据后小写字母相同者表示差异不显著（$p>0.05$），下同。

2.1.2 青贮营养品质的测定

甜高粱秸秆和酒糟青贮后干物质含量在16.82%～31.84%，其中秸秆的干物质含量最高为31.84%，酒糟＋青贮菌剂的干物质含量最低为16.82%，各组之间差异显著（$p<0.05$）。灰分含量在5.62%～6.65%，其中酒糟＋青贮菌剂组最高为6.65%，秸秆最低为5.62%，各组之间差异显著（$p<0.05$）。粗纤维含量在24.76%～27.8%，与秸秆相比，添加青贮菌剂组秸秆粗纤维含量降低了6.47%；与酒糟相比，添加青贮菌剂组酒糟粗纤维含量降低了10.9%；添加青贮菌剂青贮后秸秆和酒糟中总糖含量均高于未添加菌剂组，这说明青贮菌剂可以减少糖分的损失。

甜高粱秸秆和酒糟青贮后粗蛋白含量在5.41%～8.97%，其中酒糟＋酿酒酵母组最高为8.97%，酒糟＋青贮菌剂组与其无显著性差异（$p>0.05$），显著高于秸秆青贮的5.41%（$p<0.05$）。酒糟中粗蛋白含量均高于秸秆中粗蛋白含量，这是由于酒糟中含有丰富的酵母菌体蛋白。青贮发酵前原料中秸秆和酒糟粗蛋白含量分别为6.05%、8.89%，青贮后分别降低了10.6%、5.39%，加入青贮菌剂组分别降低了6.1%、2.1%，这表明加入青贮菌剂可以减少蛋白质损失，更好地保存营养物质（表2）。

表2 不同处理甜高粱青贮的营养品质（%）

青贮处理	粗蛋白	干物质	灰分	总糖	粗纤维	酸性木质素	中性洗涤纤维
秸秆	5.41±0.13c	31.84±0.89a	5.62±0.05e	3.28±0.05b	27.66±0.15a	27.94±0.30d	66.63±0.91d
秸秆＋青贮菌剂	5.68±0.18c	19.68±0.56c	6.42±0.08b	4.00±0.03a	25.87±0.23b	31.96±0.26c	61.32±0.88e

(续)

青贮处理	粗蛋白	干物质	灰分	总糖	粗纤维	酸性木质素	中性洗涤纤维
酒糟	8.41±0.1b	18.39±0.49c	5.98±0.1d	2.25±0.02d	27.8±0.18a	35.8±0.25a	76.32±0.65a
酒糟+酿酒酵母	8.97±0.12a	22.13±0.64b	6.3±0.05c	2.60±0.06c	25.54±0.18b	31.88±0.34c	74.30±0.78b
酒糟+青贮菌剂	8.70±0.14ab	16.82±0.52d	6.65±0.12a	2.87±0.1c	24.76±0.28c	34.78±0.28b	69.20±0.85c

2.2 秸秆青贮过程中营养成分变化

2.2.1 秸秆青贮过程中质量变化

研究表明，甜高粱秸秆青贮过程中干物质含量呈现降低趋势，在青贮初期干物质下降速率较快，随着青贮时间的延长，下降速率逐渐趋于缓慢。未加菌剂组的干物质含量由37.37%下降到32.04%，下降了14.3%；加青贮菌剂组干物质含量由31.56%降低到29.98%，降低了5%。这表明加入青贮菌剂可以减少干物质损失。甜高粱秸秆青贮过程中固体损失率逐渐增加，然后趋于稳定，整个过程中添加青贮菌剂组固体损失率大于未加菌剂组。添加菌剂组秸秆质量损失了4.2%，而未加菌剂组质量损失了3.67%，两者差异显著。添加青贮菌剂组5d时固体损失率可达到2.34%，比未加菌剂组0.8%高出了34%；青贮10d后加菌剂组与未加菌剂组固体损失率逐渐接近，30d后仅差13%；20d后固体质量逐渐不变，固体损失率趋于稳定（图1）。

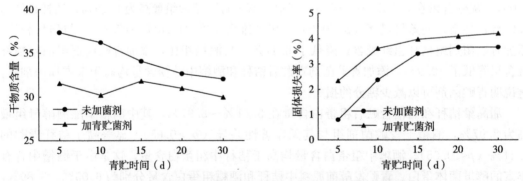

图1 不同青贮时间对秸秆干物质含量和固体损失率的影响

2.2.2 秸秆青贮过程中总酸变化

pH高低是评价青贮饲料品质的重要指标[17]，pH≤4.0为优等；4.1≤pH≤4.3为良好；4.4≤pH≤5.0为一般，pH≥5.1为劣等。甜高粱秸秆青贮的pH变化规律可知，甜高粱青贮的pH低于4.0，属于优等饲料，在青贮过程中pH会随青贮时间的延长而降低。未加菌剂组青贮5d后pH为3.82，到15d时pH达到3.76，然后pH变化逐渐缓慢；加菌剂组5d后pH为3.76，至15d后出现降低。未加菌剂组和加菌剂组于20d时pH达到一致。

随着青贮时间的延长，总酸含量呈现不断增加趋势，两组变化规律不同。其中未加菌剂组青贮前 10d 总酸含量变化较大，然后稳定在 1.32%，15d 后开始增加；加入菌剂组前 5d 总酸含量变化较大，10～20d 变化不大，20d 以后变化幅度增加（图 2）。

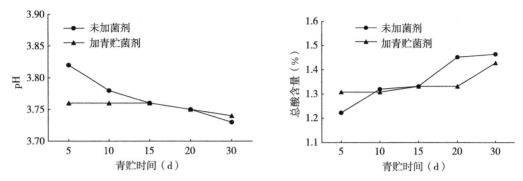

图 2　不同青贮时间对秸秆 pH 和总酸含量的影响

2.2.3　秸秆青贮过程中糖变化

研究表明，在整个青贮过程中加青贮菌剂组总糖、还原糖含量均高于未加菌剂组；未加菌剂组的总糖、还原糖含量下降速率显著高于加青贮菌剂组（$p<0.05$）。青贮 20d 后总糖含量变化速度减慢，即加菌剂组 18%、未加菌剂组 8%。未加菌剂组还原糖含量下降速率更快，加菌剂组还原糖含量在 30d 时为 15.6%，而未加菌剂组还原糖含量在 30d 时达到 4.60%。青贮后添加菌剂组甜高粱秸秆的总糖含量为 18%、还原糖含量为 15.6%，比对照组提高（图 3）。

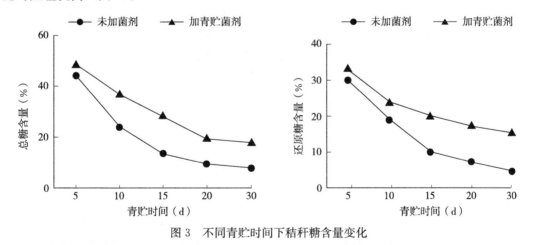

图 3　不同青贮时间下秸秆糖含量变化

2.2.4　秸秆青贮过程中纤维素变化

在青贮过程中，粗纤维含量会出现降低，其中加入青贮菌剂组粗纤维含量显著低于未加菌剂组（$p<0.05$）。与青贮前相比，加入菌剂组粗纤维含量下降了 34%，未加菌剂组粗纤维含量降了 19%，造成这一差异的原因可能是由于青贮菌剂中含有纤维素酶，促进了纤维素的分解。青贮后添加菌剂组甜高粱秸秆的粗纤维含量为 19.93%，比未加菌剂组降低了 21.4%（图 4）。

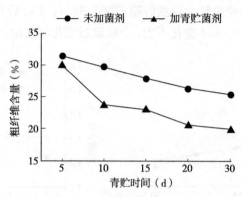

图4 不同青贮时间下秸秆粗纤维含量变化

3 讨论

甜高粱秸秆青贮过程中干物质含量、可溶性糖含量、总酸含量、pH 的变化规律符合王春芳[18]总结的青贮发酵过程中物质的变化：发酵初期，植物细胞有氧呼吸消耗残留的氧气和原料中的糖类，产生大量的热、二氧化碳、氨气等，导致干物质的损失；随着时间的延长，乳酸菌逐渐增殖成为优势菌群，将可溶性糖转化成大量有机酸，促使 pH 下降，然后进入相对稳定阶段，pH 变化变慢，干物质及营养成分损失变慢。添加青贮菌剂青贮甜高粱秸秆和酒糟时，青贮品质优于未加菌剂组，pH 显著（$p < 0.05$）降低，粗纤维含量显著（$p < 0.05$）降低，总酸含量显著（$p < 0.05$）提高，且加青贮菌剂可以缩短发酵时间。此结果与董妙音等[19]研究青贮发酵饲用型甜高粱的结果相一致。甜高粱秸秆中的粗纤维含量在发酵过程中有降低的趋势，可能是由于青贮过程中有少量的粗纤维被纤维分解菌降解。

4 结论

添加青贮菌剂的甜高粱秸秆品质最优，其次是秸秆直接青贮；甜高粱酒糟的青贮品质略低于秸秆，其等级为Ⅱ级尚好，酒糟具有作为青贮原料的潜力。

添加青贮菌剂组甜高粱秸秆的干物质含量、总糖含量、还原糖含量均高于未加菌剂组，粗纤维含量显著低于未加菌剂组。添加青贮菌剂可以使原料中的营养成分更有效地保存，从整体上提高青贮饲料的青贮品质。

参考文献

[1] Shukla S, Felderhoff T J, Saballos A, et al. The relationship between plant height and sugar accumulation in the stems of sweet sorghum [Sorghum bicolor (L.) Moench] [J]. Field Crops Research, 2017, 203: 181-191.

［2］ Regassa T H, Wortmann C S. Sweet sorghum as a bioenergy crop：literature review ［J］. Biomass&Bioenergy, 2014, 64 (3)：348 - 355.

［3］ Qu H, Liu X B, Dong C F, et al. Field performance and nutritive value of sweet sorghum in eastern China ［J］. Field Crops Research, 2014, 157 (2)：84 - 88.

［4］ Andrzejewski B, Eggleston G, Lingle S, et al. Development of a sweet sorghum juice clarification method in the manufacture of industrial feedstocks for valueadded fermentation products ［J］. Industrial Crops&Products, 2013, 44 (44)：77 - 87.

［5］ 肖丹, 张苏江, 陈立强, 等. 甜高粱饲料在南疆粗饲料资源开发中的前景分析 ［J］. 草食家畜, 2014 (6)：22 - 27.

［6］ Maw M J W, Iii J H H, Fritschi F B. Sweet sorghum ethanol yield component response to nitrogen fertilization ［J］. Industrial Crops&Products, 2016 (84)：43 - 49.

［7］ 许富强, 董妙音, 王曙阳, 等. 甜高粱最佳青贮时期及延期对其营养成分的影响研究 ［J］. 饲料研究, 2017 (4)：20 - 24.

［8］ 渠晖, 沈益新. 甜高粱用作青贮作物的潜力评价 ［J］. 草地学报, 2011 (5)：808 - 812.

［9］ 李俊, 董书昌, 陈孝军, 等. 青贮甜高粱与青贮玉米秸秆饲喂奶牛对比试验 ［J］. 中国牛业科学, 2016, 42 (3)：24 - 25.

［10］ 邵丽玮, 安永福, 王晓芳, 等. 甜高粱的饲用价值及其在畜牧生产中的应用 ［J］. 养殖与饲料, 2016 (9)：42 - 45.

［11］ Colombini S, Galassi G, Crovetto G M, et al. Milk production, nitrogen balance, and fiber digestibility prediction of corn, whole plant grain sorghum, and foragesorghum silages in the dairy cow ［J］. Journal of Dairy Science, 2012, 95 (8)：4457 - 4467.

［12］ 周斐然, 张苏江, 王明, 等. 甜高粱青贮有氧暴露的稳定性及微生物变化的研究 ［J］. 草业学报, 2017, 26 (4)：106 - 112.

［13］ 李春宏, 张培通, 郭文琦, 等. 甜高粱青贮品质及对山羊饲喂效果的研究 ［J］. 草地学报, 2016 (1)：214 - 217.

［14］ 张苏江, 艾买尔江·吾斯曼, 薛兴中, 等. 南疆玉米和不同糖分甜高粱的青贮品质分析 ［J］. 草业学报, 2014 (3)：232 - 240.

［15］ 肖丹. 南疆甜高粱青贮品质及其微生物特征的研究 ［D］. 阿拉尔：塔里木大学, 2016.

［16］ 梁梦迪, 蔡瑞, 丁晨晨, 等. 香蕉秸秆青贮过程中品质动态变化规律研究 ［J］. 家畜生态学报, 2016, 37 (3)：59 - 64.

［17］ Zhang S J, Chaudhry A S, Ramdani D, et al. Chemical composition and in vitro fermentation characteristics of high sugar forage sorghum as an alternative to forage maize for silage making in tarim basin, China ［J］. Journal of Integrative Agriculture, 2016, 15 (1)：175 - 182.

［18］ 王春芳. 青贮香蕉茎叶营养价值评定及对肉牛品质的影响 ［D］. 北京：中国农业大学, 2015.

［19］ 董妙音, 王曙阳, 姜伯玲, 等. 添加不同的青贮菌剂对甜高粱青贮品质的影响 ［J］. 饲料工业, 2016 (1)：28 - 31.

本文曾发表于《草食家畜》2017年第9卷第5期。

甜高粱秸秆与酒糟青贮品质
变化及饲喂效果初评

岳丽　叶凯　王旭辉　再吐尼古丽·库尔班　王卉　山其米克　涂振东

（新疆农业科学院生物质能源研究所，乌鲁木齐830091）

甜高粱是粒用高粱的一个变种[1]，具有高光效、抗旱、耐盐碱、耐贫瘠、生物学产量高等优良特性，是集能源、饲料、糖料、粮食于一体的作物[2-3]。甜高粱茎叶富含蛋白质、氨基酸、维生素、矿物质等营养物质[4]，生物学产量可达到 $90 \sim 120t/hm^2$，比青贮玉米高出 1.5t 左右[5]，是优质的饲草资源。酒糟是甜高粱秸秆固态发酵燃料乙醇后的副产物[6]，其产量远远大于乙醇。酒糟中含有部分蛋白质、有机酸和矿质元素等，但是酒糟的水分含量高，若不及时处理，就会腐败变质，不仅浪费了宝贵的资源，还会严重污染周围环境。青贮不仅可以减少养分损失，而且能保持青绿饲料营养成分，适口性好，消化率高[7]，是延长高水分饲料贮存时间的有效方法。渠晖等[8]认为甜高粱青贮发酵在饲用品质上，干物质产量、粗蛋白质和可消化干物质产量比玉米优势明显，用作青贮作物有较大的潜力。李俊[9]从产奶量和成本效益方面对青贮甜高粱与青贮玉米秸秆饲喂奶牛进行了对比试验，结果表明，青贮甜高粱饲喂奶牛产奶量高于饲喂青贮玉米秸秆，经济效益十分明显。邵丽玮等[10]对甜高粱的饲用价值及在畜牧生产中的应用进行总结，认为甜高粱是一种大有发展前途的饲草作物，是实现畜牧业可持续发展的有效途径之一。目前关于甜高粱青贮的研究集中在饲用价值[11-12]、青贮品质[13-14]及发酵过程微生物种群变化[15]，而关于甜高粱酒糟青贮和混合青贮饲喂绵羊的效果还鲜见报道。本研究通过青贮发酵试验和饲喂试验，研究了甜高粱秸秆青贮发酵动态变化和酒糟青贮的发酵品质，同时评价了甜高粱青贮对绵羊增重的影响，以期为甜高粱酒糟和秸秆青贮饲料的有效利用提供科学依据。

1　材料与方法

1.1　试验材料

甜高粱品种：新高粱3号，种植于新疆农业科学院玛纳斯农业试验站。

酒糟来源：新高粱3号整株固态发酵、蒸馏乙醇后所得的残渣。

青贮制作：利用青贮收割机将秸秆收获并粉碎为 $1 \sim 2cm$ 的碎渣（平均含水量为66%）。人工填入窖池，边装填边踩实，装满直至原料高出池边50cm，然后用塑料布密封，用棉被压实，保证不漏气，经过40d左右发酵后开窖饲喂。

1.2　试验设计

1.2.1　青贮试验

试验共5个处理，分别为秸秆、秸秆中添加0.01%青贮菌剂（新疆农业科学院微生物应用研究所）、酒糟、酒糟中添加 0.15％酿酒酵母、酒糟中添加 0.01％青贮菌剂，菌剂每克活菌数≥100 亿个。

1.2.2　饲喂试验

地点：玛纳斯县试验站养殖场。

试验羊与分组：根据绵羊（品种为湖羊）月龄分成三组，分别为 2、4、6 月龄，每组选取体重相近的 10 只羊。经 10d 预适应期，然后进入 50d 试验期。

试验组饲料配方：50％基础料＋35％甜高粱秸秆青贮＋15％酒糟青贮。

对照组饲料配方：全基础料（南瓜皮渣 30％、玉米 40％、小麦秸秆 30％）。

饲养管理：三组均采用自由采食，每日饲喂、饮水各 3 次，并由专人负责做好耗料量等数据记录和采食情况观察，每 10d 称一次体重。

1.3　测定指标

开窖后先进行感官评定，然后测定样品中的干物质、粗蛋白、粗脂肪、粗纤维、中性洗涤纤维、酸性洗涤木质素、粗灰分等含量。

1.3.1　感官评定

采用德国农业协会（DLG）感官评分标准及等级进行评定。根据气味、质地、色泽 3 项进行评分[16]。

1.3.2　试验室评定

总酸：酸碱中和法测定。

pH 测定：利用 pHS‐3C 酸度计测定。

蛋白质：参照 GB/T 6432—94 饲料中粗蛋白的测定。

水分：参照 GB 5009.3—2016 食品中水分的测定。

总糖、还原糖：参照 GB 5009.7—2016 食品中还原糖的测定。

粗纤维：参照 GB/T 6434—2006 饲料中粗纤维的含量测定。

粗灰分：参照 GB/T 6438—2007 饲料中粗灰分的测定。

中性洗涤纤维：参照 GB/T 20806—2006 饲料中中性洗涤纤维的测定。

酸性洗涤木质素：参照 GB/T 20805—2006 饲料中酸性洗涤木质素的测定。

1.4　数据分析

运用 SPSS19.0 进行统计分析，采用 Duncan's 进行多重比较，差异显著水平以 $p <$ 0.05 表示。

2　结果与分析

2.1　青贮菌剂对秸秆和酒糟青贮品质的影响

2.1.1　青贮发酵品质的测定

由表 1 可知，秸秆＋青贮菌剂组青贮的发酵品质优于秸秆直接青贮。添加青贮菌剂组甜高粱茎叶结构保持良好，感官得分更高；pH 显著（$p < 0.05$）低于对照组，总酸含量显著（$p < 0.05$）高于对照组。

表 1　不同处理甜高粱青贮的发酵品质

处理	pH	总酸含量（%）	气味	色泽	质地	感官得分	等级
秸秆	3.80±0.01d	1.13±0.02b	芳香味（14）	与原料相似（2）	茎叶结构保持良好（3）	17	Ⅰ级优
秸秆＋青贮菌剂	3.68±0.01e	1.34±0.03a	芳香味（14）	与原料相似（2）	茎叶结构保持良好（4）	18	Ⅰ级优等
酒糟	5.50±0.02a	0.04±0.02d	芳香味弱（10）	略有变色（1）	叶子结构保持较差（1）	12	Ⅱ级尚好
酒糟＋酿酒酵母	3.88±0.02c	1.10±0.02b	芳香味弱（10）	略有变色（1）	叶子结构保持较差（2）	13	Ⅱ级尚好
酒糟＋青贮菌剂	4.04±0.02b	0.76±0.03c	芳香味弱（10）	略有变色（1）	叶子结构保持较差（2）	13	Ⅱ级尚好

注　同列数据标小写字母相同者表示差异不显著（$p > 0.05$），下同。

　　酒糟＋酿酒酵母组与酒糟＋青贮菌剂组感官得分高于对照组酒糟。添加青贮菌剂或酿酒酵母可显著降低酒糟 pH（$p < 0.05$），加入酿酒酵母组青贮 pH 最低为 3.88，其次是加青贮菌剂组；添加酿酒酵母、青贮菌剂组总酸含量分别为 1.10%、0.76%，显著高于酒糟直接青贮 0.04%（$p < 0.05$）。

　　青贮菌剂对甜高粱秸秆和酒糟的青贮发酵品质具有积极影响，能够有效提高总酸含量、降低青贮 pH。总体而言，秸秆的青贮品质优于酒糟，这可能与青贮前品质有关，酒糟在固态发酵后颜色变为墨绿色，芳香味变弱，品质低于原料秸秆。青贮酒糟的品质略低于秸秆，等级为Ⅱ级尚好，仍然具有一定的饲用价值，具有作为青贮原料的潜力。

2.1.2　青贮营养品质的测定

　　甜高粱秸秆和酒糟青贮后干物质含量在 16.82%～31.84%，其中秸秆的干物质含量最高为 31.84%，酒糟＋青贮菌剂的干物质含量最低为 16.82%，各组之间差异显著（$p < 0.05$）。灰分含量在 5.62%～6.65%，其中酒糟＋青贮菌剂组最高为 6.65%，秸秆最低为 5.62%，各组之间差异显著（$p < 0.05$）。粗纤维含量在 24.76%～27.8%，与秸秆相比，添加青贮菌剂组秸秆粗纤维含量降低了 6.47%；与酒糟相比，添加青贮菌剂组酒糟粗纤维含量降低了 10.9%；添加青贮菌剂青贮后秸秆和酒糟中总糖含量均高于未添加菌剂组，这说明青贮菌剂可以减少糖分的损失（表 2）。

表 2　不同处理甜高粱青贮的营养品质（%）

青贮处理	粗蛋白	干物质	灰分	总糖	粗纤维	酸性木质素	中性洗涤纤维
秸秆	5.41±0.13c	31.84±0.89a	5.62±0.05e	3.28±0.05b	27.66±0.15a	27.94±0.30d	66.63±0.91d
秸秆＋青贮菌剂	5.68±0.18c	19.68±0.56c	6.42±0.08b	4.00±0.03a	25.87±0.23b	31.96±0.26c	61.32±0.88e

（续）

青贮处理	粗蛋白	干物质	灰分	总糖	粗纤维	酸性木质素	中性洗涤纤维
酒糟	8.41±0.1b	18.39±0.49c	5.98±0.1d	2.25±0.02d	27.8±0.18a	35.8±0.25a	76.32±0.65a
酒糟＋酿酒酵母	8.97±0.12a	22.13±0.64b	6.3±0.05c	2.60±0.06c	25.54±0.18b	31.88±0.34c	74.30±0.78b
酒糟＋青贮菌剂	8.70±0.14ab	16.82±0.52d	6.65±0.12a	2.87±0.1c	24.76±0.28c	34.78±0.28b	69.20±0.85c

甜高粱秸秆和酒糟青贮后粗蛋白含量在 5.41%～8.97%，其中酒糟＋酿酒酵母组最高为 8.97%，酒糟＋青贮菌剂组与其无显著性差异（$p>0.05$），显著高于秸秆青贮的 5.41%（$p<0.05$）。酒糟中粗蛋白含量均高于秸秆中粗蛋白含量，这是由于酒糟中含有丰富的酵母菌体蛋白。青贮发酵前原料中秸秆和酒糟粗蛋白含量分别为 6.05%、8.89%，青贮后分别降低了 10.6%、5.39%，加入青贮菌剂组分别降低了 6.1%、2.1%，这表明加入青贮菌剂可以减少蛋白质损失，可以更好地保存营养物质。

2.2 秸秆青贮过程中营养成分变化

2.2.1 秸秆青贮过程中质量变化

由图1可知，甜高粱秸秆青贮过程中干物质含量呈现降低趋势，在青贮初期干物质下降速率较快，随着青贮时间的延长，下降速率逐渐趋于缓慢。未加菌剂组的干物质含量由 37.37% 下降到 32.04%，下降了 14.3%；加青贮菌剂组干物质含量由 31.56% 降低到 29.98%，降低了 5%。这表明加入青贮菌剂可以减少干物质损失。

甜高粱秸秆青贮过程中固体损失率不断增加然后趋于稳定，整个过程中添加青贮菌剂组固体损失率大于未加菌剂组（图1）。添加菌剂组秸秆质量损失了 4.2%，而未加菌剂组质量损失了 3.67%，两者差异显著。添加青贮菌剂组 5d 时固体损失率可达到 2.34%，比未加菌剂组 0.8% 高出了 34%；青贮 10d 后加菌剂组与未加菌剂组固体损失率逐渐接近，30d 后仅差 13%；20d 后固体质量逐渐不变，固体损失率趋于稳定。

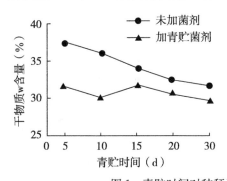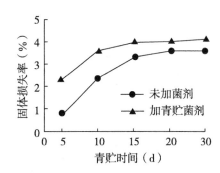

图1 青贮时间对秸秆干物质含量和固体损失率的影响

2.2.2 秸秆青贮过程中总酸变化

pH 高低是评价青贮饲料品质的重要指标[17]，pH≤4.0 为优等；4.1≤pH≤4.3 为良好；4.4≤pH≤5.0 为一般，pH≥5.1 为劣等。由图2中甜高粱秸秆青贮的 pH 变化规律可知，甜高粱青贮的 pH 低于 4.0，属于优等饲料，在青贮过程中 pH 会随青贮时间的延长而降低。未加菌剂组青贮 5d 后 pH 为 3.82，到 15d 时 pH 达到 3.76，然后 pH 变化逐渐缓慢；加菌剂组 5d 后 pH 为 3.76，至 15d 后出现降低。未加菌剂组和加菌剂组于 20d 时 pH 达到一致。

随着青贮时间的延长，总酸含量呈现不断增加，两组变化规律不同（图 2）。其中未加菌剂组青贮前 10d 总酸含量变化较大，然后稳定在 1.32%，15d 后开始增加；加入菌剂组前 5d 总酸含量变化较大，10~20d 变化不大，20d 以后变化幅度增加。

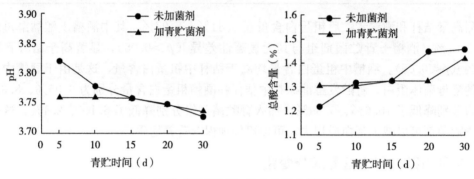

图 2　青贮时间对秸秆 pH 和总酸含量的影响

2.2.3　秸秆青贮过程中糖变化

从图 3 中可以看出，在整个青贮过程中加青贮菌剂组总糖、还原糖含量均高于未加菌剂组；未加菌剂组的总糖、还原糖含量下降速率显著高于加青贮菌剂组（$p<0.05$）。青贮 20d 后总糖含量变化速度减慢，即加菌剂组 18%、未加菌剂组 8%。未加菌剂组还原糖含量下降速率更快，加菌剂组还原糖含量在 30d 时为 15.6%，而未加菌剂组还原糖含量在 30d 时达到 4.60%。青贮后添加菌剂组甜高粱秸秆的总糖含量为 18%、还原糖含量为 15.6%，分别比对照组高了 125% 和 239%。

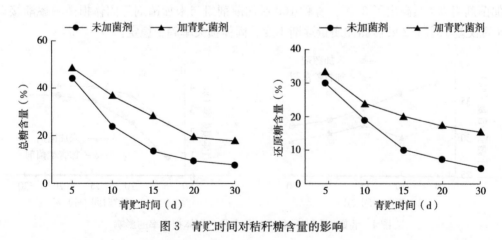

图 3　青贮时间对秸秆糖含量的影响

2.2.4　秸秆青贮过程中纤维素变化

在青贮过程中，粗纤维含量会出现降低，其中加入青贮菌剂组粗纤维含量显著低于未加菌剂组（$p<0.05$）。与青贮前相比，加入菌剂组粗纤维含量下降了 34%，未加菌剂组

粗纤维含量降了 19%，造成这一差异的原因可能是由于青贮菌剂中含有纤维素酶，促进了纤维素的分解。青贮后添加菌剂组甜高粱秸秆的粗纤维含量为 19.93%，比未加菌剂组降低了 21.4%（图 4）。

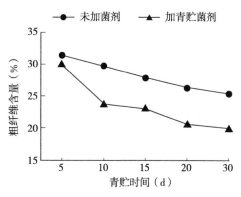

图 4　青贮时间对秸秆粗纤维含量的影响

2.3　甜高粱青贮饲喂绵羊的效果

由表 3 可知，甜高粱青贮对 6 月龄的绵羊增重效果高于 4 月龄和 2 月龄。这可能是由于不同月龄绵羊对甜高粱青贮的消化和转化能力不同，绵羊在 6 月龄时对甜高粱青贮营养的利用效率高于 2 月龄和 4 月龄。

表 3　甜高粱青贮对不同月龄绵羊体重的影响

时间	试验组（A）平均体重（kg）			对照组（B）平均体重（kg）		
	2 月龄（Ⅰ）	4 月龄（Ⅱ）	6 月龄（Ⅲ）	2 月龄（Ⅰ）	4 月龄（Ⅱ）	6 月龄（Ⅲ）
入圈时	24.28±0.35	33.00±0.42	35.55±0.39	24.70±0.42	32.30±0.45	35.30±0.5
饲喂 10d 后	24.78±0.43	33.75±0.39	36.35±0.28	25.20±0.38	32.80±0.41	35.80±0.38
平均日增重	0.05	0.08	0.08	0.05	0.05	0.05
饲喂 20d 后	25.25±0.36	34.50±0.42	37.20±0.29	25.70±0.30	33.30±0.45	36.4±0.34
平均日增重	0.05	0.08	0.09	0.05	0.05	0.06
饲喂 30d 后	25.85±0.29	35.25±0.43	38.10±0.36	26.15±0.41	33.80±0.39	37±0.31
平均日增重	0.06	0.08	0.09	0.04	0.05	0.06
饲喂 40d 后	26.55±0.30	35.95±0.35	38.95±0.50	26.65±0.45	34.30±0.39	37.6±0.40
平均日增重	0.07	0.07	0.08	0.05	0.05	0.06
饲喂 50d 后	27.25±0.39	36.65±0.31	39.75±0.43	27.10±0.44	34.75±0.29	38.2±0.31
平均日增重	0.07	0.07	0.08	0.04	0.05	0.06

从表 4 可以看出，经 50d 正试期饲喂，A 组的育肥效果明显好于 B 组，试验前 A、B 两组试验羊的平均体重差异不显著，试验后 A 组平均体重显著高于 B 组（$p < 0.05$）。AⅠ组的只均增重分别为 2.97kg，比 BⅠ组增长了 23.75%；AⅡ组的只均增重为 3.65kg，比 BⅡ组增长了 48.97%；AⅢ组的只均增重分别为 4.2kg，显著高于 BⅢ组。AⅢ组的增重效果大于 AⅡ组和 AⅠ组，对照组之间无显著差异（$p > 0.05$）。

表 4　甜高粱青贮对绵羊增重效果分析

组别	数量（只）	试验期（d）	始重（kg）	末重（kg）	平均增重（kg/只）	日均增重（g/只）
AⅠ	5	50	24.28±0.35	27.25±0.39	2.97	59.4c
AⅡ	5	50	33.00±0.42	36.65±0.31	3.65	73b
AⅢ	5	50	35.55±0.39	39.75±0.43	4.2	84a

（续）

组别	数量（只）	试验期（d）	始重（kg）	末重（kg）	平均增重（kg/只）	日均增重（g/只）
BⅠ	5	50	24.70±0.42	27.10±0.44	2.4	48d
BⅡ	5	50	32.30±0.45	34.75±0.29	2.45	49d
BⅢ	5	50	35.30±0.5	38.2±0.31	2.9	58c

3 讨论

甜高粱秸秆青贮过程中干物质含量、可溶性糖含量、总酸含量、pH 的变化规律符合王春芳[18]总结的青贮发酵过程中物质的变化：发酵初期，植物细胞有氧呼吸消耗残留的氧气和原料中的糖类，产生大量的热、二氧化碳、氨气等，导致干物质的损失；随着时间的延长，乳酸菌逐渐增殖成为优势菌群，将可溶性糖转化成大量有机酸，促使 pH 下降，然后进入相对稳定阶段，pH 变化变慢，干物质及营养成分损失变慢。

添加青贮菌剂青贮甜高粱秸秆和酒糟时，青贮品质优于未加菌剂组，pH 显著降低（$p<0.05$），粗纤维含量显著（$p<0.05$）降低，总酸含量显著（$p<0.05$）提高，且加青贮菌剂可以缩短发酵时间。此结果与董妙音[19]研究青贮发酵饲用型甜高粱的结果相一致。甜高粱秸秆中的粗纤维含量在发酵过程中有降低的趋势，可能是由于青贮过程中有少量的粗纤维被纤维分解菌降解。

从增重效果方面看，试验组绵羊增重效果显著高于对照组。2 月龄绵羊的只均增重为2.97kg，4 月龄绵羊的只均增重为 3.65kg，6 月龄绵羊的只均增重为 4.2kg，其中 6 月龄绵羊增重效果最明显。其原因可能是 6 月龄绵羊对青贮饲料营养的消化吸收更好。王钦[20]等的研究也表明在同一食物营养条件下，各龄绵羊的体增重量不同。本试验 6 月龄绵羊的日均增重为 84g/只，而白晶晶[21]利用青贮甜高粱秸秆饲喂小尾寒羊日均增重为 145.11g/只，两者差异显著，出现这一差异可能与所选羊的品种有关，小尾寒羊成熟早、生长发育快、适应性强、瘤胃发达，能大量利用牧草和秸秆等粗饲料，所以日均增重更快。

4 结论

甜高粱酒糟青贮等级为 Ⅱ 级尚好，酒糟具有作为青贮原料的潜力；添加青贮菌剂组甜高粱秸秆的干物质含量、总糖含量、还原糖含量均高于未加菌剂组，粗纤维含量显著低于未加菌剂组；利用甜高粱青贮饲喂绵羊，可以得到较高的只均日增重，其中 6 月龄绵羊的增重效果大于 4 月龄和 2 月龄。

参考文献

[1] Shukla S, Felderhoff T J, Saballos A, et al. The relationship between plant height and sugar accumulation in the stems of sweet sorghum [Sorghum bicolor（L.）Moench］［J］. Field Crops Research,

2017 (203): 181 - 191.

[2] Regassa T H, Wortmann C S. Sweet sorghum as a bioenergy crop: literature review [J]. Biomass and Bio - energy, 2014 (64): 348 - 355.

[3] Qu H, Liu X B, Dong C F, et al. Field performance and nutritive value of sweet sorghum in eastern China [J]. Field Crops Research, 2014 (157): 84 - 88.

[4] Andrzejewski B, Eggleston G, Lingle S, et al. Development of a sweet sorghum juice clarification method in the manufacture of industrial feedstocks for value - added fermentation products [J]. Industrial Crops and Products, 2013 (44): 77 - 87.

[5] 肖丹, 张苏江, 陈立强, 等. 甜高粱饲料在南疆粗饲料资源开发中的前景分析 [J]. 草食家畜, 2014 (6): 22 - 27.

[6] Maw M J W, Houx J H, Fritschi F B. Sweet sorghum ethanol yield component response to nitrogen ferti - lization [J]. Industrial Crops and Products, 2016 (84): 43 - 49.

[7] 许富强, 董妙音, 王曙阳, 等. 甜高粱最佳青贮时期及延期对其营养成分的影响研究 [J]. 饲料研究, 2017 (4): 20 - 24.

[8] 渠晖, 沈益新. 甜高粱用作青贮作物的潜力评价 [J]. 草地学报, 2011 (5): 808 - 812.

[9] 李俊, 董书昌, 陈孝军, 等. 青贮甜高粱与青贮玉米秸秆饲喂奶牛对比试验 [J]. 中国牛业科学, 2016, 42 (3): 24 - 25.

[10] 邵丽玮, 安永福, 王晓芳, 等. 甜高粱的饲用价值及其在畜牧生产中的应用 [J]. 养殖与饲料, 2016 (9): 42 - 45.

[11] Colombini S, Galassi G, Crovetto G M, et al. Milk production, nitrogen balance, and fiber digestibility prediction of corn, whole plant grain sorghum, and forage sorghum silages in the dairy cow [J]. Journal of dairy science, 2012, 95 (8): 4457 - 4467.

[12] 周斐然, 张苏江, 王明, 等. 甜高粱青贮有氧暴露的稳定性及微生物变化的研究 [J]. 草业学报, 2017, 26 (4): 106 - 112.

[13] 李春宏, 张培通, 郭文琦, 等. 甜高粱青贮品质及对山羊饲喂效果的研究 [J]. 草地学报, 2016 (1): 214 - 217.

[14] 张苏江, 艾买尔江·吾斯曼, 薛兴中, 等. 南疆玉米和不同糖分甜高粱的青贮品质分析 [J]. 草业学报, 2014 (3): 232 - 240.

[15] 肖丹. 南疆甜高粱青贮品质及其微生物特征的研究 [D]. 阿拉尔: 塔里木大学, 2016.

[16] 梁梦迪, 蔡瑞, 丁晨晨, 等. 香蕉秸秆青贮过程中品质动态变化规律研究 [J]. 家畜生态学报, 2016, 37 (3): 59 - 64.

[17] Zhang S, Chaudhry A S, Ramdani D, et al. Chemical composition and in vitro fermentation characteristics of high sugar forage sorghum as an alternative to forage maize for silage making in Tarim Basin, China [J]. Journal of Integrative Agriculture, 2016, 15 (1): 175 - 182.

[18] 王春芳. 青贮香蕉茎叶营养价值评定及对肉牛品质的影响 [D]. 北京: 中国农业大学, 2015.

[19] 董妙音, 王曙阳, 姜伯玲, 等. 添加不同的青贮菌剂对甜高粱青贮品质的影响 [J]. 饲料工业, 2016 (1): 28 - 31.

[20] 王钦, 任继周, 王小兰, 等. 不同月龄绵羊对食物营养利用效率研究 [J]. 应用生态学报, 2004, 15 (6): 995 - 999.

[21] 白晶晶. 饲用型甜高粱秸秆青贮与玉米秸秆青贮喂羊对比试验 [J]. 畜牧兽医杂志, 2015, 34 (2): 32 - 33.

图书在版编目（CIP）数据

新疆高粱研究与利用 / 再吐尼古丽·库尔班等主编；
新疆农业科学院生物质能源研究所编. —北京：中国农
业出版社，2023.10
ISBN 978-7-109-30458-1

Ⅰ.①新… Ⅱ.①再… ②新… Ⅲ.①高粱－研究－
新疆 Ⅳ.①S514

中国国家版本馆 CIP 数据核字（2023）第 035467 号

中国农业出版社出版
地址：北京市朝阳区麦子店街 18 号楼
邮编：100125
责任编辑：郭 科   文字编辑：宫晓晨
版式设计：杜 然   责任校对：周丽芳
印刷：北京印刷一厂
版次：2023 年 10 月第 1 版
印次：2023 年 10 月北京第 1 次印刷
发行：新华书店北京发行所
开本：787mm×1092mm 1/16
印张：28
字数：680 千字
定价：280.00 元